汽車原理

黃靖雄、賴瑞海　編著

全華圖書股份有限公司

序　言

一、本“汽車原理”一書，原有資料已較爲陳舊，爲配合現代汽車的發展，將所有資料全部更新，以符合車輛最新科技之發展。

二、全書共分五篇(汽油引擎篇、汽車底盤篇、汽車電系篇、柴油引擎篇及新科技裝置篇)，總計有十八章。

三、書中1～4章爲汽油引擎篇，5～8章爲汽車底盤篇，9～13章爲汽車電系篇，14～15章爲柴油引擎篇。受限於篇幅，16～18章的新科技裝置篇，先列入目前最熱門的複合動力系統與燃料電池、電動汽車兩章，兩章的內容都是蒐集市面上新版的英、日文資料編成，以提供讀者最新的資訊。

四、本書擷取自各種汽車相關資料之精華編輯而成，內文豐富實用，堪稱目前綜合性汽車書籍中，資料新穎又最具內涵者。

五、本書內容經仔細編校，若仍有疏忽誤植之處，敬祈各界先進不吝指正，謝謝！

編輯部序

「系統編輯」是我們的編輯方針，我們所提供給您的，絕不只是一本書，而是關於這門學問的所有知識，它們由淺入深，循序漸進。

本書分五篇(汽油引擎篇、汽車底盤篇、汽車電系篇、柴油引擎篇及新科技裝置篇)，係針對車輛科技作深入而詳盡的介紹，各章所附習題，目的在啓發與複習，以發揮教學功能。第十六、十七章列入目前最熱門的複合動力系統與燃料電池、電動汽車，搜羅了日本及美國新版資料編輯而成，有理論分析，亦有實例介紹，並配合圖片解說，誠然爲一本好書。適合各大專院校、研究機關、公司之工程師參考之用。

同時，爲了使您能有系統且循序漸進研習相關方面的叢書，我們列出各有關圖書的閱讀順序，已減少您研習此門學問的摸索時間，並能對這門學問有完整的知識。若您在這方面有任何問題，歡迎來函聯繫，我們將竭誠爲您服務。

相關叢書介紹

書號：0155601
書名：汽車感測器原理(修訂版)
編著：李書橋、林志堅
20K/288 頁/250 元

書號：0591703
書名：自動變速箱(第四版)
編著：黃靖雄、賴瑞海
16K/424 頁/470 元

書號：0618002
書名：車輛感測器原理與檢測(第三版)
編著：蕭順清
16K/224 頁/300 元

書號：0311806
書名：汽車專業術語詞彙(第七版)
編著：趙志勇
20K/552 頁/540 元

書號：0556904
書名：現代汽油噴射引擎(第五版)
編著：黃靖雄、賴瑞海
16K/368 頁/450 元

書號：06083
書名：汽車未來趨勢
日譯：張海燕、陶旭瑾
20K/256 頁/300 元

書號：0609602
書名：油氣雙燃料車－LPG 引擎
編著：楊成宗、郭中屏
16K/248 頁/333 元

◎上列書價若有變動，請以最新定價為準。

流程圖

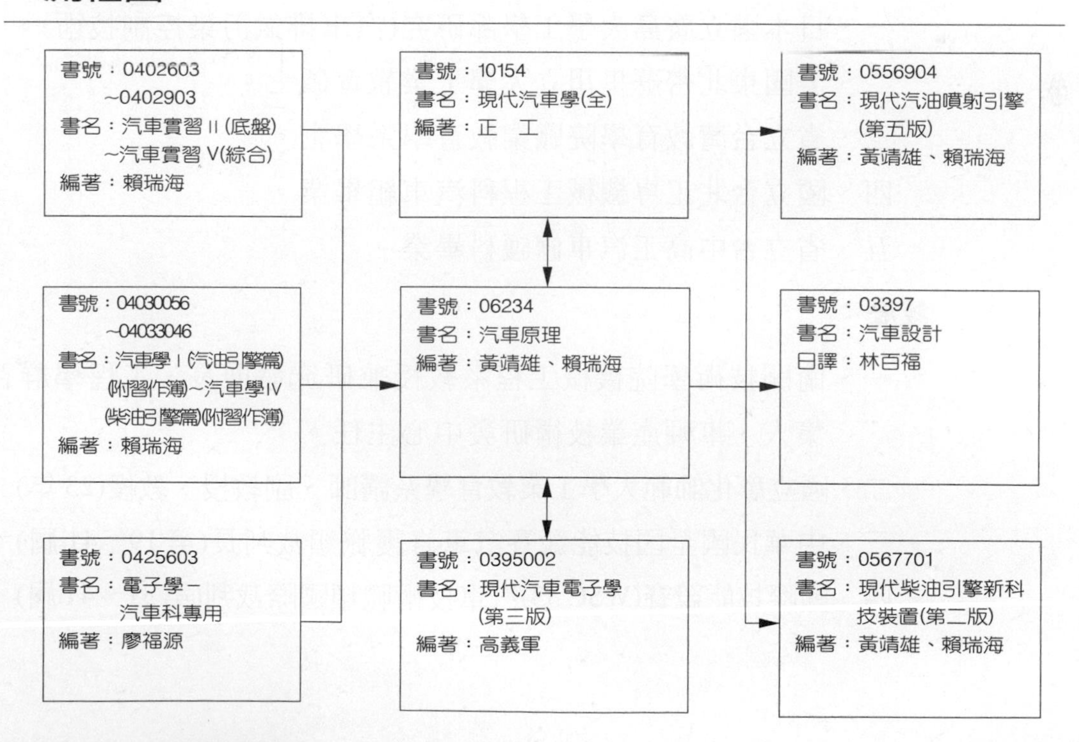

作者簡介

黃靖雄

現職：

一、南開科技大學車輛與機電產業研究所榮譽教授。

二、國立彰化師範大學車輛科技研究所兼任教授。

三、中華民國汽車工程學會第十二屆榮譽理事長。

學歷：

一、日本國立廣島大學工學部研究(汽車排氣污染控制技術)。

二、美國東北密蘇里州立大學工業教育碩士。

三、省立台灣教育學院職業教育學系學士。

四、國立台北工專機械工程科汽車組畢業。

五、省立台中高工汽車修護科畢業。

經歷：

一、南開技術學院機械工程系教授兼研究發展長、工程學群召集人、車輛產業技術研發中心主任。

二、國立彰化師範大學工業教育學系講師、副教授、教授(23 年)。

三、中華民國全國技能競賽汽車修護職類裁判長(第 19～41 屆)。

四、國際技能競賽(WSC 33)汽車技術職類國際裁判(第 31～41 屆)。

目 錄

I 汽油引擎篇

1

Chapter 1 引擎本體系統

1.1 概述

1.1.1 熱機定義

將燃料燃燒，以燃燒產生之熱能，經過適當的方法，使機械產生往復運動或迴轉運動，以產生動力之裝置，稱為「熱機」(heat engine)。

1.1.2 內燃機與外燃機

一、內燃機的定義

內燃機如圖 1.1 所示，係使空氣及燃料在機械之內部直接燃燒，作用在活塞或葉片上，以產生往復運動或迴轉運動，而產生機械功之裝置，如汽油引擎、柴油引擎等。

二、外燃機的定義

外燃機如圖 1.2 所示，係使燃料在機械之外部燃燒，利用其所產生之熱能，使水或其他物質變成蒸氣，再將蒸氣導入機械之內部，使活塞或葉片產生運轉之機械，如蒸氣機、蒸氣渦輪機等。

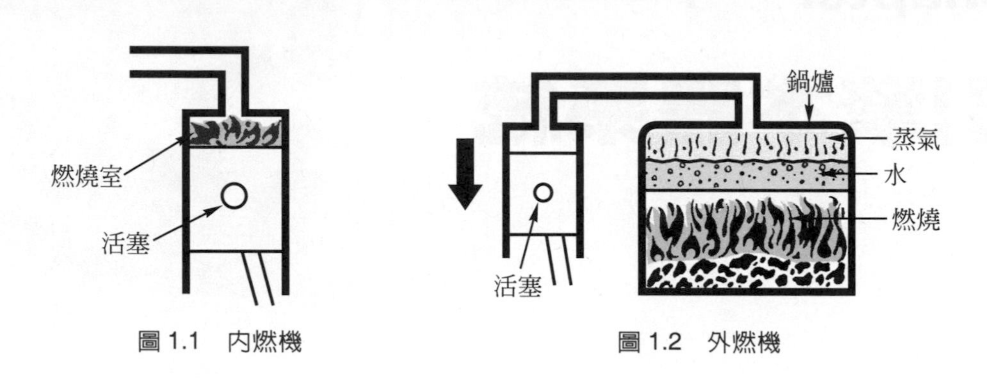

圖 1.1　內燃機　　圖 1.2　外燃機

三、內燃機與外燃機之分類

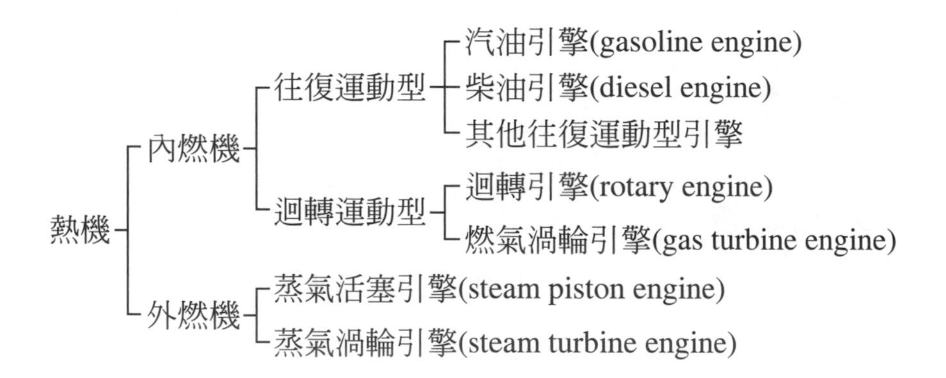

1.1.3 往復活塞式引擎

一、往復活塞式引擎的分類

1. 依點火方式分

(1) 火花點火引擎：使用高壓電火花於壓縮行程末期，點燃汽缸中混合氣之引擎，如汽油引擎、LPG 引擎、CNG 引擎、雙燃料引擎等。

⑵ 壓縮點火引擎：先將空氣以極高壓縮比在汽缸內壓縮，壓縮後汽缸內空氣之壓力及溫度均很高，再將柴油或重油以極細之霧粒，噴入汽缸中，自行著火燃燒之引擎，如柴油引擎、重油引擎等。

2. 依工作循環分

⑴ 循環之定義：引擎在任何時間內，欲產生動力，必須經過一定之工作程序，且此程序須連續不斷，週而復始，稱爲循環(cycle)。循環必須包含下列四個基本步驟，如圖 1.3 所示。

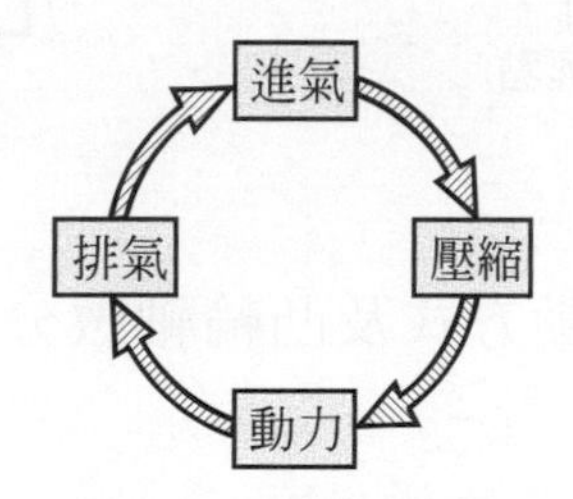

圖 1.3 內燃機之循環

⑵ 以工作循環分

① 四行程循環(four stroke cycle)：活塞在汽缸中移動四個行程，即曲軸旋轉 720 度，完成一次循環者稱之。

② 二行程循環(two stroke cycle)：活塞在汽缸中移動兩個行程，即曲軸旋轉 360 度，完成一次循環者稱之。

3. 依熱力循環分

⑴ 奧圖循環：在熱力學上稱爲等容積循環，現代汽油引擎採用，如圖 1.4 所示。

⑵ 混合循環：又稱爲等壓等容循環，如圖 1.5 所示。柴油在B點時，開始噴進汽缸，到C點時噴射完畢，噴進汽缸裡的柴油，一部分在$B-B'$的等容積情形下燃燒，另一部分則在$B'-C$的等壓力下燃燒，等於混合了奧圖循環及狄塞爾循環，所以稱爲混合循環。汽車柴油引擎，就是採用這種循環。

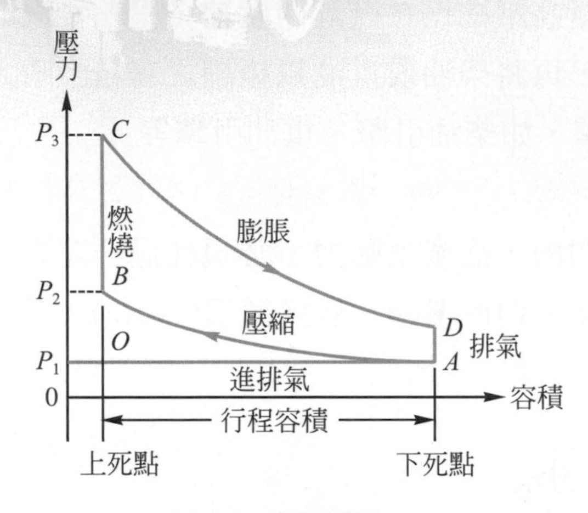

圖 1.4 奧圖循環

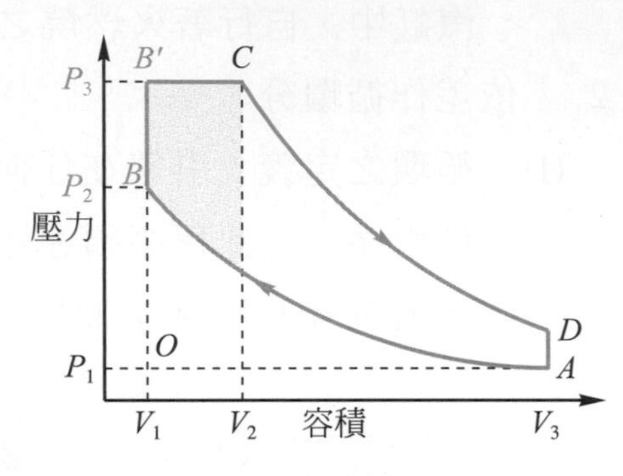

圖 1.5 混合循環

4. 依凸輪軸的位置、傳動方式及凸輪軸數分

(1) 依凸輪軸位置分

① 凸輪軸裝在汽缸體內：如圖 1.6 所示，爲氣門頂上式(over head valve，OHV)引擎。氣門機構零件數較多，傳動效率較低，爲早期汽油引擎所採用。

② 凸輪軸裝在汽缸蓋上：如圖 1.7 所示，爲凸輪軸頂上式(over head camshaft，OHC)引擎。

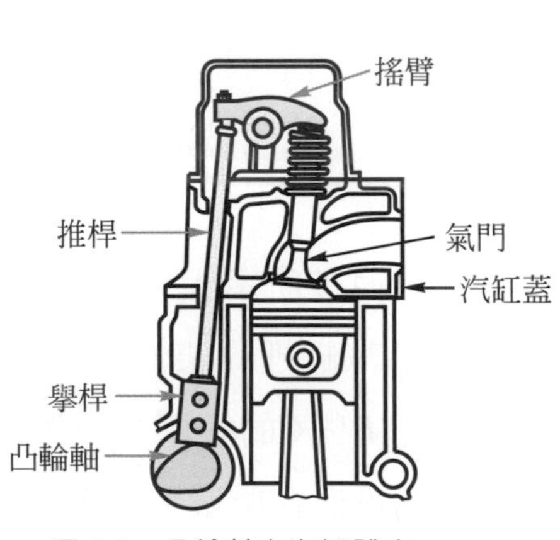

圖 1.6 凸輪軸在汽缸體內

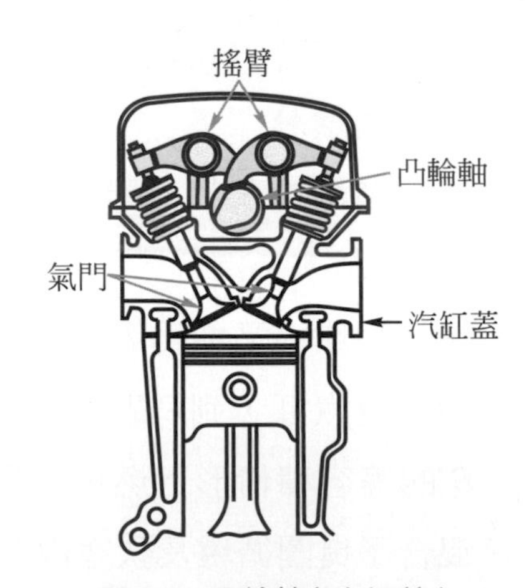

圖 1.7 凸輪軸在汽缸蓋上

(2) 依凸輪軸傳動方式分

① 凸輪軸直接傳動：目前僅極少的 V 型 OHV 汽油引擎採用，如圖 1.8 所示。

② 凸輪軸使用短正時鍊條傳動：早期線列汽油引擎採用，及目前僅極少的 V 型 OHV 汽油引擎採用，如圖 1.9 所示。

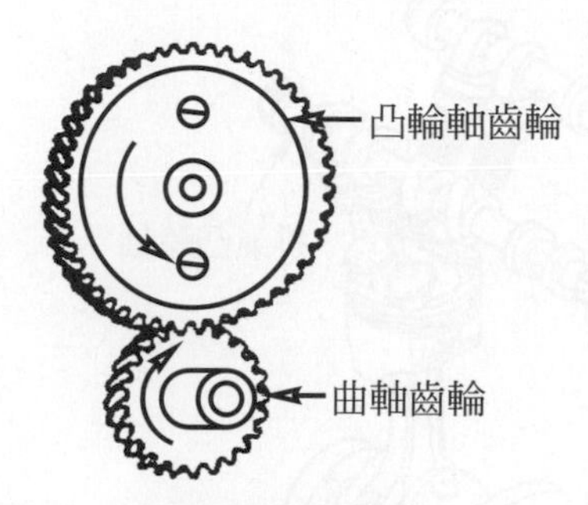

圖 1.8 凸輪軸直接傳動
(AUTOMOTIVE MECHANICS)

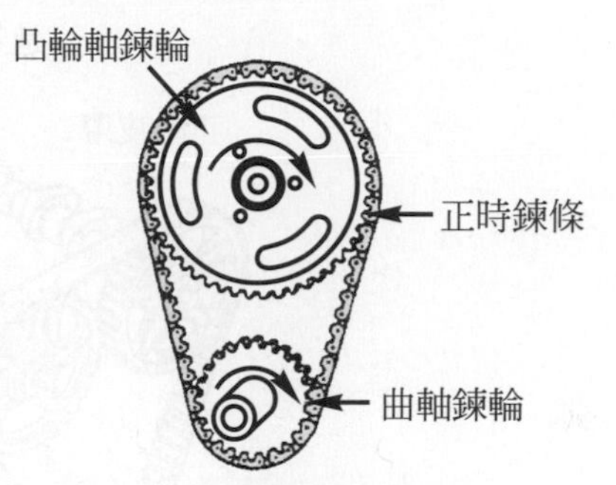

圖 1.9 凸輪軸間接傳動(一)
(AUTOMOTIVE MECHANICS)

③ 凸輪軸使用長正時鍊條傳動：現代引擎採用有增加的趨勢，鍊條若太長，可改用兩段式，如圖 1.10 所示。

④ 凸輪軸使用正時皮帶傳動：爲現代引擎所採用，如圖 1.11 所示。

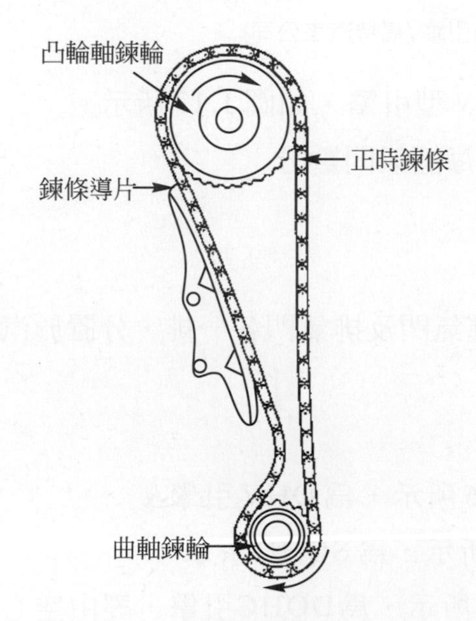

圖 1.10 凸輪軸間接傳動(二)
(AUTOMOTIVE MECHANICS)

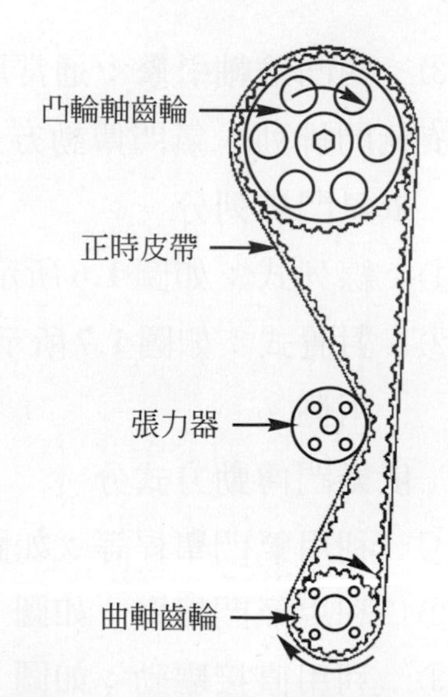

圖 1.11 凸輪軸間接傳動(三)
(AUTOMOTIVE MECHANICS)

(3) 依凸輪軸數分

① 單凸輪軸引擎：OHV 引擎與 SOHC(single over head camshaft) 引擎均屬之。

② 雙凸輪軸引擎：爲現代線列引擎採用的主流，如圖 1.12 所示。

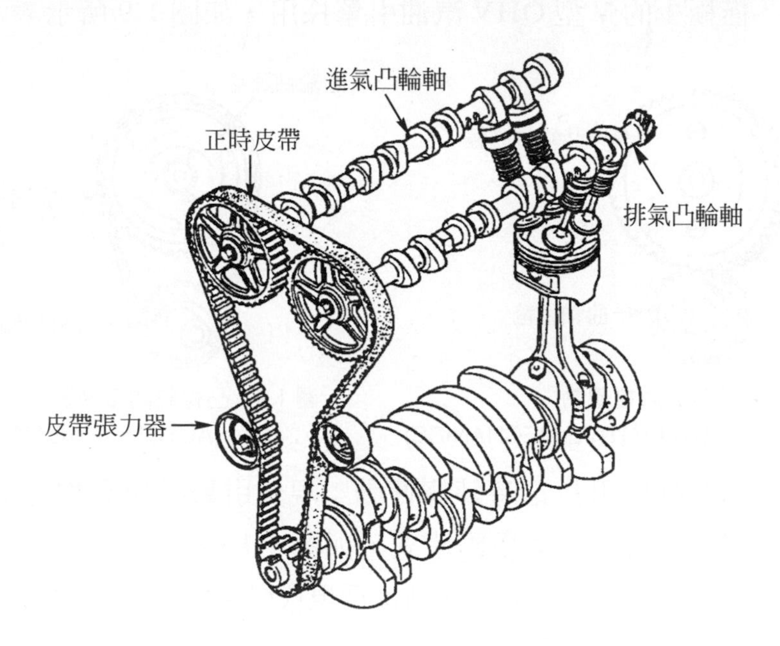

圖 1.12 雙凸輪軸引擎 (福特汽車公司)

③ 四凸輪軸引擎：通常用於 V 型引擎，如圖 1.13 所示。

5. 依氣門排列、氣門傳動方式及每缸氣門數分

(1) 依氣門排列分

① 線列式：如圖 1.6 所示。

② 對置式：如圖 1.7 所示，進氣門及排氣門各一排，分置於汽缸蓋之兩側。

(2) 依氣門傳動方式分

① 利用氣門舉桿等：如圖 1.6 所示，爲 OHV 引擎。

② 利用氣門搖臂：如圖 1.7 所示，爲 SOHC 引擎。

③ 利用直接驅動：如圖 1.14 所示，爲DOHC引擎，經由空心挺桿，凸輪軸直接驅動氣門，傳動效率最高。

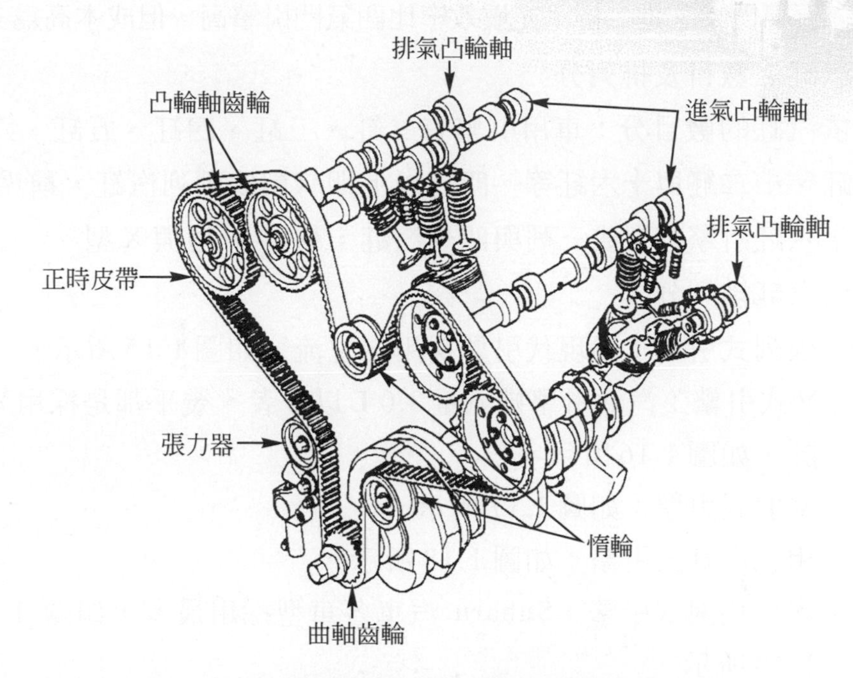

圖 1.13　四凸輪軸引擎(AUTOMOTIVE MECHANICS)

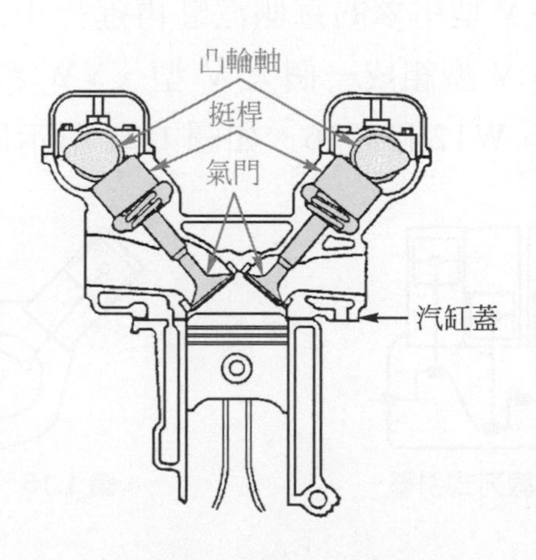

圖 1.14　直接驅動式氣門

(3) 依每缸氣門數分

① 二氣門：一進一排，為傳統式引擎採用。

② 三氣門：二進一排，使進氣能較充足。

③ 四氣門：二進二排，與二氣門引擎比較，因容積效率(VE)提高，可增大高速時的輸出。

④ 五氣門：三進二排，充填效率比四氣門引擎高，但成本高為其缺點。

6. 依汽缸之數目及排列分

⑴ 依汽缸的數目分：車用引擎有二缸、三缸、四缸、五缸、六缸、八缸、十二缸與十六缸等。四缸以上即有製成兩列汽缸，稱為 V 型。十六缸引擎有製成三列與四列汽缸，稱為 W 型與 X 型。

⑵ 依汽缸排列分

① 線列式引擎：為現代引擎採用之主流，如圖 1.15 所示。

② V 式引擎：汽油引擎排氣量 3.0 L 以上者，幾乎都是採用 V 型之設計，如圖 1.16 所示。

③ 輻射式引擎：如圖 1.17 所示。

④ 相對汽缸式引擎：如圖 1.18 所示。

⑤ 水平相對式引擎：Subaru 汽車各車型採用最多，如圖 1.19 與圖 1.20 所示。

⑥ W 式引擎：汽缸排列方式近似 W 型，為 V 型引擎的變種，如 VW 汽車公司將 V 型引擎的每側汽缸再進行小角度(約 15 度)的錯開，或由兩個小 V 型組成一個大 V 型。VW 汽車公司之 W 型引擎有 W8、W10、W12 和 W16。如圖 1.21 所示即為 W12 引擎之外觀。

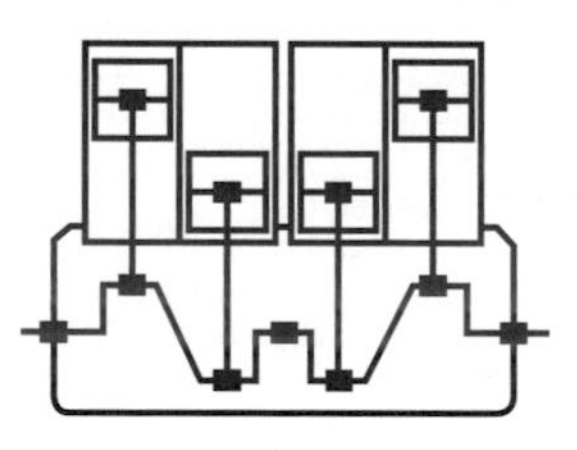
圖 1.15 線列式引擎

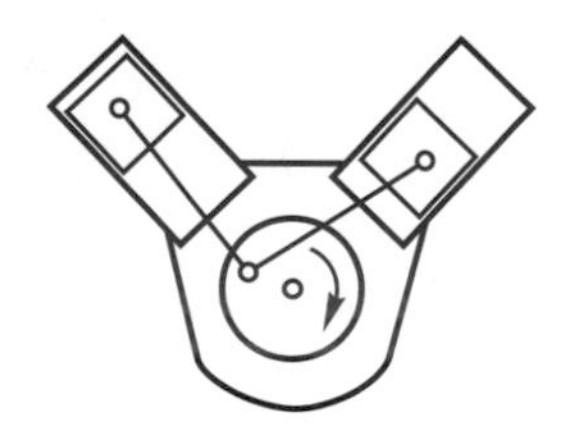
圖 1.16 V 式引擎

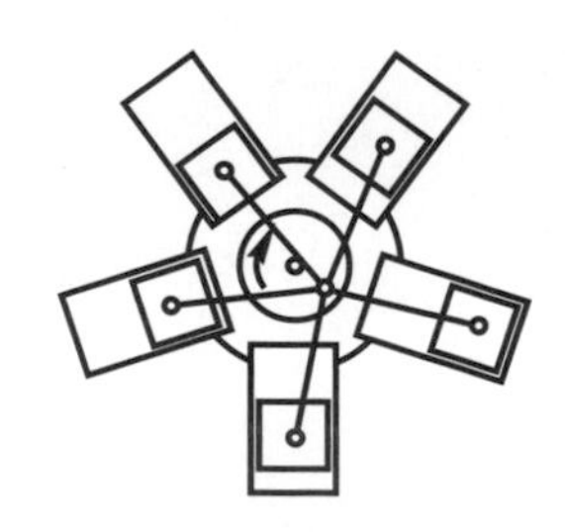
圖 1.17 輻射式引擎

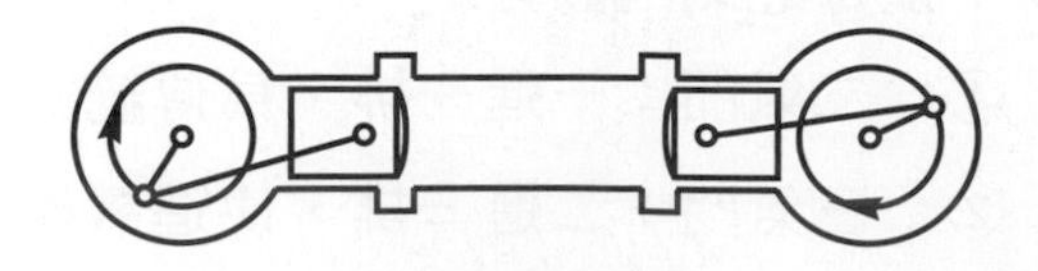
圖 1.18 相對汽缸式引擎

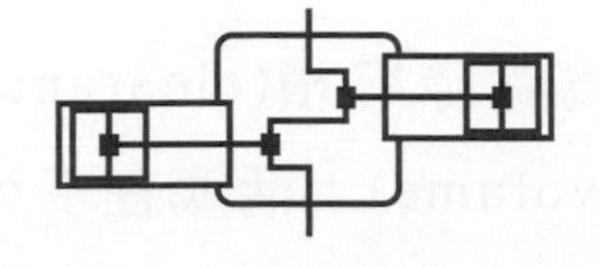

圖 1.19 水平相對式引擎

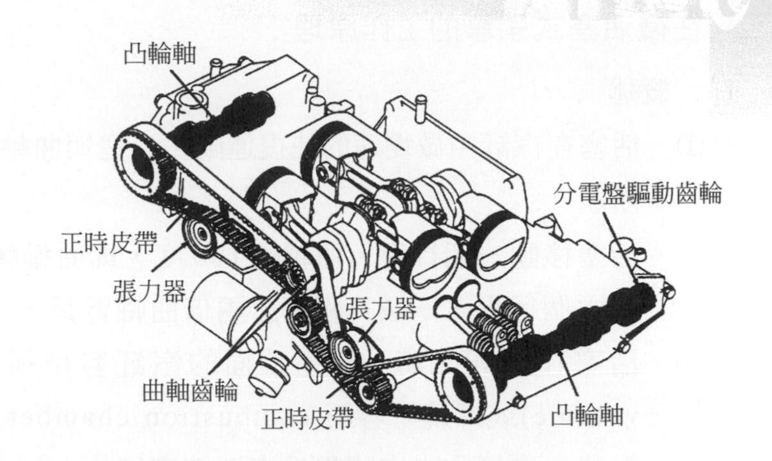

圖 1.20 四缸水平相對式引擎之構造
(AUTOMOTIVE MECHANICS)

圖 1.21 VW 公司之 W12 擎

7. 依冷卻方式分

(1) 水冷卻式引擎：汽缸及氣門周圍有水套，使用水爲冷卻液，利用水將熱經散熱器(radiator，俗稱水箱)散於空氣中，一般引擎均使用此式。

(2) 空氣冷卻式引擎：在汽缸周圍裝置有很多散熱翼，用風扇或鼓風機，使空氣流過散熱翼四周，將引擎之熱帶走之冷卻方式，一般小型引擎使用較多。

二、往復活塞式引擎的工作原理

1. 概述

⑴ 活塞在汽缸中做變速的往復運動，活塞與曲軸的運動關係，如圖 1.22 所示。

⑵ 活塞移動一個行程，曲軸轉 180 度，即曲軸轉一轉(360 度)，活塞移動兩個行程，一個行程等於兩倍曲軸臂長。

⑶ 活塞在上死點時，活塞頂面的汽缸容積稱爲餘隙容積(clearance volume)或燃燒室容積(combustion chamber volume)；活塞在下死點時，汽缸內之容積稱爲汽缸總容積(total cylinder volume)；上死點到下死點間之汽缸容積叫活塞位移容積(piston displacement volume)，各汽缸活塞位移容積的總和，稱爲排氣量。

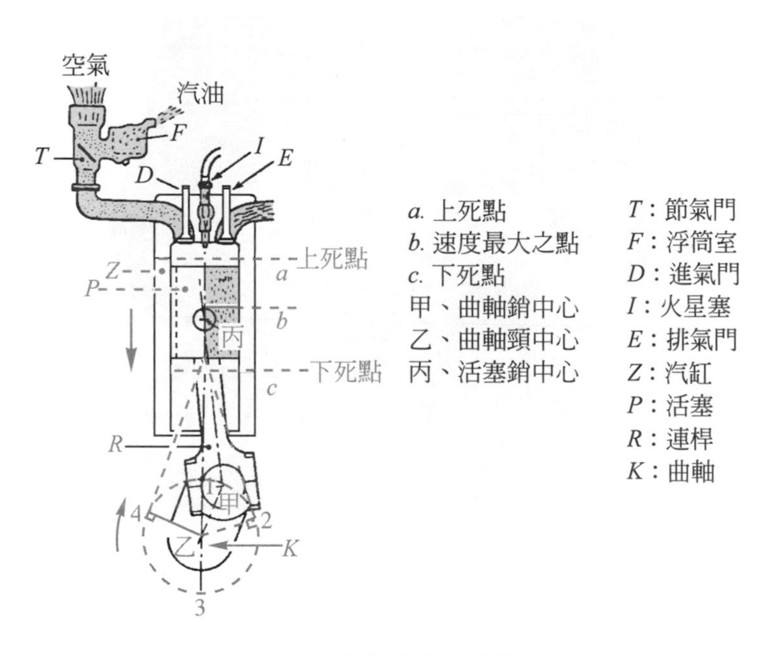

圖 1.22　活塞與曲軸之運動關係

⑷ 引擎壓縮比愈高，熱效率也愈高，則產生之動力也愈大，但汽油引擎壓縮比高時，必須使用抗爆性高之汽油。

2. 四行程汽油引擎的工作原理

⑴ 活塞在汽缸中移動四個行程，即曲軸轉 720 度，才完成一次奧圖循環的引擎，稱為四行程循環引擎(four stroke cycle engine)。

⑵ 進氣行程(intake stroke)

① 活塞自上死點向下行至下死點，進氣門開，排氣門關，汽缸內產生真空，將新鮮的混合氣吸入汽缸內，如圖 1.23 所示。

② 實際上，一般引擎進氣門在上死點前約 5°～25°時已打開，而在下死點後約 36°～92°才完全關閉，此種現象稱為進氣門的早開晚關或氣門正時(valve timing)，如圖 1.24 所示。

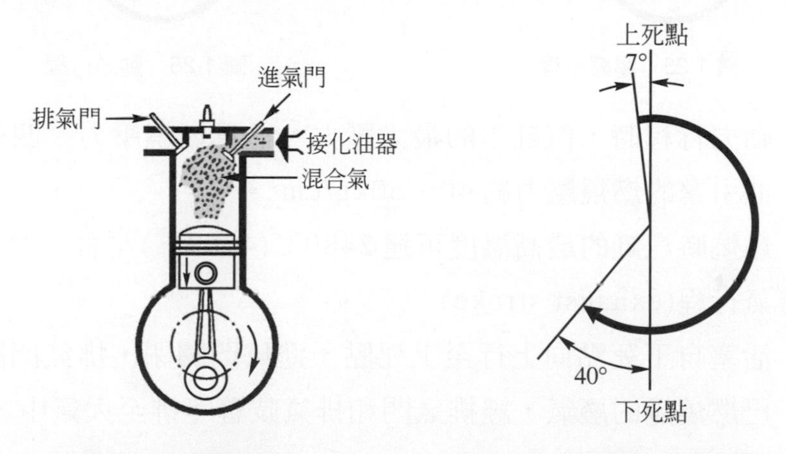

圖 1.23　進氣行程　　圖 1.24　進氣門的早開晚關

③ 進氣門早開晚關之目的，在使充分的混合氣進入汽缸中。

⑶ 壓縮行程(compression stroke)

① 進氣門和排氣門均關閉，活塞自下死點上行至上死點，將汽缸中的混合氣壓縮，如圖 1.25 所示。

② 進入汽缸中的混合氣量愈多，壓縮壓力也愈大。故汽缸內之壓縮壓力，隨節氣門之開度而改變。最大壓縮壓力約 11～14kg/cm²，壓縮比約 8～11：1。

(4) 動力行程(power stroke)

① 進氣門和排氣門都關閉，混合氣點火引爆，爆發壓力迅速增大，將活塞從上死點推至下死點，產生動力，如圖 1.26 所示。

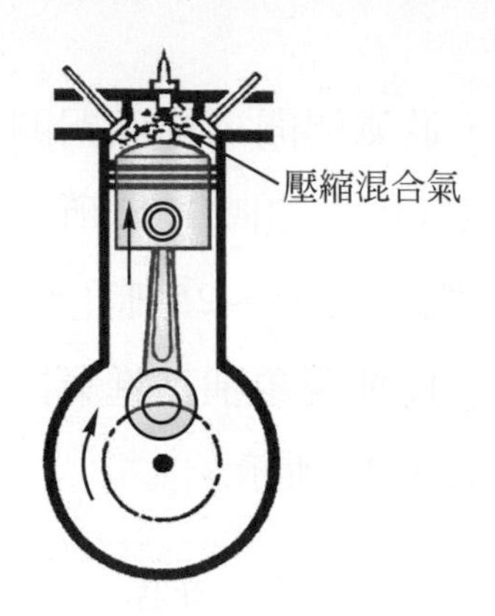

圖 1.25　壓縮行程

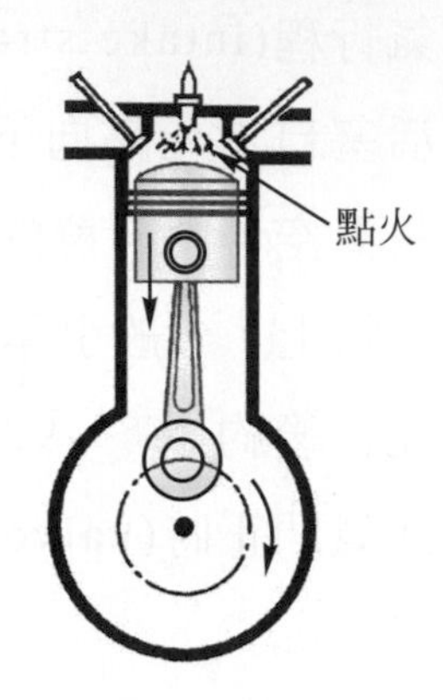

圖 1.26　動力行程

② 動力行程時，汽缸中的最大壓力，稱爲燃燒壓力。四行程車用汽油引擎的燃燒壓力約 40～60kg/cm^2。

③ 燃燒時汽缸的最高溫度可達 2480℃(4500°F)左右。

(5) 排氣行程(exhaust stroke)

① 活塞自下死點向上行至上死點，進氣門關閉，排氣門開，汽缸中已燃燒過的廢氣，經排氣門和排氣歧管等排至大氣中，如圖 1.27 所示。

② 實際上排氣門必須在動力行程內，活塞抵下死點前約 37°～70°時開始開啓，且在活塞行抵上死點後約 5°～42°才完全關閉，此種現象稱爲排氣門的早開晚關，或氣門正時，如圖 1.28 所示。

③ 在上死點附近，排氣門尚未關閉，而進氣門已經打開的現象，稱爲氣門重疊(valve lap)開啓時期，其度數約爲 7°＋15°＝22°。可幫助驅逐汽缸內的廢氣。

④ 排氣門早開晚關之目的，在使排氣乾淨。

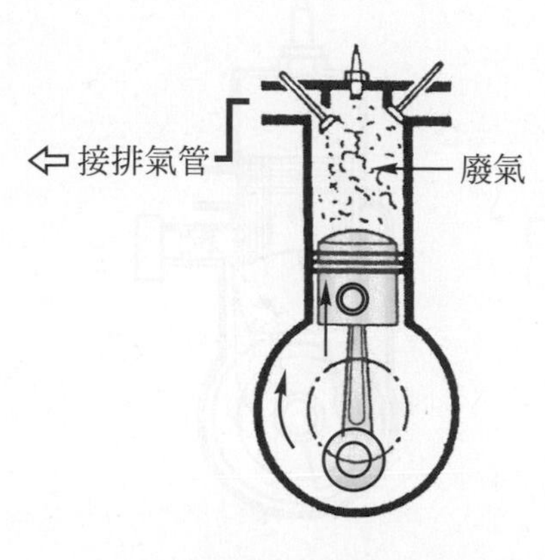

圖 1.27 排氣行程

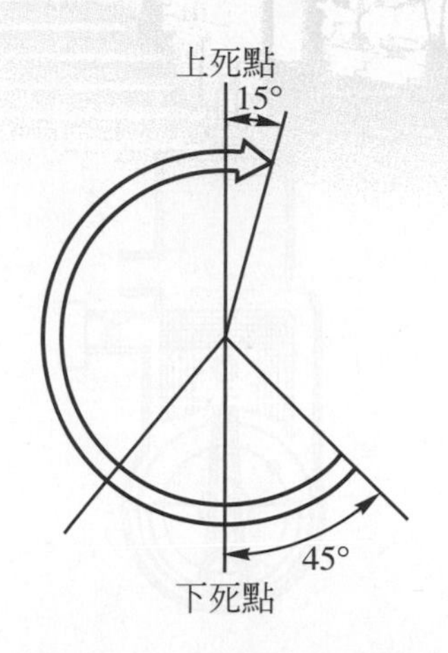

圖 1.28 排氣門的早開晚關

(6) 現代汽油引擎多採用可變氣門正時之設計，進氣門氣門正時可變，或進、排氣門氣門正時同時可變，可得省油、低污染、怠速穩定、高扭矩及高馬力輸出等特點。

3. 二行程汽油引擎的工作原理

(1) 因活塞只上下兩次，必須完成進氣、壓縮、動力、排氣等工作形態，故沒有獨立的進氣及排氣行程。

(2) 二行程汽油引擎以使用橫斷掃氣及反轉掃氣較多，現以圖 1.29 所示之引擎來介紹其工作原理。

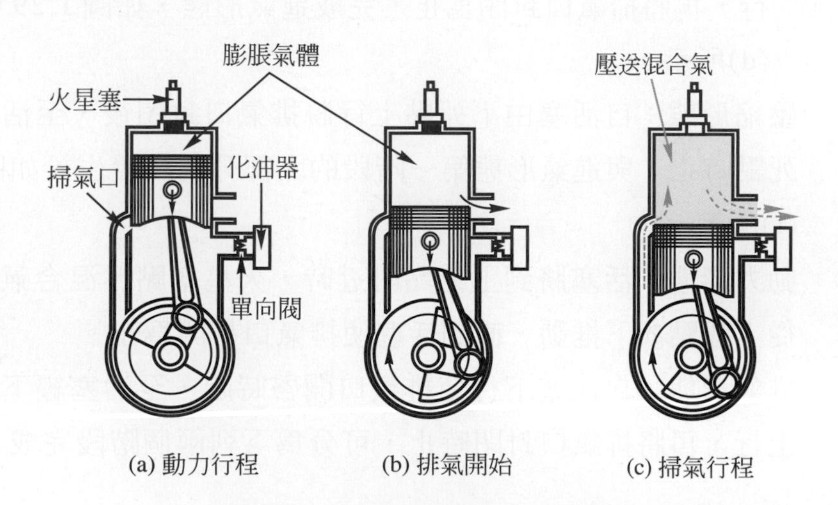

圖 1.29 二行程汽油引擎之工作原理

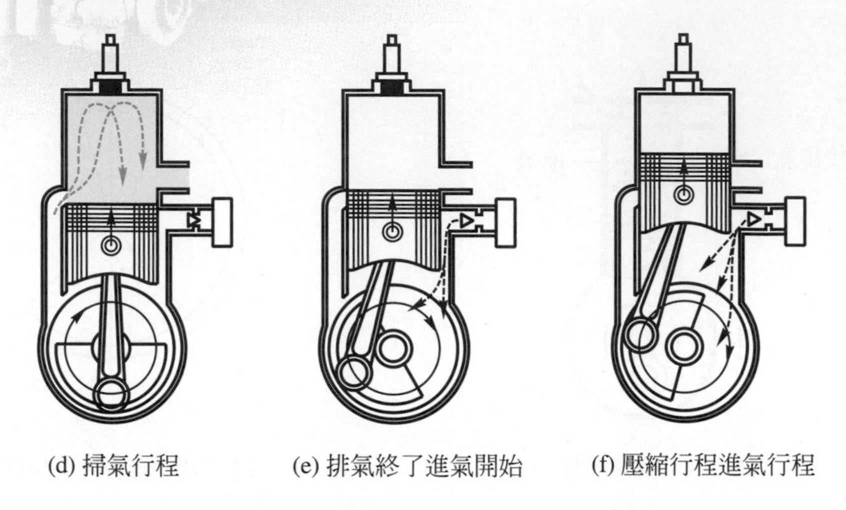

圖 1.29　二行程汽油引擎之工作原理(續)

① 進氣形態分爲下列二種

❶ 自活塞由下死點上行將掃氣口封閉時起，至活塞行抵上死點時止，因活塞向上移動，曲軸箱容積增大，而產生眞空，單向進氣閥打開，混合氣就進入曲軸箱中，如圖 1.29 中之(e)、(f)所示。

❷ 活塞從上死點轉而下行，單向閥關閉，曲軸箱容積變小，其內的混合氣被曲軸壓縮，至活塞使掃氣口開啓時起，混合氣即自曲軸箱中，經掃氣口進入汽缸中，直至活塞行抵下死點轉而上行，再將掃氣口封閉爲止，完成進氣形態，如圖 1.29 中之(c)、(d)所示。

② 壓縮形態：自活塞由下死點上行將排氣口封閉後，至活塞行抵上死點時止，與進氣形態第一階段的大部分同時發生，如圖 1.29 中(f)所示。

③ 動力形態：活塞將到上死點附近時，火星塞點燃混合氣，將活塞從上死點向下推動，直到活塞使排氣口打開爲止。

④ 排氣形態：自活塞下行使排氣口開啓時起，至活塞經下死點轉而上行，再將排氣口封閉時止，可分爲下列兩個階段完成

❶ 排氣口已開而掃氣口未開期間，汽缸內的壓力比大氣壓力高，廢氣從汽缸中自動排出，如圖 1.29 中(b)所示。

❷ 在掃氣口開放期內，新鮮混合氣進入汽缸中，將廢氣清掃出汽缸外，如圖 1.29 之(c)所示。

4. 四行程與二行程汽油引擎的比較

⑴ 四行程汽油引擎的特點

① 各行程劃分清楚，含混合氣的殘留氣體少，混合氣溢出也少，從低速到高速的燃燒良好，故燃料消耗量少。

② 兩轉才一次燃燒，且進氣行程時混合氣可冷卻汽缸，因此熱負荷較小，引擎壽命較長。

③ 兩轉才一次燃燒，因此扭矩變動較大，要得到圓滑運轉作用，必須採用多汽缸式。

④ 必須採用複雜的氣門機構，零件數增加，因此機械噪音較大。

⑵ 二行程汽油引擎的特點

① 一轉有一次燃燒，扭矩變動小，輸出馬力大。

② 無氣門機構，零件數少，構造較簡單；且重量與馬力比較輕，故價格較低。

③ 一轉有一次燃燒，熱負荷較大，因此引擎壽命較短。

④ 無獨立的進、排氣行程，排氣不完全，因此燃燒不穩定；且混合氣溢出量多，故耗油及排氣中 HC 濃度高。

⑤ 汽缸壁挖有掃氣孔、排氣孔等，汽缸的熱變形大；且油膜易刮除，因此活塞環易刮傷及磨損。

⑥ 無油底殼，機油是混入混合氣中，機油消耗量大，及會排白煙。

1.2 引擎本體的結構與性能

1.2.1 各部機件的構造與作用

一、汽缸蓋

1. 汽缸蓋(cylinder head)裝在汽缸體的上方，兩者之間以汽缸墊床保持密封，如圖 1.30 所示。
2. 近代小型車多採用以鋁合金爲材料之汽缸蓋，重量輕，且冷卻效果佳。

二、汽缸墊床

1. 汽缸蓋與汽缸體之間必須使用汽缸墊床(cylinder gasket)來保持密封，防止漏氣、漏水、漏油。
2. 全不銹鋼片式汽缸墊床，如圖 1.31 所示，由三層不銹鋼薄片所組成，以承受燃燒室產生之高壓，及能有效防止冷卻水與機油洩漏，爲現代引擎所採用。

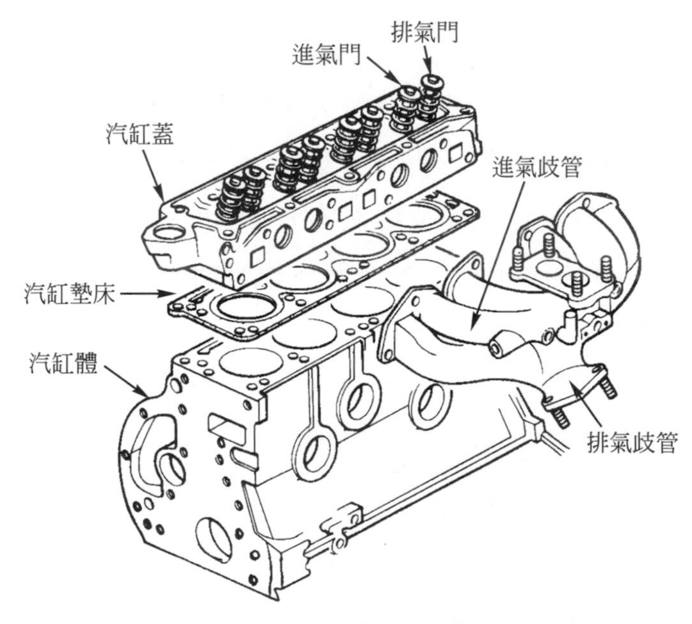

圖 1.30 汽缸蓋及汽缸墊床

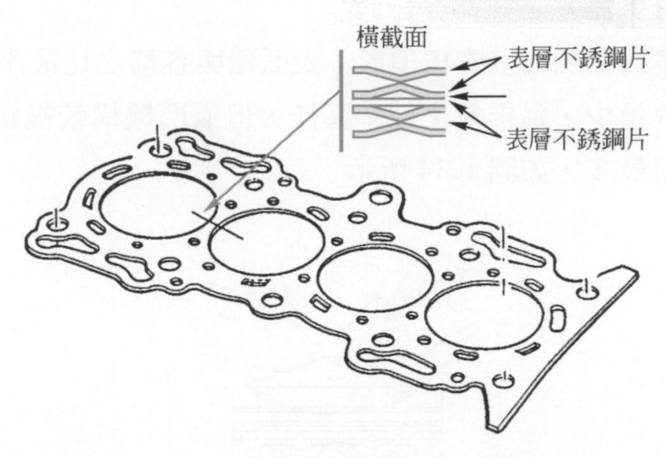

圖 1.31 全不銹鋼片式汽缸墊床(本田汽車公司)

三、燃燒室

1. 現代汽油引擎燃燒室的設計，必須符合下述各項條件

⑴ 進氣門之配置，應使進入之混合氣能產生渦流，而使燃燒迅速。排氣門之配置，應使排氣流出容易，使排氣乾淨，阻力減至最小。現代多氣門引擎，進排氣門中心線間之夾角縮小，又配合進氣口的筆直化，可產生縱向滾流(tumble)，如圖 1.32 與圖 1.33 所示，可加快燃燒速度。

⑵ 表面積與容積之比，應盡量小，以能減少熱能損失及HC的排放量，即燃燒室之簡小化(compact)。

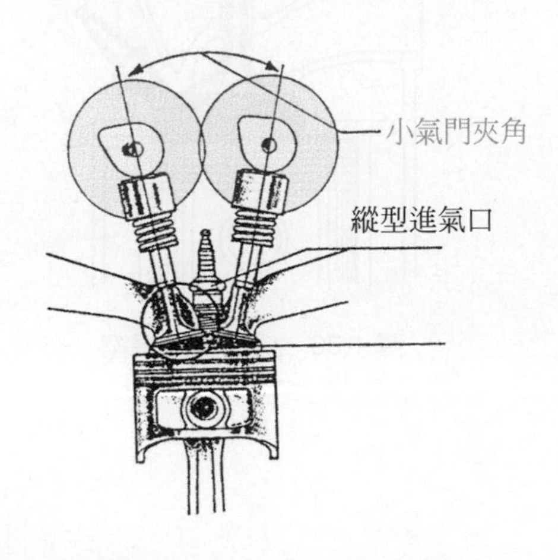

圖 1.32 小氣門夾角之設計

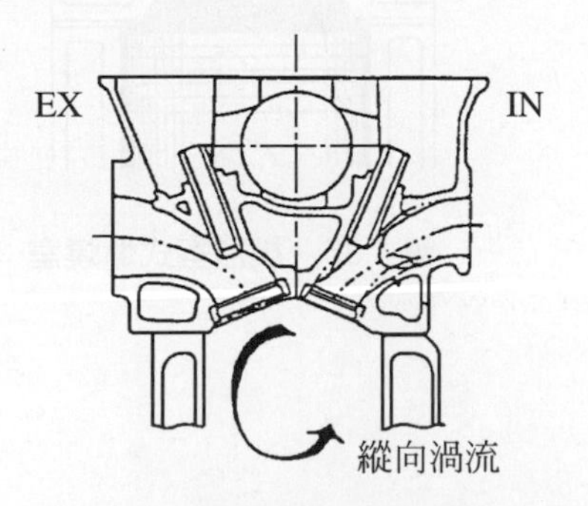

圖 1.33 進氣口筆直化之效果

2. 汽油引擎燃燒室之種類

(1) 稜頂室式：燃燒室成稜頂形，表面積與容積之比最小，熱損失及HC之排放量少，進排氣之效率甚佳，但氣門機構較複雜。現代OHC引擎採用最多，如圖1.34所示。

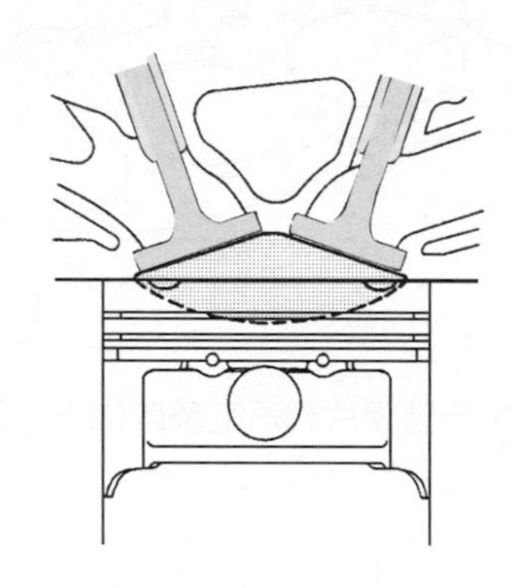

圖1.34 稜頂室式燃燒室(福特汽車公司)

(2) 楔形室式：進排氣門成一列排在汽缸蓋上，大約與汽缸體中心線傾斜20度左右，氣門機構安裝容易，可提高燃燒氣體的渦流，但有高污染氣體排出。多用於OHV或早期的OHC引擎，如圖1.35所示。

(3) 浴桶室式：進排氣門成一列，垂直安置在汽缸蓋上，優點與楔形室式相同，多用於OHV引擎，如圖1.36所示。

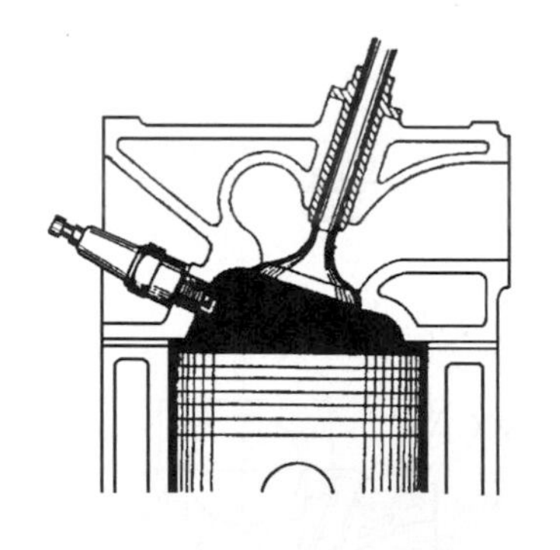

圖1.35 楔形室式燃燒室

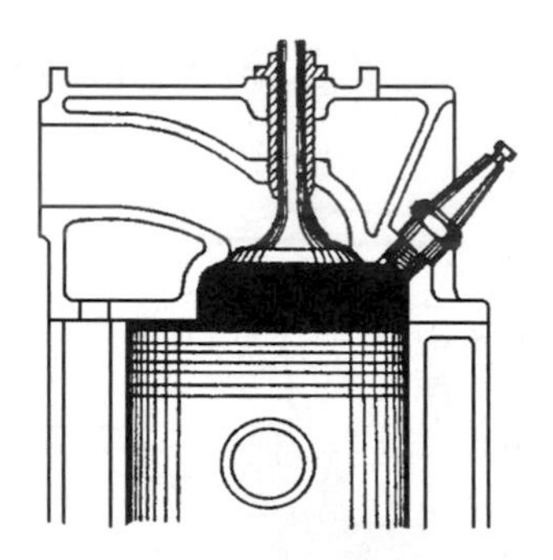

圖1.36 浴桶式燃燒室

四、汽缸體

1. 汽缸體(cylinder block)爲引擎之主要骨架，是由汽缸部分與曲軸箱部分合製成一體，如圖 1.37 所示。
2. 現代引擎汽缸體大多以鋁合金壓鑄而成。

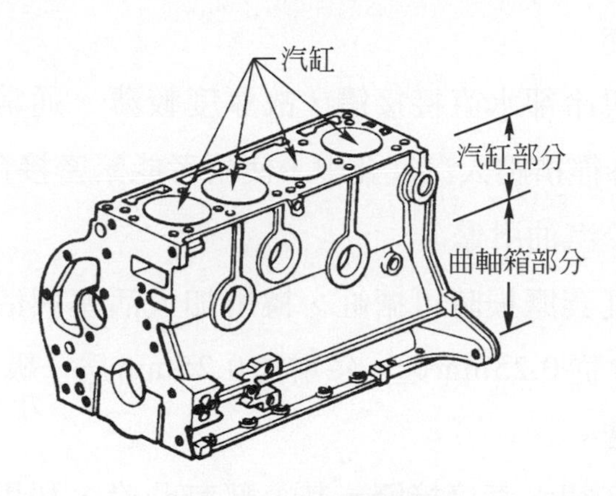

圖 1.37　汽缸體的構造

3. 現代汽車引擎，即使是精密加工的汽缸體，各缸缸徑之大小通常也會有些微的差異。爲了精確改善汽缸與活塞之間隙，必須依照各汽缸孔之尺寸，配用適當大小的活塞。如圖 1.38 所示，在汽缸體上有各缸之尺寸代碼，以配用相同代碼之活塞；活塞頂部的代碼位置，如圖 1.39 所示。代碼有 1、2、3 三種，代碼越大，汽缸的尺寸就越大，各代碼間約相差 0.01mm；另也可以 A、B、C 之符號代表。代碼或符號視引擎型式之不同，有時也多達五種。

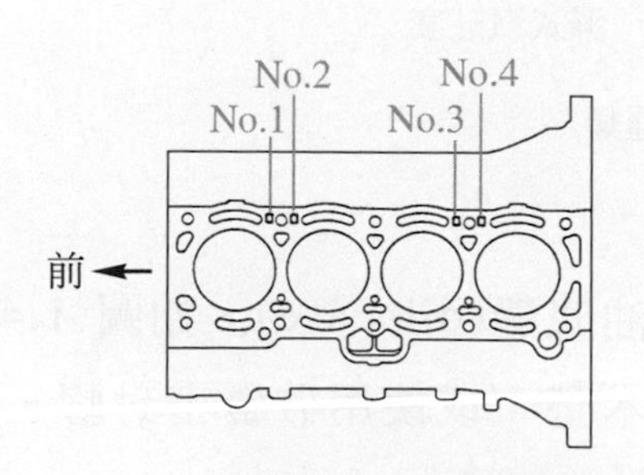

圖 1.38　汽缸體上各汽缸孔的代碼位置
(和泰汽車公司)

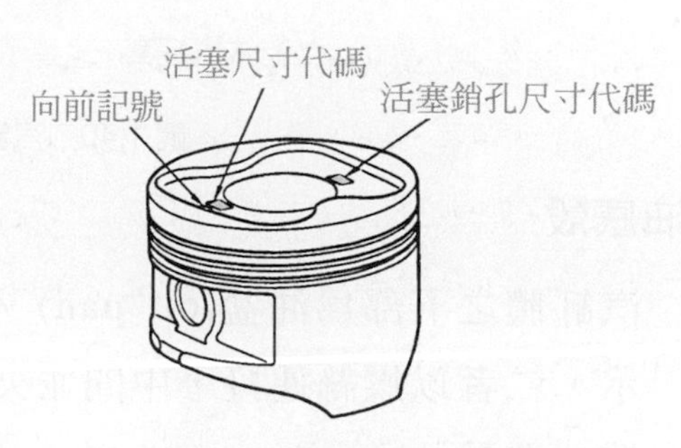

圖 1.39　活塞上的代碼位置
(和泰汽車公司)

五、汽缸套

1. 通常汽缸另鑲入特殊材質之汽缸套(sleeve or cylinder liner)。
2. 水冷式引擎之汽缸套，依有無與冷卻水直接接觸，而分爲乾式及濕式兩種，如圖 1.40 所示。
   ⑴ 乾式汽缸套
      ① 缸套不與冷卻水直接接觸，故厚度較薄。通常均以較汽缸孔內徑爲大的外徑擠壓入汽缸孔中，使兩者能緊密接合，加快散熱速度，大多用於汽油引擎。
      ② 乾式汽缸套磨損時可搪缸，換用加大活塞與活塞環後繼續使用。加大尺寸從0.25mm起，每增加0.25mm爲一級，最大至1.50mm。
   ⑵ 濕式汽缸套
      ① 缸套與冷卻水直接接觸，其上部有凸緣，利用汽缸蓋壓緊在汽缸體上，以避免鬆動。上部及下部並使用 1～2 條之橡皮水封圈封住，以防止漏水，柴油引擎使用較多。
      ② 濕式汽缸套磨損時不必搪缸，直接換新汽缸套、活塞及活塞環。

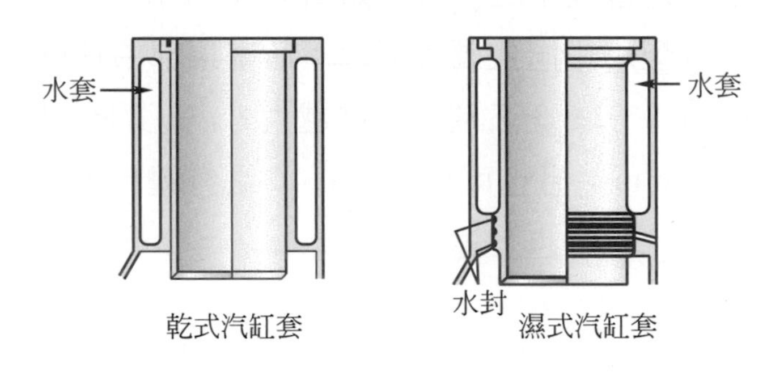

圖 1.40 汽缸套之種類

六、油底殼

1. 汽缸體之下部爲油盆(oil pan)，俗稱油底殼(oil case)，如圖 1.41 所示，二者以螺絲連接，中間並夾以軟木墊，或使用矽質密封膠，以防機油洩漏。

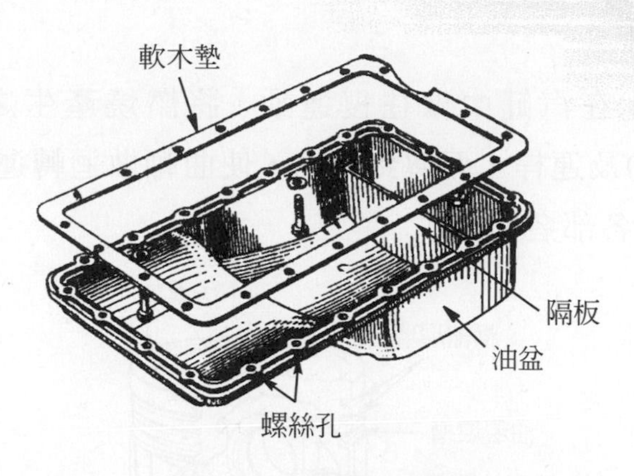

圖 1.41　油底殼之構造

2. 有的引擎油底殼製成上下兩部分，上部爲鋁合金製成，下部仍爲鋼板壓成，稱爲兩段式油底殼，如圖 1.42 所示。油底殼上部鋁合金鑄體以螺絲鎖在汽缸體上，也鎖在主軸承蓋上，使三者成一體，如此不但可減輕重量，也可以減少曲軸及各往復運動機件之振動及噪音。

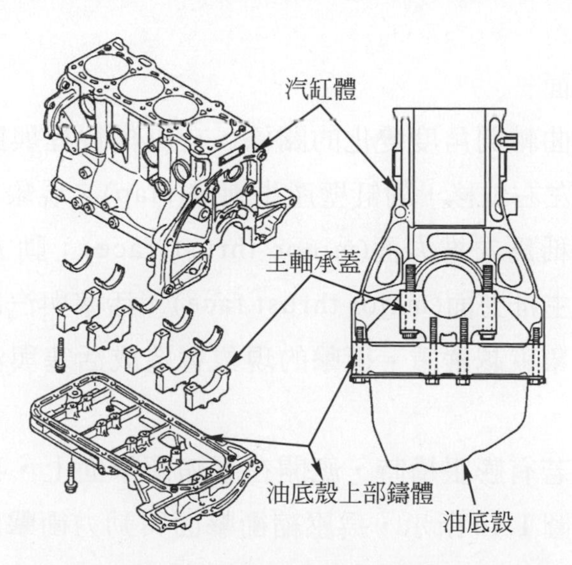

圖 1.42　兩段式油底殼之構造(福特汽車公司)

七、活塞與活塞銷

1. 活塞(piston)在汽缸中做往復運動，將燃燒產生之動力，經活塞銷(piston pin)及連桿，而傳到曲軸，使曲軸做迴轉運動。如圖 1.43 所示，爲活塞各部名稱。

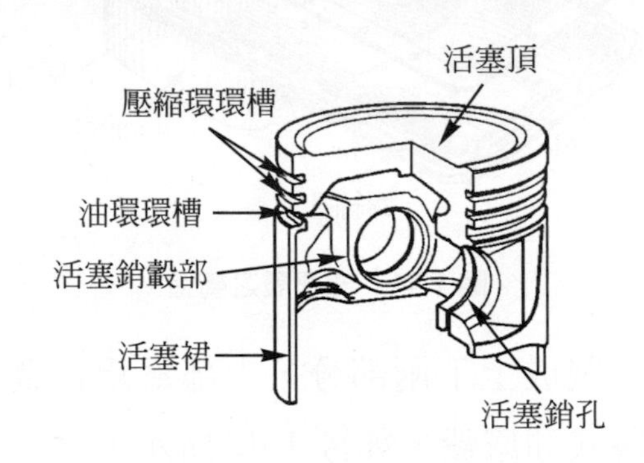

圖 1.43　活塞各部名稱

2. 活塞之材料，現在都是使用鋁合金製，其高溫強度佳、質輕及導熱性良好。
3. 活塞之衝擊面
   (1) 因連桿與曲軸間角度變化的關係，在壓縮行程與動力行程時，活塞在汽缸內左右位移，對缸壁產生衝擊(slap)之現象。壓縮衝擊面之受力較小，稱爲次推力面(minor thrust face)；動力衝擊面之受力較大，稱爲主推力面(major thrust face)。活塞與汽缸壁的間隙越大，衝擊的現象就越嚴重。衝擊的現象會造成活塞與汽缸壁之磨損，並產生噪音。
   (2) 另活塞上若有膨脹槽時，應開在壓縮衝擊面上，不可開在動力衝擊面上。如圖 1.44 所示，爲壓縮衝擊面與動力衝擊面之位置；當曲軸轉動方向相反時，兩衝擊面之位置變相反。

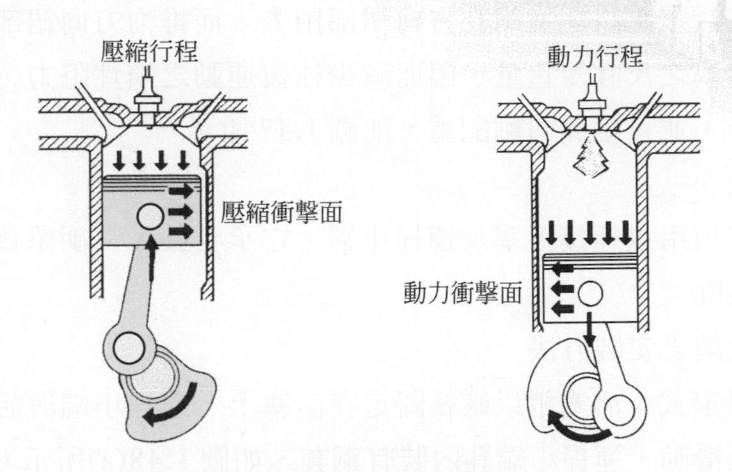

圖 1.44　活塞之衝擊面

4. 橢圓活塞：其材質多採用鋁合金，且活塞之裙部加工成橢圓形，即活塞銷孔方向之直徑較短，與銷孔成90度方向之直徑較長，每100mm約差0.1～0.2mm左右，如圖1.45所示。活塞冷時僅一部分與汽缸壁接觸，溫度升高後，因活塞銷孔方向之膨脹較多，使接觸面積逐漸增加；當引擎達到正常工作溫度時，活塞即成正圓形，而與汽缸壁全部接觸，如圖1.46所示。它的優點爲冷時活塞與汽缸壁之間隙可以較小，使冷引擎運轉之噪音小，且活塞之擺動少，故活塞環與汽缸壁之磨損也較小。

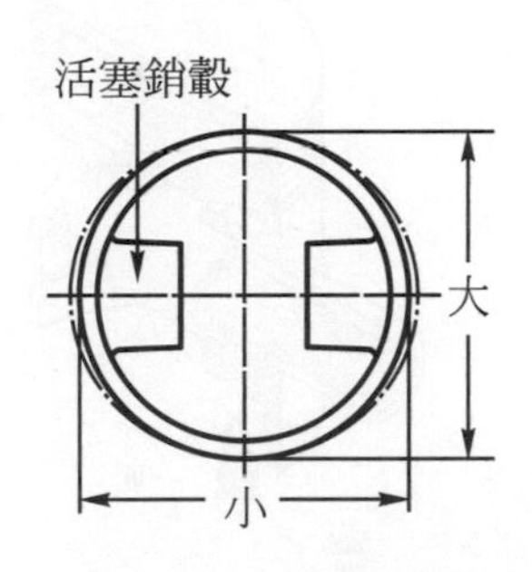

圖 1.45　橢圓活塞

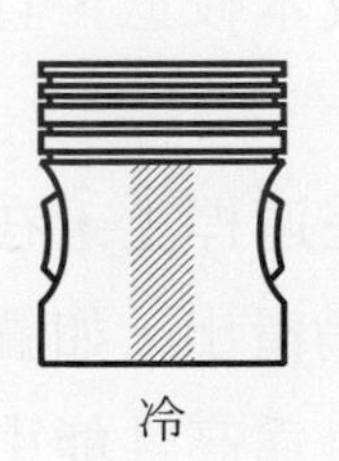
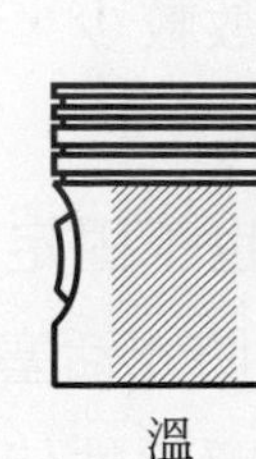
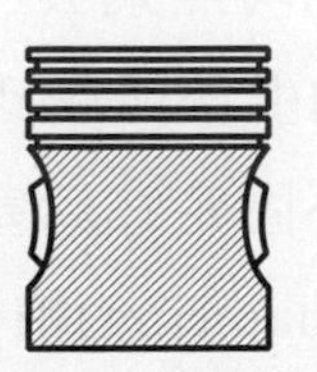

圖 1.46　橢圓活塞與汽缸壁接觸情形

圖 1.47　拖鞋式活塞

5. 拖鞋式活塞：將活塞銷孔方向裙部削去，而推力方向裙部則縮短，以減小活塞之尺寸及重量，因而減少往復運動之慣性阻力，以降低振動及噪音，並可避開曲軸配重，如圖 1.47 所示。

6. 活塞銷

⑴ 活塞銷用以連接活塞及連桿小端，它承受甚大之衝擊負載，因此必須強度大。

⑵ 活塞銷之安裝方法

① 固定式：活塞銷以螺絲固定在活塞上，連桿小端與活塞銷之間可以滑動，連桿小端孔內裝有銅套，如圖 1.48(a)所示。

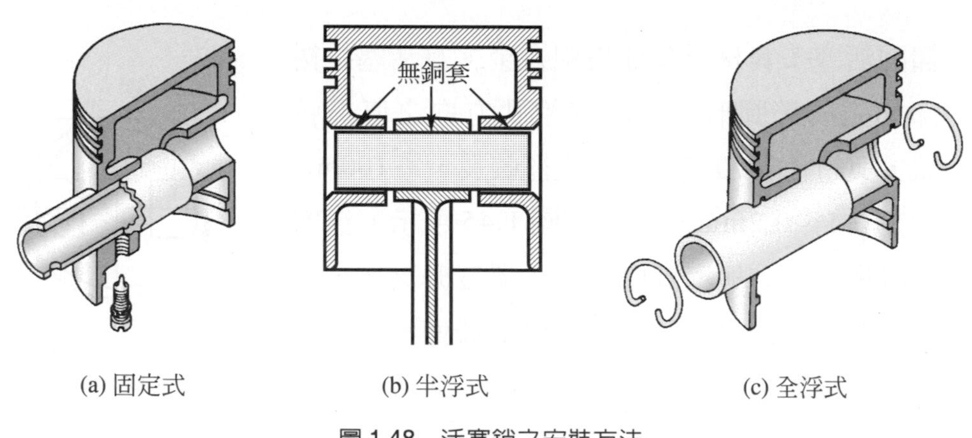

圖 1.48　活塞銷之安裝方法

② 半浮式：活塞銷固定在連桿上小端上，活塞與活塞銷之間可以滑動，如圖 1.48(b)所示。係將活塞銷直接壓入連桿小端孔中，在連桿小端孔及活塞銷孔均無銅套。零件數較少，成本較低，且噪音較小，故為一般汽油引擎所廣泛採用。

③ 全浮式：活塞銷既不固定在活塞上，也不固定在連桿上，在活塞的銷轂兩端用扣環(snap ring)扣住，以防止活塞銷滑出，如圖 1.48 (c)所示，在連桿小端孔內有銅套。耐摩耗性佳，為高性能引擎所採用。

八、活塞環

1. 概述

⑴ 活塞環(piston ring)爲鑄鐵製之圓環，安裝於活塞環槽中。活塞環具有張力，以與汽缸壁保持密接，使氣密良好；同時引擎運轉時，活塞頭部所受的熱，大部分須經活塞環傳到汽缸壁；此外活塞環並須將汽缸壁過多之機油刮除，以免進入燃燒室中。

⑵ 以氣密爲主要目的之活塞環稱爲壓縮環(compression ring)，普通裝在上方，約有2～3條；以控制汽缸壁適當油膜爲主要目的，而將多餘機油刮除之環稱爲油環(oil ring)，普通裝在下方，約有1～2條。爲了增加第二道壓縮環及油環之張力，有些在環的內部再加裝襯環。如圖1.49所示，爲現代汽油引擎使用之活塞環型式，二行程汽油引擎則無油環。

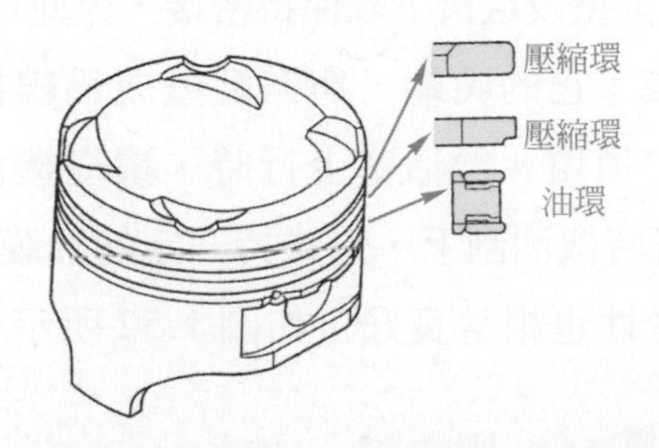

圖1.49 現代汽油引擎使用之活塞環型式(福特汽車公司)

2. 活塞環的處理

⑴ 鍍硬金屬：如鍍鉻，以增加耐磨性。

⑵ 鍍軟金屬：如鍍錫、氧化鐵等，以幫助與新汽缸壁之磨合(wear in)，且因含油，故可減少拖曳(scuffing)現象。汽油引擎通常在第二道壓縮環鍍軟金屬。

3. 組合式油環：高速引擎，爲了有效控制汽缸壁之機油，常使用組合式油環，係由兩片鉻合金鋼片及空間張力環等所組成，如圖1.50所示。空間張力環使鉻合金鋼片向上、向下及向外作用。

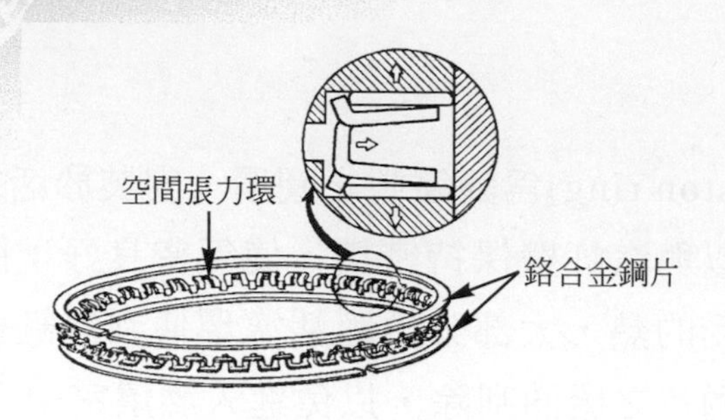

圖 1.50　組合式油環

4. 活塞環之作用

⑴ 平面式壓縮環：表面經常與汽缸壁全部接觸，以本身之張力來壓緊汽缸壁。於動力行程及壓縮行程時，如圖 1.51 所示，燃燒氣體的壓力及壓縮氣體的壓力，從環之上面及內面加壓環側及環底，以強大之壓力使與汽缸壁及環槽下緣保持密接，因此可以防止漏氣及上機油。

⑵ 斜面式壓縮環：它的尖端，與汽缸壁成爲線接觸，因此容易磨合，大多用在第二道環。於活塞上行時，環從機油面上滑過，而在活塞下行時，環就將機油刮下，以維持一定的油膜，避免燃燒室上機油。此外它的氣密性也相當良好，如圖 1.52 所示。

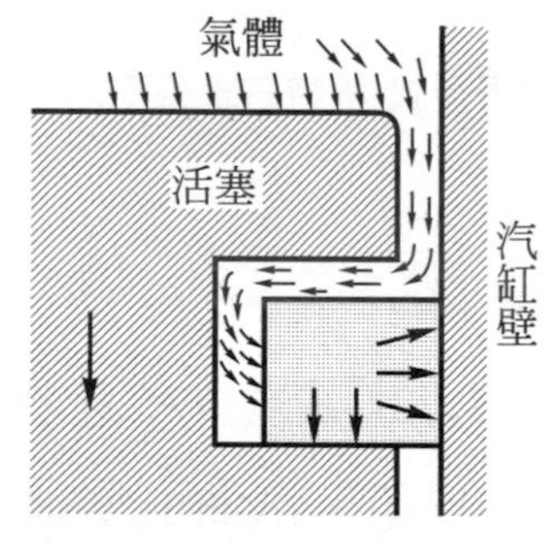

圖 1.51　平面式環之作用

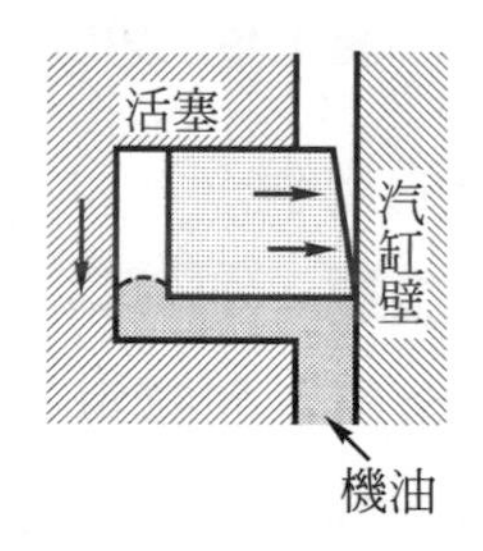

圖 1.52　斜面式環之作用

5. 活塞環之機油控制

(1) 進氣行程時：活塞下行，壓縮環及油環將機油刮除，但必須留下少量之機油，在汽缸壁上形成油膜，以供壓縮行程時潤滑之用，此時壓縮環停在環槽之上方，如圖 1.53 所示。機油則由環之下方進入環背與槽底之間，如果環磨損或槽之寬度過大時，或汽缸壁磨損而與活塞間之間隙過大時，則進入環槽內之機油過多，機油易進入燃燒室，使機油消耗量大增，稱爲泵油(pumping oil)現象，俗稱上機油，它會造成燃燒室積碳、火星塞積污短路、活塞環槽積碳，及排白煙污染空氣。

(2) 壓縮行程及動力行程時：汽缸內氣體之壓力，使壓縮環強力壓向汽缸壁，以防止漏氣，如圖 1.54 所示。

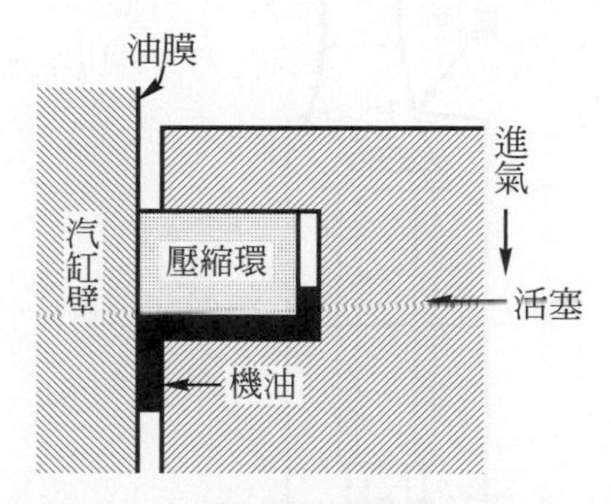

圖 1.53 進氣行程時之機油控制

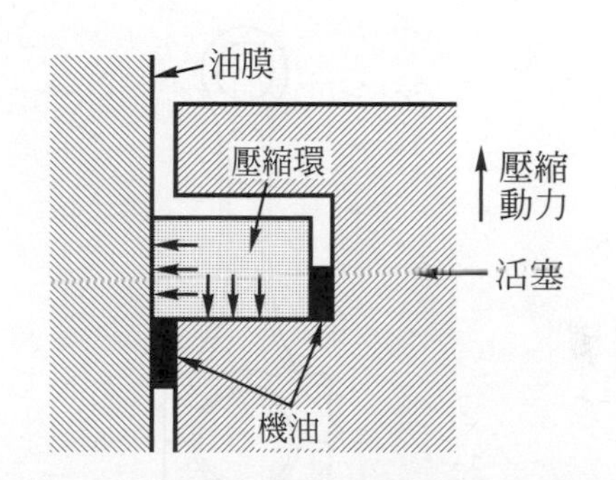

圖 1.54 壓縮及動力行程時之機油控制

九、連桿總成

1. 概述

(1) 連桿總成由連桿、軸承及軸承蓋等組成。係連接在活塞與曲軸之間，將活塞之動力傳遞到曲軸，並將活塞的往復運動轉變成曲軸的旋轉運動。

(2) 爲減輕重量，且不易變形，故斷面均製成 I 字形。

2. 連桿的種類

(1) 分離式連桿：一般汽車引擎所使用之連桿，均將大端分成兩半，以精密配合之高強度螺絲來固定，如圖 1.55 所示。

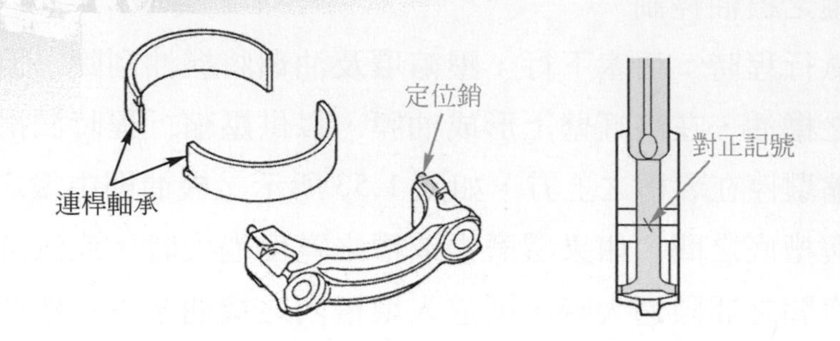

圖 1.55　連桿大端軸承蓋上的定位銷與對正記號(福特汽車公司)

① 中垂式：各部分均勻對稱，使用最多，如圖 1.56 所示，使用最多。

② 偏位式：連桿大端偏位一邊，以配合汽缸及軸承之安裝，如圖 1.57 所示。

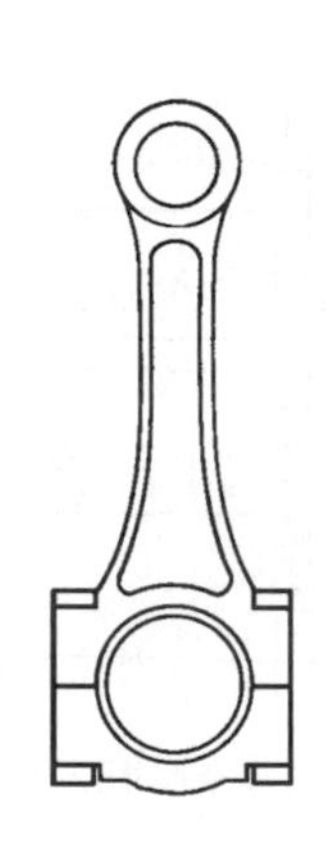

圖 1.56　中垂式連桿

圖 1.57　偏位式連桿

⑵ 整體式連桿：整體式連桿多用於二行程汽油引擎或小型引擎上，連桿之大小端均使用滾柱軸承(roller bearing)，以減少摩擦，如圖 1.58 所示。

3. 連桿軸承

⑴ 連桿小端軸承：一般連桿小端軸承皆以青銅(俗稱銅套)爲主，小型車或部分高速引擎採用滾柱軸承。

⑵ 連桿大端軸承：一般連桿大端軸承，皆爲精密鑲入式軸承，以軟鋼爲背，內襯以軸承合金，如圖 1.59 所示。

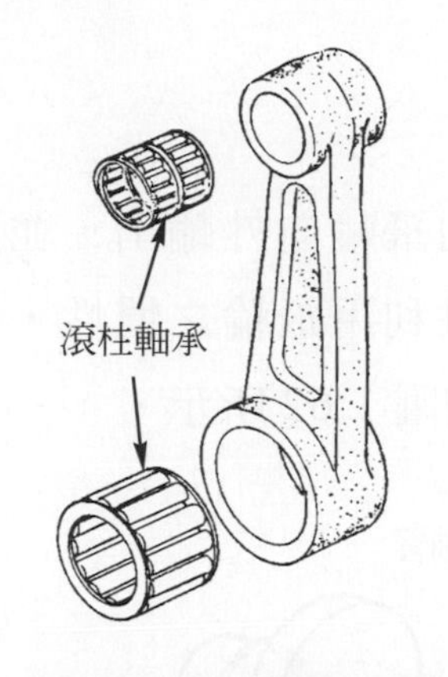

圖 1.58　整體式連桿

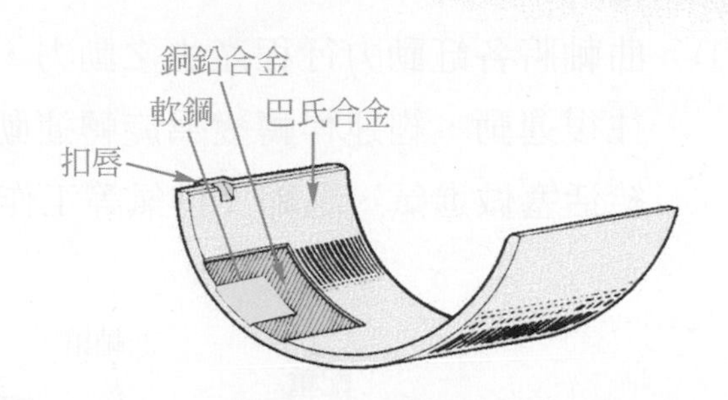

圖 1.59　連桿軸承片

(3)　軸承片之材料

①　巴氏合金(錫鉛合金)：以錫或鉛爲主要成分而製成之軸承合金，稱爲巴氏合金(babbit)或白合金。

②　銅鉛合金：係於表面鍍一層 0.005～0.02mm 厚之鉛基巴氏合金，中層銅鉛合金厚約 0.2～0.4mm，連同鋼背共有三層，稱爲三層軸承(trimetal)。

(4)　連桿軸承之配合

①　擠壓高度(crush height)：爲使軸承片的背部與軸承底座確實密合，使導熱性良好，故軸承片裝在座後，兩端應略爲凸出，如圖 1.60 所示。

②　外張現象：軸承片在安裝前，軸承片之外徑應比軸承座之內徑爲大，使其稍具彈性，如圖 1.61 所示。

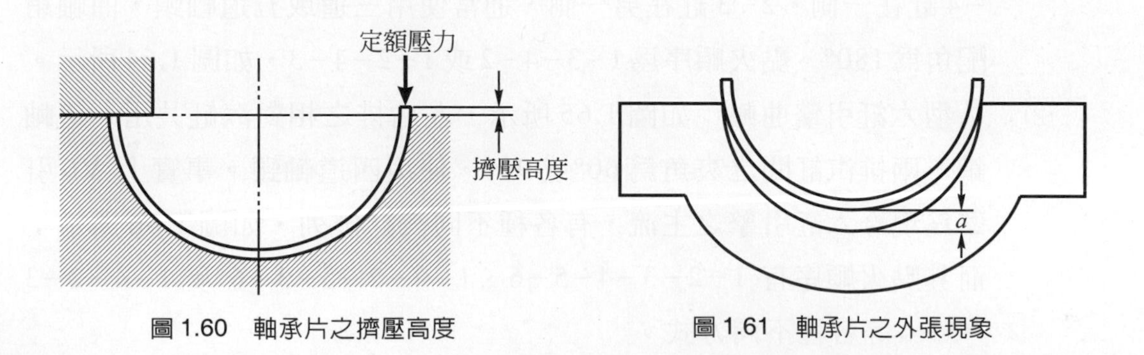

圖 1.60　軸承片之擠壓高度

圖 1.61　軸承片之外張現象

十、曲軸總成

1. 概述

⑴ 曲軸將各缸動力行程產生之動力，經由飛輪向外輸出，並將活塞之往復運動，經連桿轉變爲旋轉運動，且利用飛輪之慣性，將動力供給活塞做進氣、壓縮、排氣等工作，如圖 1.62 所示。

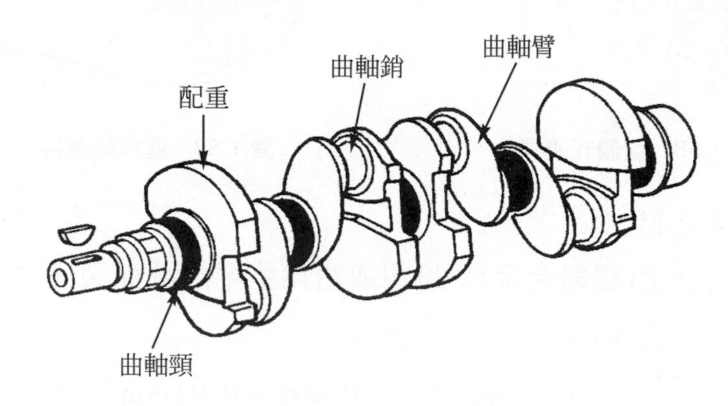

圖 1.62 曲軸的各部名稱

⑵ 曲軸各軸頸及軸銷之間均鑽有油道，使各相關軸承部分能得到充分之潤滑，並可減輕曲軸重量。

⑶ 現代引擎有將曲軸製成中空，以減輕引擎重量。

⑷ 曲軸以極高轉數運轉，如果有局部重量不均，將產生嚴重振動，而使曲軸疲勞折斷，因此在曲軸銷之對面，必須加上配重以保持平衡。

2. 曲軸之排列

⑴ 線列式四缸引擎曲軸：如圖 1.63 所示，曲軸銷均在同一平面上，1－4 缸在一側，2－3 缸在另一側，通常使用三道或五道軸頸，曲軸銷配角爲 180°。點火順序爲 1－3－4－2 或 1－2－4－3，如圖 1.64 所示。

⑵ V 型六缸引擎曲軸：如圖 1.65 所示，左右排之相對汽缸共用一道軸銷，兩排汽缸間之夾角爲 60°或 90°，使用四道軸頸。事實上 V6 引擎爲現今六缸引擎之主流，有各種不同汽缸排列，如圖 1.66 所示；而其點火順序有 1－2－3－4－5－6、1－4－2－5－3－6 及 1－4－2－3－5－6 等各種不同方式。

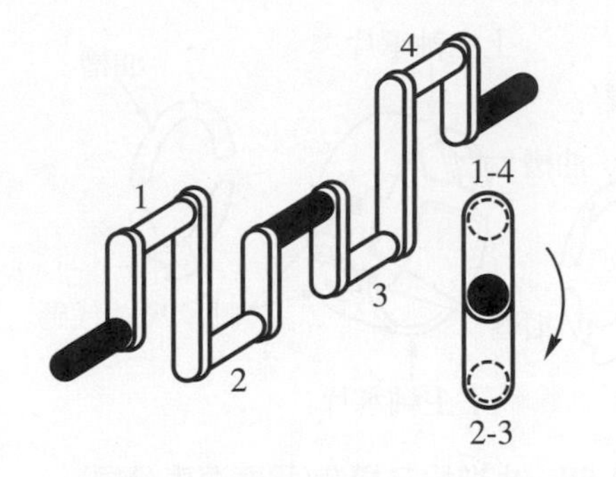

圖 1.63 線列四缸曲軸排列

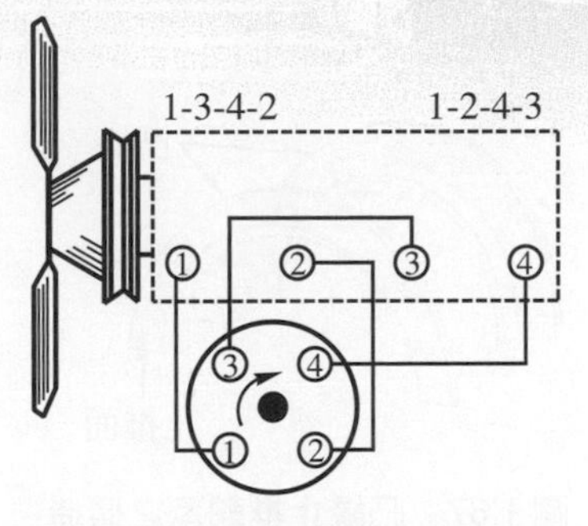

圖 1.64 線列四缸點火順序

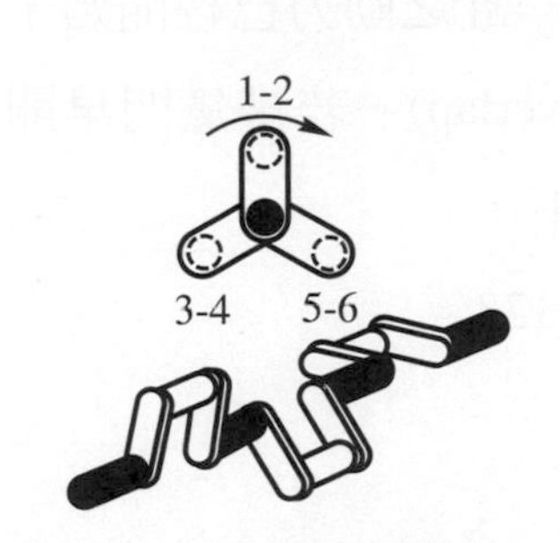

圖 1.65 V 型六缸曲軸排列

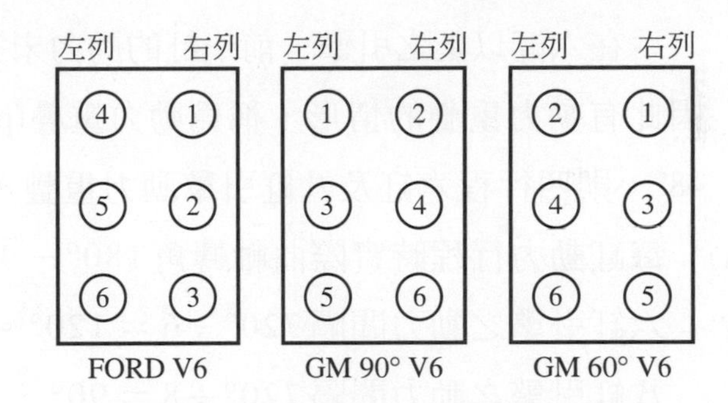

圖 1.66 V6 引擎各種不同汽缸排列(AUTOMOTIVE MECHANICS)

3. 曲軸主軸承

(1) 曲軸銷處以連桿大端軸承與連桿相連接，在曲軸頸處則必須以曲軸軸承，俗稱主軸承，支承在汽缸體上。其形狀、材質均與連桿大端軸承相同，但曲軸之主軸承，至少需一道止推軸承(thrust bearing)，以承受曲軸之軸向推力；止推軸承安裝之位置不一定，有的在中央主軸頸處，有的在前後主軸頸處。

(2) 止推軸承的型式有兩種，一種爲整體式，即兩端有凸緣之凸緣軸承(flanged bearing)，如圖 1.67 所示。另一種爲使用兩片半圓形狀之止推片，分開夾在主軸承之兩側，止推片上有凸脊或銷來固定，摩擦面上有油槽以儲存潤滑油，如圖 1.68 所示。

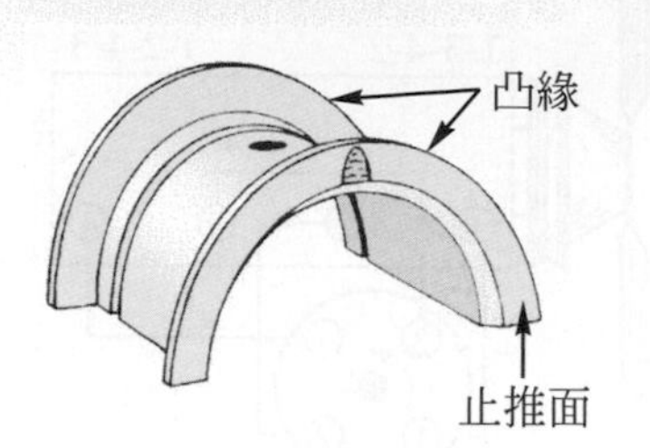

圖 1.67 凸緣止推軸承之構造

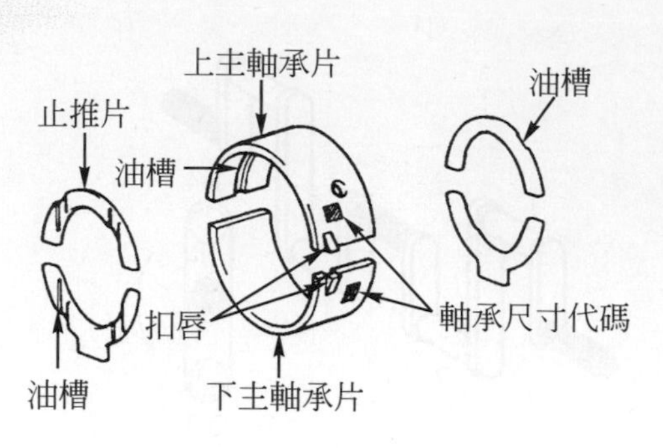

圖 1.68 止推片之構造(和泰汽車公司)

4. 動力重疊

在六缸以上之引擎，前一缸的動力未完，次一缸之動力已經開始，因此有動力重疊的情形，稱爲動力重疊(power overlap)。若排氣門早開 48°，則四行程六缸及八缸引擎動力重疊角度如下：

(1) 每缸動力行程時實際曲軸轉角 $180° - 48° = 132°$。

(2) 六缸引擎之動力間隔 $720° \div 6 = 120°$。

八缸引擎之動力間隔 $720° \div 8 = 90°$。

(3) 六缸引擎之動力重疊角度 $132° - 120° = 12°$。

八缸引擎之動力重疊角度 $132° - 90° = 42°$。

十一、曲軸皮帶盤與飛輪

1. 概述

(1) 曲軸的前端裝皮帶盤(pulley)或減震器(damper)，後端接飛輪(flywheel)。

(2) 皮帶盤的功用爲利用皮帶，以傳動發電機、水泵、冷氣壓縮機及動力轉向油泵等，其上並有記號，以對正點火正時。

(3) 飛輪的功用爲在動力行程時，吸收動能向外輸出，並儲存部分動能，供給進氣、壓縮、排氣等各行程時使用，使引擎能運轉，及使動力能平穩輸出，並做爲離合器之主動機件，及發動引擎時之被動機件。

2. 一般引擎均裝用簡單的皮帶盤，做爲傳動機件用。而要求平穩性佳之線列四缸引擎，或線列六缸以上的長曲軸，則裝用減震器，除原有皮帶盤之功用外，並可吸收曲軸之扭轉振動(tortional vibration)，如圖1.69所示。

3. 機械離合器所使用之飛輪，以鑄鐵製成。使用螺絲與曲軸凸緣相連接，中間有嚮導軸承(pilot bearing)，與離合器片之摩擦面經精密加工。圓周裝有齒環，普通係將齒環加熱後套入，冷卻後即緊密結合在一起。有些飛輪上並打有上死點及點火正時記號，如圖1.70所示。

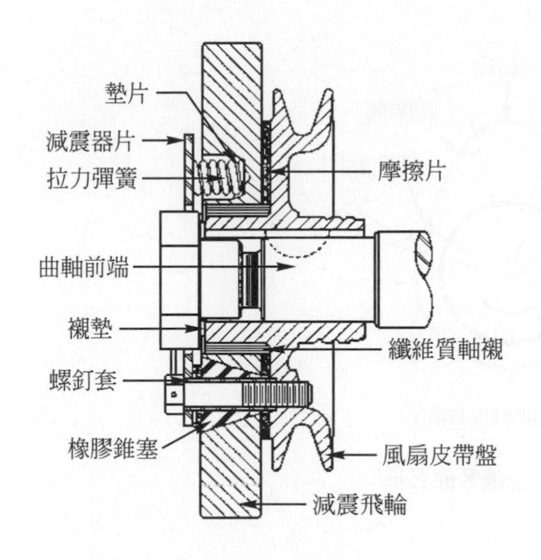

圖1.69 摩擦片式減震器

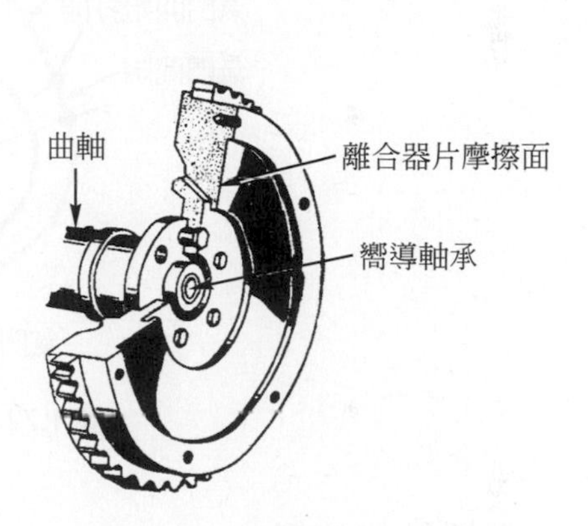

圖1.70 機械離合器用之飛輪

十二、凸輪軸及其傳動機構

1. 凸輪軸

(1) 凸輪軸由曲軸以鍊條或皮帶帶動，四行程引擎其轉速爲曲軸之半。用來控制進、排氣門之開閉，及用以驅動汽油泵、分電盤、機油泵等機件。

(2) OHV引擎凸輪軸裝在汽缸體上，與曲軸平行，OHC引擎則裝在汽缸蓋上。

(3) 現代四汽缸十六氣門SOHC引擎凸輪軸之構造，如圖1.71所示。

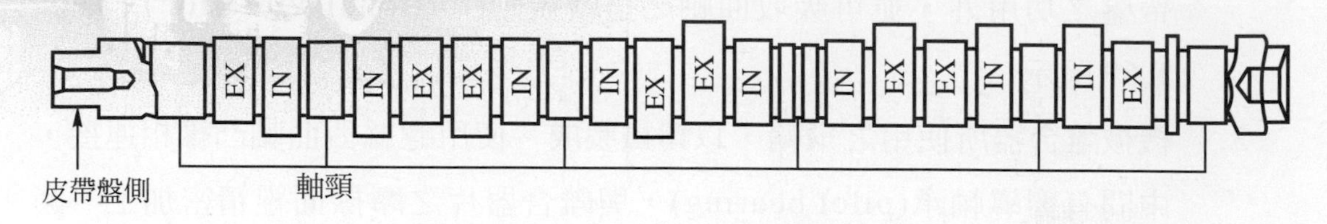

圖 1.71　四缸十六氣門 SOHC 引擎之凸輪軸(本田汽車公司)

⑷　凸輪各部位的名稱，如圖 1.72 所示。

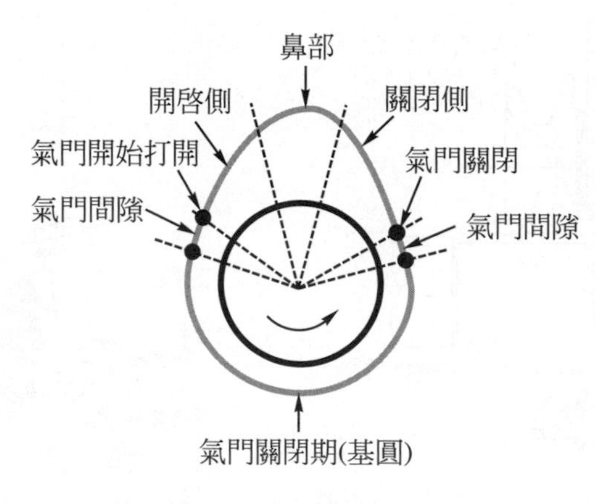

圖 1.72　凸輪各部名稱

2. 凸輪軸的傳動

活塞的位置與進排氣門的開閉，其時間必須精確配合，故曲軸與凸輪軸的轉動角度必須精確對正且固定不變。

⑴　使用正時鍊條(timing chain)

① 鎳鉻鋼製鍊條配合鍊輪使用，耐久性佳，使用時不易在瞬間重負載時斷裂，但噪音較大為其缺點。不過現代引擎已在鍊條區設置良好的吸隔音裝置，以改善噪音之問題。

② 鍊條有長短之分，短鍊條用於 OHV 引擎，如圖 1.73 所示；長鍊條則用於 OHC 引擎，如圖 1.74 所示，係用於 DOHC 引擎上。

③ 新型鍊條的鍊銷(pin)經耐磨處理，並開發小型滾柱(roller)式鍊條，耐久、可靠性高，且免保養，因此鍊條再度被現代引擎所採用。

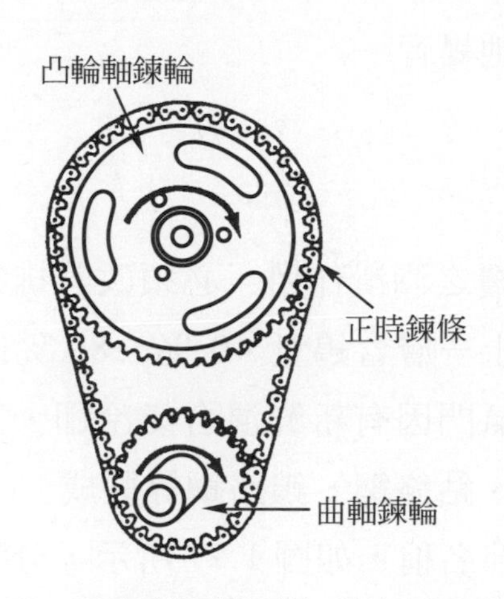

圖 1.73 正時鍊條的組成(一)(AUTOMOTIVE MECHANICS)

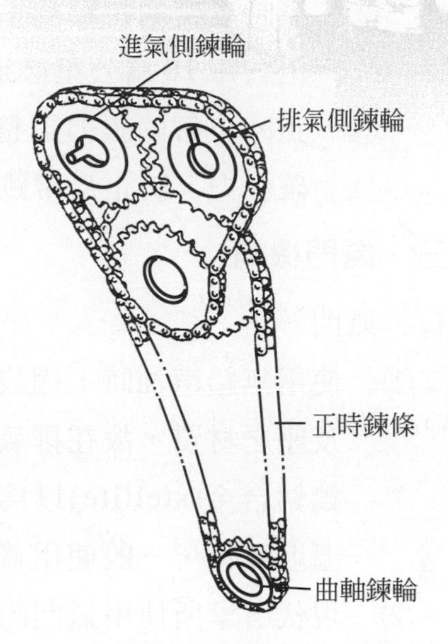

圖 1.74 正時鍊條的組成(二) (裕隆汽車公司)

(2) 使用正時皮帶(timing belt)

① 現今多數引擎採用，如圖 1.75 所示。使用耐磨的帆布質，耐熱的橡膠，及強度極高的玻璃纖維線，製成環齒形皮帶，如圖 1.76 所示。

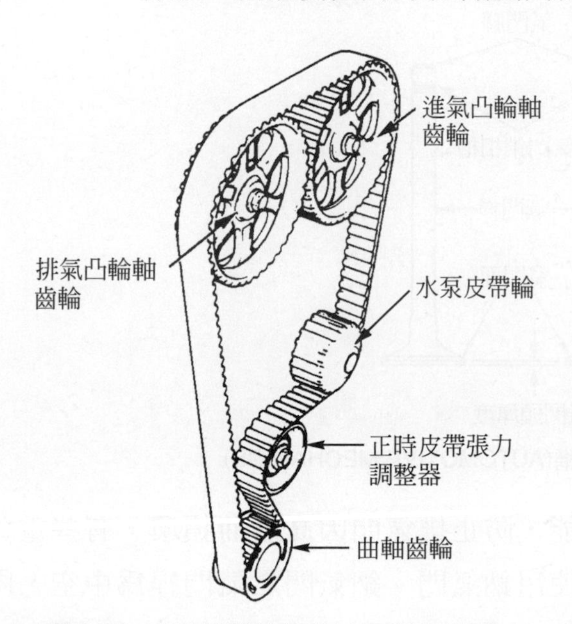

圖 1.75 正時皮帶的組成(本田汽車公司)

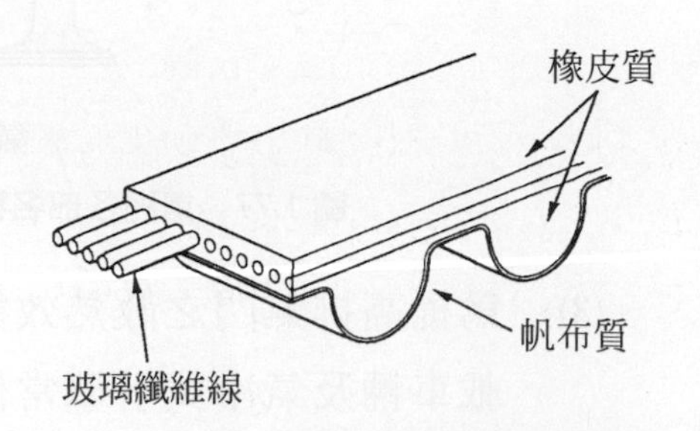

圖 1.76 正時皮帶的構造(本田汽車公司)

② 正時皮帶的特點爲重量輕、價格低廉、噪音小、不需潤滑等，但約每10萬公里必須換新，且耐水性及耐油性差。

③ 正時皮帶的張力調整器(tensioner)，是用以調整正時皮帶的正確張力，防止皮帶跳齒，或鬆弛異音。

十三、氣門機構

1. 氣門

⑴ 使用無鉛汽油時，因沒有鉛的被覆之潤滑作用，必須改善排氣門及座之材質，故在排氣門及座覆上一層含鎢量 40 %～80 %的鉻鎢鈷合金(stellite)以爲因應。進氣門因有新鮮混合氣冷卻，工作溫度較低，一般使用普通合金鋼、鈷鉻鋼、鎳鉻鋼等製成。

⑵ 現代引擎所使用氣門的構造及各部名稱，如圖 1.77 所示，分氣門桿、氣門頭兩大部分。氣門頭之邊緣厚度(margin)必須足夠才不會變形；氣門面(face)之角度，通常進排氣門均爲 45°；氣門桿端，又稱氣門腳，有槽溝以安裝氣門鎖扣。氣門桿製成中空，可減輕重量。

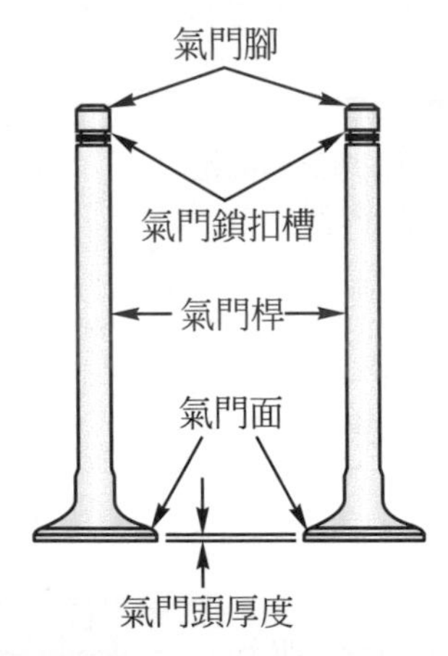

圖 1.77 氣門各部名稱(AUTOMOTIVE MECHANICS)

⑶ 爲提高排氣門之散熱效能，防止排氣門因高溫而損壞，有些重負載車輛及氣冷式引擎常使用鈉氣門。鈉氣門之氣門桿爲中空，內

裝半滿之金屬鈉(metallic sodium)。鈉之比熱極高，熔點僅131.2℃，但沸點高達 880℃，氣門在開閉動作時，內部之鈉隨著上下移動，鈉在氣門頭部時，可以吸收大量熱，流到氣門桿時，將熱經氣門導管而散發到冷卻系中。

2. 氣門座

(1) 鋁合金之汽缸蓋，則需另外鑲入鎢鉻鋼等製成之氣門座。

(2) 氣門座要與氣門保持良好的氣密，最好爲線接觸。普通進氣門座寬度較小，約1mm，排氣門座寬度較大，約1.5mm。

(3) 氣門座角度，進排氣門通常均爲45°左右。有些車子排氣門磨成44°，而座磨成45°；或氣門面45°，氣門座磨成46°，如圖1.78所示。此種氣門面比座之角度略小，稱爲干涉角(interference angle)，使接觸面間形成較大的接觸壓力，幫助氣門面剪除氣門座上堆積物，使密封良好。不過當氣門面與座逐漸磨損時，干涉角會消失。

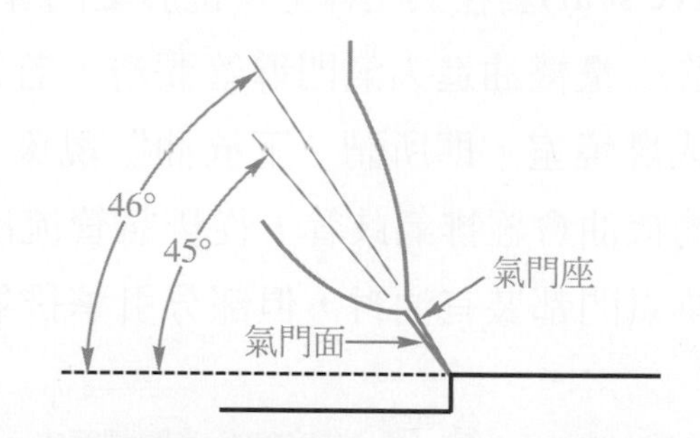

圖1.78 氣門面與氣門座的配合(AUTOMOTIVE MECHANICS)

3. 氣門導管

(1) 氣門導管(valve guide)之目的，爲保持氣門的正確直線運動，普通爲鑄鐵製成，內外精密加工後壓入汽缸蓋中，如圖1.79所示。

(2) 氣門桿與氣門導管間必須保持適當的間隙，普通排氣門之間隙要比進氣門大，以免氣門卡死在導管中。

4. 氣門彈簧

(1) 氣門彈簧(valve spring)之目的，爲使氣門能確實的關閉。

(2) 爲防止彈簧之諧震與氣門之開閉動作相近時，會使氣門無法關閉，因此常使用一大一小兩只彈簧套在一起，使諧震不會發生。如果僅用一條彈簧時，彈簧之圈距必須疏密不等，在安裝時，密的一端向汽缸蓋，疏的一端向氣門腳，如圖 1.80 所示。

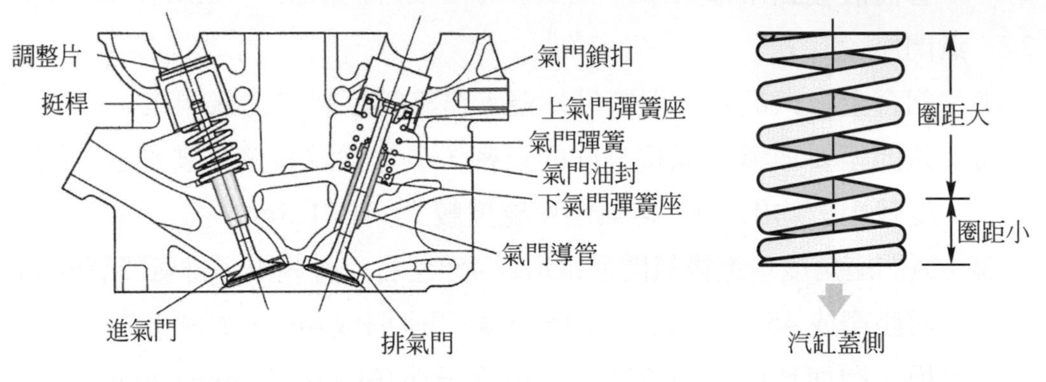

圖 1.79 氣門導管的位置(福特汽車公司)

圖 1.80 圈距不等的氣門彈簧

5. 氣門油封

⑴ 氣門油封(valve seal)套在氣門桿上，位於氣門導管的上方，如圖 1.81 所示，只允許少量機油進入氣門導管潤滑。若進氣門油封磨損，大量機油被吸入燃燒室，即所謂“下機油”現象；若是排氣門油封磨損，則下行的機油會經排氣歧管，從排氣管流出。

⑵ 一般引擎進排氣門都裝有油封，但部分引擎排氣門處不裝。

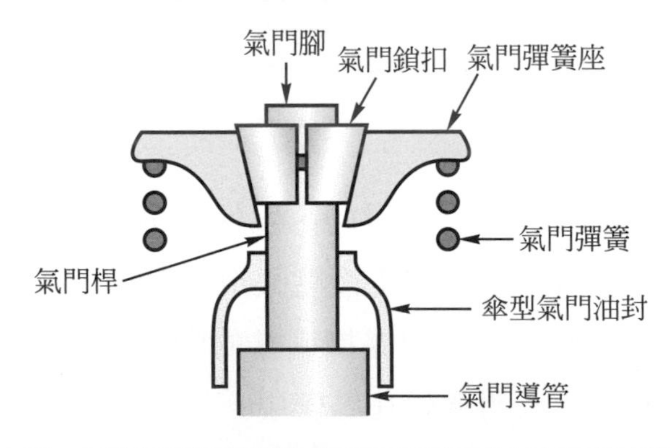

圖 1.81 氣門油封的安裝位置(AUTOMOTIVE MECHANICS)

1.2.2 引擎的性能

一、排氣量

1. 活塞自上死點(TDC)移到下死點(BDC)所移動之距離，稱爲行程(stroke)。活塞移動一個行程，曲軸旋轉180°。
2. 活塞在上死點時，其上部之容積，稱爲燃燒室容積(combustion chamber volume)。活塞在下死點時，汽缸內之容積稱爲總汽缸容積(total cylinder volume)。活塞自上死點移到下死點時，其位移容積稱爲活塞位移容積。引擎中各汽缸活塞位移容積之和，稱爲該引擎之排氣量。

$$\text{PDV}=\frac{\pi\times D^2\times S}{4}$$

$$\text{或排氣量}=\frac{\pi\times D^2\times S\times N}{4}$$

式中

PDV：活塞位移容積
D：汽缸直徑
S：行程
N：汽缸數

二、壓縮比

總汽缸容積與燃燒室容積之比，稱爲壓縮比(compression ratio)，如圖1.82所示。即

$$\text{壓縮比}=\frac{\text{總汽缸容積}}{\text{燃燒室容積}}=\frac{\text{燃燒室容積}+\text{活塞位移容積}}{\text{燃燒室容積}}$$

$$\text{CR}=\frac{\text{CCV}+\text{PDV}}{\text{CCV}}$$

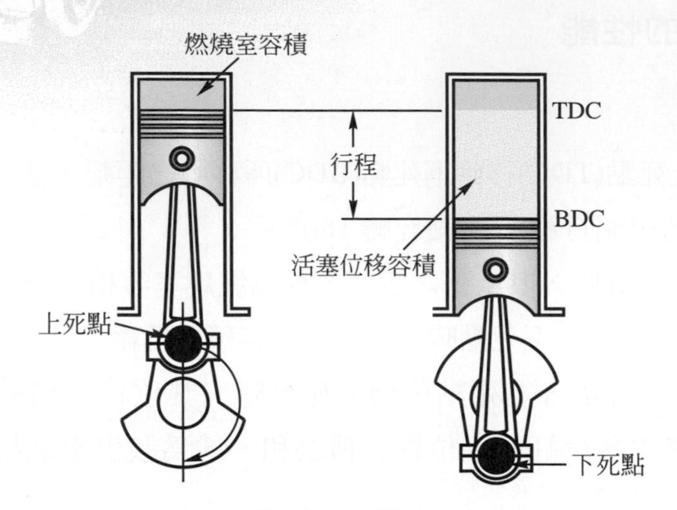

圖 1.82 壓縮比

例：某四缸引擎，缸徑×行程為 75×90.5mm，則排氣量是多少？若燃燒室容積為 50c.c.，則壓縮比是多少？

---

(1) 排氣量 $= \dfrac{\pi D^2 SN}{4} = \dfrac{3.14 \times 7.5^2 \times 9.05 \times 4}{4} = 1598.5\text{cm}^3(\text{c.c.})$

(2) 壓縮比 $= \dfrac{\text{CCV} + \text{PDV}}{\text{CCV}} = \dfrac{50 + \dfrac{1598.5}{4}}{50} = 8.99$

答：(1)該引擎之排氣量為 1598.5c.c.(通常以 1600c.c.稱之)

(2)該引擎之壓縮比為 8.99：1

三、馬力

1. 汽油引擎與柴油引擎之馬力，可分為在汽缸內產生之馬力與曲軸實際輸出之馬力兩種，前者由引擎活塞行程和汽缸壓力關係圖示而成之壓容圖(*PV*線圖)計算而得之馬力，稱為指示馬力(indicated horsepower)，簡稱 IHP；後者為引擎實際輸出馬力，以測功計(dynamo meter)測試而得之馬力，稱為制動馬力(brake horsepower)，簡稱 BHP。IHP 比 BHP 之值大。

2. 電磁式測功計爲發電機之一種，吸收引擎動力使發電機旋轉，由發電機發出之電壓及電流而測出制動馬力，如圖 1.83 所示。亦即功率＝電壓×電流，例如 100V×10A＝1000W＝1kW＝1.3 馬力。

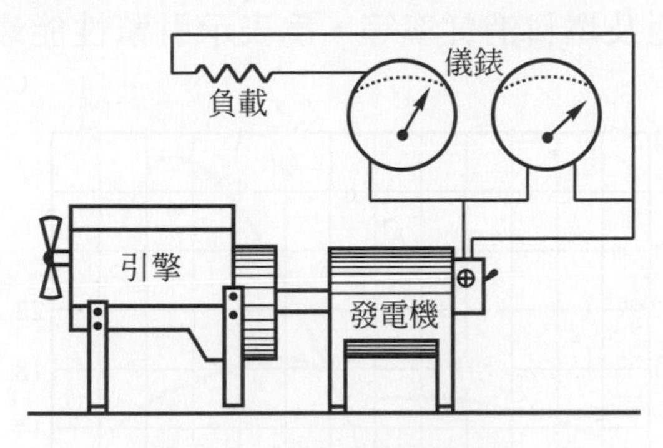

圖 1.83　馬力試驗器的構造

3. 廠家測量制動馬力時，依引擎全裝備或卸下各種附件而分爲淨馬力(net horsepower)及總馬力(gross horsepower)兩種。
   (1) 由光引擎(bare engine)，即卸下引擎各種附件，如空氣濾清器、消音器、發電機、風扇及其他附件等狀況測量而得者，稱爲總馬力。由全裝備引擎(fully-equipped engine)，即引擎裝有全部附件且裝有排氣淨化裝置之狀況測量而得者，稱爲淨馬力。
   (2) 按美、日、德等各國之規格，其測量條件不盡相同，習慣上所表示者爲淨馬力，若爲總馬力則另有註明。淨馬力較總馬力約低7～10％。

四、扭矩

1. 扭矩是指飛輪對外扭轉或旋轉的力量，以 N-m、kg-m 或 lb-ft 表示。
2. 如圖 1.84 所示，爲當燃燒壓力P_0作用於活塞，經活塞銷、連桿至曲軸臂，成垂直方向之力量爲P_1時，此P_1與曲軸臂長度 r 之乘積，即爲當時使曲軸旋轉之扭矩。因此同一引擎，燃燒壓力愈大，扭矩值也愈大。

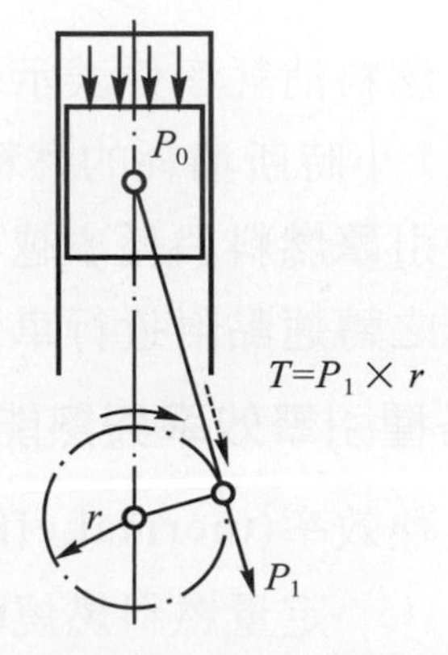

圖 1.84　活塞作用於曲軸之扭矩

3. 引擎性能曲線圖

如圖 1.85 所示，爲本田汽油噴射引擎之性能曲線圖(engine performance curve)，隨引擎轉速變化以表示各種性能者稱之。其中軸出力，即制動馬力，與扭矩及燃料消耗率等，爲表示引擎性能最重要之項目。

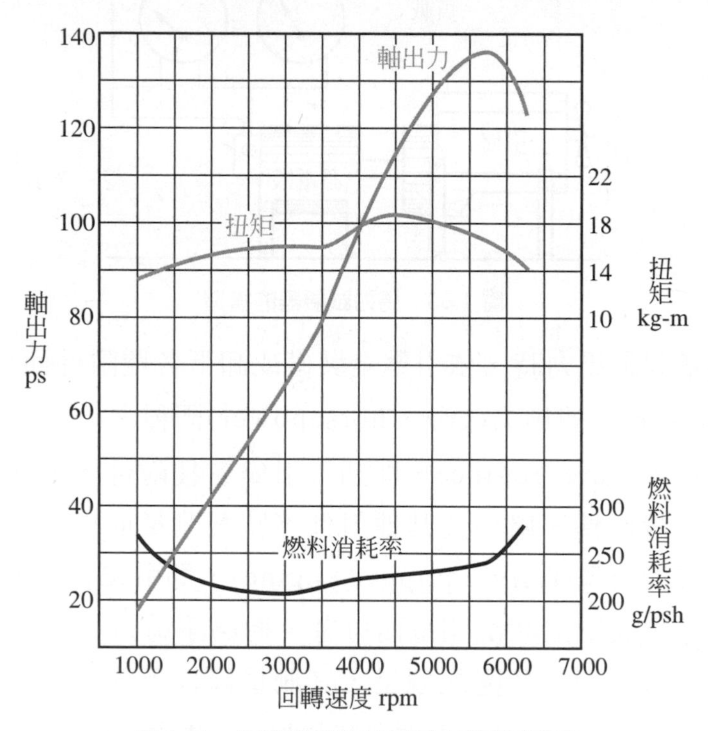

圖 1.85　引擎性能曲線圖(本田汽車公司)

五、燃料消耗率

1. 燃料消耗率係表示引擎在一定條件下耗油量之多寡，其單位以 1 馬力 1 小時所消耗的燃料重量表示，即 g/ps-hr 或 g/hp-hr。
2. 引擎燃料消耗率越小，其經濟性越優。故盡量維持在最小燃料消耗率之轉速點附近行車，車輛可越省油。

六、各種引擎效率與熱能分配

1. 熱效率(thermal efficiency)

定量燃料燃燒轉換爲功之熱能與輸入引擎之燃料總熱能之比，稱爲熱效率。

(1) 制動熱效率：引擎實際輸出的功與供給燃料之總熱能的比例，稱爲制動熱效率，也稱爲全效率(over-all efficiency)。

$$制動熱效率\ \eta_0 = \frac{制動馬力}{輸入燃料總熱能}$$

(2) 熱效率愈高，燃料消耗率愈低，在各種引擎中，柴油引擎之熱效率最高，約 30～40 %，燃氣輪機次之，約 22～30 %，汽油引擎再次之，約 25～28 %，蒸氣機最低。

2. 機械效率

制動馬力與指示馬力之比，稱爲機械效率(mechanical efficiency)。

$$機械效率\ \eta_m = \frac{制動馬力}{指示馬力} \times 100\ \%$$

機械效率與機械摩擦多寡有關。

3. 容積效率(volumetric efficiency，VE)

(1) 汽缸內吸入多少空氣與輸出馬力有直接之影響，研究引擎性能必須瞭解吸入空氣效率，通常比較吸入作用之良否爲容積效率。

$$容積效率\ \eta = \frac{實際吸入空氣之重量}{理論上汽缸可容納空氣之重量}$$

於 15℃及標準大氣壓力下所測得之比率。

(2) 容積效率之高低，受引擎轉速、氣道阻力、汽缸及燃燒室溫度等影響。

(3) 柴油引擎之容積效率爲 0.8～0.9，汽油引擎因節氣門之阻力，進氣壓力降低，容積效率僅約 0.65～0.8，如使用增壓器，則容積效率可達 1.5。

4. 熱能分配

(1) 燃料燃燒後產生之熱能，對於一般內燃機，其熱能分配可分爲制動馬力輸出、排氣損失、冷卻損失及機械摩擦損失。

⑵ 熱能分配比例，依引擎種類、轉速、負載狀態而有不同。下列為柴油引擎和汽油引擎之比較。

		柴油引擎(%)	汽油引擎(%)
①	制動功量	30～34	25～28
②	排氣損失(含輻射熱)	30～33	33～37
③	冷卻損失	30～31	32～34
④	機械損失	5～7	5～6

一、是非題

( )1. 汽油引擎是屬於內燃機。
( )2. 使引擎工作的四要素是進氣、壓縮、動力、排氣。
( )3. 燃燒壓力變化在等容積狀態下進行的是狄塞爾循環。
( )4. OHV 與 SOHC 引擎均爲單凸輪軸引擎。
( )5. OHC 引擎使用短鍊條以驅動凸輪軸。
( )6. DOHC 引擎常採用直接驅動氣門方式。
( )7. 現代引擎，傾向每缸五氣門之設計最多。
( )8. 液化石油氣引擎，即 CNG 引擎。
( )9. 十六缸引擎製成三列時，稱爲 X 型。
( )10. 上下死點之間的距離，稱爲行程，通常以 S 代表。
( )11. 排氣量就是活塞位移容積。
( )12. 一般汽油引擎的氣門都是晚開早關。
( )13. 進氣門在上死點後 10°打開，排氣門在上死點前 15°關閉，則其氣門重疊角度爲 25°。
( )14. 二行程汽油引擎曲軸箱中無機油。
( )15. 汽缸蓋與汽缸體間有汽缸墊床。
( )16. 現代引擎採用鋼片石綿式汽缸墊床。
( )17. 燃燒室之簡小化，即 S/V 比要小。
( )18. 直接噴射式引擎，活塞頂面爲凸頂式。
( )19. 現代引擎各汽缸孔的尺寸是完全相同的。
( )20. 油底殼內嵌入鋼片及塑膠片，可減少震動及噪音。
( )21. 由曲軸皮帶盤端看，逆轉引擎的動力衝擊面在左側。
( )22. 特殊頂式活塞頂面設計，可避免與氣門頭部撞擊。
( )23. 第一道壓縮環常鍍錫。

(　)24. 現代引擎常用組合式油環。

(　)25. 長連桿設計，缸壁側壓力小，引擎轉速快。

(　)26. 三層軸承的中層爲巴氏合金。

二、選擇題

(　)1. 下述何種引擎非內燃機　(A)汽油引擎　(B)柴油引擎　(C)液化石油氣引擎　(D)蒸氣引擎。

(　)2. 四行程四缸引擎，要產生四次動力，曲軸必須轉　(A)1(B)2　(C)3　(D)4　轉。

(　)3. 凸輪軸裝在汽缸體內的是　(A)OHC　(B)SOHC　(C)OHV(D)DOHC　引擎。

(　)4. 四凸輪軸用於　(A)線列六缸　(B)V6　(C)線列四缸　(D)線列八缸　引擎。

(　)5. 充塡效率最高的是　(A)二　(B)三　(C)四　(D)五　氣門引擎。

(　)6. 目前採用最多的引擎型式是　(A)線列式　(B)V 式　(C)水平相對式　(D)迴轉式。

(　)7. 往復式引擎，活塞在汽缸中速度最快之點是　(A)行程中央　(B)上死點　(C)下死點　(D)連桿中心線與曲軸臂中心線成直角時。

(　)8. 一般引擎的進氣門開閉時間爲　(A)15° BTDC，50° ABDC　(B)15° ATDC，50° BBDC　(C)15° BBDC，50° ATDC　(D)15° ABDC，50° BTDC。

(　)9. 動力行程時最高燃燒溫度可達　(A)800　(B)1500　(C)2000　(D)2480　℃。

( )10. 二行程汽油引擎，活塞從上死點下行時 (A)將混合氣吸入汽缸中 (B)排氣口先開 (C)進氣歧管眞空最大 (D)進氣門打開。

( )11. 現代引擎普遍採用 (A)I (B)L (C)F (D)T 型頭氣門裝置法。

( )12. 燃燒室設擠流區域，可 (A)減小燃燒室容積 (B)改善燃燒效率 (C)增加壓縮比 (D)降低燃燒溫度。

( )13. 引擎運轉時活塞頂部的溫度可達 (A)1200 (B)1575 (C)1805 (D)2204 ℃以上。

( )14. 現代引擎均採用 (A)實裙式 (B)凸頂式 (C)裂裙式 (D)拖鞋式 活塞。

( )15. 活塞環無下述何種作用 (A)氣密 (B)刮油 (C)減重 (D)傳熱。

( )16. 下述何項非泵油時會產生的現象 (A)積碳 (B)排白煙 (C)火星塞電極短路 (D)油底殼漏油。

( )17. 連桿大端孔代碼爲 2，曲軸銷代碼爲 3，則連桿軸承片必須選用之代碼爲 (A)1 (B)2 (C)3 (D)5。

( )18. 線列四缸汽油引擎最常見的點火順序是 (A)1243 (B)1234 (C)1342 (D)1324。

( )19. 六缸引擎，排氣門早開 50°，則其動力重疊角度爲 (A)10° (B)15° (C)20° (D)30°。

( )20. 氣門桿中的鈉，其熔點及沸點分別爲 (A)85.5℃，200℃ (B)100℃，380℃ (C)132℃，880℃ (D)0℃，100℃。

( )21. 氣門搖臂無下列何項功能 (A)提高進氣速度 (B)改變運動方向 (C)使氣門開啓量比凸輪升程大 (D)上有螺絲可調整氣門間隙。

(　)22. 氣門搖臂與氣門腳之偏接，下述何項非其功能　(A)氣門接觸面不會積碳　(B)不會因接觸面某一點溫度過高而燒蝕　(C)可減小氣門尺寸　(D)可維持良好氣密性。

三、問答題

1. 何謂燃燒室容積與排氣量？
2. 現代汽油引擎採用可變氣門正時之設計有何特點？
3. 二行程汽油引擎爲何會燃燒不穩定及排氣中 HC 濃度高？
4. 稜頂室式燃燒室設計的特點爲何？
5. 活塞對汽缸壁的衝擊現象有何影響？
6. 試述平面式壓縮環在動力行程及壓縮行程時的作用。
7. 減震器有何功能？
8. 鈉氣門如何散熱？
9. 何謂淨馬力？
10. 引擎性能曲線圖包含有哪些項目？

Chapter 2 傳統汽油燃料系統

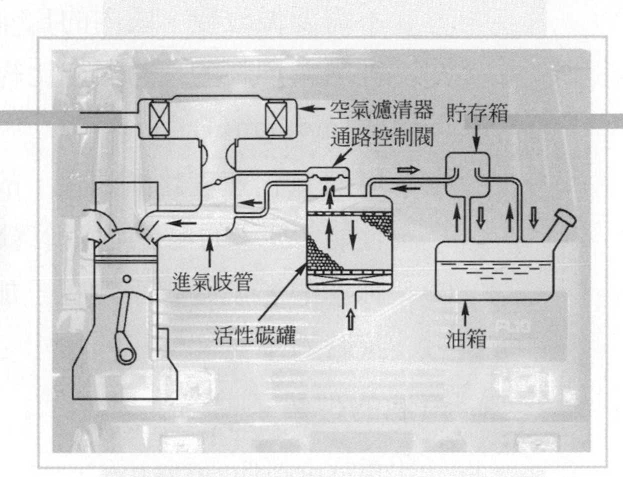

2.1 燃料與燃燒

2.1.1 燃料的種類與性質

一、燃料的種類

1. 汽油

⑴ 汽油是由石油精煉而成，石油公司供應之汽油為上百種碳氫化合物之混合液。

⑵ 無鉛汽油(unleaded gasoline)

① 使用於現代裝有觸媒轉換器，以減少鉛污染之汽車上。

② 國內現已有92、95與98三種無鉛汽油銷售，其中98無鉛汽油適用壓縮比9.8以上的引擎使用。95無鉛汽油約適用壓縮比9.2～9.8的引擎使用。

2. 汽油酒精混合液(gasohol)

⑴ 通常是10％酒精與90％無鉛汽油的混合液(E10)，原引擎燃料系統不需要做改變。國內的E3酒精汽油，汽油中含有3％的生質酒精。

⑵ 純酒精燃料的理論混合比約9：1，而純汽油則為14.7：1左右。

3. 甲醇(methanol)

⑴ 甲醇氣化速度比汽油慢，故添加少量汽油以改善汽車起動性及溫車性能。典型的混合比例稱為M85，即85％甲醇與15％汽油的混合液。

⑵ 純甲醇燃燒時幾乎無色，加入汽油後使火燄具有顏色，以免發生火災時看不見。

二、汽油的性質

1. 比重(specific gravity)

車用汽油的比重約在0.7～0.8之間。

2. 抗爆性(anti knock quality)

⑴ 汽油引擎混合氣之燃燒必須由火星塞點火來引燃。

① 當汽缸中某處之混合氣，在火星塞點火之後，燃燒火燄尚未傳送到時，就發生自然現象，與火燄波前鋒相互觸及時，迅速產生異常高壓，而發生尖銳的類似金屬敲擊聲，稱為爆震(detonation)。

② 汽油不易自燃之性質稱為抗爆性，以辛烷號數(octane number)表示。

⑵ 汽油辛烷號數之決定，一般採用研究法辛烷號數(reserch octane number， RON)較多 ，台灣地區也是採用此種方法；另一種是以可實際行駛之汽車引擎測得的馬達法辛烷號數(motor octane number，MON)。

3. 含硫量(sulfur content)

汽油的含硫量愈低愈佳。含量過高時，其與氫、氧結合而成的酸化物，會腐蝕活塞頂、氣門頭、排氣門及座之接觸面及排氣系統的排氣管、消音器等；同時排氣中的硫化物及酸化物等，也是造成酸雨的原因之一。

4. 含膠量(existent gum)

汽油內含膠量愈低愈佳，過高時容易產生油膠，而阻塞化油器的油嘴、油道及汽油噴射系統的噴油嘴等，且黏附在引擎的氣門導管及活塞環等機件上。

5. 為容易區分，不同的汽油加入各種不同的染色劑，如中油的 92 無鉛汽油為藍色(blue)，95 無鉛汽油為黃色(yellow)，98 無鉛汽油為紅色(red)，E3 酒精汽油為淡綠色。

2.1.2 空氣與汽油的混合比

1. 依重量計，各主要氣體之比例
   - 氧佔 23 %
   - 氮佔 76.9 %
   - 其他氣體佔 0.1 %
2. 即空氣中氧與氮之重量比為 1：3.34，亦即每 4.34 公斤的空氣中，就有 1 公斤的氧及 3.34 公斤的氮。
3. 亦即汽油與空氣之理論混合比(重量比)為 1：15.2。
4. 空氣與汽油的實際混合比
   (1) 最小極限時：即混合比最濃時，約 8：1，為冷車起動引擎時。
   (2) 最大極限時：早期的化油器式引擎，在中速無負載時約 17：1；接著由於燃料系統及燃燒室的改良，混合比稀薄至 20～25：1 仍能穩定燃燒；而最近之汽油直接噴射引擎，在低負載時，甚至可達到 40：1 的超稀薄燃燒。

2.1.3 汽油的燃燒

一、汽油的正常燃燒

1. 汽缸內的混合氣在壓縮行程將完畢前，火星塞適時跳火，使火星塞中央電極與搭鐵電極周圍的混合氣開始燃燒，並形成一個「球面火燄烽」，從火星塞處，逐漸向外擴散。
2. 如果球面火燄烽連續而穩定地傳至整個燃燒室，且其傳播速度及火燄形狀，並未發生突然變化時，稱為正常燃燒，如圖 2.1 之左圖所示。

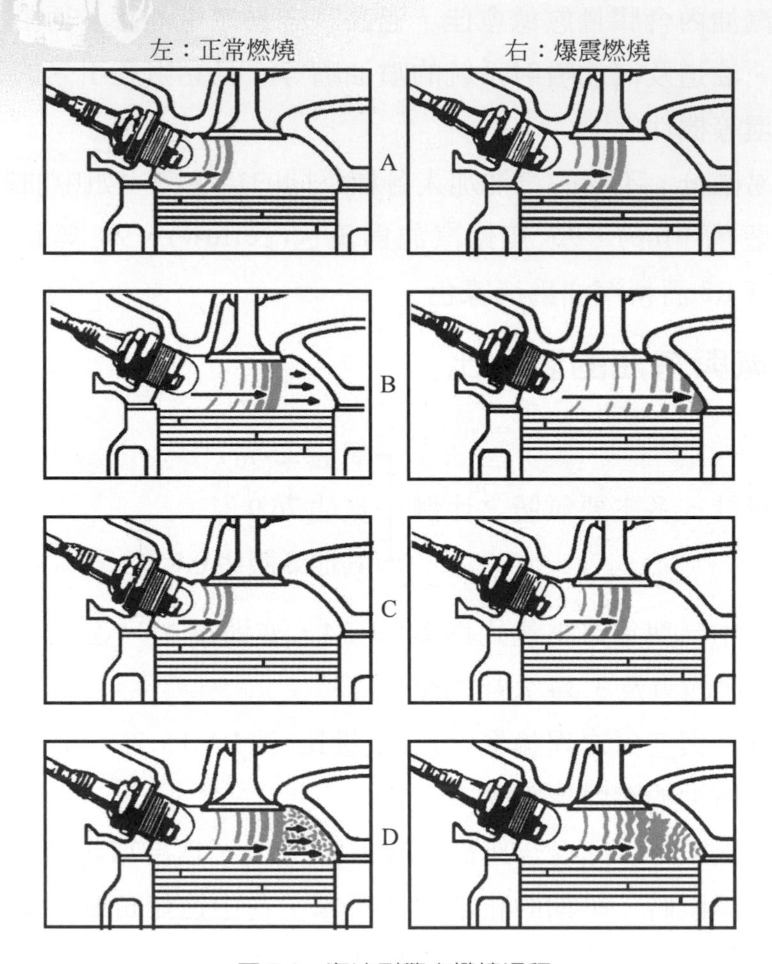

圖 2.1 汽油引擎之燃燒過程

二、預燃與爆震

1. 預燃

⑴ 火星塞尚未跳火，或燃燒火焰烽尚未波及，未燃燒的混合氣自行著火燃燒的現象，稱爲預燃(preignition)或自燃(autoignition)。

⑵ 預燃產生之原因

① 混合氣溫度過高。

② 混合氣壓力過高。

③ 燃燒室積碳。

④ 排氣門溫度過高。

⑤ 火星塞電極溫度過高。

2. 爆震

(1) 爆震(detonation)燃燒，如圖 2.1 之右圖所示。由於活塞頂面受到高壓的嚴重震擊，使活塞、汽缸壁及軸承等承受異常之負載，甚至活塞碎裂。

(2) 嚴重爆震時的後果

① 引擎無力。

② 引擎機件加速磨損。

(3) 汽油引擎的爆震都是在繁殖時期(即燃燒後期)產生的。

3. 汽油引擎爆震的原因

(1) 汽油辛烷號數過低。

(2) 燃燒室內局部過熱。

(3) 引擎過熱。

(4) 汽缸內部積碳過多。

(5) 點火時間太早。

(6) 混合氣溫度太高。

(7) 混合氣壓力太高。

(8) 引擎壓縮比變高。

(9) 比理論混合比稍稀之混合比時。

4. 現代汽油引擎的點火正時，通常都調整到引擎剛開始發生極輕微爆震時爲止，以獲得最佳之引擎效率。

三、防止發生爆震的方法

1. 利用稀薄燃燒(lean burn)
2. 利用快速燃燒(fast burn)
3. 利用漩渦式(swirl type)燃燒室設計
4. 增壓控制：使用在裝有機械或渦輪增壓器的引擎。當增壓壓力超過規定時，使進氣量釋放或推動渦輪的排氣壓力洩放。
5. 裝用進氣冷卻器：使用在裝有機械或渦輪增壓器的引擎，以冷卻增壓氣體的溫度。
6. 裝用爆震感知器：利用電腦控制，使點火延遲，直至爆震停止，現代引擎採用甚多。或在感知爆震時，使混合比在一定限度內增濃。

2.2 燃料系統各機件

2.2.1 化油器

一、單管化油器

單管式化油器之構造，如圖 2.2 所示，爲適應引擎各種狀況，需要有六個油路。

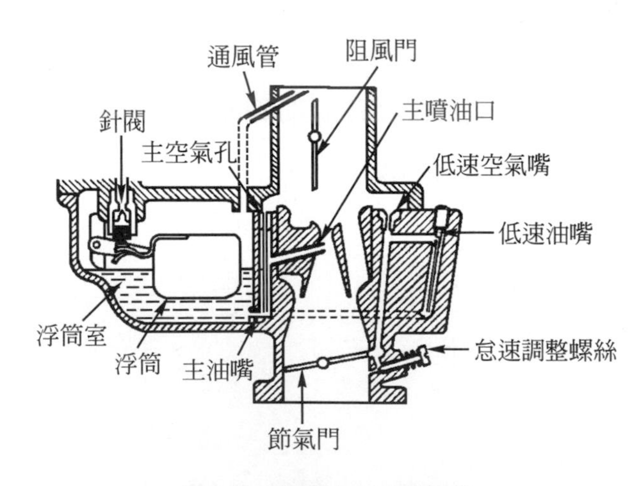

圖 2.2 單管式化油器構造

1. 浮筒室油路

(1) 浮筒室油路儲存汽油以供應汽油至各油路，且保持浮筒室內油面高度一定，使混合氣的空氣與汽油之比例適當。浮筒室之油面比主噴油口之位置約低 10～15mm。

(2) 浮筒室油路之組成，如圖 2.3 所示，包括針閥、浮筒、通風管等。

(3) 浮筒室油路之作用

① 當浮筒室中的油面降低時，浮筒及浮筒針閥(float needle)隨之下降，汽油從進油孔，經濾網及浮筒針閥座，流入浮筒室中，使油面升高。

② 油面升高時，浮筒也隨之升高，將浮筒針閥向上推，至油面達到正常高度時，浮筒針閥緊壓針閥座，即切斷供油，如圖 2.4 及圖 2.5 所示。

③ 浮筒室中另有油道通至怠低速油路、主油路、加速油路及強力油路。

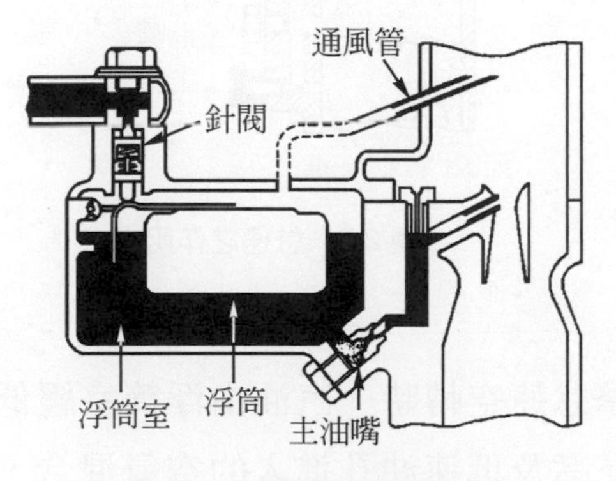

圖 2.3 浮筒室油路之組成

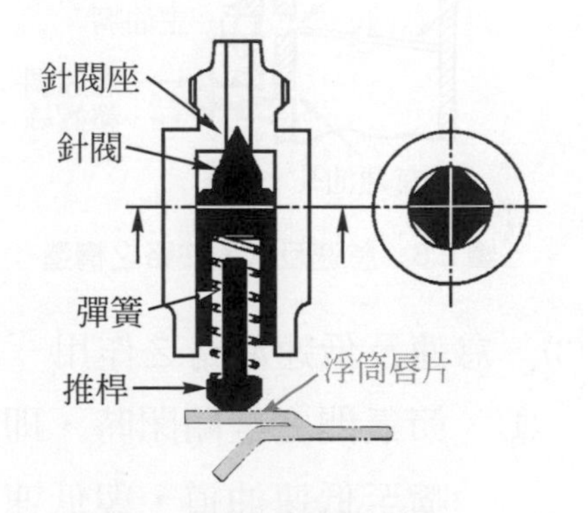

圖 2.4 浮筒針閥之構造

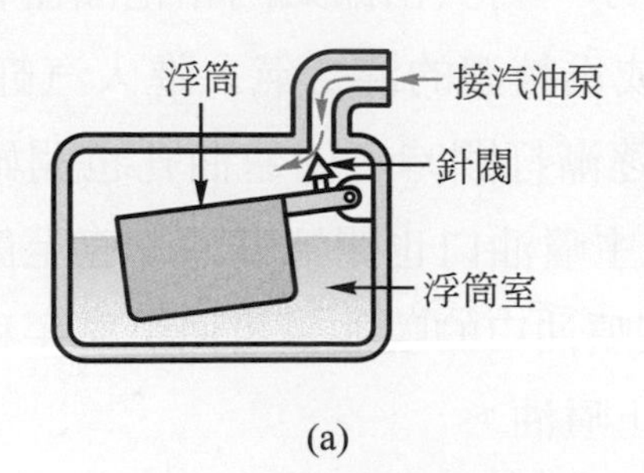

(a)

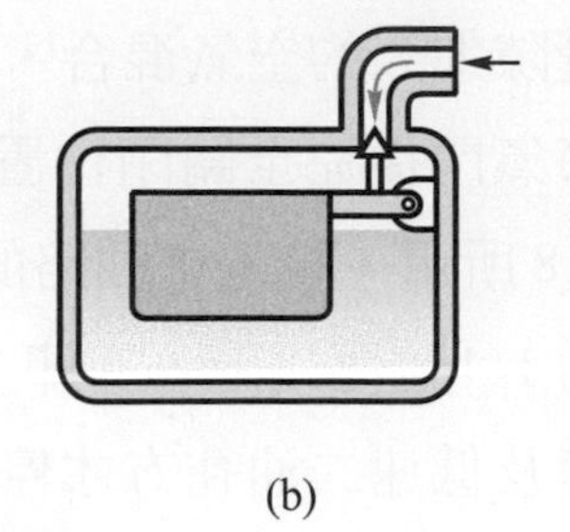

(b)

圖 2.5 浮筒油面高度之控制

2. 怠速及低速油路

⑴ 怠速及低速油路，係供應引擎在怠速空轉及低速時所需之混合氣，並與主油路配合，以供應從低速過渡到高速時所需之混合氣。高速時本油路停止供油。

⑵ 怠速及低速油路包括低速油嘴(slow jet)、低速空氣嘴(slow air bleed jet)、怠速油孔(idle port)、低速油孔(slow port)、怠速調整螺絲(idle adjust screw)等組成，如圖 2.6 所示。

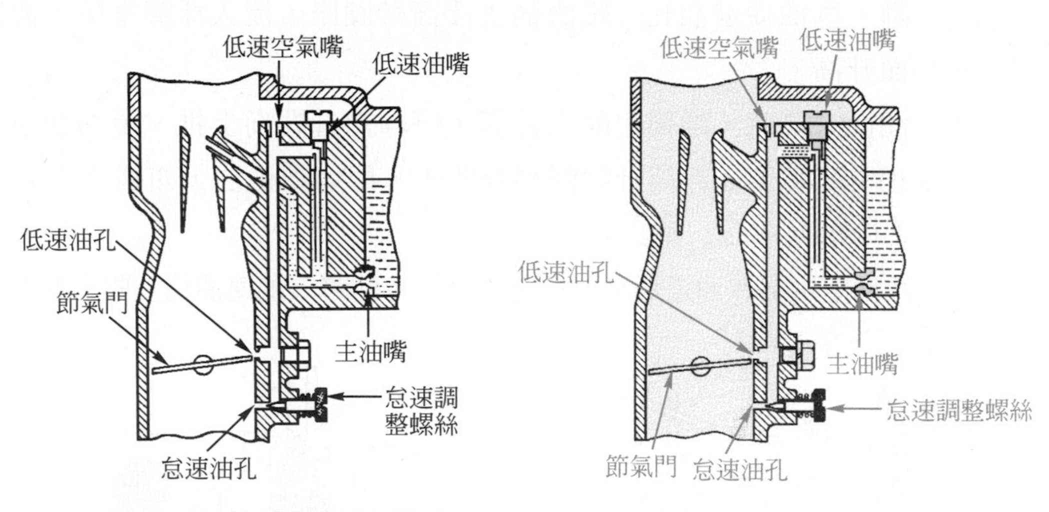

圖 2.6　怠速及低速油路之構造

圖 2.7　怠速之作用

⑶ 怠速及低速油路之作用

① 節氣門完全關閉時，即引擎怠速空轉時，汽油由浮筒室經低速油嘴至低速油道，與低速空氣嘴及低速油孔進入的空氣混合，從怠速油孔噴出，如圖 2.7 所示，再與由節氣門和化油器管壁間之邊緣縫隙進入的空氣混合，成爲較濃的混合氣，進入汽缸中。

② 節氣門從完全關閉位置逐漸打開時，低速油孔也開始噴油，如圖 2.8 所示，稍後主油路的主噴油口也開始噴油，直至節氣門開至大約 1/4 位置以上，亦即主噴油口的噴油量可使引擎平穩運轉時，怠速及低速二油孔方才停止噴油。

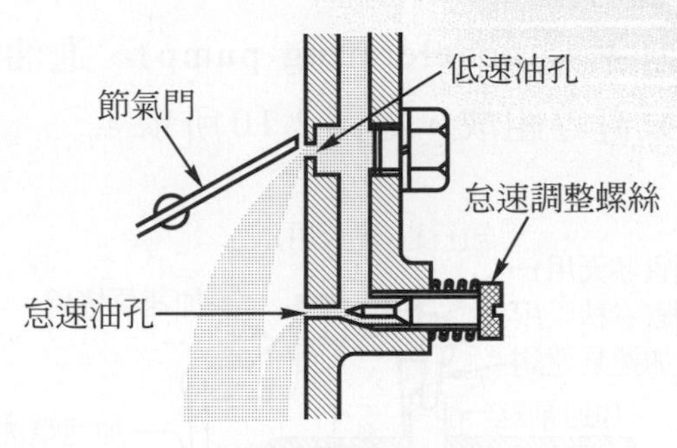

圖 2.8　低速之作用

3.　主油路

⑴　主油路供給汽車行駛時引擎中、高速所需之燃料。

⑵　主油路如圖 2.9 所示，包括主油嘴(main jet)、主空氣嘴(main air bleed jet)、主噴油口(main nozzle)等組成。

⑶　主油路之作用：節氣門打開相當角度以上時，空氣之流速增加，在文氏管喉部產生之眞空逐漸增強。浮筒室內之汽油經主油嘴計量後，在主油道中與主空氣嘴進入之空氣先混合，再從主噴油口噴出。

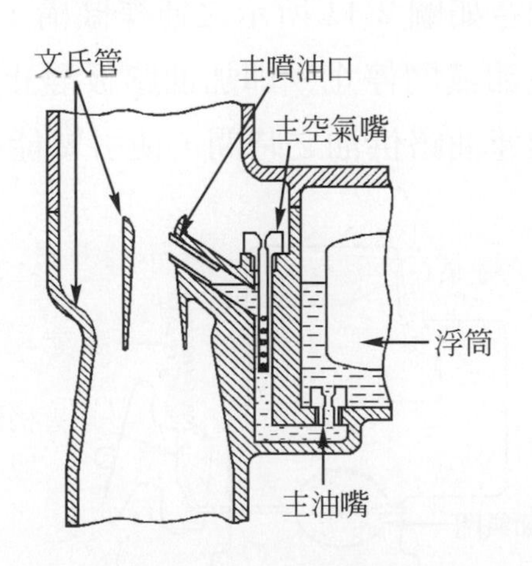

圖 2.9　主油路之構造

4.　加速油路

⑴　加速油路的功用，爲補救節氣門突然開大之短暫時間內，混合氣變稀的弊害。其方法爲噴入額外油量，使混合比變濃，讓引擎轉速能迅速加快。

⑵ 加速油路由加速泵(accelerating pump)、進油閥、出油閥、加速噴油口、加速泵缸等組成，如圖 2.10 所示。

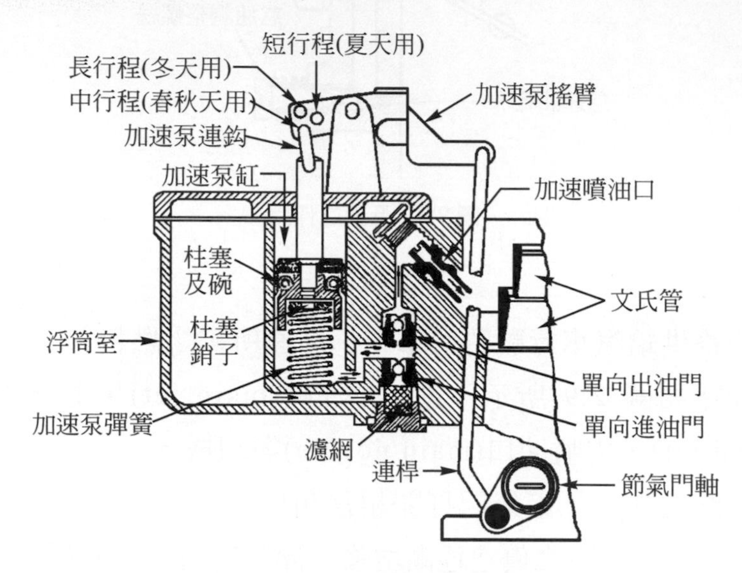

圖 2.10 機械控制乾柱塞式加速油路

⑶ 加速泵必須配合如圖 2.11 所示之連桿機構，當油門突然踏下時，彈簧能壓縮，在節氣門停止，即加油踏板靜止在定位時，彈簧能繼續伸張，延長加速油路供油之時間，使引擎能得較久之動力。

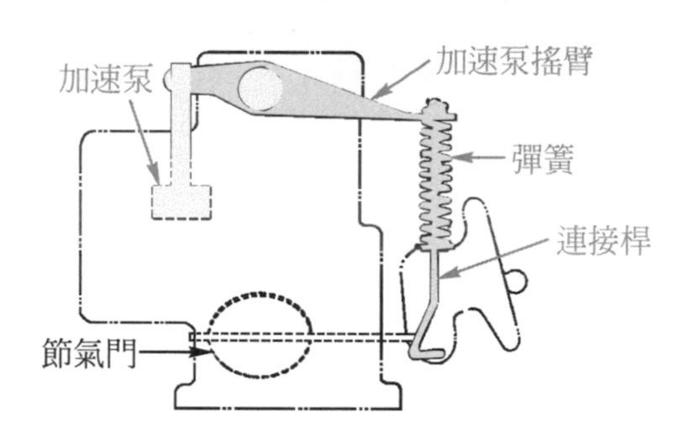

圖 2.11 加速泵連桿機構

5. 強力油路

⑴ 一般化油器主油路都是以最經濟之混合比來設計，當引擎需要較大之力量，如重載或爬陡坡，需要較濃的混合氣時，強力油路就是用來在引擎需較濃混合氣時補充汽油之油路。

⑵ 強力油路之構造，如圖 2.12 所示，係控制強力油閥，以補充主油道之供油。

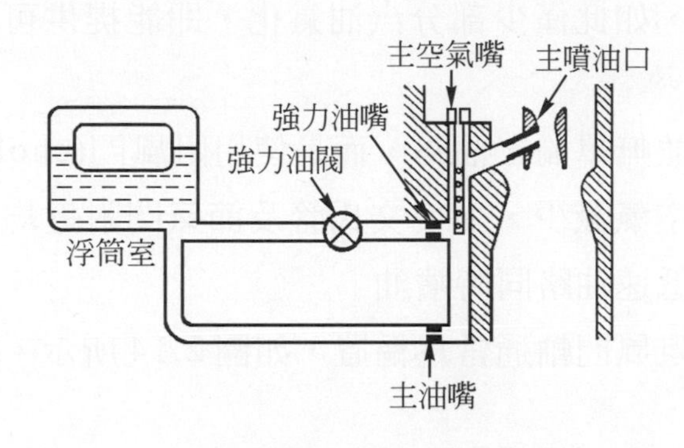

圖 2.12 強力油路

⑶ 眞空控制式強力油閥

① 如圖 2.13 所示，為眞空控制式強力油閥之構造。

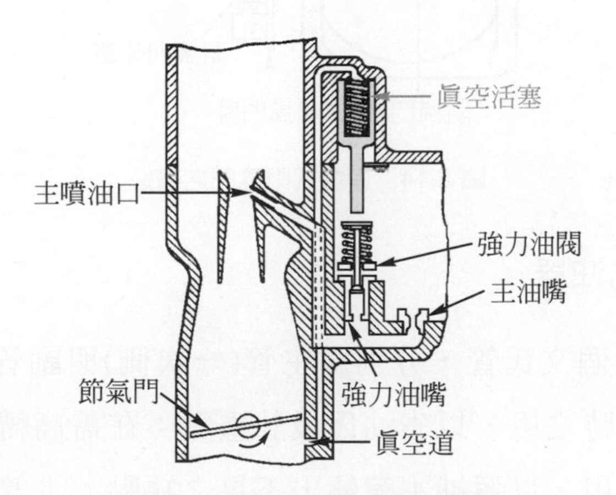

圖 2.13 真空控制式強力油閥

② 當化油器之節氣門在部分開啓時，進氣歧管中的眞空很強，將活塞上吸，壓縮彈簧，強力油閥在關閉狀態。

③ 當化油器之節氣門突然大開，或節氣門在接近完全打開而引擎轉數降低時，進氣歧管之眞空變小，彈簧將眞空活塞向下推，將強力油閥打開，汽油由強力油閥，經強力油嘴，進入主油道，提供較濃之混合氣。

6. 起動油路(阻風門油路)

(1) 引擎發動時，尤其冷天氣，汽油不易氣化，故需供給多量汽油，減少空氣量，如此僅少部分汽油氣化，即能提供可燃混合氣，而使引擎易發動。

(2) 起動油路並無單獨之油路，而是使用阻風門(choke valve)，使進入化油器之空氣減少，並使文氏管及節氣門附近均能產生眞空，使主油路及怠低速油路同時噴油。

(3) 阻風門與阻風門軸通常為偏置，如圖 2.14 所示。

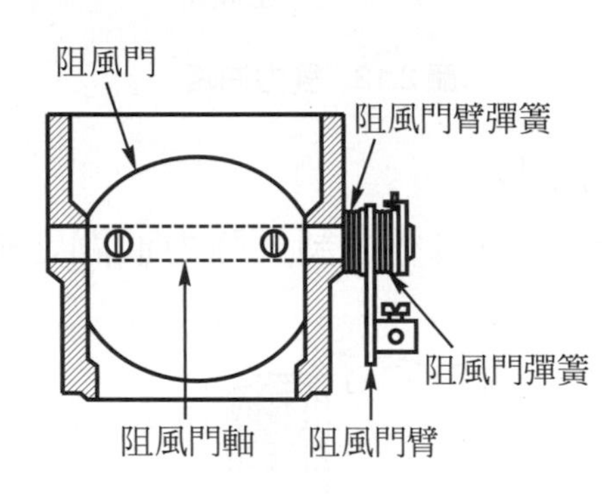

圖 2.14 偏置式阻風門之構造

二、雙管二段式化油器

1. 化油器有兩個文氏管，分別為主管(一次側)與副管(二次側)，主管供給平常行駛時之用，以省油為設計重點；在需高轉速、高出力時，副管才產生作用，以彌補主管輸出不足之缺點。主管之構造同單管式化油器，具有各油路；副管則只有主油路，但少數化油器具有中繼油路或極高速油路(high speed circuit)等，如圖 2.15 所示。

2. 有些化油器在副管之節氣門附近設有中繼油路(step circuit)，如圖 2.16 所示，由中繼油嘴(step jet)、中繼空氣嘴(step air bleed jet)及中繼噴孔(step hole)等組成。此油路在副管之節氣門打開，而副管之主噴油口未噴油前噴油，使主副管燃料供應過程更為圓滑。

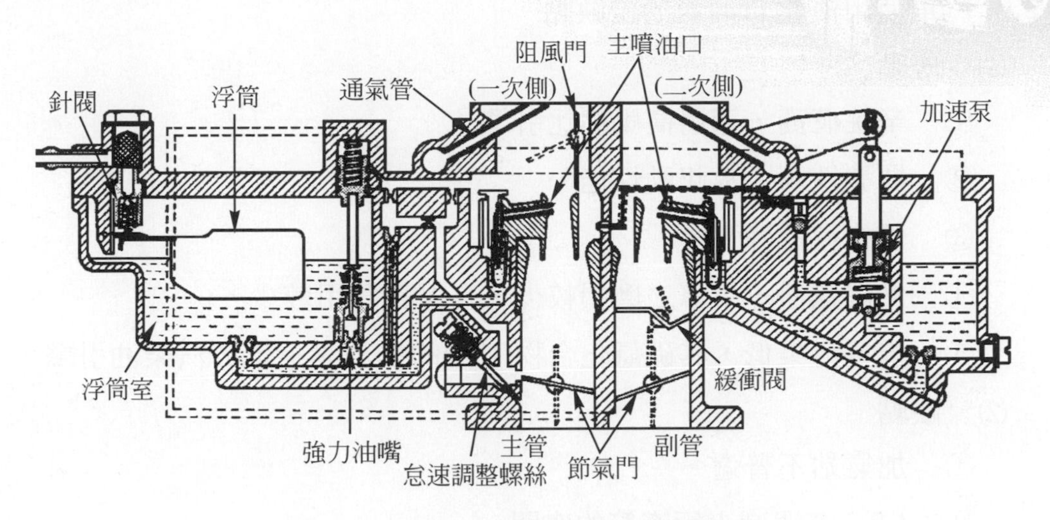

圖 2.15 雙管二段式化油器之構造(機械式)

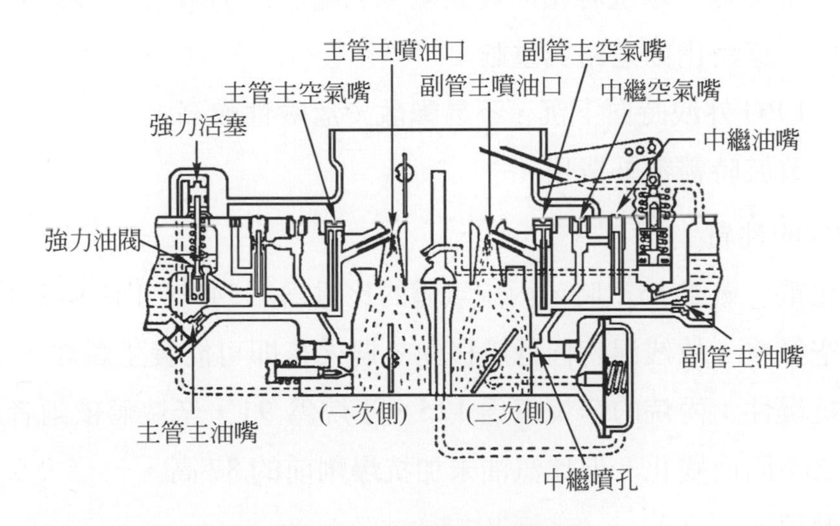

圖 2.16 高負載中速運轉時

2.2.2 LPG 燃料系統

一、概述

1. 液化石油氣(Liquefied petroleum gas，簡稱 LPG)為丙烷與丁烷混合之燃料，其性質介於天然氣與汽油之間，為精煉石油時排出之廢氣，做為汽車之燃料具有優良之性能。

2. 汽車使用液化石油氣的優缺點

⑴ 優點

① 辛烷值高，適用高壓縮比引擎。

② 揮發性高，故起動性佳。

③ 價格較低廉。

④ 燃燒乾淨，引擎之磨損較少，且保養費用較少。

⑤ 排氣污染低，其碳氫化合物(HC)的排放量遠低於汽柴油引擎。

⑵ 缺點

① 加氣站不普遍。

② LPG容器減少行李箱的空間。

③ 密度低，單位容積的發熱量少，輸出馬力較小，影響加速性，及不適用山區道路與重載。

④ LPG外洩時向下沉，不易飄散，危險性較高。

⑤ 改裝時需額外費用。

3. LPG的性質

⑴ 比重：氣溫15℃時，丙烷氣體的比重爲1.548，丁烷爲2.071，均比空氣重。故洩漏時向低處移動，遇火花即可能發生爆炸。

⑵ 抗爆性：丙烷的辛烷值爲125，丁烷爲91，辛烷值依兩者混合比例之不同而變化。但比汽油未加抗爆劑前的87高。

⑶ 熱值

① 依重量比較，汽油的發熱量爲 11010 kcal/kg，丙烷的發熱量爲 12034 kcal/kg，丁烷的發熱量爲 11832 kcal/kg。故LPG每公斤的發熱量比汽油多。

② 依容積比較，汽油的發熱量爲7390 kcal/L，丙烷的發熱量爲6113 kcal/L，丁烷的發熱量爲6113 kcal/L。故相同排氣量之引擎，每公升LPG的行駛里程數比汽油少。

二、噴射式 LPG 燃料系統之構造

如圖 2.17 所示，由ECU、診斷接頭(diagnosis plug)、燃料選擇開關(fuel selection switch)、繼電器(relay)、進氣壓力感知器(intake air pressure sensor)、蒸氣壓力調節器(evaporator pressure regulator)、流量切斷閥(flow interrupt valve)、步進馬達內藏式分配器(distributor with step motor)、O_2 感知器(O_2 sensor)及氣體噴射器(gas injector)等所組成。

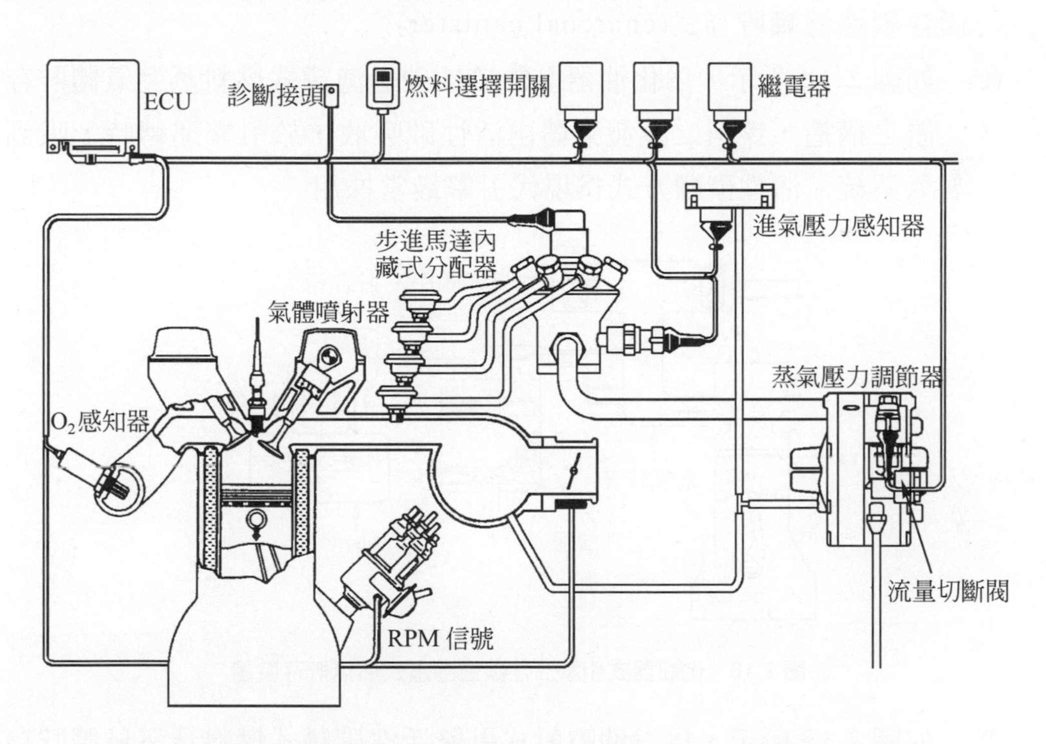

圖 2.17 噴射式 LPG 燃料系統之構造(AUTOMOTIVE HANDBOOK BOSCH)

2.2.3 燃料蒸發控制系統

一、概述

我國自民國 77 年(1988 年)7 月 1 日起，規定所有新車必須裝置蒸發排氣控制系統(evaporative emission control system，簡稱 EEC 系統)，其燃料蒸發排放標準在我國為每次測試不得超過 2 克。

二、功用

EEC 系統可減低從油箱、化油器蒸發氣體中 HC 的排放量，以減少空氣污染。

三、EEC 系統油氣之貯存與清除方法

1. EEC系統為防止油箱與化油器的油氣排至大氣中，當引擎運轉時，把油氣吸入進氣系統中；當引擎停止時要暫時貯存。

活性碳過濾罐貯存式(charcoal canister)

(1) 如圖 2.18 所示，為化油器引擎活性碳過濾罐式燃料蒸發氣體貯存裝置之構造，燃料之蒸發氣體由活性碳吸收，於引擎運轉時，吸到進氣系統。活性碳罐方式為現代引擎最常採用。

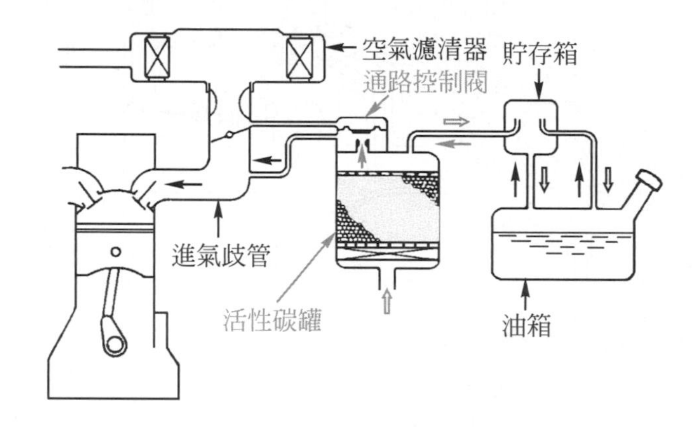

圖 2.18 化油器式引擎活性碳過濾罐式油氣貯存裝置

(2) 如圖 2.19 所示，為汽油噴射式引擎活性碳罐式燃料蒸發氣體貯存裝置之構造，由雙向閥、活性碳罐、電磁閥及電腦控制系統所組成。其作用如下

① 油箱內的蒸發氣體達設定壓力時，會推開雙向閥的壓力閥，進入活性碳罐中貯存起來。

② 當踩加油踏板時，因真空吸力，將活性碳罐中的蒸發氣體，與從碳罐下方進入的空氣，一起通過由電腦控制的電磁閥，進入進氣歧管，送往燃燒室。

③ 電腦依各感知器的信號，以控制電磁閥的開啓時間，來調節蒸發氣體的吸入量，以免影響引擎的性能。

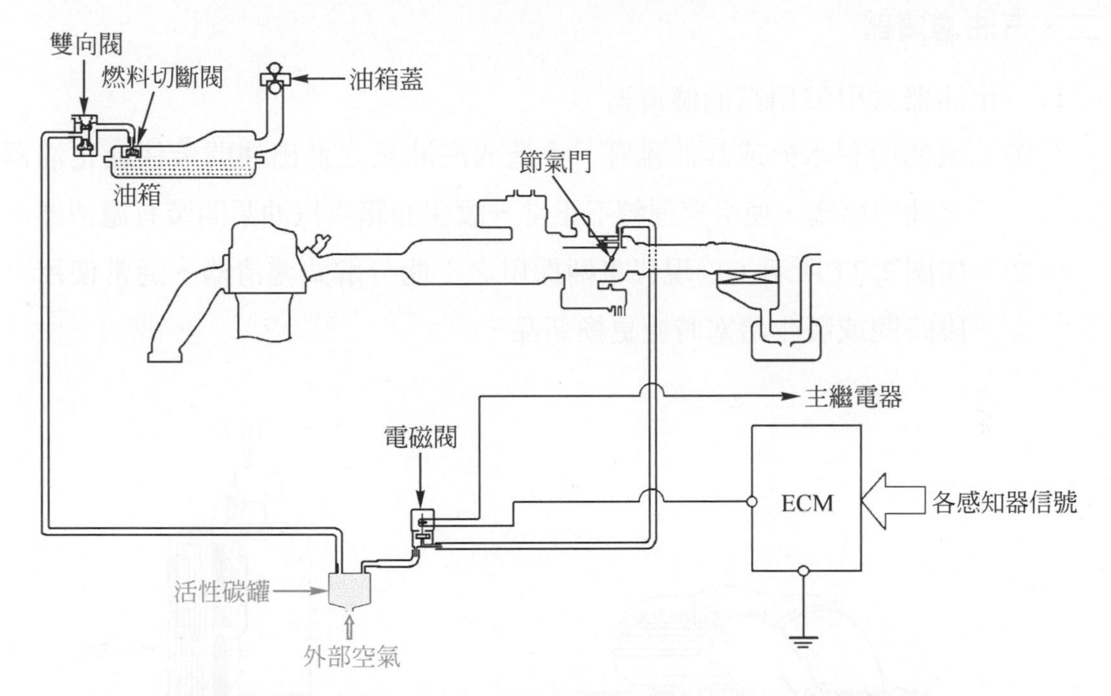

圖 2.19 汽油噴射式引擎活性碳過濾罐式油氣貯存裝置(本田汽車公司)

2.2.4 其他燃料系統機件

一、油箱

1. 油箱之構造，如圖 2.20 所示。普通均由鋼板製成，內壁鍍錫或錫鉛合金，以防腐蝕；油管出口高出底部約 1～2 公分，使水分與雜質沈澱在油箱底部，而不被吸入汽油泵內。

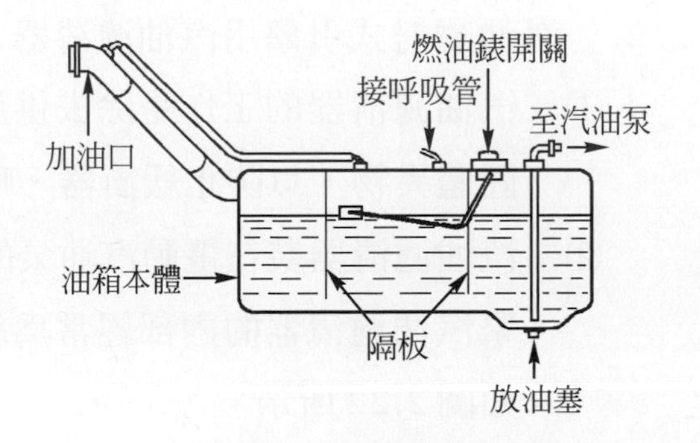

圖 2.20 油箱構造

2. 油箱中有隔板(baffle plates)，其目的除加強油箱之強度外，尚可避免汽油在油箱內晃動過烈。

二、汽油濾清器

1. 化油器式引擎用汽油濾清器

⑴ 汽油中有水分或其他雜質，會造成汽油泵之進出油門卡住或化油器之油道堵塞，使引擎運轉不正常，故在油箱與汽油泵間裝有濾清器。

⑵ 如圖 2.21 所示，為現代車輛採用之不能分解式濾清器，通常使用一段時間或發生堵塞時應更換新品。

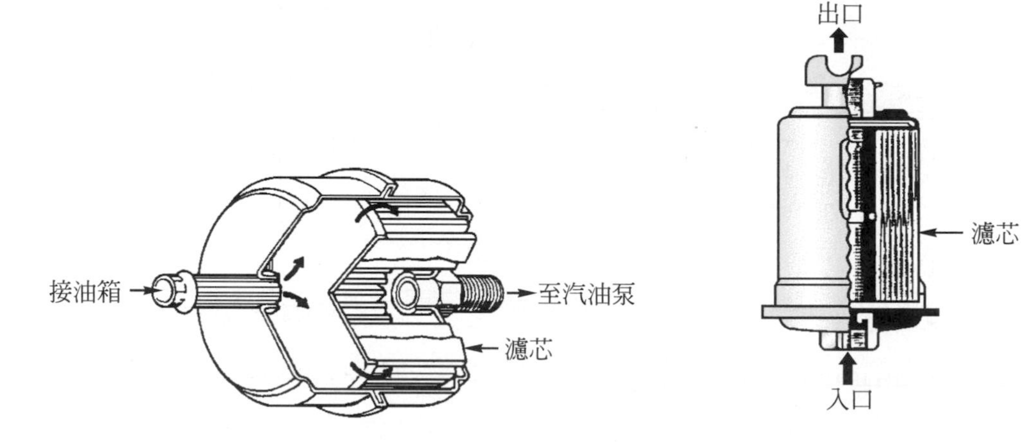

圖 2.21 不可分離式汽油濾清器

圖 2.22 汽油濾清器的斷面圖

2. 汽油噴射式引擎用汽油濾清器

⑴ 汽油濾清器的工作是除去供應引擎的燃油中所含的氧化鐵、灰塵等固體異物，以防止緩衝器、噴油器等的堵塞，及避免機械之磨損。

⑵ 汽油濾清器裝在電動汽油泵的出口側，通常位於引擎室內。MPI 引擎汽油濾清器的內部經常為細孔紙質多折摺濾芯，外殼為金屬製，如圖 2.22 所示。

三、汽油泵

1. 化油器式引擎用汽油泵

(1) 汽油泵將油箱之汽油吸出壓送到化油器，接油箱之一端稱爲眞空端，約有15～30cm水銀柱之眞空度；接化油器之一端稱爲壓力端，約有0.2～0.4kg／cm^2之壓力。

(2) 如圖2.23所示，爲機械操作膜片非積極式汽油泵之構造。

① 當引擎凸輪自最低點向最高點轉動時，搖臂將膜片向下拉，泵室中產生眞空，油箱中的汽油受大氣壓力作用，推開進油閥進入泵室中。

② 當凸輪自最高點向最低點轉動時，膜片彈簧將膜片向上推，泵室中的油壓增大，進油閥被關閉，而出油閥被推開，汽油自泵室經出油閥及出油口流往化油器。

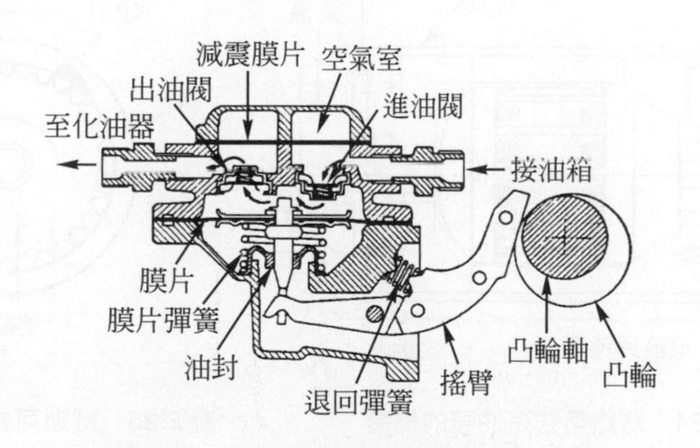

圖 2.23 機械操作膜片非積極式汽油泵

③ 當化油器浮筒室中存油已滿時，泵室中的汽油不能送出，膜片不能上行，搖臂空動，由退回彈簧保持搖臂與凸輪接觸。

2. 汽油噴射式引擎用汽油泵

(1) 汽油泵是從油箱吸出燃油，經噴油器供應給引擎。有安裝在油箱外，管路中間的箱外(in line)式與安裝在油箱內的箱內(in tank)式二種。以箱內式使用較多。

⑵ 箱內式電動汽油泵

① 構造：油泵如圖2.24所示，由馬達驅動的葉輪(impeller)及泵殼與泵蓋所形成的泵室所組成。附屬零件與滾柱式汽油泵一樣，包括保護燃油管路的安全閥，保持殘壓的單向閥，吸入口及吐出口等，因吐出口脈動小，故不需調節閥。

② 作用：如圖2.25所示，利用馬達驅動葉輪，由在葉輪外圍的羽狀葉片槽前後的液體摩擦作用，而產生壓力差，隨著多數的葉片槽不斷旋轉，燃油壓力升高；升高壓力的燃油通過馬達內部，經單向閥，從吐出口送出。

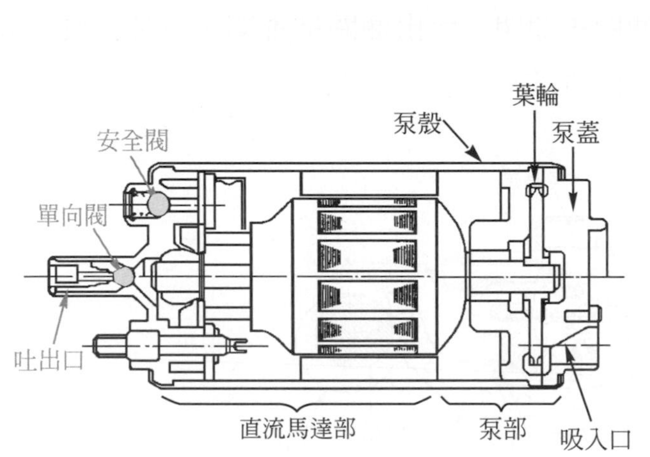

圖 2.24　威斯可式汽油泵的構造

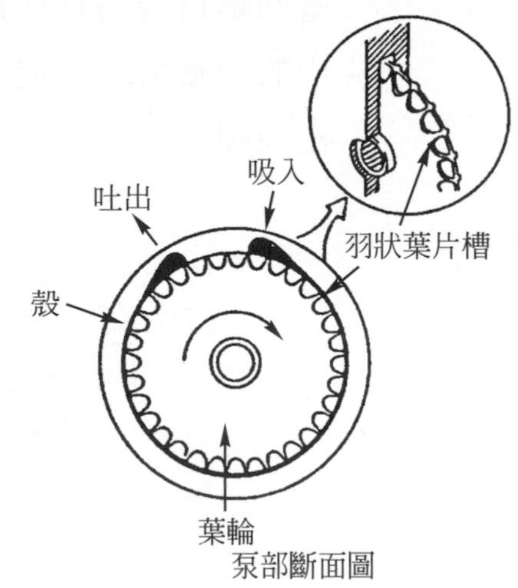

圖 2.25　威斯可式汽油泵的作用原理

章

一、是非題

( )1. 汽油爲多種不同汽油的混合液，並加有不同功能的添加劑。

( )2. 典型的M85 甲醇燃料，其中 85 %爲汽油，15 %爲甲醇。

( )3. 某汽油的辛烷號數爲 92，表示含有 92 %的異辛烷。

( )4. MTBE 爲無鉛汽油的添加劑。

( )5. 汽油與空氣的混合比是容積比。

( )6. 汽油引擎的爆震是在燃燒初期發生。

( )7. 點火時間太晚時易產生爆震。

( )8. 爆震感知器感知有爆震傾向時，使點火時間延遲。

( )9. 化油器文氏管喉口處斷面積最小，空氣流速最快，眞空最低。

( )10. 加速油路通常無空氣嘴。

( )11. 中繼油路可使主副管燃料供應過程更圓滑。

( )12. 液化石油氣辛烷值高，適用高壓縮比引擎。

( )13. LPG 爲乾淨燃料。

( )14. 現代引擎最常採用活性碳罐式油氣貯存方式。

二、選擇題

( )1. 國內高級汽油在停止販賣前，其含鉛量已降至 (A)0.15 (B)0.10 (C)0.08 (D)0.02 g/L 以下。

( )2. 汽油的比重約爲 (A)0.4～0.6 (B)0.7～0.8 (C)1.0～1.5 (D)1.8～2.2。

( )3. 汽油的抗爆性是以 (A)辛烷號數 (B)十六烷號數 (C)API 度數 (D)正庚烷值 表示。

(　)4. 下述何項非產生預燃之原因 (A)火星塞電極溫度過高 (B)排氣門溫度過高 (C)汽油辛烷值過高 (D)混合氣溫度過高。

(　)5. 化油器式引擎，混合比最稀是 (A)低溫起動時 (B)高負載時 (C)低負載時 (D)中負載時。

(　)6. 浮筒室油面高度比主油路的噴油口 (A)高 0.5～1.0mm (B)高 10～15mm (C)低 0.5～1.0mm (D)低 1.0～1.5mm。

(　)7. 強力油路在什麼時候作用 (A)汽車起動時 (B)低速低負載時 (C)高速行駛時 (D)中速低負載時。

(　)8. 一主一副管化油器，主管節氣門打開約 (A)40° (B)50° (C)60° (D)70° 時，副管節氣門開始打開。

三、問答題

1. 何謂 E3 與 M85？
2. 何謂爆震？
3. 何謂預燃？
4. 試述化油器低速油路之作用。
5. 雙管二段式化油器有何特點？
6. 汽車使用液化石油氣的缺點爲何？
7. 燃料蒸發控制系統有何功用？
8. 簡述汽油噴射式引擎用汽油泵。

Chapter 3

潤滑系統

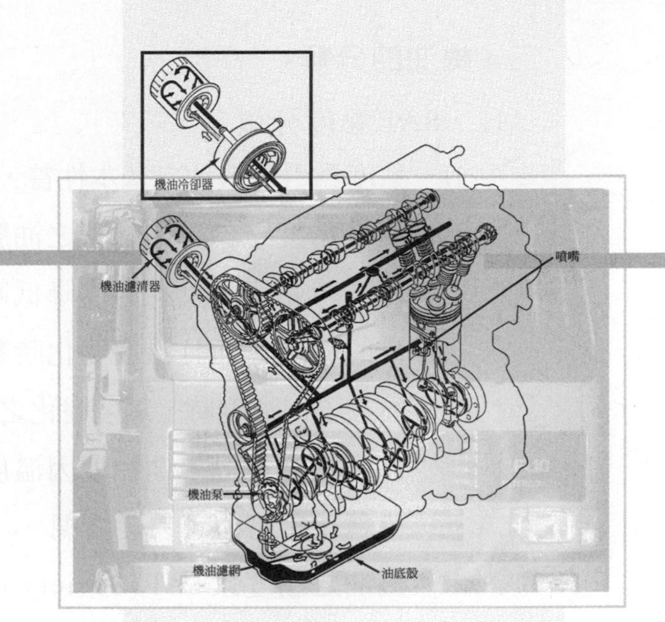

3.1 機油

3.1.1 機油的分類與添加劑

一、機油的功能

汽車引擎各活動機件，必須靠機油潤滑，以減少摩擦，機油之功能如下：

⑴ 潤滑作用。 ⑵ 密封作用。
⑶ 防震作用。 ⑷ 冷卻作用。
⑸ 清潔作用。 ⑹ 液壓作用。
⑺ 緩衝作用。 ⑻ 防蝕作用。

二、機油的分類

1. SAE黏度分類

⑴ 黏度為引擎機油之基本性質，黏度愈高，附著於金屬面之油膜愈厚，反之黏度愈低，則附著之油膜愈薄。但黏度會隨溫度而變化，溫度升高時黏度降低；溫度降低時，黏度增高。引擎機油不僅應具備適當的黏度，而且溫度變化時黏度之變化率應愈少愈佳。用以表示機油在不同溫度時，黏度變化之數值，稱為黏度指數(viscosity index)，黏度指數愈高，則黏度因溫度之變化愈小，換言之，即熱時不易變稀薄，冷時也不易變濃稠。

⑵ 機油之黏度以SAE(Society of Automotive Engineer 美國汽車工程學會)之編號來表示，號碼愈大，表示機油之黏度愈大，普通分為0W、5W、10W、15W、20W、20、25W、30、40、50、60 等十一級。在重級機油中，有一種複級(multi grade)機油，其SAE編號為10W-30或20W-40等；此種機油低溫時之流動性好，高溫時之黏性佳，能適用在廣大之溫度範圍，故四季可通用，又稱四季通用機油(all climate engine oil)。複級機油編號中之W，源自Winter(冬天)。

⑶ 本省適用之機油黏度，單級為SAE30或40號，複級機油則有5W-50、10W-40及15W-50等多種，應依廠商建議選擇使用。

2. API服務分類

⑴ API服務分類是用來表示引擎機油品質的方法。美國石油協會(American Petroleum Institute)，簡稱API。

⑵ 新制API之服務分類及適用範圍與特性，如表3.1所示。

⑶ S 字母源自 service station(加油站)，表汽油引擎用；C 字母源自commercial(商業的)，表柴油引擎用。

表 3.1　汽、柴油引擎用 API 服務分類的適用範圍與特性

API 新制		適用範圍與特性
汽油引擎用	SJ	(1) 1997 年導入，在機油耗損、氧化穩定性及觸媒轉換器相容性等各方面均優於 SH 級。 (2) 可取代 SH 級及其他更早期的機油。
	SL	(1) 2001 年導入，具有更低的機油耗損與更佳的高溫清潔性。 (2) 符合 ILSAC 的標準，具有更好的省油特性。
	SM	(1) 2004 年導入，在使用期間具有更佳的抗氧化性，比 SL 級提升兩倍；防止積汙與抗磨損，也比 SL 級提升 25 %。 (2) 其部分黏度等級的機油，符合 ILSAC 的省油標準，可標示爲省油型 (energy conserving) 機油。 (3) SM 級適用於目前各式汽油引擎。
	SN	(1) 2010 年導入，此機油必須進一步降低對排氣控制系統及渦輪增壓器劣化的影響，並允許使用於添加 E85 燃料的引擎。 (2) 爲目前最高等級的汽油引擎用機油。
柴油引擎用	CF	(1) 1990 年導入，適用於越野、間接噴射及柴油含硫量 0.5wt％以上的柴油引擎。 (2) 可取代 CD 級機油。
	CF-4	(1) 1990 年導入，適用於高速、四行程、自然進氣式與渦輪增壓的柴油引擎。 (2) 可取代 CE、CD 級機油。
	CF-2	(1) 1994 年導入，適用於重負荷的二行程柴油引擎。 (2) 可取代 CD II 級機油。
	CG-4	(1) 1995 年導入，適用於重負荷、高速、四行程及柴油含硫量 0.5wt％以下的柴油引擎。 (2) 可取代 CF-4、CE、CD 級機油。
	CH-4	(1) 1998 年導入，適用於高速、四行程、柴油含硫量 0.5wt ％以下，及符合 1998 年氣體排放標準的柴油引擎。 (2) 可取代 CG-4、CF-4 級機油。
	CI-4	(1) 2002 年導入，適用於高速、四行程、柴油含硫量 0.5wt ％以下，及符合 2004 年氣體排放標準的柴油引擎。 (2) 對於加裝有 EGR 系統的柴油引擎，CI-4 級機油可有效維持引擎的穩定性。 (3) 可取代 CH-4、CG-4、CF-4 級機油。
	CJ-4	(1) 2006 年導入，適用於高速、四行程、柴油含硫量 0.05wt ％以下，及符合 2007 年氣體排放標準的柴油引擎。 (2) 對於配備有 DPF 的車輛，CJ-4 級機油可有效維持排放控制系統的穩定性。 (3) 可取代 CI-4、CH-4、CG-4、CF-4 級等機油。 (4) 爲目前最高等級的柴油引擎用機油。

3. CCMC(新制 ACEA)分類

(1) CCMC爲共同市場汽車製造廠委員會(Committee of Common Market Automobile Constructors)之簡稱。而新制ACEA則爲歐洲汽車製造商協會(Association des Constructeurs Européens de I'Automobile)之簡稱，ACEA 在 1996 年取代了 CCMC。

(2) G 字母代表機油適用 gasoline engine，即汽油引擎；D 字母代表適用diesel engine，即柴油引擎；PD字母代表機油適用passenger-car diesel engine，即載客用柴油引擎。CCMC分類及適用範圍與特性，如表 3.2 所示。

表 3.2 CCMC 之分類及適用範圍與特性

CCMC		適用範圍與特性
汽油引擎用	G4	超過 API SF 等級，同時與 SG 級之性能要求大部分相符合。可保護避免蒸發損失、高溫殘渣層、磨損及產生淤泥。
	G5	爲高潤滑複級機油，具 5W-或 10W-之黏度等級。比G4 更具有抗剪斷性及反淤泥性。
載客柴油引擎用	PD2	爲複級引擎機油，適用一般吸氣式或渦輪增壓式小排氣量柴油引擎。比API CD級之性能要求更高。測試標準與 D4 相同。
柴油引擎用	D4	超過 API CD 與 CE 級之要求標準。適用一般吸氣式柴油引擎在重負載下作用。且適用渦輪增壓柴油引擎在正常負載下之作用。
	D5	適用現代高性能柴油引擎，及歐洲高輸出渦輪增壓柴油引擎。API 等級中無適當的對等級數機油。嚴苛要求活塞之潔淨性、刮痕抵抗性及汽缸與凸輪軸之低磨損。

(3) CCMC 延用至 1990 年，之後改用新制 ACEA，但 CCMC 分類仍有效採用至今。

三、機油的添加劑

1. 機油應具備之性質

(1) 黏度指數高，流動點低。

⑵ 氧化抵抗性高，防蝕性好。

⑶ 清淨及分散性好：機油劣化後生成淤渣或燃料燃燒後生成碳素，此等氧化物混入機油中時，使機油髒污，並在引擎內沉積。其沉積物附著於潤滑部分，使活塞環膠著，並使潤滑部位之潤滑效率降低，縮短引擎壽命。故機油必須使用清淨分散添加劑，分散機油中之淤渣或碳素，以保持引擎之清潔。

⑷ 油膜強度大。

⑸ 無起泡性：機油承受激烈之攪拌或侵入空氣，而發生泡沫時，使機油泵送出之機油混有空氣，而阻礙泵油作用，並引起潤滑面斷油，使該部零件磨損，故須具有被攪拌而不發生泡沫之性質。

⑹ 省能源性(energy conserving)：省能源機油具有特殊的減磨添加劑，一爲完全溶解於機油中的化學添加劑，一爲浮懸在機油中的粉狀石墨或鉬微粒，可減少燃油消耗。兩種省能源機油中，EC II 比 EC I 更省能源。

2. 機油的添加劑

任何礦物性機油本身均不能同時具備以上所列各種性質。因此在機油中加入許多不同的添加劑，用來改善機油的各種性能。機油的添加劑有下列數種：

⑴ 消泡添加劑：使泡沫之表面張力不平衡而被破壞。

⑵ 抗氧化添加劑。

⑶ 黏度指數添加劑。

⑷ 附著力添加劑。

⑸ 防腐蝕添加劑。

⑹ 清淨分散添加劑。

⑺ 極壓添加劑：這種添加劑是在金屬直接接觸時，才能發生作用，以二硫化鉬(MoS_2)等使用最多。

3.1.2 機油的劣化

一、機油劣化之原因

1. 沖淡：則過濃的混合氣進入汽缸後，部分汽油仍保持液態，而由活塞環與汽缸壁間進入曲軸箱中，與機油混合後，使機油之黏度變稀。
2. 固體物：油底殼中之機油含有少量之固體物幾乎是不可避免的，部分固體物爲金屬屑，係機件摩擦而掉下；有些固體物爲燃燒後的副產品。
3. 碳：碳的產生係因溫度過高或機油附著於高熱金屬面燃燒而成。
4. 膠質及焦油：汽油或機油長久曝露於高溫下所產生。引擎燃燒不完全或經常超載時，焦油與膠質之發生量會大增。
5. 水分：引擎在燃燒行程吹漏到曲軸箱中之吹漏氣(blow-by gas)，含有大量水蒸氣，引擎熄火後，水蒸氣即凝結成水滴。水滴與機油混合後會乳化成油泥。

二、引擎機油劣化後之不良後果

引擎機油經使用一段時間後，因雜質、汽油、水分、固體物、碳等的混入或因高溫而膠化等，都會使機油失去潤滑性，或形成油泥阻礙油道，並堆積於機油濾清器、活塞環槽、氣門機構、油底殼等處；因此機油必須定期更換，否則嚴重影響引擎使用壽命。

3.2 潤滑系統各機件

3.2.1 引擎潤滑的方式

一、部分壓力式潤滑系統

1. 部分壓力式，如圖 3.1 所示，使用在半浮式活塞銷之引擎，機油壓送循環過程如下：

油底殼 → 濾網 → 機油泵 → 主油道 →
- → 凸輪軸軸承 → 氣門機構 → 油底殼
- → 主軸承 → 連桿軸承 → 噴出潤滑汽缸壁及活塞 → 油底殼

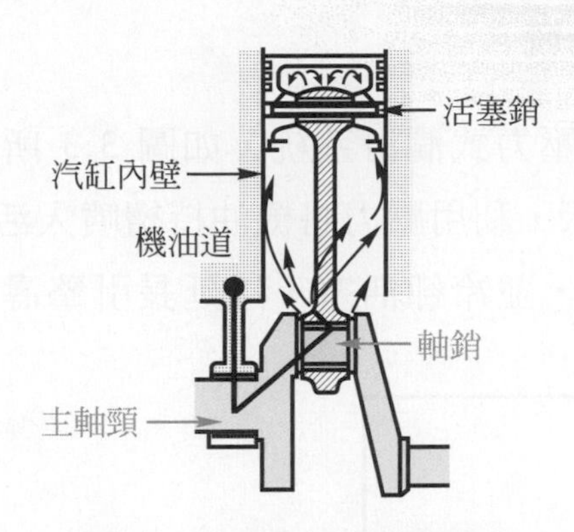

圖 3.1　部分壓力式潤滑系統

2.　機油從連桿大端噴出，除做爲潤滑外，另一個很重要的功能是冷卻活塞。

二、完全壓力式潤滑系統

完全壓力式，如圖 3.2 所示，使用在全浮式或固定式活塞銷之引擎，機油之壓送循環過程如下：

油底殼 → 濾網 → 機油泵 → 主油道 →
- 凸輪軸軸承 → 氣門機構 → 油底殼
- 主軸承 → 連桿大端軸承 → 連桿小端軸承 → 噴出潤滑汽缸壁及活塞 → 油底殼

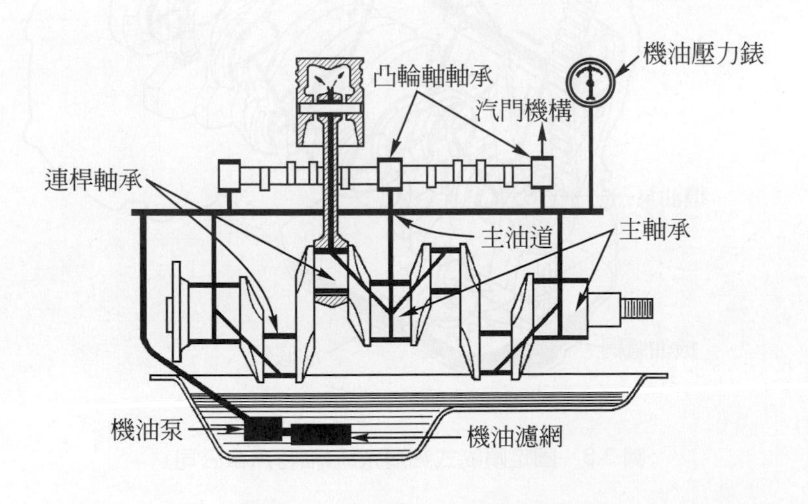

圖 3.2　完全壓力式潤滑系統

三、固定噴嘴式潤滑系統

1. 固定噴嘴式也是壓力式潤滑系統，如圖 3.3 所示。噴嘴裝在各汽缸下側，如圖 3.4 所示，利用壓力將機油持續噴入活塞內部，以潤滑活塞、活塞環與汽缸壁，並冷卻活塞，以延長引擎壽命。

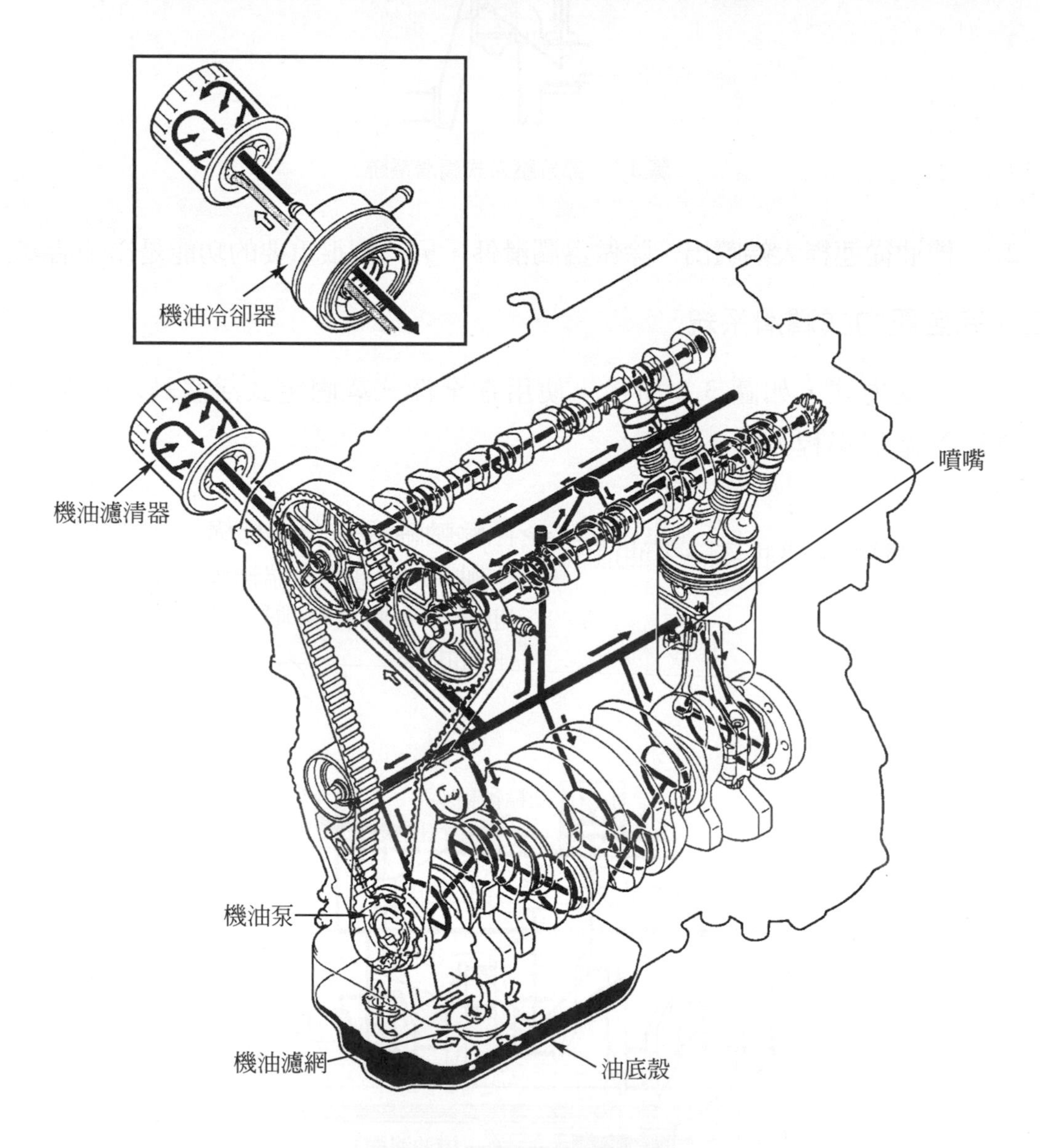

圖 3.3 固定噴嘴式潤滑系統(福特汽車公司)

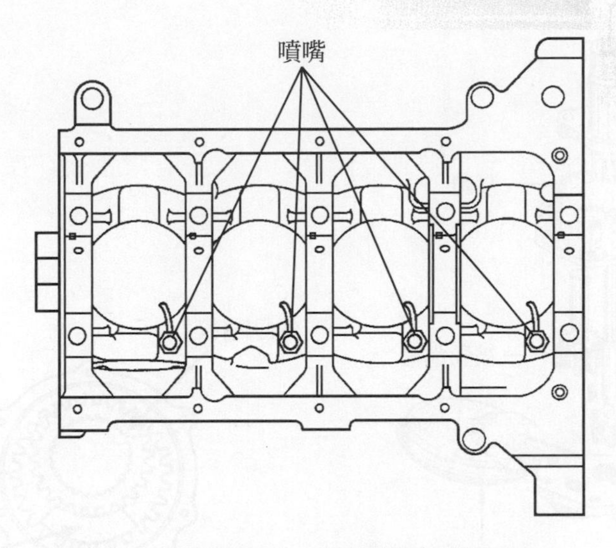

圖 3.4　機油噴嘴的安裝位置(福特汽車公司)

2. 用於現代高輸出之引擎，由於其活塞頂面是處於高壓、高溫之狀態，因此利用機油的持續噴射，以達積極冷卻活塞之目的。

3.2.2 各部機件的構造與作用

一、機油泵

機油泵普通均由凸輪軸來驅動，現代引擎多由曲軸驅動。依作用及構造之不同分爲下列數種：

1. 齒輪式(gear type)機油泵
   (1) 如圖 3.5 所示，爲齒輪式機油泵之構造，由泵體、泵蓋、濾網、釋放閥(relief valve)、主動齒輪(driving gear)、被動齒輪(driven gear)等組成，爲舊型引擎所採用。
   (2) 因送油量及壓力與齒輪轉速成正比，在高速時送油量及油壓都會超過規定，當出口油壓超過釋放閥彈簧彈力時，普通約 2～4 kg/cm^2，將釋放閥推開，機油又回到入口處，以保持一定的送油量及壓力。釋放閥又稱機油壓力調節閥。

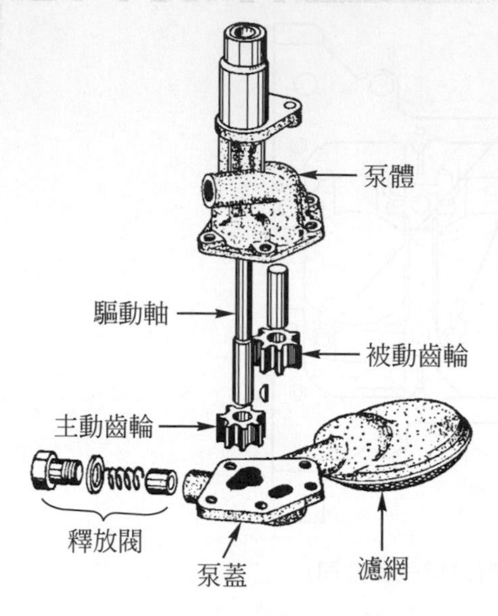

圖 3.5　齒輪式機油泵之構造

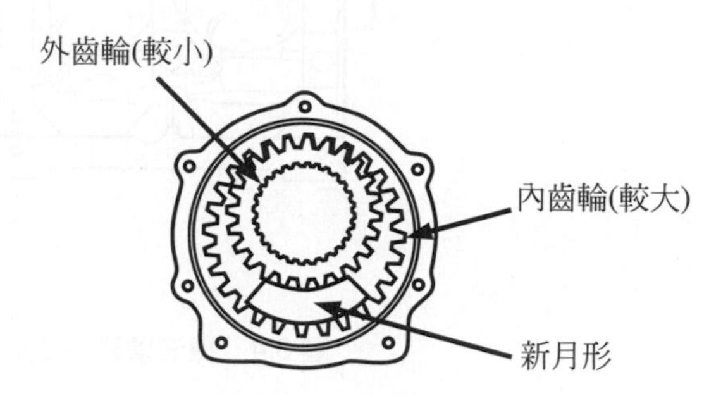

圖 3.6　內外齒輪式機油泵的整體構造

2. 內外齒輪式機油泵

⑴ 現代引擎使用較多的內外齒輪式機油泵，主動為由曲軸驅動較小之外齒輪，被動為較大之內齒輪，以同方向轉動，將油存在內外齒輪間之半月塊間，以產生吸送油作用，如圖 3.6 所示。

⑵ 內外齒輪式機油泵的作用確實，驅動扭矩的變動小，但摩擦損失比轉子式機油泵大。

3. 轉子式(rotor type)機油泵

⑴ 轉子式機油泵之構造，如圖 3.7 所示，由泵體、泵蓋、濾網、釋放閥、內轉子(主動)、外轉子(被動)等組成。內轉子之牙數較外轉子少一牙。內轉子與泵殼偏心安裝，當內轉子驅動外轉子轉動時，內外轉子牙之空間發生由小變大，再由大變小之運動，而產生吸送油作用。

⑵ 此式油泵構造簡單，小型且噪音小，但驅動扭矩的變動稍大，為舊型引擎所採用。機油泵上也附有釋放閥，以限制送油量及油壓。

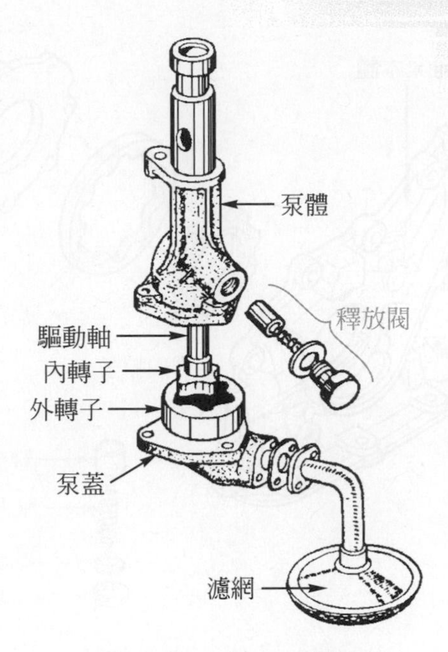

圖 3.7 轉子式機油泵構造

4. 擺動式機油泵

⑴ 擺動式機油泵的構造，如圖 3.8 所示，由泵體、內轉子、外轉子、泵蓋及釋放閥等組成，內轉子由曲軸直接驅動。與轉子式機油泵相似，但其內外轉子的牙數比轉子式機油泵多。

⑵ 內轉子係由曲軸直接驅動，可降低機械之摩擦及噪音，並可減少零件數量及重量，且小型及驅動扭矩的變動比轉子式更小，現代引擎採用很多。

二、濾網及機油濾清器

1. 在油底殼機油與機油泵之間，通常有一個機油濾網，如圖 3.9 所示，將大粒雜質過濾，避免雜質進入機油泵，以吸入較乾淨的機油。

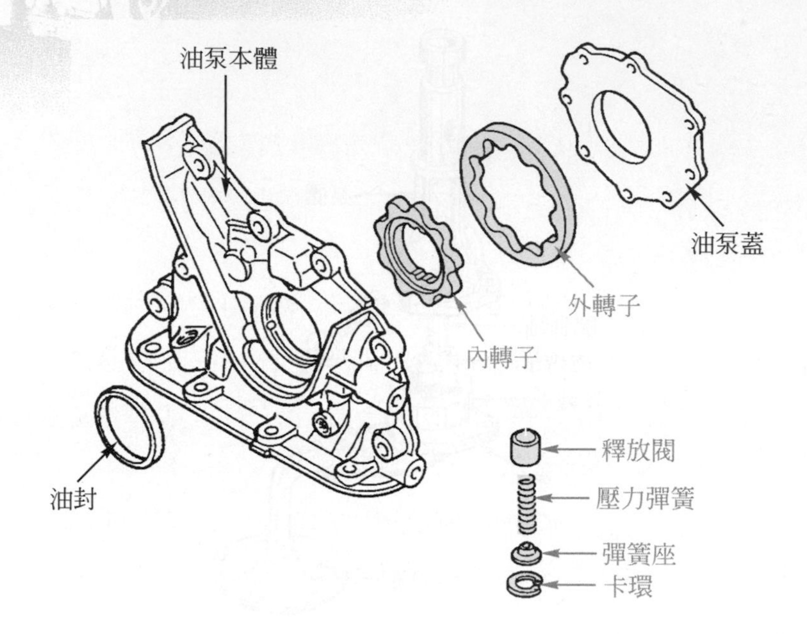

圖 3.8　擺動式機油泵之構造(福特汽車公司)

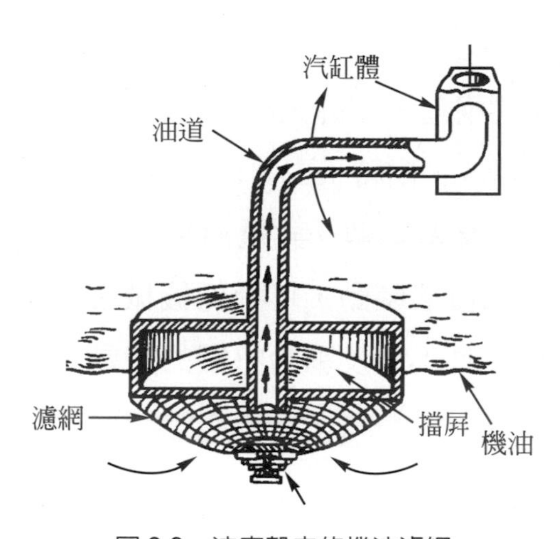

圖 3.9　油底殼內的機油濾網

2. 機油過濾的方法，現代引擎均採用全流式(full flow type)，如圖 3.10 所示，即機油濾清器裝在油泵與主油道之間，流入主油道之機油都必須經過濾清器。此式必須有旁通閥在濾清器內，萬一機油濾清器芯子堵塞時，機油可以推開旁通閥，不經濾清器，直接流到主油道，確保機油循環，此式濾清效果較爲確實。如圖 3.11 所示，爲旁通閥之構造。

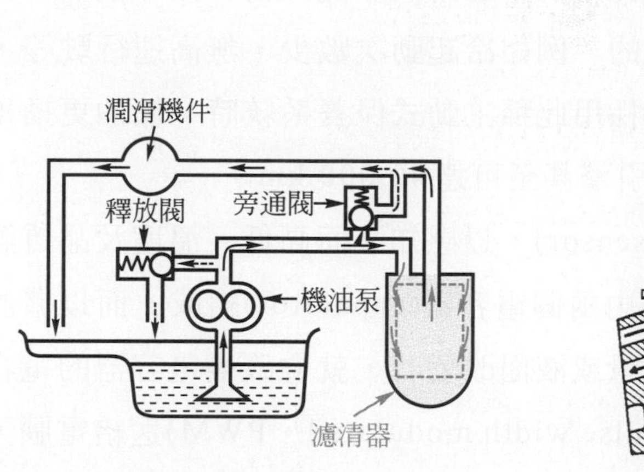

圖 3.10　全流式

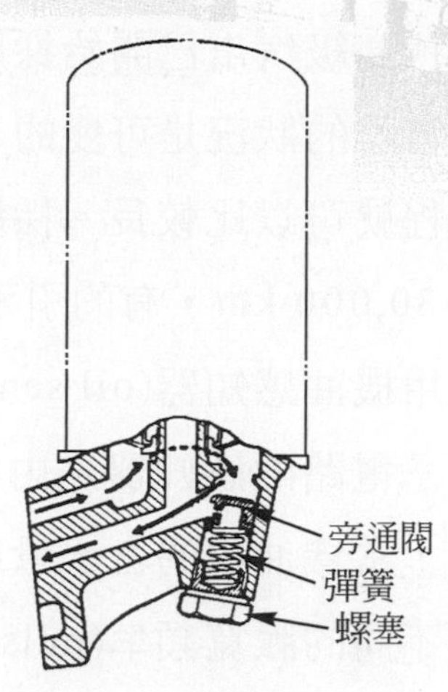

圖 3.11　旁通閥的構造

3. 整體更換式機油濾清器，如圖 3.12 所示。外殼與芯材一起更換，爲現代汽車所採用。

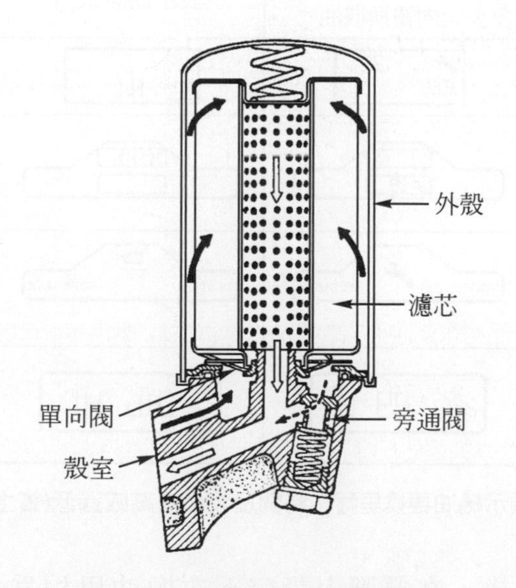

圖 3.12　整體更換式機油濾清器

三、主動式保養系統(active service system)

1. 以往車輛機油的保養時間都是固定的，例如以里程計算時，可能每 5,000 公里或每 10,000 公里換一次機油，完全不考慮車輛的操作情形、負載、環境狀況或機油的品質等，此種作法，並不符合眞實狀況所需。

2. 現代高級汽車已開始採用所謂主動式保養系統。亦即機油的更換期間依實際的狀況是可變的。例如冷起動次數少，無高速行駛等，其更換里程就可以比較長。採用此種主動式保養系統時，機油更換里程可長達 30,000 km，有的引擎甚至可達 40,000 km。

3. 利用機油感知器(oil sensor)，以感知液面高低、溫度及品質等。內建電子電路的感知器是由兩個電容器(capacitor)組成，而以機油為絕緣物，當機油中的含水量或液面改變時，就會改變電容器的電容量，而以不同的脈寬頻率(pulse width modulated，PWM)送給電腦，據以在儀錶板上顯示適當的機油更換里程、時間或顯示液面過高及過低，如圖 3.13 所示。

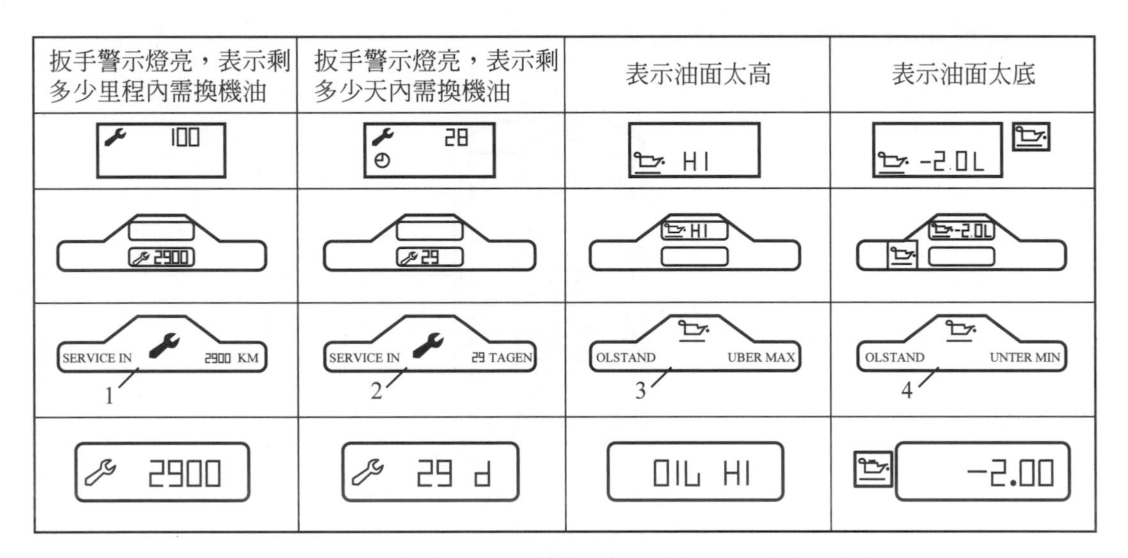

圖 3.13　顯示機油更換里程、時間及液面過高或過低(賓士汽車公司)

4. 例如換新機油後，在電腦上設定下次換油里程為 15,000 km，則電腦會依據機油感知器的信號自動縮短保養里程，並在儀錶板上顯示。

3.2.3 曲軸箱通風

一、概述

引擎在壓縮及動力行程時，會有氣體從活塞環開口與環槽及汽缸壁間之間隙漏入曲軸箱中，稱爲吹漏氣體(blow-by gas)，此種吹漏氣體約有 80 ％爲未燃燒之混合氣。

二、曲軸箱吹漏氣體回流裝置

1. 爲了不使吹漏氣體排出引擎體外，並使其能燃燒乾淨，將吹漏氣體由曲軸箱再吸回進氣系統之裝置，稱爲曲軸箱吹漏氣體回流裝置。

2. 封閉式 PCV 系統

⑴ 此式如圖 3.14 所示，在空氣濾清器與曲軸箱及搖臂室蓋與進氣歧管間有管子相連接，且在搖臂室蓋與進氣歧管之間設有積極式曲軸箱通風閥(positive crankcase ventilation valve，簡稱 PCV 閥)。

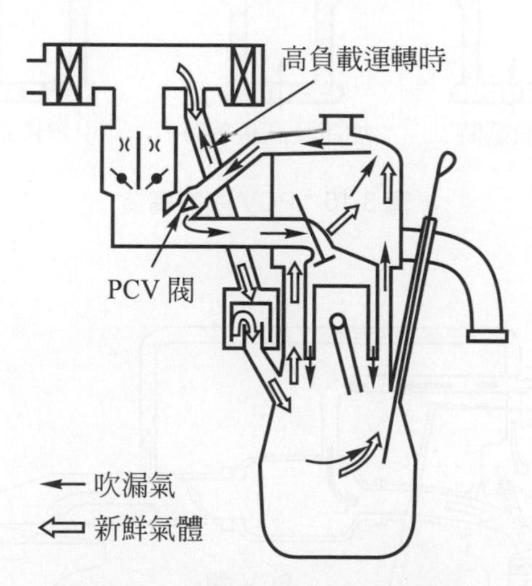

圖 3.14 封閉式 PCV 系統的構造

⑵ 輕負載時，通過空氣濾清器的空氣與吹漏氣相混合，經 PCV 閥吸入進氣歧管中。高負載行駛時，因進氣歧管的眞空吸力降低，PCV 閥的空氣通路面積增大，大量的吹漏氣體能被充分的吸到進氣歧管。但是吹漏氣量超過範圍時，則利用空氣濾清器內的眞空吸力協助將吹漏氣體吸入空氣濾清器內，經化油器導入燃燒室燃燒。

⑶ PCV閥的構造及作用，如圖3.15所示，於吹漏氣發生量少的輕負載行駛時，利用進氣歧管的高眞空，將PCV閥吸引，配合吹漏氣的發生量使通路變小，防止過量的氣體吸入汽缸中。又於吹漏氣發生量多的加速及高負載行駛時，因進氣歧管的眞空降低，PCV閥的通路變大，使吸入汽缸的吹漏氣量增加。

⑷ 另圖3.16所示，爲汽油噴射引擎採用之PCV系統，其作用情形與上述相同。

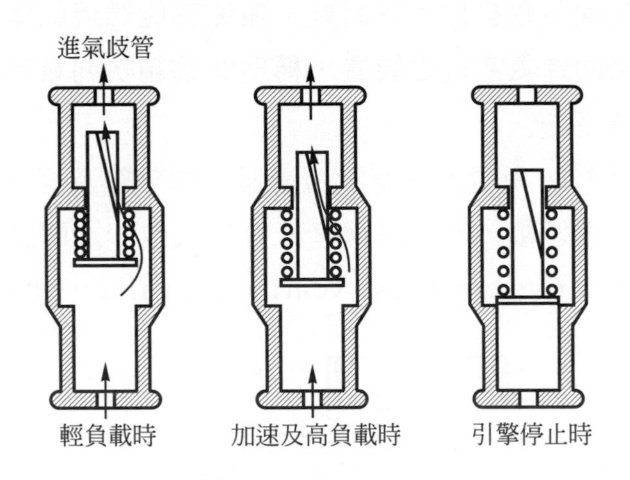

圖 3.15　PCV 閥的構造

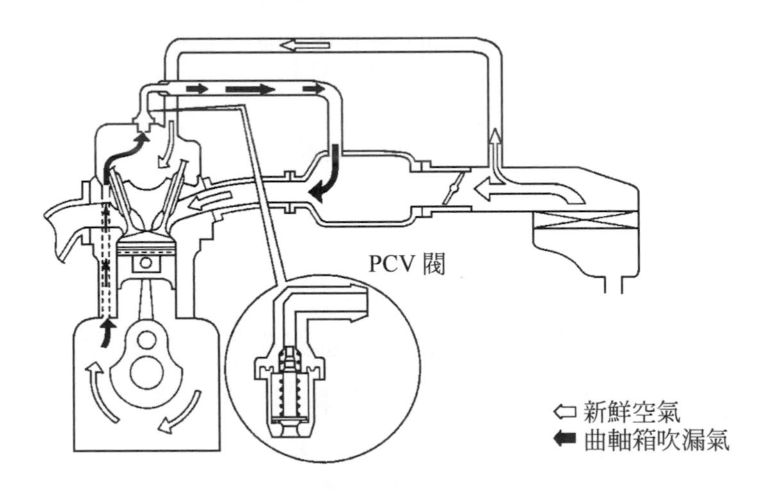

圖 3.16　汽油噴射引擎採用之 PCV 系統(本田汽車公司)

一、是非題

( )1. 二硫化鉬是常用的極壓劑。

( )2. 機油的 SAE 分類是依服務分類。

( )3. SAE 10W/40 的 W 字源自 Winner。

( )4. API CD-II 與 CF-2 機油適用二行程柴油引擎。

( )5. 引擎機油的分類中，CCMC 的 G4 級機油與 API SF 級機油的性能大致相當。

( )6. 機油起泡不影響其潤滑性能。

( )7. 完全壓力式潤滑方式，用於半浮式活塞銷固定方式。

( )8. 釋放閥常裝在機油濾清器處。

( )9. 轉子式機油泵的外轉子通常比內轉子少一牙。

( )10. 機油的冷卻可利用水冷或氣冷。

( )11. 引擎發動 60 秒鐘後機油壓力警告燈應熄滅。

( )12. 從油箱蒸發到曲軸箱的氣體，稱爲吹漏氣。

( )13. 機油泵的壓力釋放閥，若彈簧的彈力過弱時，則機油壓力會比規定高。

( )14. 轉子式的機油泵係以外轉子驅動內轉子以產生吸油送油作用。

二、選擇題

( )1. 機油無下述何種分類 (A)DOT (B)SAE (C)API (D)ACEA。

( )2. 與 CCMC G5 規格相同的是 API 分類的 (A)SE (B)SF (C)SG (D)SH 級機油。

( )3. 爲使機油中的碳粒分解成微粒，故機油的 (A)黏度指數要高 (B)清淨分散性要好 (C)氧化抗性要高 (D)油膜強度要大。

( )4. 會使機油乳化成濃稠油泥的是 (A)碳粒 (B)膠質 (C)水分 (D)金屬粒。

( )5. 從連桿大端噴出機油的潤滑方式是 (A)完全壓力式 (B)撥濺壓力式 (C)部分壓力式 (D)撥濺式。

( )6. 用以調節潤滑系統油壓的是 (A)旁通閥 (B)防止門 (C)單向閥 (D)釋放閥。

( )7. 下述何項，非機油泵由曲軸直接驅動之優點 (A)泵油量大 (B)可減少傳動機件 (C)減少機械摩擦 (D)噪音較小。

( )8. 機油濾清器內一定要裝旁通閥的是 (A)旁通式 (B)全流式 (C)分流式 (D)定流量式 機油過濾方法。

( )9. (A)較少高速行駛 (B)冷起動次數少 (C)經常短程行駛 (D)經常行駛郊區道路 時，其機油更換時間應縮短。

( )10. 曲軸箱通風系統中的 PCV 閥在 (A)引擎停止 (B)低速 (C)加速及高負載 (D)高速時 HC 的通過量較多。

( )11. 全壓力式引擎之潤滑油壓力約爲 (A)0.5～1 (B)15～20 (C)10～15 (D)2～5 kg/cm^2。

( )12. 曲軸吹漏氣(blow-by gas)中最多之污染氣體爲 (A)NOx (B)CO (C)HC (D)SO_2。

三、問答題

1. 高黏度指數機油有何特性？
2. 試述 SM 級機油的特性。
3. 試述 CJ-4 級機油的特性。
4. 何謂省能源性機油？
5. 擺動式機油泵有何特點？
6. 何謂曲軸箱吹漏氣體回流裝置？

Chapter 4 冷卻系統

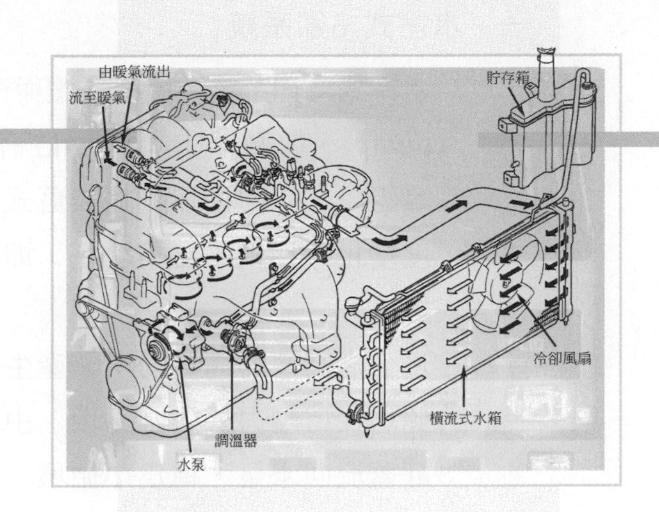

4.1 概述

4.1.1 冷卻系統的功能

1. 混合氣在汽缸中燃燒後所產生的大量熱能，約有70％不能轉爲引擎之機械動能，而且燃燒溫度可達2600℃(4700℉)左右，這些無用的熱量約有一半隨著廢氣排出引擎外，另一半則直接作用在引擎機件上。
2. 引擎工作溫度必須保持在80℃～90℃左右，各機件才能保持需要的強度，潤滑與燃料系統的作用也才會正常。故必須利用一種裝置，將這些無用的熱量，從引擎中發散出去，冷卻系統的裝置就是爲此而設，以保持引擎在正常溫度工作。
3. 冷卻不良會導致引擎過熱，使氣門容易燒毀，潤滑作用不良，使各部機件加速磨損；同時也容易引起爆震、引擎無力、燃料系統氣阻等毛病。但如引擎工作溫度過低時，則汽油氣化不完全，混合氣分佈不均，引擎機油易被沖淡。

4.1.2 冷卻系統的分類

一、水冷式冷卻系統

1. 水冷式冷卻系統，由汽缸體與汽缸蓋之水套(water jacket)、水泵(water pump)、散熱器(radiator)俗稱水箱、風扇(fan)、調溫器(thermostat)等組成。水的循環，過去舊式引擎採用自然循環方式，利用冷卻水溫度變化時比重的自動變化，即冷時比重大，熱時比重小，而自然產生對流。
2. 現代之高速、高馬力引擎產生之熱量大，自然循環不能達到效果，因此均採用壓力式強制循環。由水泵將水從引擎體下側水套壓入，經汽缸蓋流回水泵，稱爲小循環；或經調溫器至水箱冷卻後流回水泵，稱爲大循環。如圖 4.1 所示，爲水冷式冷卻系統之構造。

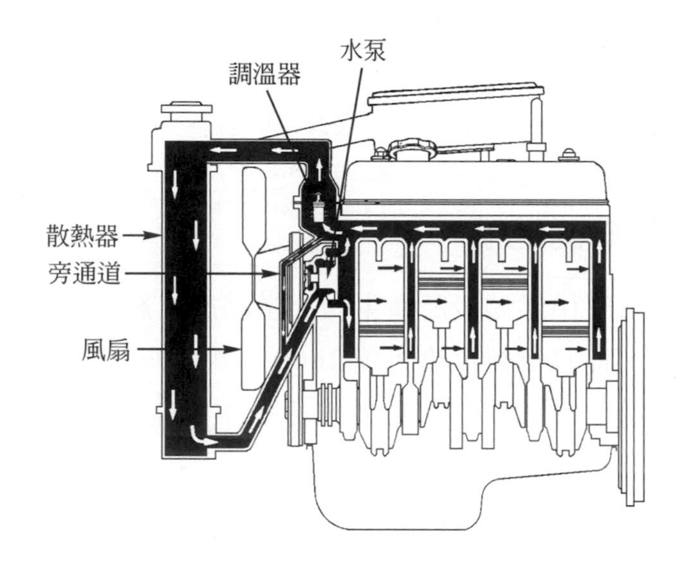

圖 4.1　水冷式冷卻系統之構造

二、氣冷式冷卻系統

1. 自然冷卻式：利用行駛時，自然流動的空氣來冷卻，普通用在二輪機車上。

2. 強制冷卻式：一般汽車引擎均使用強制冷卻法，在汽缸體、汽缸蓋外面用護罩(shroud)包圍，以引導空氣流動，並使用風扇或鼓風機來強制送風，如圖 4.2 所示，爲強制空氣冷卻系統之構造。

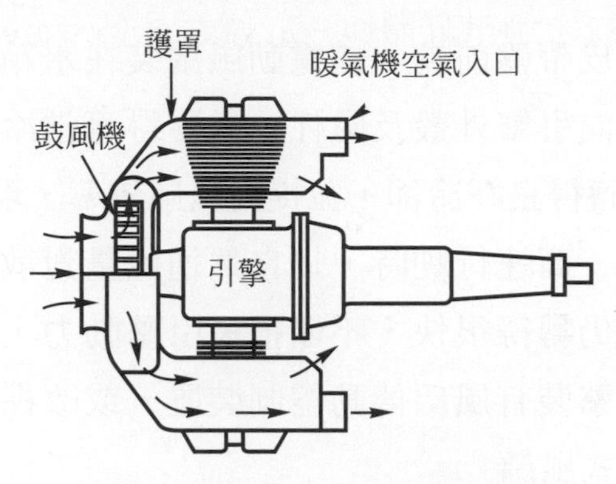

圖 4.2　強制空氣冷卻系統之構造

4.2 各部機件的構造與作用

一、水泵

1. 汽油引擎之水泵均採用離心式水泵，由泵體、葉片、水泵軸、水封等所組成，如圖 4.3 所示。水泵軸與風扇皮帶盤裝在一起，由引擎曲軸皮帶盤以皮帶驅動。普通水泵軸之軸承均採用封閉式軸承，平時不必打黃油，但仍有部分大型車之水泵軸仍需定期打耐水黃油。

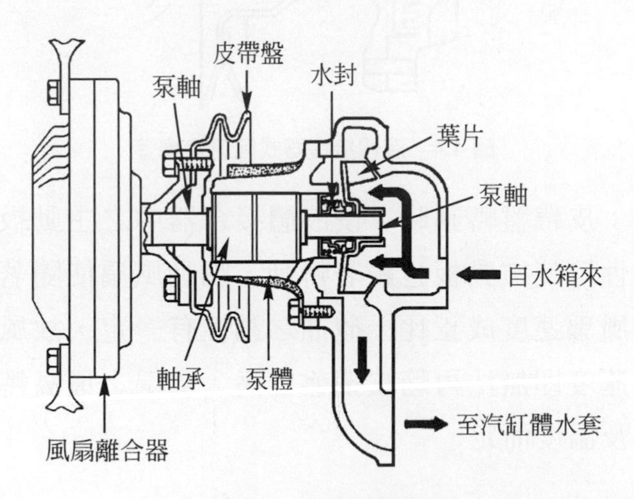

圖 4.3　水泵的構造

2. 水泵將自水箱來的冷卻水，或從汽缸體經旁通道來的冷卻水，壓入汽缸水套中，強制冷卻水循環作用。

二、風扇

1. 風扇裝在水泵皮帶盤前端，或電動風扇裝在水箱上，其功用為將空氣吸經水箱並吹向引擎外殼及附件，以獲得適當冷卻。
2. 為使水箱四周獲得良好冷卻，並提高風扇效率，現代車多裝用風扇罩。
3. 當汽車輕負載、高速行駛時，以自然通風量對散熱器冷卻即可，但此時傳統式風扇仍轉得很快，不僅損失引擎動力，且使風扇產生很大噪音，故新式引擎裝有風扇傳動控制裝置，或改採用電動風扇。

⑴ 液體接合器式風扇

① 構造：液體接合器之構造，如圖 4.4 所示，由皮帶盤驅動主動板，連接風扇之被動板，及特種黏性油，即矽油(silicon oil)等組成。

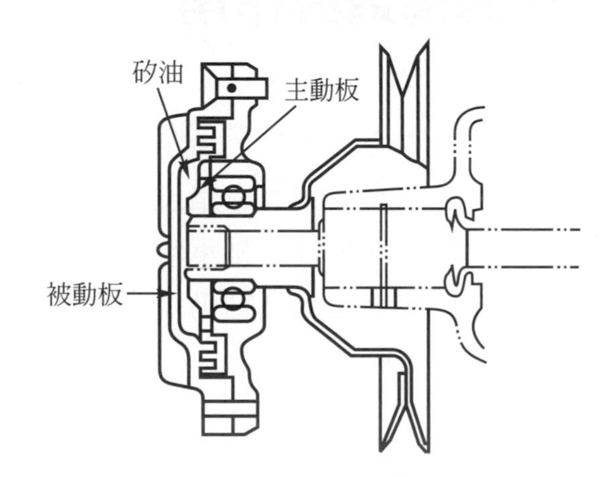

圖 4.4　液體接合器式風扇之構造

② 作用：皮帶盤轉動時，使液體接合器中之主動板轉動，依靠矽油之黏性等使被動板也跟著轉動，驅動風扇使隨著轉動。風扇之阻力與風扇速度成正比，矽油之黏性有一定，故風扇到達一定轉速後，速度即無法再隨皮帶盤升高。風扇之最高轉速隨矽油之量、黏度及溫度而定。

(2) 水溫開關控制式電動風扇

① 現代許多汽車改用電動風扇，其特點爲引擎溫度低時，風扇不轉動，縮短引擎溫熱時間，同時運轉噪音也小。

② 電動馬達之轉動是由散熱器下水箱處之水溫開關，即溫度感知器來控制。冷卻水之溫度要達 92℃以上時，水溫開關接通，使風扇運轉；冷卻水之溫度降到 87℃時，水溫開關切斷電路，風扇停止轉動。其配線如圖 4.5 所示，構造如圖 4.6 所示。

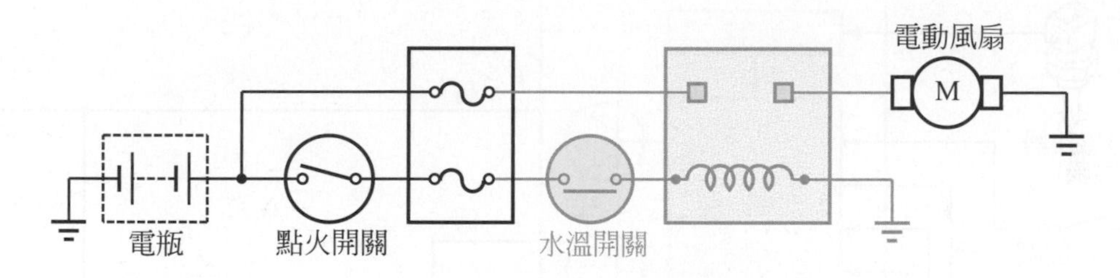

圖 4.5　電動風扇配線圖

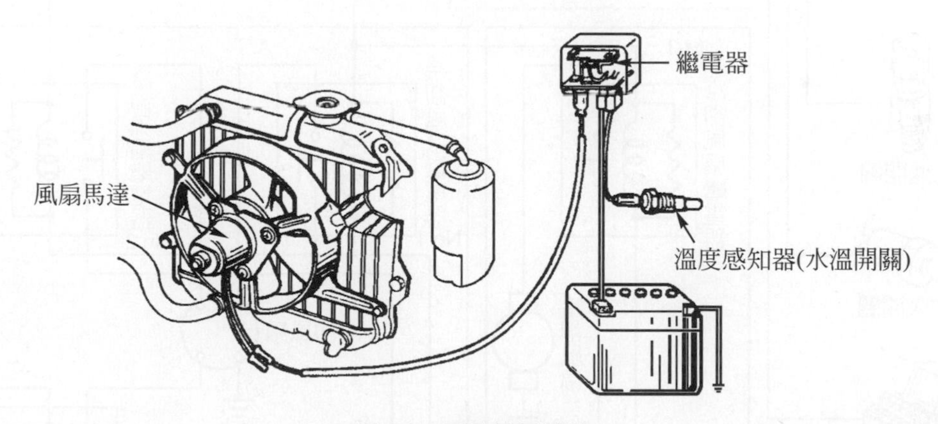

圖 4.6　電動風扇構造

(3) 電腦控制式電動風扇

① 新型汽油噴射引擎，電動風扇的 OFF、低速運轉及高速運轉等，均由電腦控制，可減少風扇的振動與噪音，及保持一定之工作溫度。並有失效－安全(fail-safe)之功能，可避免因水溫感知器的故障，而導致引擎過熱。

② 如圖 4.7 所示，為電腦控制式電動風扇的電路圖。ECM 接受水溫感知器、A/C 開關、怠速開關及車速感知器等之信號後，適當控制電動風扇之動作。M/T車型當水溫達 97℃(207℉)時，風扇開始運轉，為一段運轉型；而A/T車型，當水溫達 97℃(207℉)時，風扇先以低速運轉，若水溫達 108℃(226℉)時，風扇變成高速運轉，為二段運轉型。

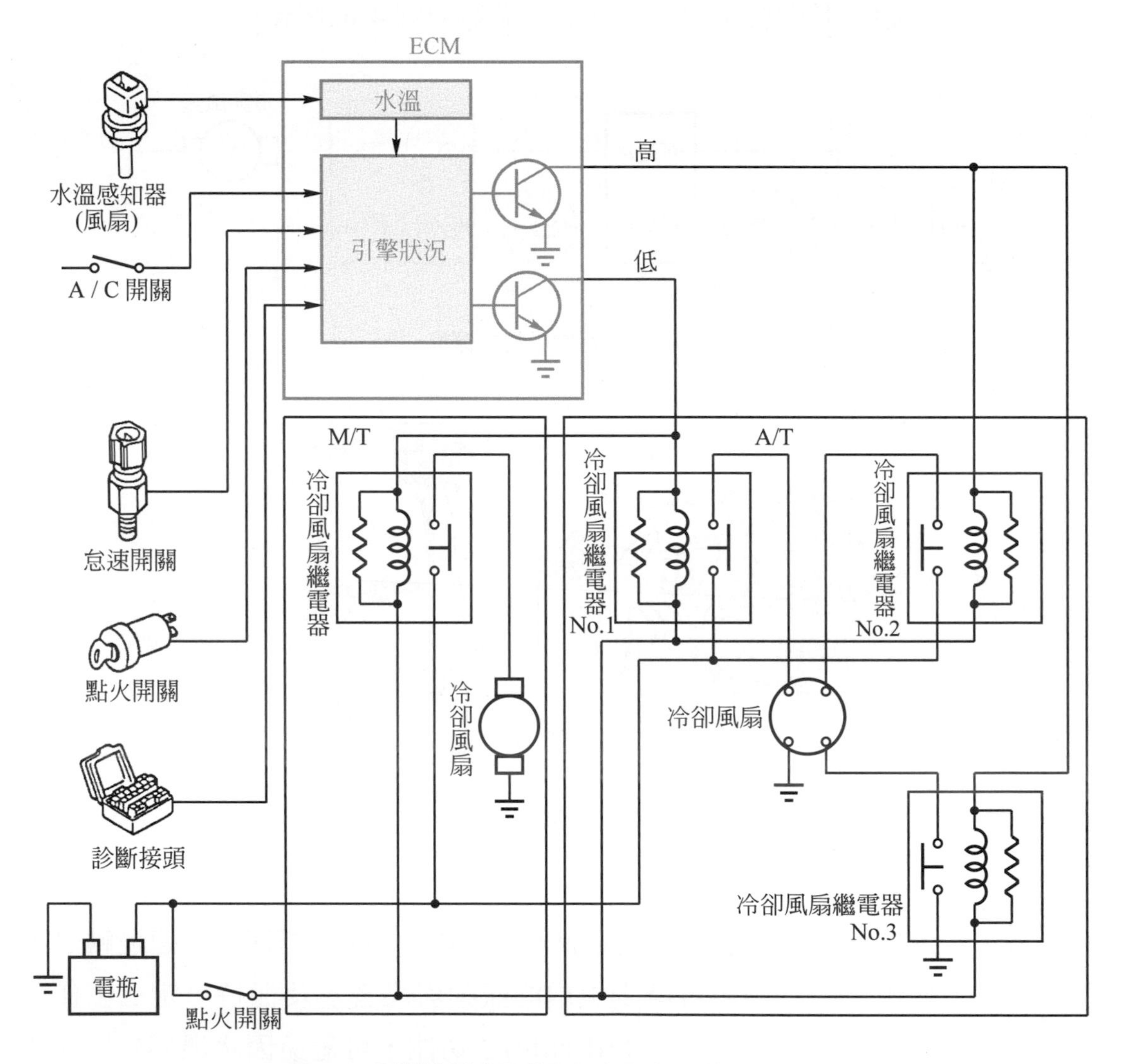

圖 4.7　電腦控制式電動風扇之電路(福特汽車公司)

③ 如圖 4.8 所示，為另一種二段運轉型電腦控制式電動風扇的作用。當 A/C 開關"ON"時，風扇在很低的冷卻水溫度就開始低速運轉，至車速達 80km/h 以上及水溫在 95℃(203℉)以下時才停止低速運轉。以配合因冷氣壓縮機之運轉，在引擎負載增大及車速慢時，避免引擎溫度升高。

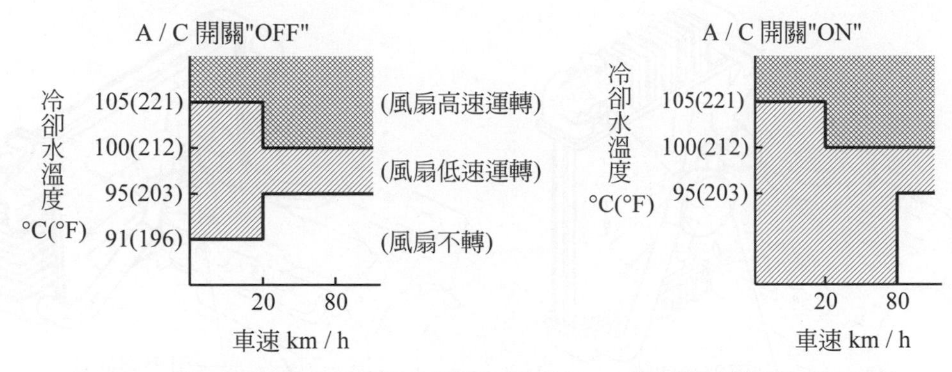

圖 4.8　二段式運轉型電腦控制式電動風扇的作用(A/T 車型) (裕隆汽車公司)

三、水箱

1. 冷卻水從水套中流過時，吸取之熱量，在水箱時排到空氣中。普通都是裝在汽車或引擎之前部。由上水箱、下水箱、中央的散熱器芯子、水箱蓋(radiator cap)、冷卻水出口、入口、放水塞等組成，如圖 4.9 所示。因需導熱性佳，故通常以銅或鋁皮製成。

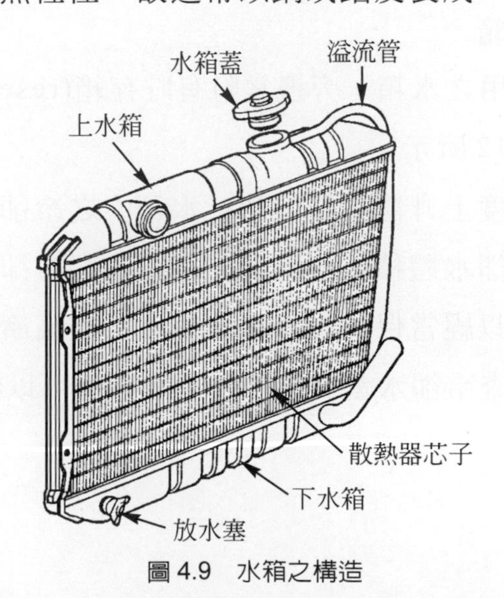

圖 4.9　水箱之構造

2. 依水流方式分水箱

⑴ 上下流動式：熱冷卻水由上水箱進入，冷卻過的冷卻水由下水箱流出，再由水泵打入水套中，因能配合水溫與比重之變化，效果好，早期引擎使用較多，如圖 4.10 所示。

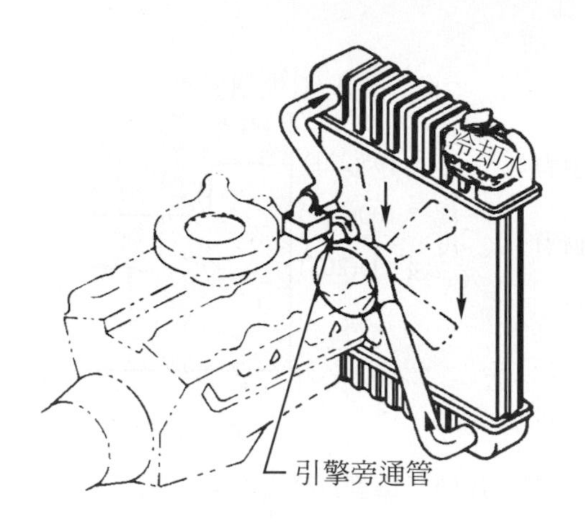

圖 4.10 上下流動式水箱

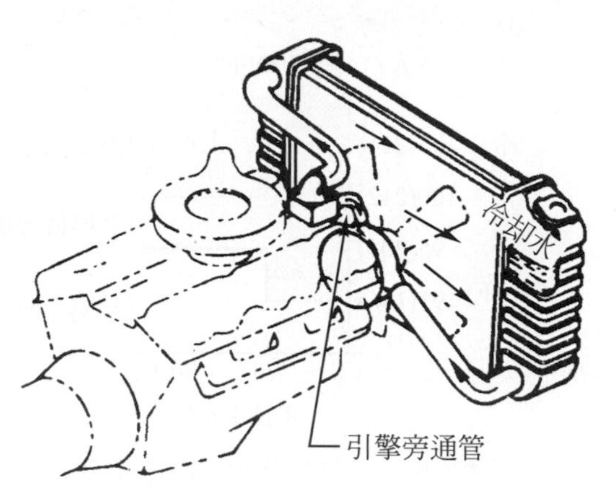

圖 4.11 橫流式水箱

⑵ 左右流動式：又稱橫流式，貯水箱在散熱器芯子之兩端，冷卻水橫方向左右流動，如圖 4.11 所示。水箱橫方向尺寸可加長，以降低高度，有利於引擎蓋前方高度的縮減，降低風阻係數，現代引擎常採用。

3. 附貯存箱之水箱

⑴ 現代汽車使用之水箱，旁邊常附有貯存箱(reserve tank)，俗稱副水箱，如圖 4.12 所示。

⑵ 當冷卻水溫度上升體積膨脹時，水箱中之冷卻水壓入貯存箱中；溫度降低，冷卻水體積收縮時，貯存箱中之冷卻水再流回散熱器中。如此水箱可以經常保持在滿水狀態，以提高冷卻效果，同時駕駛也不必經常檢查冷卻水量，水箱之上水箱也可以做得較小。

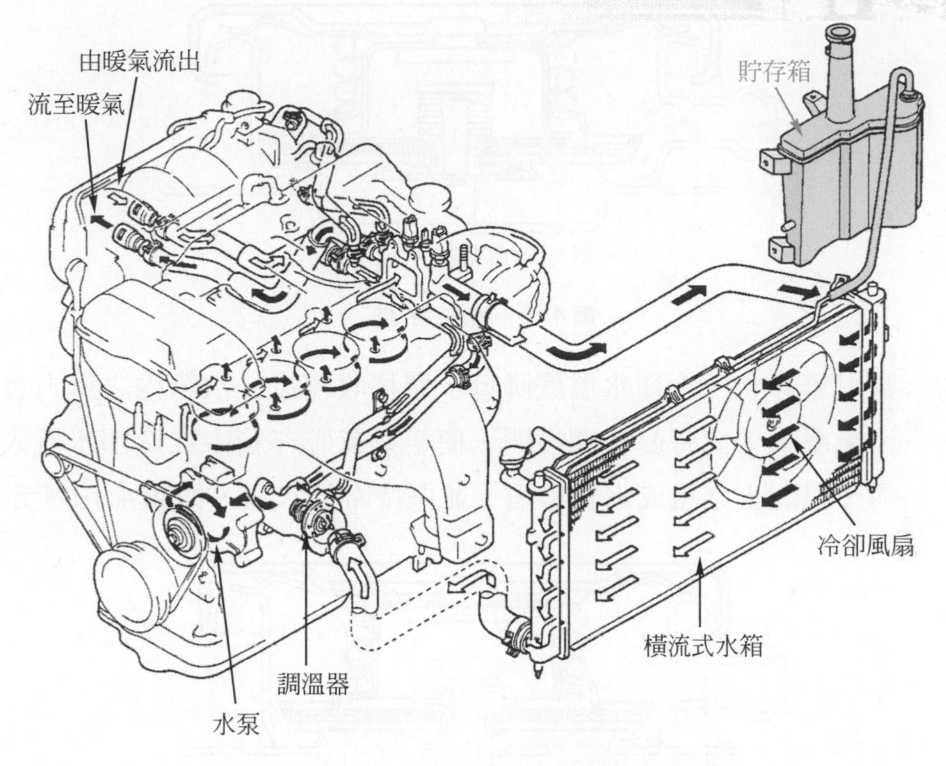

圖 4.12　附儲存箱之冷卻系統(福特汽車公司)

四、水箱蓋

1. 現代汽車引擎所使用之水箱蓋均為壓力式，以提高冷卻水之沸點，使冷卻水不易沸騰，同時可以提高散熱器水與空氣之溫度差，提高冷卻效率，並且可以減少冷卻水之流失，以免日常保養之麻煩。普通壓力式水箱蓋所增加之壓力為錶壓力 0.5～0.9kg/cm^2，可使冷卻水之沸點提高到 110～125℃。

2. 構造及作用

   (1) 壓力式水箱蓋由壓力閥、壓力彈簧、真空閥、真空彈簧等組成。

   (2) 當水箱內部壓力大於規定值時，壓力閥打開，高壓蒸氣及冷卻水由溢流管流出，或進入貯存箱，如圖 4.13 所示。

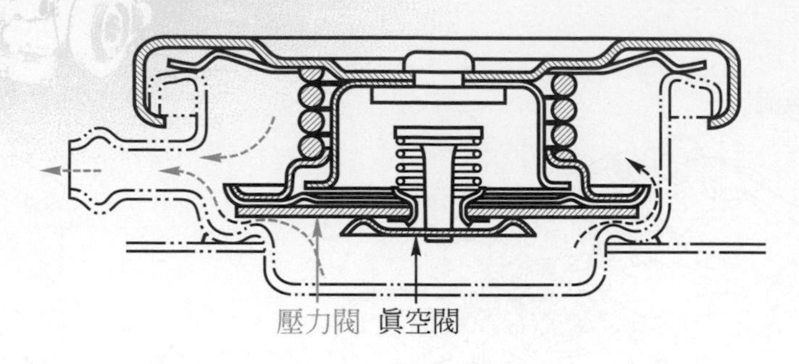

圖 4.13　壓力閥打開

⑶　當引擎停止，冷卻水溫度降低，體積收縮後，水箱內之壓力會低於大氣壓力，此時眞空閥打開，使空氣或貯存箱中之冷卻水流入水箱內，以防止水箱或水管塌陷，並保持冷卻水量，如圖 4.14 所示。

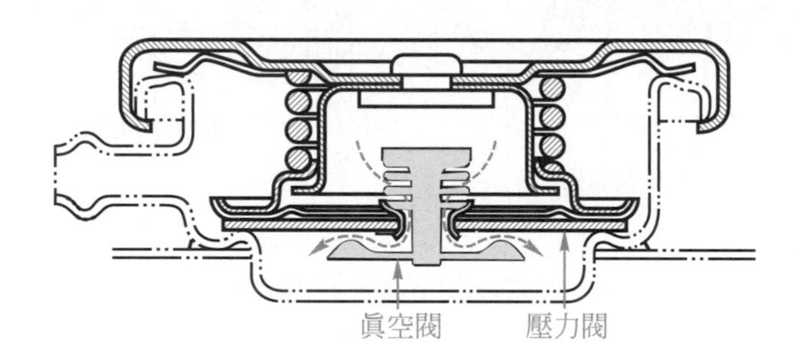

圖 4.14　真空閥打開

五、調溫器

1. 要使引擎保持最佳效率，延長引擎使用壽命，冷卻水之溫度最好保持在 80～90℃之間，引擎溫度太低時，燃料消耗率增加，且引擎易磨損。調溫器之功用，就是在冷卻水溫度太低時，不要流到水箱，只在引擎水套內循環，使冷卻水溫度很快上升到正常的工作溫度。
2. 作用

⑴　如圖 4.15 所示，爲冷卻水溫度低時，調溫器關閉，冷卻水只在引擎水套與水泵間循環，稱爲小循環之情形。

⑵　如圖 4.16 所示，爲冷卻水溫度達到規定溫度以上時，調溫器打開，冷卻水從引擎水套出來，經水箱冷卻後流回水泵，再打入引擎水套，稱爲大循環之情形。

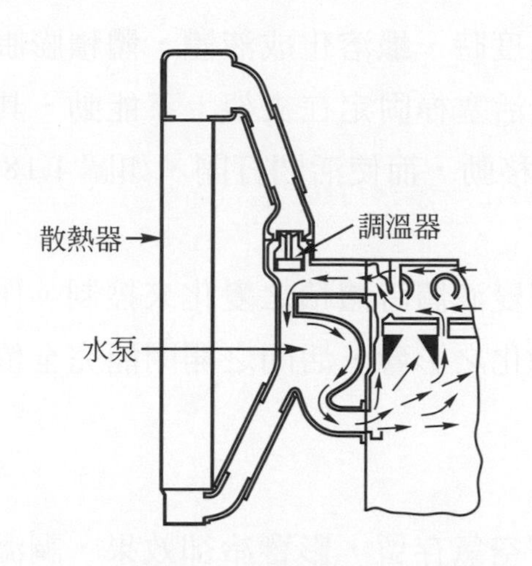

圖 4.15　溫度低時小循環情形

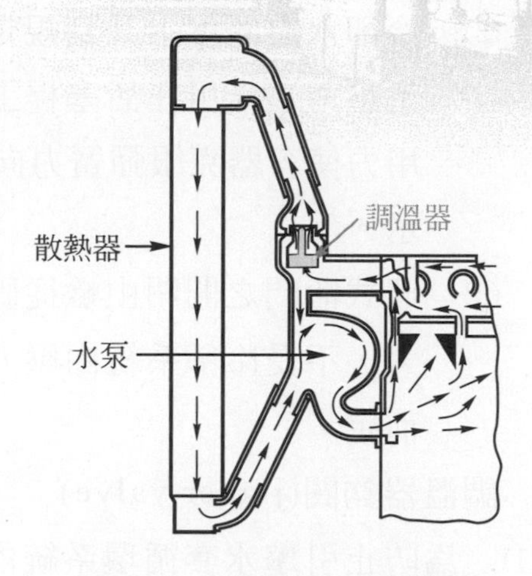

圖 4.16　溫度高時大循環情形

3. 蠟丸式調溫器

(1) 現代壓力式冷卻系統使用之調溫器多為蠟丸式，由支架、活塞桿、蠟(wax)、合成橡皮滑套、容器等組成，如圖 4.17 所示。

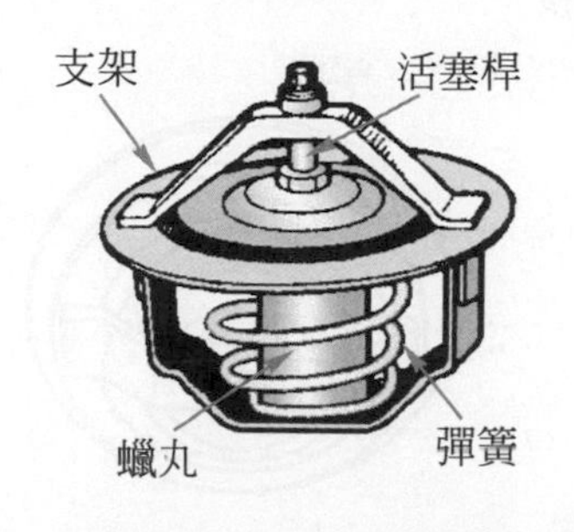

圖 4.17　蠟丸式調溫器

(2) 作用

① 當冷卻水之溫度低時，蠟為固體，體積小，彈簧之力量將容器及活門向上推，關閉引擎水套到散熱器之通路，如圖 4.18(a)所示。

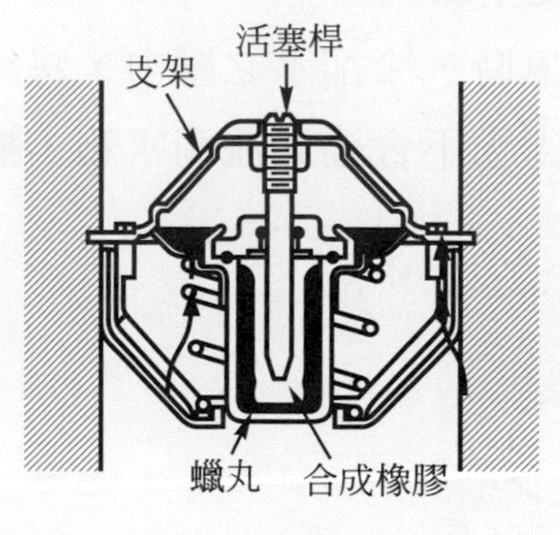

(a)關閉

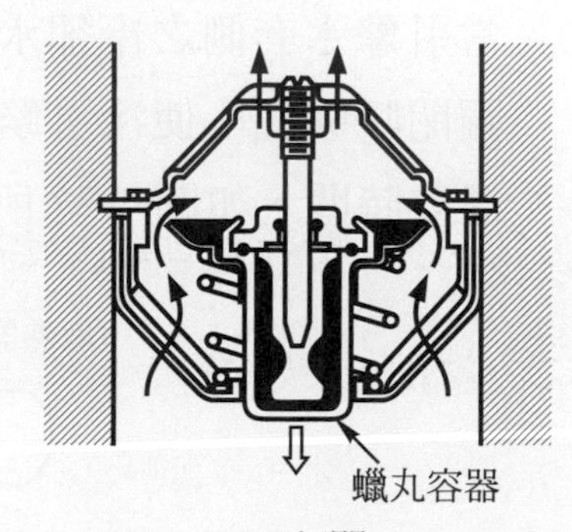

(b)打開

圖 4.18　蠟丸式調溫器之作用

② 冷卻水之溫度上升到規定溫度時，蠟溶化成液體，體積膨脹，產生壓力，作用在活塞桿上，活塞桿固定在支架上不能動，其反作用力使容器克服彈簧力向下移動，而使活門打開，如圖 4.18(b)所示。

③ 此式活門之開閉由蠟從固體變液體時體積之變化來控制，作用力大，不受冷卻系統內壓力變化之影響，活門之開閉能完全依溫度而定。

4. 調溫器鉤閥(jigger valve)

⑴ 為防止引擎水套循環系統內有空氣存留，影響冷卻效果，調溫器架上裝有鉤閥，以排除空氣，如圖 4.19 所示。

圖 4.19 鉤閥之位置

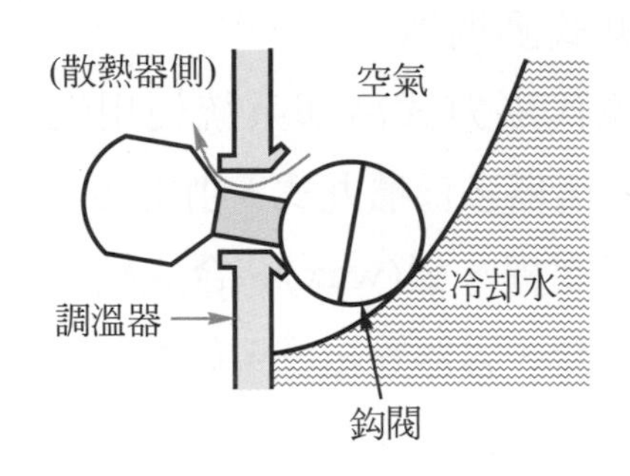

圖 4.20 鉤閥打開

⑵ 作用

① 如圖 4.20 所示，當引擎水套側之冷卻水有空氣存在時，鉤閥因重力關係傾斜，將呼吸孔打開，使空氣流出。

② 當引擎水套側之冷卻水中無空氣時，冷卻水之壓力，將鉤閥推動關閉呼吸孔，使冷引擎時，冷卻水不會經此流到水箱，縮短引擎溫熱時間，如圖 4.21 所示。

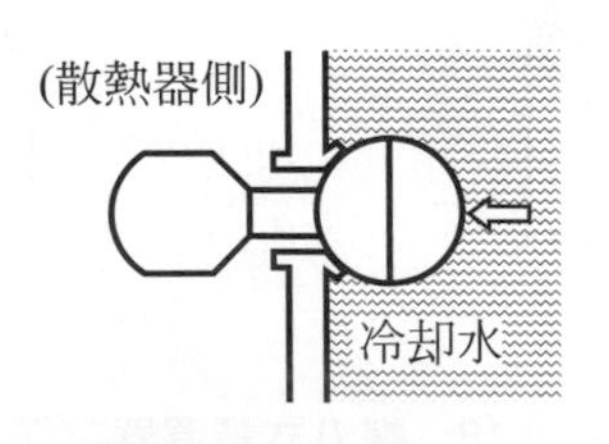

圖 4.21 鉤閥關閉

5. 現代引擎的調溫器都已改裝到冷水入口處，如圖 4.12 所示，稱為入口控制式，與出口控制式比較，引擎水溫的變動較小。

六、皮帶

1. 驅動水泵或風扇之皮帶，在傳動時要求不打滑，傳動效率高，及不產生噪音等。
2. V 型皮帶
⑴ 被覆型皮帶之內部以合成橡膠及抗張力極高之尼龍繩製成，外面以帆布被覆，如圖 4.22(a)所示，為以往一直使用之皮帶型式。動力傳遞是靠皮帶兩側與皮帶盤間之摩擦力，而不靠皮帶底部。

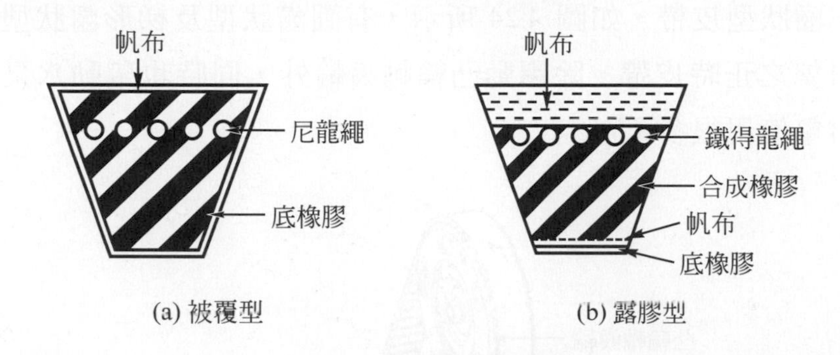

圖 4.22　V 型皮帶之構造

⑵ 露膠型皮帶，如圖 4.22(b)所示，側面並沒有被覆帆布，使橡膠直接與皮帶盤槽接觸，可以提高摩擦力，減少滑動，傳動效率優良，必須使用高強度合成橡膠製成。

3. 肋骨型皮帶

肋骨型皮帶，如圖 4.23 所示，有一排如小 V 型皮帶之 V 型凸脊，由小凸脊兩側與溝槽之摩擦以傳遞動力。有的引擎使用一條肋骨型皮帶，同時驅動發電機、風扇、水泵、冷氣壓縮機與動力轉向油泵等。肋骨型皮帶用以取代舊式的 V 型皮帶。

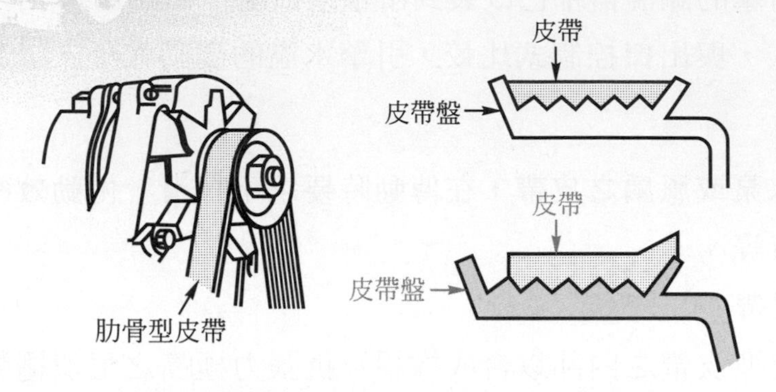

圖 4.23　肋骨型皮帶(AUTOMOTIVE MECHANICS)

4. 齒狀型皮帶

齒狀型皮帶，如圖 4.24 所示，有圓齒狀型及梯形齒狀型兩種，用於引擎之正時皮帶，除驅動凸輪軸齒輪外，同時也帶動水泵齒輪，現代引擎使用很多。

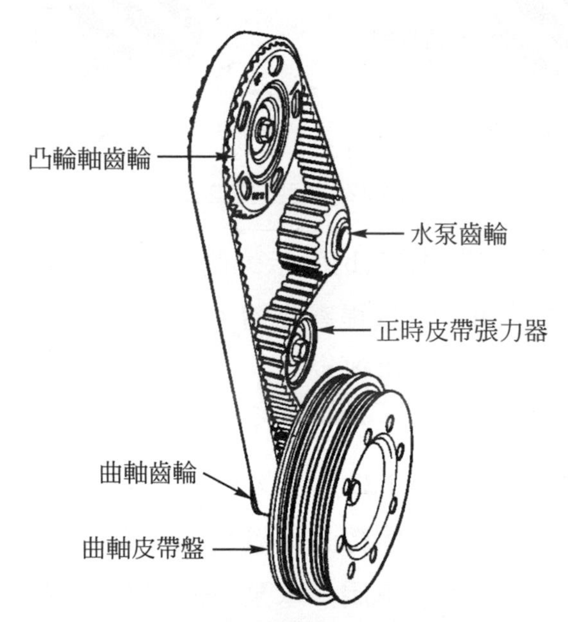

圖 4.24　齒狀型皮帶(本田汽車公司)

七、冷卻液

1. 水冷式引擎最普遍使用之冷卻液爲水，因其價廉取用方便，但需爲清潔之軟水才可，如水中含有鐵、鹽、硫化物等，會使水套發生腐蝕或積垢，影響冷卻效果。水之沸點，恰在引擎正常工作溫度以上，但水之冰點爲 0℃，在塞冷地區，引擎停止時，水會結冰膨脹，使冷卻系統機件損壞，因此在塞冷地區，應加入防凍劑(anti freezer)，以降低冷卻水之冰點。

2. 防凍劑

⑴ 半永久式防凍劑：以酒精(alcohol)及乙烯乙二醇爲主劑，在防凍劑 60％、水 40％時之冰點爲最低，約－58℃。

⑵ 永久式防凍劑：以乙烯乙二醇爲主劑，在防凍劑 60％、水 40％時之冰點爲最低，約－45℃。

3. 冷卻液添加劑

爲保護冷卻系統，防止生銹，產生水垢及漏水，現代汽車製造廠均建議使用冷卻液添加劑。一般使用之冷卻液添加劑有冷卻系統保護劑及冷卻系統封劑。

本章演練

一、是非題

(　)1. 冷卻水經水箱而循環時，稱為小循環。

(　)2. 護罩可提高冷卻效率。

(　)3. 電動風扇的優點為可縮短引擎溫熱時間。

(　)4. 有副水箱時可減少主水箱的尺寸。

(　)5. 水箱內壓力過高時，真空閥打開。

(　)6. 現代汽車均使用臘丸式調溫器。

(　)7. 現代汽車引擎外部皮帶均採用 V 型皮帶。

(　)8. 加壓式水箱蓋的壓力活門，當水箱內形成負壓時才打開，以防止水箱變形。

(　)9. 一般引擎冷卻水泵以葉輪式最多。

(　)10. 冷卻系統的風扇離合器其主要功能為減少馬力損失及防止噪音。

二、選擇題

(　)1. 混合氣燃燒時溫度可高達　(A)1200℃　(B)1500℃　(C)2205℃　(D)2600℃。

(　)2. 引擎工作溫度過低時，會造成　(A)汽油氣化不良　(B)爆震　(C)燃料系氣阻　(D)排氣門燒毀。

(　)3. (A)液體式風扇　(B)傳統式風扇　(C)水溫開關控制式電動風扇　(D)電腦控制式電動風扇　消耗的引擎動力最多。

(　)4. 水溫開關控制式電動風扇，水溫開關接通及切斷電路的冷卻水溫度分別為　(A)92℃，87℃　(B)100℃，85℃　(C)85℃，95℃　(D)98℃，92℃。

(　)5. 橫流式水箱　(A)水箱高度可加大　(B)不必使用副水箱　(C)散熱效果較佳　(D)可使車頭高度降低。

(　)6. 可使冷卻水溫度很快到達工作溫度的是 (A)調溫器 (B)水箱 (C)水泵 (D)壓力式水箱蓋。

(　)7. 最常用的防凍劑為 (A)酒精 (B)軟水 (C)乙醇 (D)乙烯乙二醇。

(　)8. 冷卻系統中之調(節)溫器，在台灣 (A)可以拆除不用 (B)用與不用均可 (C)必須拆除 (D)必須使用。

(　)9. 壓力式水箱蓋的主要功用為 (A)降低冷卻水的沸點 (B)提高冷卻水沸點 (C)防止冰凍 (D)增加水箱容量。

(　)10. 冷卻系統中調溫器之作用為 (A)控制水套中冷卻水循環流量 (B)防止水箱中之冷卻水過熱 (C)使進氣歧管加熱，促進燃料氣化 (D)防止水套中冷卻水過熱。

三、問答題

1. 試述液體接合器式風扇的構造。
2. 寫出水溫開關控制式電動風扇的特點。
3. 寫出電腦控制式電動風扇的特點。
4. 左右流動式水箱有何優點？
5. 何謂小循環與大循環？
6. 調溫器入口控制式有何特點？

Chapter 5 傳動系統

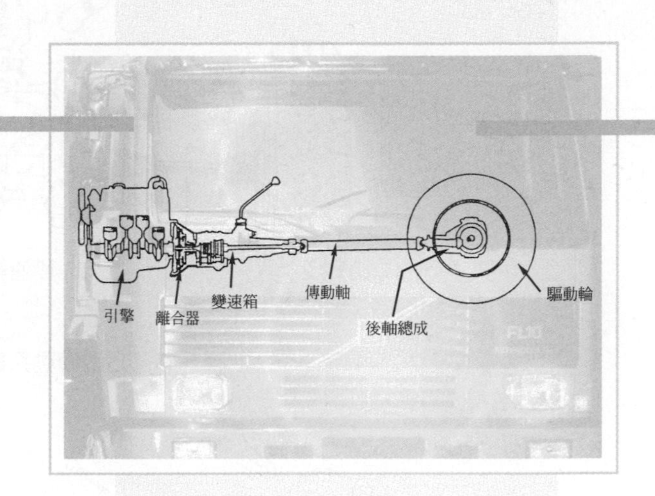

5.1 概述

一、傳動系統的構造

自引擎曲軸至驅動車輪，其間設有各種動力之傳輸機構，稱為動力傳動系統。此項系統於設計上，不但要充分發揮引擎之特性，且須使汽車行駛時，能具有最高之動力及經濟性。FF型傳動系統基本上是由離合器或接合器、變速箱與差速器、驅動軸及車輪等所組成，如圖5.1所示。而FR型傳動系統則是由離合器或接合器、變速箱、傳動軸、後軸總成及車輪等所組成，如圖5.2所示。

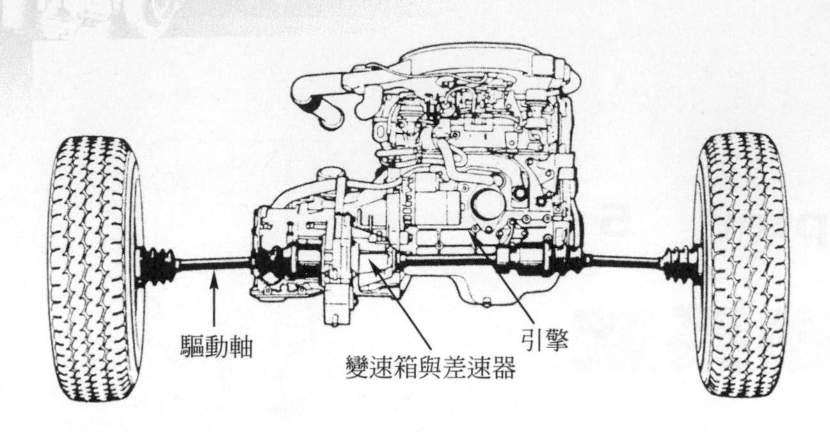

圖 5.1　FF 型傳動系統的構造(福特汽車公司)

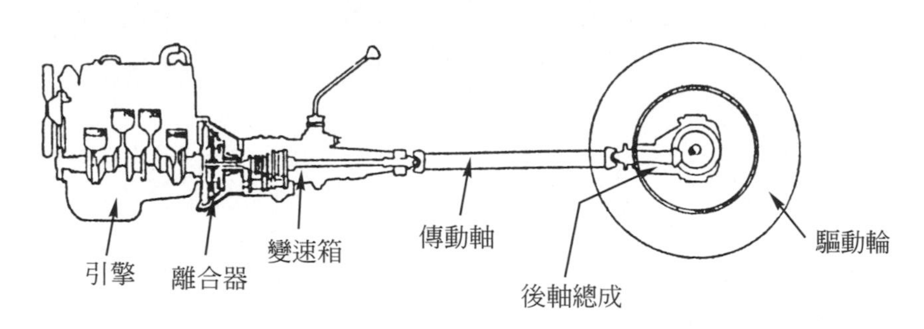

圖 5.2　FR 型傳動系統的構造(現代汽車底盤，黃靖雄)

二、傳動系統的功能

1. 離合器：將引擎與傳動機構分離及接合，使車輛停止時，引擎能保持運轉。
2. 變速箱：能使驅動車輪之驅動力隨道路之狀況而改變，提供不同的行駛速率及使車輛能倒退行駛。
3. 傳動軸及萬向接頭：將變速箱輸出之動力，能在各種角度變化下，傳到後軸總成。
4. 驅動軸及萬向接頭：將差速器輸出之動力，能在各種角度變化下，傳到車輪。
5. 差速器：使車輛在轉彎時之動力傳輸，與直線行駛時同樣順利。

6. 後軸總成：改變傳動方向，降低轉數提高扭矩，並使車輛在轉彎時之動力傳輸，與直線行駛時同樣有效。
7. 車輪：支持全車重量，並傳送驅動扭矩，使車輛前進或後退。

三、傳動系統的作用

1. FF 型傳動系統的作用

   引擎產生的動力，經摩擦式離合器傳入手動變速箱，依所在檔位，經最後傳動齒輪，將動力傳入差速器(differential)。若係自動變速箱，則動力先傳入液體扭矩變換器，經行星齒輪組後，傳入差速器。最後動力經驅動軸，傳動前輪以驅動車輛行駛。

2. FR 型傳動系統的作用

   引擎產生的動力，經摩擦式離合器或液體扭矩變換接合器，傳入手動或自動變速箱，依所在檔位，動力接著傳給二段或三段式傳動軸，再經最後傳動齒輪及差速器。最後經後軸總成兩側的後軸，傳動後輪以驅動車輛行駛。

5.2 離合器總成

5.2.1 離合器的功能

1. 引擎在起動時，或變速箱換檔時，引擎與負荷間之動力必須要分開；同時車輛由停止起步時，運轉中的引擎動力必須緩慢的傳遞。如果動力傳遞過快或過大時，車子會急衝出去；但如動力過小時，引擎會熄火。離合器就是用來使引擎與負荷切離及接合之用。離合器必須使動力之接合及切離容易，散熱良好，操作確實且安靜。
2. 手動變速箱利用摩擦式離合器以傳輸動力；自動變速箱則利用液體運動能之液體離合器以傳輸動力。

5.2.2 離合器的構造與作用

一、乾單片圈狀彈簧式離合器

1. 離合器總成包括離合器本體與操控機構兩大部分，如圖 5.3 所示。

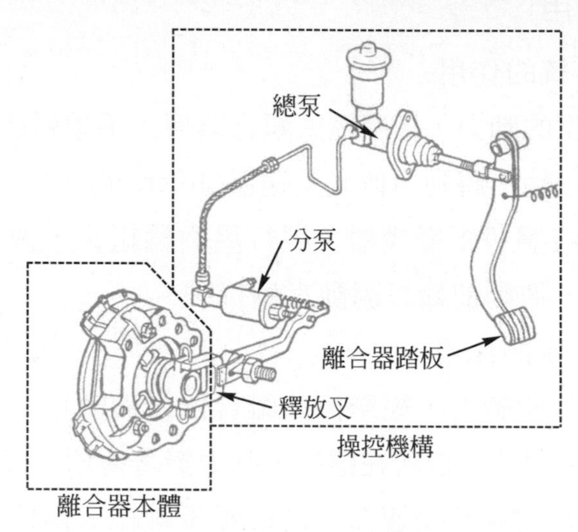

圖 5.3　離合器總成的構造(三級自動車シャシ)

2. 離合器本體的構造

　　離合器本體部分包括被動部之離合器片(clutch disc)，及主動部分之壓板(pressure plate)、離合器蓋板(clutch cover)、離合器彈簧(clutch spring)、釋放槓桿(release lever)、釋放軸承(release bearing)等，如圖 5.4 所示。

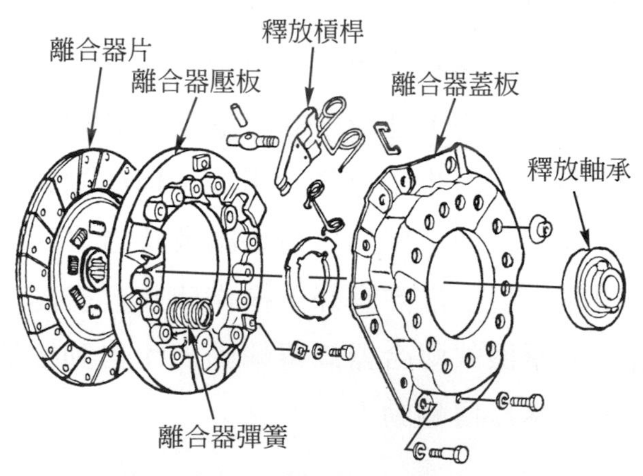

圖 5.4　乾單片圈狀彈式離合器本體的分解圖(三級自動車シャシ)

3. 作用

⑴ 離合器接合時：如圖 5.5(a)所示，離合器蓋板、釋放槓桿、離合器釋放軸承、離合器壓板等組合之離合器壓板總成，以螺絲與離合器片一起裝在飛輪上。彈簧之壓力使離合器片與飛輪壓緊成一整體，引擎動力由飛輪、離合器蓋板，壓板靠摩擦力經離合器片、離合器軸傳到變速箱。

⑵ 離合器分離時：當離合器踏板踩下時，釋放叉將釋放軸承壓下，經釋放槓桿使離合器壓板上提，壓縮離合器彈簧，如圖 5.5(b)所示。離合器壓板與飛輪間之間隙變大，動力即無法傳遞。

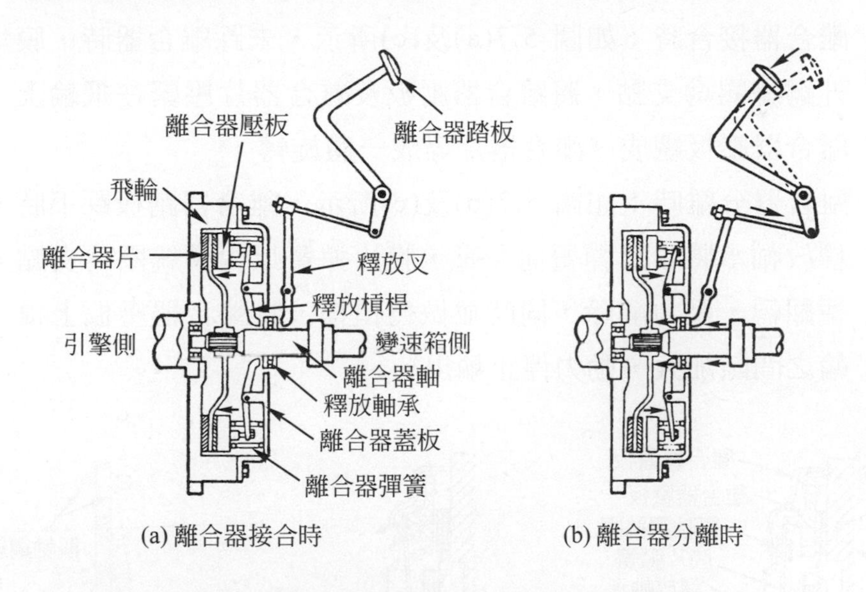

圖 5.5　乾單片圈狀彈簧式離合器的作用(三級自動車シヤシ)

二、乾單片膜片彈簧式離合器

1. 離合器本體的構造

如圖 5.6 所示，此式離合器以膜片彈簧取代圈狀彈簧及釋放槓桿，使構造簡單，並可免除調整釋放槓桿高度之麻煩，且膜片彈簧彈性極佳，操作省力，故為目前使用最廣之離合器。

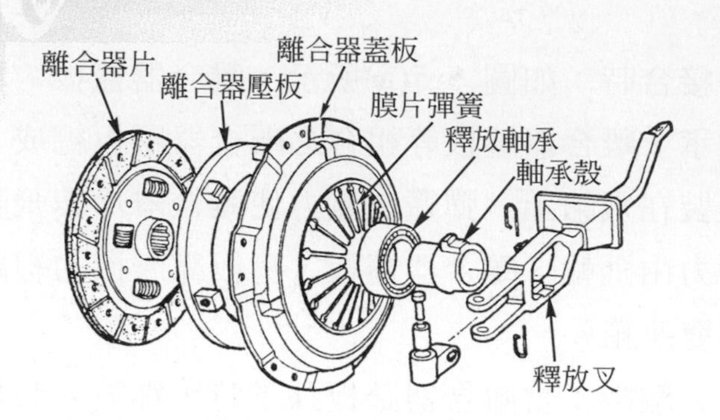

圖 5.6　乾單片膜片彈簧式離合器本體的構造(三級自動車シャシ)

2.　作用

(1) 離合器接合時：如圖 5.7(a)及(c)所示，未踩離合器時，膜片彈簧以外鋼絲圈為支點，將離合器壓板及離合器片壓緊在飛輪上。飛輪、離合器壓板總成、離合器片等成一體旋轉。

(2) 離合器分離時：如圖 5.7(b)及(c)所示，離合器踏板踩下時，離合器釋放軸承將膜片彈簧向左壓，膜片彈簧以內鋼絲圈為支點，膜片彈簧翻轉，壓力解除，同時並做為槓桿，將離合器壓板上提，使與飛輪之間隙加大，動力停止輸出。

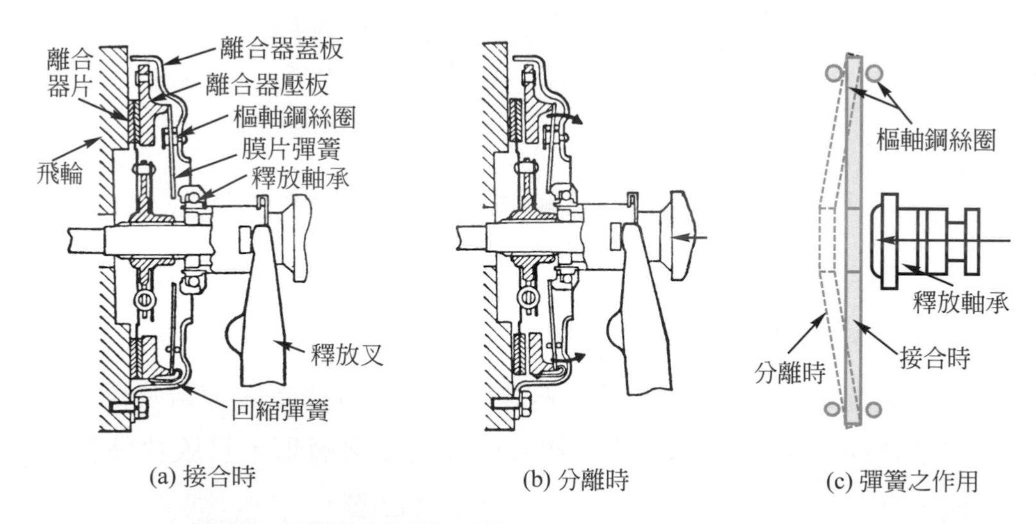

圖 5.7　乾單片膜片彈簧式離合器的作用(三級自動車シャシ)

三、離合器各部零件的構造

1. 離合器片

⑴ 離合器片爲傳輸動力之被動件，其構造如圖 5.8 所示。離合器槽轂(clutch hub)以槽齒與離合器軸連接，可以在軸之方向前後移動。兩接觸面爲摩擦力極高的來令片，以鉚釘嵌在波浪狀之扇形緩衝鋼板上，緩衝鋼板能有 1～2mm 之伸縮，使離合器之接觸良好。

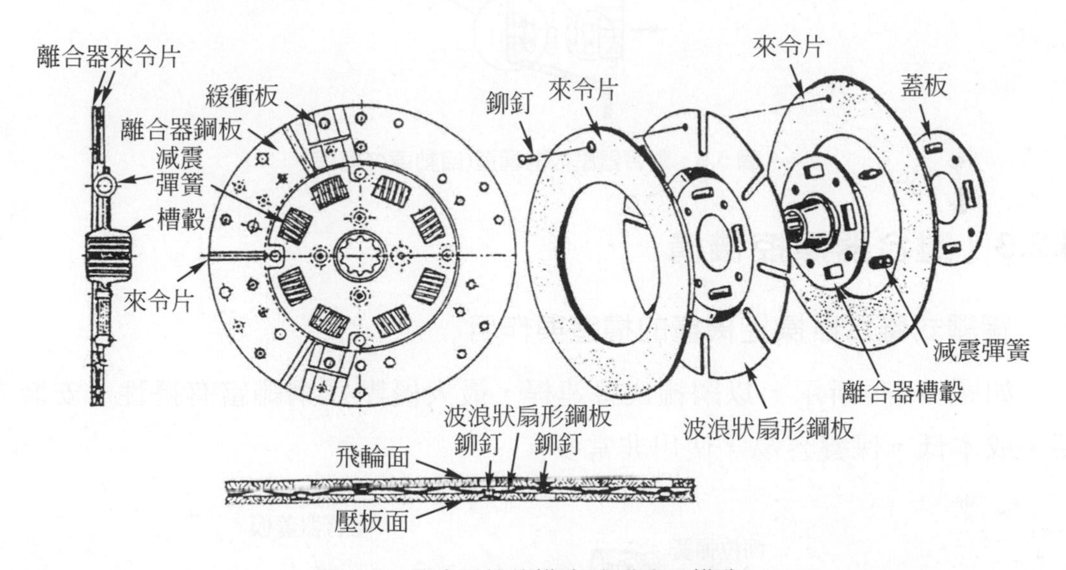

圖 5.8 離合器片的構造(自動車の構造)

⑵ 欲使離合器在接合之震動能得到緩衝，離合器槽轂與裝來令片之緩衝鋼板並不直接連接，而係經過減震彈簧或橡膠來傳動，以吸收離合器接合時之扭轉振動，使起步平穩，延長傳動系機件之使用壽命。

2. 離合器壓板

⑴ 離合器壓板，如圖 5.9 所示，係以摩擦係數高、耐磨性佳之鑄鐵製成。離合器壓板以彈簧將離合器片與飛輪壓在一起。

⑵ 動力之傳輸係由飛輪經螺絲到離合器蓋板，再由蓋板傳到壓板，再由壓板及飛輪將動力靠摩擦傳到離合器片。

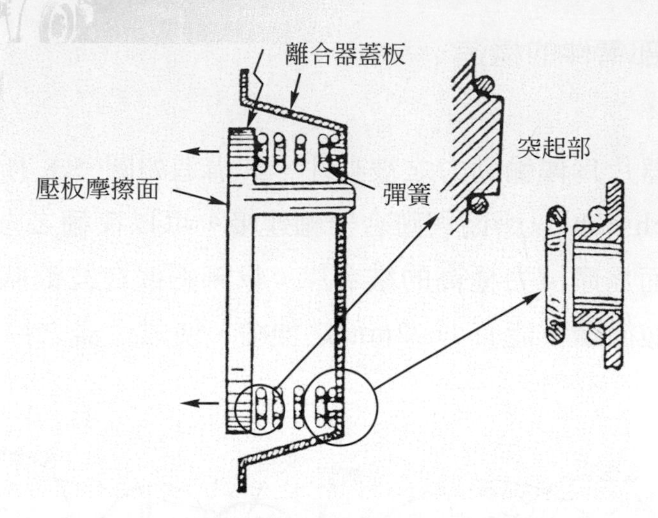

圖 5.9 離合器壓板的構造(自動車の構造)

5.2.3 離合器操控機構

一、鋼繩式離合器操控機構的構造與作用

如圖 5.10 所示，以鋼繩代替連桿，最大優點爲鋼繩富有撓性，安裝方便，成本低，保養容易，使用非常多。

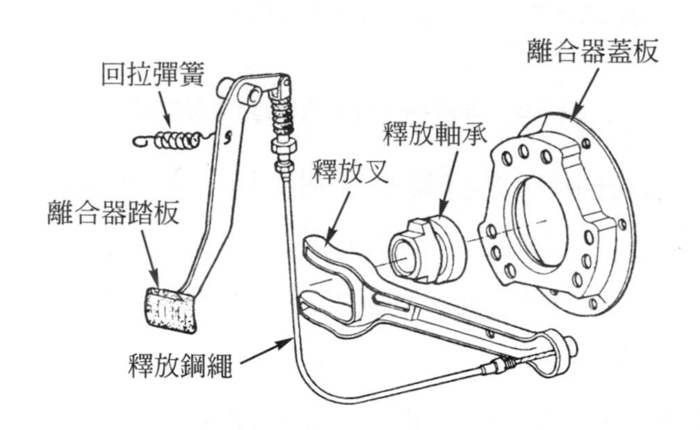

圖 5.10 鋼繩式操控機構(自動車の構造)

二、油壓式離合器操控機構的構造與作用

1. 如圖 5.11 所示，由離合器踏板(clutch pedal)、離合器總泵(clutch master cylinder)、離合器釋放泵(clutch release cylinder)或稱離合器分泵、釋放叉等組成。

2. 當離合器踏板踩下時，總泵推桿推動總泵活塞，總泵產生油壓，壓力油經油管使釋放泵之活塞推出，經推桿推動釋放叉，推移釋放軸承等使離合器分離。

3. 離合器踏板放鬆時，踏板回拉彈簧將踏板拉回，總泵油壓消失，各機件復原，離合器接合。

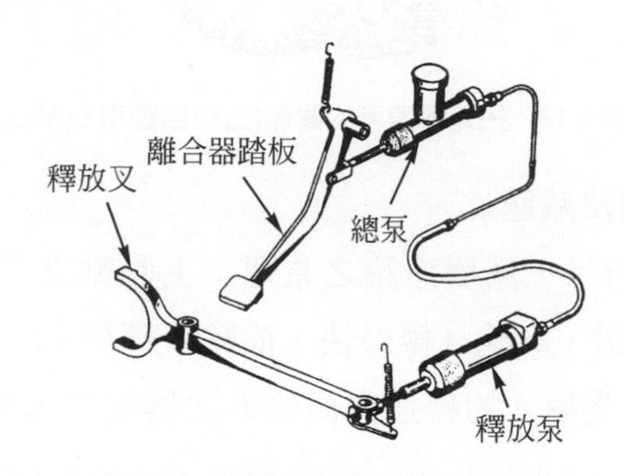

圖 5.11　普通式油壓操控機構的構造(自動車の構造)

5.3 手動變速箱總成

5.3.1 手動變速箱的功能

一、概述

1. 齒輪傳動原理

(1) 二齒輪的轉數比，等於二齒輪齒數的反比，即

$$\frac{\text{乙齒輪轉數}}{\text{甲齒輪轉數}}=\frac{\text{甲齒輪齒數}}{\text{乙齒輪齒數}}$$

(2) 傳動之馬力相等時，轉得快的齒輪扭矩小，轉得慢的齒輪扭矩大，如圖 5.12 所示。

$$\frac{\text{乙齒輪轉數}}{\text{甲齒輪轉數}}=\frac{\text{甲齒輪扭矩}}{\text{乙齒輪扭矩}}$$

圖 5.12　扭矩與速度的關係(三級自動車シヤシ)

2. 變速箱的原理及減速比

(1) 如圖 5.13 所示，爲變速箱之原理：主動軸之小齒輪 A，驅動被動軸上之大齒輪 B，齒輪 A 轉得快，齒輪 B 轉得慢，但被動軸之扭矩較主動軸爲大。齒輪 A 的轉速與齒輪 B 之轉速比，稱爲減速比，即

$$減速比=\frac{齒輪\ A\ 之轉數}{齒輪\ B\ 之轉數}=\frac{齒輪\ B\ 之齒數}{齒輪\ A\ 之齒數}$$

被動軸之扭矩＝主動軸之扭矩×減速比，故被動軸扭矩增大。

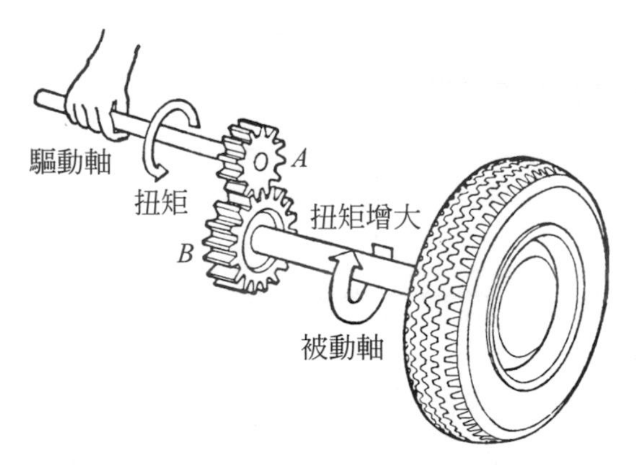

圖 5.13　變速箱原理(三級自動車シヤシ)

(2) 在變速箱中齒輪之組合，如圖 5.14 所示。其變速比如下：

$$變速比=\frac{B\ 之齒數\times D\ 之齒數}{A\ 之齒數\times C\ 之齒數}$$

即被動齒輪齒數之連乘積除以主動齒輪齒數之連乘積，稱爲減速比。

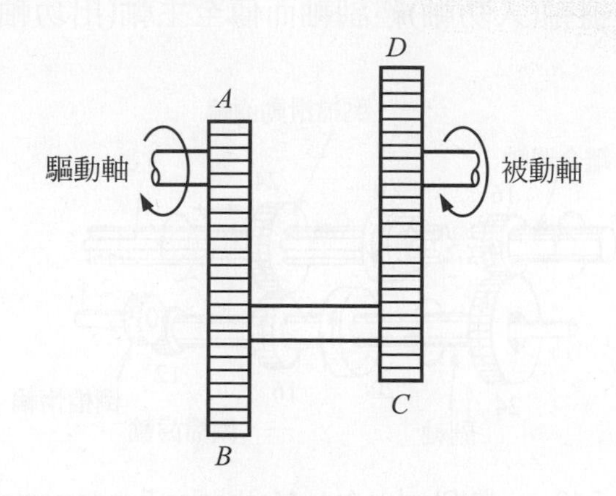

圖 5.14　變速箱齒輪的組合(三級自動車シヤシ)

二、變速箱的功能

汽車在起步、爬坡、載重時，必須有比較大的驅動力，但是在平坦的道路上行駛時，驅動輪之高速回轉比驅動力更爲重要；又引擎只能向一定方向運轉，汽車之倒退也是必須的，變速箱就是用以提供以上各項功能之裝置。

5.3.2 手動變速箱的減速比

1. 空檔(neutral gear)：引擎發動後，只有離合器軸及副軸轉動，主軸不動，如圖 5.15 所示。

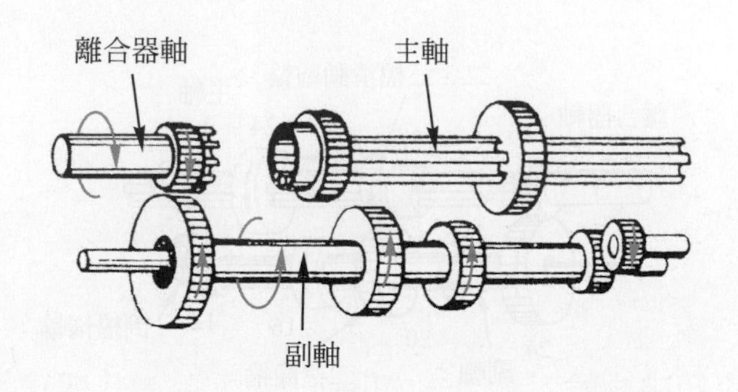

圖 5.15　空檔(Stockel Auto Mechanics Fundamental)

2. 一檔(first gear)

⑴ 動力由離合器軸(入功軸)經副軸而傳至主軸(出功軸)，如圖 5.16 所示。

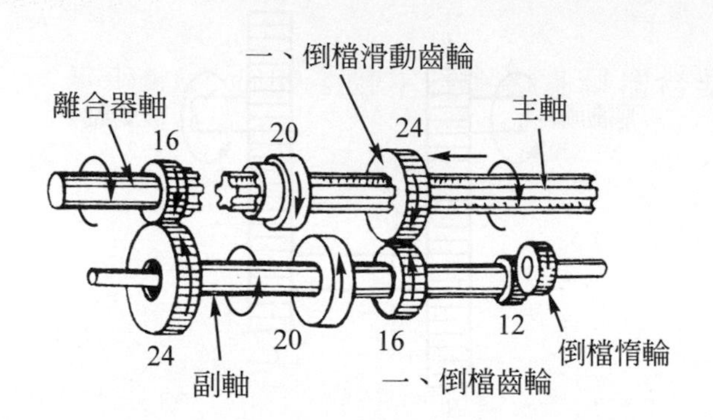

圖 5.16 一檔(Stockel Auto Mechanics Fundamental)

⑵ 假定各齒輪之齒數如圖中所示，離合器軸與主軸轉數之比，或稱減速比爲

$$\frac{24}{16}\times\frac{24}{16}=2.25 \text{ 比 } 1$$

⑶ 即引擎轉 5.25 轉，傳動軸轉 1 轉。

⑷ 主軸扭矩爲離合器軸扭矩的 2.25 倍。

3. 二檔(second gear)

⑴ 動力由離合器軸經副軸再傳至主軸，如圖 5.17 所示。

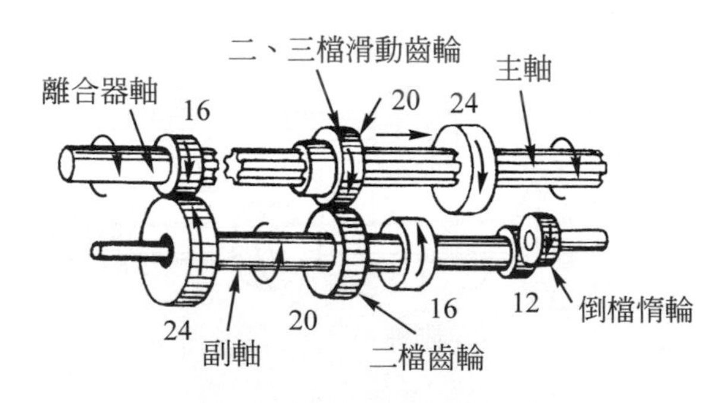

圖 5.17 二檔(Stockel Auto Mechanics Fundamental)

⑵ 減速比爲 $\frac{24}{16}\times\frac{20}{20}=1.5$ 比 1。

(3) 即引擎轉 1.5 轉，傳動軸轉 1 轉。

(4) 主軸扭矩為離合器軸扭矩的 1.5 倍。

4. 三檔(third gear)

(1) 動力由離合器軸直接送到主軸，如圖 5.18 所示。

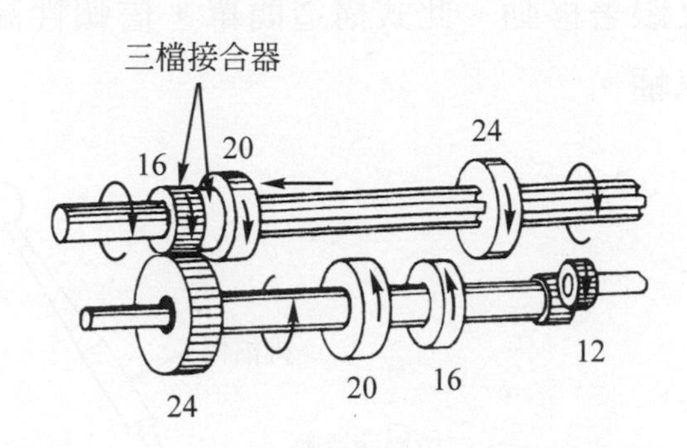

圖 5.18 三檔(Stockel Auto Mechanics Fundamental)

(2) 減速比為 1：1。

5. 倒檔(reverse gear)

(1) 動力由離合器軸傳至副軸，經倒檔惰輪再傳至主軸。轉速變慢，且方向相反，如圖 5.19 所示。

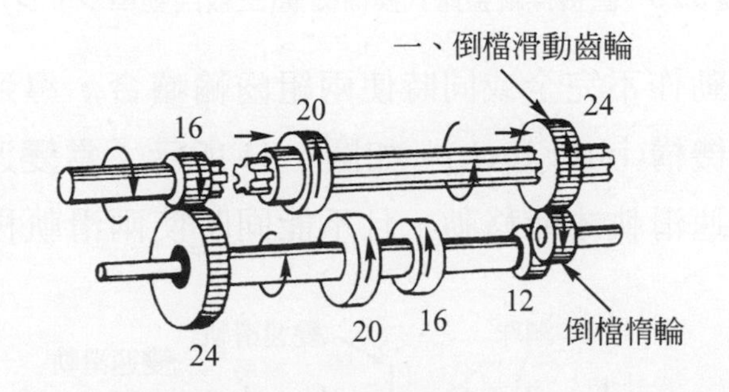

圖 5.19 倒檔(Stockel Auto Mechanics Fundamental)

(2) 減速比為 $\frac{24}{16}\times\frac{24}{12}=3$ 比 1。

(3) 引擎每轉 3 轉，傳動軸轉 1 轉。

(4) 主軸扭矩為離合器軸扭矩的 3 倍。

5.3.3 手動變速箱換檔機構

一、直接操縱式

1. 如圖5.20所示，爲小型車之直接操縱機構之構造。當移動變速桿時，直接使換檔叉跟著移動。此式構造簡單，信賴性高，多用於前置引擎後輪驅動式車輛。

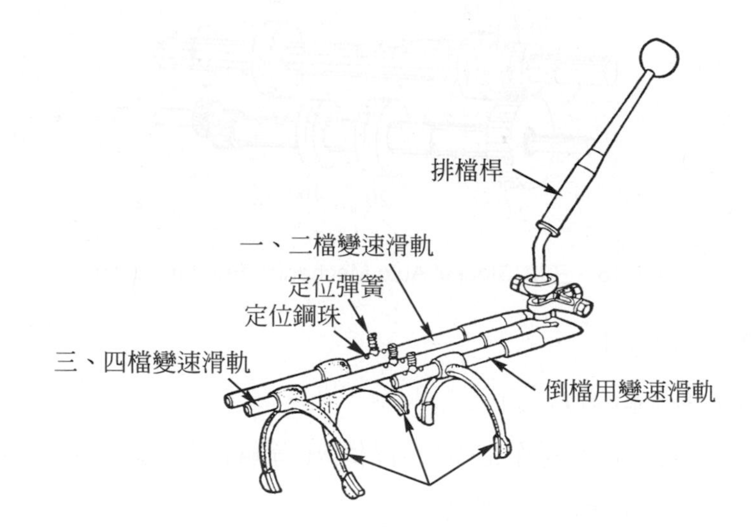

圖 5.20　直接操縱整體式換檔機構(三級自動車シヤシ)

2. 爲防止選擇動作不完全或同時使兩組齒輪嚙合，導致齒輪受損，故裝有一組連鎖機構(inter lock)，如圖5.21所示。當變速桿選擇動作完全正確時，變速滑軌才能移動，且不能同時使兩滑軌移動。

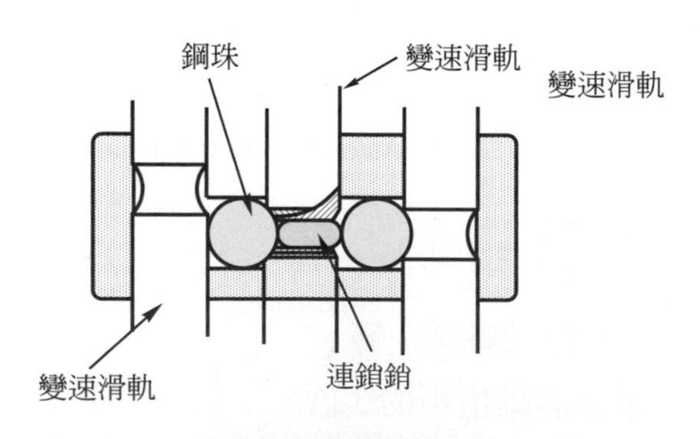

圖 5.21　連鎖機構(自動車百科全書，永屋元靖)

3. 另外爲使變速滑軌移到所需位置時，不因振動造成移動現象，乃以定位鋼珠(lock ball)固定其位置，如圖 5.22 所示。

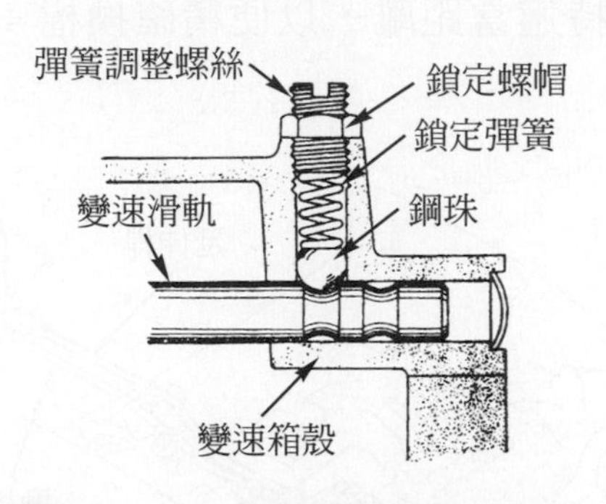

圖 5.22 定位機構(自動車百科全書)

二、遙控操縱式

1. 方向盤柱式(steering column shift type)

兩根撥桿均直接撥動換檔叉以換檔者，如圖 5.23 所示，其中一根撥一、倒檔，另一根撥二、三檔，係用在三前進檔之變速箱。

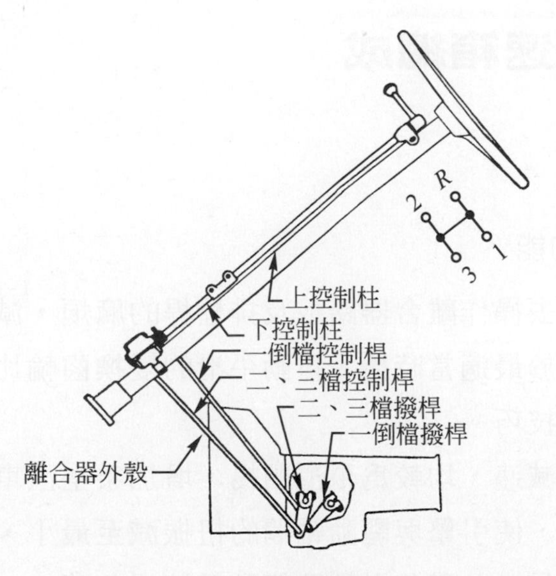

圖 5.23 方向盤柱式換檔機構(現代汽車底盤)

2. 底板式(floor shift type)

如圖 5.24 所示，爲用於前置引擎前輪驅動車型，延伸桿使變速箱與排檔桿之間保持適當距離，以便精確換檔；而換檔控制桿則用於換檔操作。

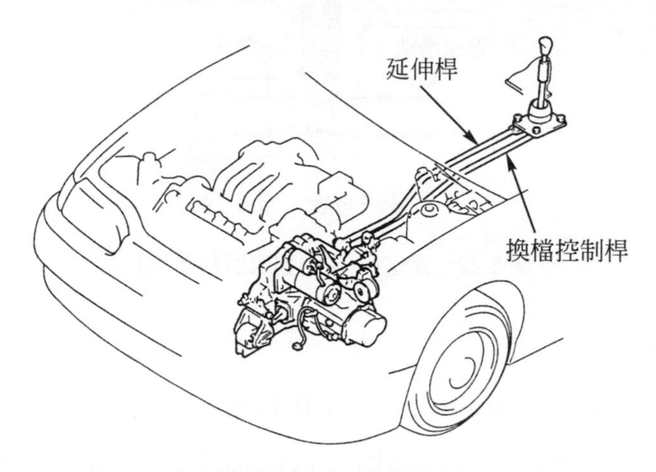

圖 5.24　遙控操縱底板式換檔機構(福特汽車公司)

5.4 自動變速箱總成

5.4.1 概述

一、自動變速箱的功能

1. 自動換檔，省去操作離合器踏板及排檔桿的麻煩，減少駕駛的疲勞。
2. 依路面狀況，於最適當時機，自動平滑的變換齒輪比，故駕駛不必精通繁雜的操作技巧。
3. 起步、加速或減速，均較爲平滑順暢，增加乘坐汽車的舒適性。
4. 液體傳動部分，使引擎與驅動軸間的扭振減至最小，故引擎、變速箱等壽命均可延長，並避免引擎及傳動系統過負荷。

二、自動變速箱的種類

1. 依車輛驅動方式分

可分爲三種型式，一爲使用於前置引擎後輪驅動(FR)車輛之自動變速箱，構造較簡單；另一爲使用於前置引擎前輪驅動(FF)車輛之自動變速箱，又稱自動聯合傳動器，由於安裝在引擎室內，故構造較複雜，爲目前使用之主流；另一種爲使用較少的RR式。

2. 依控制方式分

可分爲兩種型式，兩者之不同點在於控制換檔及鎖定之方式不同。第一種是液壓控制式自動變速箱(AT)，是利用液壓系統做控制；第二種是電子控制式自動變速箱(ECT)，利用儲存在ECU內的資料，做換檔與鎖定時間控制，並有故障診斷、備用及安全功能。

3. 依排檔數分

(1) 4ECT：爲現代汽車主流的四檔電子控制式自動變速箱。

(2) 5ECT：即五檔電子控制式自動變速箱，目前並已有6ECT、7ECT等。

(3) CVT：即無段自動變速箱，日產汽車稱爲NCVT。

5.4.2 自動變速箱簡介

一、概述

1. 不同型式的自動變速箱，構造上雖有些不同，但其作用的基本原理及功能卻是相同的。

2. 自動變速箱由幾個主要機件組成，以自動變速聯合傳動器爲例，包括有扭矩變換器、行星齒輪機構、液壓控制系統、最後傳動機構及選擇桿等。爲使自動變箱發揮最大功能，各元件必須能精確並協調作用，以下針對各主要機件，先做簡單的介紹。

二、扭矩變換器

1. 扭矩變換器安裝在行星齒輪組的輸入軸上，並以螺絲與曲軸末端驅動板結合，如圖5.25所示。

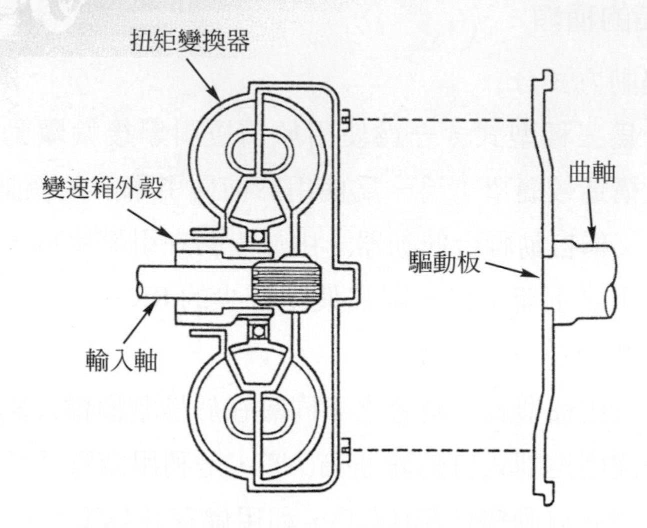

圖 5.25　扭矩變換器的構造(和泰汽車公司)

2. 扭矩變換器內部充滿自動變速箱液。扭矩變換器有如液體接合器，將引擎扭矩傳輸給變速箱外，並將扭矩增強傳出。

3. 扭矩變換器可充當飛輪的功能，故自動變速箱車輛不需要笨重的飛輪，只使用一個外圍有環齒的驅動板，以做為發動引擎用。其功用為：

⑴ 充當離合器，傳輸引擎扭矩至變速箱。

⑵ 充當飛輪，使引擎運轉平滑。

⑶ 增大傳輸扭矩。

⑷ 吸收引擎及傳動系統機件的扭轉振動。

⑸ 驅動液壓控制系統的油泵。

三、行星齒輪機構

1. 行星齒輪機構是由行星齒輪組、制動器及各種離合器所組成。

2. 行星齒輪組是由太陽輪、行星小齒輪、行星架及環齒輪等所組成，如圖 5.26 所示。行星齒輪組的功用為：

⑴ 依道路狀況及駕駛需要，提供不同的齒輪比，以獲得適當的扭矩與轉速。

⑵ 提供倒檔齒輪，以為倒車之用。

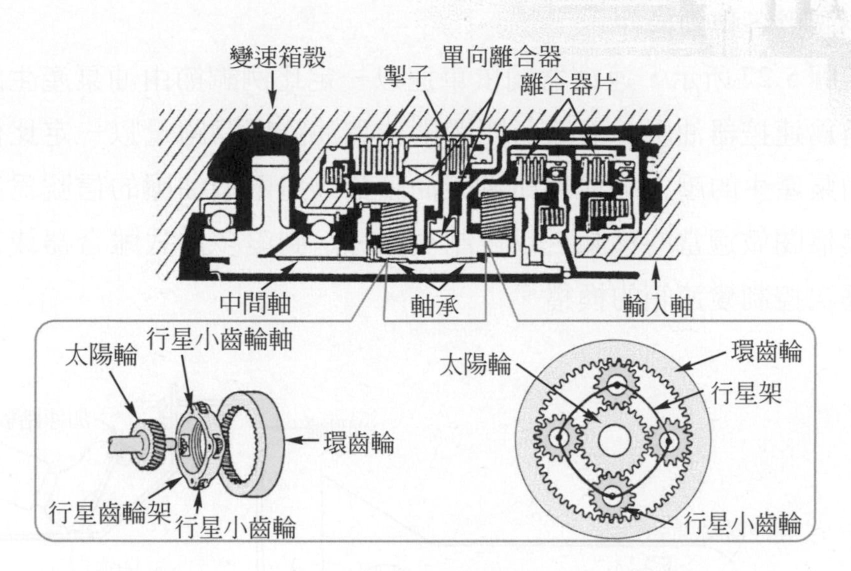

圖 5.26　行星齒輪組的位置及構造(和泰汽車公司)

(3) 當車輛停止時，提供空檔位置，以容許引擎怠速轉動。

3. 制動器是將行星齒輪組之一的太陽輪、環輪或行星架固定，以獲得所需的齒輪減速比，其作用必須靠油壓操作。

4. 離合器係連接或切斷扭矩變換器至行星齒輪組的動力。

5. 離合器與制動器的差別，在於離合器是使兩個機件的轉速調整爲同步，並使兩者的轉動方向相同；而制動器本身則不轉動，是固定在變速箱殼上，用於停止行星齒輪組機件之轉動。

6. 而單向離合器是由一個內座圈滾道、一個外座圈滾道及掣子或滾柱所組成，用以單向傳輸扭矩。

四、液壓控制系統

1. 液壓控制系統由油盆、油泵、各種閥門、閥門體、油壓通道及油管等所組成。其功用爲：

(1) 供應自動變速箱液(ATF)至扭矩變換器。

(2) 調節油泵產生的油壓大小。

(3) 轉換引擎負荷與車輛速度成爲油壓的信號。

(4) 供應油壓至濕多片式離合器及制動器，以控制行星齒輪的作用。

(5) 潤滑各轉動機件。

2. 如圖 5.27 所示，速控器閥依車速以一定比例調節由油泵產生的壓力，稱爲速控器油壓；而節氣門閥則依加油踏板踩踏量以一定比例調節由油泵產生的壓力，稱爲節氣門油壓，以這兩個油壓的信號爲基礎，使換檔閥做適當的移動，以控制油壓分送到濕多片式離合器或制動器，逐次控制變速箱的換檔。

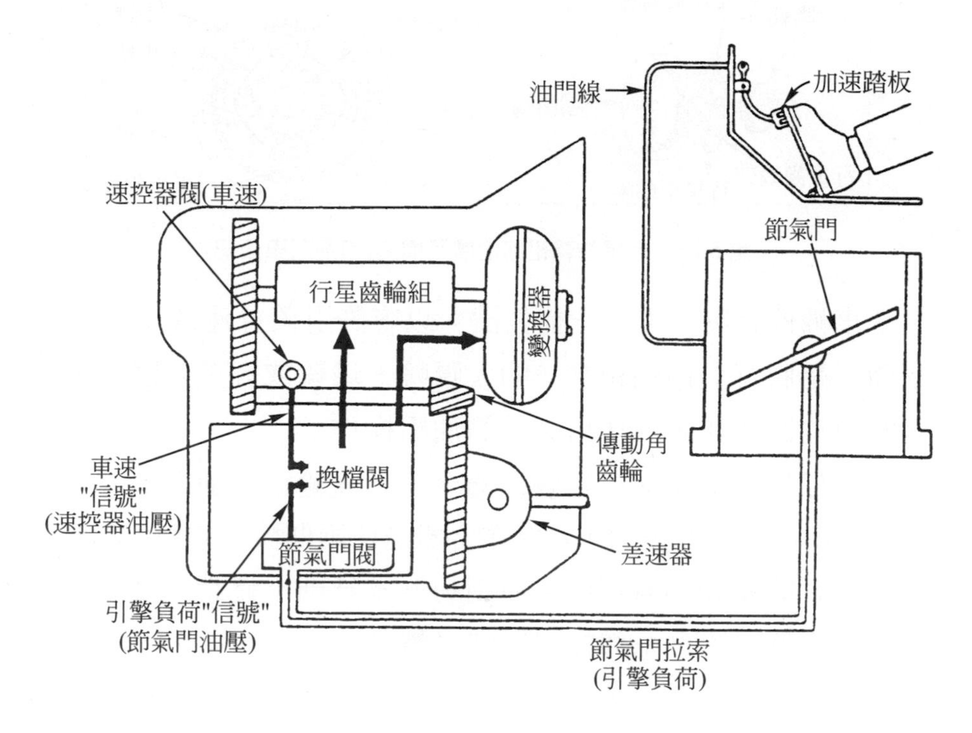

圖 5.27　換檔控制作用(和泰汽車公司)

五、選擇桿

1. 有P、R、N、D、2、L等六個檔位，如圖 5.28 所示，此四檔自動變速箱的第七個檔位(即OD檔)，係以按按鍵操作獲得。
2. 選擇桿在“P”或“N”位置時，引擎才能發動。
3. 現代新車均加裝有自動變速箱選擇桿鎖定(automatic transmission shift lock，ASL)裝置。

⑴ 點火開關鎖定系統(interlock system)：選擇桿除非排入"P"檔，否則點火鑰匙無法取下。當選擇桿在"P"檔時，電磁閥關，點火開關未鎖定，點火鑰匙可轉至最左方取下。

⑵ 選擇桿鎖定系統(shift lock system)：引擎發動後，除非踩下煞車踏板，否則選擇桿無法從"P"檔向下移，以避免誤踩加油踏板而發生危險。當踩下煞車踏板時，電磁閥開，解除鎖定作用。

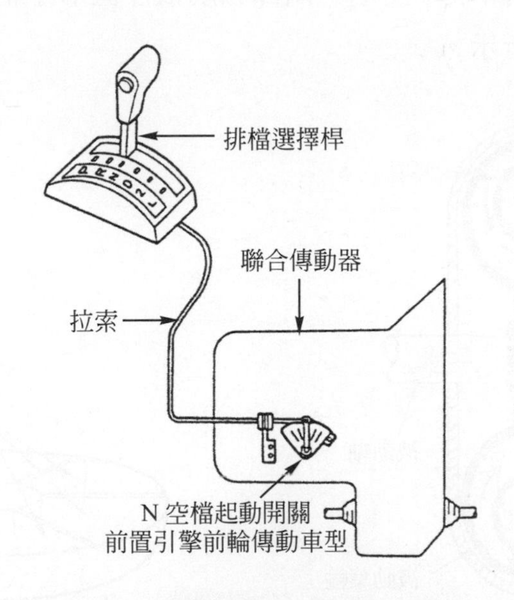

圖 5.28　選擇桿的檔位(和泰汽車公司)

4. 選擇桿在"D"位置時，自動變速系統會根據行駛狀況，如平坦路面或爬坡等，自動選擇在最適當的檔位。欲急加速或超車時，將油門踩到底，觸動踢低開關(kickdown switch)，會使檔位向下降檔，以增強驅動力。

5. 選擇桿在"2"或"L"位置時，引擎煞車力量較大，並有較強牽引力。

5.4.3 液壓控制式自動變速箱

一、扭矩變換器

1. 概述

(1) 早期的扭矩變換器稱爲液體接合器，是由主動葉輪(driving member)又稱泵(pump)，與被動葉輪(driven member)又稱渦輪或透平(turbine)所組成，如圖 5.29 所示。內部分成很多直形小格，稱爲葉片(vane)，如圖 5.30 所示。

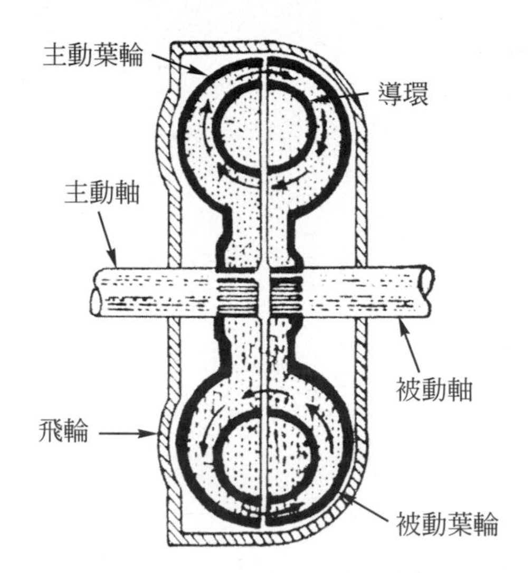

圖 5.29 液體接合器的構造(汽車自動變速箱的理論與修護)

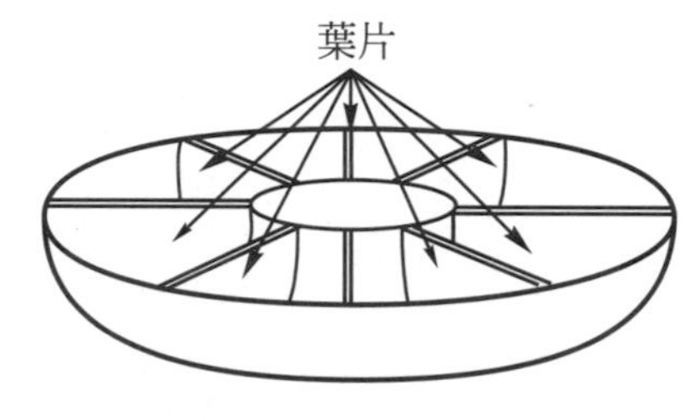

圖 5.30 葉片(Stockel Auto Mechanics Fundamental)

(2) 主動葉輪與被動葉輪之作用，如圖 5.31 所示，主動葉輪轉動時，由於液體之流動，故迫使被動葉輪跟著轉動。內部充油 85～90％，使受熱時有餘隙可膨脹。

(3) 主動葉輪與被動葉輪之轉速差，稱爲滑差，以主動葉輪轉速百分比表之。如主動葉輪爲 1000rpm，被動葉輪爲 800rpm時，滑差爲 20％。故當滑差爲 100 ％時渦流最大，滑差爲零時渦流爲零。傳送扭矩之大小與滑差有關，車子行駛時，滑差永遠不等於零，普通約在 2～5％。

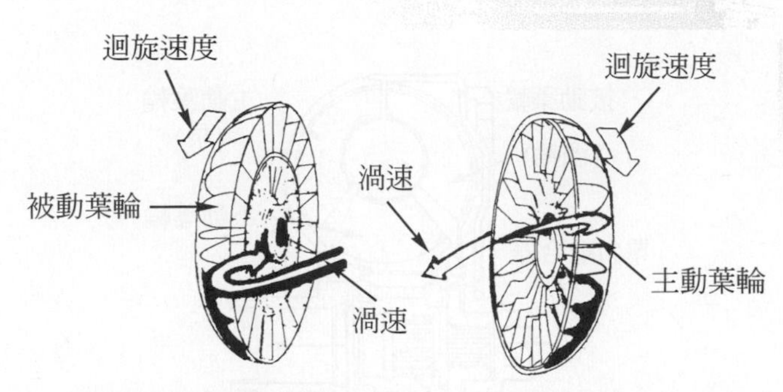

圖 5.31　液體在葉輪中之速度(Stockel Auto Mechanics Fundamental)

2.　構造及作用

⑴　液體接合器僅能傳遞扭矩，不能將扭矩變大。

⑵　若在液體接合器中加裝一不動葉輪(stator)，即成扭矩變換器。其葉片為曲斜狀，如圖 5.32 所示，不動葉輪能將被動葉輪出來之流體改變方向，將剩餘能量再協助驅動主動葉輪。因此可以使推動渦輪之扭矩較輸入軸為大，故扭矩變換器具有自動離合器及變速箱之功用。

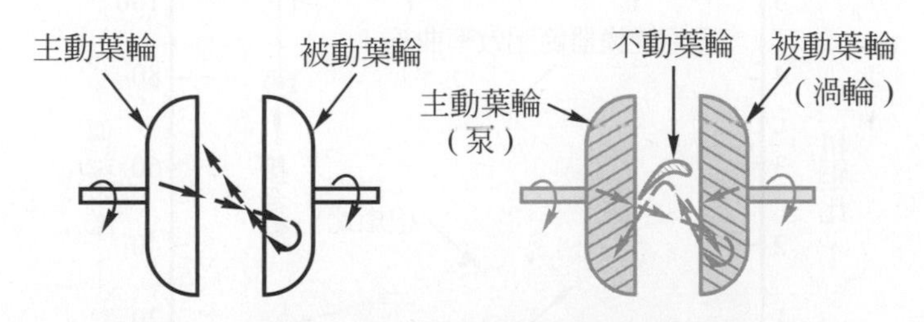

圖 5.32　在液體接合器中裝不動葉輪(自動車百科全書)

⑶　在不動葉輪裝置一單向離合器，使不動葉輪僅能做與泵同方向之轉動，而不能做反方向轉動。當渦輪轉速快時不動葉輪空轉，使其變成液體接合器；在渦輪轉速慢時，又成為扭矩變換器。如圖 5.33 所示，為扭矩變換器的構造。

⑷　扭矩變換器的特性曲線

①　如圖 5.34 所示，為扭矩變換器的特性曲線。當被動葉輪靜止不動時，轉速比為零，被動葉輪之效率為零，此時受到之扭矩最大，稱為停阻扭矩，扭矩變換器之效率為零；轉速比漸增時，被動葉輪之轉速亦漸增，至設計點時，效率最高。

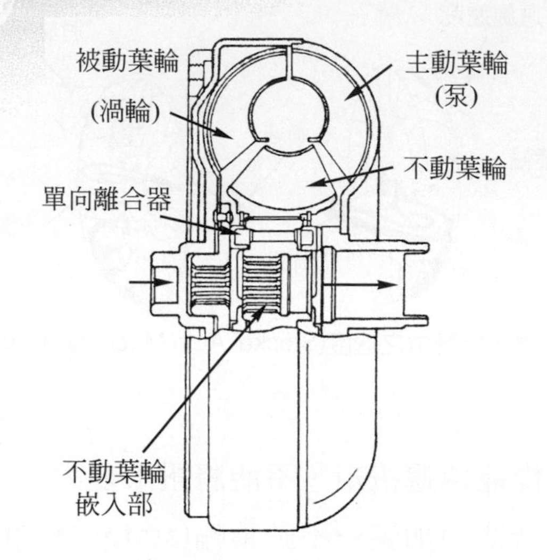

圖 5.33 扭矩變換器的構造(三級自動車シャシ)

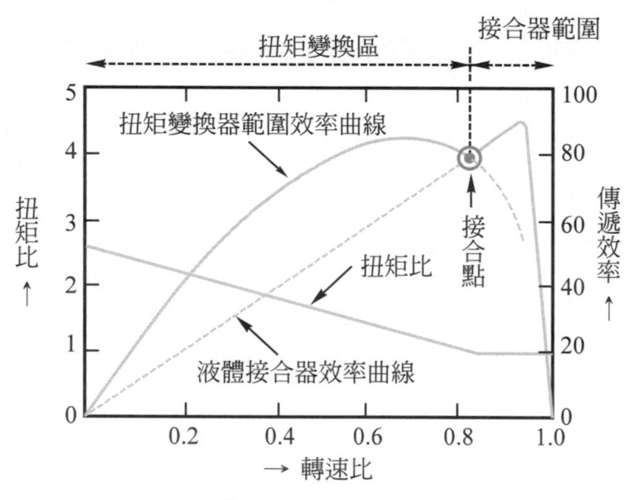

圖 5.34 扭矩變換器的特性曲線(自動車の構造)

② 由圖上可知，轉速比在 0.6～0.75 時，扭矩變換器之效率最高；在轉速比約 0.82 時，被動葉輪與主動葉輪之扭矩比爲 1，此時不動葉輪開始轉動，扭矩變換器變成接合器；轉速比再增大時，改循接合器之曲線，至轉速比約 0.94 時效率最高，轉速比再增則效率迅速下降。但若扭矩變換器內有鎖定機構時，則引擎動力可 100％傳遞給變速箱。

二、行星齒輪組

1. 行星齒輪組構造簡單強度大，佔位小，爲一甚好之變速裝置，但控制機構較複雜。
2. 簡單行星齒輪組
   ⑴ 簡單行星齒輪組是由太陽輪(sun gear)、行星小齒輪(planet pinion)、行星架(planet carrier)、環輪(ring gear)等組成，如圖 5.35 所示。

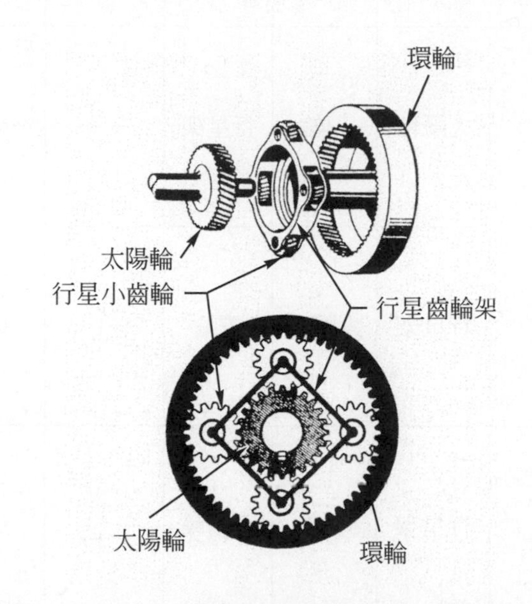

圖 5.35 簡單行星齒輪組的構造(三級自動車シヤシ)

   ⑵ 簡單行星齒輪組之組合與減速比之關係，如表 5.1 所示。
   表中 $\lambda = a/d$，a 表太陽輪齒數，d 表環輪齒數。
3. 複合行星齒輪組

   在實際使用上，爲使變速箱之減速比範圍加大，並能經由控制機構得到不同減速比，通常將二組簡單行星齒輪組加以組合，而成爲複合行星齒輪組。
4. 聯合行星齒輪組

   現代自動變速箱常使用由一組簡單行星齒輪組及一組雙行星小齒輪之行星齒輪組結合而成之聯合行星齒輪組，如圖 5.36 所示。

表 5.1 簡單行星齒輪組組合與減速比之關係(Stockel Auto Mechanics Fundamental)

	圖形	條件			減速比		備考
		驅動(1)	被動(2)	固定	$i = n_1/n_2$	範圍	
A	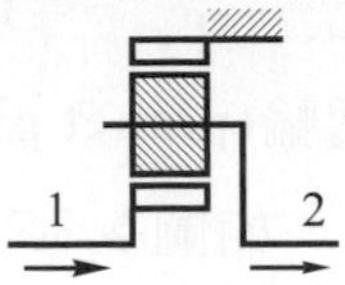	太陽輪	行星架	環輪	$1+\frac{1}{\lambda}$ ($\lambda = a/d$)	$2 < i < \infty$	同方向 大減速
B	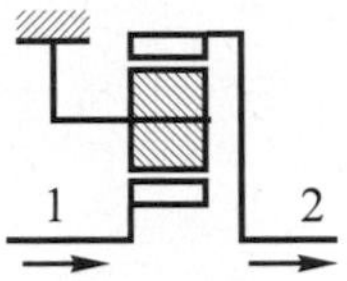	太陽輪	環輪	行星架	$-\frac{1}{\lambda}$	$-\infty < i < -1$	反方向 倒減速
C	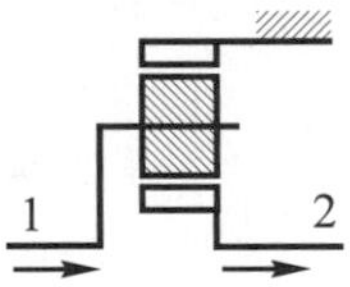	行星架	太陽輪	環輪	$\frac{\lambda}{1+\lambda}$	$0 < i < \frac{1}{2}$	同方向 大加速
D	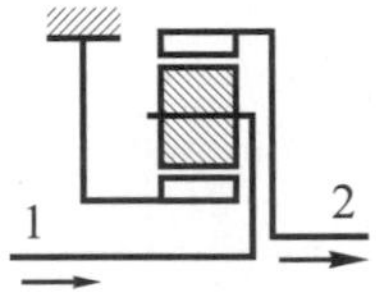	行星架	環輪	太陽輪	$\frac{1}{1+\lambda}$	$\frac{1}{2} < i < 1$	同方向 小加速
E	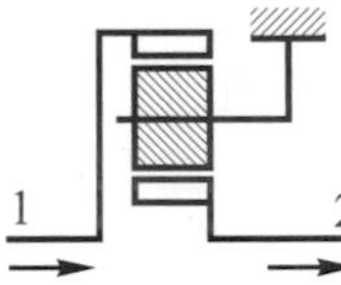	環輪	太陽輪	行星架	$-\lambda$	$-1 < i < 0$	反方向 倒加速
F	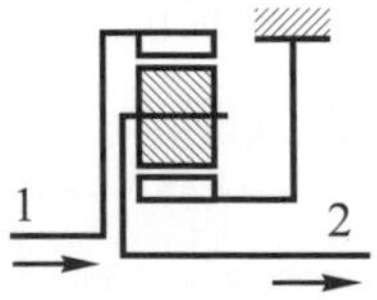	環輪	行星架	太陽輪	$1+\lambda$	$1 < i < 2$	同方向 小減速
G	任兩零件鎖在一起，則整個行星齒輪組成爲一整體				1	$1 = i = 1$	同方向直接傳動
H	環輪、太陽輪、行星架，若無任一固定，則無法傳動				0		空檔

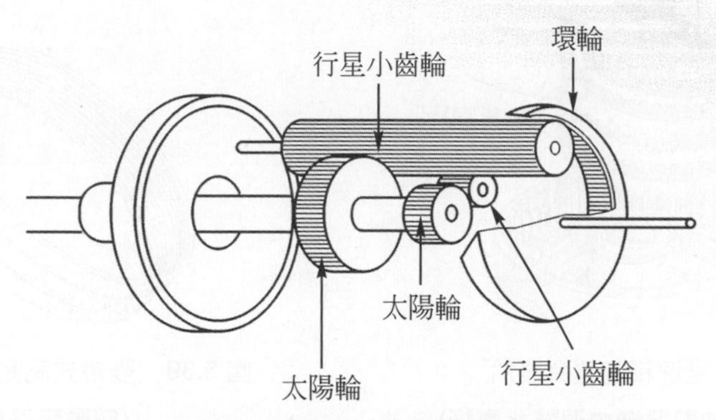

圖 5.36　聯合行星齒輪組的構造(自動車の構造)

三、行星齒輪組的控制裝置

1. 改變行星齒輪組各機件間的連結，以得到各種減速比，必須利用離合器及制動器來控制。離合器依目的之不同，使太陽輪、行星架及環輪間做接合或分離；而制動器則用以固定迴轉的機件，又稱伺服(servo)機構。
2. 另外也有使用單向離合器(one way clutch)，使機件單向自由迴轉，另一個方向則被鎖定。
3. 濕多片式離合器
   (1) 如圖 5.37 及圖 5.38 所示，為自動變速箱採用的濕多片式離合器，由前離合器及後離合器兩部分所構成。每一個離合器都是由離合器片、離合器鼓、軸轂、活塞及壓力片退回彈簧等所組成。

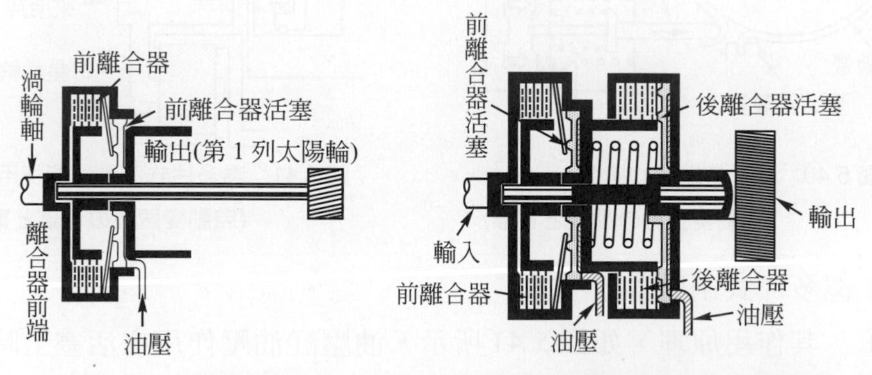

圖 5.37　自動變速箱多片式離合器之構造(自動變速機の理論と實際)

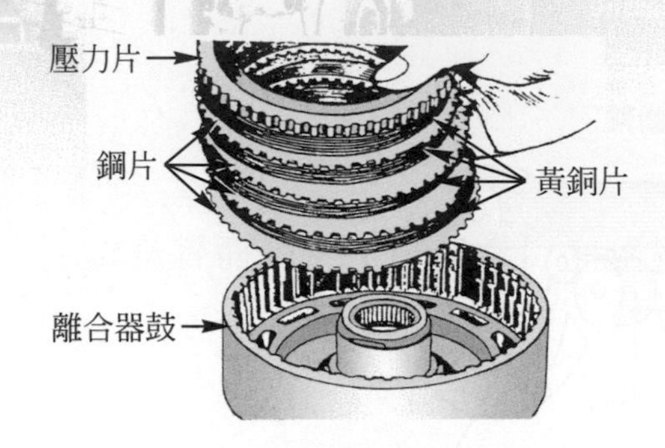

圖 5.38　自動變速箱的離合器片
(自動變速機の理論と實際)

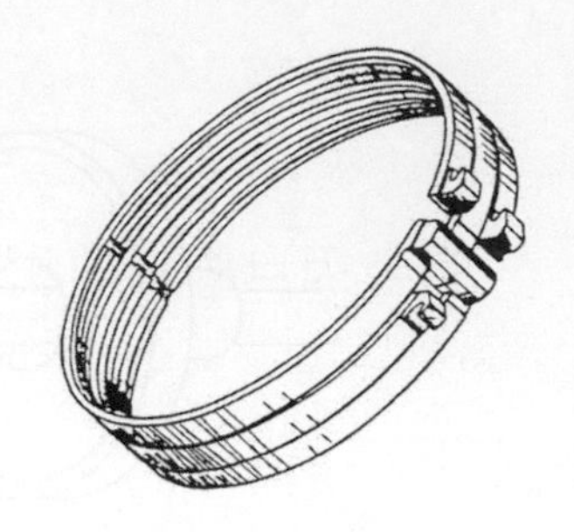

圖 5.39　雙帶式制動帶
(自動變速機の理論と實際)

⑵　當更換離合器的被動片時，應先將片浸泡在自動變速箱液中 15 分鐘以上，使具有摩擦性的紙質材質得到足夠的膨脹量。

4.　制動器：現代汽車的自動變速箱，採用兩種型式的制動器，一種是帶式，另一種是濕多片式。

⑴　制動帶(brake band)

①　構造：制動帶用以固定行星齒輪組的運動機件，雙帶式如圖 5.39 所示。

②　制動帶的煞緊方法：制動帶的煞緊方法，是以帶的一端為支點，另一端以伺服活塞壓縮煞緊，然後以彈簧放鬆，如圖 5.40 所示。

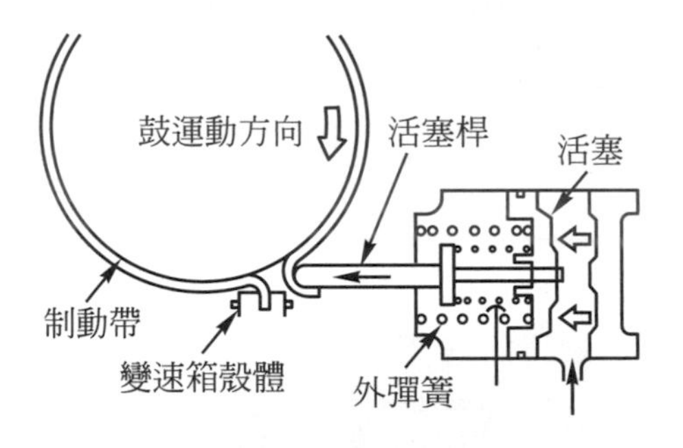

圖 5.40　制動帶總成的構造
(自動變速機の理論と實際)

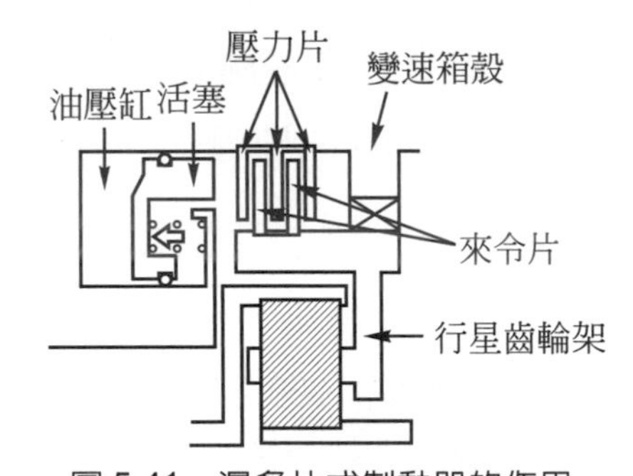

圖 5.41　濕多片式制動器的作用
(自動變速機の理論と實際)

⑵　濕多片式制動器

①　其作用原理，如圖 5.41 所示，油壓缸油壓作用在活塞上時，使活塞向右移，將壓力片及來令片緊壓在一起，其強大的摩擦力使行

星架鎖定在變速箱殼體上無法轉動。另外也有利用濕多片式制動器，以阻止前、後太陽輪的逆時針轉動等。

② 濕多片式制動器與濕多片式離合器相同，其壓力片及來令片的數目會因自動變速箱的型式及搭配的引擎型式之不同而有差異。

5. 單向離合器：一個方向允許轉動，另一個方向則鎖定阻止迴轉的單向離合器，爲近年來自動變速箱所普遍採用。斜槽滾珠式的單向離合器，爲使一方向的迴轉停止，滾珠與斜槽間會嚙合以阻止相對運動，反方向時無嚙合，故可自由進行相對運動，如圖 5.42 所示。

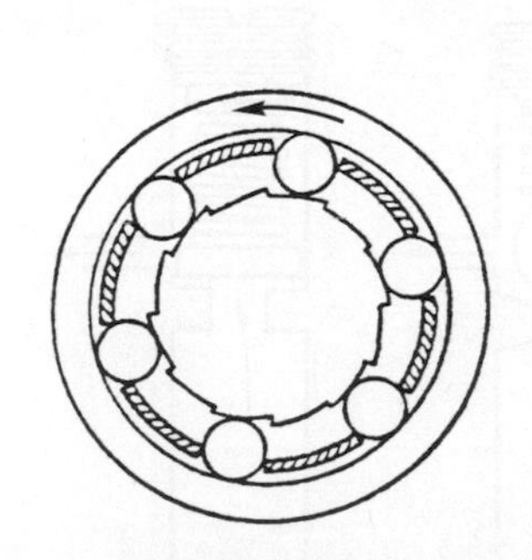

圖 5.42　具有滾珠及斜槽的單向離合器(自動變速機の理論と實際)

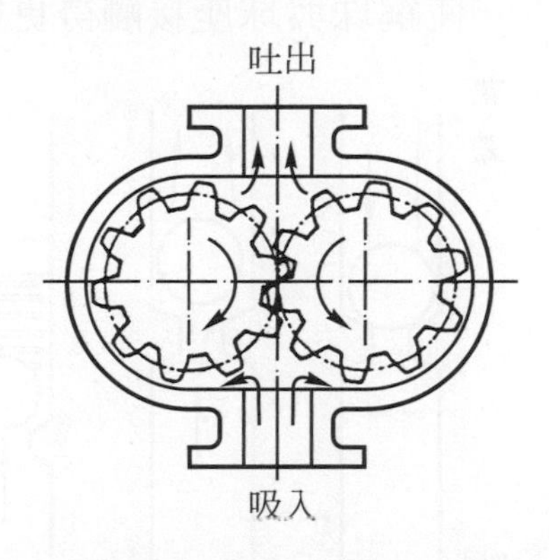

圖 5.43　齒輪式油泵(自動變速機理論と實際)

四、油泵及控制閥

1. 油泵的構造及作用

⑴ 液壓的產生是利用油泵，大多數的油泵都是以輸入軸驅動，因此引擎運轉時即可獲得油壓。

⑵ 齒輪式油泵(gear pump)

① 油泵中最常見的是齒輪式，使用廣泛。此種油泵是由二個齒輪所構成，其中一個齒輪爲主動，以驅動另一齒輪。

② 如圖 5.43 所示，爲齒輪式油泵的構造。當輸入軸旋轉時，咬合的齒輪也一起旋轉，存在於周圍的油也隨之轉動，至齒與齒間的嚙合點時，油被擠出由出口流出。

2. 各種控制閥的構造及作用

自動變速箱最重要的是做圓滑的換檔。為進行換檔，行星齒輪組必須利用離合器、制動帶及單向離合器等做切換。其中除了單向離合器外，離合器及制動帶都要利用油壓來進行接合及釋放的控制工作，以改變行星齒輪組的減速比或方向。

⑴ 單向閥(check valve)：其典型的例子，如圖 5.44 所示，大部分為鋼珠式的單向閥。當油從一邊的入口流入後，油壓的力量將鋼珠推離球座，油從鋼珠的周圍朝一定的方向流動；如果流向相反時，油壓使鋼珠與球座接觸得更堅密，故油無法逆向流動。

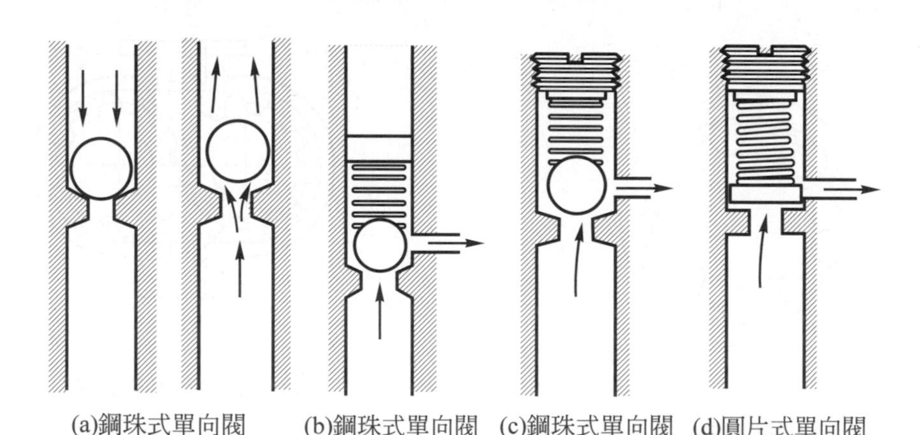

圖 5.44 各種單向閥的構造及作用(自動變速機の理論と實際)

⑵ 手動閥(manual valve)

① 由選擇桿直接操縱，為一種讓 ATF 流至目的地的分配閥。

② 如圖 5.45 所示，為四檔自動變速箱手動閥之構造，其第四檔是依選擇桿上的按鍵操縱與否，並不是直接排動選擇桿的位置以獲得第四檔。

⑶ 限孔(orifice)：為了限制 ATF 的流動，故在油壓迴路的各處設置限孔，主要用以控制時間的關係方面。例如當離合器釋放而制動帶作用時，進行圓滑換檔的相互作用之接續的微妙關係，即兩者的作用並不是在瞬間同時進行，而是離合器釋放將結束之前，制動帶即必

須開始作用。此種時間方面的控制，就是利用限孔來達成，如圖 5.46 所示。

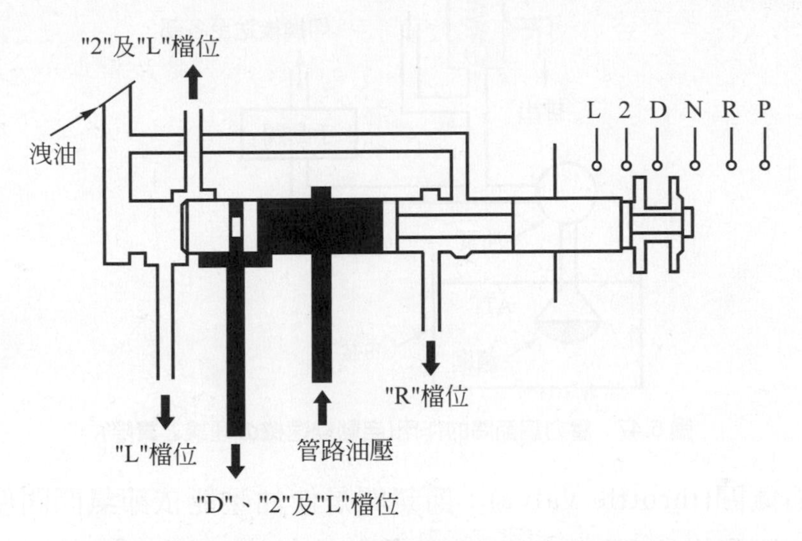

圖 5.45　四檔自動變速箱手動閥之構造(自動變速機の理論と實際)

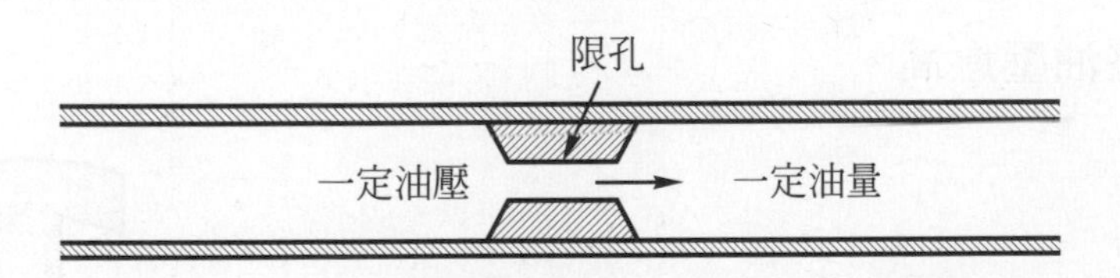

圖 5.46　限孔的作用(自動變速機の理論と實際)

(4) 壓力調節閥(pressure regulator valve)

① 因應汽車使用狀況的改變，引擎轉速不斷的變化，被引擎驅動的油泵轉速也是如此，此種狀態下將 ATF 送入自動變速箱中並不適合，有必要限制 ATF 保持在一定的壓力值。爲得到一定的管路壓力(line pressure)，故必須設置壓力調節閥，如圖 5.47 所示。

② 例如車輛在起步或速度極慢時，多片式離合器及制動帶等在接合狀態，需要很大的力量，故此時管路壓力應高，使接合緊密不打滑。

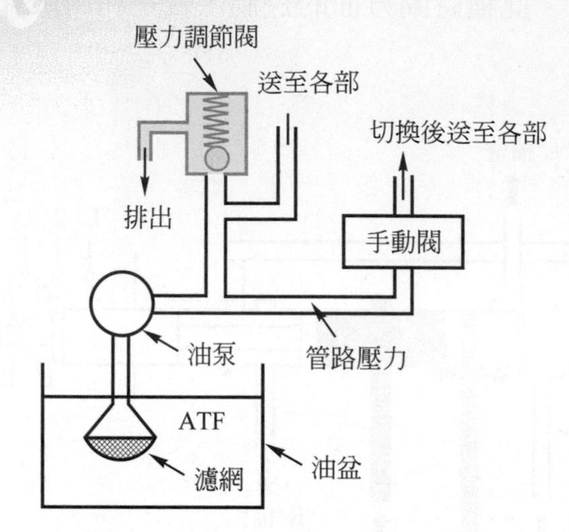

圖 5.47　壓力調節閥的作用(自動變速機の理論と實際)

⑸　節氣閥(throttle valve)：節氣閥是使油壓能依節氣門開度大小成比例變化之油壓控制閥，構造如圖 5.48 所示。彈簧力之大小因加速踏板之位置而改變，加速踏板踩得愈大，作用在軸閥之彈簧力愈強，調整油壓愈高。

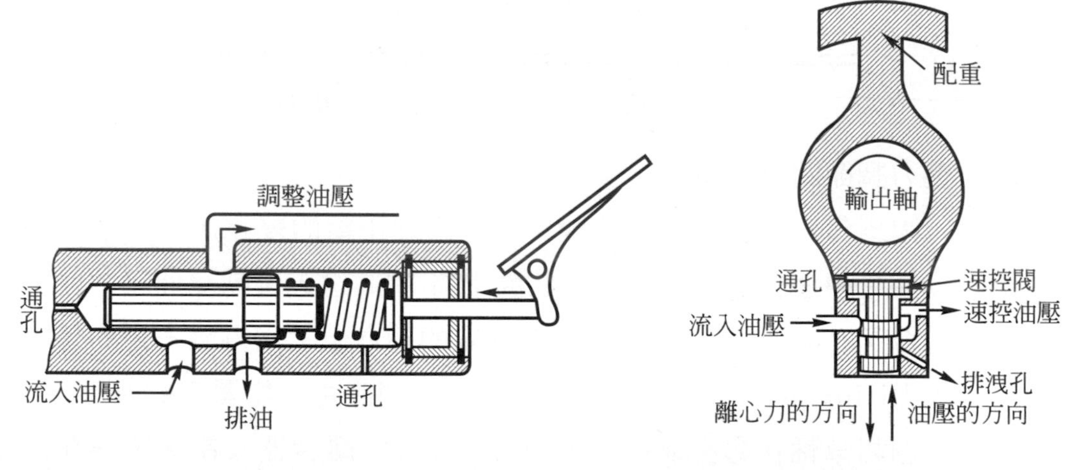

圖 5.48　節氣閥的構造
(自動變速機の理論と實際)

圖 5.49　速控閥的構造
(自動變速機の理論と實際)

(6) 速控閥(governor valve)

① 爲得到圓滑的換檔作用，有必要依車速的變化使油壓產生變動，爲達到此目的，利用速控閥，使送出的油壓，依輸出軸的轉速成比例變化。

② 速控閥的基本構造，是在輸出軸上裝置殼座，內裝軸閥。當輸出軸旋轉時，速控閥產生離心力與油壓力成平衡時，即可得到速控油壓，如圖 5.49 所示，爲速控閥的構造。

(7) 換檔閥(shift valve)

① 爲中繼閥的一種變形，是用來切換油壓迴路的開閉之閥門。如圖 5.50 所示，作動孔①導入速控油壓，作動孔②則導入節氣油壓，速控油壓側的軸閥外徑較大，而節氣油壓側則較小。此種外徑差的選定，是依所希望的車速及節氣門開度時，油壓迴路有 ATF 流動，使離合器及制動帶作動，以進行換檔作用。此閥有使用彈簧，故當車輛停止時，閥會被推向最左側。

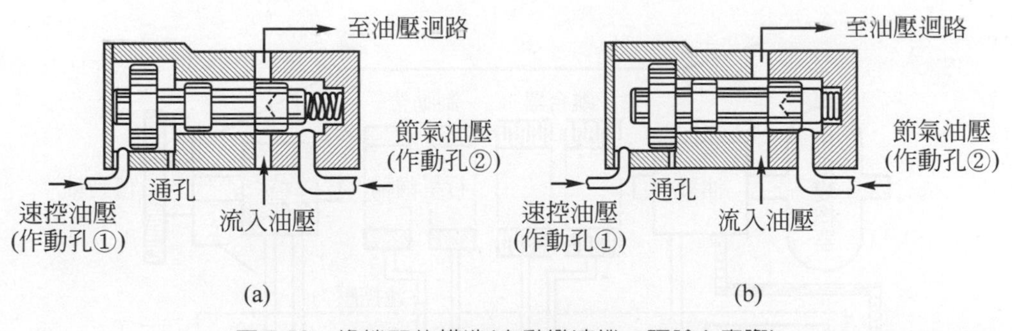

圖 5.50 換檔閥的構造(自動變速機の理論と實際)

② 如圖 5.50(a)所示，當車速降低，速控油壓變小時，閥會因節氣油壓而向左移，將流入油壓的通路關閉。而圖 5.50(b)所示，當速控油壓大於節氣油壓時，將閥向右推，此時油路打開，以進行換檔作用。

五、油壓迴路

1. 基本的油壓控制迴路，如圖 5.51 所示。

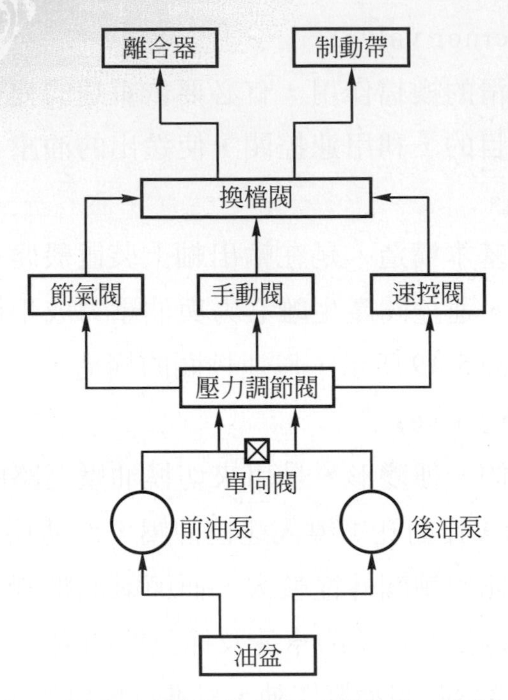

圖 5.51　基本的油壓控制迴路(自動變速機の理論と實際)

2.　如圖 5.52 所示，爲四檔自動變速箱各種控制閥的關係。

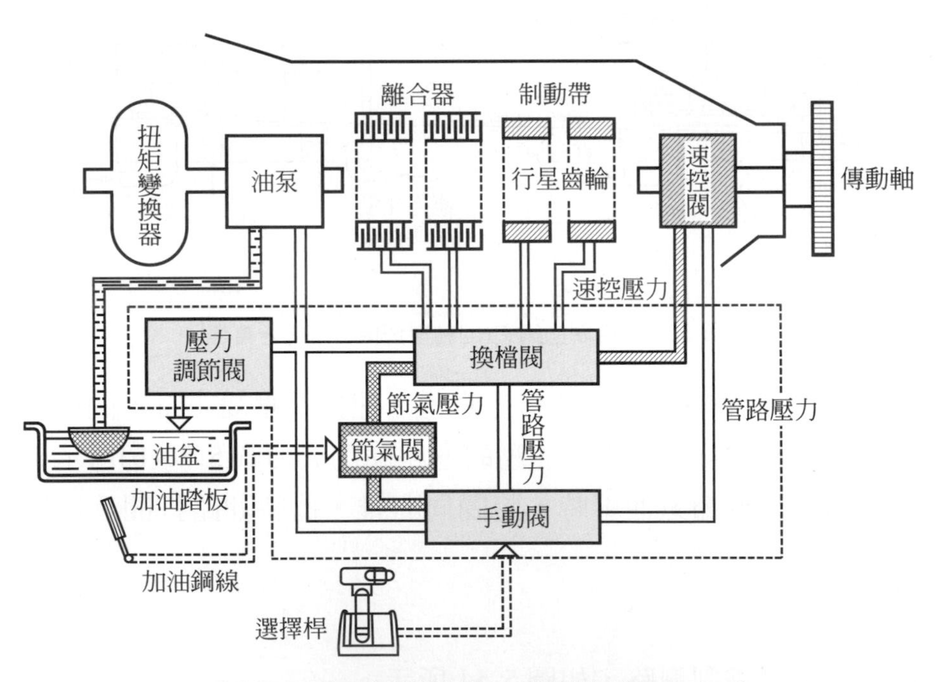

圖 5.52　AT 的各種控制閥之關係(AT 車のすべて)

六、鎖定及控制機構

1. 概述

⑴ 採用自動變速箱的車輛會比手排車耗油，是因爲扭矩變換器內會打滑。此種打滑，如圖 5.53 所示，造成主動葉輪與被動葉輪間之轉速差，即變速箱輸入軸轉速比引擎轉速少，此轉速差，即爲自排車較耗油的原因。

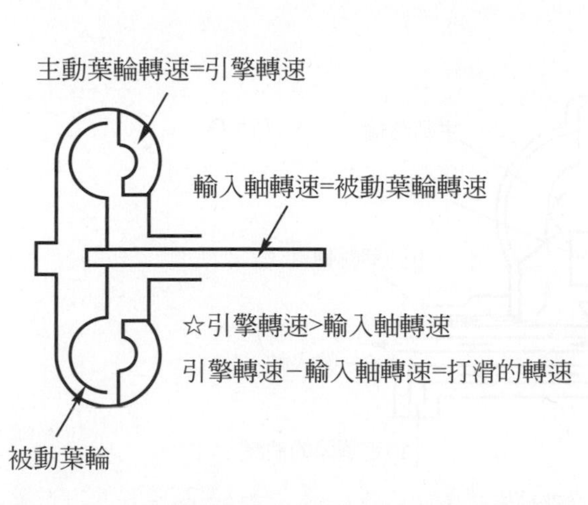

圖 5.53 扭矩變換器的打滑情形(AT 車のすべて)

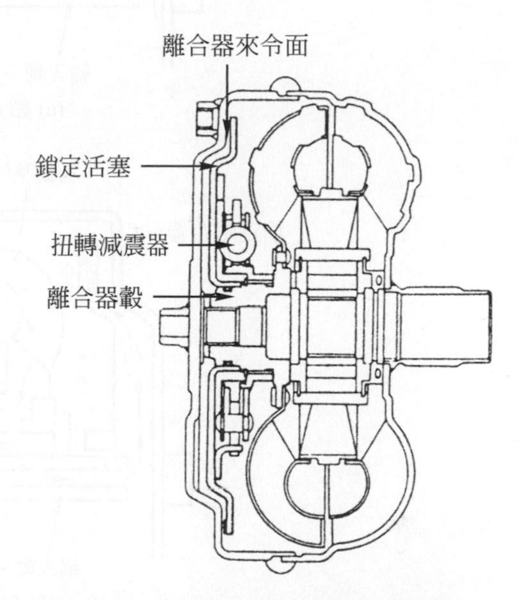

圖 5.54 附有鎖定機構的扭矩變換器(AT 車のすべて)

⑵ 要使轉速差不存在時，可如圖 5.54 所示，採用機械式的離合器片，離合器片與輸入軸以齒槽結合，油壓作用在前蓋板的右側，使扭矩變換器成直結狀態，故輸入軸轉速與引擎轉速相同，此即爲鎖定(lock up)機構，在現代 AT 車上使用很普遍。

2. 鎖定作用

⑴ 鎖定時：如圖 5.55(a)所示，利用輸入軸的油路，使扭矩變換器內的 ATF 排洩，故 P_1 的壓力等於零，與 P_2 間的壓力差，將鎖定離合器向左推移，依車種的不同，加在前蓋板的壓力大約是 300～350kg，成爲鎖定狀態。

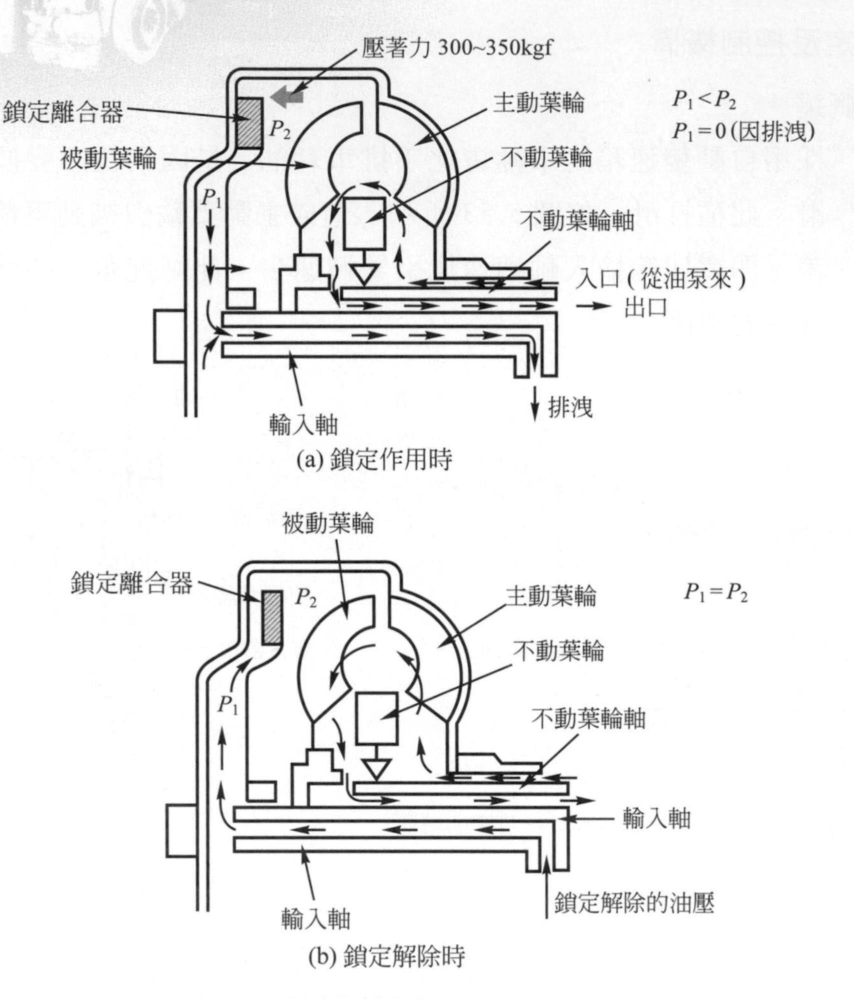

圖 5.55　鎖定機構的作用(AT 車のすべて)

⑵　鎖定解除時：如圖 5.55(b)所示，輸入軸的排洩停止，相反的，使鎖定解除的油壓，利用輸入軸的通道，將 ATF 送入扭矩變換器內，使鎖定離合器向右移動，故解除鎖定。此時的油壓為 $P_1 = P_2$。

5.4.4 電子控制式自動變速箱

一、概述

1. 電子控制式自動變速箱簡稱為EAT、ECT或EC-AT，依各製造廠稍有不同，E字代表Electronic，A字代表Automatic，C字代表Controlled，T字代表 Transmission。

2. 其構造與以往的機械式自動變速箱相同。而最大的不同點，是在控制閥機械中，採用電磁閥使油壓迴路的閥門開閉，以進行各項精密控制。

3. 自動變速箱採電子控制式的目的，在配合車輛行駛狀況的變化，以獲得圓滑換檔、優異操縱性、靜肅性、省油性及維修方便性等。

二、各電磁閥的構造及作用

1. 概述

⑴ 電子控制方式時，油壓切換改換成由各種電磁閥控制，其構造如圖 5.56 所示。為了解引擎在行駛時的各種狀況，使用各種感知器，獲取必要的資料後，送入電腦。例如利用節氣門位置感知器以測定節氣門的開度，將加速、減速或定速等確實的負荷信號送給電腦，以判定駕駛者所要求的行駛狀態。

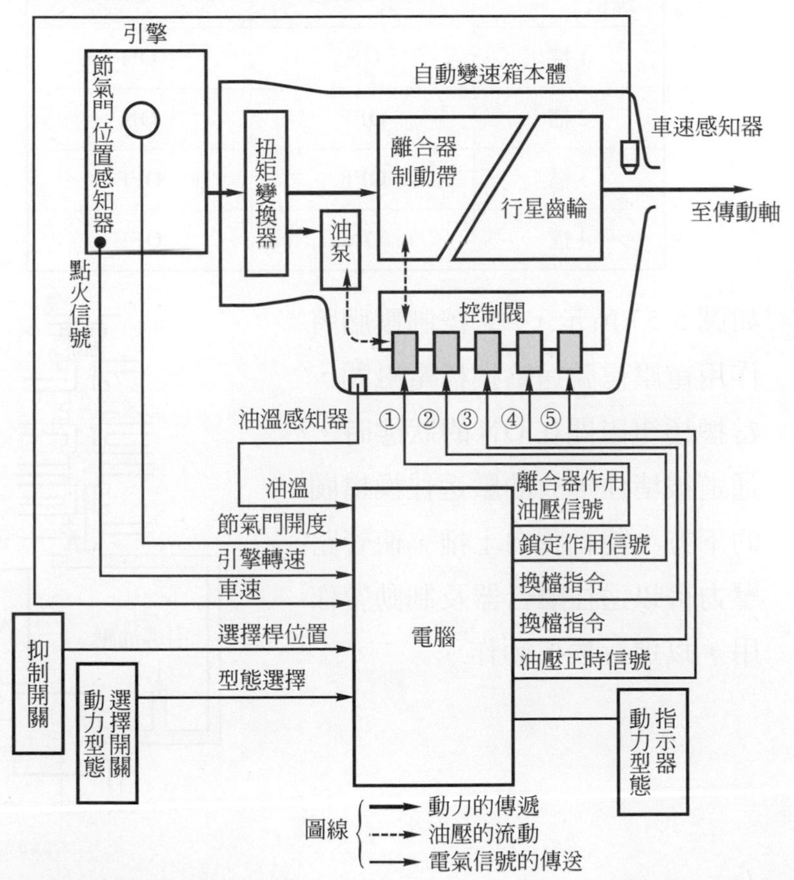

圖 5.56 電子控制式AT的控制系統。①管路壓力電磁閥②鎖定電磁閥③換檔電磁閥 A ④換檔電磁閥 B ⑤正時控制電磁閥(AT 車のすべて)

⑵ 而電腦內任一種行駛型態都已輸入資料，在其中選出最適合目前引擎及變速箱行駛條件的變速比之行駛型態，送出信號給控制閥的電磁閥，以進行適當的換檔。

⑶ 電磁閥如同電腦的手足，爲控制油壓迴路ON、OFF的重要零件。這些電磁閥，利用電腦的控制，使線圈通電產生磁力，將閥的柱塞吸引，以控制油壓迴路的通斷。

2. 換檔控制

⑴ 換檔電磁閥的功用是做爲換檔用，使變速箱圓滑的換高檔或換低檔。四檔自動變速箱必須有換檔電磁閥 *A*/*B* 兩種，如表 5.2 所示。

表 5.2 各檔位與換檔電磁閥之關係(AT 車のすべて)

電磁閥 / 檔位	換檔電磁閥 *A*	換檔電磁閥 *B*
1 檔	ON	ON
2 檔	OFF	ON
3 檔	OFF	OFF
4 檔	ON	OFF

⑵ 如圖 5.57 所示，AT 控制電腦將作用電壓信號送給換檔電磁閥，當換檔電磁閥在 ON 的狀態時，通道被堵住，故油壓送往換檔閥的下方，將軸閥向上推，使管路壓力得以送往離合器及制動帶作用，以進行換檔動作。

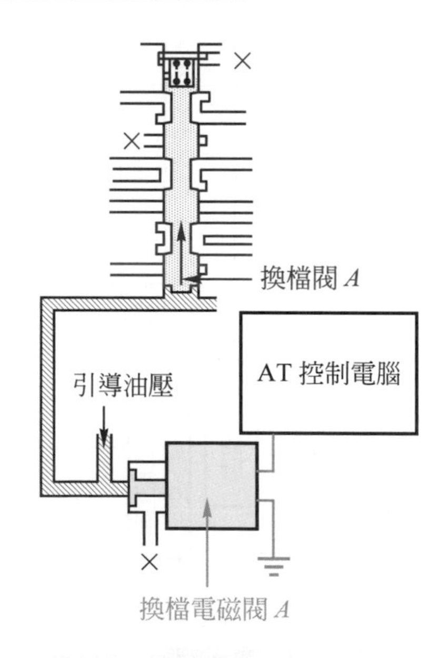

圖 5.57 換檔電磁閥 ON 的狀態 (AT 車のすべて)

3. 管路壓力控制

(1) 管路壓力是使離合器或制動帶作用的油壓。與機械式自動變速箱相同，是由油泵產生油壓，經壓力調節閥調節控制後，即爲管路壓力。

(2) 如圖 5.58 所示，管路壓力經引導閥(pilot valve)調節爲一定之壓力，稱爲引導壓力，此油壓導入各電磁閥，如鎖定電磁閥、換檔電磁閥 *A*/*B* 及超越離合器電磁閥等。引導壓力送至各閥一側作用，各軸閥移動以達平衡位置，成爲使自動變速箱操作的油壓信號。

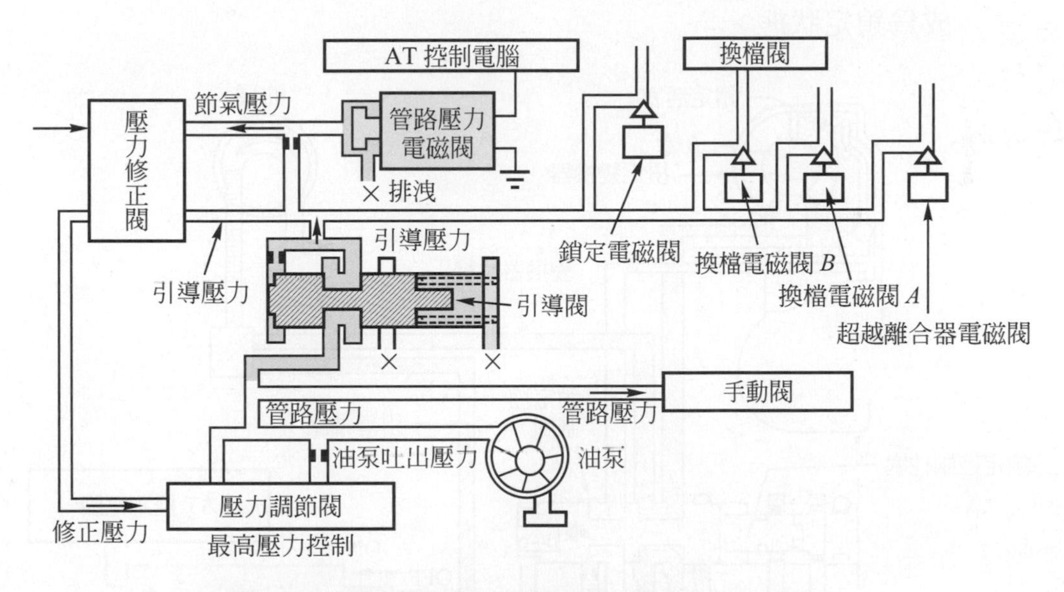

圖 5.58 電子控制式 AT 的油壓系統圖(AT 車のすべて)

(3) 引導壓力經過濾器，通過限孔後，成爲節氣壓力，此壓力由管路壓力電磁閥控制，1 秒間 50 次的ON、OFF比例時，使節氣壓力排洩。當管路壓力電磁閥的 OFF 之比例小時，由排洩孔排出量多，故節氣壓力變小；相反的當 OFF 的比例大時，由排洩孔排出量少，故節氣壓力變高。

(4) 節氣壓力在壓力修正閥的一側作用，另一側爲引導壓力，其平衡位置的調壓壓力，稱爲修正壓力。此壓力在壓力調節閥的一側作用，以幫助調節管路壓力。

4. 鎖定控制

(1) 鎖定的動作，是使扭矩變換器內的鎖定活塞壓緊或釋放，消除扭矩變換器的滑差，以提高傳遞效率。係利用引導油壓，使鎖定控制閥作用。

(2) 鎖定壓緊的控制：鎖定電磁閥 ON 時，如圖 5.59 所示，使引導壓力排洩，由於鎖定控制閥的作用油壓降低，因此柱塞向右側移動，解除在扭矩變換器內 *A* 室作用的變換器壓力，故鎖定活塞向左側移動，成爲鎖定狀態。

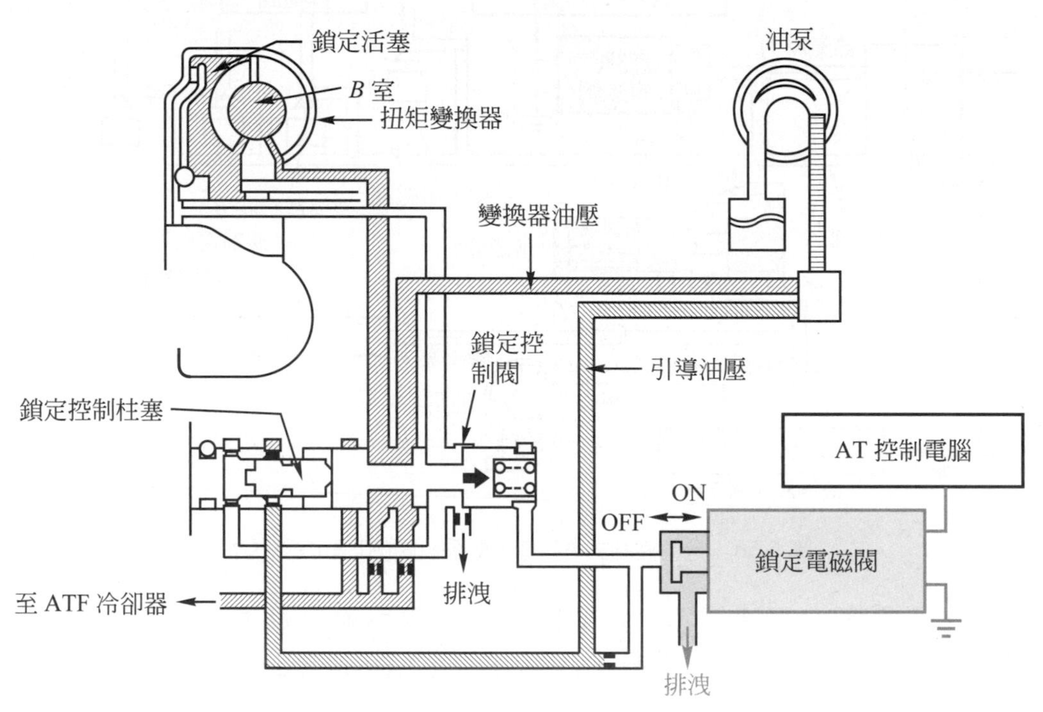

圖 5.59 鎖定 ON(壓緊)狀態的油壓系統(AT 車のすべて)

三、電子控制系統的構造及作用

1. 概述

(1) 一般油壓式自動變速箱，是利用速控閥，依車速而產生速控壓力，利用節氣閥，依節氣門開度而產生節氣壓力，兩壓力導入控制閥，當達平衡時，油壓供給伺服機構，以決定換檔檔位。其各零件的配置模式，如圖 5.60 所示。

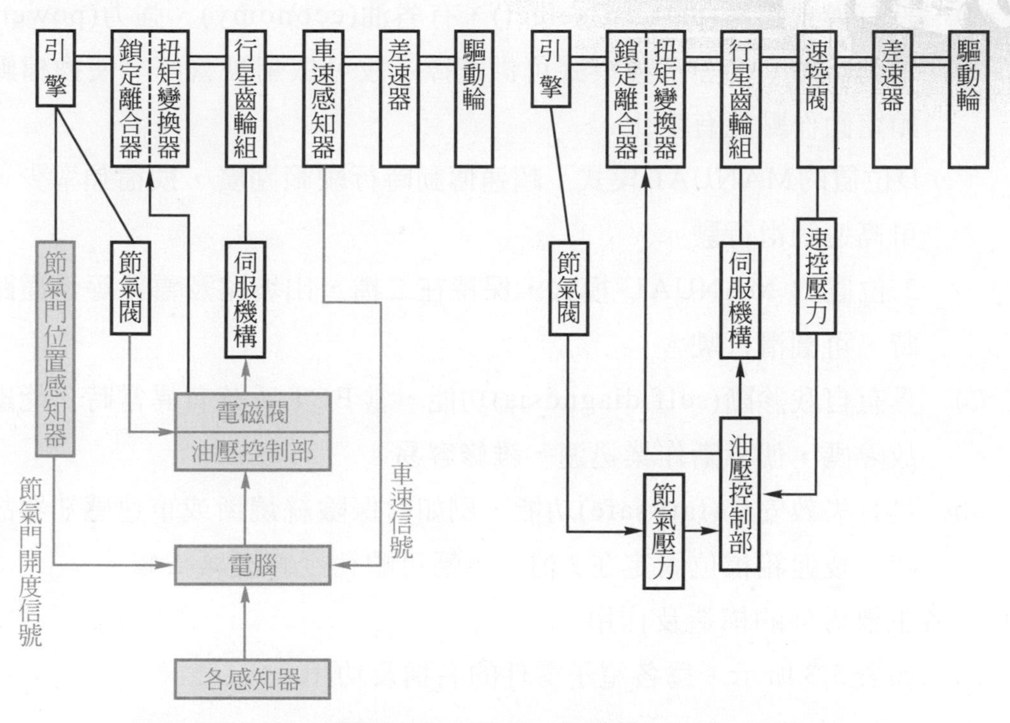

圖 5.60　電子控制式 AT 與一般 AT 的控制模式(AT 車のすべて)

⑵ 而電子控制式自動變速箱，在油壓迴路的控制閥中，加入各種電磁閥，利用電磁閥的ON、OFF，使油壓通路打開或關閉，以控制油壓迴路的作用。如圖 5.60 所示，爲電子控制式AT與一般AT的控制模式。

2. 電子控制式自動變速箱的優點：

⑴ 利用電腦，依節氣門開度、車速、選擇桿位置及運轉條件等，將換檔點及鎖定動作做最精確的控制，故可得低燃料費用及優異的動力性能。

⑵ 在換檔的瞬間，PCM延遲點火時間或使噴油減少，可減少換檔時的震抖，提升乘坐的品質。

⑶ 由於電磁閥的使用，閥體總成的零件數變少，且油壓迴路不像傳統式AT般複雜。

(4) 設有模式選擇(pattern select)，有省油(economy)、強力(power)、手動(manual)等三種模式可供選擇，故可依駕駛喜好，使換檔點及鎖定動作點能有變化。

D位置的MANUAL模式，超速傳動時行駛範圍廣，換檔頻率少，故可高速圓滑行駛。

2 位置的 MANUAL 模式，保持在二檔，山坡路及雪路等滑溜路面時，可圓滑行駛。

(5) 具有自我診斷(self diagnosis)功能，當ECT系統有異常時，能顯示故障碼，使診斷作業迅速，維修容易。

(6) 具有失效安全(fail safe)功能，例如當保險絲燒斷或車速感知器故障時，變速箱檔位固定在3檔，車輛可順利至修護廠檢修。

3. 各主要零件的構造及作用

(1) 如表5.3所示，爲各電子零件的名稱及功用。

表 5.3 ECT 各電子零件的功用(AT 車のすべて)

零件名稱	功用
節氣門位置感知器	檢測節氣門開度。
車速感知器(裝在變速箱外殼)	檢測車速。
車速感知器(裝在速率錶內)	裝在變速箱外殼的車速感知器異常時，用以輔助其作用。
空檔起動開關	檢測選擇桿位置(N、2、L位置)。
電磁閥 *A*、*B*、*C*	依AT電腦的信號，進行油路的切換，以控制換檔及鎖定作用。
模式選擇開關	選擇 Economy、Power 或 Manual，以改變換檔及鎖定點。
自動變速箱控制電腦	依各感知器送來的信號，做換檔點及鎖定作用的判斷，然後將信號送給各電磁閥。
煞車燈開關	檢測煞車踏板的踩踏動作。
水溫感知器	檢測引擎冷卻水的溫度。
OD 切換開關	控制超速傳動的 ON⇔OFF。

⑵ 空檔起動開關(neutral start switch)：用以檢測選擇桿在 *N*、2 及 *L* 位置。

⑶ 換檔電磁閥*A*、*B*(shift solenoid valve *A*、*B*)：爲換檔控制用，一般稱爲*A*、*B*電磁閥，裝在下閥體內。接受由電腦來的信號，產生ON、OFF 的動作，以進行換檔控制。

⑷ 鎖定電磁閥*C*(lock up solenoid valve *C*)：爲鎖定控制用，一般稱爲*C*電磁閥，裝在驅動軸殼上。接受由電腦來的信號，產生ON、OFF的動作，控制油壓，使鎖定離合器作用。

⑸ 模式選擇開關(pattern select switch)：是安裝在中央選擇桿箱上，依駕駛喜好及路況，可選擇任一行駛模式，如圖 5.61 所示。各行駛模式的特點，如表 5.4 所示。

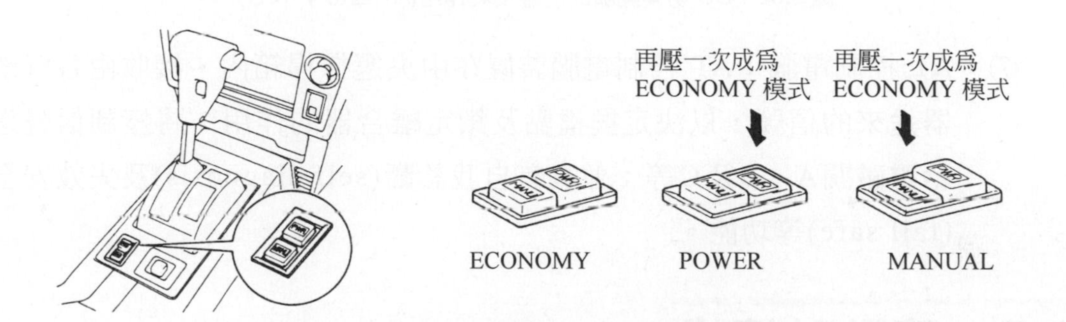

圖 5.61　模式選擇開關的位置(AT 車のすべて)

表 5.4　各行駛模式的特點(AT 車のすべて)

ECONOMY	強調經濟性的模式，一般行駛時使用。
POWER	強調動力性能的模式，陡坡路需要高驅動力，或強大的引擎煞車時使用。
MANUAL	爲特殊行駛模式，在雪地等滑溜的路面前進時，或高速行駛長坡路時使用。

⑹ OD切換開關：如圖 5.62 所示，OD切換開關安裝在選擇桿頂部，使超速傳動ON或OFF。此OD切換開關爲按鍵式，按下鍵鈕時爲ON，當達 OD 作用條件時，向上換檔爲 OD；再按一次鍵鈕則爲 OFF，OD 解除，即使達到 OD 的作用條件，也無法向上換檔至 OD。

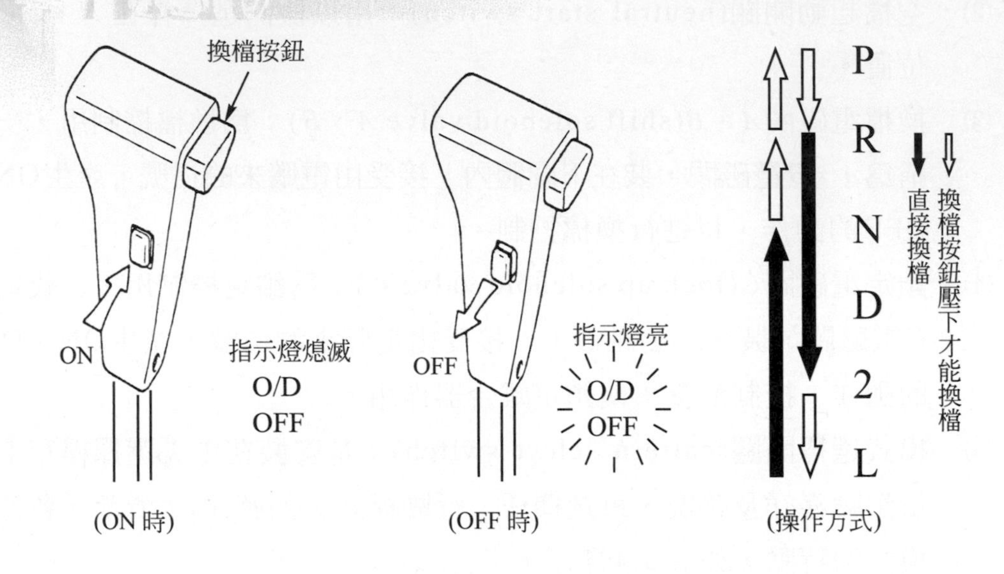

圖 5.62　OD 切換開關的位置及其作用(AT 車のすべて)

(7) AT 控制電腦：AT 控制電腦裝置在中央選擇桿箱內，接收由各感知器送來的信號，以決定換檔點及鎖定離合器的作用，將控制信號送給電磁閥A、B及C等；並具有自我診斷(self diagnosis)及失效安全(fail safe)等功能。

5.5 傳動軸總成

5.5.1 傳動軸

一、傳動軸的功能

將變速箱的輸出動力傳給驅動軸。在車輛行駛時，不能產生噪音及振動，且靜平衡及動平衡必須良好。

二、傳動軸的構造與作用

1. 單段式傳動軸的構造，如圖 5.63 所示，由滑動接頭、萬向接頭與軸所組成。爲防止傳動軸高速旋轉時產生振動，因此必須平衡良好，故在傳動軸上常看到平衡之配重。

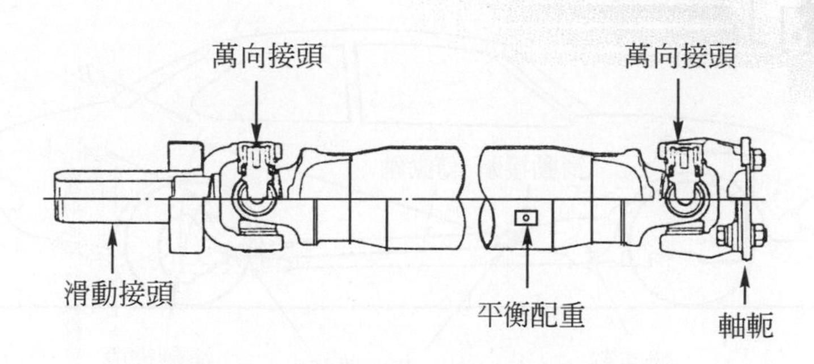

圖 5.63　傳動軸的構造(自動車の構造)

2. 組合時，軸端之二個萬向節叉應置於同一平面，且兩端之夾角應相等，如圖 5.64 所示。拆卸傳動軸後端時，與差速器結合部位應做相對記號。

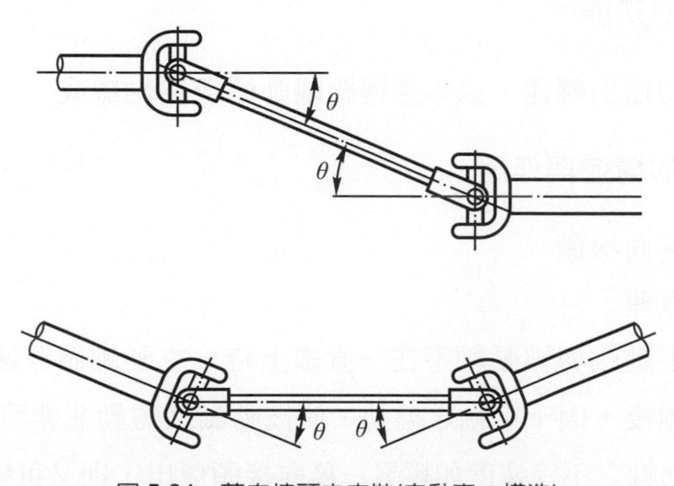

圖 5.64　萬向接頭之安裝(自動車の構造)

3. 普通小型車使用一根傳動軸，較長的車子或現代汽車則使用二段或三段式傳動軸，並使用中心軸承支撐，以防止高速旋轉時產生振動。
4. 後軸在行駛不平路面時，會以 A 之弧線跳動，但傳動軸則以 B 之弧線跳動，所以必須有滑動接頭(slip joint)及萬向接頭(universal joint)之裝置，使傳動軸能前後伸縮，及在不同之角度下傳輸動力，如圖 5.65 所示。

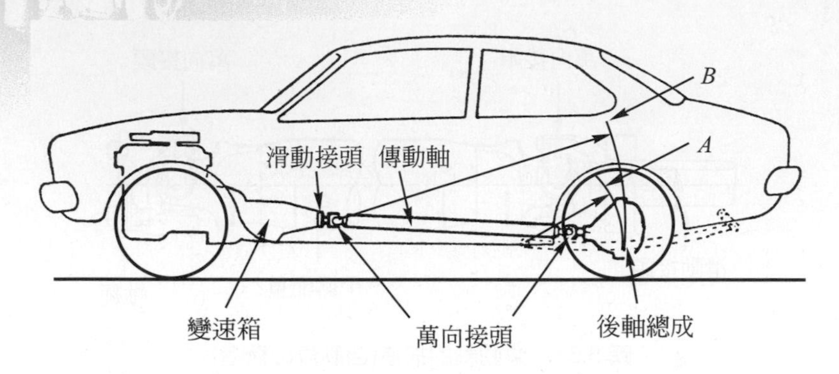

圖 5.65 傳動軸、萬向接頭與滑動接頭(三級自動車シヤシ)

5.5.2 萬向接頭

一、萬向接頭的功能

將變速箱的輸出轉速，以等速傳給驅動輪或後軸總成。

二、萬向接頭的構造與作用

1. 不等速萬向接頭

⑴ 作用原理

① 當主動軸與被動軸不在一直線上時，主動軸做等速轉動，經萬向接頭後，因十字軸之擺動，使被動軸之轉動並非等速。

② 被動軸之不等速度如經另一萬向接頭傳出，則又可變爲等速運動，故萬向接頭須同時使用二個，但其二端之萬向接頭應在同一平面上，且兩端夾角須相等，否則經第二萬向接頭所傳出之波動會更大。

⑵ 十字軸及軛式

① 如圖 5.66 所示，由一組十字軸及二組軛組成，二者之間裝有軸承或銅套，用以減少活動時所產生之摩擦阻力及磨損。又稱虎克式萬向接頭(Hooke's joint)。

② 十字軸中央裝有黃油嘴，供加注黃油之用。

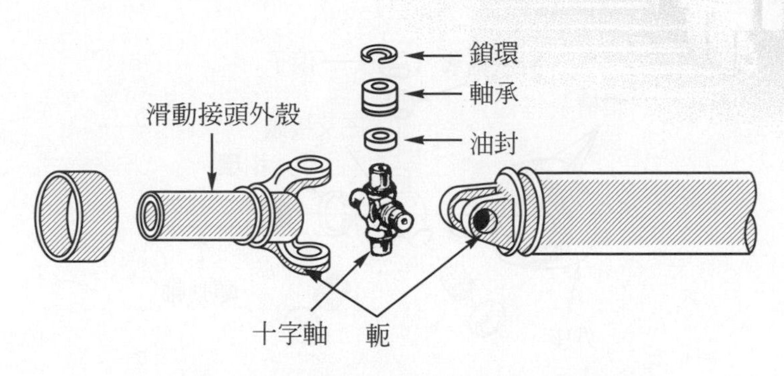

圖 5.66　十字軸及軛式萬向接頭(現代汽車底盤)

2.　等速萬向接頭(constant velocity joint，CV 萬向接頭)

(1)　雙偏位型

①　其構造如圖 5.67 所示，外球座較長，有較長的滑槽。當車輪上下跳動時，鋼球及內球座在滑槽內往復運動，以容納驅動軸長度的改變。

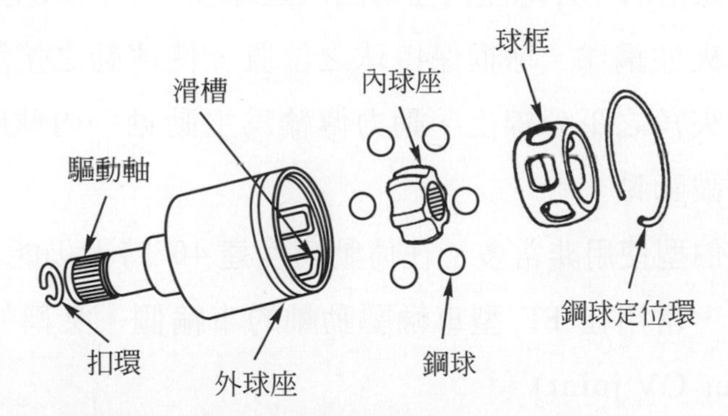

圖 5.67　雙偏位型 CV 萬向接頭的構造(AUTOMOTIVE MECHANICS)

②　雙偏位型用在 FF 型車輛驅動軸的差速器側，又稱內 CV 萬向接頭(inner CV joint)。

(2)　三叉型

①　如圖 5.68 所示，爲三叉型 CV 萬向接頭的構造，三叉接頭的槽齒套入驅動軸，滾子與三叉接頭間有針狀軸承。其接頭傳動角度較小，而滾子在外座的滑槽內往復移動，長度可改變，以配合車輪之上下跳動。

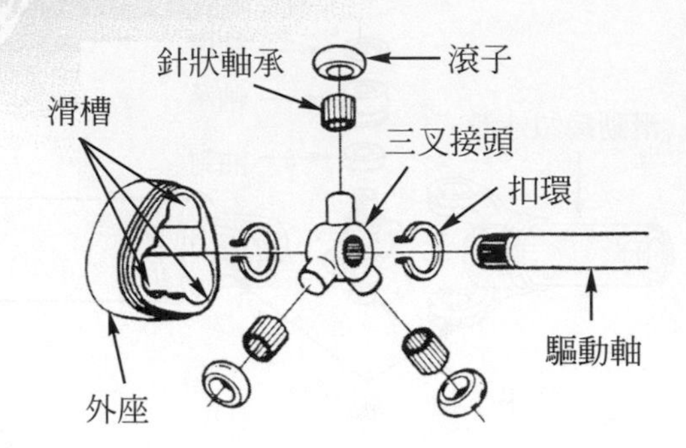

圖 5.68　三叉型 CV 萬向接頭的構造(AUTOMOTIVE MECHANICS)

② 三叉型常用於FF型車輛驅動軸的差速器側。

(3) 力士伯型

① 如圖5.69所示，爲力士伯型 CV 萬向接頭之構造。由外球座、內球座、六個鋼球及球框等組成。內球座外面爲凸狀之球面，上面有六條槽溝。外球座內面爲凹狀之球面，與內球座相對應有槽溝，共同夾住鋼球。球框保持球之位置，使傳動之接觸點經常保持在兩軸夾角之平分線上。動力傳輸爲主動軸→內球座→鋼球→外球座→被動軸。

② 力士伯型使用非常多。在傳動角度達40°時，仍能使被動軸做等速運動，常用在 FF 型車輛驅動軸的車輪側。又稱外 CV 萬向接頭(outer CV joint)。

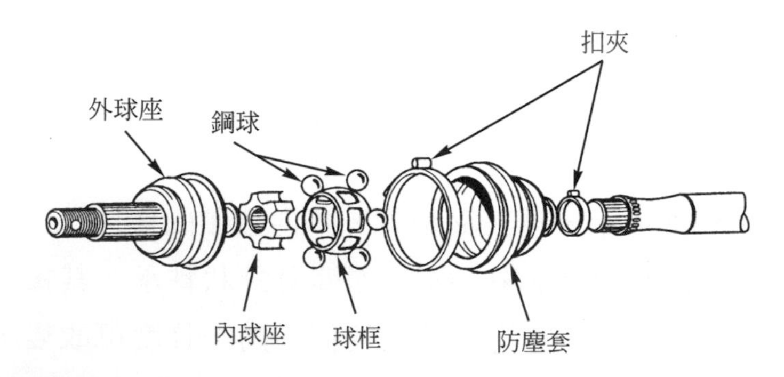

圖 5.69　力士伯型 CV 萬向接頭的構造(Automotive Chassis Systems)

5.5.3 滑動接頭

1. 由槽軸與槽殼組成，如圖 5.70 所示。槽軸爲變速箱的輸出軸，槽殼與萬向接頭連接。

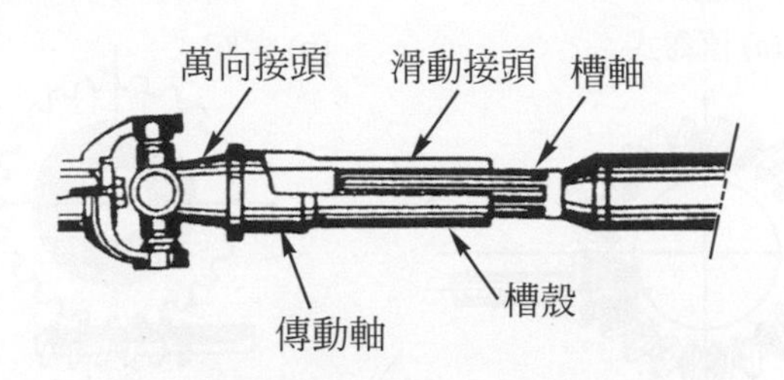

圖 5.70　滑動接頭的構造(現代汽車底盤)

2. 因後輪與車架間有彈簧，故後軸與變速箱相對位置在行駛時不斷變化，其長度有伸縮，故必須有滑動接頭，以利傳動軸在一定範圍內伸長或縮短，使其在行駛時不受地形顛簸之影響。

5.6 車軸總成

5.6.1 最後傳動齒輪組

一、最後傳動齒輪組的功能

最後傳動齒輪組由角尺齒輪(drive pinion gear)與盆形齒輪(crown gear)組成，除將傳動方向改變 90°外，並做最後一次減速。

二、內擺線齒輪(hypoid gear)式最後傳動齒輪組

1. 如圖 5.71 所示，角尺齒輪之中心線較盆形齒輪的中心線低，可降低車輛的重心，使行駛穩定。
2. 角尺齒輪一部分浸於潤滑油中，使其潤滑良好，不易磨損。
3. 齒面之接觸面大，負載大，噪音小，不易磨損，故小客車及大客車採用甚多。

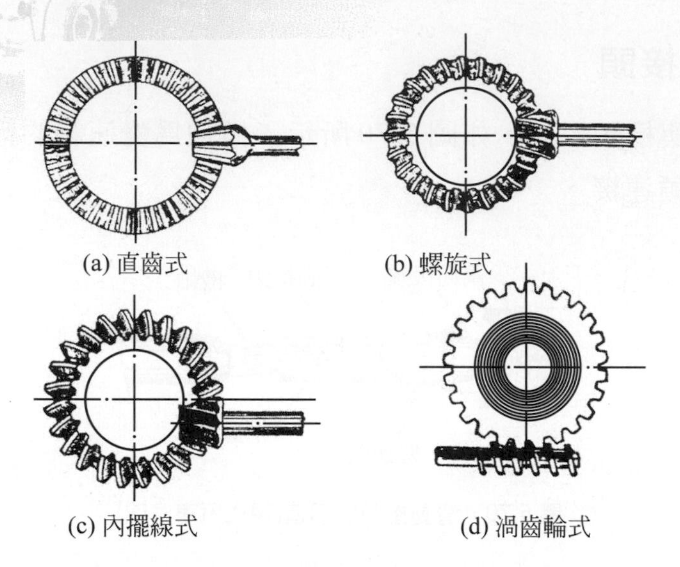

圖 5.71 內擺線式最後傳動齒輪組(現代汽車底盤)

5.6.2 差速器

一、差速器的功能

差速器提供車輛轉彎時，兩後輪能自動調整轉速，且兩輪保有相同之扭矩，使車輛能順利轉彎，並減少輪胎之磨損。

二、普通差速器的構造與作用

1. 構造

普通差速器之構造，如圖 5.72 所示，在差速器殼中，差速小齒輪軸裝在殼上，上面有差速小齒輪與邊齒輪相嚙合包在差速器殼中，邊齒輪以槽齒與左、右兩後軸分別嚙合。

2. 作用原理

⑴ 差速器殼與盆形齒輪裝在一起，引擎扭矩由傳動軸經角尺齒輪→盆形齒輪→差速器殼→差速小齒輪軸→差速小齒輪→邊齒輪→後軸→車輪。

⑵ 當車輛於平直之道路行駛時，左右二後輪所受之地面阻力相同，差速小齒輪不在其本身之軸上轉動，邊齒輪之轉速與最後傳動之盆形齒輪轉速相同，則二後輪等速前進，如圖 5.73 所示。

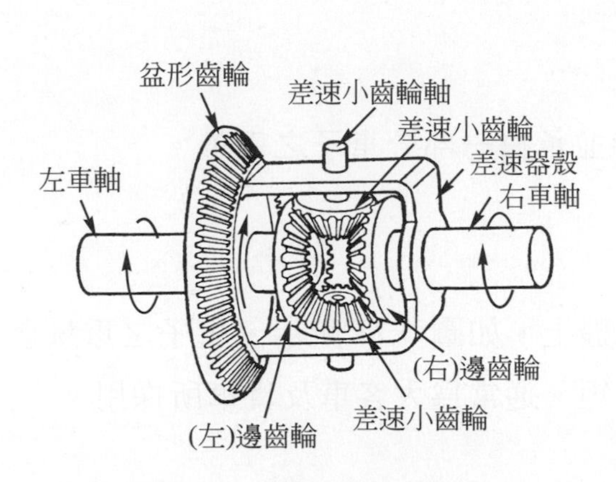

圖 5.72　普通差速器之構造
(三級自動車シャシ)

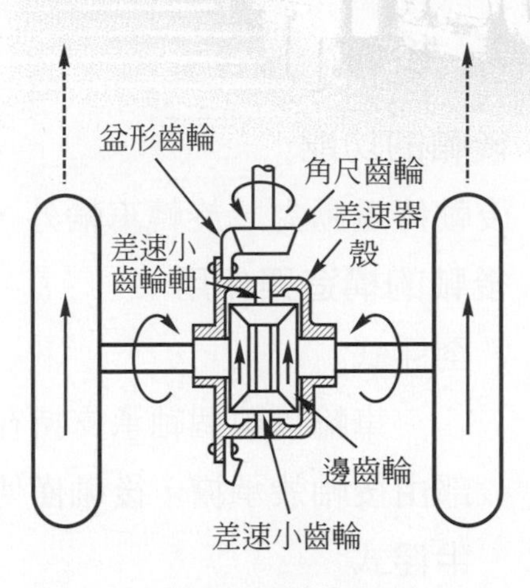

圖 5.73　直線前進時差速器之作用
(三級自動車シャシ)

(3) 當車子向左彎時，左側車輪受到之阻力較大，右側車輪受到之阻力較小，差速小齒輪與兩邊齒輪接觸點之力量不平衡，差速小齒輪繞其軸轉動，使左側車輪之轉速降低，而右側車輪之轉速增加，車子順利左彎，如圖 5.74 所示。

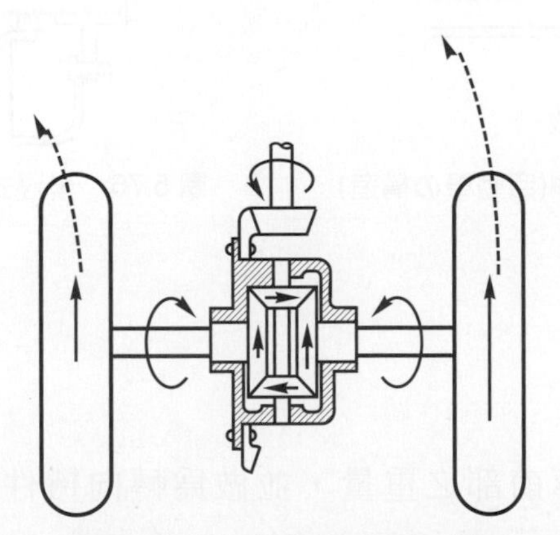

圖 5.74　轉彎時差速器之作用(三級自動車シャシ)

(4) 設盆形齒輪以500rpm轉動，在直線行駛時，左、右車輪都以500rpm轉動。在左彎時，盆形齒輪仍以500rpm轉動，因差速小齒輪繞其軸轉動使左側邊齒輪向後轉 50rpm，右側邊齒輪向前轉 50rpm，結果左側車輪以450rpm 轉動，而右側車輪以550rpm 轉動。

5.6.3 後軸

一、後軸的功能

後軸傳遞動力、旋轉車輪外，有時並承擔一部分車子之重量。

二、後軸的構造與作用

1. 全浮式

車輪以兩個軸承支持在後軸殼上，如圖 5.75 所示，車子之重量全部由後軸殼承擔，後軸僅傳遞扭矩。通常為大客車及貨車所採用。

2. 半浮式

車輪端之軸承裝在後軸殼與後軸之間，後軸以鍵或螺帽與輪轂緊密結合，後軸除轉動車輪外，並需負擔車子之重量，如圖 5.76 所示。以往 FR 式小型車輛採用。

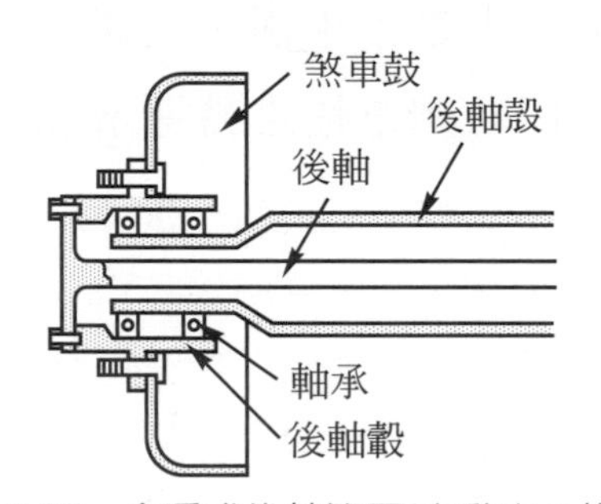

圖 5.75　全浮式後軸簡圖(自動車の構造)

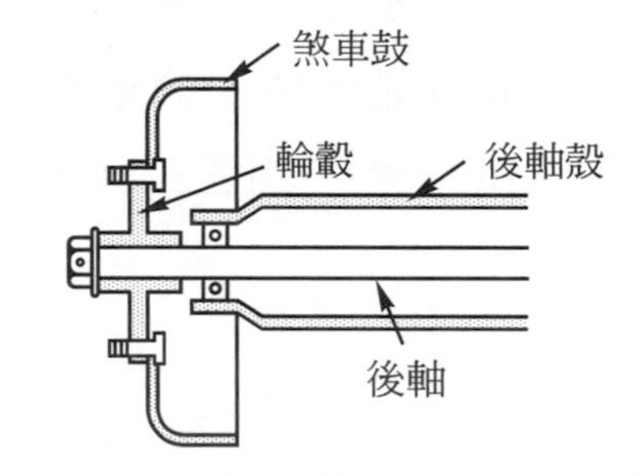

圖 5.76　半浮式後軸簡圖(自動車の構造)

5.6.4 前軸

一、前軸的功能

前軸用以支持汽車前部之重量，並做為轉向機件，及懸吊之支架。

二、前軸的構造與作用

1. 整體式前軸

整體式前軸通常以合金鋼鍛製，斷面成 I 字型，如圖 5.77 所示。兩端安裝大王銷及轉向節，通常使用片狀彈簧之車輛所採用。優點為堅固耐用，保養容易，缺點為車輛容易左右搖動。

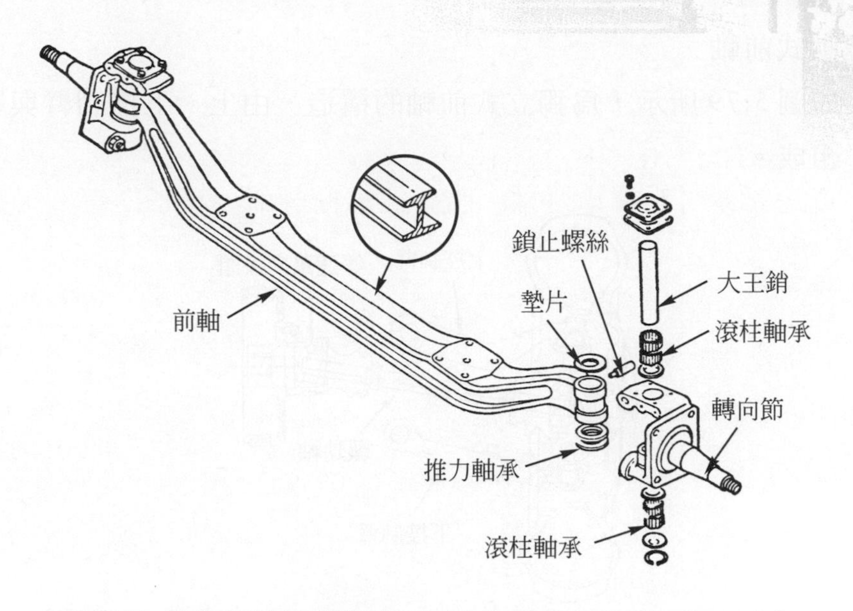

圖 5.77　整體式前軸之構造(Stockel Auto Mechanics Fundamental)

2.　滑柱式前軸

如圖 5.78 所示，爲滑柱式前軸及懸吊之構造。上端固定在車身上，下端以連桿定位。避震器爲雙作用型，裝在柱之內部，柱可在導管內上下滑動，轉向節裝在柱上。其優點爲構造簡單，佔位置小，車輪角度之變化小。

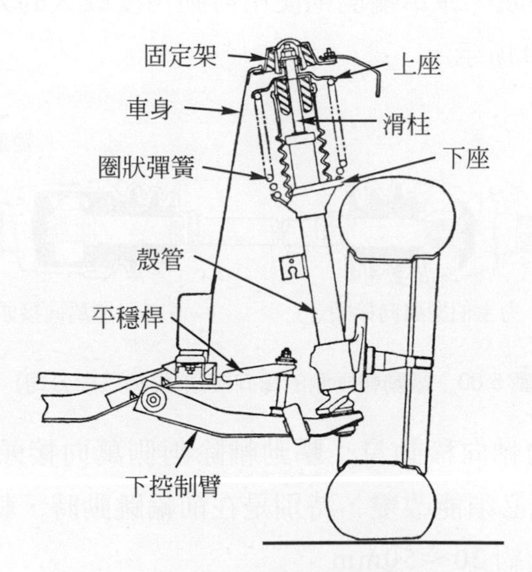

圖 5.78　滑柱式前軸(三級自動車シャシ)

3. 擺動式前軸

(1) 如圖 5.79 所示，為獨立式前軸的構造，由上、下控制臂與驅動軸等組成。

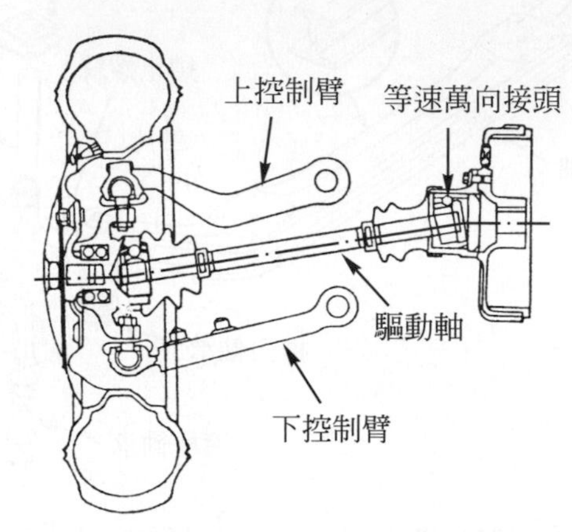

圖 5.79 獨立式前軸的構造(Automotive Technician's Handbook)

(2) 驅動軸的構造及作用

① 驅動軸萬向接頭的傳動角度：驅動軸在前輪轉彎時，其差速器側傳動角度通常彎曲 20°，靠車輪側傳動角度可達 40°以上。為配合角度之不同，靠差速器側常使用傳動角度較小的三叉型及雙偏位型萬向接頭，靠車輪側則使用傳動角度較大的力士伯型萬向接頭，如圖 5.80 所示。

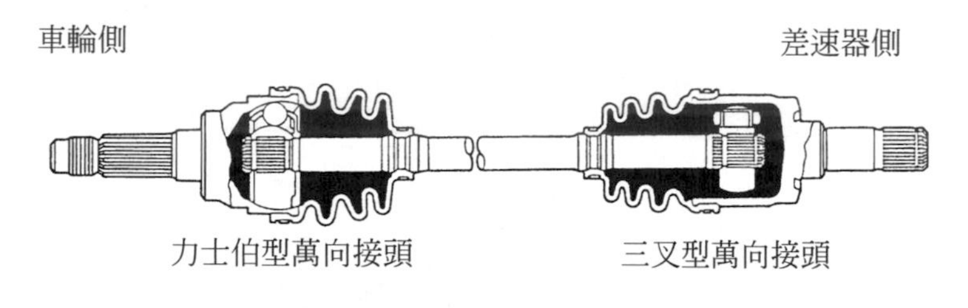

圖 5.80 驅動軸兩側的萬向接頭(福特汽車公司)

② 驅動軸的軸向移動量：驅動軸除兩側萬向接頭之角度能變化外，其長度也必須能改變，特別是在前輪跳動時，軸向移動是必須的，其移動量約 20～50mm。

③ 驅動軸的長度：左右驅動軸的長度有不等長與等長兩種，。不等長驅動軸中較長者，其剛性小於短驅動軸，較易產生扭轉振動，導致行駛不穩定及噪音；且在重踩油門起步或加速時，車輛會明顯偏向長驅動軸側，稱為扭矩轉向(torque steer)。為改善上述毛病，如圖 5.81 所示，動態減振器裝在長驅動軸上，利用緩衝橡膠的變形以吸收扭轉振動。

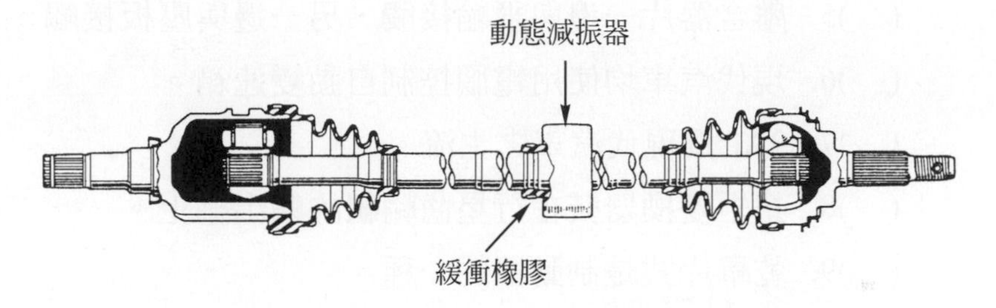

圖 5.81　動態減振器的安裝位置(和泰汽車公司)

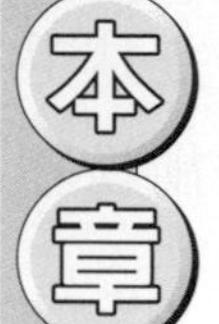

一、是非題

(　)1. 離合器本體之被動部為離合器片。

(　)2. 乾單片式離合器，係以圈狀彈簧取代膜片彈簧較常見。

(　)3. 離合器片的來令片係以石綿等材質製成。

(　)4. 鋼繩式離合器操控機構，其安裝方便、成本低、保養容易。

(　)5. 離合器片一邊與飛輪接觸，另一邊與壓板接觸。

(　)6. 現代汽車均使用電腦控制自動變速箱。

(　)7. 3AT 為現代汽車之主流。

(　)8. 扭矩變換器裝在行星齒輪組的輸出軸上。

(　)9. 乾單片式是制動器的一種。

(　)10. 現代汽車選擇桿排入 P 檔時，點火開關鑰匙才能取下。

(　)11. 扭矩變換器內主、被動葉輪的葉片數相同。

(　)12. 液體接合器可傳遞扭矩，也可增大扭矩。

(　)13. 更換離合器的被動片前，應先將被動片浸在 ATF 中 15 分鐘以上。

(　)14. 作用在換檔閥兩側的分別是速控油壓與節氣油壓。

(　)15. 傳動軸上的配重是為使平衡良好。

(　)16. 傳動軸組合時，兩端的萬向節叉應相隔 90°。

(　)17. 不等速萬向接頭必須同時使用兩個。

(　)18. 三叉型等速萬向接頭常用於 FF 型汽車驅動軸的車輪側。

(　)19. 雙偏位型等速萬向接頭，在傳動角度達 40°時，仍能使被動軸做等速運動。

(　)20. 將動力傳動方向改變 90°的是靠最後傳動齒輪。

(　)21. 變速箱能使汽車順利轉彎，並減少輪胎之磨損。

(　)22. 普通差速器的缺點為當有一輪打滑時，會完全失去驅動能力。

(　)23. 驅動軸兩側萬向接頭之角度能變化，但長度不能改變。

(　)24. 不等長驅動軸之設計，易造成行駛不穩定及偏向。

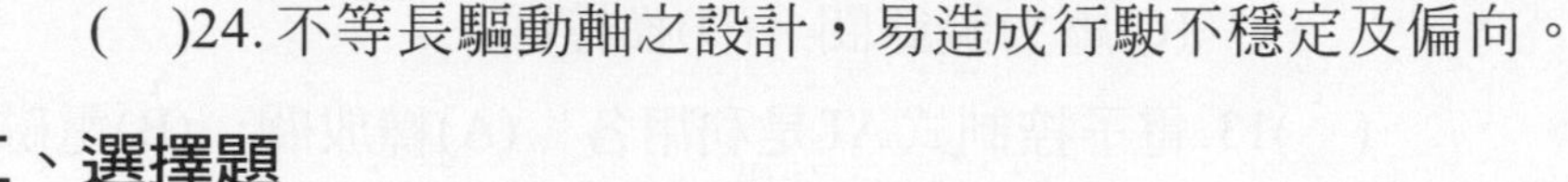

二、選擇題

(　)1. 離合器接合時，動力經離合器片及　(A)離合器蓋板　(B)離合器軸　(C)壓板　(D)釋放軸承　傳給變速箱。

(　)2. 離合器片使用　(A)減震彈簧　(B)扇形緩衝鋼板　(C)鉚釘　(D)來令片　以吸收離合器接合時的扭轉振動，使起步平穩。

(　)3. 踩下離合器踏板，與膜片彈簧直接接觸的是　(A)釋放軸承　(B)釋放叉　(C)離合器分泵　(D)回拉彈簧。

(　)4. (A)4HAT　(B)4EAT　(C)4ECT　(D)CVT　表四檔液力機械式自動變速箱。

(　)5. 扭矩變換器無下述何種作用　(A)做爲離合器　(B)做爲飛輪　(C)吸收傳動系統振動　(D)驅動傳動軸。

(　)6. 依車速高低以調節油泵產生之　(A)節氣油壓　(B)手動油壓　(C)速控油壓　(D)單向油壓。

(　)7. 駐車時應選擇　(A)N　(B)P　(C)R　(D)L　檔位。

(　)8. 扭矩變換器內 ATF 約　(A)60～70 %　(B)70～85 %　(C)85～90 %　(D)100 %。

(　)9. 車輛行駛時，滑差保持在　(A)2～5 %　(B)5～10 %　(C)10～15 %　(D)15～25 %　之間。

(　)10. 在　(A)D 位置二檔　(B)P 檔　(C)D 位置四檔　(D)N 檔　時直結離合器無作用。

(　)11. 一個油泵時通常由　(A)凸輪軸　(B)變速箱輸入軸　(C)曲軸　(D)變速箱輸出軸　驅動。

(　)12. 為得到一定的管路壓力，必須設置 (A)手動閥 (B)限孔 (C)壓力調節閥 (D)換檔閥。

(　)13. 電子控制式AT是利用各 (A)釋放閥 (B)電磁閥 (C)手動閥 (D)選擇閥 以切換或控制油壓。

(　)14. 車輛在不平路面行駛時，由於後軸之跳動，故必須有 (A)萬向接頭 (B)中心軸承 (C)防振橡膠 (D)滑動接頭 使傳動軸能前後伸縮。

(　)15. (A)雙偏位型 (B)力士伯型 (C)十字軸及軛式 (D)三叉型 為不等速萬向接頭。

(　)16. 常用於 FF 型車輛驅動軸車輪端的萬向接頭為 (A)雙偏位型 (B)力士伯型 (C)十字軸及軛式 (D)三叉型。

(　)17. 下述何項有誤？ (A)傳動軸係以合金鋼管製成 (B)拆卸傳動軸與差速器的接合部時應先做相對記號 (C)三叉型萬向接頭用於FF型車 (D)力士伯型萬向接頭用於FR型車。

(　)18. 角尺齒輪中心線比盆形齒輪中心線低的是 (A)渦齒輪式 (B)直齒式 (C)螺旋式 (D)內擺線式。

(　)19. 當汽車直行兩後輪等速旋轉時 (A)角尺齒輪 (B)盆形齒輪 (C)差速小齒輪 (D)差速器殼 不轉。

(　)20. 車輛左轉彎時 (A)左邊齒輪轉速慢 (B)差速小齒輪不轉動 (C)外側車輪轉速慢 (D)差速器殼不轉動。

(　)21. 後軸除傳遞扭力外，並需負擔車重的是 (A)全浮式 (B)半浮式 (C)3/4 浮式 (D)德迪翁式 後軸構造。

三、問答題

1. 試述 FF 型傳動系統的作用。
2. 試述乾單片圈狀彈簧式離合器分離時的作用。
3. 試述油壓式離合器操控機構當離合器踏板踩下時的作用。
4. 何謂減速比？
5. 手動變速箱的連鎖機構有何功用？
6. 自動變速箱是由幾個主要機件所組成？
7. 選擇桿鎖定系統有何功用？
8. 行星齒輪組的控制裝置有哪些？
9. 爲何 AT 內必須設置壓力調節閥？
10. 自排車爲何會較手排車耗油？
11. 電子控制式自動變速箱可達到何種目地？
12. 電子控制式自動變速箱如何控制油壓迴路？
13. 萬向接頭的功能爲何？
14. 試述三叉型萬向接頭的作用。
15. 試述差速器的轉彎作用。
16. 爲配合角度之不同，驅動軸如何採用？

Chapter 6
煞車系統

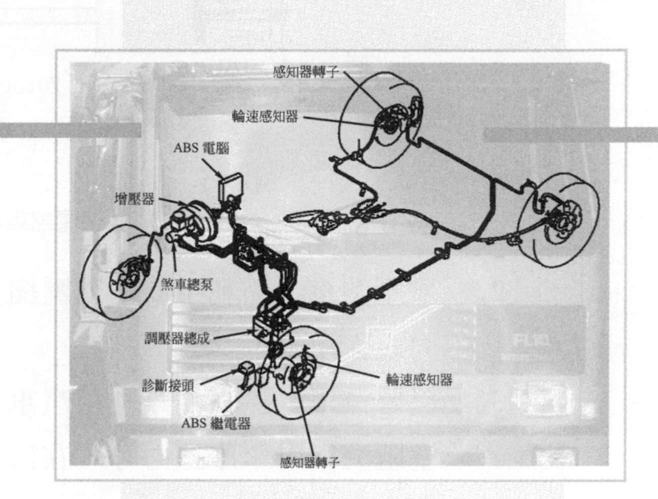

6.1 概述

一、煞車原理

1. 液壓煞車：係利用巴斯葛原理(Pascal's principle)，在密閉容器中的液體，受到壓力作用時，此壓力會傳到液體之各部分而保持不變，如圖 6.1 所示。將煞車踏板之踏力傳遞到各車輪，如圖 6.2 所示。

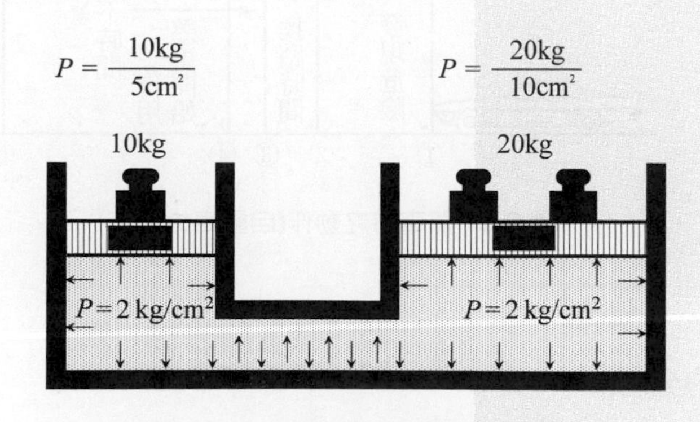

圖 6.1 巴斯葛原理(自動車の構造)

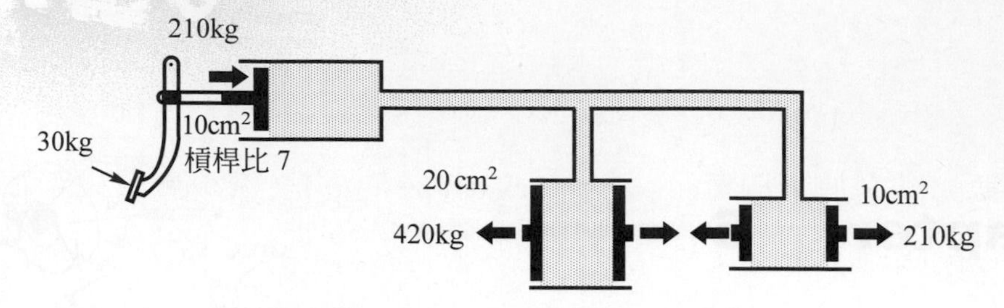

圖 6.2　油壓煞車原理(自動車の構造)

2. 增壓煞車：係利用眞空或壓縮空氣與大氣之壓力差，以產生較大制動力之作用。

3. 引擎煞車：係汽油車利用汽車引擎進氣行程之眞空吸力、壓縮行程活塞阻力與引擎摩擦力等，在汽車減速或下長坡時協助煞車系統產生煞車作用。

二、實制動時間(實制動距離)

1. 煞車踏板踩下後，煞車蹄片壓緊煞車鼓(盤)產生制動力開始，到車子完全停止所需的時間，爲實制動時間。此段時間車子所經過的距離爲實制動距離，如圖 6.3 所示。

2. 汽車之煞車距離＝空走距離＋實制動距離。

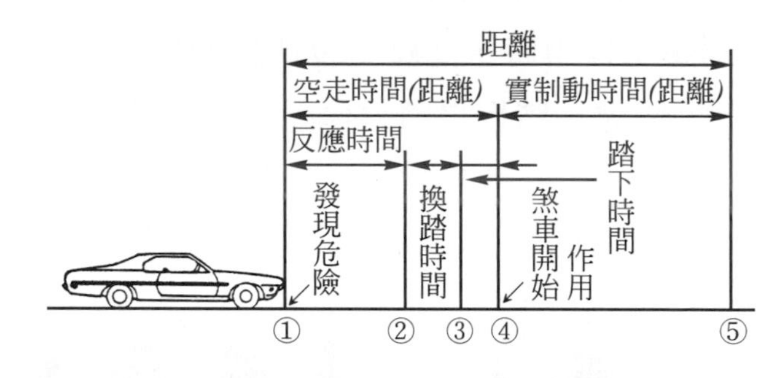

圖 6.3　煞車時之動作(自動車の構造)

三、煞車油

1. 煞車油的分類

依 DOT(department of transportation)分爲三種。

(1) DOT 3

具吸濕性，依 SAE 試驗，DOT 3 經由煞車系統各微小間隙，每年可吸收其體積 2 %的水份，銹蝕煞車系統內零件，使煞車油變濃稠，且由於氣阻溫度(vapor lock temperature)降低，會造成踩下煞車踏板軟綿綿的情形，因此必須使用密封式儲油室。DOT 3 溶解力強，不可沾到漆面。

(2) DOT 4

吸濕性比DOT 3 低，價格比DOT 3 高。使用DOT 3 的煞車系統，也可使用DOT 4。DOT 4 適用於工作溫度高於鼓式煞車的碟式煞車系統。2006 年時，大部分在美國生產的汽車均使用 DOT 4 煞車油。

(3) DOT 5

通常稱爲矽基煞車油(silicone-based brake fluid)，無吸濕性，能耐更高溫度。與 DOT 3 或 DOT 4 不能共存，不能與任一種混用。爲辨別容易，新的含矽煞車油爲紫色，而DOT3 與DOT4 爲透明琥珀色。DOT 5 空氣溶入性，爲多種乙二醇混合液 DOT 3 與 DOT 4 的三倍，因此煞車系統內的空氣較不易放除乾淨。

2. 煞車油的標準規格

SAE 及 DOT 建立有煞車油的標準規格，如表 6.1 所示。

表 6.1 不同煞車油的乾、濕沸點規格(Automotive Chassis Systems)

	DOT 3	DOT 4	DOT 5	DOT 5.1
乾沸點(˚C)	205	230	260	270
濕沸點(˚C)	140	155	180	190

6.2 油壓煞車機構

6.2.1 煞車總泵

一、煞車總泵的功能

煞車踏板踩下時，煞車總泵內之活塞將煞車油壓送到各輪之分泵，推動分泵活塞，將來令片壓緊在煞車鼓或煞車盤上，產生煞車作用，如圖6.4所示。

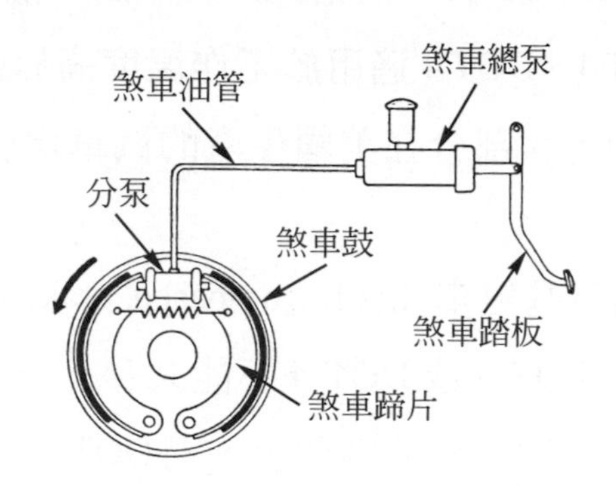

圖6.4　煞車總泵的作用(三級自動車シャシ)

二、煞車總泵的構造與作用

1. 單迴路型煞車總泵

⑴ 煞車總泵

如圖6.5所示，爲儲油室及煞車總泵分開之分離式煞車總泵斷面分解圖。總泵本體中有推桿、活塞、皮碗、單向閥等配件。

⑵ 煞車踏板踩下時，踏板推桿將活塞及第一皮碗向前推動，壓縮彈簧，將活塞前室之煞車油經單向閥送到各分泵，將分泵活塞向外推。

⑶ 單向閥(check valve)

① 單向閥又稱防止門，裝在煞車總泵之出口處，可保持煞車油管及分泵中之油壓，使略高於大氣壓力，其功用爲防止空氣進入煞車系統中及使煞車之作用迅速。

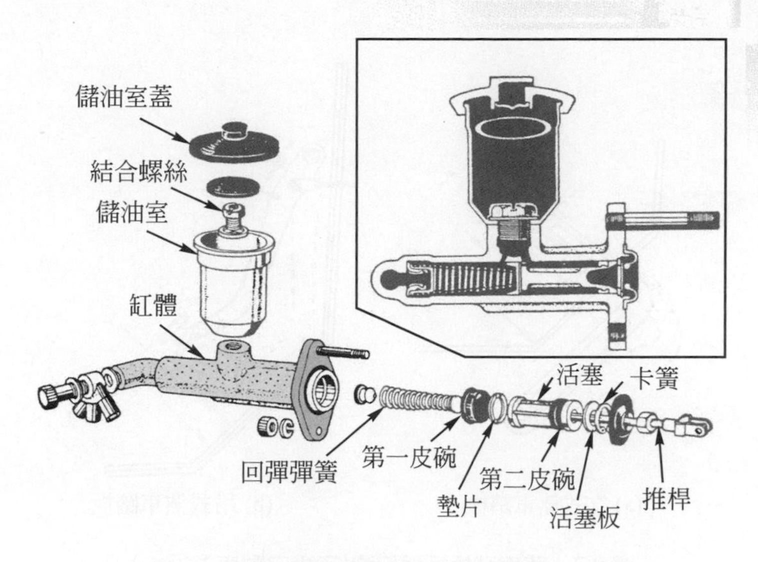

圖 6.5　煞車總泵的構造(三級自動車シャシ)

② 單向閥之作用，如圖 6.6 所示。

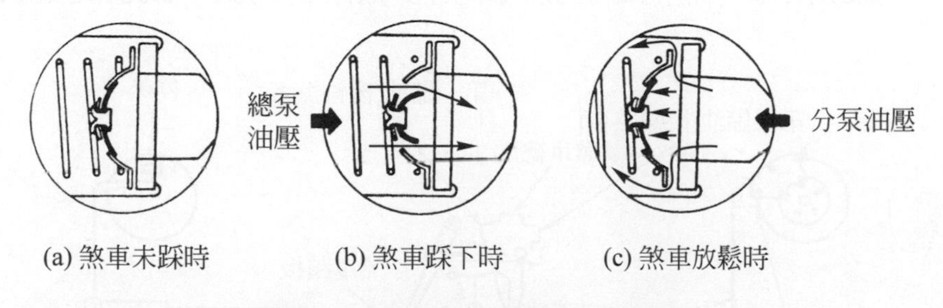

圖 6.6　單向閥之作用(自動車の構造)

(4) 煞車踏板與車底板間之關係，如圖 6.7 所示，*A* 稱爲踏板高度，*B* 稱爲底板高度，*C* 稱爲煞車踏板空檔。煞車踏板必須有空檔，否則煞車總泵之活塞無法回到定位，會阻塞回油孔，造成煞車咬死之故障，*B* 之底板高度隨煞車蹄片與煞車鼓之間隙而變。

2. 雙迴路煞車總泵

(1) 概述

① 單迴路的油壓煞車系統中，有任一部位破裂或漏油時，整部汽車即失去煞車作用。爲保障行車安全，現代汽車均採用雙迴路煞車系統，當任一油壓迴路失效時，另一迴路仍可產生作用。

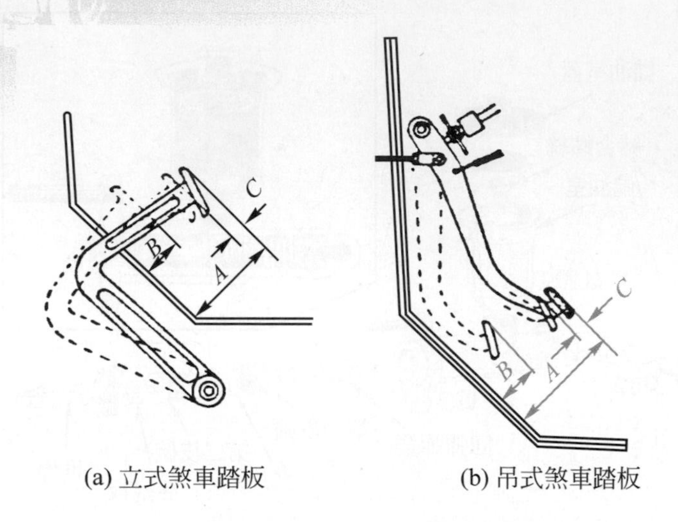

(a) 立式煞車踏板　　(b) 吊式煞車踏板

圖 6.7　煞車踏板行程位置(三級自動車シャシ)

② 雙迴路煞車系統分成兩種，如圖 6.8 所示。前後輪式一般用於後輪驅動汽車，而前輪驅動汽車則多採用對角式，或稱交叉式。

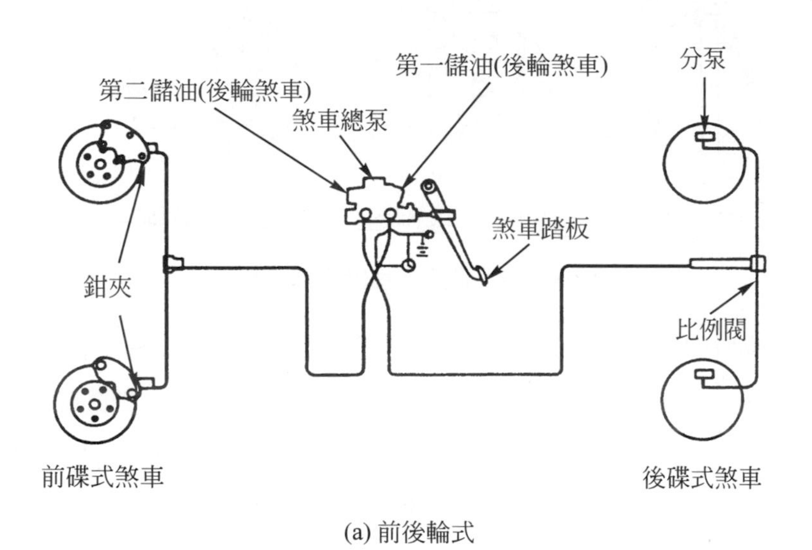

(a) 前後輪式

圖 6.8　雙迴路煞車系統的種類(AUTOMOTIVE MECHANICS, CROUSE、ANGLIN)

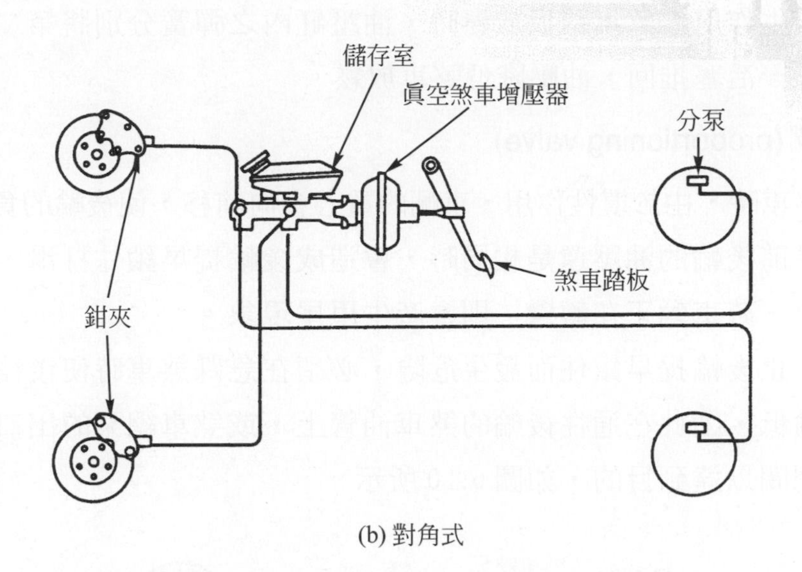

(b) 對角式

圖 6.8　雙迴路煞車系統的種類(AUTOMOTIVE MECHANICS, CROUSE、ANGLIN)(續)

⑵　構造及作用

①　串列式雙迴路煞車總泵，前輪與後輪或對角式各有獨立的油壓系統。如圖 6.9 所示，總泵缸內有兩個活塞，將油壓缸分成前後兩室，靠近推桿端的爲後輪用，在前端的爲前輪用。

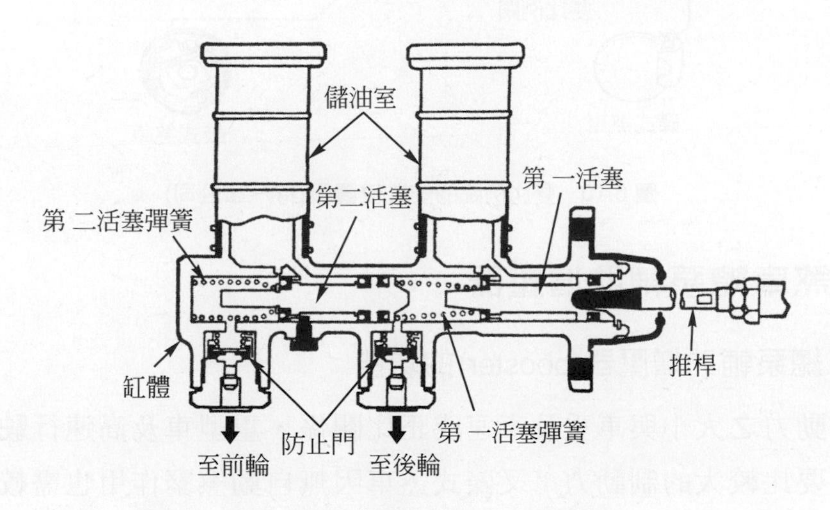

圖 6.9　串列式煞車總泵之構造(三級自動車シャシ)

②　踩下煞車踏板時，第一活塞前進，將與第二活塞間之油壓縮，此油壓一方面推動第二活塞，將油壓送給前輪，一方面送到後輪產

生作用。煞車踏板放鬆時，油壓缸內之彈簧分別將第二活塞及第一活塞推回，油壓降低煞車放鬆。

三、比例閥(proportioning valve)

1. 當煞車時，由於慣性作用，車輛的重心會向前移，使後輪的負荷減輕，如果前後輪的油壓還是相同時，會造成後輪提早鎖住打滑，發生側滑現象，若車輛正在轉彎，則會產生甩尾現象。
2. 為防止後輪提早鎖住而發生危險，必須在急踩煞車時使後輪的油壓比前輪低，因此在通往後輪的煞車油管上，或煞車總泵的出口處，安裝比例閥以達到目的，如圖 6.10 所示。

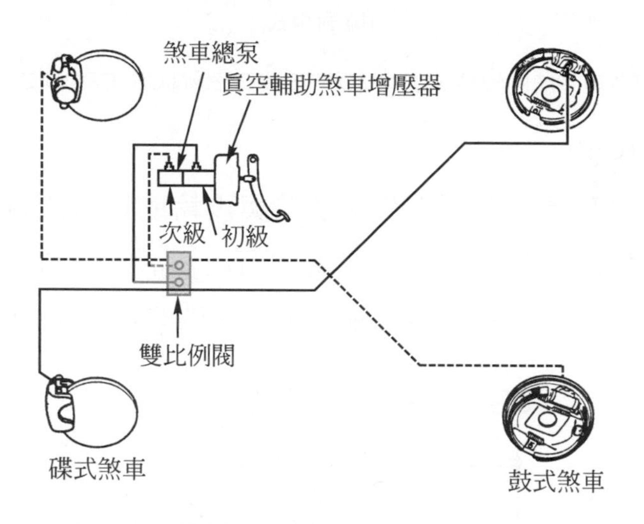

圖 6.10 雙比例閥的安裝位置(福特汽車公司)

6.2.2 煞車總泵輔助增壓器

一、煞車總泵輔助增壓器(booster)的功能

1. 制動力之大小與車重及車速成正比關係，重型車及高速行駛之車輛必須要比較大的制動力；又碟式煞車因無自動煞緊作用也需較大之制動力。這些車輛僅靠駕駛的腳踏力無法有效煞住車輛，為使駕駛能以很小的踩踏力量，就能產生極大的制動力，因此現代汽車均裝有煞車總泵輔助增壓器。

2. 輔助增壓器之動力源爲汽油引擎進氣歧管之眞空或由眞空泵產生之眞空，與大氣之壓力差；或由空氣壓縮機產生之高壓空氣與大氣之壓力差。

二、煞車總泵輔助增壓器的構造與作用

1. 直接控制式

如圖 6.11 所示，爲直接控制式輔助增壓器裝置。煞車踏板踩下時，就可直接由煞車總泵產生高壓者，即煞車踏板→增壓器→總泵→分泵。眞空與大氣浮懸式用於小型車，壓縮空氣式用於大型客貨車。

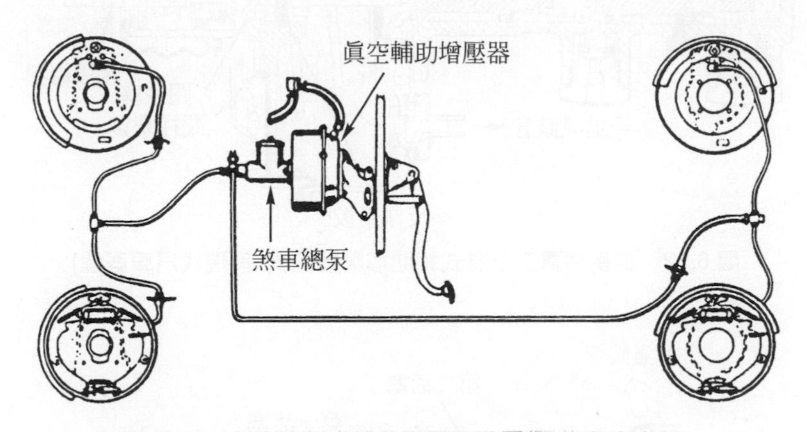

圖 6.11　直接控制式輔助增壓器裝置(現代汽車底盤)

(1) 單活塞眞空浮懸式

① 動力缸內使用一組活塞，活塞兩端的 A、B 室，在引擎發動煞車踏板未踩時均爲眞空。

② 此式動力缸裝在煞車踏板與總泵間，直接協助推動煞車總泵推桿。煞車踏板之推力由閥操縱桿→閥柱塞→反作用板→總泵推桿→總泵活塞，如圖 6.12 所示。

(2) 雙活塞眞空浮懸式

① 動力缸內使用二組活塞，比單活塞的尺寸小，但兩組活塞相當於兩個增壓器相加的增壓效果，常用在自排車上。

② 煞車踏板未踩時：大氣閥與閥操縱桿被空氣閥彈簧推到最右邊，直至與閥止動鍵接觸時才停止。大氣閥將控制閥推向右邊，使由空氣濾芯進入的大氣通道被關閉。另一方面，因眞空閥與控制閥

沒有接觸，故①與②通道相通，因此眞空同時作用在兩個 A 室與兩個 B 室，如圖 6.13 所示。

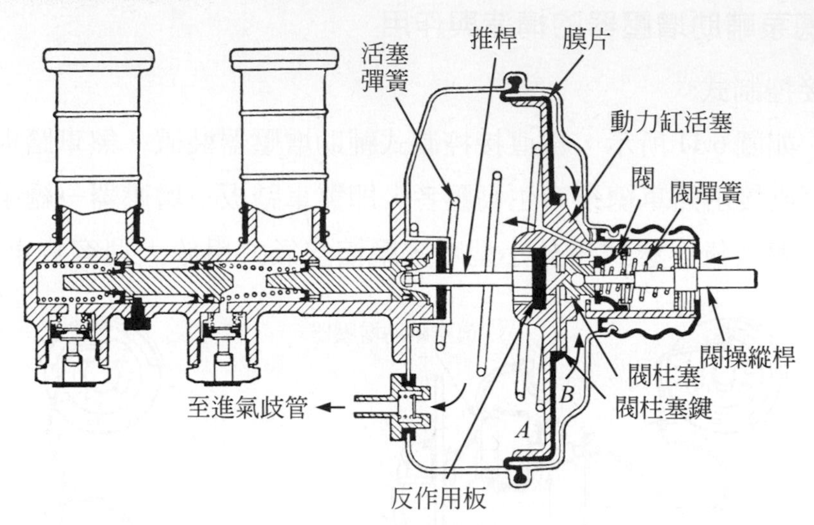

圖 6.12　單膜片真空浮懸式輔助增壓器的構造(現代汽車底盤)

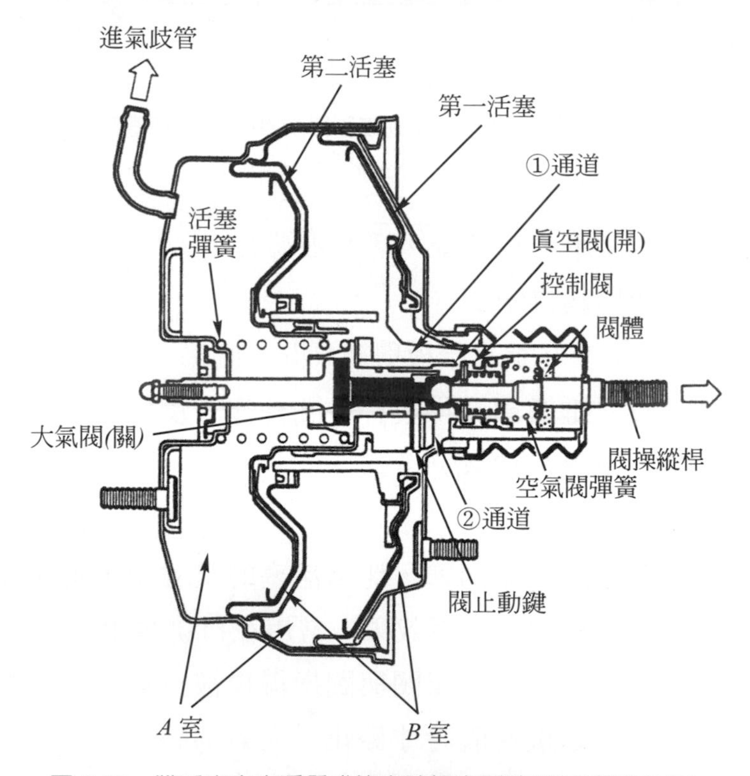

圖 6.13　雙活塞真空浮懸式煞車踏板未踩時(和泰汽車公司)

③ 煞車踏板踩下時：煞車踏板踩下時，閥操縱桿與大氣閥被推向左邊，使控制閥與眞空閥接觸，切斷①與②間之通道，亦即切斷*A*、*B* 室間之通道。接著大氣閥移離控制閥，大氣從空氣濾芯經②通道進入兩個*B*室，*B*室與*A*室間之壓力差，推動增壓器推桿作用在煞車總泵，如圖 6.14 所示。

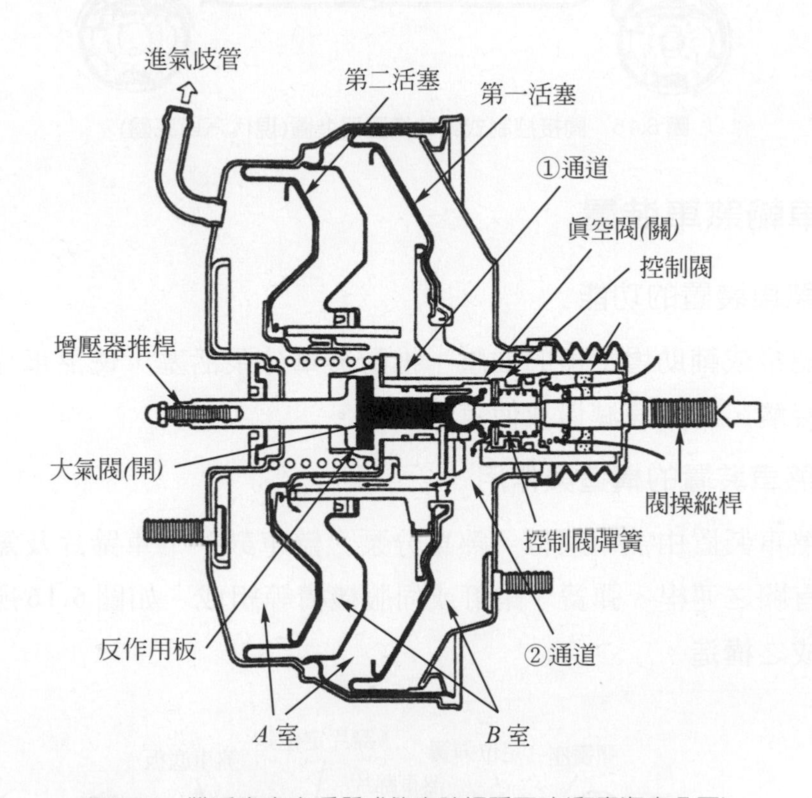

圖 6.14　雙活塞真空浮懸式煞車踏板踩下時(和泰汽車公司)

2. 間接控制式

由煞車總泵來的油壓操縱控制閥，再使增壓器產生高壓者，稱爲間接控制式液壓煞車，即煞車踏板→總泵→增壓器→分泵，如圖 6.15 所示。

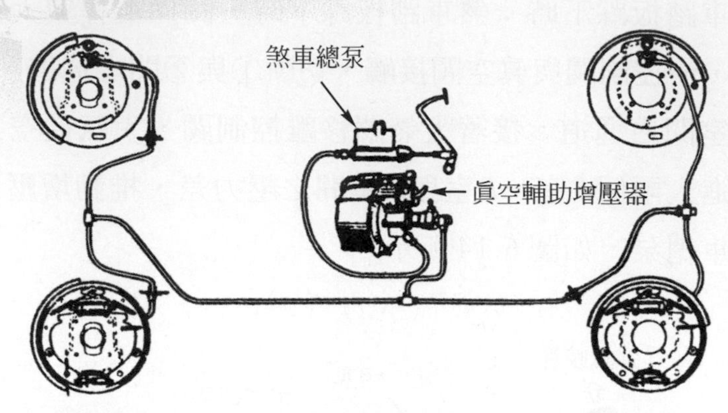

圖 6.15 間接控制式輔助增壓器裝置(現代汽車底盤)

6.2.3 車輪煞車裝置

一、車輪煞車裝置的功能

煞車總泵或輔助增壓器的油壓，推動煞車分泵活塞，使煞車片與煞車盤或煞車鼓接觸，將車速減慢或使車輛停止。

二、鼓式煞車裝置的構造與作用

鼓式煞車裝置由煞車底板、煞車分泵、煞車鼓、煞車蹄片及煞車蹄片固定與推動有關之連桿、彈簧、銷釘或伺服機構等組成。如圖 6.16 所示，爲鼓式煞車總成之構造。

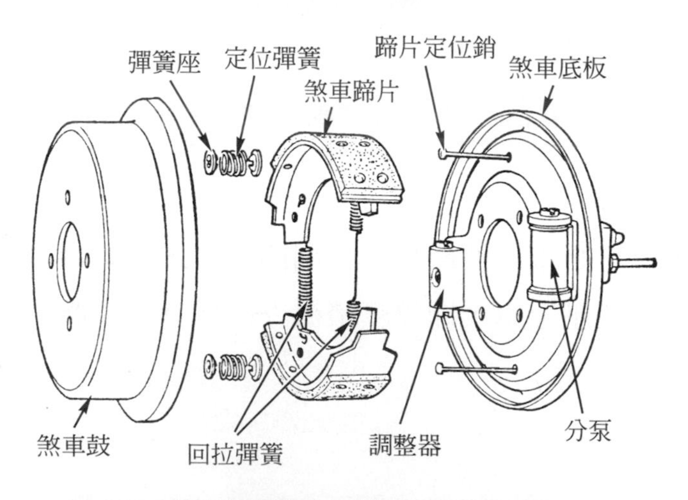

圖 6.16 鼓式煞車總成之構造(三級自動車シャシ)

1. 煞車底板(brake plate)

裝在後軸殼或轉向節上，用以承受煞車時之反作用力，並做爲煞車分泵、煞車蹄片之安裝架。

2. 煞車分泵

⑴ 如圖 6.17 所示，爲雙作用式分泵之構造，煞車油由中間進入將皮碗及活塞向兩邊推開，彈簧之功用爲防止皮碗翻轉。放氣螺絲位於分缸之最高點，以排放油管中之空氣。防塵罩防止灰塵進入以免活塞磨損。

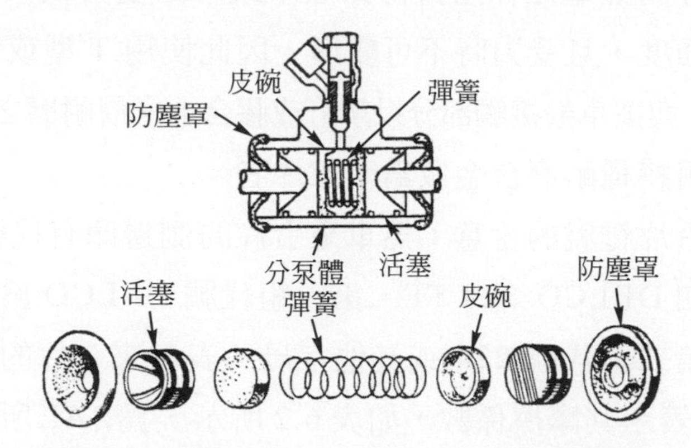

圖 6.17　雙作用式分泵之構造(三級自動車シャシ)

⑵ 因煞車時車輛重心往前移，所以四輪都爲鼓式煞車時，前輪煞車分泵活塞必須比後輪大。

3. 煞車油管

從煞車總泵到各車輪之煞車油管，不活動部分係採用經防銹處理之無縫鋼管製成。接到前輪或後軸殼間因係活動部分，採用撓性高壓管，此管係以絲編織管與耐油橡皮製成。

4. 煞車鼓(brake drum)

⑴ 煞車鼓裝在車軸上，與車輪共同旋轉。在煞車時，承受煞車蹄片之壓力，利用摩擦將車子之動能變成熱能，發散於空氣中。

⑵ 如圖 6.18 所示，爲以鋼板沖壓而成之煞車鼓，輕而堅固，但摩擦係數較小，厚度較薄，無散熱片，通常用在小型車上。

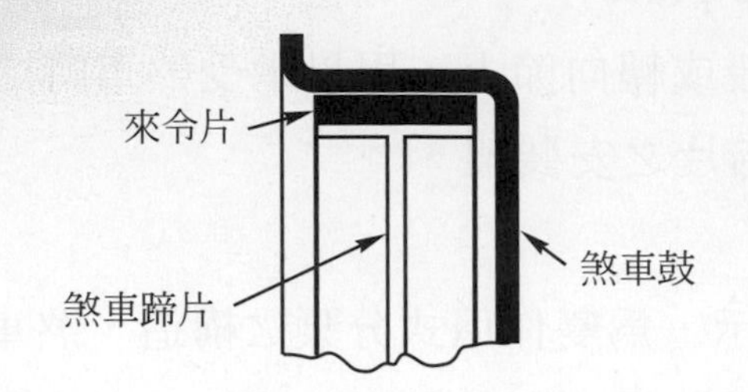

圖 6.18　鋼板壓成之煞車鼓(汽車底盤，葉慶強)

5. 煞車蹄片(brake shoe)

⑴ 煞車蹄片將煞車之作用力傳到煞車鼓，因受力很大，因此必須具有很高之強度，且受力時不可變形，因此使用 T 型或雙 T 型斷面以增加強度。與煞車鼓接觸部分以鉚釘或膠合上一層耐磨之來令片(lining)，也有使用特種耐磨合金做爲摩擦片者。

⑵ 煞車來令片符號的含意：煞車來令片的側邊印有代號，如圖 6.19 所示。例如 DELCO 224 FF，第一組代號 DELCO 爲來令片製造商的名稱；第二組代號 224 或其他字母，表示來令片的材質；最後一組代號FF表示其摩擦係數，如表 6.2 所示，爲SAE所建立，第一個字母表示煞車冷時來令片的摩擦係數，第二個字母表示煞車熱時來令片的摩擦係數。FF表示煞車冷熱時的摩擦係數都在 0.35 至 0.45 之間。

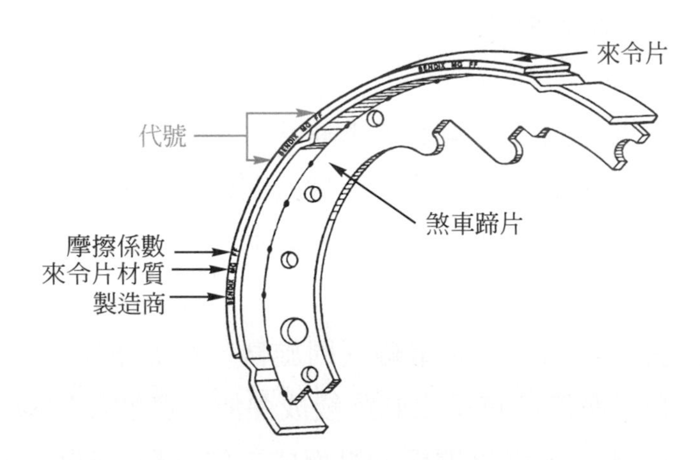

圖 6.19　煞車來令片上的代號(Automotive Chassis Systems Halderman)

表 6.2　煞車來令片摩擦係數分級表(Automotive Chassis Systems)

代號	摩擦係數
C	0.00～0.15
D	0.15～0.25
E	0.25～0.35
F	0.35～0.45
G	0.45～0.55
H	0.55 以上
Z	未分級

(3) 煞車蹄片與煞車鼓之自動煞緊作用：煞車蹄片緊壓煞車鼓後，因煞車鼓之旋轉力與摩擦力，會使煞車蹄片產生自動煞緊作用(self engaging action)，使煞車力增大。

① 僅有一蹄片有自動煞緊作用：引導跟從式煞車蹄片安裝法之車子，如圖 6.20 所示。當煞車鼓以反時針方向旋轉時，左邊蹄片因摩擦力與煞車鼓之旋轉力，有將蹄片向外張之趨勢，故壓力愈來愈大，即自動煞緊作用產生；右邊之蹄片因摩擦力與煞車鼓旋轉力，使蹄片向內縮，故煞車力反而減小，其壓力之分佈情形，如圖 6.21 所示，左邊之蹄片稱爲引導蹄片(leading shoe)，右邊之蹄片稱爲跟從蹄片(trailing shoe)。

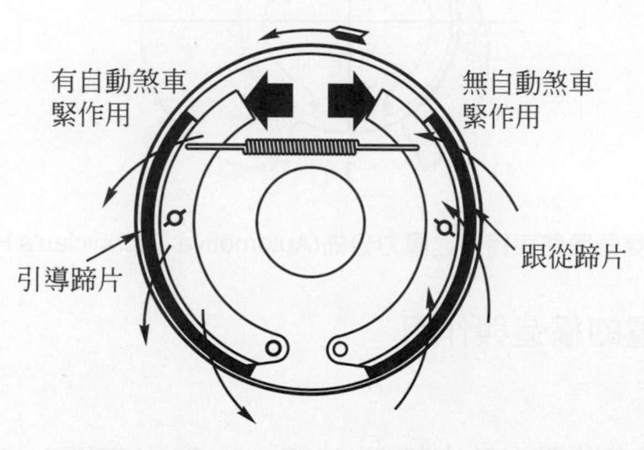

圖 6.20　引導跟從式煞車之摩擦力與旋轉力作用情形(汽車底盤)

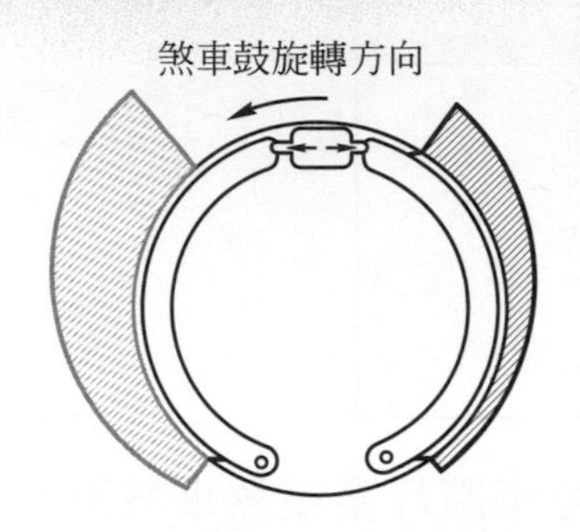

圖 6.21 引導跟從式煞車蹄片之壓力分佈(三級自動車シャシ)

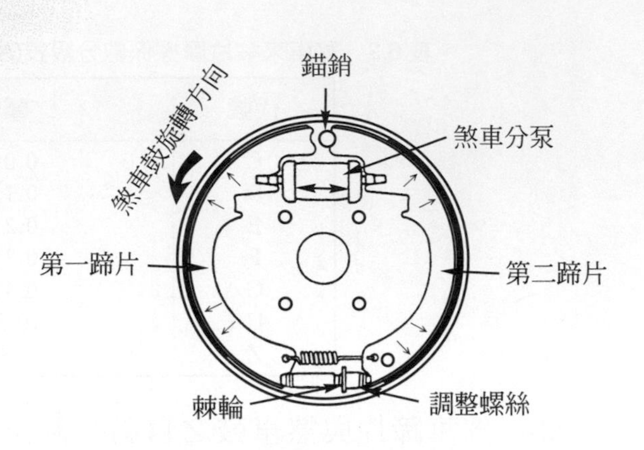

圖 6.22 雙伺服式煞車之自動煞緊作用(Automotive Chassis Systems Halderman)

② 兩蹄片均有自動煞緊作用：雙伺服式煞車蹄片安裝法之車輛，摩擦力及旋轉力之作用由前蹄片經伺服機構傳到後蹄片，使煞車力愈來愈大，如圖 6.22 所示；其煞車壓力之分佈情形，如圖 6.23 所示。

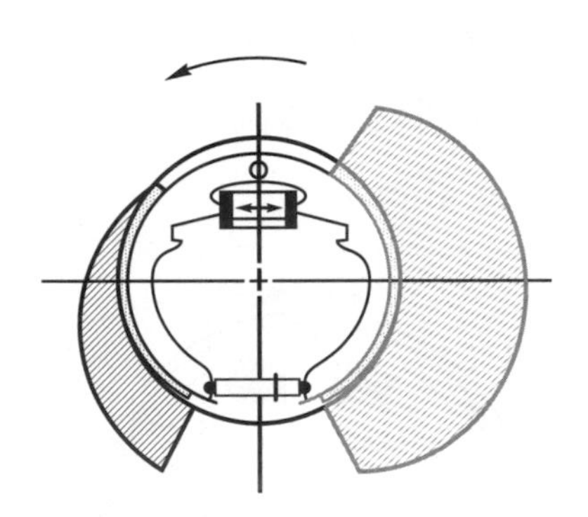

圖 6.23 雙伺服煞車蹄片之壓力分佈(Automotive Technician's Handbook)

三、碟式煞車裝置的構造與作用

1. 概述

碟式煞車裝置由煞車盤(brake disc)、煞車底板(brake plate)、鉗夾(caliper)、煞車片(brake pad)等組成，如圖 6.24 所示。

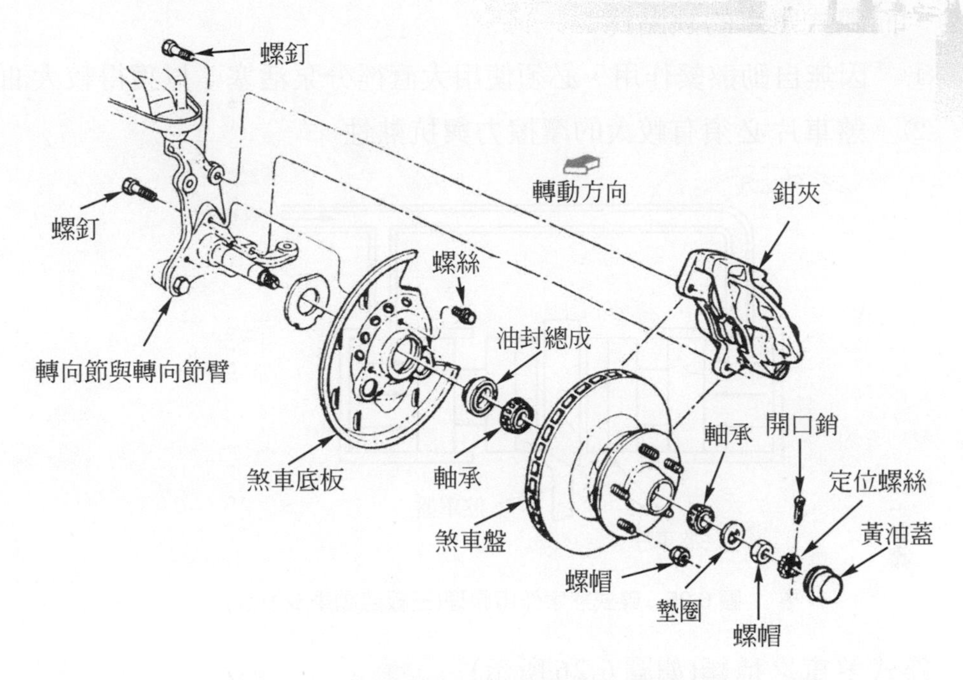

圖 6.24　碟式煞車總成之構造(現代汽車底盤)

2. 碟式煞車之優缺點

(1) 碟式煞車以圓盤代替煞車鼓，與車輪共同旋轉。從左右兩側以煞車片利用油壓夾緊煞車盤，產生制動作用，如圖 6.25 所示，其優點爲：

① 無自動煞緊作用，因此煞車單邊之現象較少，方向安定性佳。

② 煞車盤大部分暴露在空氣中，散熱性能優良，不會造成煞車衰減現象；高速反覆使用煞車，可得到較安定之制動性能。

③ 煞車盤受熱後會增加厚度，煞車踏板行程不會變更。煞車鼓受熱後會增大直徑，使煞車踏板行程變低，且散熱不良，煞車易發生衰減。

④ 經過積水較深的地區後，水份迅速被煞車盤的離心力排除，故煞車性能可在很短的時間內恢復。

⑤ 不需要調整煞車間隙。

⑥ 構造簡單，煞車片的檢查與更換容易。

⑵　而碟式煞車的缺點為：

① 因無自動煞緊作用，必須使用大直徑分泵活塞，以獲得較大油壓。

② 煞車片必須有較大的摩擦力與抗熱性。

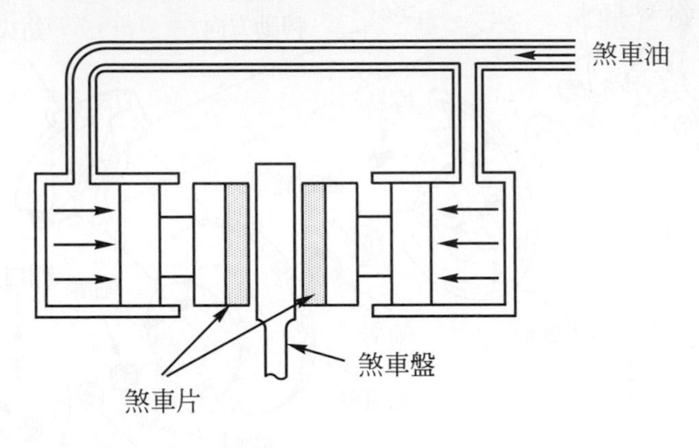

圖 6.25　碟式煞車作用原理(三級自動車シャシ)

3. 碟式煞車之種類(如圖 6.26 所示)

碟式煞車之種類
- 固定鉗夾式 (fixed caliper type)
- 浮動鉗夾式 (floating caliper type)

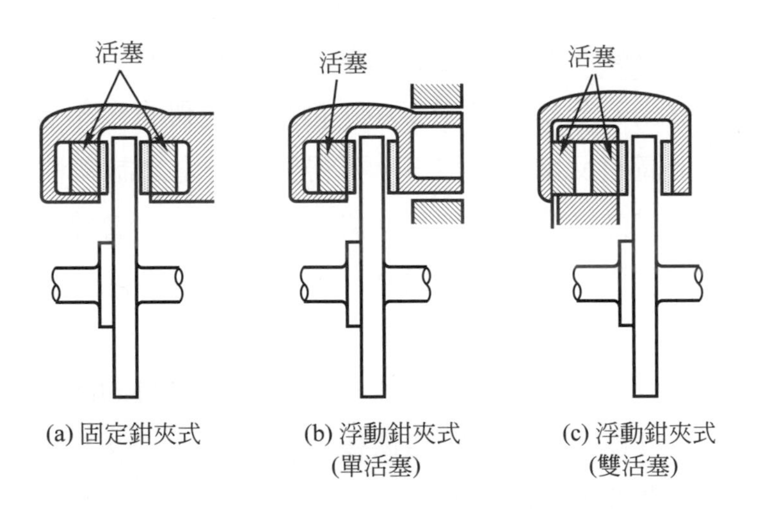

圖 6.26　碟式煞車之種類(三級自動車シャシ)

4. 固定鉗夾式碟式煞車

⑴ 如圖 6.27 所示，鉗夾固定在轉向節上，煞車盤與車輪一體旋轉。鉗夾之兩端裝置有油壓缸、活塞、活塞封圈及煞車片等。煞車踩下時，由總泵來之油壓，到達油壓缸，推動活塞，活塞再推煞車片夾住煞車盤產生制動作用。

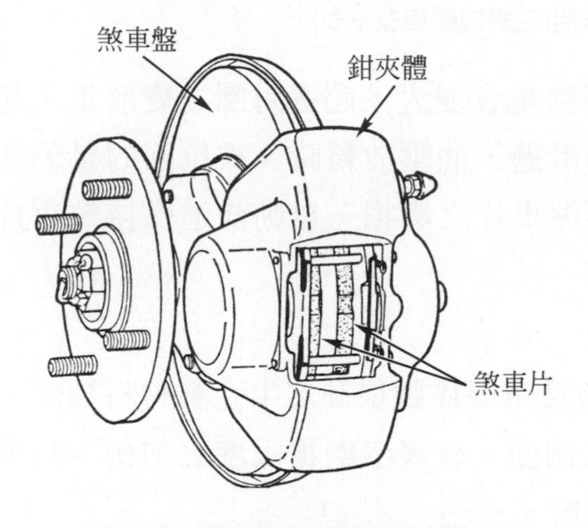

圖 6.27 固定鉗夾式碟式煞車構造
(三級自動車シャシ)

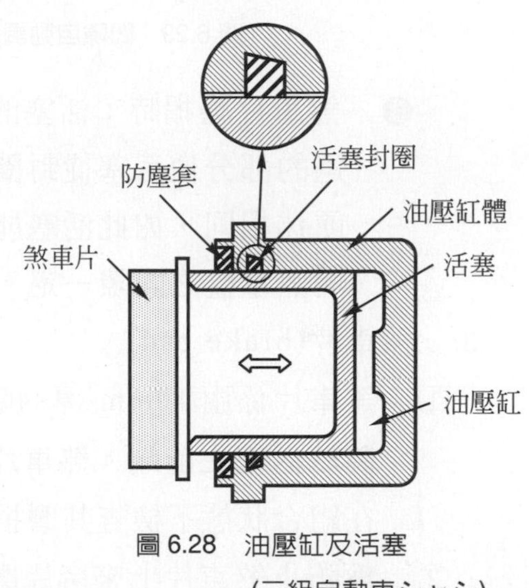

圖 6.28 油壓缸及活塞
(三級自動車シャシ)

⑵ 油壓缸及活塞(cylinder and piston)

① 油壓缸與活塞位於鉗夾體內，以油壓推動活塞，活塞再推煞車片，夾住煞車盤而產生制動作用。如圖 6.28 所示，為目前使用最多之構造，活塞與油壓缸間裝有封圈(seal)，能夠保持油壓防止漏油，並有自動調整煞車片與盤間隙之作用。

② 間隙自動調整作用：煞車來令片磨損時，活塞能自動前進，使煞車片與煞車盤間經常保持一定之間隙。

❶ 煞車踩下有油壓時：活塞受油壓推擠移動時，使封圈變形，如圖 6.29 所示。

❷ 煞車放鬆無油壓時：封圈恢復原來形狀，同時將活塞拉回，活塞被拉回之行程只有封圈之變形量，使煞車片與煞車盤間保持一定間隙。

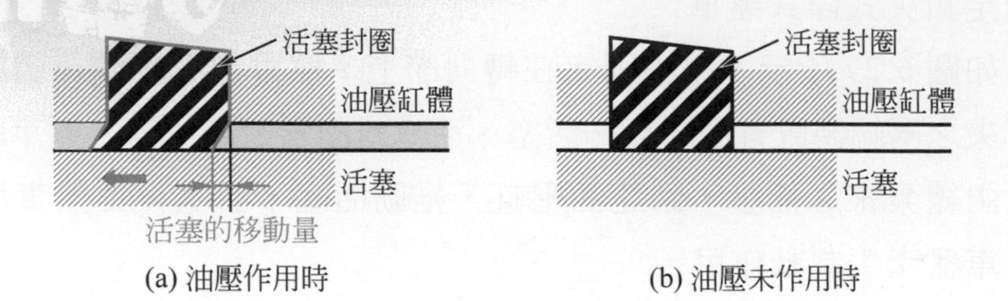

圖 6.29　間隙自動調整作用(三級自動車シャシ)

❸ 煞車片磨損時：活塞的移動量會變大，超過封圈之變形量，超過的部分使活塞從封圈間滑過，油壓放鬆時，被拉回的量仍與前述相同，如此活塞能隨煞車片之磨損，自動前進保持煞車片與煞車盤之間隙一定。

⑶ 煞車片(brake pad)

① 煞車片係由 10mm 厚的耐磨且摩擦係數很高之半金屬材料製成，裝於活塞之前端。煞車片之側面，有表示磨損限度之凹槽，以便在組合狀態下檢查其磨損情形。

② 爲防止煞車片上來令片磨損超過限度，以致金屬直接摩擦，在煞車片上裝有磨損指示器，如圖 6.30 所示，當煞車片磨損必須更換時，磨損指示器會產生尖銳的聲音警告駕駛。

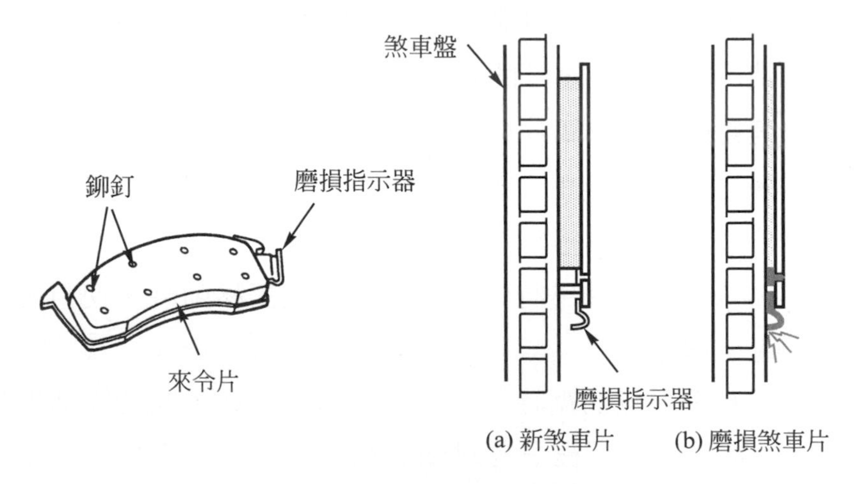

圖 6.30　煞車片上的磨損指示器(Automotive Chassis Systems)

6.2.4 手煞車裝置

一、手煞車裝置的功能

手煞車又稱駐車煞車，爲汽車停駐時，防止車輛滑行；或汽車停於上坡道路起步時，防止車輛後退之裝置。

二、後輪鼓式手煞車裝置的構造與作用

手煞車裝置在煞車鼓內的構造，如圖 6.31 所示，鋼繩拉動時，經手煞車搖臂與蹄片推桿，使兩蹄片張開，產生煞車作用。手煞車鋼繩通常連接在間隙自動調整裝置上。

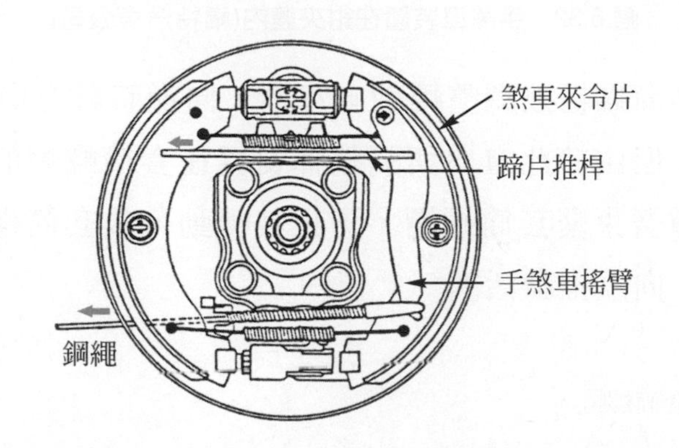

圖 6.31　手煞車裝置在煞車鼓内的構造(自動車の構造)

三、後輪碟式煞車手煞車裝置的構造與作用

1. 在碟式煞車內手煞車裝置的構造，如圖 6.32 所示，部分零件裝在活塞內，如調整彈簧、套筒螺帽、調整轉軸等，調整彈簧的一端固定在活塞上，其他零件都裝在鉗夾體內。
2. 手煞車的作用

(1) 手煞車拉起時

① 如圖 6.32 所示，由鋼繩之作用，使連桿、調整轉軸、套筒螺帽、活塞、煞車片等向左移動，將煞車盤煞住。

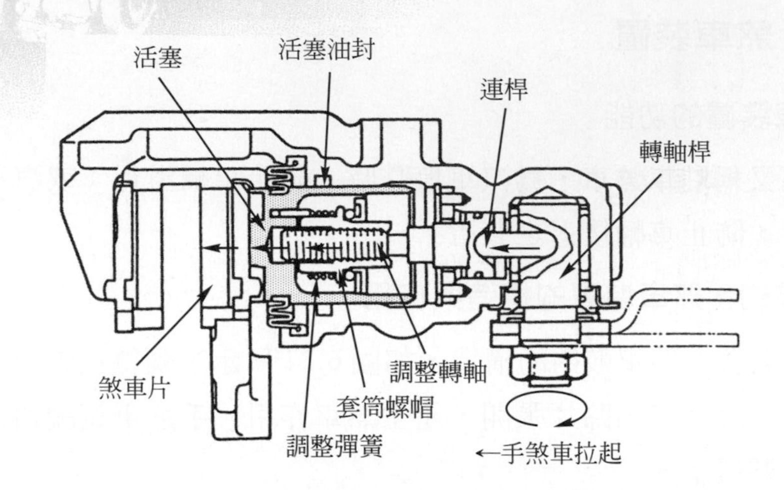

圖 6.32 手煞車裝置在鉗夾體內(福特汽車公司)

② 此時套筒螺帽被調整轉軸向左推，向逆時針方向轉動，如圖 6.33 所示，但由於此方向與調整彈簧繞在套筒螺帽的方向相同，因此調整彈簧束緊套筒螺帽，防止其轉動，故套筒螺帽與調整彈簧成一體，向左推動活塞。

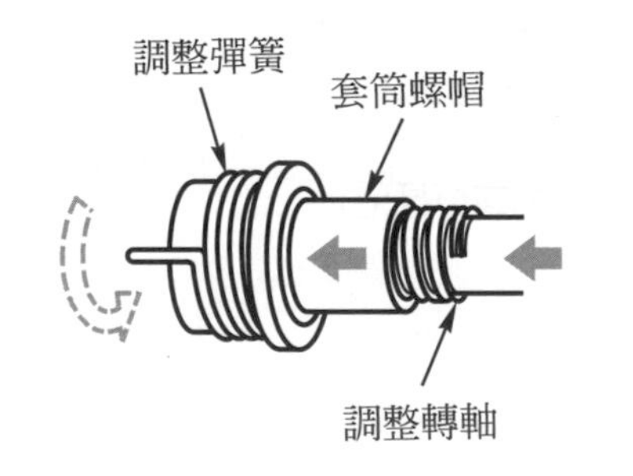

圖 6.33 手煞車拉起時之作用(和泰汽車公司)

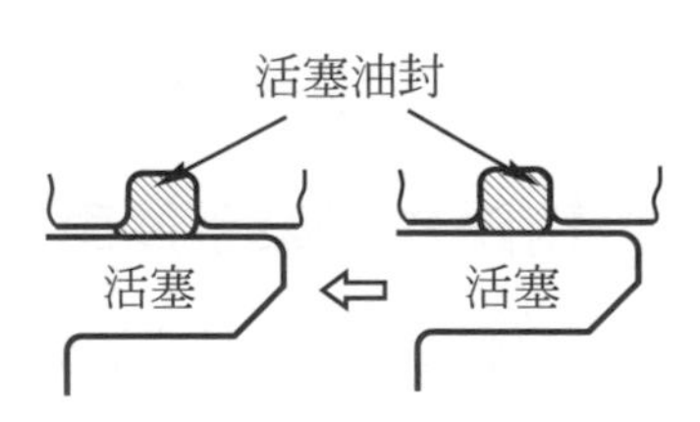

圖 6.34 手煞車放鬆時之作用(福特汽車公司)

⑵ 手煞車放鬆時：調整轉軸及套筒螺帽等回復原位，活塞則因油封之變形而回拉至原位，制動力解除，如圖 6.34 所示。

6.3 防止車輪鎖住煞車裝置與防滑裝置

6.3.1 ABS 煞車裝置的工作原理

一、制動力、向心力與車輛的運動性能

1. 輪胎的作用力

車輛煞車時，輪胎與地面間的關係，如圖 6.35 所示，有制動力 Q 及向心力 C_F (cornering force)等兩種力量在作用。制動力爲使車輛減速的力量，又稱煞車力；而向心力則爲使車輛轉向的力量。

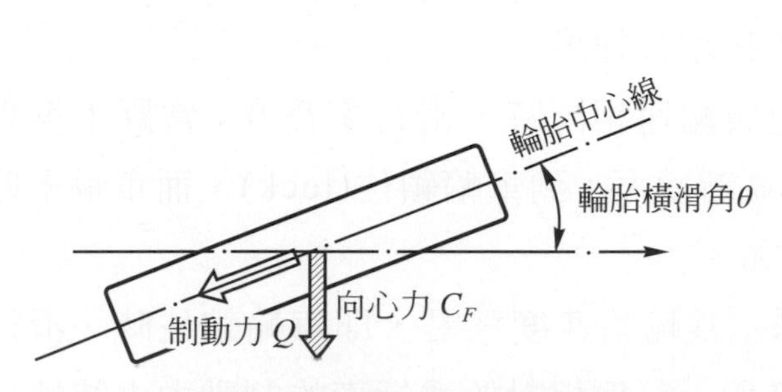

圖 6.35 輪胎的作用力(自動車工學)

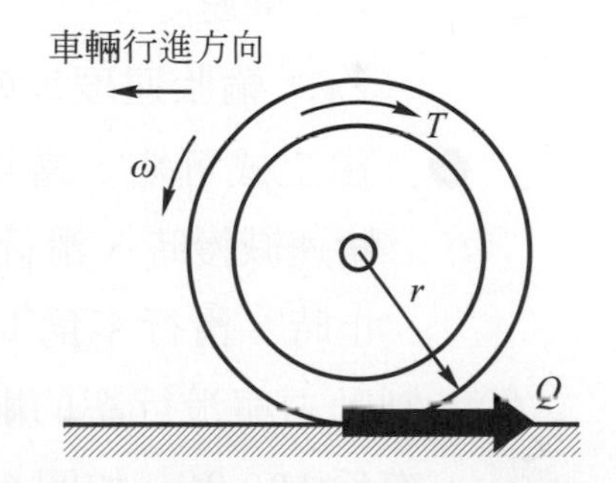

圖 6.36 車輪產生制動扭矩時(自動車工學)

(1) 制動力

① 制動力與制動扭矩的關係：駕駛踩下煞車踏板時，煞車總泵油壓送往各分泵，由安裝在各車輪的來令片阻止車輪旋轉，此力量稱爲制動扭矩，發生在各車輪的車軸部分，如圖 6.36 所示。

❶ 車輛以一定速度行駛時，假設行駛阻力爲零，以輪胎的迴轉角速度 ω 換算的輪胎速度 V_W，與車輛速度 V 是一致的。

$$V = V_W = r \times \omega$$

r：輪胎的迴轉半徑

ω：輪胎的迴轉角速度

❷ 當駕駛踩下煞車踏板使車輛減速，因煞車總泵油壓升高，故制動扭矩增加，而輪胎的迴轉角速度減少。此時 V_W 比車輛速度 V 小，輪胎與路面間發生滑行，結果輪胎與路面間產生力量，此力量即為制動力 Q。

❸ 制動力是依輪胎與路面間之滑行率 S、輪胎之荷重、輪胎的橫滑角及路面的狀況如輪胎與路面間之摩擦係數 μ 等因素而變化。其中滑行率 S (slip ratio)的定義為

$$S=\frac{V-V_W}{V}\times 100\ \%$$

V：車速

V_W：輪胎速度或輪胎接地線速度

❹ 由上式可知，當車速與輪速相同時，滑行率為 0；當踩下煞車輪速減慢時，滑行率漸漸變大；到車輪鎖住(lock)，而車輛未停止時，滑行率為 100 %。

② 制動力與滑行率的關係：當輪胎速度為零，即車輪鎖住時，滑行率為 100 %。如圖 6.37 所示，為相對於滑行率的制動力之特性。當滑行率剛開始增加時，制動力有顯著增加的特性；但當滑行率達理想滑行率 S_i (10～20 %)以上時，顯示制動力有減少的傾向。

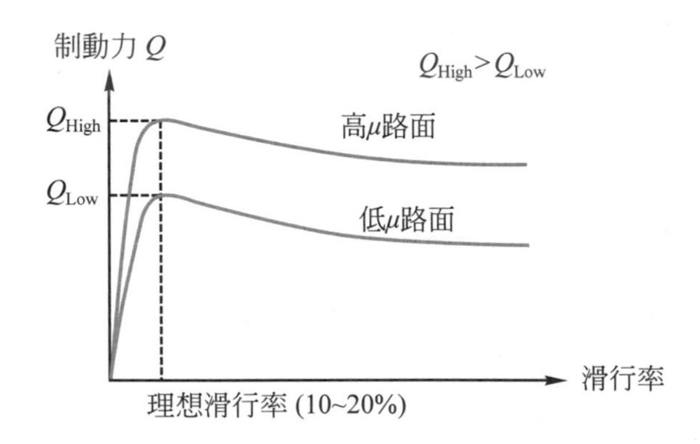

圖 6.37　制動力與滑行率的關係(自動車工學)

⑵ 向心力(cornering force)

① 汽車前輪的向心力又稱橫向摩擦力，向心力大時可提高方向盤操控性能；向心力小甚至沒有，例如在積雪路面或冰面踩煞車時，會失去方向控制性。汽車後輪向心力又稱橫向力(side force)，橫向力大時可提高車輛的方向穩定性；橫向力小甚至沒有時，會造成車輛擺尾(tail slide)，甚至迴旋(spin)的情形。

② 未踩煞車時向心力的特性：未踩煞車無制動力時，橫滑角越大，向心力先增加後減小，如圖 6.38 所示，此與打方向盤車輛的向心力增加的感覺是一致的。另當輪胎的負荷 W 變大時，向心力 C_F 則增加。

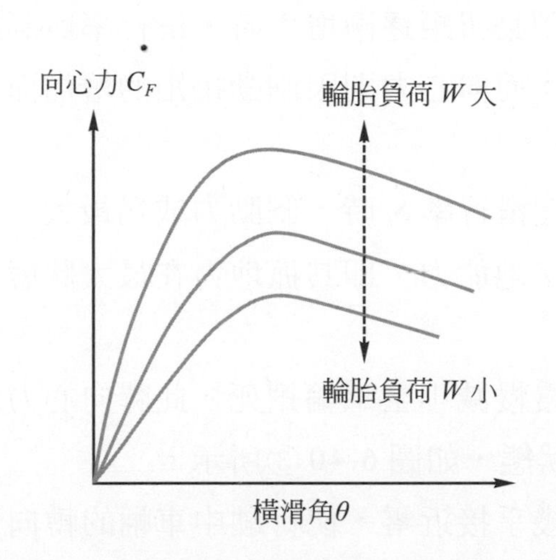

圖 6.38　未踩煞車時向心力的特性(自動車工學)

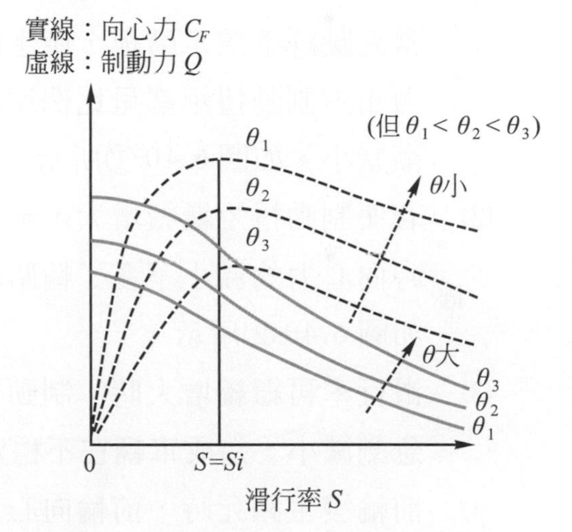

圖 6.39　踩煞車時向心力的特性(自動車工學)

③ 踩煞車時向心力的特性：基本上相對於橫滑角及輪胎負荷的變化特性，與未踩煞車時是相同的，但其大小則因滑行率而變化。

④ 如圖 6.39 所示，爲輪胎負荷保持一定時，向心力與滑行率及橫滑角的關係。當滑行率等於零的狀態時，向心力最大，未踩煞車時即爲此狀態，但滑行率越大時，向心力就減小。

2. 總結

綜合以上所述，參考圖 6.40 所示，可得下列數點：

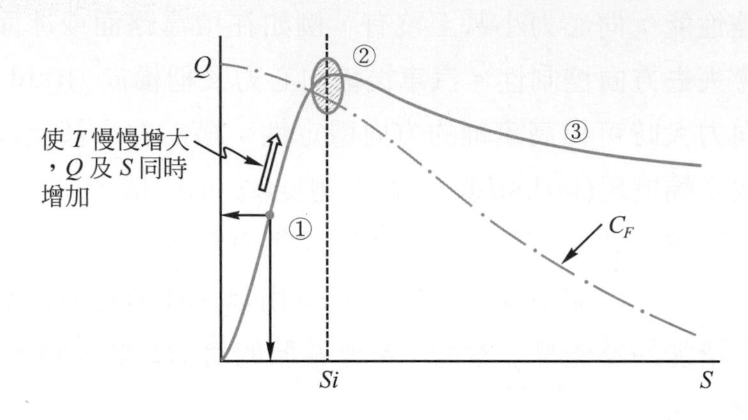

圖 6.40 滑行率、制動力與向心力之關係(自動車工學)

(1) 當駕駛踩下煞車踏板，產生的制動扭矩逐漸增大時，滑行率與制動力相對制動扭矩都呈比例增加；而向心力則因制動扭矩的增加而逐漸減小，如圖 6.40 ①所示。

(2) 若使制動扭矩繼續增大，至理想滑行率 S_i 時，制動力成為最大。此時向心力的減小不多，輪胎的接地能力，即其抓地力在最大狀態，如圖 6.40 ②所示。

(3) 滑行率再繼續增大時，制動力慢慢減小至車輪鎖死。此時向心力會急劇減小，造成車輛在不穩定狀態，如圖 6.40 ③所示。

(4) 前輪發生鎖死時，前輪向心力幾乎接近零，使行駛中車輛的轉向性能明顯變差。

(5) 後輪發生鎖死時，後輪向心力也幾乎接近零，使行駛中車輛的穩定性變差，容易產生擺尾或迴旋的現象。

(6) 四輪都鎖死時，前後輪的向心力都幾乎接近零，使車輛變成無法控制，路面情況好時，也許還能直線行駛；若路面狀況不良時，則可能發生方向無法控制、擺尾或迴旋等情形。

(7) 故當車輪鎖死時，有以下之缺點：

① 喪失方向操控性。

② 車輛擺尾喪失方向穩定性。

③ 煞車距離變長。

④ 輪胎快速磨損且磨損不平均，壽命縮短。

⑤ 聯結車易生推擠現象。

二、ABS 的工作原理

1. 熟練的駕駛在濕滑路面緊急煞車時，知道不能一腳到底猛踩煞車，而是一踩一放的點放動作，以維持車輪繼續轉動不鎖死。ABS的原理即是模仿此動作，利用精密的控制以達成，即使駕駛人踩住煞車不放，ABS仍會自動檢測到車輪將鎖死，而進行減壓／增壓的反覆動作，使車輪的滑行率控制在 S_i，即 10～20 %之附近，保持制動力在最大狀態，且防止向心力降低，如圖 6.41 所示，使車輛之轉向性及方向穩定性得以維持。

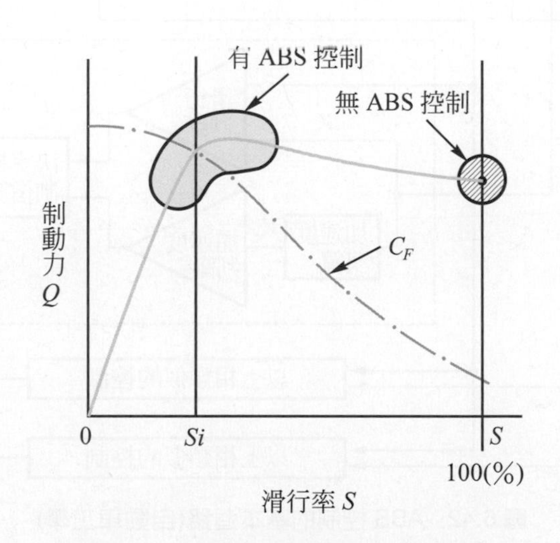

圖 6.41 ABS 的控制範圍(自動車工學)

2. 爲了將滑行率控制在 S_i 附近，基本的輸入信號是利用車輪速度 V_w ，另外測知滑行率也需要車輛速度 V 的信號，但在煞車時，由於車輪的滑動，車輛速度 V 無法計測；由於實際車速信號不易取得，各製造廠分別發展出各種電子控制邏輯，以能在各種路況時，均能精確地將滑行率保持在理想狀態 S_i 附近。
3. 因此基本上四個車輪的輪速必須盡可能迅速檢出轉速較快者，稱爲選擇高速(select high)原理，即在煞車時車速近似最快車輪轉速 V_W 的原理，以此爲基礎擬似做成車速信號 V_r ，如圖 6.42 及圖 6.43 所示，在四輪滑行率同時變大時，V_r 值近似 V 值。

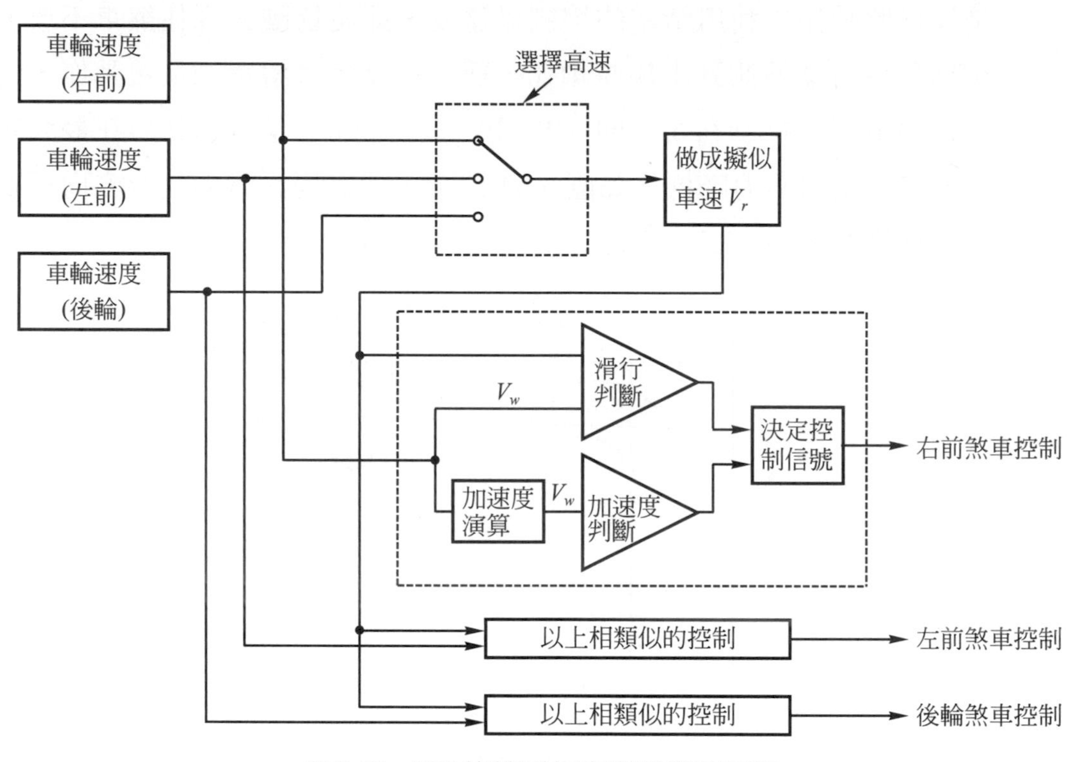

圖 6.42 ABS 控制的基本迴路(自動車工學)

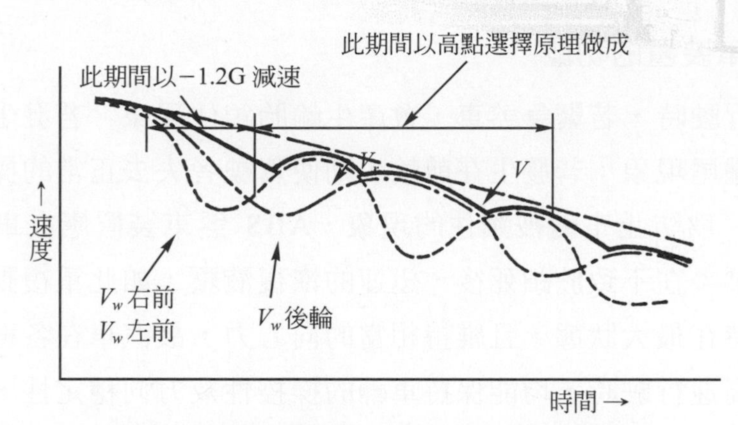

圖 6.43　依高點選擇原理做成 V_r (自動車工學)

6.3.2 ABS 煞車裝置的功能

一、概述

1. 由於汽車製造科技的日益進步，使車輛的性能提高甚多，因此針對各種不同路況的變化，更凸顯出車輛行駛安全的重要性，且各大汽車製造廠在日趨飽和的市場中，要取得競爭優勢等諸多因素下，新的安全性科技產品研發爲必行之路，防鎖住煞車系統(ABS)即爲具代表性的主動安全裝置之一。
2. 汽車用防鎖住煞車系統，自福特汽車公司從1969年開始採用電子控制式ABS以來，由於成本太高，初期僅列爲高級車種的選用配備，但時至今日，因製造成本之有效降低，已普遍安裝在各型車輛上。

二、何謂防鎖住煞車系統

1. 一般汽車在濕滑路面或雪地上煞車時，車輪雖然鎖住，但車輛卻仍然在滑行，此時輪胎無橫方向的抓地力(grip force)，打方向盤也無法控制轉彎，欲直線停車，卻有甩尾情形，車輛可能產生迴旋現象。
2. 尤其在緊急煞車時，一般人直覺的反應都會以最大力量踩下煞車踏板，並轉動方向盤，以避免發生意外，結果更易造成重大的意外。ABS的原理，簡單而言，就是在緊急煞車時，即使路面滑溜，也能確保車輪不鎖住，以維持輪胎的抓地力，同時保持煞車效果在最大限度，控制車輛在適當的滑行率狀態直至車輛停止。

三、ABS 煞車裝置的功能

車輛在行駛時，若緊急煞車，會產生輪胎鎖住現象。若發生在後輪，會使車輛發生擺尾現象；若發生在前輪，則使駕駛者失去正常的操控性，對行車甚爲危險。爲防止車輪被鎖住的現象，ABS 煞車裝置應在車輪即將鎖死前，減少液壓；在不致於鎖死後，迅速的恢復液壓，如此重複動作，使車輪的制動力保持在最大狀態，且維持相當的向心力，故汽車在各種不同路面狀況、彎道及高速行駛時，均能保持車輛的操控性及方向穩定性，並可縮短尤其是在濕滑路面的煞車距離，及減少輪胎之磨損。

6.3.3 ABS 煞車裝置的構造與作用

一、ABS 煞車裝置的種類

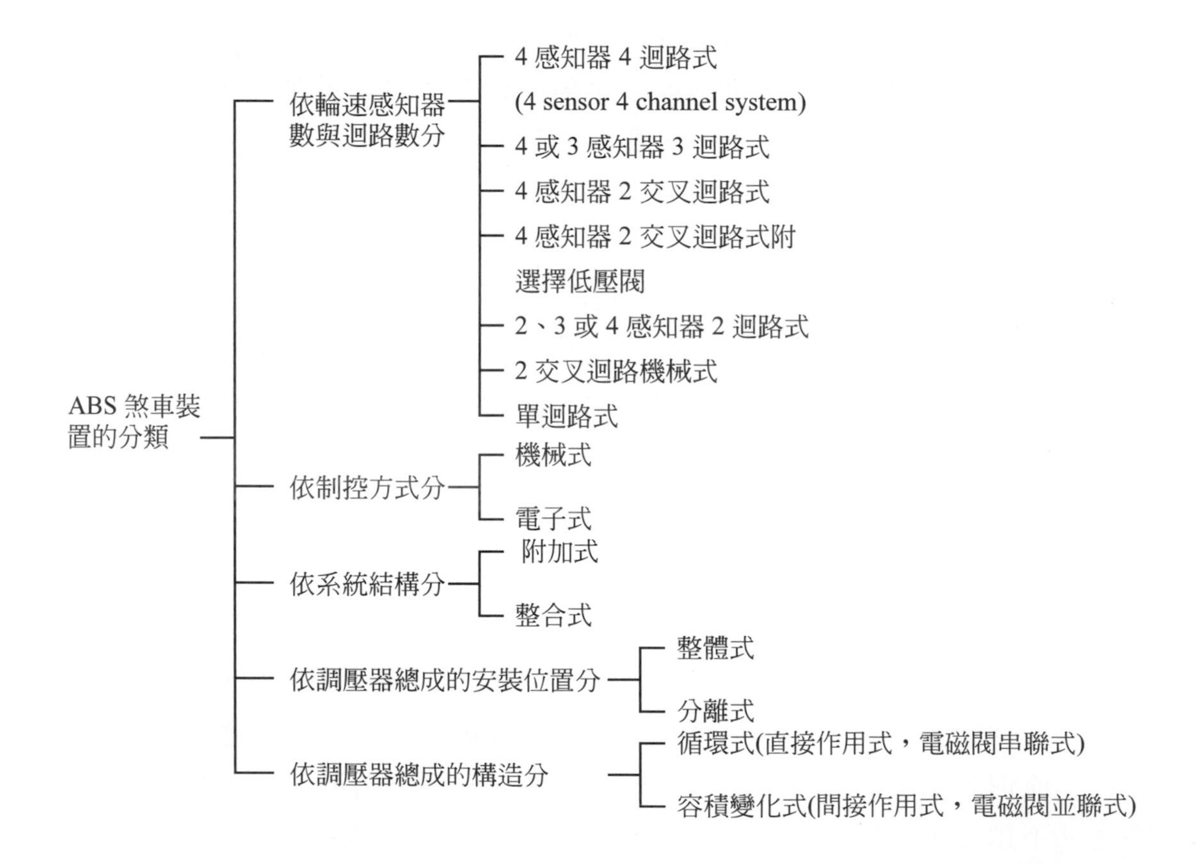

二、ABS 煞車裝置的主要組件

ABS 煞車裝置的組成，如圖 6.44 所示，由輪速感知器(wheel speed sensor)、調壓器總成(modulator assembly)、煞車總泵及增壓器(master cylinder & booster)、ABS 電腦與 ABS 警告燈等所組成。

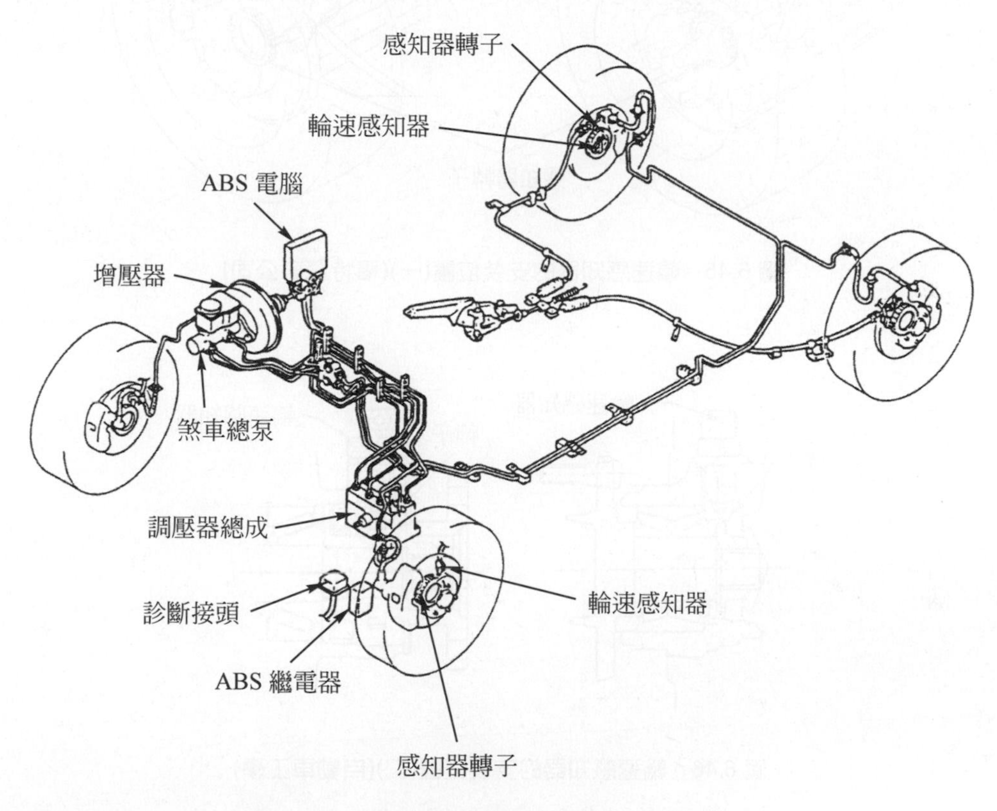

圖 6.44　ABS 煞車裝置的組成(福特汽車公司)

1. 輪速感知器

⑴ 功用

偵測車輪轉速，將電壓信號送至 ABS 電腦。

⑵ 構造與作用

① 如圖 6.45 所示，爲安裝在前輪與後輪的輪速感知器之位置。使用 3 感知器的 FR 型車子，在差速器處設有輪速感知器，如圖 6.46 所示。

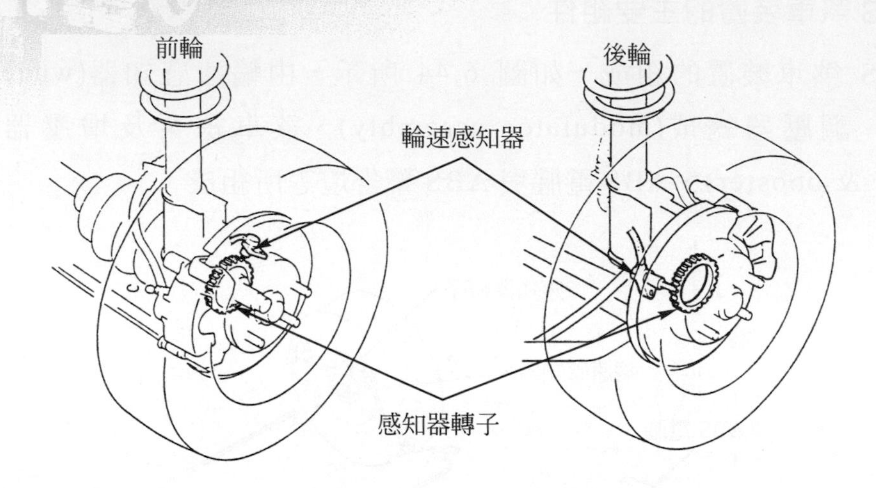

圖 6.45　輪速感知器的安裝位置(一)(福特汽車公司)

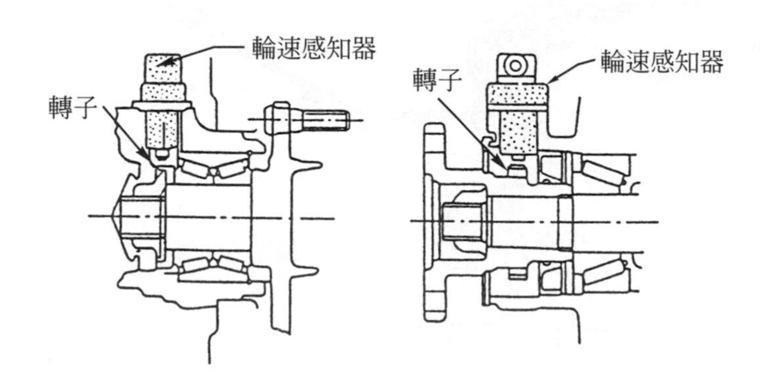

圖 6.46　輪速感知器的安裝位置(二)(自動車工學)

② 輪速感知器由永久磁鐵、線圈及上有環齒的轉子等所組成，如圖 6.47 所示，永久磁鐵前端為尖鑿狀，有些則製成圓柱形，與環齒間必須保持一定之間隙。其作用與磁電式的點火信號產生原理相同，當轉子隨著車輪或軸同步旋轉時，磁極與轉子間之間隙產生變化，磁力線束也隨之改變。在間隙小時通過的磁力線束多，間隙大時則少，在線圈產生不同的感應電壓，將信號送給ABS電腦。

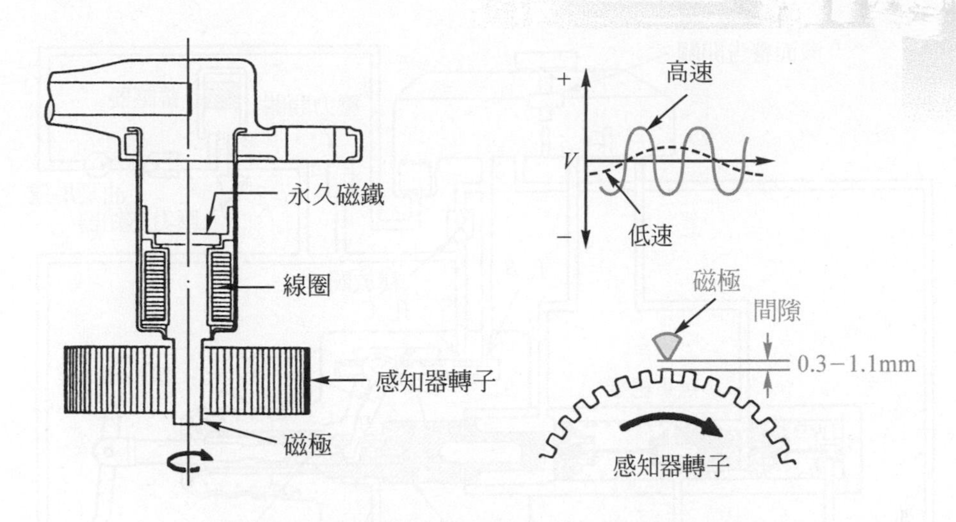

圖 6.47　輪速感知器的構造與作用(福特汽車公司)

③ ABS 電腦根據各輪速感知器送來的信號，或由差速器送來的兩後輪平均車輪速度信號，經計算後送出控制各迴路的信號給調壓器總成。

2. 調壓器總成

⑴ 調壓器總成包含電磁閥、泵浦、馬達、蓄壓器等，依不同的廠牌及車型而有些差異。也稱爲作動器(actuator)。

⑵ 利用介於煞車裝置與各車輪間的電磁閥控制油壓，以增減煞車壓力，達到控制煞車之目的。

3. 煞車總泵與增壓器

⑴ 現代小汽車採用調壓器總成與煞車總泵分開的分離式時，多使用眞空輔助式增壓器。而調壓器總成與煞車總泵裝在一起的整體式，則採用油壓式的增壓器，如圖 6.48 所示。

⑵ 煞車踏板踩下時，使反作用活塞向左移，推動槓桿，使孔 A 打開，而孔 B 關閉，100～150kg/cm^2 高壓的煞車油從蓄壓器進入增壓器室，將動力活塞向左方強力推移，推動煞車總泵活塞作用。

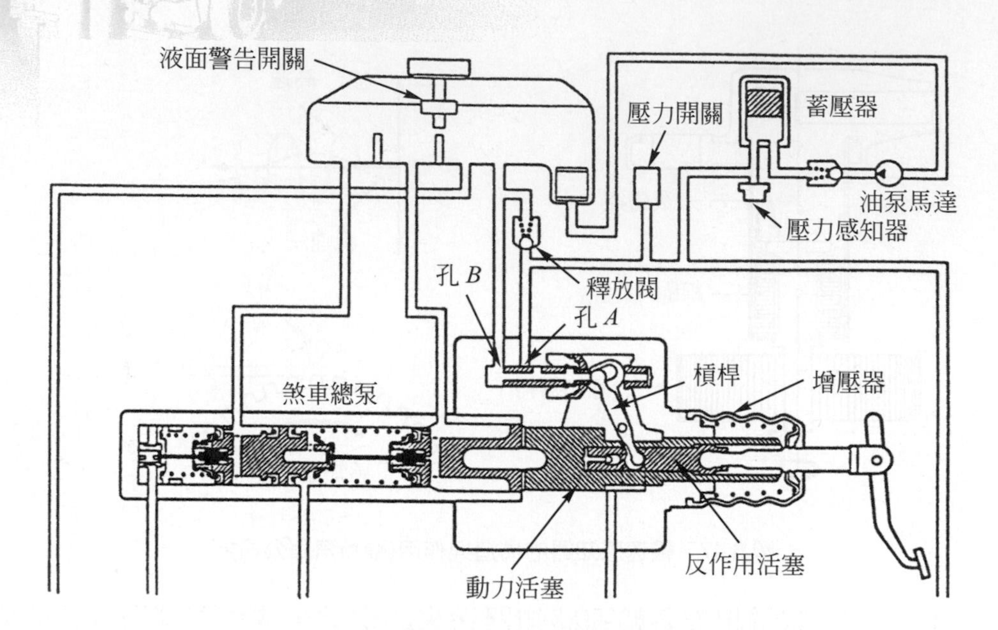

圖 6.48 油壓式增壓器的構造(自動車工學)

4. ABS 電腦

(1) 如圖 6.49 所示，爲ABS電腦的控制電路。電腦分成兩部分，一爲信號處理及邏輯分析，爲主控制用電腦；另一爲失效安全用電腦。兩者均接收相同的輸入信號，但是個別處理後再結合彼此之結果，以共同的控制信號送給調壓器總成。若發現系統有異常時，電腦會切斷 ABS 的作用，同時警告燈亮起，並回復成原有傳統式的煞車作用。其他如使用不同尺寸輪胎、不同抓地力輪胎或電瓶電壓不足時，ABS 警告燈也有可能亮起。

(2) 輪速感知器送出的正弦波電壓信號，經波形整形電路處理成脈衝信號後送給電腦，以演算出各車輪速度信號 V_W，並做成擬似車速信號 V_r，以此兩種信號爲基礎，而獲得各車輪最適當的控制作用，即選擇車輪的煞車壓力是增壓、保持或減壓之狀態，以維持各車輪在最佳之滑行率。

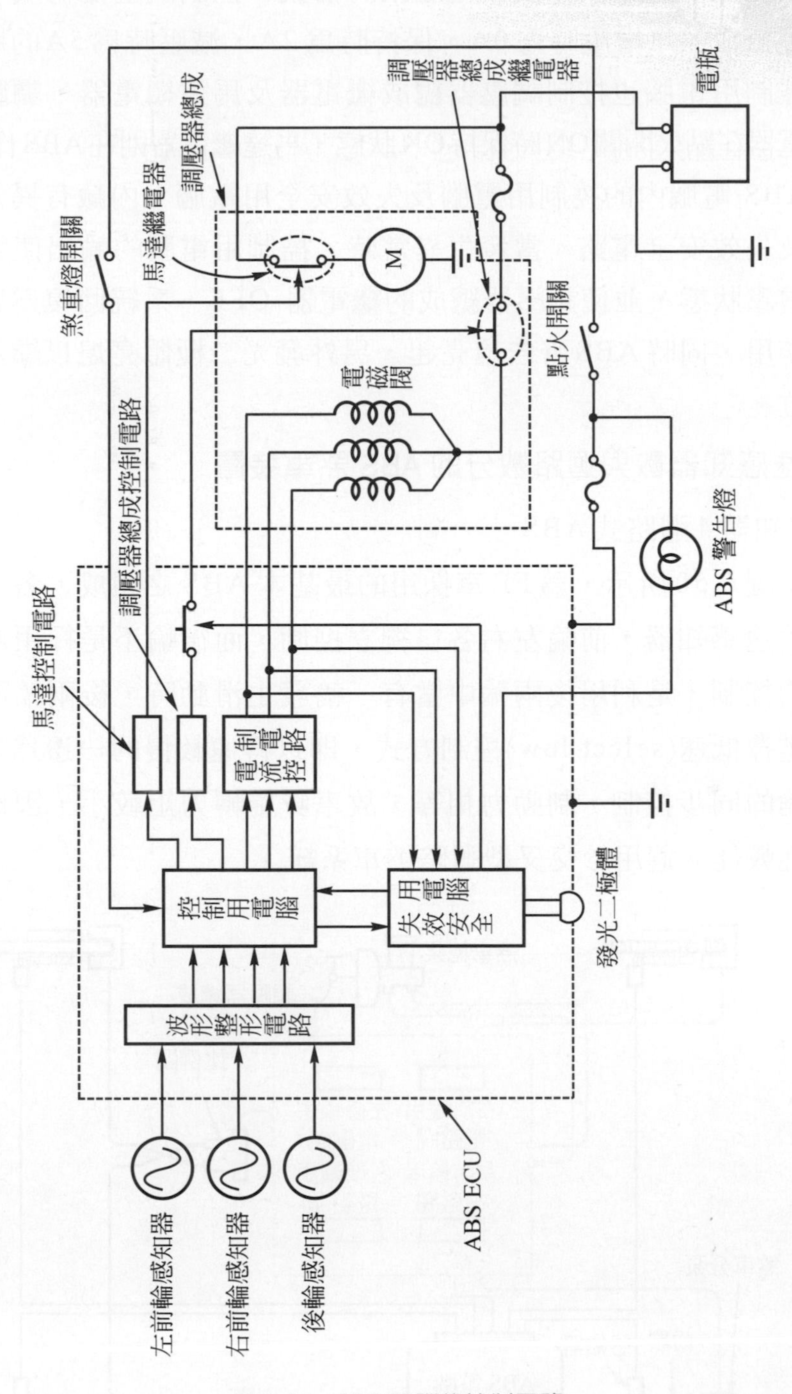

圖 6.49 ABS 電腦的控制電路

(3) 電流控制電路依控制用電腦來的信號，控制調壓器總成電磁閥的電流值在煞車增壓時為0A，保持時為2A，減壓時為5A的狀態。另外控制用電腦也控制調壓器總成繼電器及馬達繼電器，調壓器總成繼電器在點火開關ON時保持ON狀態，馬達繼電器則在ABS作用時ON。

(4) ABS電腦內的控制用電腦及失效安全用電腦，內藏有異常監視電路及失效安全電路。當發生異常時，控制用電腦的輸出使煞車固定在增壓狀態，並使調壓器總成的繼電器 OFF，系統回復為原來的煞車作用，同時ABS警告燈亮起，另外發光二極體亮熄以顯示異常之部位。

三、依輪速感知器數與迴路數分的ABS煞車裝置

1. 4感知器4迴路式ABS

(1) 如圖6.50所示，為FF車採用的最基本ABS之組成。各車輪均設有輪速感知器，前輪左右各自獨立控制，而後輪不是採用左右輪獨立的控制，是利用後兩輪中當有一輪發生滑動時，後兩輪同時減壓的選擇低速(select low)控制方式，即以轉速較慢的一邊為基準做兩後輪的同步控制，制動力相等，故車身旋轉力矩較小，因此方向穩定性較佳。適用於交叉型迴路煞車系統。

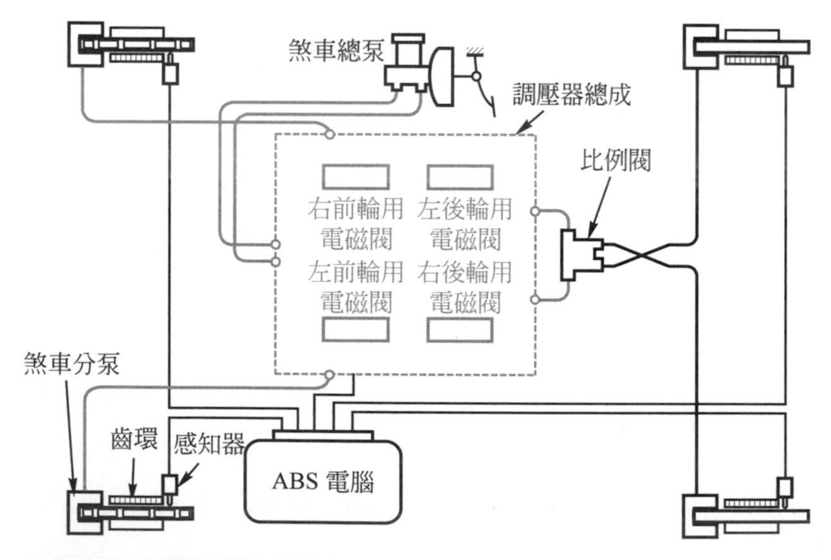

圖 6.50　4感知器4迴路式選擇低速控制之ABS組成(自動車工學)

⑵ 4感知器4迴路式的ABS，由控制方式之不同，可分為四輪獨立控制式及前輪獨立控制後輪一起控制式兩種。四輪獨立控制式，在對稱路面上時，其控制性能是各種配置中最佳者，但在左右輪路面摩擦係數相差很大的不對稱路面，在煞車時會產生較大的旋轉力矩(spin moment)，造成車輛方向不穩定的現象。適用於前後輪型或交叉型迴路煞車系統。如圖6.51所示，為3迴路式或4迴路式選擇低速控制與4迴路4輪獨立控制式之比較。

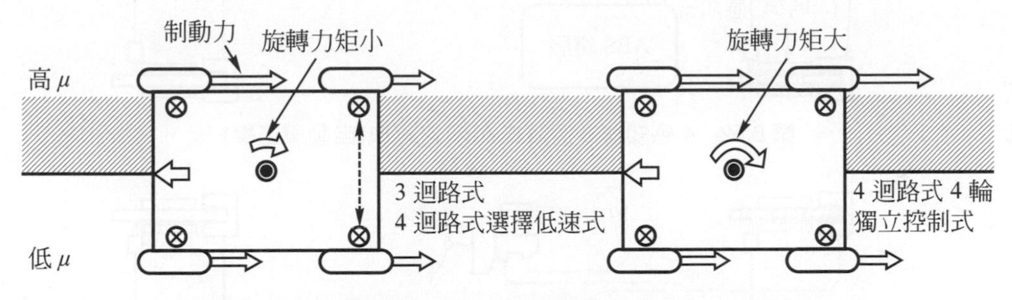

圖 6.51 路面摩擦係數不同時旋轉力矩之大小(自動車工學)

2. 4或3感知器3迴路式ABS

⑴ 如圖6.52所示，為FR車採用的基本型式，以兩後輪輪速感知器代替差速器感知器，配合選擇低速(select low)控制之4感知器3迴路之使用例。3個感知器式較不適用於FF車上，通常使用4個感知器。

⑵ 此類配置方式比4迴路式成本稍低，且各方面之性能十分優異，唯一缺點是較不適用於交叉型迴路上。

3. 4感知器2交叉迴路式ABS

⑴ 設若配置在FF車上，與上述的4感知器4迴路式ABS相比，由於電磁閥減少，故成本較低，且機件配置較容易，如圖6.53所示，此種型式的左右前輪各自獨立控制，後輪則由比例閥根據前輪煞車壓力依一定比率減壓後傳送。因此後輪的煞車壓力通常保持在比引起車輪鎖住時的壓力稍低時之範圍，如圖6.54所示。

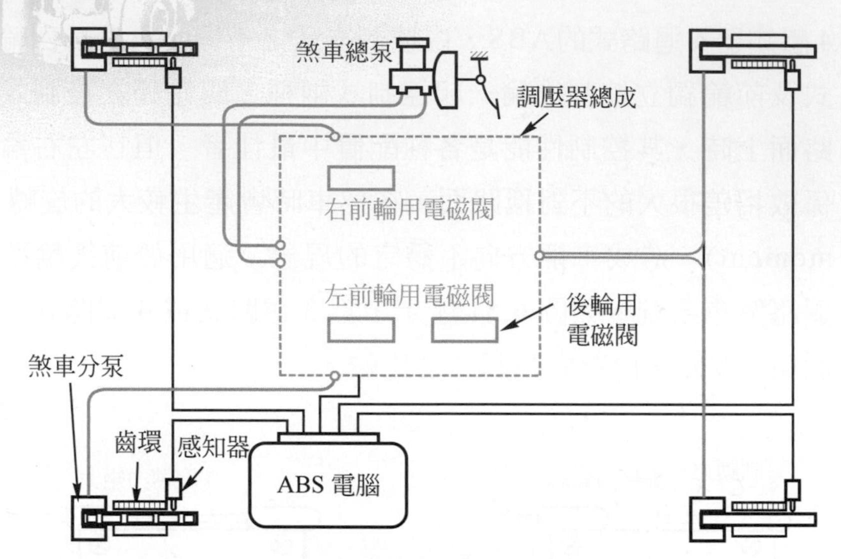

圖 6.52　4 感知器 3 迴路式 ABS 之組成(自動車工學)

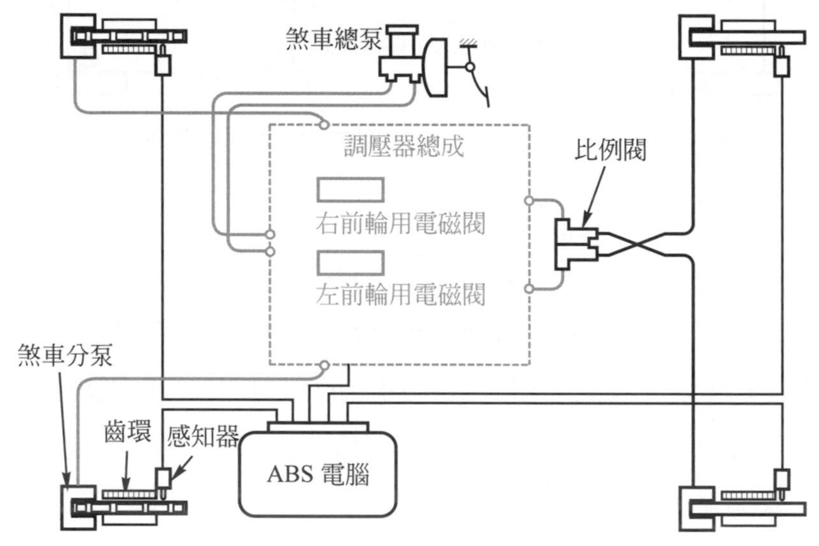

圖 6.53　4 感知器 2 交叉迴路式 ABS 之組成(自動車工學)

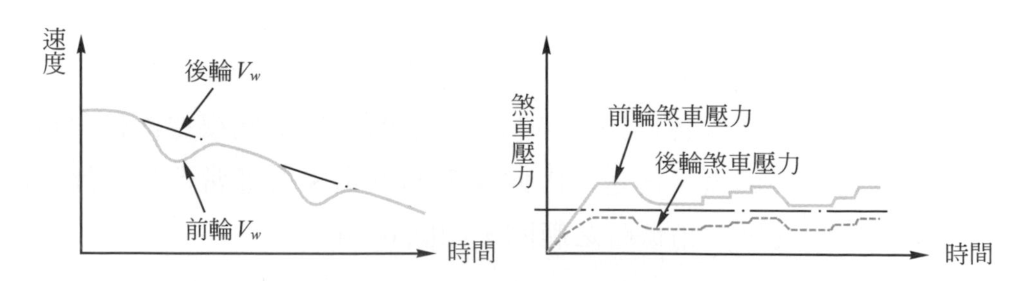

圖 6.54　前後輪的速度 V_W (左)及前後輪的煞車壓力(右)(自動車工學)

(2) 與 3 迴路或 4 迴路式相比，因能經常確保後輪的向心力 C_F，故車輪安定性優越；而在制動力方面，由於各車輪間無法達到最適當的控制，雖然不利於方向性，但因 FF 車前輪的制動力分配較大，故與 4 迴路式相比，性能上並不會差很多。另如圖 6.55 所示，在不對稱路面行駛時，低摩擦係數側之後輪會有鎖住現象，造成車輛穩定性不良。

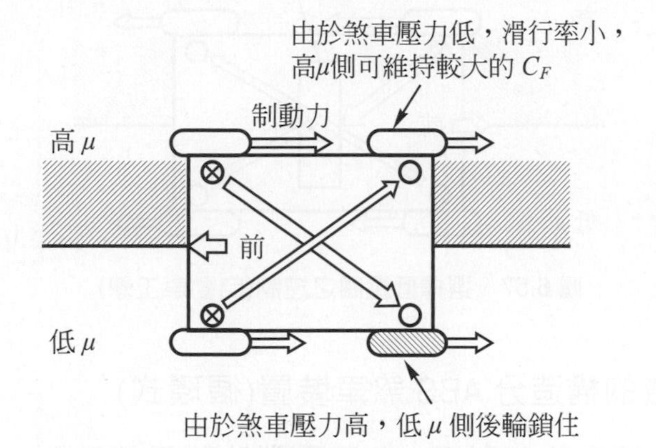

圖 6.55　在不對稱路面行駛時之情形(自動車工學)

4.　4 感知器 2 交叉迴路附選擇低壓閥(select low valve)式 ABS

(1) 為解決上述型式在不對稱路面時，低摩擦係數側後輪鎖住的現象，故如圖 6.56 所示，裝設選擇低壓閥，使兩前輪煞車壓力中，較低者送往兩後輪。

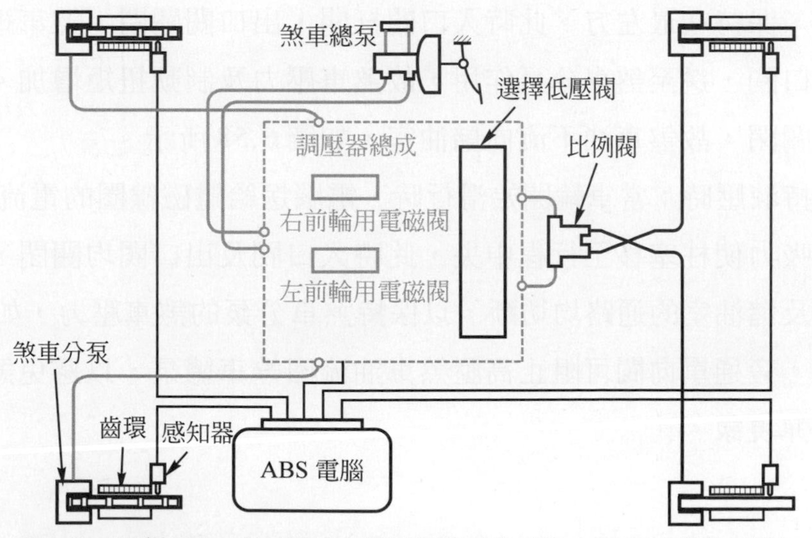

圖 6.56　4 感知器 2 交叉迴路附選擇低壓閥式 ABS 之組成(自動車工學)

(2) 如圖 6.57 所示，在不對稱路面時，由低摩擦係數側之前輪煞車壓力傳送給後輪，使後輪不會鎖住，達到與 3 迴路或 4 迴路相同之控制效果。

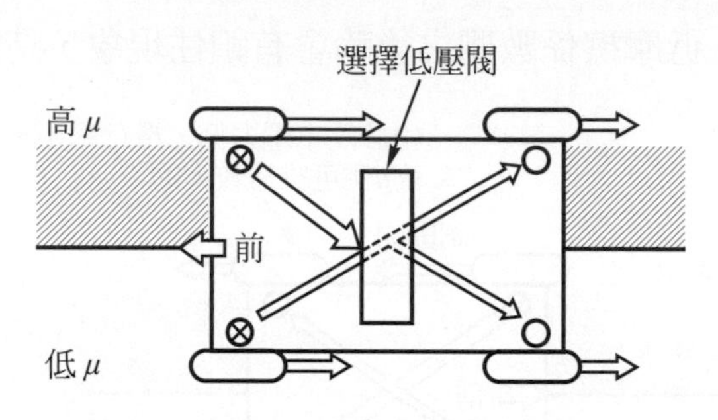

圖 6.57　選擇低壓閥之控制(自動車工學)

四、依調壓器總成的構造分 ABS 煞車裝置(循環式)

1. 煞車分泵的煞車油，利用 ABS 電腦控制馬達油泵，從煞車分泵→油泵→煞車總泵→電磁閥→煞車分泵的環流方式，稱爲循環式。因電磁閥串聯在煞車油管上，直接增減分泵的煞車壓力，又稱直接控制式或電磁閥串聯式。
2. 平常煞車時：電磁閥線圈的電流控制爲 0A，無磁力發生，故柱塞不位移，保持在最左方。此時入口閥打開，出口閥關閉，煞車總泵油壓經入口閥，送至煞車分泵作用，故煞車壓力及制動扭矩增加。由於出口閥關閉，故煞車油不流向儲油室，如圖 6.58 所示。
3. 保持液壓時：當車輪開始滑行時，電腦送給電磁線圈的電流爲 2A，電磁吸力使柱塞移至行程中央，此時入口閥及出口閥均關閉，使煞車總泵及儲油室的通路均切斷，以保持煞車分泵的煞車壓力，如圖 6.59 所示。旁通單向閥可阻止高壓煞車油流回煞車總泵，以避免煞車踏板的反彈現象。

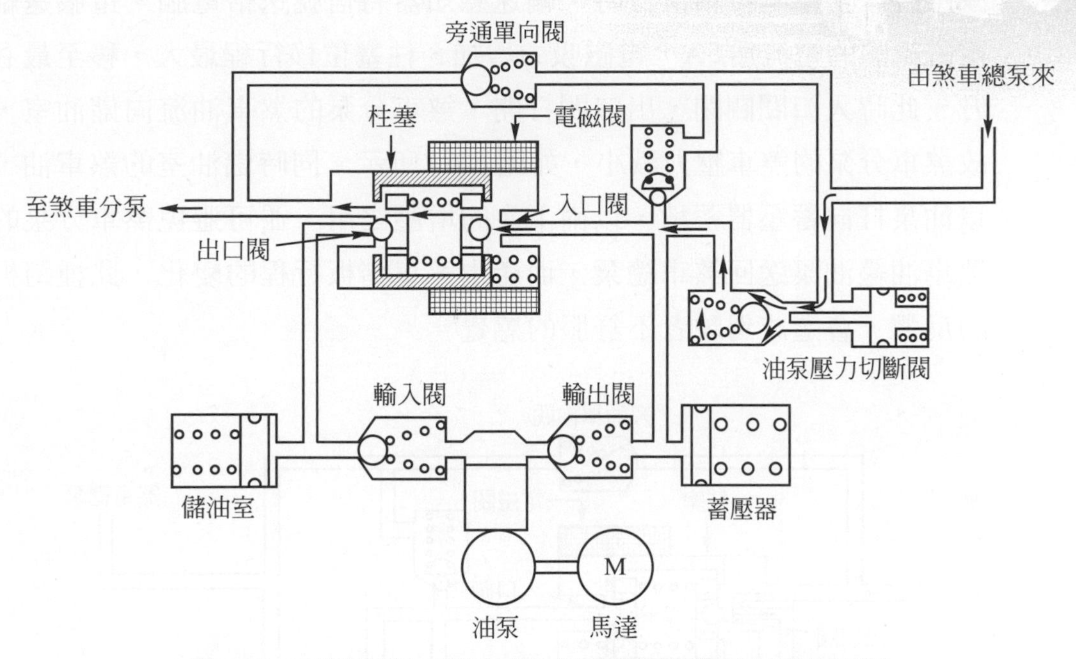

圖 6.58　平常煞車時 ABS 裝置的作用(ABS 無作用)(自動車工學)

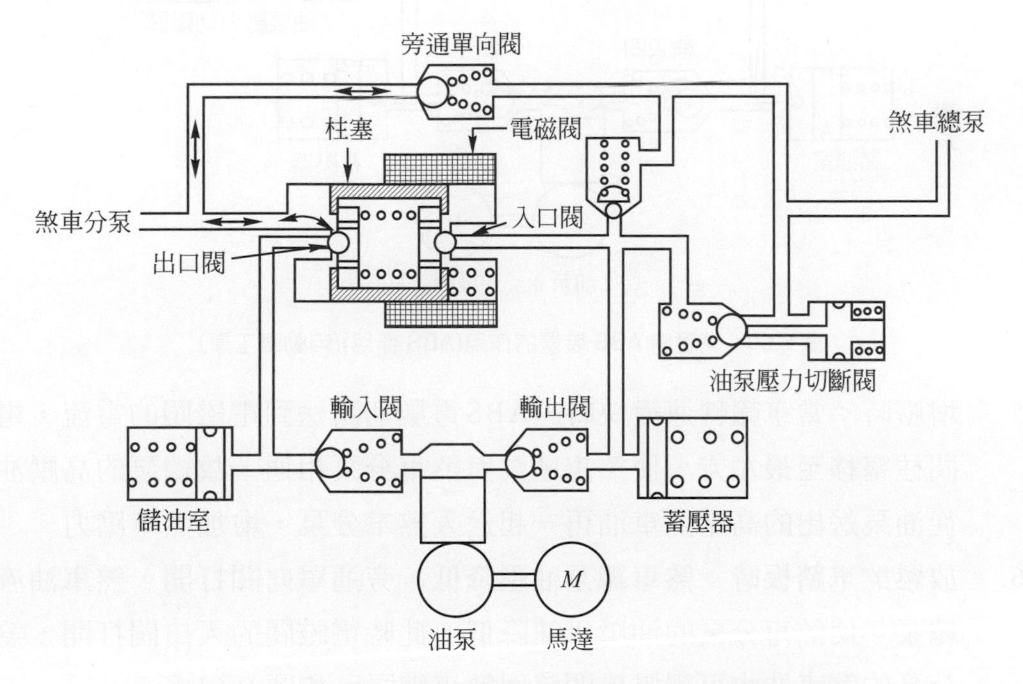

圖 6.59　保持液壓時 ABS 裝置的作用(ABS 作用)(自動車工學)

4. 減壓時：當車輪持續滑行時，輪速感知器將信號送給電腦，電腦送給電磁線圈的電流為5A，電磁吸力增加，柱塞位移行程最大，移至最右方，此時入口閥關閉，出口閥打開，煞車分泵的煞車油流向儲油室，故煞車分泵的煞車壓力減小，如圖 6.60 所示。同時儲油室的煞車油，以油泵打向蓄壓器蓄積，以備下次的增壓之用，並可避免煞車分泵的煞車油經油泵送回煞車總泵，而產生煞車踏板行程的變化，此種踏板的反彈，會造成駕駛者不舒服的感覺。

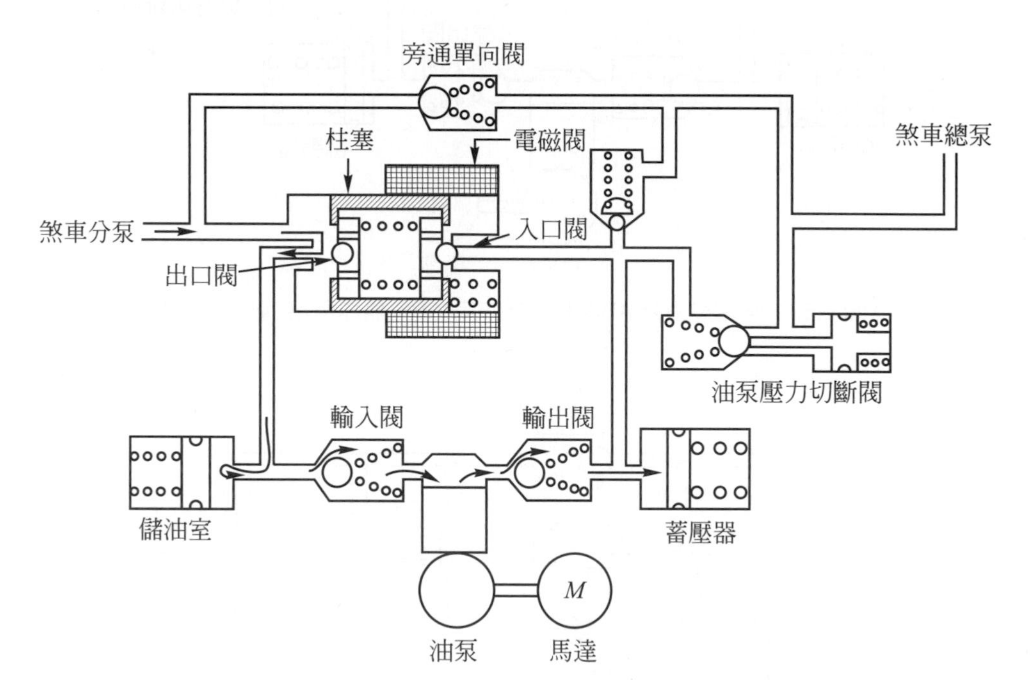

圖 6.60 減壓時 ABS 裝置的作用(ABS 作用)(自動車工學)

5. 增壓時：當車輪轉速變快時，ABS電腦切斷送到電磁閥的電流，電磁閥柱塞移至最左方，使煞車總泵與煞車分泵相通，故總泵的高壓油與從油泵送出的高壓煞車油再一起送入煞車分泵，增加煞車壓力。
6. 放鬆煞車踏板時：煞車總泵油壓降低，旁通單向閥打開，煞車油流回總泵，使煞車分泵的油壓迅速降低。此時電磁閥的入口閥打開，煞車分泵的煞車油也可經電磁閥流回煞車總泵，如圖 6.61 所示。

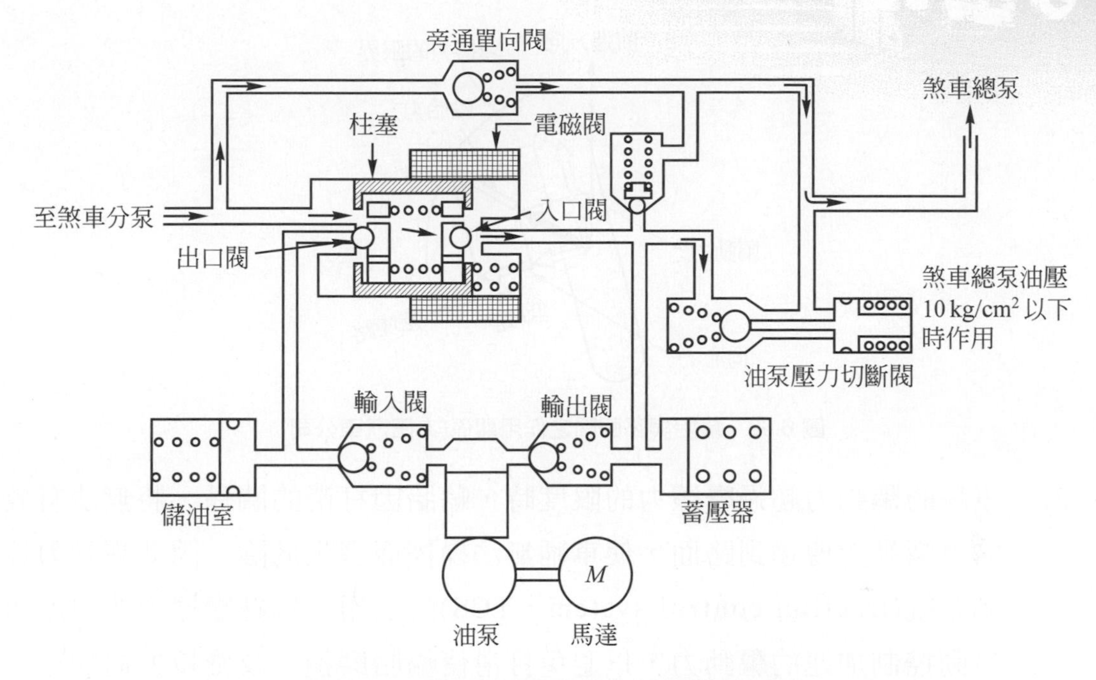

圖 6.61　放鬆煞車踏板時的作用(自動車工學)

7. 由上述說明可知，ABS電腦的控制信號送給調壓器總成的電磁閥及油泵馬達，電磁閥依電流之大小而有三個動作狀態，以得到增壓、保持及減壓三個作用，通常每秒鐘約有12次之油壓變化。當在增壓時，煞車迴路之油壓可達車輪即將被鎖住前的最佳煞車效果，即車輪滑行率約在 10 %～20 %之間；而當在保持時，煞車油壓則維持一定，使車輪速度持續減慢；至減壓時，車輛已在煞住狀態。每個車輪有一控制電磁閥時，則油壓調節器內會裝設四個電磁閥，分別控制四個車輪煞車分泵之油壓。

6.3.4 TCS 裝置的構造與作用

一、概述

1. 車輛行駛時，輪胎會產生二個力量，一為加速時的驅動力，一為轉彎時的向心力，兩力量之和稱為輪胎力。輪胎與路面間的摩擦力有其限度，在易滑的路面上，使輪胎力變小，以避免打滑，如圖 6.62 所示。

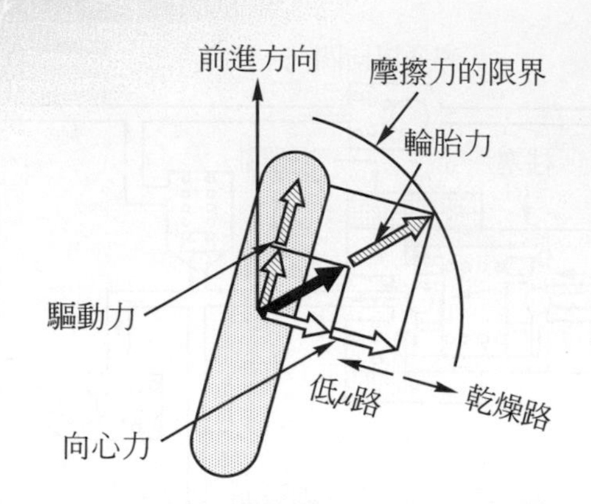

圖 6.62　輪胎與路面間之作用關係(本田汽車公司)

2. 車輪的驅動力超過摩擦力的限度時，輪胎因打滑的關係，將無法有效的將驅動力傳達到路面，使車輛無法操控而發生危險。因此驅動力控制系統(traction control system，TCS)的功用，為在摩擦力的限度內自動控制加速的驅動力，以避免打滑使輪胎磨損，及維持方向的穩定性及操控性，提高行車安全。
3. TCS 又稱循跡控制系統，與 ABS 相比較，ABS 是在煞車時防止車輪鎖住，以免發生滑行現象；而 TCS 是在起步及加速時防止驅動輪打滑，或在摩擦係數相差很大的非對稱路面，防止單側驅動輪打滑。
4. TRC或TRAC裝置，其控制分控制引擎、控制煞車或兩者合併一起控制。控制引擎時是控制其燃油噴射量、節氣門開度或點火時間等，以降低引擎扭矩，防止驅動輪打滑。控制煞車時，是使驅動輪煞車分泵作用，以防止打滑。

二、TCS 的控制範圍

1. 如圖 6.63 所示，輪胎的驅動力隨滑行率的增加而變大，在 *A* 範圍內驅動力最大，之後則隨著滑行率的繼續增加而變小；而向心力則隨著滑行率的增加而減小。以行駛性能為優先的 TCS 控制，是以 *A* 範圍為目標，可發揮最大驅動力，但輪胎向心力不足，方向控制性較差；但若以向心力大為優先條件時，則無法獲得有效的加速力。

2. 因此為同時兼顧上述兩方面的優點，為 *B* 範圍的目標，依路面狀況、方向盤轉角及車身傾斜度等，由 TCS ECU 計算出最小滑行率的目標值，由 100 %驅動力，至 100 %向心力，做最佳之調配，使車輛在安全狀況下，充分發揮其操控與運動性能，如圖 6.64 所示。

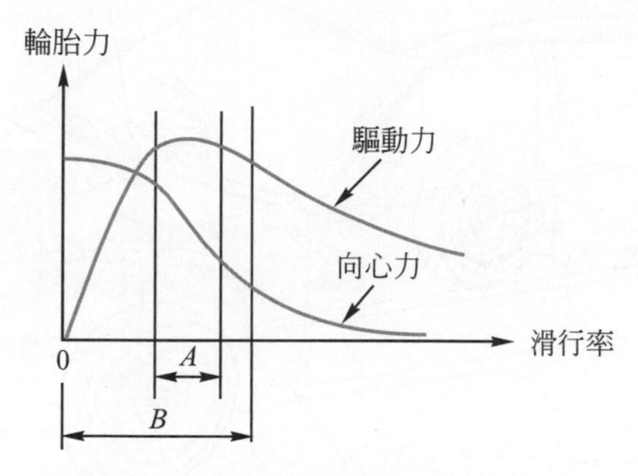

圖 6.63 TCS 的控制範圍(本田汽車公司)

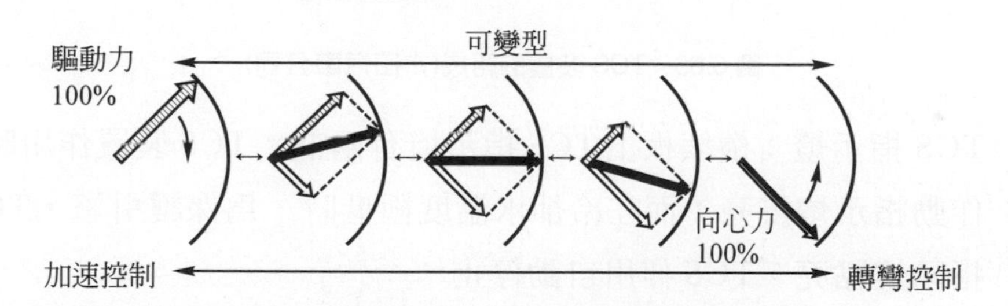

圖 6.64 驅動力與向心力的可變自動分配(本田汽車公司)

三、TCS 裝置的構造與作用

1. 構造

如圖 6.65 所示，為 TCS 裝置的組成，由輪速感知器、方向盤感知器、TCS 開關、TCS 指示燈與 TCS 電腦等組成。

(1) 輪速感知器：與ABS煞車裝置共用，輪速信號經ABS電腦送給TCS電腦。

(2) 方向盤感知器：裝在轉向柱上，將方向盤旋轉量信號送給TCS電腦。

(3) TCS 開關：駕駛可利用開關關閉 TCS 作用，但若行駛在易滑路面，TCS 作動時，則無法解除 TCS 作用。

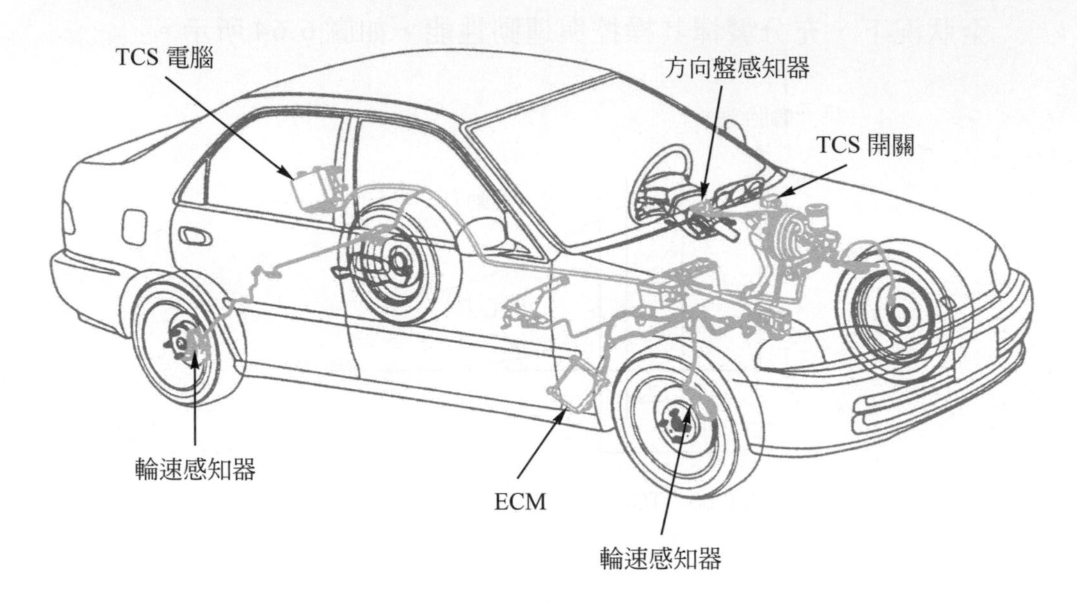

圖 6.65 TCS 裝置的組成(本田汽車公司)

(4) TCS 指示燈：儀錶板上 TCS 指示燈有兩個。TCS 裝置作用時，TCS 作動指示燈點亮；而在冷卻水溫度極低時，爲保護引擎，TCS OFF 指示燈點亮，TCS 作用自動停止。

(5) TCS 警告燈：TCS 裝置具有故障安全(Fail Safe)功能，當系統有異常時，TCS 警告燈會點亮，並停止 TCS 之作動，使整個系統回到一般狀態的控制。

(6) TCS 電腦：TCS 電腦依各感知器的信號，及車輛行駛狀況，與引擎的運轉情形，當需要 TCS 產生作用時，TCS 電腦會將信號送給 ECM，以控制引擎的輸出。有些車型 TCS 電腦是與 ABS 電腦合裝在一起控制。

2. 作用

如圖 6.66 所示，爲 TCS 裝置的作用程序。

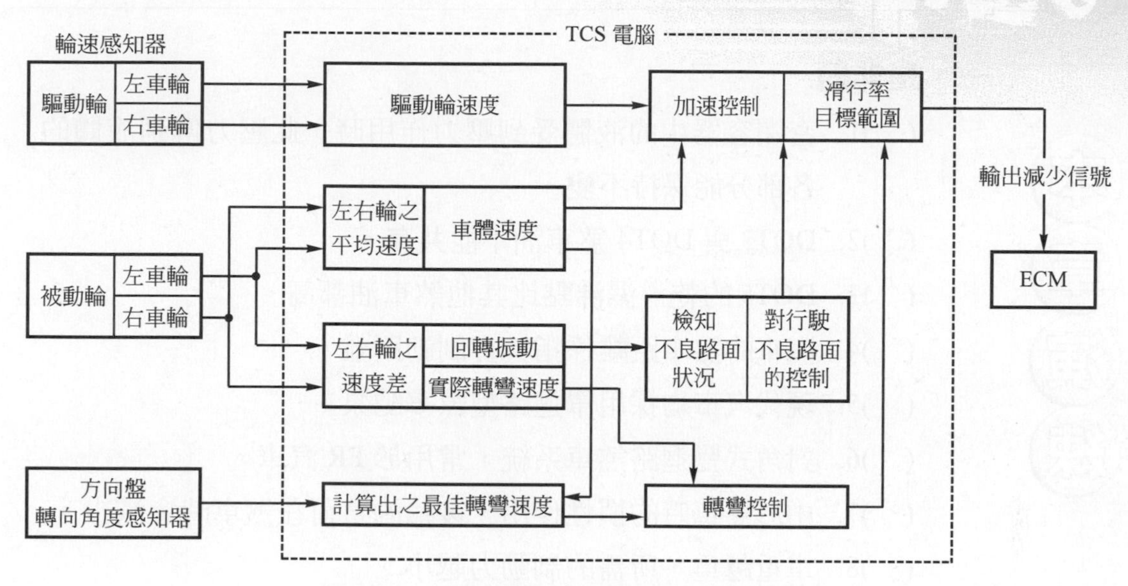

圖 6.66　TCS 裝置的作用程序(本田汽車公司)

(1) 加速控制：由各車輪感知器的信號，當被動輪轉速與驅動輪轉速相差超過一定比值時，TCS 電腦判定驅動輪可能產生打滑現象，送出輸出減少信號給 ECM。

(2) 轉彎控制：車輛轉彎時，左右被動輪會產生速度差，由此可測知實際車體的轉彎速度；同時，由方向盤的角度與車速，可算出駕駛者預期希望的轉彎速度。如果這兩個轉彎速度差大時，TCS電腦作用，將滑行率控制在安全範圍內，送出輸出減少信號給ECM，使車子能穩定轉彎。

(3) 不良路面控制：車輛在砂石路，輪胎抓地力較差的路面行駛時，如果讓驅動輪適度打滑，有助於加強其加速力量的發揮，因此 TCS 電腦由車輪旋轉的振動，與車體上下顛簸的頻率，判斷出是行駛在不良路面時，送出輸出一定比例減少信號給ECM，以發揮較佳的加速力。

一、是非題

(　)1. 密閉容器中的液體受到壓力作用時，此壓力傳到液體的各部分能保持不變。

(　)2. DOT3 與 DOT4 煞車油不能共存。

(　)3. DOT5 的乾、濕沸點比其他煞車油都高。

(　)4. 汽車的煞車距離係指其實制動距離。

(　)5. 現代汽車均採用單迴路型煞車總泵。

(　)6. 對角式雙迴路煞車系統，常用於 FR 汽車。

(　)7. 由於煞車時的慣性作用，後輪的負荷在煞車時會減少。

(　)8. 車重越重，所需的制動力越小。

(　)9. 小型車都是採用大氣壓力與眞空壓力差之輔助增壓器。

(　)10. 眞空浮懸式增壓器，引擎熄火後即無輔助增壓作用。

(　)11. 鼓式煞車底板做爲煞車分泵及煞車蹄片之安裝架。

(　)12. 煞車油管接到前輪等活動部位，係採用無縫鋼管。

(　)13. 煞車來令片上最後一組代號，其第二個字母表示煞車冷時來令片的摩擦係數。

(　)14. 碟式煞車片必須有較大的摩擦力與抗熱性。

(　)15. 前輪的向心力是使車輛減速的力量。

(　)16. 當車速與輪速相同時，滑行率爲 100 %。

(　)17. 後輪的向心力小時，車輛的方向控制性變差。

(　)18. 前輪的向心力是使車輛轉彎的力量，後輪的向心力是使車輛直線前進的力量。

(　)19. 在 10～20 %的滑行率附近時，向心力最大。

(　)20. ABS 可縮短煞車距離，是指尤其在濕滑路面時。

(　)21. ABS 系統有異常時，會回復成傳統式的煞車作用。

(　)22. 起步及加速時防止驅動輪打滑，是 TCS 的功能。

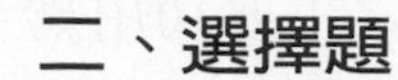

二、選擇題

( )1. 利用眞空與大氣之壓力差，以產生較大制動力者稱爲 (A)引擎煞車 (B)增壓煞車 (C)空氣煞車 (D)液壓煞車。

( )2. 下述何項非煞車油應具備之特性？ (A)適當黏性 (B)冰點低 (C)對橡膠不會產生膨脹之影響 (D)沸點低。

( )3. 含矽煞車油爲 (A)DOT2 (B)DOT3 (C)DOT4 (D)DOT5 煞車油。

( )4. 煞車油是以 (A)API (B)SAE (C)DOT (D)JIS 的方式分類。

( )5. 可保持煞車分泵內油壓比大氣壓力稍高的是 (A)防止門 (B)煞車蹄片 (C)煞車鼓 (D)制動門。

( )6. 爲避免煞車時後輪鎖住，在煞車系統中設有 (A)單向閥 (B)比例閥 (C)TCS 閥 (D)防止門。

( )7. 以很小的踩踏力量，就可得到很大的制動力，必須採用 (A)雙迴路總泵 (B)比例閥 (C)輔助增壓器 (D)空氣壓縮機。

( )8. 間接控制式輔助增壓器，總泵油壓是控制 (A)各煞車分泵 (B)控制閥 (C)比例閥 (D)空氣壓縮機。

( )9. 碟式煞車不使用下列何種零件 (A)煞車底板 (B)煞車盤 (C)活塞 (D)回拉彈簧。

( )10. 煞車來令片上的符號，何者摩擦係數最小 (A)DD (B)FF (C)GG (D)HG。

( )11. 下述何項非碟式煞車之優點 (A)不需要調整煞車間隙 (B)散熱快 (C)耐磨損 (D)經過積水區煞車性能回復快。

( )12. 煞車油路中 P 閥(Proportional valve)之主要功用為 (A)增大前輪煞車力 (B)增大後輪煞車力 (C)使車輪能在滾動狀態下煞住 (D)防止後輪比前輪先煞住。

( )13. 煞車油路防止空氣滲入是由煞車總泵中的 (A)回油孔 (B)進油孔 (C)防止門或稱調節門 (D)第二皮碗 擔任。

( )14. 汽油車眞空輔助液壓煞車的眞空來自 (A)眞空泵 (B)文氏管 (C)進氣歧管 (D)排氣歧管。

( )15. 當車輪鎖住而車輛未停止時，滑行率為 (A)0 % (B)10 ～20 % (C)50 % (D)100 %。

( )16. 車輛前輪的向心力小時 (A)車輛擺尾 (B)車輛迴旋 (C)方向控制性差 (D)制動力變大。

( )17. ABS 作用時，是將滑行率盡量控制在 (A)0 % (B)15 % (C)50 % (D)100 % 附近。

( )18. 調壓器總成是利用 (A)單向閥 (B)防止門 (C)電磁閥 (D)壓力調節閥。

( )19. 煞車需增壓時，ABS 電腦送給調壓器總成電磁閥的電流值為 (A)0 (B)2 (C)5 (D)10 A。

( )20. 下述何種情形，TCS 會自動停止作用 (A)冷卻水溫度極低時 (B)引擎爆震時 (C)引擎在正常工作溫度時 (D)驅動輪打滑時。

三、問答題

1. 試述 DOT 5 煞車油的特性。
2. 試述煞車總泵的功能。
3. 試述煞車總泵輔助增壓器的功能。
4. 寫出鼓式煞車裝置的構造。

5. 何謂煞車蹄片與煞車鼓之自動煞緊作用？
6. 寫出碟式煞車裝置的構造。
7. 碟式煞車的缺點為何？
8. 碟式煞車的煞車片與煞車盤之間隙為何能保持一定？
9. 試述 ABS 的工作原理。
10. ABS 煞車裝置有哪些主要組件？
11. 四輪獨立控制式 4 感知器 4 迴路式 ABS 的控制特性為何？
12. TCS 與 ABS 的作用有何區別？
13. 試述 TCS 在加速時如何控制？
14. 試述 TCS 在轉彎時如何控制？

Chapter 7 懸吊系統

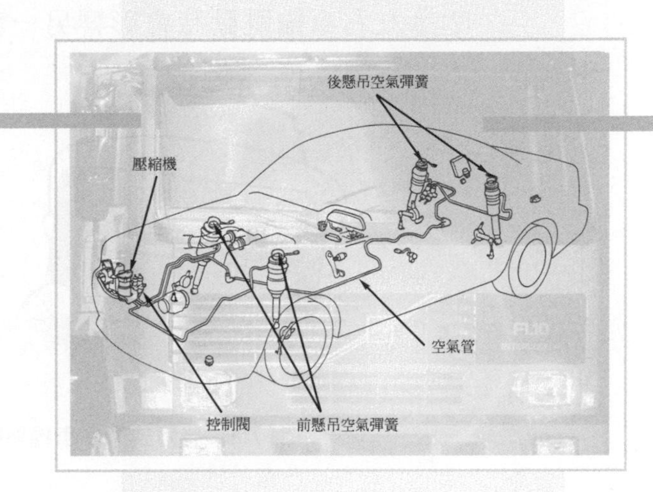

7.1 各式懸吊機構

7.1.1 整體式懸吊機構

一、整體式懸吊機構的功能

1. 支撐車身，且使車輪與車身間保持適當的幾何關係。
2. 傳遞驅動力與制動力。
3. 在汽車行駛時具有吸震與減震的作用，保護貨物，提高乘坐舒適性，並改進駕駛平穩性能。

二、整體式懸吊的優缺點

1. 優點
   (1) 零件少，構造簡單，保養容易。
   (2) 轉彎時車身傾斜小。
   (3) 車輛上下跳動時對車輪定位之影響小，故輪胎磨損少。

2. 缺點

⑴ 易產生振動，乘坐舒適性差。

⑵ 左右車輪跳動時會影響另一車輪，如圖 7.1 所示。

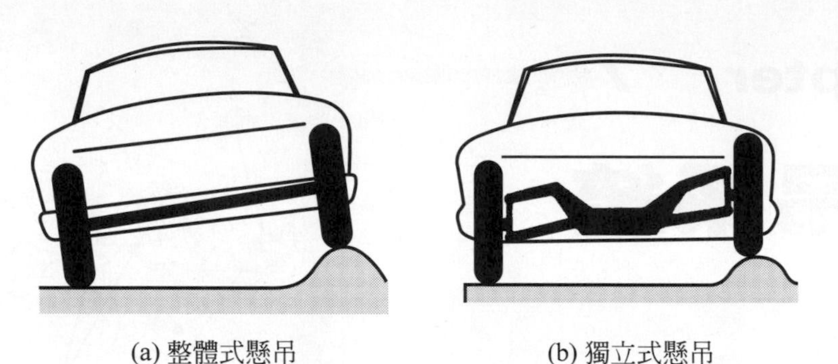

圖 7.1 整體式懸吊車輪跳動時的影響(自動車百科全書)

三、整體式懸吊機構的構造

1. 整體式懸吊裝置，左右輪以一根軸相連結，與車身間再以彈簧相連接之方法，為貨車的前後軸使用最多的懸吊。
2. 平行片狀彈簧式整體懸吊裝置為最普遍之懸吊方式，在軸之兩端以片狀彈簧於前後平行之方向將車軸結合於大樑上。彈簧之一端以吊架固定於大樑上，另一端以吊耳掛於大樑，使彈簧能伸縮。
3. 小貨車之平行片狀彈簧整體式後懸吊之構造，如圖 7.2 所示。

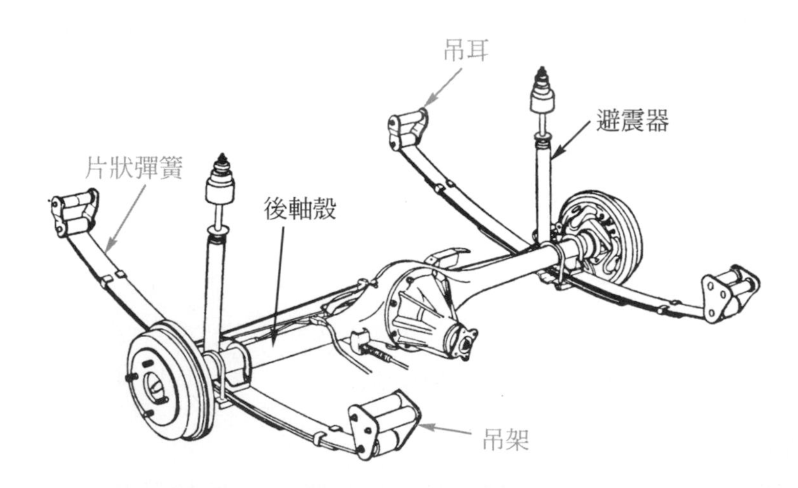

圖 7.2 小貨車之平行片狀彈簧整體式後懸吊之構造(Automotive Technician's Handbook)

4. 大型車的二段式平行片狀彈簧整體式後懸吊之構造，如圖 7.3 所示。

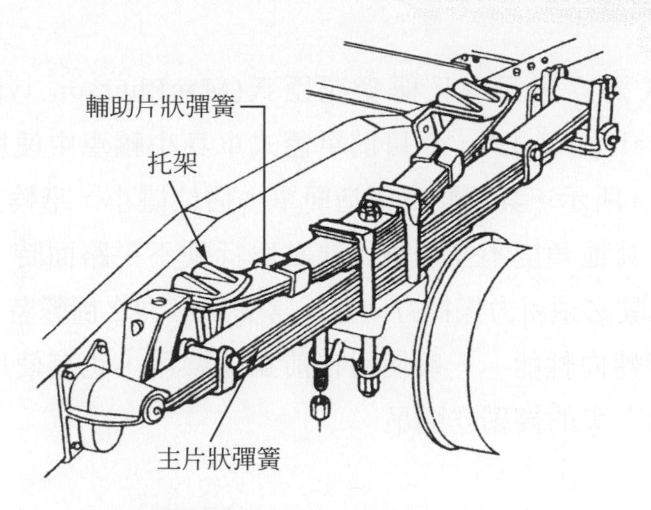

圖 7.3 二段式平行片狀彈簧整體式後懸吊之構造(Automotive Technician's Handbook)

7.1.2 獨立式懸吊機構

一、獨立式懸吊機構的功能

1. 支持車身，且使車輪與車身間保持適當的幾何關係。
2. 傳遞驅動力與制動力。
3. 在汽車行駛時具有吸震與減震的作用，提高乘坐舒適性，並改進駕駛操控性能。

二、獨立式懸吊的優缺點

1. 優點
   (1) 彈簧下部重量輕，輪胎貼地性好，故平穩性與乘坐舒適性佳。
   (2) 彈簧只支撐車身，能使用較軟之彈簧。
   (3) 左右輪無車樑連接，跳動不會傳到另一車輪。
   (4) 底盤與引擎固定位置較低，車輛重心較低，乘客室與行李廂空間較大。
2. 缺點
   (1) 構造複雜。
   (2) 輪距與車輪定位會隨車輪上下運動而變化。

三、獨立式懸吊機構的構造

1. 滑柱式

⑴ 滑柱式獨立懸吊，又稱麥花臣氏(MacPherson type)或垂直導管(vertical guide)式，爲目前單體式車身小轎車中使用最多之型式。如圖 7.4 所示。其優點爲構造簡單，佔位置小，車輪定位準確，除前束外，其他角度不需調整；缺點爲行駛不平路面時，車輪易自動轉向，駕駛必須用力保持方向盤，當受到劇烈之衝擊時，滑柱易彎曲，而影響轉向性能。一般使用在前獨立懸吊，也有使用在前置引擎前輪驅動汽車的後獨立懸吊。

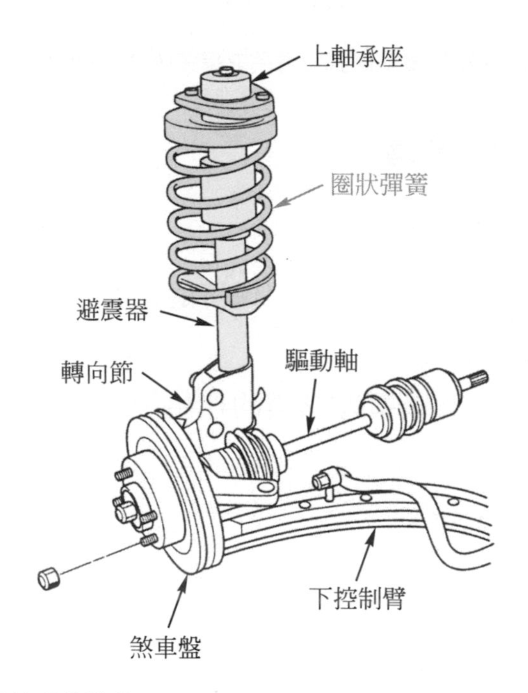

圖 7.4　滑柱式的構造(Automotive Chassis Systems, Holderman)

⑵ 如圖 7.5 所示，爲 FF 型汽車採用之滑柱式後輪獨立懸吊之構造，配合前後橫桿、平穩桿及張力桿等連桿一起作用。其中平穩桿常用於小轎車的獨立式前後懸吊，在車輛轉彎時，由平穩桿的扭轉，以防止車身傾斜，避免左右搖動，提高乘坐舒適性。

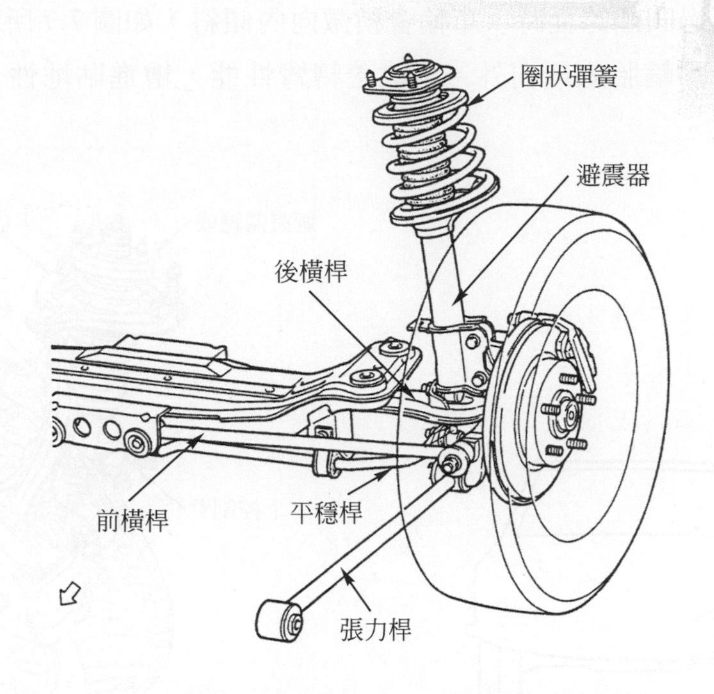

圖 7.5　FF 型後輪使用滑柱式之構造(福特汽車公司)

2.　雞胸骨臂式

⑴　如圖 7.6 所示，為雞胸骨臂式的簡圖，因上控制臂較下控制臂長，又稱梯形連桿式。因上下控制臂之形狀與雞胸骨臂相似，故稱為雞胸骨臂式，或雙叉骨式(double wishbone)，又稱雙 *A* 臂式。

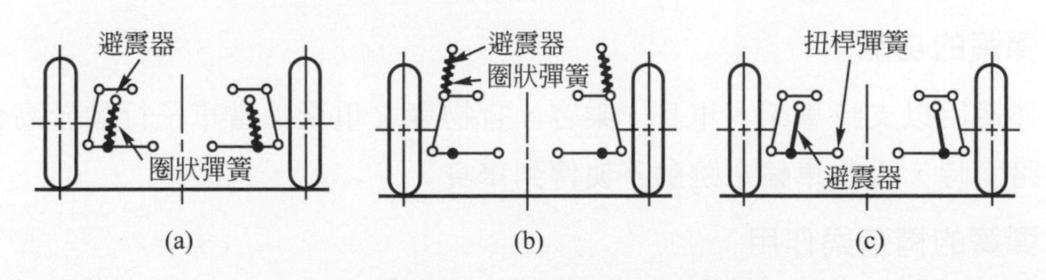

圖 7.6　雞胸骨臂式的簡圖(自動車の構造)

⑵　若上、下控制臂設計成平行且等長時，經過不平路面上下跳動時，車輪不會傾斜，導致輪距改變，結果使轉彎不良，且輪胎易磨損。因此現代汽車採用雞胸骨臂式時，上下控制臂製成不平行、不等長，

在經過凹凸路面時，車輪會稍微向內傾斜，如圖 7.7 所示，使輪距不變。因輪胎底部向外，可改善轉彎性能，增進貼地性，及承受較大負載。

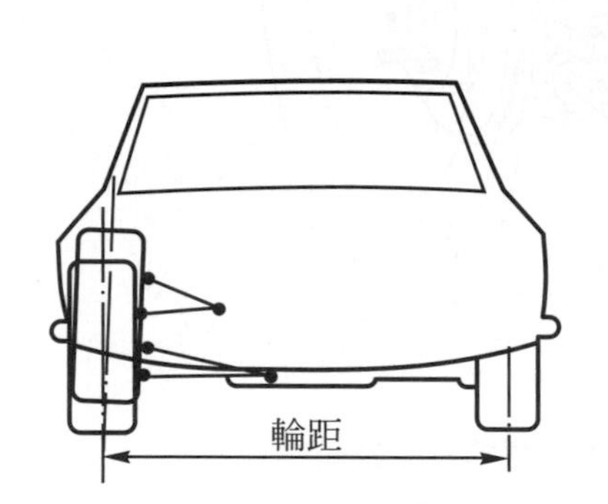

圖 7.7　車輪上下跳動時輪距不變(和泰汽車公司)

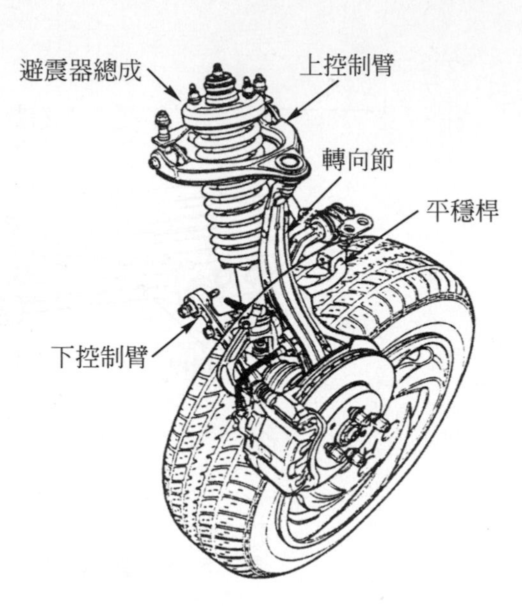

圖 7.8　使用圈狀彈簧的雞胸骨臂式構造(本田汽車公司)

(3) 如圖 7.8 所示，為使用圈狀彈簧雞胸骨臂式之構造。

7.1.3 彈簧

一、彈簧的功能

彈簧用以支持車架、車身、乘客、貨物等之重量；當車子行駛於高低不平之路面時，吸收車輪之跳動不使傳到車身。

二、彈簧的構造與作用

1. 片狀彈簧

(1) 片狀彈簧為整體式懸吊使用最多之彈簧。主彈簧片兩眼中使用銅或橡皮之襯套，以吊耳或吊架安裝到大樑上，其構造如圖 7.9 所示。

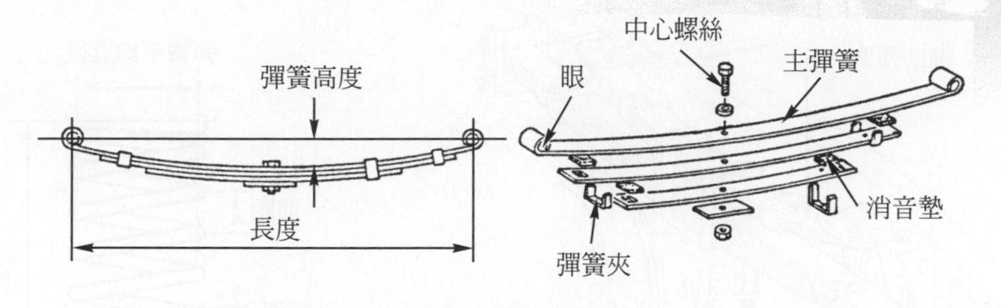

圖 7.9　片狀彈簧的構造(三級自動車シャシ)

⑵　片狀彈簧通常製成彎曲狀，當彈簧受力時，彈簧片間產生的摩擦力會迅速使彈簧震動減弱。但彈簧不易彎曲變形，且摩擦力降低乘坐舒適性，因此片狀彈簧主要使用在商用車上。

⑶　片狀彈簧之安裝位置，如圖 7.10 所示，一端以銷子安裝在吊架(spring braket)上，另一端使用吊耳(shackle)連接到大樑上，使彈簧能伸縮。

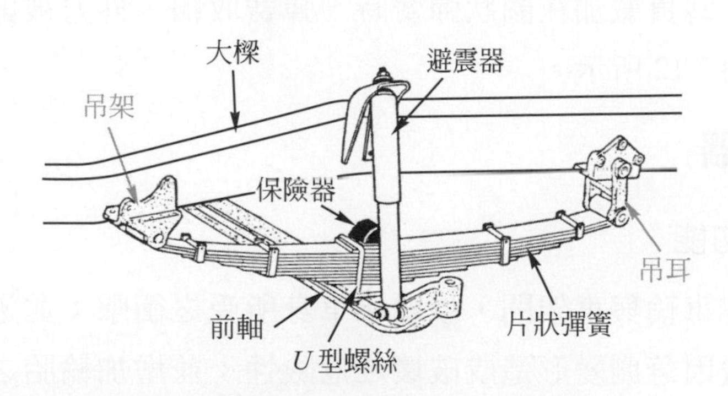

圖 7.10　片狀彈簧之安裝位置(三級自動車シャシ)

⑷　輔助彈簧式片狀彈簧：重型車輛之二段式彈簧，如圖 7.11 所示，由主彈簧及輔助彈簧組成，輔助彈簧裝在主彈簧的上方。載重較輕時，輔助彈簧與滑動座未接觸，只有主彈簧產生減震作用，彈簧係數小；載重量大時，輔助彈簧壓在滑動座上，兩個彈簧一起承載車量，彈簧係數增大。適用於負荷變動大的車輛。

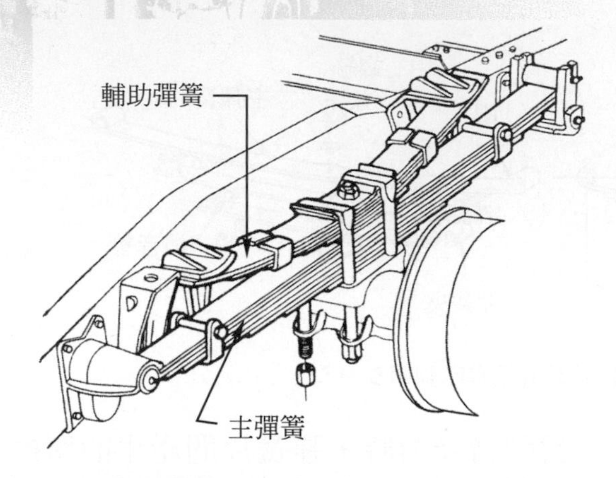

圖 7.11 輔助彈簧式片狀彈簧(Automotive Technician's Handbook)

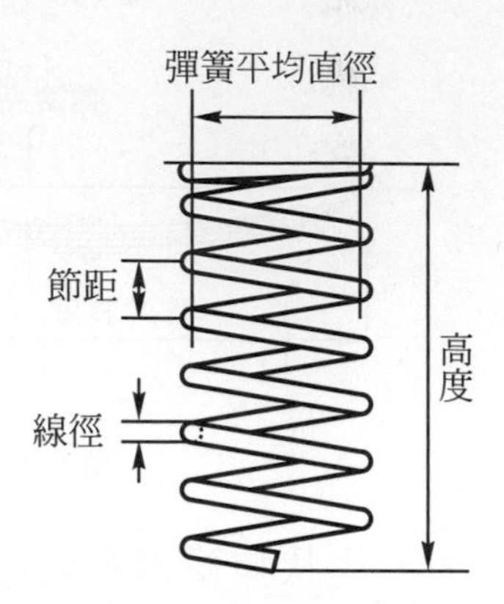

圖 7.12 圈狀彈簧(三級自動車シャシ)

2. 圈狀彈簧

圈狀彈簧爲獨立式懸吊裝置使用最多之彈簧，由特種鋼絲繞成圈狀製成。當負載加在圈狀彈簧時，彈簧收縮，外力被儲存，震動被吸收，如圖 7.12 所示。

7.1.4 避震器

一、避震器的功能

避震器裝在車輪與車架間，以緩和車身所受之衝擊；並迅速減弱彈簧的震動，減少彈簧因急劇變形造成破壞之危險性；並增加輪胎之接地性，以提高駕駛安定性及乘坐舒適性。

二、避震器的構造與作用

1. 單作用油壓式

(1) 如圖 7.13 所示，爲單作用油壓式避震器之構造，由細長之內筒及外筒組合而成，內筒與外筒之間有避震器油，內筒與外筒由底閥保持流通。

(2) 壓縮時活塞之單向閥及底閥之單向閥均打開，油流過阻力小，故減震作用較弱；而伸張時活塞及底閥之單向閥均關閉，油必須從小孔流過，阻力大，減震作用較強，如圖 7.14 所示。

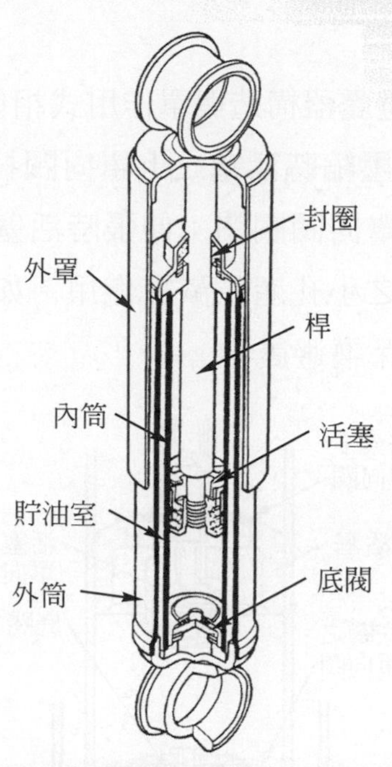

圖 7.13　單作用油壓避震器的構造(三級自動車シャシ)

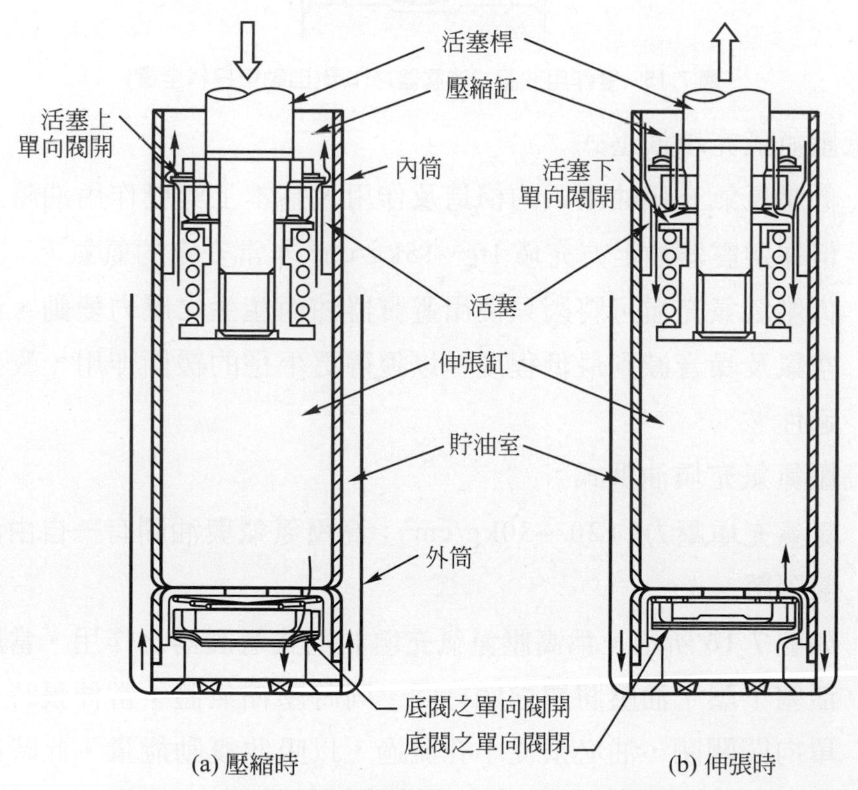

圖 7.14　單作用油壓式避震器之作用(三級自動車シャシ)

2. 雙作用油壓式

雙作用油壓式避震器構造與單作用式相似，但底閥裝的方向相反，如圖 7.15 所示。當壓縮時活塞之上單向閥打開，由活塞上之小孔產生減震作用，底閥之單向閥關閉；伸張時活塞上單向閥關閉，底閥之單向閥打開，由底閥之小孔產生減震作用。如果伸張太快時，活塞之下單向閥會打開，以保護避震器。

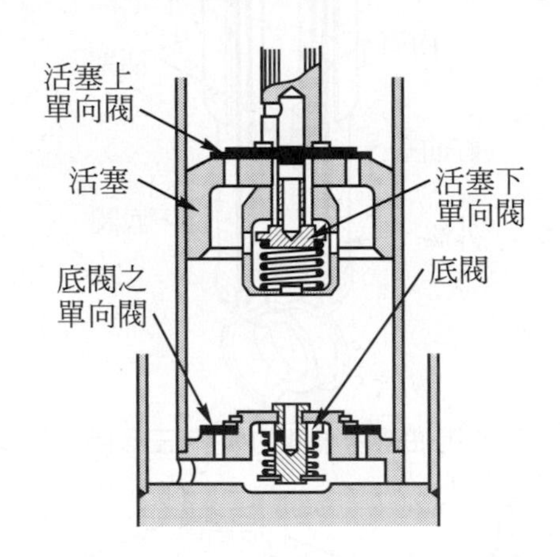

圖 7.15 雙作用油壓式避震器之作用(自動車日科全書)

3. 低壓氮氣充填油壓式

⑴ 低壓氮氣充填油壓式的構造及作用，基本上與雙作用油壓式相同。但在避震器油上方充填 10～15kg/cm^2 非常安定的氮氣。

⑵ 低壓氮氣充填可將因只使用避震器油而產生之壓力變動、油中混入空氣及噪音減到最低程度，以獲得更平穩的緩衝作用，改善乘坐舒適性。

4. 高壓氮氣充填油壓式

⑴ 氮氣充填壓力約 20～30kg/cm^2；高壓氮氣與油間有一自由活塞將油氣隔離。

⑵ 如圖 7.16 所示，爲高壓氮氣充填油壓式避震器之作用。當壓縮時，活塞下壓，油壓將單向閥打開，同時壓縮氣體；當伸張時，活塞之單向閥關閉，油必須從小孔流過，以吸收震動能量，此時高壓氣體會膨脹。

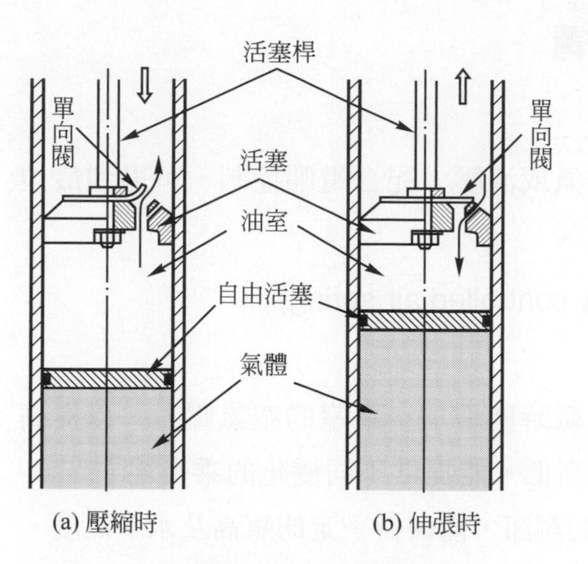

圖 7.16　高壓氮氣充填油壓式避震器的作用（三級自動車シャシ）

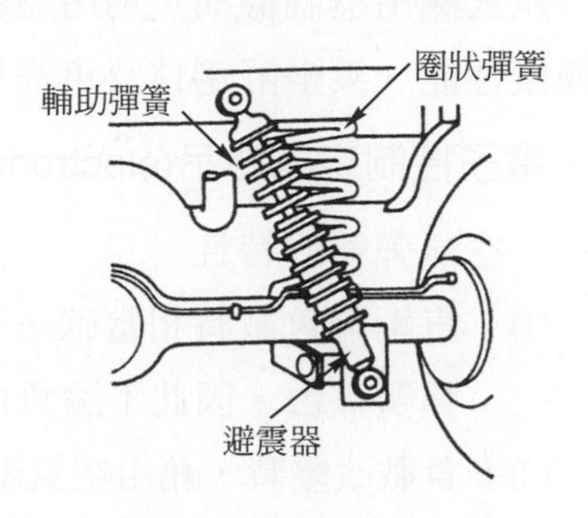

圖 7.17　輔助彈簧式避震器(AUTOMOTIVE MECHANICS, CROUSE、ANGLIN)

(3) 此式單管暴露在空氣中，散熱良好；作用時不會產生眞空，緩衝作用良好，且噪音小。但因高壓氮氣在分離室內，避震器長度較一般型長。

5. 其他型式避震器

(1) 輔助彈簧式：如圖 7.17 所示，輔助彈簧裝在活塞桿與外罩之間，與避震器一起作用。不論車輛負荷大小，可幫助保持一定的車高。

(2) 可調整式：如圖 7.18 所示，爲手動調整式避震器，有三個位置供調整以選擇避震器作用的軟硬度。將外罩向一方向轉動，可得較軟的乘坐性；另一方向轉動時，可得較硬的乘坐性。

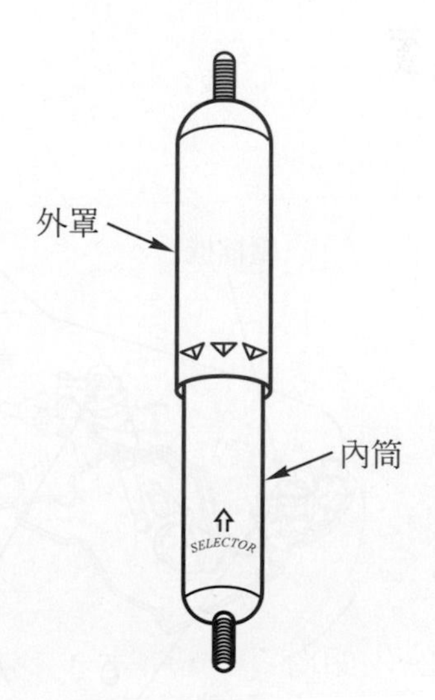

圖 7.18　可調式避震器(AUTOMOTIVE MECHANICS, CROUSE、ANGLIN)

7.2 新式懸吊控制機構

一、新式懸吊控制機構的功能

新式懸吊控制機構，利用壓縮空氣或油壓，配合電腦控制，可得到最佳的操縱性能、乘坐舒適性及車高控制。

二、電子控制空氣懸吊(electronically controlled air spring)

1. 空氣彈簧的特性
   (1) 車輛無負載時相當軟，有負載時則增加空氣室的空氣壓力，以提高彈簧係數。因此不論負荷的高低，能提供不同變化的乘坐性。
   (2) 負載改變時，藉由空氣壓力的調節，能保持一定的車高及水平高度。
2. 在四個車輪均以空氣彈簧(air spring)取代圈狀彈簧，如圖 7.19 所示，可自動控制彈簧係數、車高與水平高度。空氣彈簧的構造，如圖 7.20 所示，空氣彈簧上有電磁閥，以控制彈簧內的空氣壓力與容積。電子控制的空氣壓縮機供給空氣壓力，並設有乾燥器過濾水份，以防止系統零件損壞。

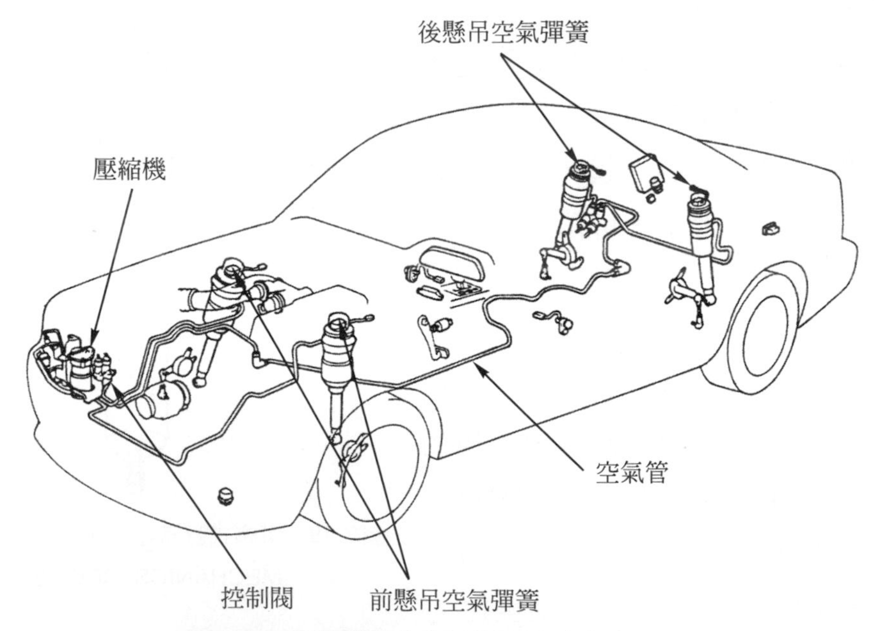

圖 7.19 空氣彈簧的安裝位置(和泰汽車公司)

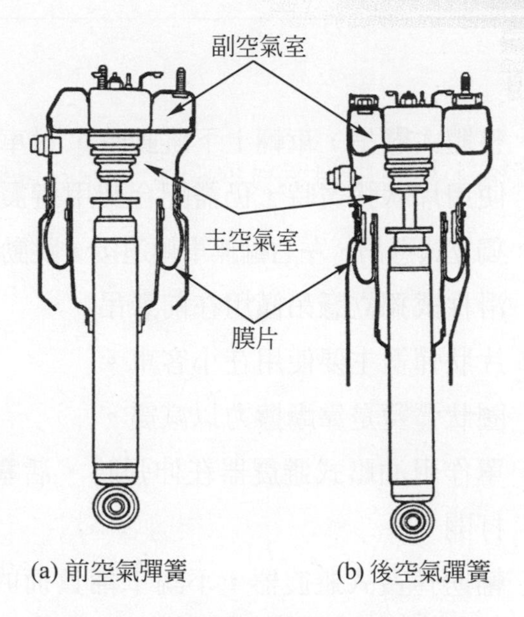

(a) 前空氣彈簧　(b) 後空氣彈簧

圖 7.20　空氣彈簧的構造(和泰汽車公司)

3. 空氣彈簧內裝有高度感知器(height sensor)，當車身承載負荷時，高度感知器將信號送給電腦使空氣壓縮機運轉，空氣彈簧處的電磁閥打開，增加空氣壓力，使車身回復原有高度；當負荷減輕時，車身高度上升超過基準高度，高度感知器再送信號給電腦，使電磁閥打開，洩放部分空氣，至車身降到基準高度時，電磁閥關閉。

練

一、是非題

(　)1. 整體式懸吊，車輛上下跳動時，對車輪定位之影響小。

(　)2. 使用片狀彈簧時，仍需配合裝用避震器等。

(　)3. 獨立式懸吊，左右輪無車軸連接，跳動不會傳到另一車輪。

(　)4. 滑柱式獨立懸吊僅用在前懸吊。

(　)5. 片狀彈簧主要使用在小客車。

(　)6. 圈狀彈簧是靠摩擦力以減震。

(　)7. 單作用油壓式避震器在伸張時，活塞及底閥之單向閥均打開。

(　)8. 輔助彈簧式避震器，不論車輛負荷的大小，可幫助保持一定的車高。

二、選擇題

(　)1. 整體式懸吊的優點爲　(A)左車輪跳動不會影響右車輪　(B)構造簡單　(C)乘坐舒適性佳　(D)震動少。

(　)2. 獨立式懸吊的優點爲　(A)構造簡單　(B)車輪定位不會隨車輛上下運動而變化　(C)乘坐舒適性佳　(D)可使用較硬的彈簧。

(　)3. 目前小客車使用最多的獨立式懸吊裝置爲　(A)擺動軸管式　(B)滑柱式　(C)拖動臂式　(D)半拖動臂式。

(　)4. 對雞胸骨臂式的敘述，下述何者錯誤？　(A)又稱雙叉骨式　(B)又稱雙 A 臂式　(C)爲獨立懸吊式　(D)上下控制臂等長。

(　)5. 低壓氮氣充塡油壓式避震器，在避震器油上方充塡 (A)0.5～1.0　(B)2～5　(C)5～8　(D)10～15　kg/cm^{2}的氮氣。

(　)6. 緩和車身所受的衝擊，提高輪胎接地性、駕駛安定性及乘坐舒適性的是 (A)避震器 (B)平穩桿 (C)張力桿 (D)圈狀彈簧。

三、問答題

1. 何謂平行片狀彈簧式整體懸吊裝置？
2. 試述滑柱式獨立懸吊機構的優缺點。
3. 試述現代汽車採用雞胸骨臂式的結構與特性？
4. 試述避震器的功能。
5. 試述空氣彈簧的特性。

Chapter 8
轉向系統

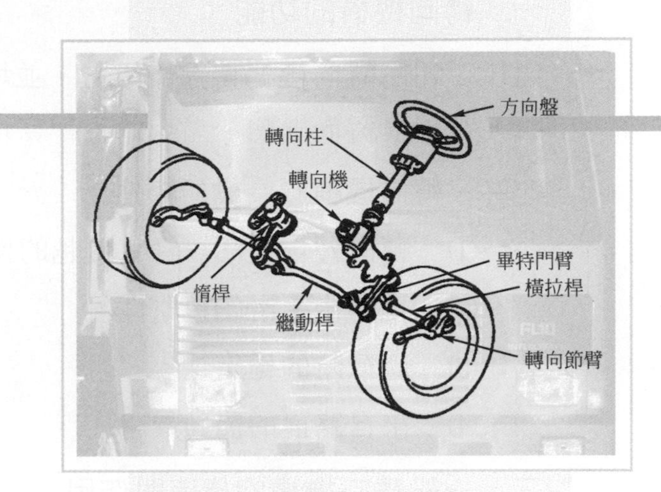

8.1 概述

8.1.1 轉向原理

汽車要能順利轉彎，使各車輪都不會發生滑動，必須有一瞬時中心，汽車以此中心爲圓心來迴轉。如圖 8.1 所示，爲阿克曼原理所構成之轉向幾何，當車子轉彎時，車輪之瞬時中心必須交於一點，如圖 8.1 所示之 D 點，車輪才能完全滾動順利轉彎。轉彎時因輪距與軸距之關係，二前輪角度不相同，其內輪較外輪爲大。

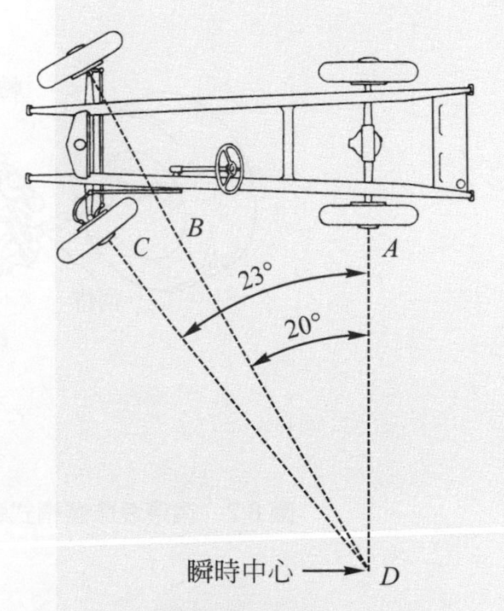

圖 8.1 阿克曼轉向原理
(Automotive Mechanics Crouse)

8.1.2 一般轉向機構

一、轉向機構的功能

1. 利用轉向機構傳遞作用力，並增加扭矩，使前輪轉向，以改變車輛的行進方向。
2. 轉向機構應具備的條件
   (1) 轉向輕巧靈活，具有優越的操控性。
   (2) 轉彎後平滑的復原性。
   (3) 直行時的穩定性。
   (4) 來自路面的震動最小。

二、一般轉向機構的構造與作用

1. 循環滾珠螺帽式轉向齒輪轉向機構是由方向盤(steering wheel)、轉向柱(steering column)、轉向機(steering gear)、畢特門臂(pitman arm)、直拉桿(drag link)、橫拉桿(tie rod)、球接頭(ball socket)、轉向節(steering knuckle)、轉向節臂(steering arm)等組成，如圖 8.2 所示。

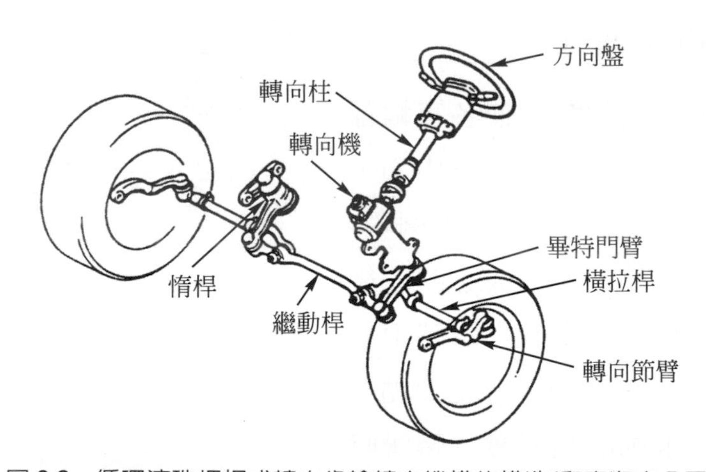

圖 8.2　循環滾珠螺帽式轉向齒輪轉向機構的構造(和泰汽車公司)

2. 轉向機

(1) 轉向減速比

① 循環滾珠螺帽式轉向齒輪係將方向盤的迴轉運動傳到畢特門臂，並將方向盤之轉速降低。方向盤轉動角度與畢特門臂轉動角度之比，稱爲轉向機之減速比。

② 減速比愈大則方向盤之操作力愈輕，輪子受衝擊時愈不會傳到方向盤；但車子轉彎時方向盤要打得多，使操作忙碌。普通小型車之轉向減速比約 14～18，大型車之轉向減速比約 18～26。

(2) 齒桿與小齒輪式轉向齒輪

① 如圖 8.3 所示，爲現代小型車使用甚多之齒桿與小齒輪式轉向齒輪的構造，轉向軸之前端連接一個小齒輪，與橫拉桿上之齒桿相嚙合。小齒輪轉動時，使齒桿向橫方向移動，經橫拉桿使前輪轉動。而圖 8.4 所示，爲齒桿與小齒輪式轉向機全圖。

② 齒桿上齒的間距在中間大而末端小，相同的方向盤轉動量時，在齒桿末端的移動距離較中間小。

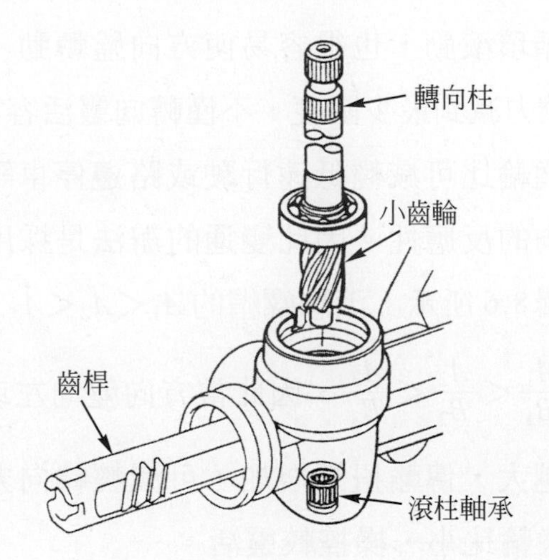

圖 8.3 齒桿與小齒輪式轉向齒輪的構造(本田汽車公司)

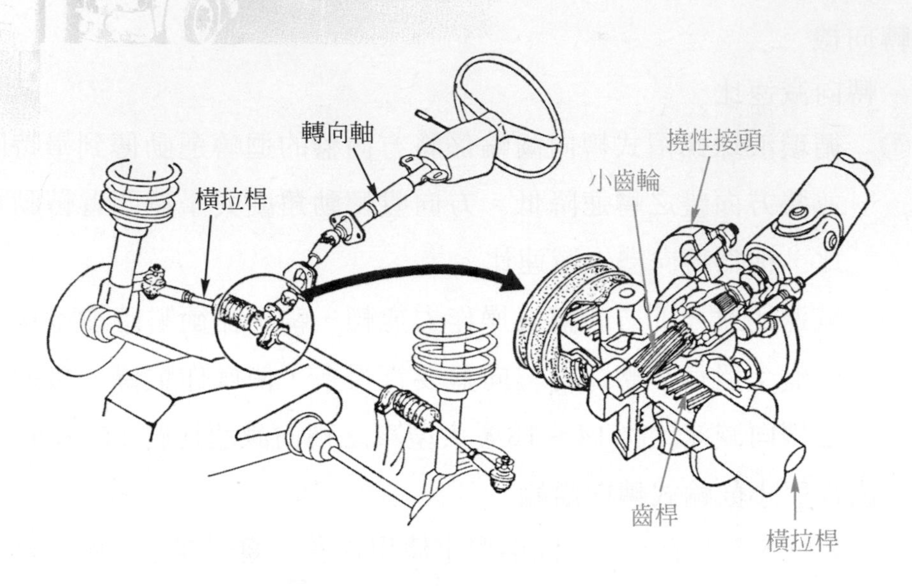

圖 8.4　齒桿與小齒輪式轉向機全圖(三級自動車シャシ)

⑶　循環滾珠螺帽式轉向齒輪

①　如圖 8.5 所示，蝸桿上以一串鋼珠來連接螺帽，當轉動方向盤，鋼珠在槽中循環滾動，使螺帽上下移動，螺帽外面有齒與橫軸上之扇形齒相嚙合，使橫軸能轉動而帶動畢特門臂。畢特門臂擺動時，因鋼珠的循環滾動，也很容易使方向盤轉動。此式轉向齒輪效率高，將摩擦力減到最少限度，不僅轉向靈活容易，且使用壽命長。

②　增加轉向齒輪比可減輕低速行駛或路邊停車等所需的轉向力，但會降低轉向的反應性。因此變通的辦法是採用可變齒輪比的轉向齒輪，如圖 8.6 所示。滾珠螺帽的 $A_1 < A_2 < A_3$，扇形齒輪的 $B_1 > B_2 > B_3$，故 $\frac{A_1}{B_1} < \frac{A_2}{B_2} < \frac{A_3}{B_3}$，因此當方向盤向左或向右轉時，轉向齒輪比變得越大，傳輸扭矩增加，可減輕轉向力；而方向盤在中間時，轉向齒輪比小，操控較靈活。

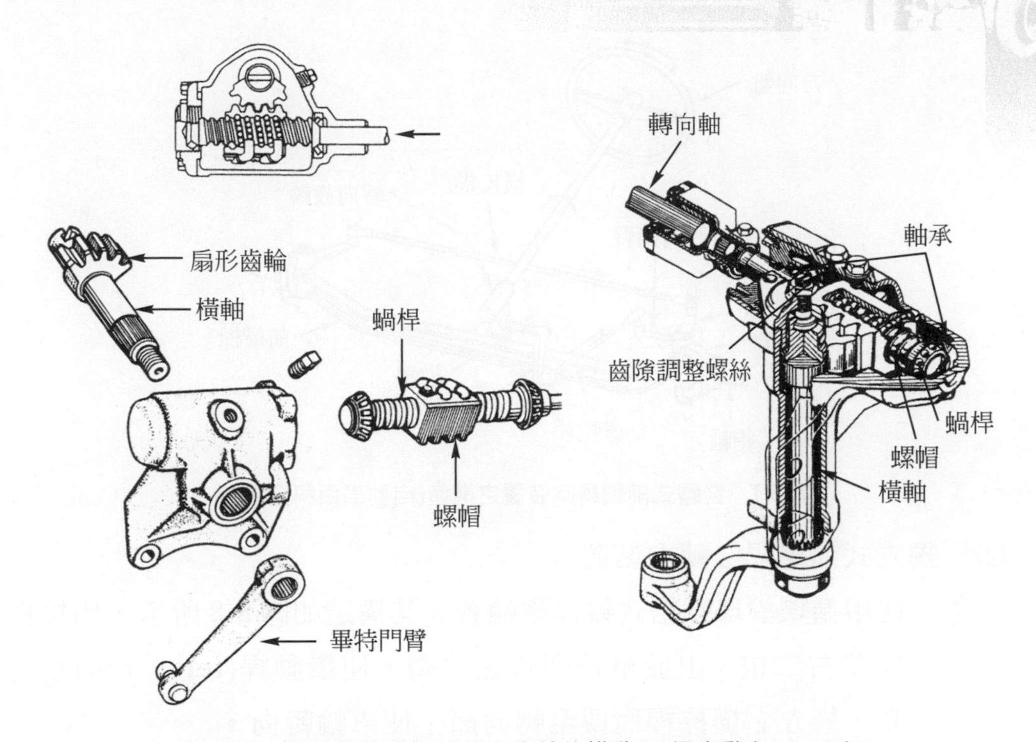

圖 8.5　循環滾珠螺帽式轉向齒輪的構造(三級自動車シャシ)

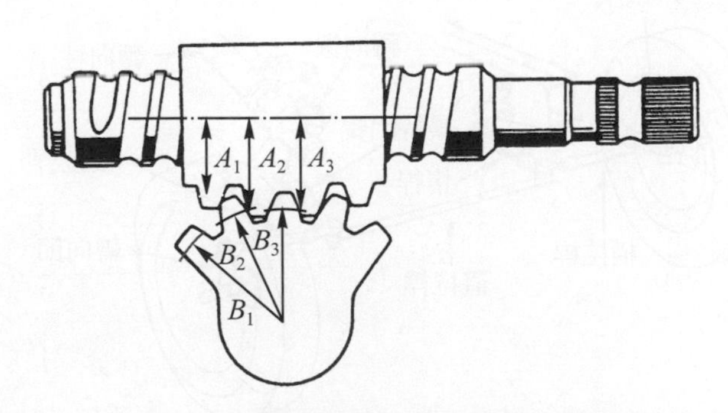

圖 8.6　可變齒輪比轉向齒輪(和泰汽車公司)

3. 轉向連桿

⑴ 整體式前軸車輛用之阿克曼式轉向裝置，其構造如圖 8.7 所示，當轉動方向盤時，轉向機內齒輪之作用使畢特門臂前後移動，再經由直拉桿，傳到轉向節臂，拉動轉向節使前輪繞大王銷轉動，並經連桿使另一輪之轉向節也繞大王銷轉動，但左右輪轉動之角度不同，外輪小，內輪大，使車子能順利轉彎。

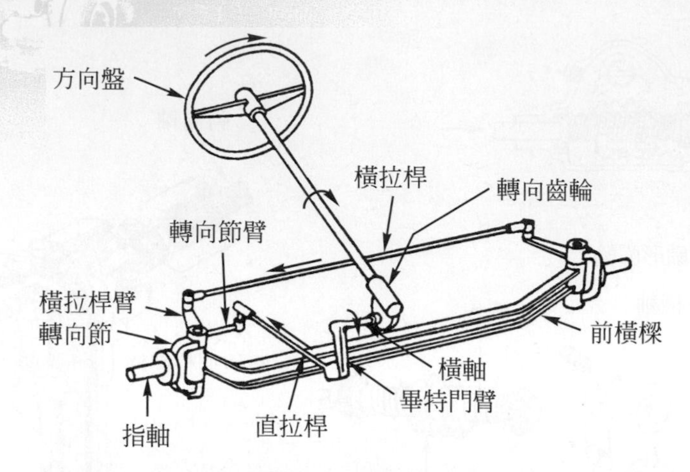

圖 8.7　整體式前軸轉向裝置之構造(自動車百科全書)

⑵　獨立式前懸吊之轉向裝置

①　使用循環滾珠螺帽式轉向齒輪者，其構造如圖 8.8 所示，橫拉桿分成左右二根，由於畢特門臂之拉動，使繼動桿(relay rod)左右運動，經左右橫拉桿而傳至轉向節，使車輪轉向。

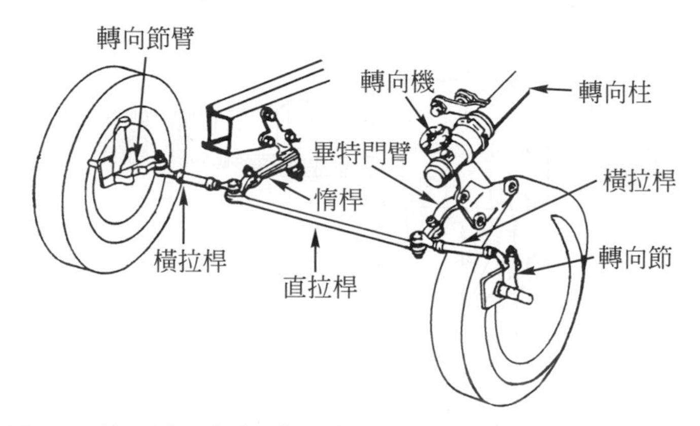

圖 8.8　使用循環滾珠螺帽式轉向齒輪轉向裝置之構造(自動車工學)

②　使用齒桿與小齒輪式轉向齒輪者，其構造如圖 8.9 所示，齒桿直接帶動左右橫拉桿，經轉向節使車輪轉向。

⑶　轉向連桿各機件的構造

①　畢特門臂(Pitman arm)：畢特門臂用以傳送轉向齒輪的作用至直拉桿或繼動桿。其大端與扇形齒輪軸連接，小端以球接頭與直拉桿或繼動桿連接，如圖 8.10 所示。

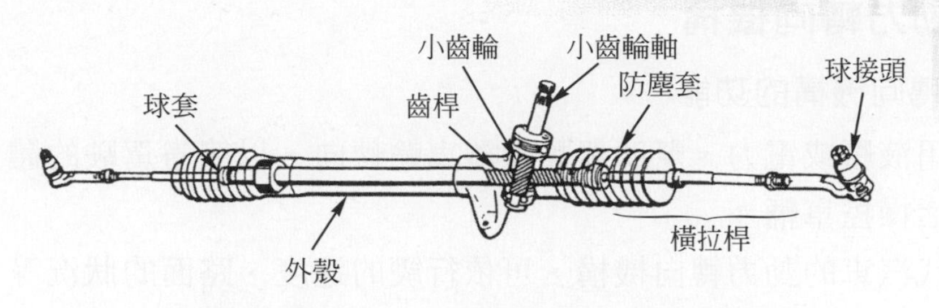

圖 8.9　使用齒桿與小齒輪式轉向齒輪轉向裝置之構造
(AUTOMOTIVE MECHANICS, CROUSE、ANGLIN)

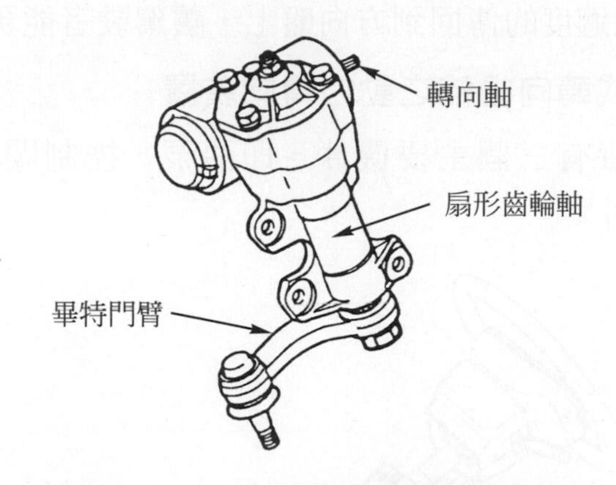

圖 8.10　畢特門臂的構造(和泰汽車公司)

② 橫拉桿(tie rod)：橫拉桿將繼動桿或齒桿的運動傳給轉向節臂。其構造如圖 8.11 所示，兩端有球接頭，放鬆固定螺帽時，可調整橫拉桿的長度，以改變前束之大小。

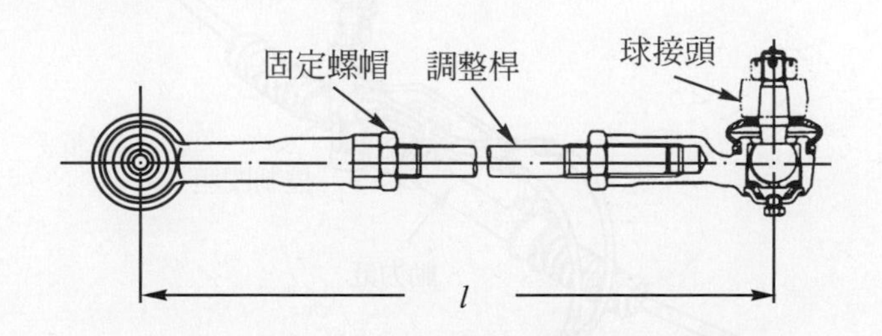

圖 8.11　橫拉桿的構造(裕隆汽車公司)

8.1.3 動力轉向機構

一、動力轉向機構的功能

1. 利用液壓或電力，幫助駕駛操縱車輪轉向，以節省駕駛的體力，並能靈活操控車輛。
2. 現代汽車的動力轉向機構，可依行駛的速度、路面的狀況等，對方向盤運轉的感覺有自動調整的功能。當低速行駛時，轉向會感覺較輕；在高速行駛時，轉向會有較重的感覺；另外當行駛在顛簸路面時，也會將路面狀況適度的傳回到方向盤上，讓駕駛者能更清楚的掌握路況。

二、齒桿與小齒輪式轉向齒輪之動力轉向裝置

本動力轉向裝置有三個主要機件，即油泵、控制閥組與動力缸，如圖8.12所示爲其組成圖。

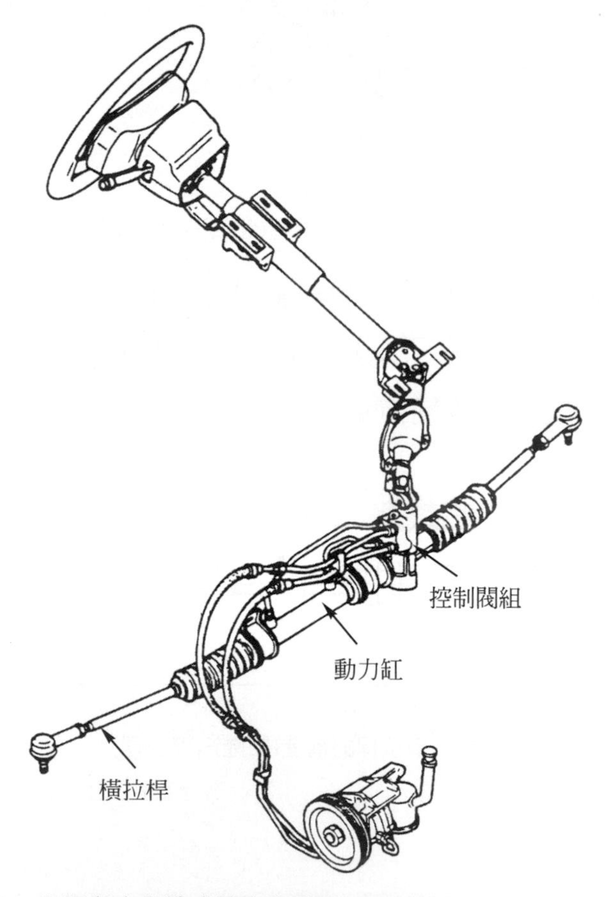

圖 8.12 齒桿與小齒輪式轉向齒輪動力轉向裝置之組成(福特汽車公司)

1. 各主要機件的構造及作用

(1) 油泵(oil pump)

① 現代汽車採用葉輪式最多，如圖 8.13 所示。其特性爲送油量大，使操縱更靈敏；且油壓脈動小，可減少管路內液體流動的衝擊，以降低噪音。油泵的送油量，以流量控制閥控制；而油泵的最高送油壓力，則以釋放閥控制。

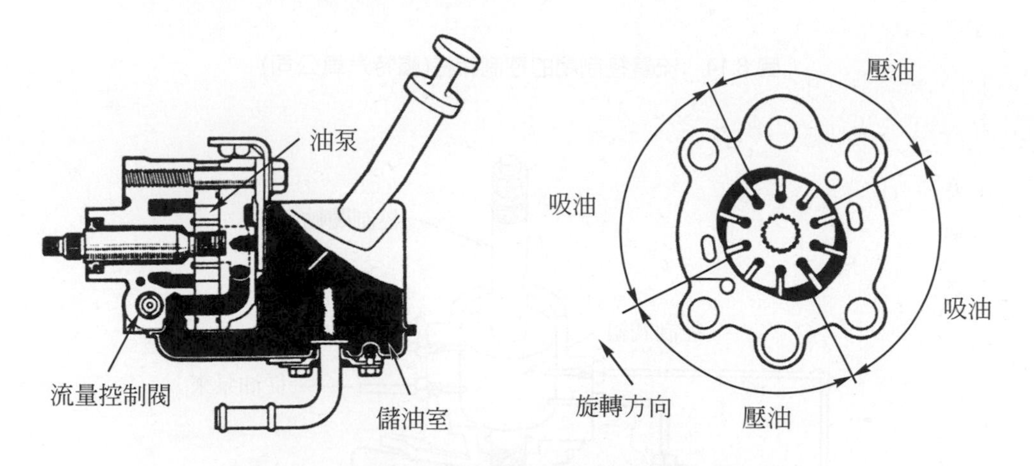

圖 8.13 葉輪式油泵的構造及作用(福特汽車公司)

② 流量控制閥(flow control valve)的控制特性，如圖 8.14 所示。其特點爲油泵轉速慢時，送油量大，供給較大的動力輔助，使所需的轉向力較小；當油泵轉速快，例如 2500rpm 以上時，也就是車子在高速行駛時，因輪胎阻力較小，所需的轉向力也較小，故送油量變少，使動力輔助減小。亦即轉向力的大小是隨引擎的轉速而改變，即所謂引擎轉速感應式動力轉向。

(2) 控制閥組(valve unit)

① 控制閥組用以控制油泵液壓流入動力缸活塞左側或右側，以輔助動力使車輪左轉或右轉。

② 控制閥組外殼與油泵間以兩支油管連接，一爲高壓油管，一爲回油管；另兩支油管則與動力缸連接，一送到動力缸左室，一送到動力缸右室，如圖 8.15 所示。

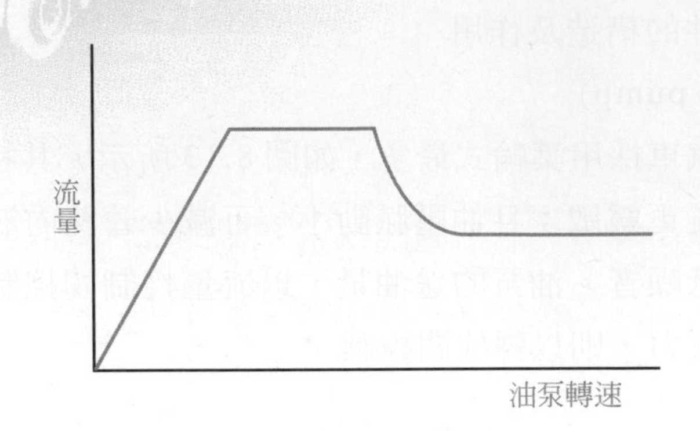

圖 8.14　流量控制閥的控制特性(福特汽車公司)

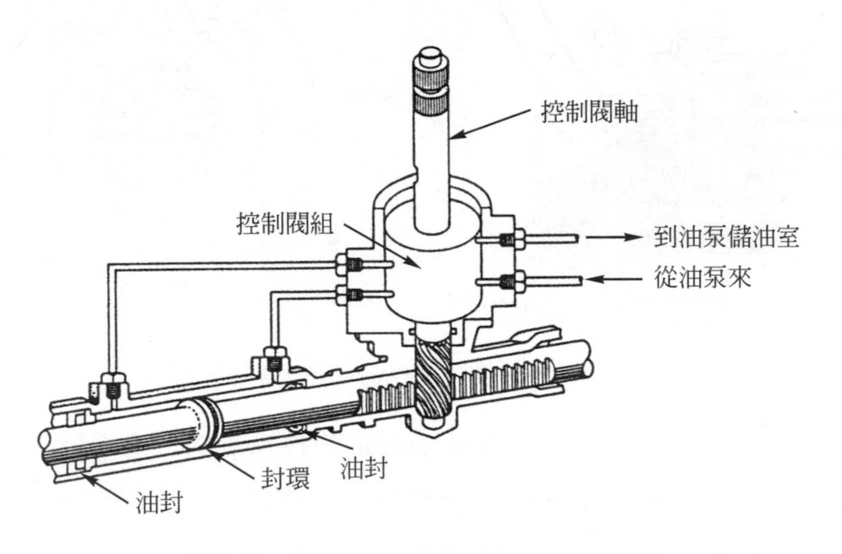

圖 8.15　控制閥組的連接管(和泰汽車公司)

③　控制閥組由閥門外殼、閥門套、輸入軸、扭力桿與小齒輪等組成，如圖 8.16 所示。控制閥軸與小齒輪間有扭力桿(torsion bar)安裝在一起，同時控制閥也以插銷與小齒輪結合，小齒輪移動，控制閥也跟著旋轉，以控制送往動力缸的油壓。另當油泵故障無油壓時，整個裝置可以一般方式由小齒輪帶動齒桿動作。

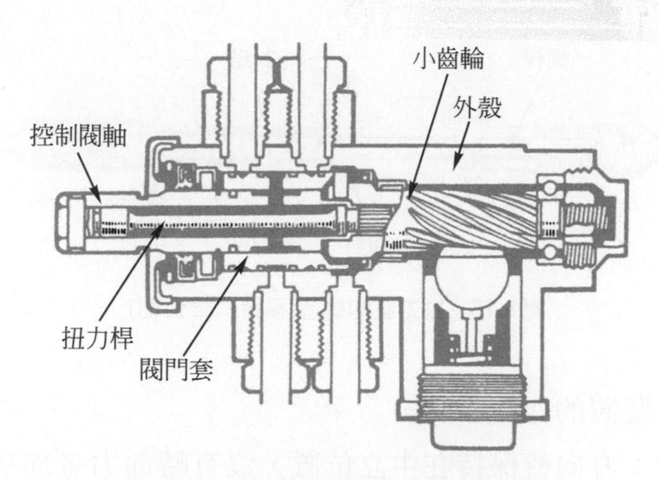

圖 8.16　控制閥組的構造(福特汽車公司)

④　控制閥組的斷面，如圖 8.17 所示，*P* 爲油泵油壓進入控制閥組，*T* 爲回油至油泵，*L* 爲油壓從控制閥組送往動力缸左側，*R* 爲油壓從控制閥組送往動力缸右側。

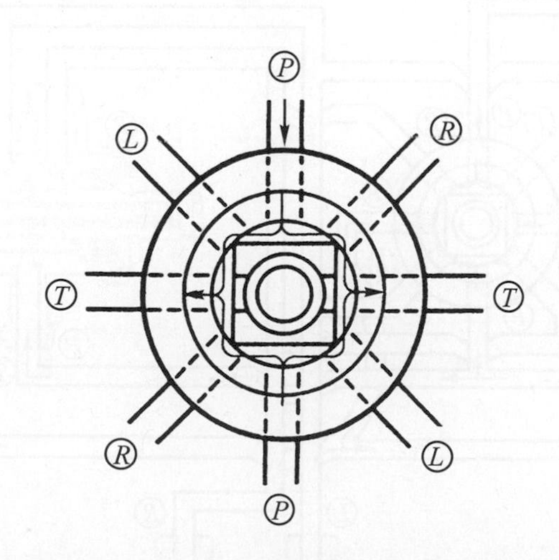

圖 8.17　控制閥組的斷面圖(福特汽車公司)

⑶　動力缸(power cylinder)：動力缸中的活塞與齒桿連接在一起，活塞上有封環隔開左右兩室，活塞上並有油封，以防止液壓油洩漏，如圖 8.18 所示。

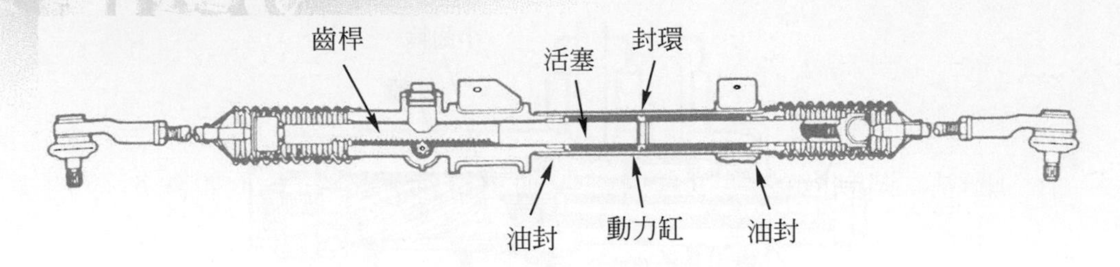

圖 8.18　動力缸的構造(福特汽車公司)

2. 動力轉向裝置的作用

⑴ 直行時：方向盤保持在中立位置，沒有轉向力量加在控制閥軸，即控制閥在中央位置。從油泵來的油壓進入控制閥後，由回油管流回油泵的儲油室，故動力缸的活塞無油壓送達，如圖 8.19 所示。

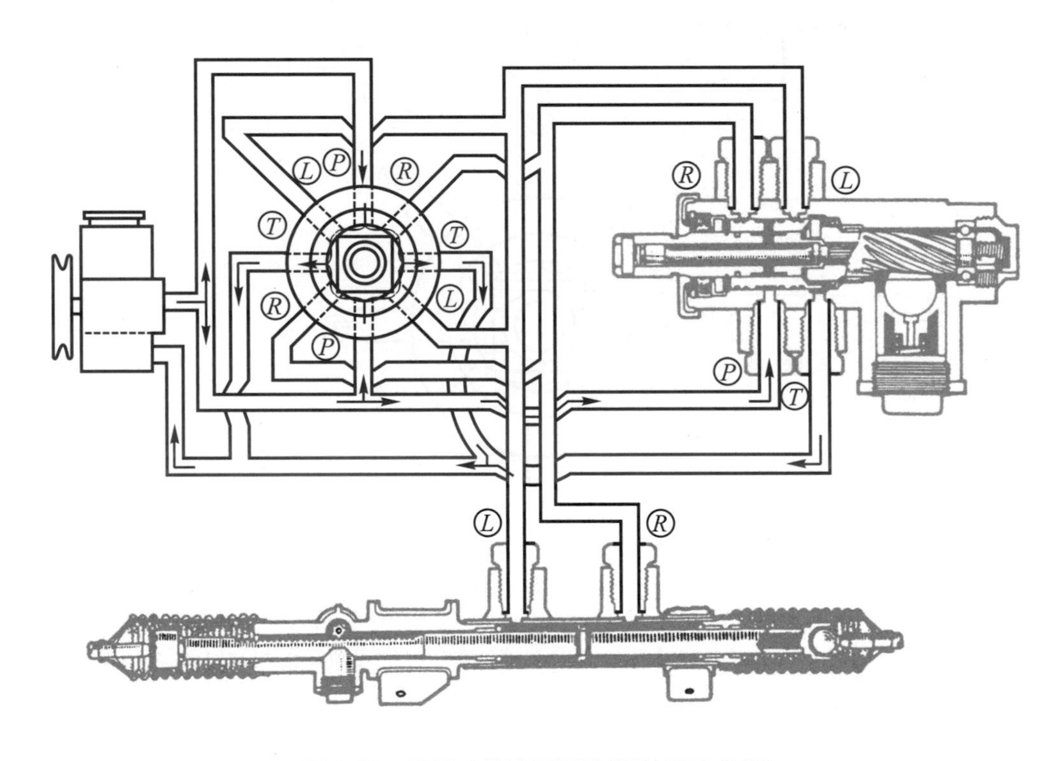

圖 8.19　直行時的油壓迴路(福特汽車公司)

⑵ 向右轉時：方向盤向右轉時，齒桿因輪胎地面阻力的關係無法立刻移動，與齒桿嚙合的小齒輪也無法轉動，只有控制閥軸與扭力桿上端能做小角度的轉動，故控制閥軸與閥門套之間即產生相位差，高壓油經控制閥的閥門套口進入動力缸活塞的右室，如圖 8.20 所示。將活塞與齒桿同時向左推動，再經由橫拉桿及轉向節臂使車輪向右轉。此時動力缸活塞左側的液壓油從控制閥的 L 通道流回油泵儲油室。

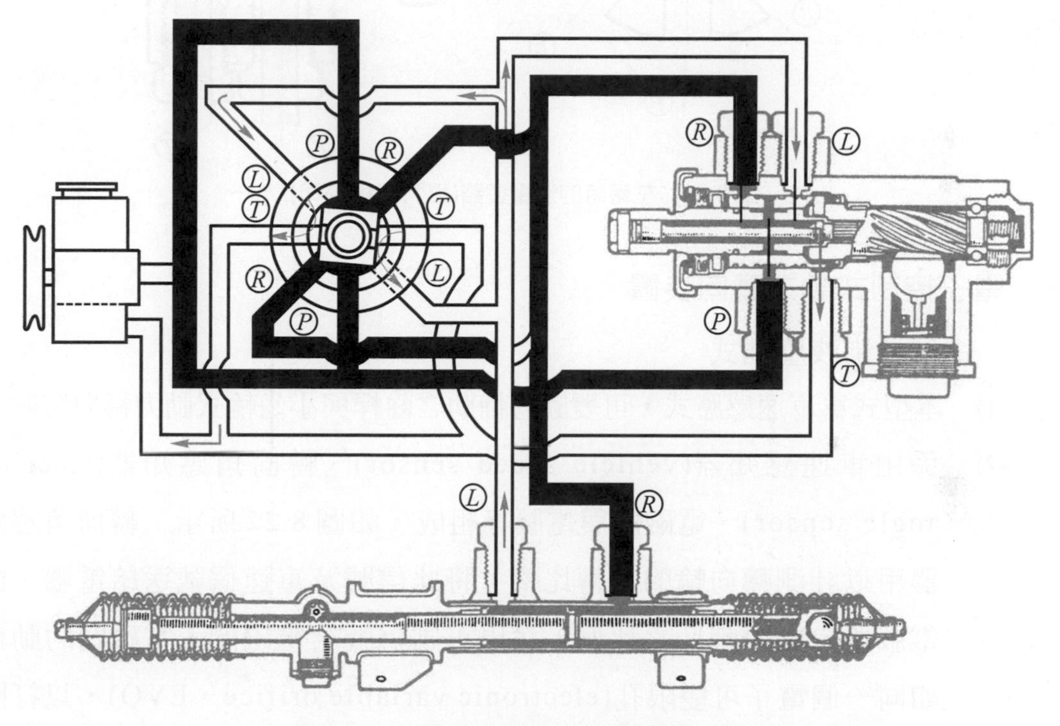

圖 8.20　右轉時的油壓迴路(福特汽車公司)

⑶ 向左轉時：當方向盤向左轉時，控制閥的作用原理與右轉時相同，油泵油壓則引導至動力缸活塞的左室作用，如圖 8.21 所示。

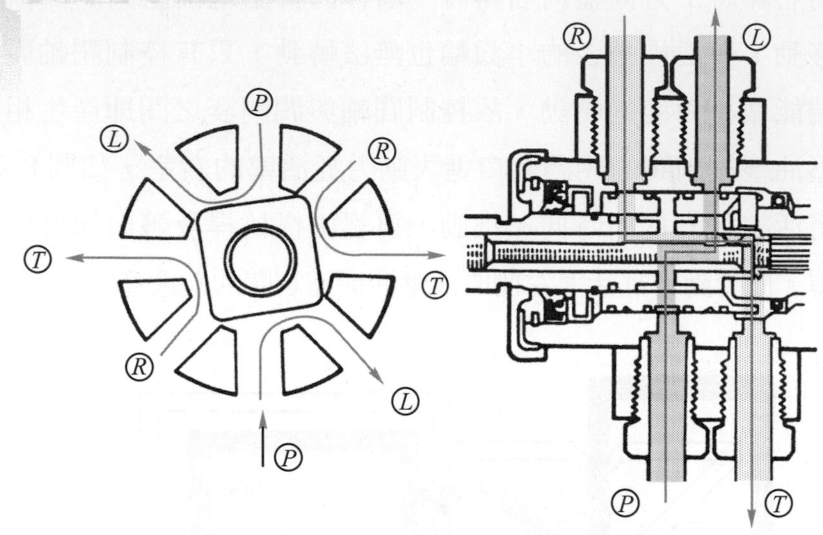

圖 8.21　左轉時的油壓迴路(福特汽車公司)

三、電子控制式動力轉向裝置

1. 電子控制液壓油式

⑴ 本型式為車速感應式，可變動力輔助之齒桿與小齒輪式動力轉向裝置。

⑵ 係由車速感知器(vehicle speed sensor)、轉向角感知器(steering angle sensor)、電磁閥與電腦等組成，如圖 8.22 所示。轉向角感知器用以計測轉向輪的旋轉比率，將此信號及車速信號送給電腦，由電腦決定動力輔助之比例，送出正確信號給電磁閥，電磁閥的動作如同一個電子可變限孔(electronic variable orifice，EVO)，以打開或限制送往動力缸的液壓油，控制動力輔助量。

⑶ 當車速低於 32km/h時，電磁閥全開，動力輔助最大，因此即使在路邊停車時，也僅需要很小的方向盤操作力。當車速提高時，電磁閥減少送往動力缸的液壓油，使轉向力增加，以提供適當的轉向反應，即車速快時的道路感覺。

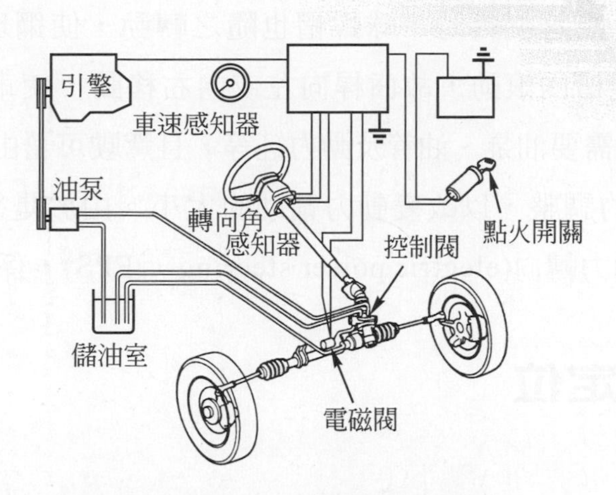

圖 8.22　電子控制液壓油式動力轉向裝置的組成
(AUTOMOTIVE MECHANICS, CROUSE、ANGLIN)

2. 電子控制馬達內藏式

(1) 電子馬達裝在齒桿室內，直接提供齒桿動力輔助。馬達與球螺帽以槽齒結合。小齒輪軸上裝磁鐵製的扭矩感知器(torque sensor)，送出扭矩大小及不同方向的信號給 ECU。其組成如圖 8.23 所示。

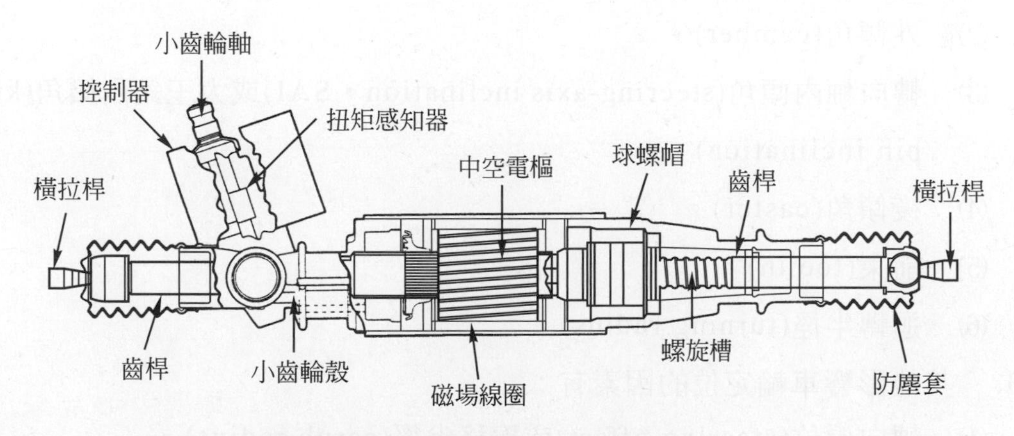

圖 8.23　電子控制馬達內藏式動力轉向裝置的組成
(AUTOMOTIVE MECHANICS, CROUSE、ANGLIN)

(2) 當轉動方向盤時，扭矩感知器的磁鐵移動，轉向力越大，磁鐵移動量也越多，越強的信號送給電腦，電腦於是送出變化的電流量給電子馬達，馬達旋轉時，球螺帽也隨之轉動，使鋼珠在球螺帽滑槽及齒桿螺旋槽內滾動，故齒桿向左或向右移動，使車輛左右轉。

⑶ 本型式不需要油泵、油管及動力缸等，且駕駛可藉由選擇開關(selector switch)的調整，以改變動力輔助的大小。由於是靠馬達驅動，故稱爲電動動力轉向(electric power steering， EPS)，係電子控制式EPS。

8.2 車輪定位

8.2.1 概述

1. 爲使車輛在平直路面行駛時，方向盤保持在直線行駛的位置，且在彎曲道路上，能以較小的操作力使車子轉彎，必須有正確的車輪定位(wheel alignment)。車輪定位不準確時，會造成轉向困難、轉向穩定性差、彎曲路面回復性差及輪胎壽命縮短等毛病。
2. 車輪定位有下列六個項目：
   ⑴ 懸吊高度(suspension height)。
   ⑵ 外傾角(camber)。
   ⑶ 轉向軸內傾角(steering-axis inclination，SAI)或大王銷內傾角(king pin inclination)。
   ⑷ 後傾角(caster)。
   ⑸ 前束(toe in)。
   ⑹ 迴轉半徑(turning radius)。
3. 其他影響車輪定位的因素有：
   ⑴ 轉向偏位(steering offset)或擦移半徑(scrub radius)。
   ⑵ 軸距差(setback)。
   ⑶ 推力角度(thrust angle)。

8.2.2 各種車輪定位因素

一、懸吊高度

由車身、車架或懸吊某一點至地面的距離稱爲懸吊高度，如圖 8.24 所示。懸吊高度不正確時，會影響轉向角度與車輪定位。例如彈簧塌陷時，外傾角會改變，當後輪彈簧塌陷時，會影響對角方向前輪的外傾角，每 25mm 的塌陷量，前輪外傾角改變可達 0.75°。

圖 8.24 懸吊高度(福特汽車公司)

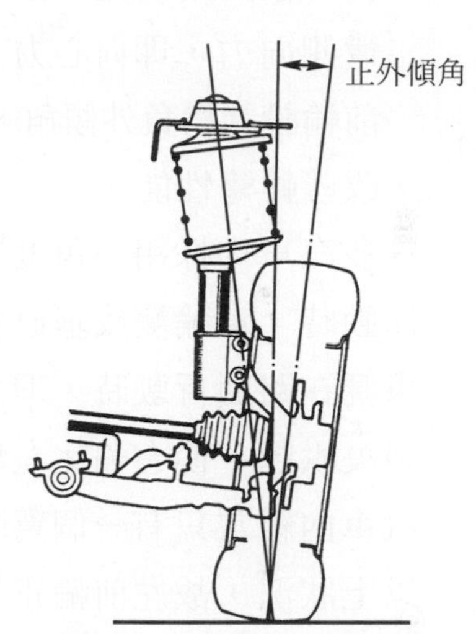

圖 8.25 外傾角(福特汽車公司)

二、外傾角

1. 由車前看輪胎中心線與鉛垂線所夾之角度，稱爲外傾角。車輪中心線向外傾斜者，稱爲正外傾角；車輪中心線與鉛垂線重疊者，稱爲零外傾角；車輪中心線向內傾斜者，稱爲負外傾角，如圖 8.25 所示。通常外傾角約在－1.5°～＋1.5°之間。
2. 早期車輛設計爲正外傾角，在車輛負重後，懸吊系統各機件會變形，使車輪變成垂直，減少胎面的不正常磨損。而現代汽車懸吊系統機件已較堅固，且道路表面也較平坦，因此減少正外傾角，有些汽車則設計爲零外傾角，甚至設計爲負外傾角，以改善轉向性能。

(1) 正外傾角的功能

① 減少在指軸與轉向節的作用力。

② 防止行駛中車輪滑出。

③ 減少輪胎偏磨損。

④ 減少方向盤操作力。

(2) 零外傾角的功能：可防止輪胎的偏磨損。

(3) 負外傾角的功能：當車子轉彎時，輪胎與路面間摩擦力而產生的轉彎側向力，即向心力，在正外傾角減少時，轉彎側向力可增加，故前輪設計爲負外傾角，向心力增加時，可使車輛在轉彎時保持穩定，改善轉彎性能。

3. 許多汽車均採用小角度的正外傾角，當車輛載重及車輪在路面上滾轉運動時，車輪變成垂直爲零外傾角，使胎面全部與路面接觸。

4. 車輛在路面行駛時，理想的狀況應是兩前輪的外傾角相等。但因路面中央拱起，使右輪比左輪低，因此右輪正外傾角變成稍微大些；同時汽車內經常只有一個駕駛，駕駛體重會使左輪正外傾角減小。爲因應以上狀況，故左前輪正外傾角通常比右前輪大0.25°。

三、轉向軸內傾角(或大王銷內傾角)

1. 由車前看，大王銷中心線或轉向軸中心線與鉛垂線所夾的角度，通常在6°～9°左右，如圖8.26所示。

2. 而大王銷或轉向軸中心線與地面的交點，至車輪中心線與地面交點間之距離，稱爲轉向偏位或擦移半徑，如圖8.26所示之O與M間之距離。

3. 內傾角的功能

(1) 減少大王銷銅套所受的作用力及磨損。

(2) 減少轉向力。

(3) 減少車輪拉向單邊。

(4) 提高直線行駛穩定性。

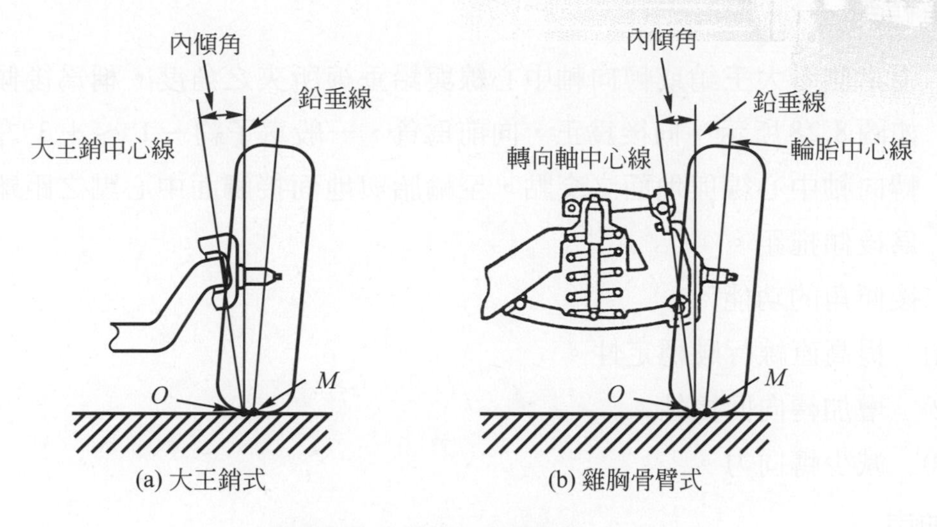

圖 8.26　內傾角(三級自動車シャシ)

4. 內傾角與外傾角之和，稱爲包容角(included angle)，如圖 8.27 所示。其交點在地面之下，使轉向容易，且輪胎不易磨損。包容角不正確時，表示轉向柱或指軸等彎曲。

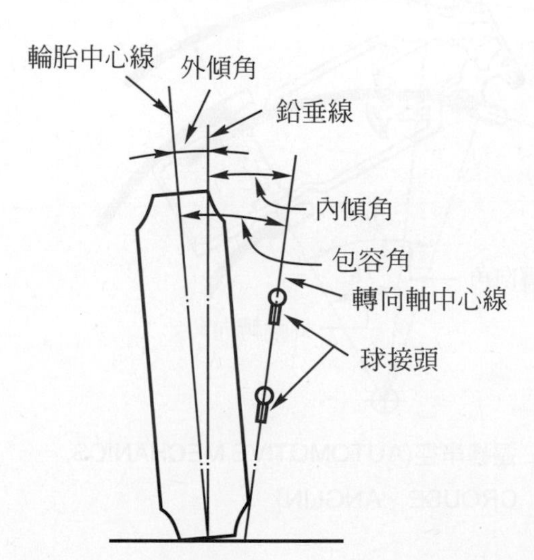

圖 8.27　包容角(Crouse Automotive Mechanics)

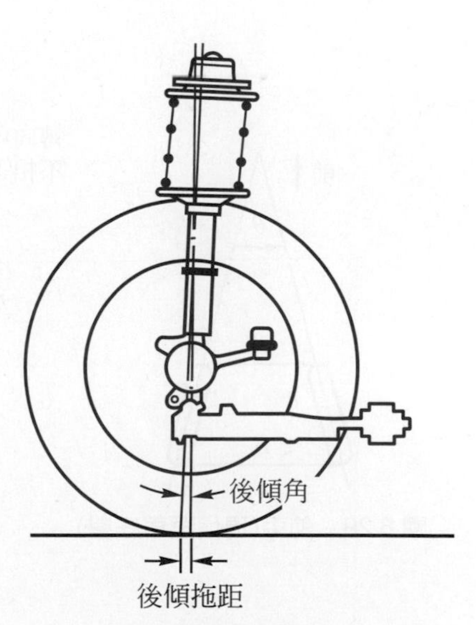

圖 8.28　後傾角(福特汽車公司)

四、後傾角

1. 由車側看大王銷或轉向軸中心線與鉛垂線所夾之角度，稱爲後傾角，如圖 8.28 所示。向後爲正，向前爲負，一般車子約－1°～＋3°左右。轉向軸中心線與地面之交點，至輪胎與地面接觸面中心點之距離，稱爲後傾拖距。
2. 後傾角的功能
   (1) 提高直線行駛穩定性。
   (2) 增加轉向回復性。
   (3) 減少轉向力。

五、前束

1. 由車子上方看，兩前輪與軸同高處的中心距離，前面較後面小，稱爲前束，如圖 8.29 所示。前束可以距離或度數爲單位，一般以距離(mm)表示較多。當前面距離較後面大時，稱爲前展(toe out)。

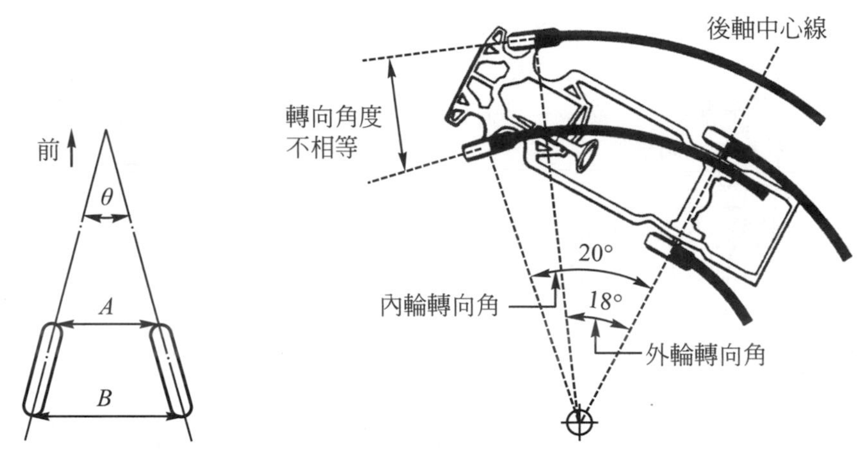

圖 8.29　前束(現代汽車底盤)

圖 8.30　迴轉半徑(AUTOMOTIVE MECHANICS, CROUSE、ANGLIN)

2. 前束的功能

   當前輪是正外傾角時，在車輛前進時，車輪有向外滾的趨勢，因此利用前束來抵消，使汽車在行進時的動態前束(running toe)爲零，兩前輪保持平行狀態。

3. FR 型車輛前輪的前束值約 3mm，車子前進時，前輪的外滾傾向，壓縮轉向連桿，克服間隙，使兩前輪變成平行狀態。某些FF型車輛，當車子前進時，前輪有向內拉的傾向，故設計成微幅的前展。

六、迴轉半徑

1. 車輛轉彎時，左右前輪轉向角度不同，以達到所希望的迴轉半徑，如圖 8.30 所示。內外輪的角度差，也稱做轉向前展(toe out on turns)或轉向角度(turning angle)。內輪轉角大時迴轉半徑小，外輪轉角小時迴轉半徑大。內外輪的角度差約 2°～4°；另與標準值比較，內與外輪轉角不可超過 1.5°。
2. 迴轉半徑的功能
   ⑴ 以後軸中心線延伸線之瞬時中心為基準順利轉彎，避免輪胎拖曳(scuffing)而磨損。
   ⑵ 因內輪轉角大阻力大，外輪轉角小阻力小，二前輪所受的阻力不同，車輛向阻力大的一邊轉過去，可使車輛轉向容易。

七、軸距差

1. 車子兩側軸距不相等時，稱為軸距差，如圖 8.31 所示，為正軸距差；右軸距較大時，稱為負軸距差。汽車製造時的間隙，及車輛發生撞擊，都會產生軸距差，造成車子拉向短軸距側，並使軸向中心失準。
2. 軸距差不可超過 19mm 以上。在進行車輪定位前，必須先找出並解決軸距差太大的原因。

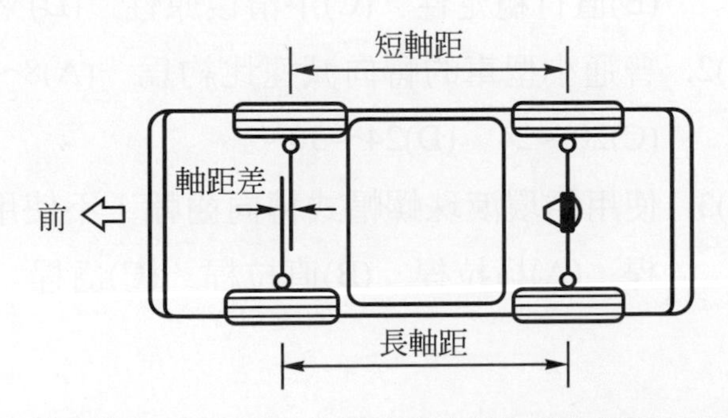

圖 8.31　軸距差(AUTOMOTIVE MECHANICS, CROUSE、ANGLIN)

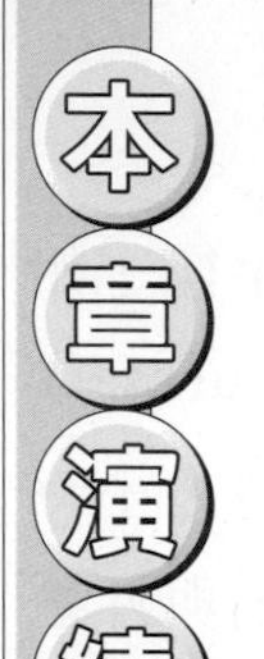

一、是非題

(　)1. 車輛轉彎時，車輪的瞬時中心必須交於一點。

(　)2. 車輛撞擊時，是直拉桿潰縮以吸收衝擊。

(　)3. 轉向減速比愈大，方向盤的操作力愈重。

(　)4. 齒桿與小齒輪式轉向齒輪，其轉向連桿包括畢特門臂。

(　)5. 動力轉向的控制閥組，用以控制油壓系統內的最大壓力。

(　)6. 轉向軸內傾角，或可稱大王銷內傾角。

(　)7. 現代汽車均採用零外傾角之設計。

(　)8. 轉向軸中心線與地面的交點，在輪胎中心線與地面交點的內側時，爲負轉向偏位。

(　)9. FF型汽車前懸吊使用麥花臣式時，通常採用正轉向偏位。

(　)10. 動力轉向比手動轉向採用較小的正後傾角。

(　)11. 汽車在行進時，動態前束必須爲零。

(　)12. CAMBER 指的是輪胎外傾角。

(　)13. 輪胎外傾角是指輪胎中心線與大王銷中心線之夾角。

(　)14. 前束是 CASTER。

(　)15. 車輛轉彎時，內側輪轉向前展要比外側輪爲小。

二、選擇題

(　)1. 下述何者非轉向機構應具備的條件　(A)優越操控性　(B)直行穩定性　(C)平滑復原性　(D)來自路面震動大。

(　)2. 普通小型車的轉向減速比約爲　(A)8～12　(B)14～18　(C)20～24　(D)24～30。

(　)3. 使用循環滾珠螺帽式轉向齒輪，不使用下述何種轉向連桿　(A)橫拉桿　(B)直拉桿　(C)齒桿　(D)畢特門臂。

( )4. 動力轉向油泵流量控制閥的特性爲 (A)轉速慢時送油量少 (B)轉速快時送油量多 (C)轉向力大小隨引擎轉速而改變 (D)轉速慢時動力輔助小。

( )5. 引擎轉速感應式動力轉向，在 (A)惰速 (B)低速 (C)中速 (D)高速 時送往轉向機控制閥組處的油量最多。

( )6. 電子控制液壓油式動力轉向裝置，當車速低於 (A)12 (B)32 (C)50 (D)70 km/h 時，電磁閥全開，動力輔助最大。

( )7. 車輪定位不準確時，會造成 (A)轉彎後回復性差 (B)轉向困難 (C)輪胎磨損 (D)以上皆正確。

( )8. 外傾角通常在 (A)－ 7.5°～－ 8.0° (B)－ 8.0°～－ 1.5° (C)－ 1.5°～＋ 1.5° (D)＋ 2.5°～＋ 8.5°。

( )9. 採用負外傾角的功能爲 (A)使轉彎保持穩定 (B)減少方向盤的迴轉圈數 (C)防止車輪滑出 (D)減少輪胎跳動。

( )10. 轉向軸內傾角通常在 (A)1°～3° (B)6°～9° (C)11°～16° (D)18°～22°。

( )11. 後傾角度通常爲 (A)－ 4°～－ 1.5° (B)－ 1°～＋ 3° (C)＋ 4°～＋ 6° (D)＋ 8°～＋ 12°。

( )12. FR型車輛的前束値約 (A)0 (B)3 (C)6 (D)10 mm。

( )13. 從車前看大王銷中心線與垂直線之夾角爲 (A)外傾角 (B)後傾角 (C)內傾角 (D)後傾角或內傾角。

( )14. 汽車前輪在轉彎後有自動回正之作用主要是由於 (A)前束 (B)外傾角 (C)前展 (D)內傾角。

三、問答題

1. 試述齒桿與小齒輪式轉向齒輪的結構。
2. 循環滾珠螺帽式轉向齒輪採用可變齒輪比時有何特性？
3. 動力轉向機構油泵內控制閥組的功能爲何？
4. 簡述電子控制液壓油式動力轉向裝置電磁閥的作用。
5. 何謂懸吊高度？
6. 爲何左前輪正外傾角通常比右前輪大？
7. 試述前束的功能。
8. 軸距差太大時有何影響？

Chapter 9
起動系統

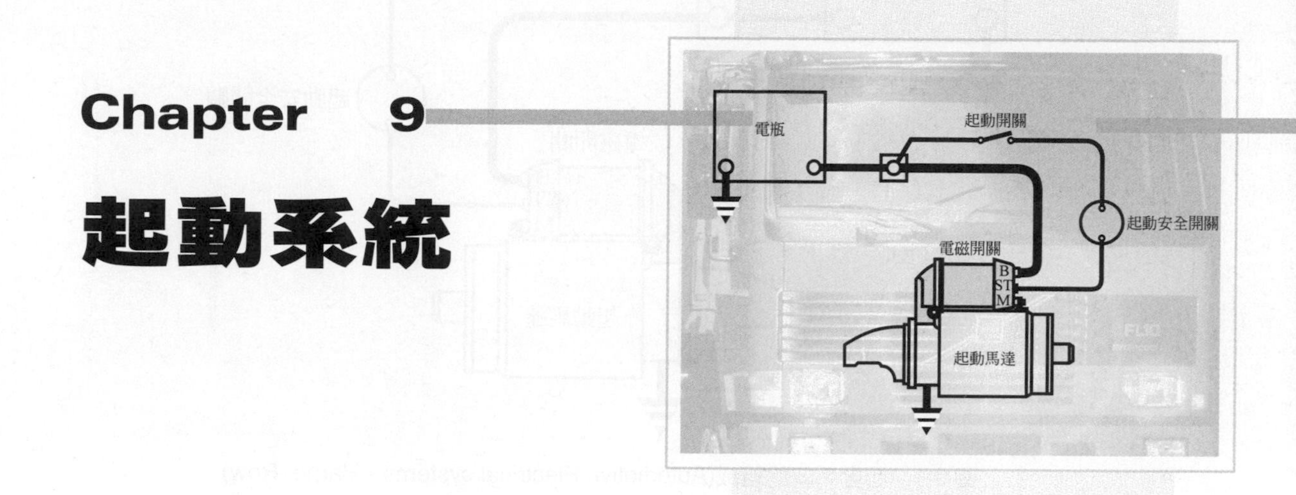

9.1 起動系統電路

一、概述

1. 不論汽油引擎或柴油引擎都必須經排氣→進氣→壓縮→動力之過程才能作用，因此開始起動引擎必須先搖轉曲軸，現代汽車均使用電動馬達來搖轉以起動引擎。
2. 馬達需使用很大之電流，約 50～300A，因此我們使用點火開關以較小之電流，約3～5A，經電磁開關中線圈產生之磁力來控制接點之開閉。

二、起動系統的組成與電路

1. 汽車起動系統的組成，如圖 9.1 所示。
2. 電瓶：供應馬達所需之大量電流。

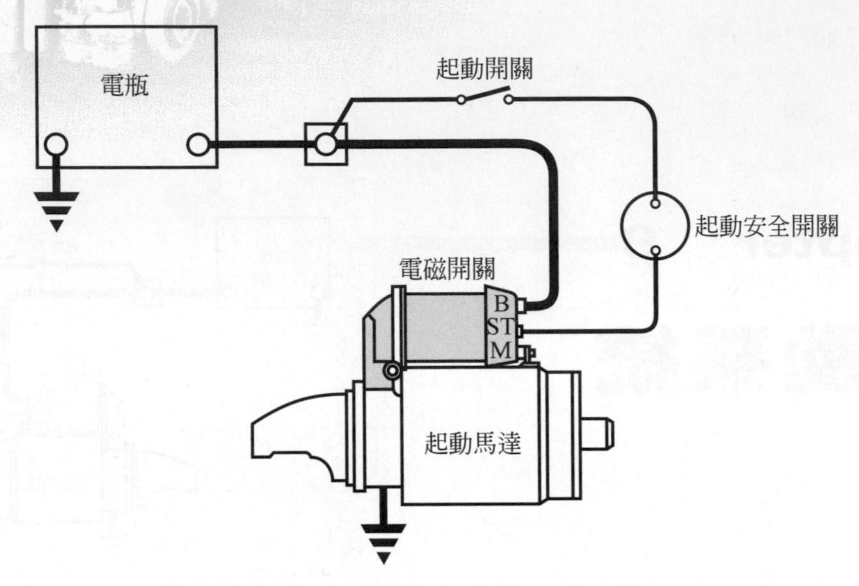

圖 9.1 起動系統的組成(Automotive Electrical systems，Harper Row)

3. 點火開關：裝在轉向柱上，通常有五個位置擔任不同的工作，如圖 9.2 所示。

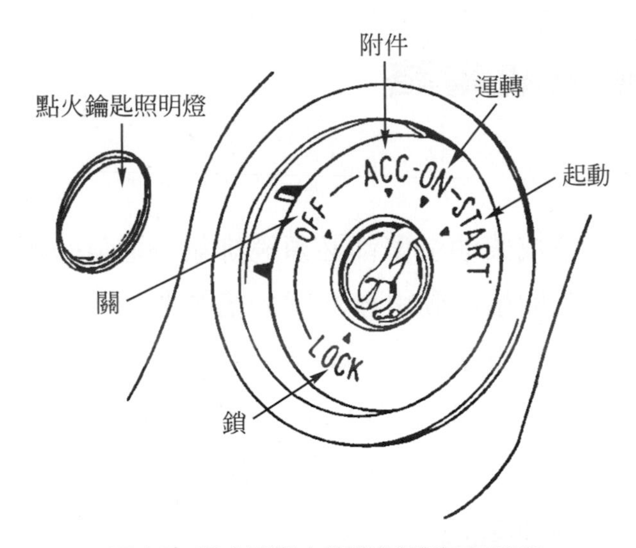

圖 9.2 點火開關之位置(裕隆汽車公司)

4. 起動安全開關(starting safety switch)

(1) 起動安全開關是一種常開開關，以防止變速箱不在空檔或引擎在運轉中，使起動系統產生作用發生危險或損壞齒輪之安全裝置。

(2) 使用自動變速箱之車子，一定有安裝起動安全開關，只有選擇桿在空檔(*N*)或駐車(*P*)位置，起動線路才能接通，如圖 9.3 所示。

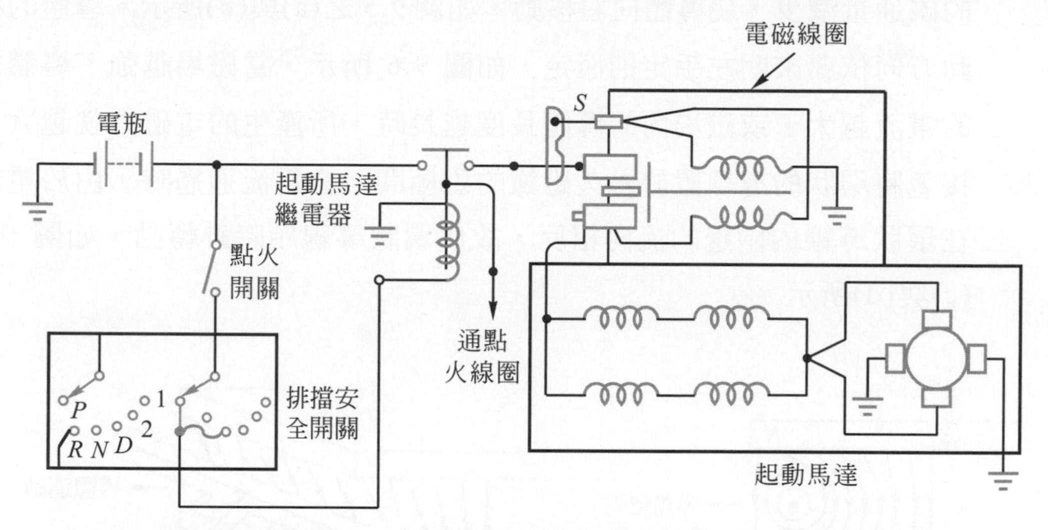

圖 9.3　起動安全開關在*P*或*N*才能接通(Automotive Electrical Systems，Harper Row)

5. 電磁開關：用以控制馬達驅動齒輪與飛輪之接合分離，及接通馬達電路。
6. 起動馬達：起動馬達包括馬達本體與驅動機構兩部分。

9.2 起動馬達的工作原理

1. 在導體中有電流流動時，其周圍會感應磁場，如圖 9.4 所示。磁力線方向依安培右手定則而定。

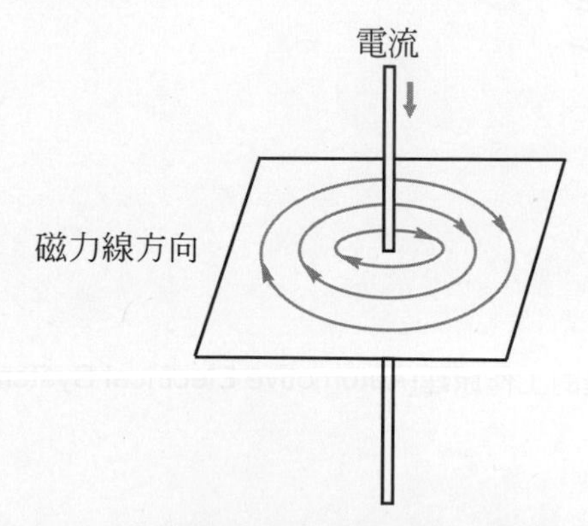

圖 9.4　磁力線的方向(汽車電學，黃靖雄)

2. 若將導體置於永久磁鐵的*N*極與*S*極之間，由於導體通電產生的磁力線與永久磁鐵的磁力線相互干擾，致導體左端的磁通量增加，而右端的磁通量減少，使導體向右移動，如圖 9.5 之(a)與(b)所示。導體的移動方向依弗來明左手定則而定，如圖 9.6 所示，當磁場越強，導體內的電流越大，或磁場內的導體長度越長時，所產生的電磁力就越大。
3. 接著將環狀的導線置於永久磁鐵的磁極間，當電流通過時，由於電流在環狀導線內兩邊的流向相反，故使環狀導線順時針轉動，如圖 9.5 (c)與(d)所示。

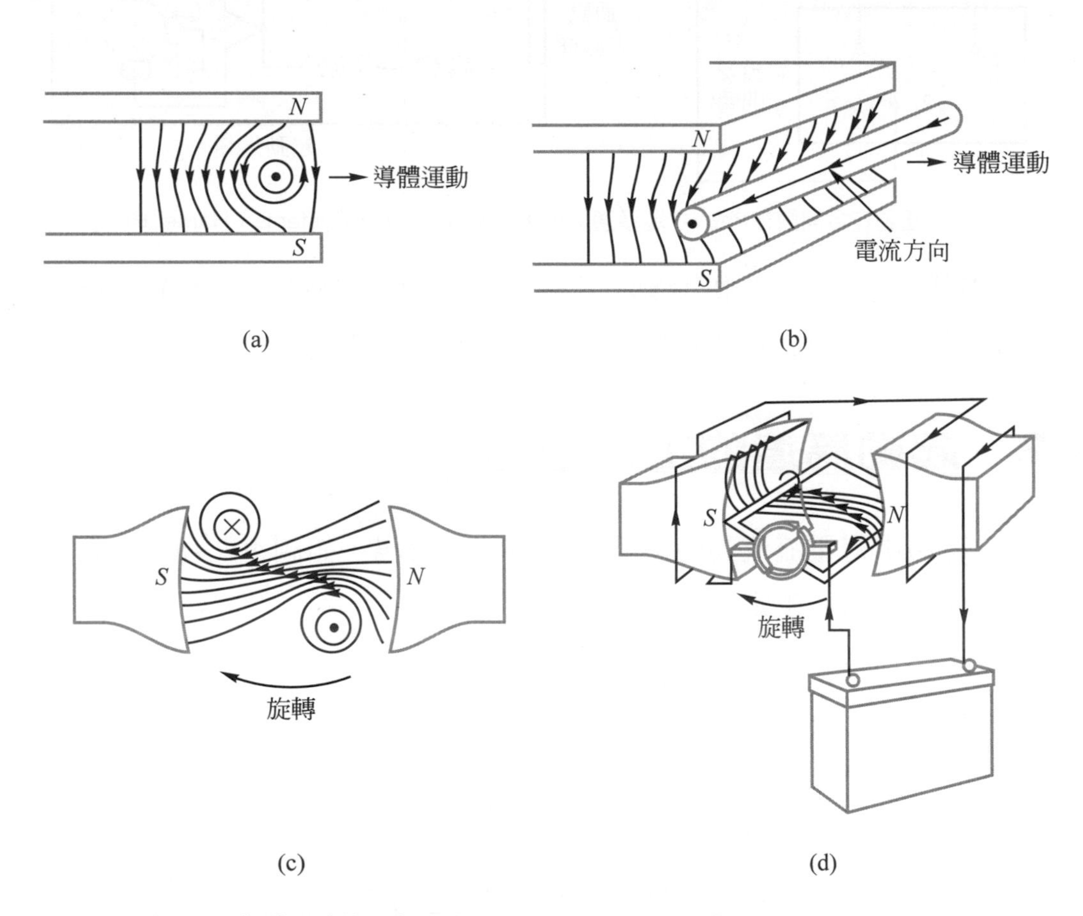

圖 9.5　起動馬達的工作原理(Automotive Electrical Systems，Harper Row)

4. 簡單馬達之構造，包括磁場(magnet field)、導線環(conducting loop)、整流子(commutation)、電刷(carbon brush)等，電流由電刷經整流子進入導線環，即電樞(armature)後，導線環即產生轉動，每半轉由整流子改變導線環之電流一次，就可以使導線環所受之磁場推力連續而能持續旋轉，即原在 N 極之導線移到 S 極時，電流方向必須相反，才能使作用力方向一致，如圖 9.7 所示。

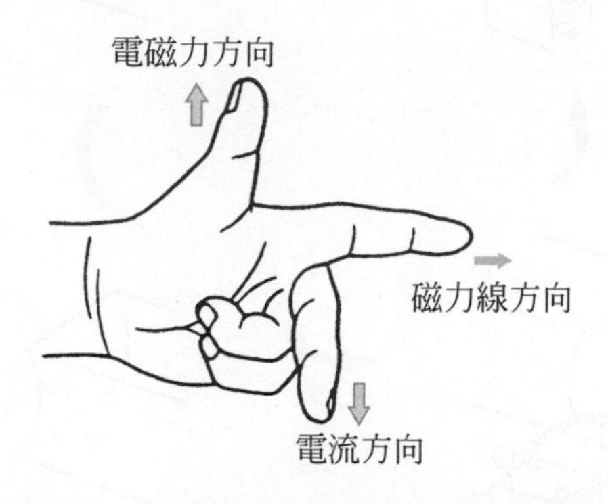

圖 9.6　弗來明左手定則(和泰汽車公司)

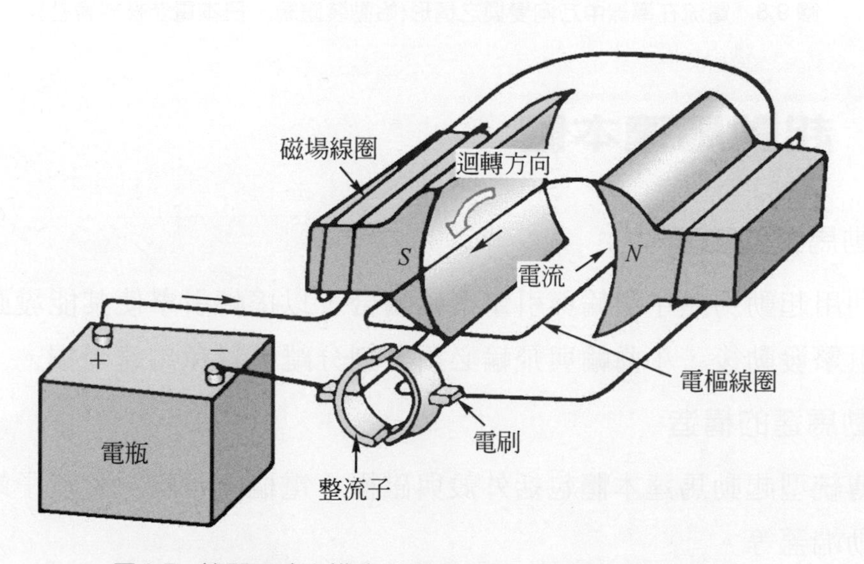

圖 9.7　簡單馬達之構造(始動裝置篇，日本電裝株式會社)

5. 利用整流子，每半轉使電流在導線中方向做改變，即可使導線以相同方向持續旋轉，如圖 9.8 所示。

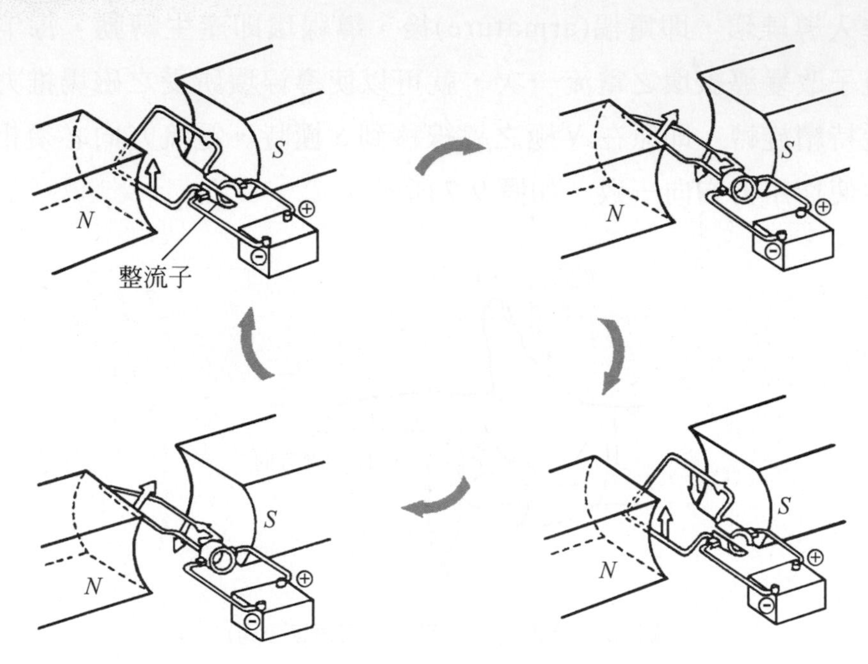

圖 9.8　電流在導線中方向變換之情形(始動裝置篇，日本電裝株式會社)

9.3　起動馬達本體

一、起動馬達的功能

1. 利用起動馬達小齒輪與引擎飛輪嚙合，以搖轉引擎使其能發動。
2. 引擎發動後，小齒輪與飛輪必須立刻分離，以免馬達受損。

二、起動馬達的構造

1. 傳統型起動馬達本體包括外殼與磁極、電樞、電刷、整流子端蓋與驅動端蓋等。
   (1) 馬達外殼與磁極：馬達之外殼與磁極，如圖 9.9 所示，包括外殼、磁極、磁場線圈等。

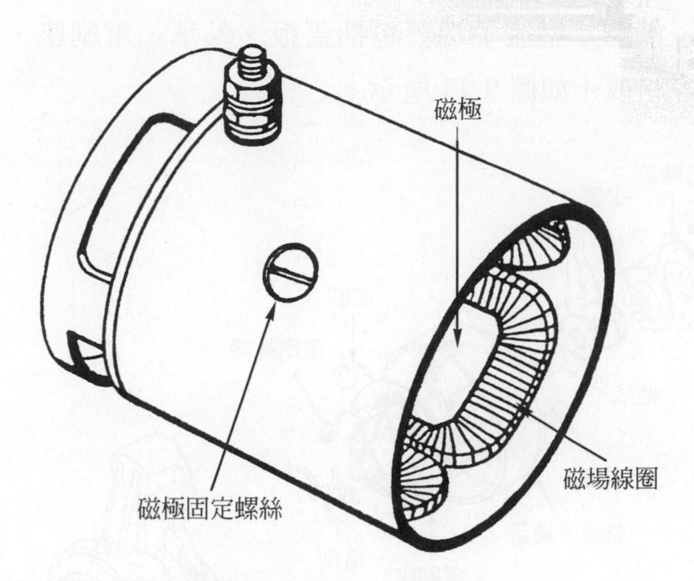

圖 9.9　馬達之外殼與磁極(Automotive Electrical Systems，Harper Row)

⑵　電樞：馬達電樞包括軸、軟鐵片疊合成之鐵芯、整流子及電樞線圈，如圖 9.10 所示。

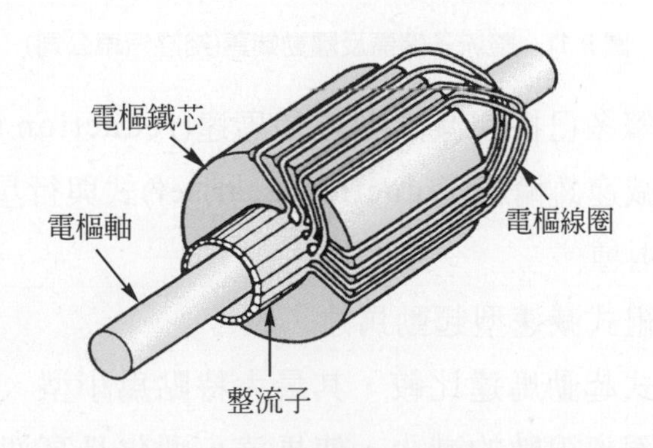

圖 9.10　電樞的構造(和泰汽車公司)

①　整流子之構造，每一銅片間以雲母絕緣片隔開，雲母片較銅片低 0.5～0.8mm。

②　電樞線圈與磁場線圈的連接方式可分串聯式、並聯式與複聯式三種，以串聯式最適合。

⑶　電刷：起動馬達因需通過很大電流，因此必須以含銅較多含石墨較少的材料製成，以減少電阻，因一般呈銅色，故俗稱銅刷。

(4) 整流子端蓋：整流子端蓋包括蓋板、軸承、電刷座、電刷彈簧、彈簧架等組成，如圖 9.11 所示。

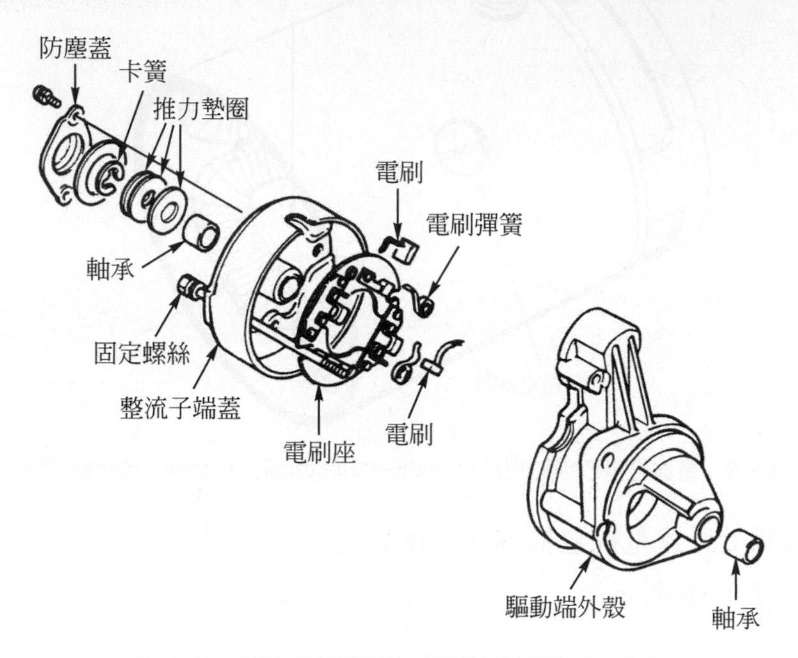

圖 9.11 整流子端蓋及驅動端蓋(裕隆汽車公司)

2. 現代汽油引擎多已採用減速型起動馬達(reduction starter)。減速型起動馬達可分減速齒輪組(reduction-gear set)式與行星齒輪組(planetary-gear set)式兩種。

(1) 減速齒輪組式減速型起動馬達

① 與傳統式起動馬達比較，其最大特點爲小型、輕量化及高扭矩。電樞線圈導線數的減少，使馬達小型化且高速化，高轉速時扭矩小，所以需用減速齒輪，使扭矩增大。

② 如圖 9.12 所示，在電樞軸上的惰齒輪驅動離合器軸上的較大齒輪，爲第一次減速，減速比約 3：1；離合器軸上的小齒輪驅動飛輪上的環齒輪時，爲第二次減速。總減速比約 45：1，以提供較高的旋轉扭矩。

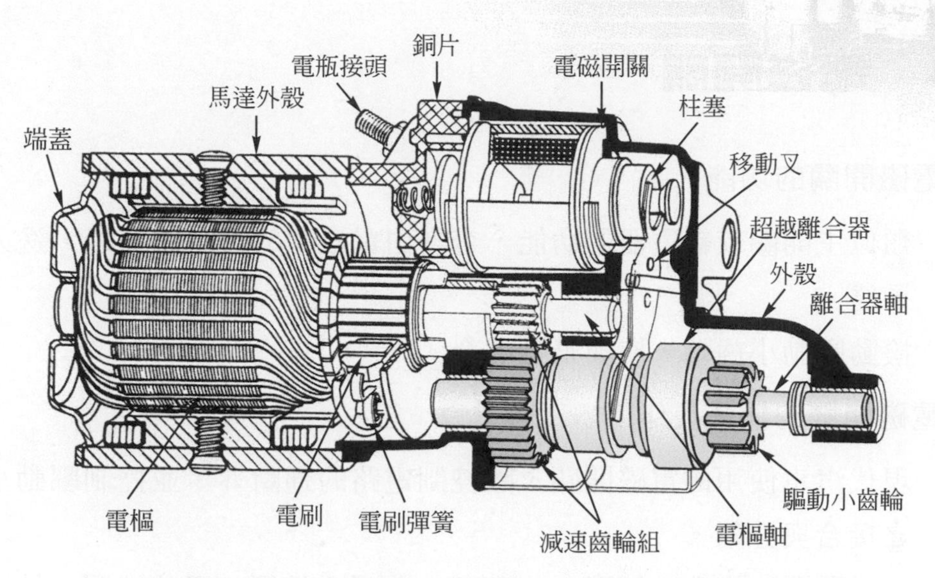

圖 9.12　減速齒輪組式減速型起動馬達的構造(AUTOMOTIVE MECHANICS，CROUSE、ANGLIN)

(2) 行星齒輪組式減速型起動馬達：行星齒輪組式沒有減速齒輪組式的惰齒輪，是將轉速在同軸上減速，可在狹窄處做大幅度減速，因此更小型、輕量化。第一次減速比約 5：1，總減速比約 70：1，如圖 9.13 所示。

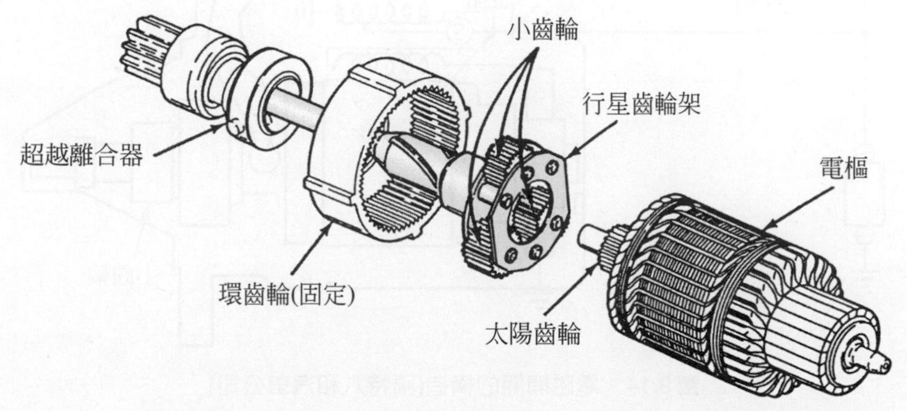

圖 9.13　行星齒輪組式減速型起動馬達的構造(AUTOMOTIVE MECHANICS，CROUSE、 ANGLIN)

9.4 電磁開關

一、電磁開關的功能

1. 類似主開關或繼電器的功能，容許由電瓶來的大電流通過，送入起動馬達。
2. 撥動驅動小齒輪，使與飛輪嚙合。

二、電磁開關的構造及作用

1. 現代汽車使用的電磁開關，除控制電路的通斷外，並控制驅動小齒輪之接合與分離。
2. 電磁開關的構造，如圖 9.14 所示，由吸入線圈、吸住線圈、柱塞、彈簧及接點等組成。

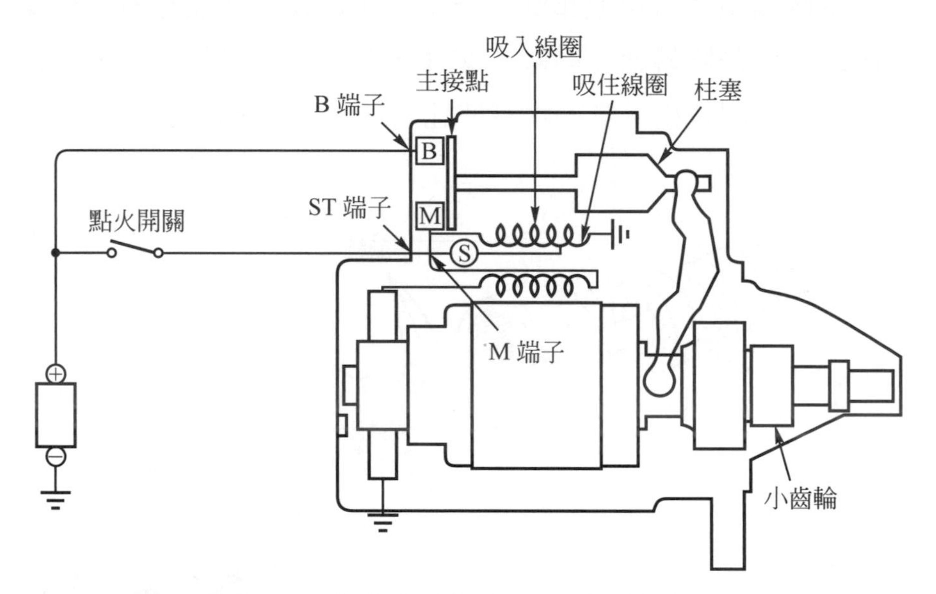

圖 9.14　電磁開關的構造(福特六和汽車公司)

3. 電磁開關及起動電路之作用

(1) 以齒輪撥動型馬達之起動系統為例，如圖 9.14 所示。

(2) 起動引擎時

① 當點火開關轉到ST時，電瓶電由點火開關B線頭經ST線頭流到馬達電磁開關之ST線頭，電分二路，一條經較細的吸住線圈(hold-in winding)，又稱並聯線圈(shunt coil)，到外殼搭鐵產生吸力；另一條經較粗的吸入線圈(pull-in winding)，又稱串聯線圈(series coil)，經電磁線圈之M線頭及馬達磁場線圈與電樞線圈搭鐵，使馬達能緩慢旋轉，並產生強大的電磁吸力，如圖 9.15 所示。

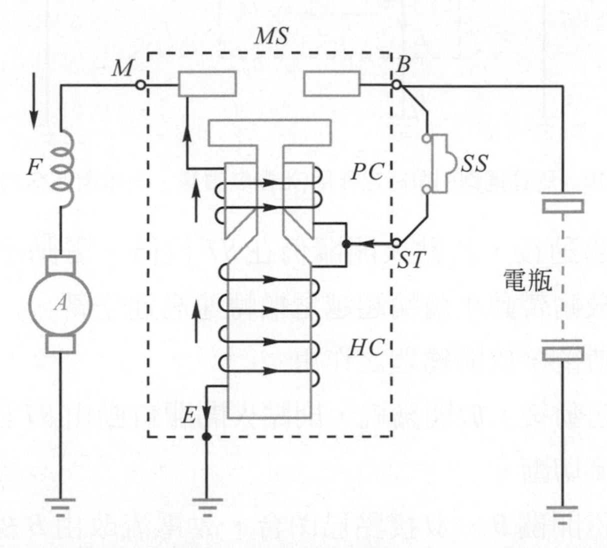

圖 9.15 起動開關接通時之作用(始動裝置篇，日本電裝株式會社)

② 吸住線圈與吸入線圈之方向相同，磁力線相加，產生之強吸力將柱塞吸入線圈中，柱塞之移動使撥叉將驅動小齒輪撥向飛輪。因馬達電樞緩慢轉動，故萬一齒相碰時能很快滑開而使齒輪很容易嚙合，齒輪嚙合後，電樞因電流小，扭矩小，故停止轉動。當驅動小齒輪與飛輪嚙合完成後，柱塞將電磁開關B及M兩個接點接通，大量電流由電瓶經電纜線直接流入馬達，使馬達產生強大扭矩搖轉引擎。此時吸入線圈兩端均為電源，無電流進入；吸住線圈仍有電流，如圖 9.16 所示。

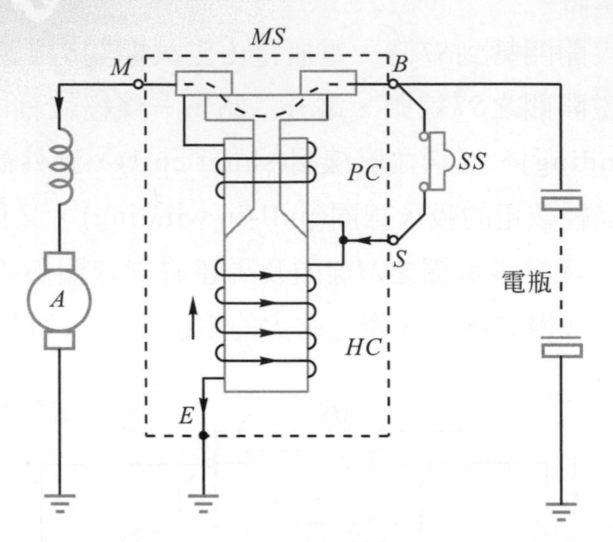

圖 9.16　馬達搖轉引擎時之作用(始動裝置篇，日本電裝株式會社)

③ 引擎起動後，若點火開關仍在 ST 位置，驅動小齒輪仍與飛輪嚙合，飛輪帶動小齒輪超越電樞轉速高速空轉。

(3) 引擎起動後，放開鑰匙之作用

① 引擎起動後，放開鑰匙，則點火開關自動由 ST 回到 ON，此時 ST 之電流切斷。

② 因電磁開關 B、M 接點已閉合，故電流改由 B 線頭經接點流入吸入線圈，在吸住線圈搭鐵，此時吸入線圈之電流方向與原來方向相反，而吸住線圈之電流方向仍不變，因此吸入與吸住兩線圈之電流方向相反，產生之磁力互相抵消，如圖 9.17 所示。

電源→電磁開關 B 線頭→ M 線頭→吸入線圈→吸住線圈→搭鐵

③ 電磁開關之磁力消失後，彈簧將柱塞推出，撥叉將驅動小齒輪撥回原來位置。

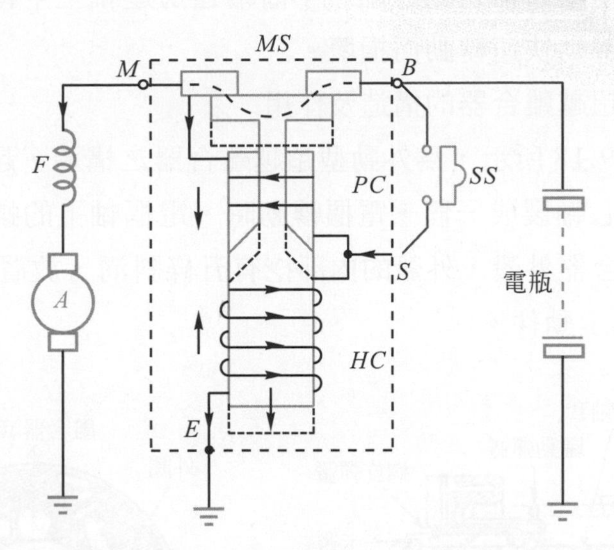

圖 9.17　放開鑰匙時之作用(始動裝置篇，日本電裝株式會社)

9.5　驅動機構

一、概述

1. 馬達之驅動機構在起動引擎時，能自動的使馬達小齒輪與飛輪嚙合，在引擎起動後，能使馬達小齒輪自動的與飛輪分離或自行空轉，才不會因馬達高速運轉而損壞。
2. 起動馬達小齒輪齒數與飛輪環齒數比約 1：15～1：20，即減速比為 15～20：1。

二、電磁撥動齒輪型的構造與作用

1. 此式嚙合確實，且齒輪的磨耗少。
2. 使用雙線圈電磁開關撥動小齒輪之馬達，採用滾珠或滾柱式超越離合器保護馬達，為目前汽油車使用最多之起動馬達。
3. 超越離合器的構造及作用

⑴ 功用：只能馬達驅動引擎，引擎不能驅動馬達。搖轉引擎時超越離合器鎖住成為一體，馬達能驅動引擎，引擎一起動後，轉速比馬達

快，超越離合器自動分離，小齒輪在馬達軸上空轉，以防馬達電樞被引擎帶動快速轉動而損壞。

⑵ 外動型超越離合器的構造及作用

① 如圖 9.18 所示，爲外動型超越離合器之構造，超越離合器的外殼與空心軸製成一體，電樞轉動時，電樞軸上的螺旋齒驅動空心軸與離合器外殼，外殼的內部挖有五條斜溝，放置彈簧及滾柱(或滾珠)爲主動件。

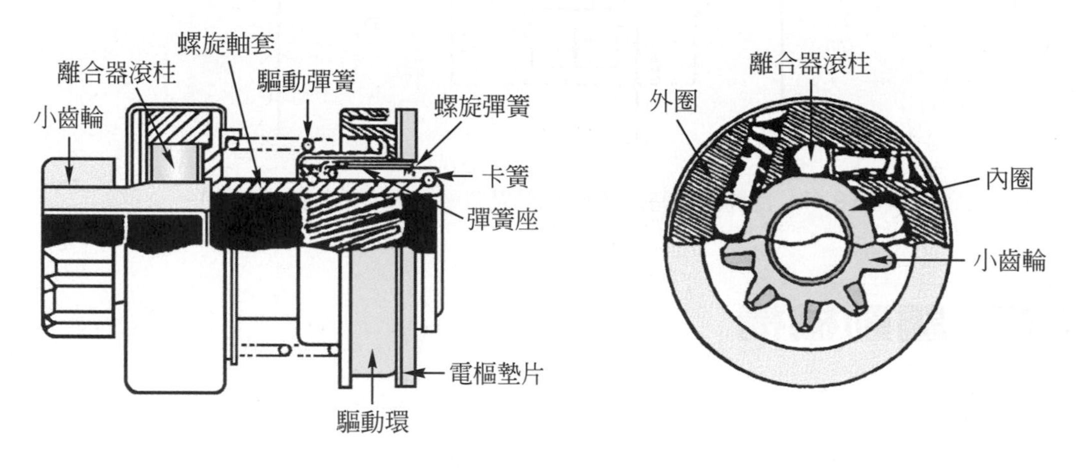

圖 9.18 外動型超越離合器的構造(自動車整備入門)

② 起動時動力傳遞順序爲電樞軸→空心軸→離合器外殼→離合器內圈→小齒輪，如圖 9.19 所示。

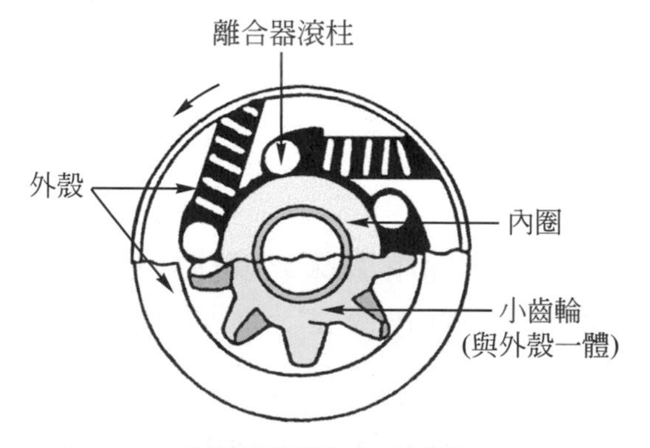

圖 9.19 外動型超越離合器傳動時
(始動裝置篇，日本電裝株式會社)

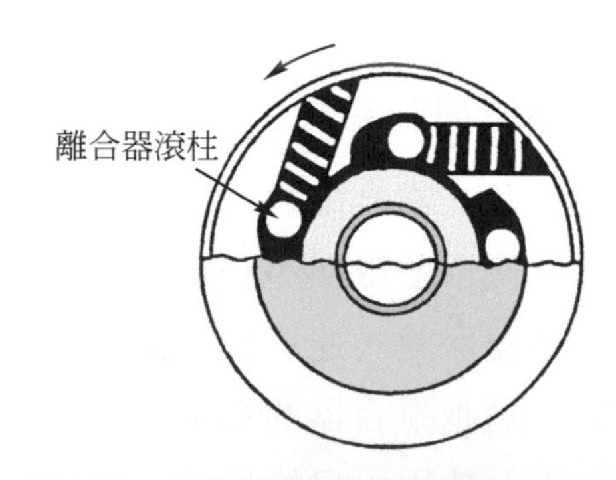

圖 9.20 外動型超越離合器空轉時
(始動裝置篇，日本電裝株式會社)

③ 引擎發動後，小齒輪轉速大於電樞軸轉速，小齒輪為主動，滾柱移到斜溝較寬處，離合器分離，只有小齒輪空轉，動力不會傳到電樞軸，如圖 9.20 所示。

9.6 減速型起動馬達

一、減速型起動馬達的構造

1. 如圖 9.21 所示，為減速齒輪組式減速型起動馬達的構造，由數個減速齒輪、起動離合器、驅動小齒輪、電磁開關及高速馬達本體等所組成。
2. 藉由 1～4 個額外的減速齒輪，降低轉速，將高扭矩傳給驅動小齒輪。
3. 電磁開關的柱塞與驅動小齒輪在同軸上，由柱塞直接推動小齒輪，使與環齒輪相嚙合。
4. 減速型起動馬達與同重量之普通型起動馬達相比較，產生之扭矩較大，適用於高壓縮比的柴油引擎。

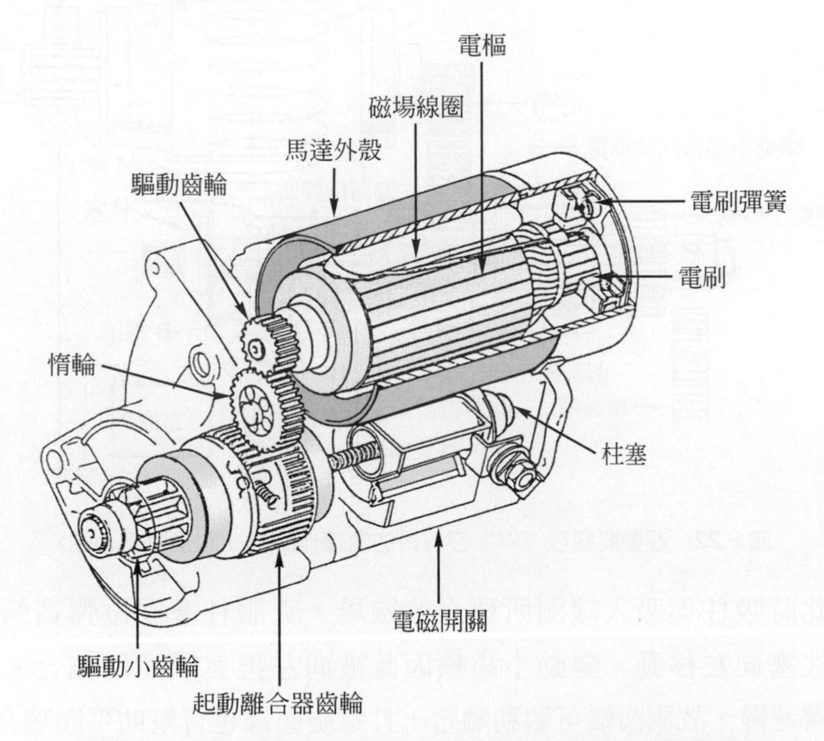

圖 9.21 減速齒輪組式減速型起動馬達的構造(和泰汽車公司)

二、減速型起動馬達的作用

1. 起動開關在"*ST*"位置時

⑴ 當起動開關轉到"*ST*"位置時，電流經 *ST* 端子流進吸入線圈(pull-in coil，PC)與吸住線圈(hold-in coil，HC)，流進吸入線圈的電流，經 *M* 端子進入磁場線圈與電樞線圈，如圖 9.22 所示。由於吸入線圈的磁化作用導致電壓降，使流入磁場線圈及電樞線圈的電流變小，故馬達只以低速轉動。其電流流動過程如下：

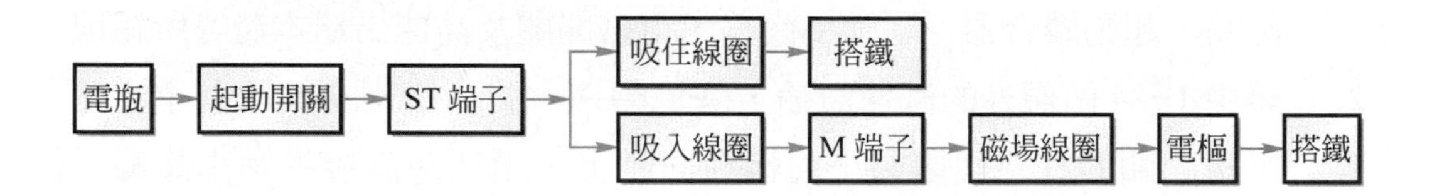

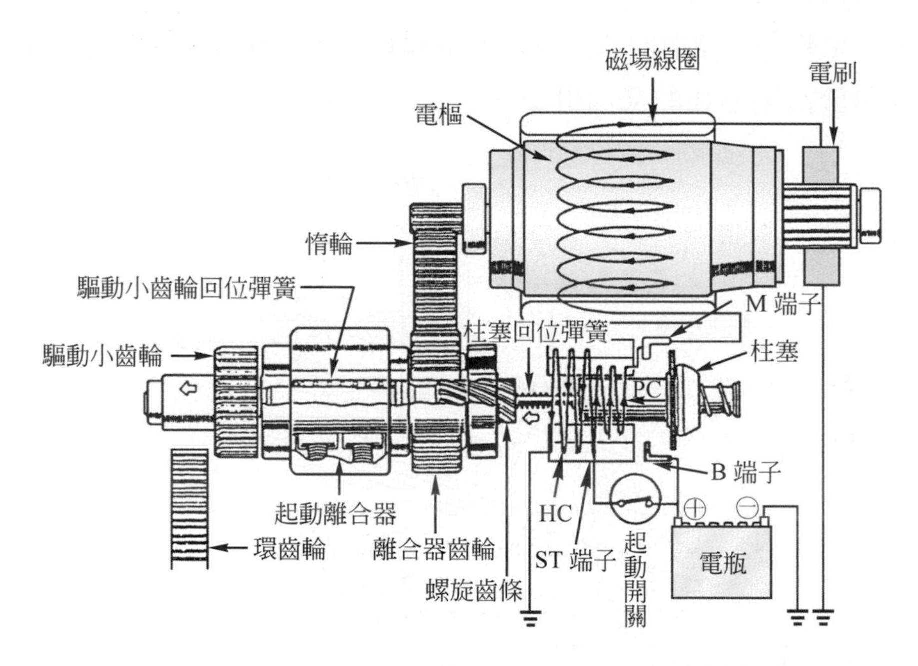

圖 9.22　起動開關在"*ST*"位置時的馬達作用(一)(和泰汽車公司)

⑵ 此時吸住與吸入線圈所建立的磁場，克服柱塞回位彈簧的彈力，使柱塞向左移動，驅動小齒輪因此被向左推與環齒輪嚙合。由於馬達轉速慢，故兩齒輪可順利嚙合，且螺旋齒條也有幫助平順嚙合之作用。

(3) 當驅動小齒輪與飛輪的環齒輪完全嚙合後，柱塞左側的接觸片使 *B* 端子與 *M* 端子接通，大量電流流入起動馬達，使馬達高速旋轉，如圖 9.23 所示。而此時吸入線圈兩端的電壓相同，電流不再流入，柱塞僅靠吸住線圈之磁力保持在最左邊的位置。其電流流動過程如下：

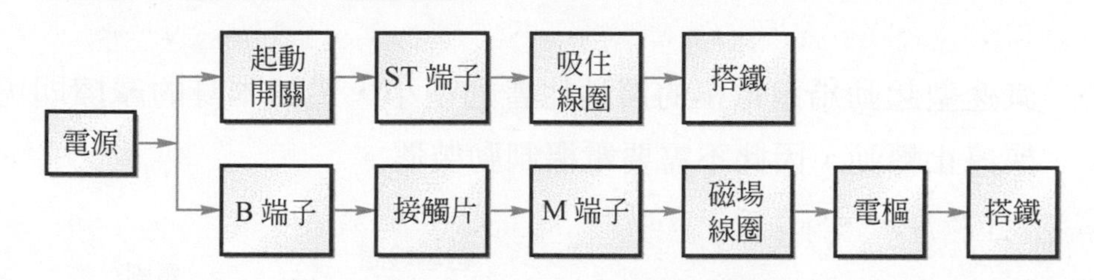

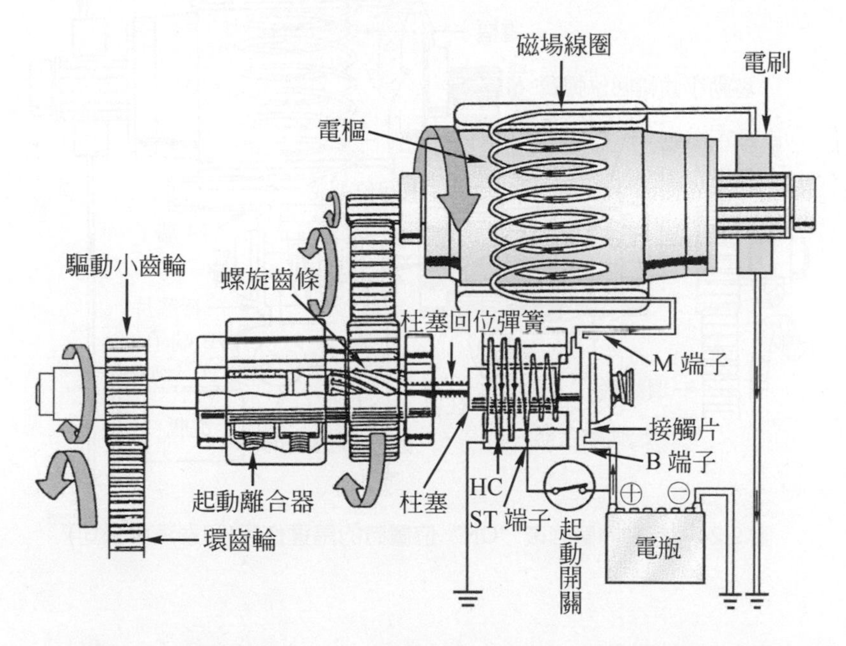

圖 9.23　起動開關在"*ST*"位置時的馬達作用(二)(和泰汽車公司)

2. 放開起動開關回復"ON"位置時

(1) *ST* 端子電流切斷，但主開關仍接通，因此電流由 *M* 端子經吸入線圈到吸住線圈，吸入線圈與吸住線圈的電流方向相反，磁力互相抵消，柱塞被回位彈簧推回右側，因此主開關通過的大電流被切斷，驅動小齒輪也與環齒輪分離，如圖 9.24 所示。其電流流動過程如下：

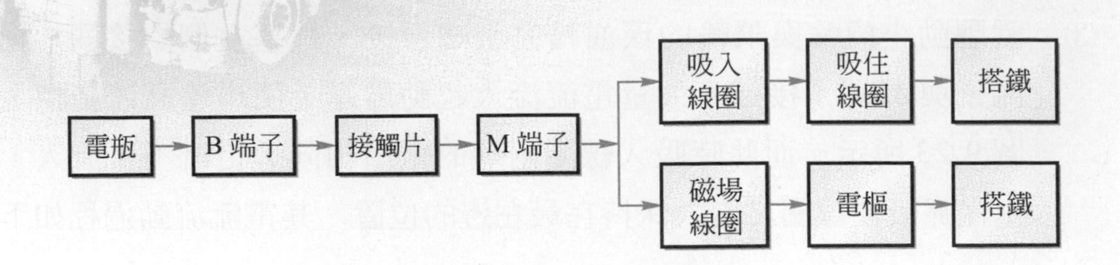

(2) 減速型起動馬達電樞的慣性比普通型小，馬達本身的摩擦即可使電樞停止轉動，因此不需要電樞制動裝置。

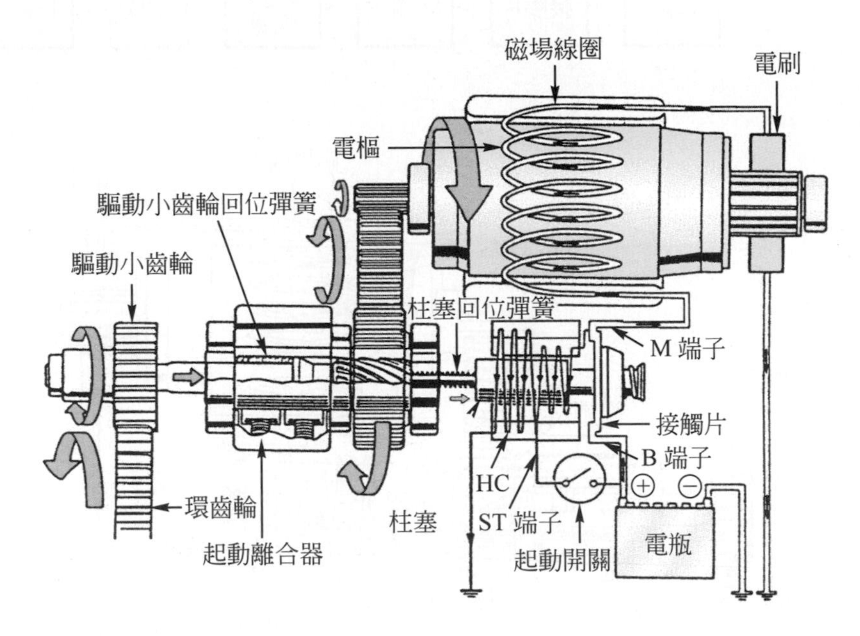

圖 9.24 起動開關回復“ON”位置時的馬達作用(和泰汽車公司)

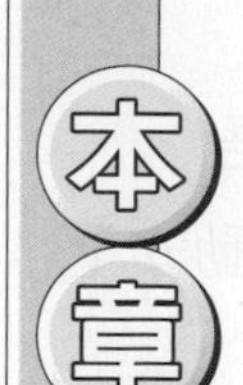

一、是非題

(　)1. 現代自排汽車，選擇桿排入P檔，鑰匙才能拔出。

(　)2. 自動排檔汽車選擇桿在P與N時引擎才能發動。

(　)3. 引擎發動後，起動馬達小齒輪應立刻與飛輪分離。

(　)4. 目前使用最多的電樞線圈與磁場線圈的接線方式，其特點是馬達低速扭矩小，高速扭矩大。

(　)5. 減速型起動馬達的電樞線圈導線數比傳統式起動馬達多。

(　)6. 電磁開關是利用撥叉，以撥動驅動小齒輪，使與飛輪嚙合。

(　)7. 電磁開關內有兩組線圈，較粗的是吸住線圈，較細的是吸入線圈。

(　)8. 引擎發動後，起動開關回到"ON"位置時，吸住與吸入線圈的電流方向相反。

(　)9. 減速型起動馬達適用高壓縮比的柴油引擎。

(　)10. 超速離合器之起動馬達，在引擎發動而起動開關未放鬆前，驅動小齒輪會自動和飛輪分離。

二、選擇題

(　)1. 馬達使用的電流約爲　(A)3～5A　(B)6～20A　(C)21～45A　(D)50～300A。

(　)2. 導體的運動方向是依　(A)弗來明左手定則　(B)安培右手定則　(C)歐姆定律　(D)愣次定律　而定。

(　)3. 電樞線圈與磁場線圈的連接方式採用最多的是　(A)串聯式　(B)並聯式　(C)複聯式　(D)並繞式。

(　)4. 下列何者非減速型起動馬達的特點　(A)高扭矩　(B)低轉速　(C)輕量化　(D)小型化。

(　)5. 傳統式起動馬達的減速比約 (A)5～10：1 (B)15～20：1 (C)25～30:1 (D)35～50:1。

(　)6. 讓電瓶的大電流通過，再送入磁場與電樞線圈的是 (A)電磁開關 (B)起動開關 (C)抑制開關 (D)起動安全開關。

(　)7. 大型柴油引擎利用 (A)減壓裝置 (B)高壓縮比設計 (C)低壓縮比設計 (D)排氣遮斷裝置 以減輕起動馬達的負荷。

(　)8. 起動馬達電磁開關上之*M*線頭應接 (A)電瓶 (B)起動開關 (C)馬達本體 (D)搭鐵。

三、問答題

1. 起動安全開關有何功能？
2. 試述起動馬達的基本旋轉作用。
3. 減速型起動馬達有何特點？
4. 起動引擎時起動馬達的電流分哪兩條路徑？
5. 簡述減速型起動馬達的結構。

Chapter 10 充電系統

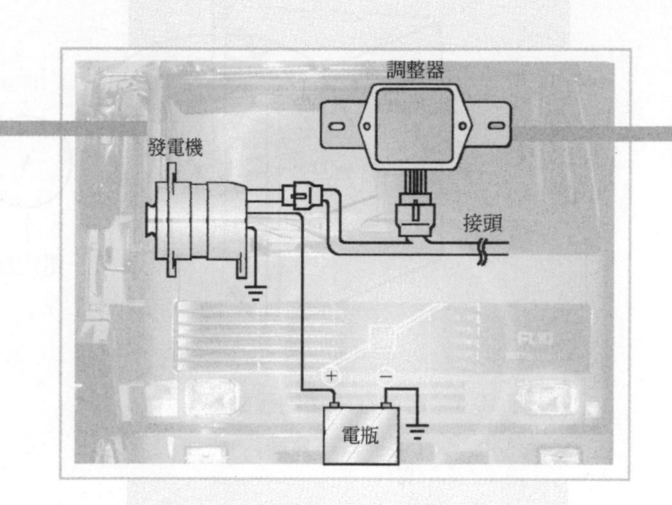

10.1 發電機

10.1.1 發電機的工作原理

1. 導體在磁場內運動切割磁力線，在導體中會產生感應電壓。如果將導體連成完整電路，則電路中會有電流，如圖 10.1 所示。
2. 在導線中放置磁鐵，並使磁鐵旋轉，則旋轉的磁力線切割導線，在導線中會產生電流，如圖 10.2 所示。
3. 磁力線切割線圈，能在線圈中產生感應電壓(電動勢)，此種現象稱為電磁感應。發電機係由電磁感應產生感應電壓，因而產生電壓與電流。

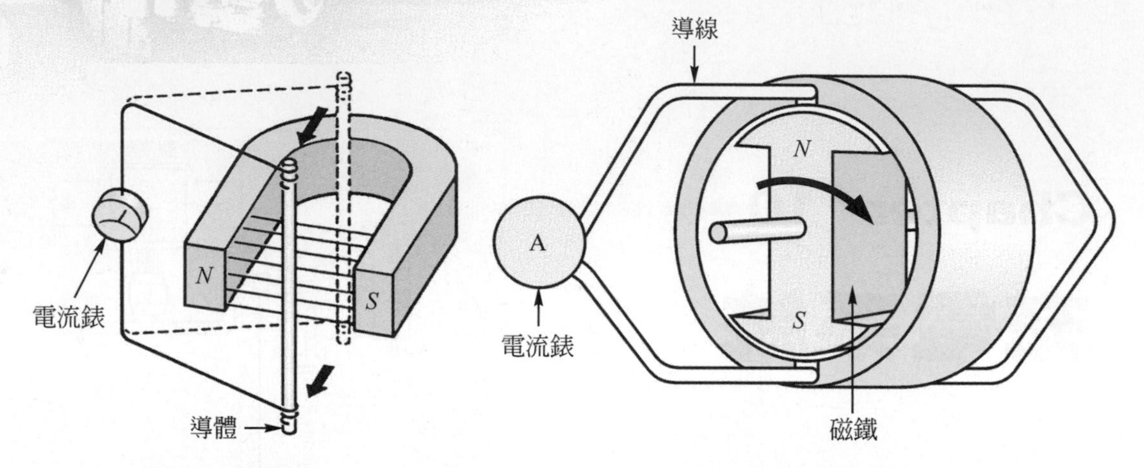

圖 10.1　導體在磁場內運動
(和泰汽車公司)

圖 10.2　磁鐵在導線中旋轉
(充電裝置篇，日本電裝株式會社)

10.1.2 交流發電機的構造

一、概述

1. 起動引擎時需利用電瓶供應馬達及點火系統等各種電器所需之電流；引擎起動後，必須由充電裝置來提供點火系及其他電器之用電，並補充電瓶在打馬達時所消耗之電能，如此引擎才能維持運轉，熄火後才能再起動。
2. 充電系統最重要的機件爲產生電能之發電機，其次爲控制發電機最高輸出之調整器，另外還需有指示充電系統工作是否正常之指示燈或電流錶，及連接各電器間之電線，如圖 10.3 所示。

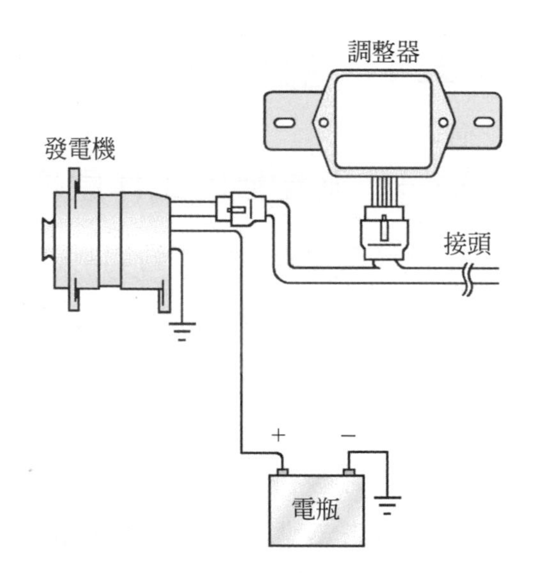

圖 10.3　充電系統的組成(裕隆汽車公司)

二、交流發電機的功能

1. 在車輛行駛時，供應點火系統、空調、音響及其他電器用電。
2. 補充電瓶在起動時損耗的電能。

三、交流發電機的構造

交流發電機的構造，如圖 10.4 所示，由靜子、轉子、整流器、前蓋板、電刷、後蓋板與風扇等所組成。圖示之交流發電機係採用 IC 調整器。

1. 靜子(stator)

⑴ 靜子是由靜子線圈及薄鐵片疊成之鐵芯組成，兩端為鋁製之端蓋所支撐，為外殼之一部分，如圖 10.5 所示。

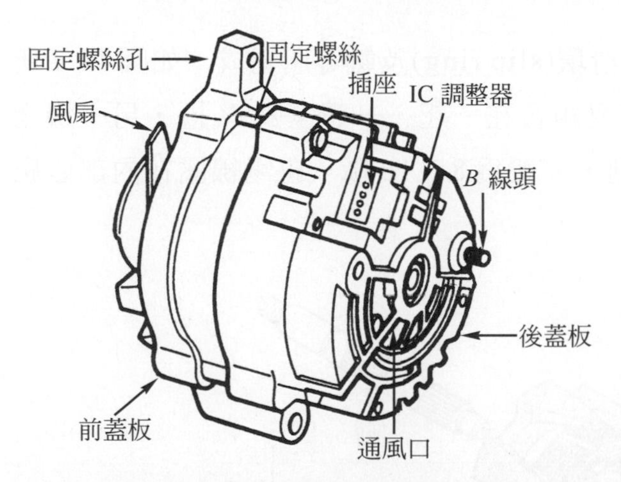

圖 10.4 交流發電機的構造(AUTOMOTIVE MECHANICS，CROUSE、ANGLIN)

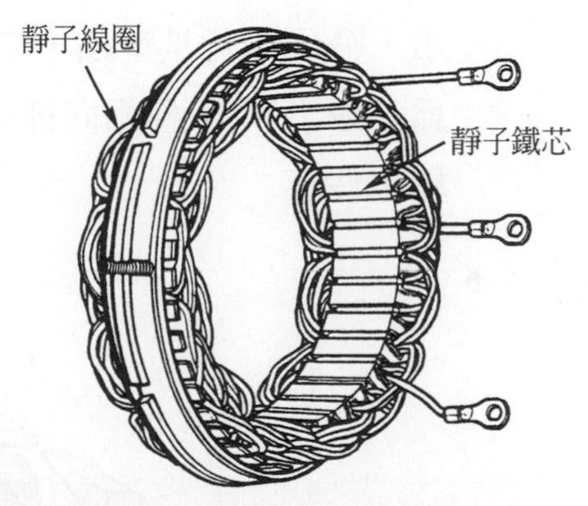

圖 10.5 靜子的構造(AUTOMOTIVE MECHANICS，CROUSE、ANGLIN)

⑵ 靜子線圈由漆包線繞成，共有三組線圈，每組由與轉子磁極數相等數量之線圈串聯而成。三組線圈之連接方法有 Y 型及△型兩種。

⑶ Y 型接線，如圖 10.6 所示，將三組靜子線圈的一個線頭連接在一起，此接點稱為中性點(N)，另三個線頭各連接於二極晶體整流粒上。Y 型接線法接線簡單，容易製造，各線頭間之電壓較高，低速時之發電特性佳，中性點 N 可以用來做調整器控制，一般汽車之發電機均採用此式。

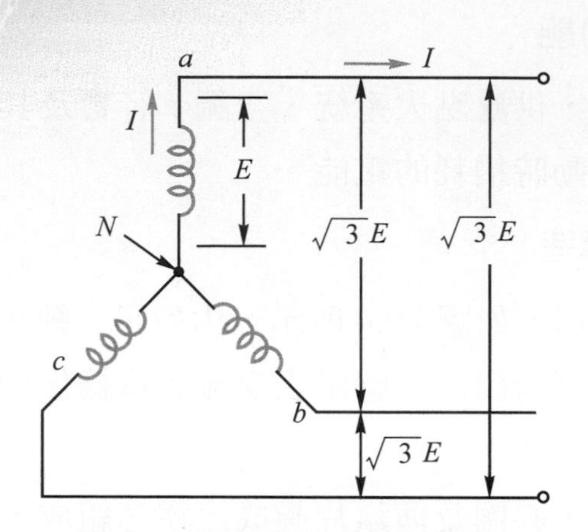

圖 10.6　Y 型接線(充電裝置篇)

2.　轉子(rotor)

⑴　轉子由磁極、磁場線圈、滑環(slip ring)及軸等所組成，如圖 10.7 所示，分成兩片爪型鐵，交叉組合在一起，一邊全為 N 極，另一邊全為 S 極，N、S 極相間排列，一般為 8～16 極。磁場線圈在內部由磁極包住。

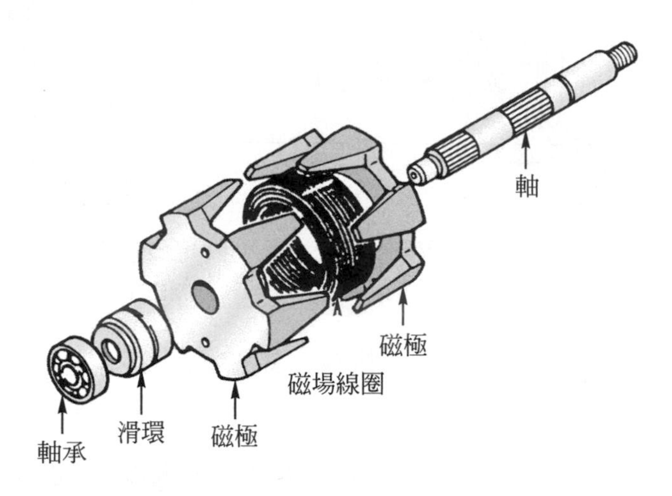

圖 10.7　爪型轉子的構造(和泰汽車公司)

⑵　磁場線圈電流之流動情形如下：

由調整器來之電流→發電機 F 線頭→電刷→滑環→磁場線圈→滑環→電刷→搭鐵

3. 整流器

⑴ 整流器之構造，如圖 10.8 所示，三個正極整流粒裝在一塊金屬板上成爲正極整流粒板，三個負極整流粒裝在另一塊金屬板上成爲負極整流粒板。

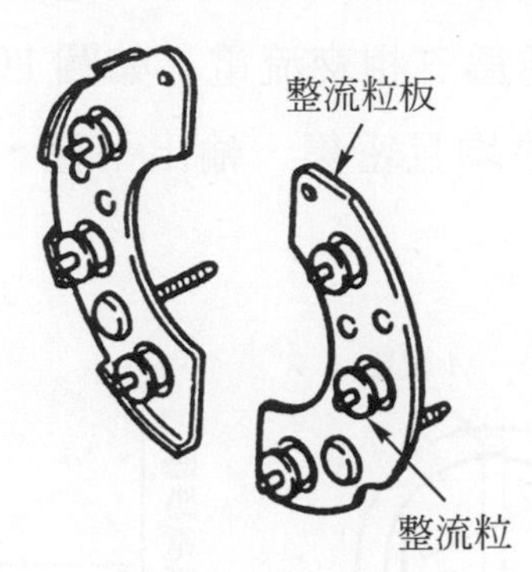

圖 10.8　整流器的構造(和泰汽車公司)

⑵ 整流粒(diode)為大功率之矽二極體，正、負極整流粒之外型一樣，在外殼上有記號註明電流方向。

10.1.3 交流發電機的作用

一、概述

1. 磁鐵在線圈中旋轉時，轉速越快，切割磁力線的速度也越快，產生的感應電壓也越大，換句話說，電壓會隨磁鐵轉速而變化。
2. 由於採用電磁方式，可以維持固定不變的電壓。當交流發電機以低速旋轉時，使通過電磁線圈的電流量增加；反之，當交流發電機以高速旋轉時，則使電流量減少，以控制電壓在一定值。
3. 通過電磁線圈的電流由電瓶供給，其電流大小由電壓調節器控制，故交流發電機能提供穩定的電壓，而不受引擎轉速的影響。

二、交流發電機的作用

1. 三相交流電的產生方法

⑴ 若在靜子中僅裝一組線圈，則磁鐵每一迴轉，線圈中產生一次電壓之變化，稱為單相交流電，如圖 10.9(a)所示。

(2) 若在靜子中裝置二組線圈，則磁鐵每一迴轉，*A*、*B* 線圈各產生一次電壓之變化，稱爲雙相交流電，如圖 10.9(b)所示，*A* 相較 *B* 落後 90°，交流電波之變化不穩定，故不被採用。

(3) 若在靜子裝置三組線圈，則磁鐵每一迴轉，*A*、*B*、*C* 線圈各產生一次電壓之變化，稱爲三相交流電，如圖 10.9(c)所示。每一相位相差 120°，波形變化平均且密集，輸出平穩，故交流發電機都採用三相方式。

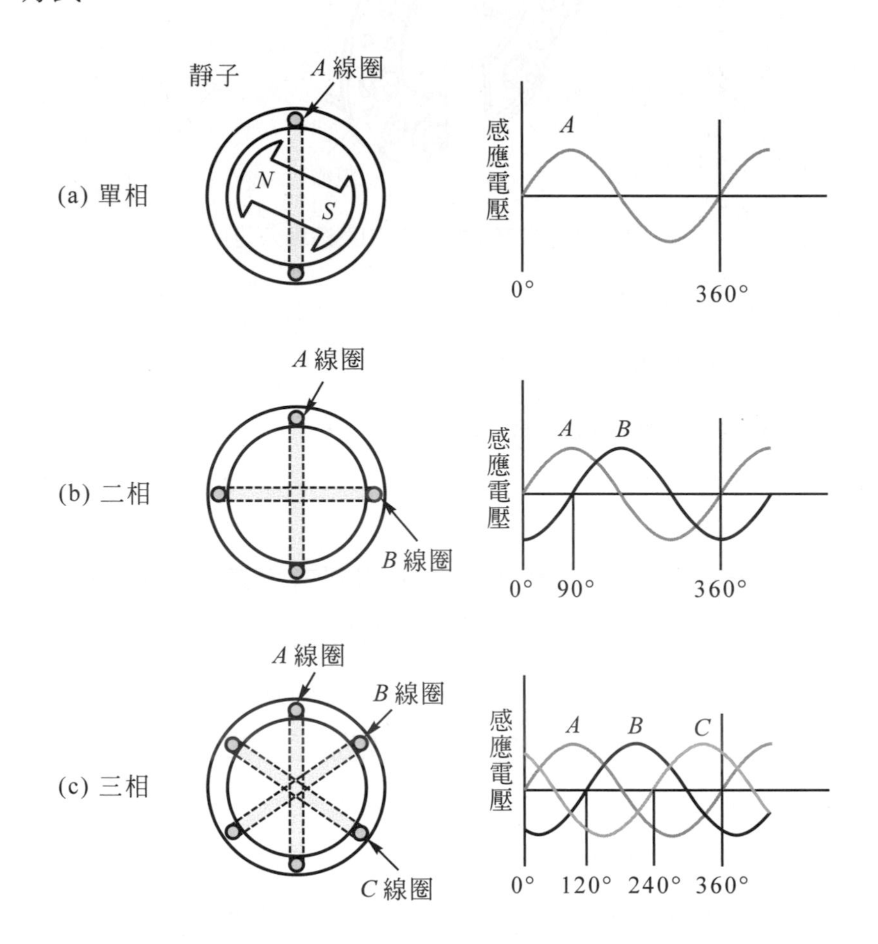

圖 10.9　三相交流電的產生方法(充電裝置篇，日本電裝株式會社)

(4) 汽車用交流發電機的轉子一般採用 8～16 極，若以 6 對(12 極)計算，則轉子每轉一轉，可以產生 18 次交流電波，再經整流粒全波整流後，則電壓之輸出變化很小，非常平穩。

2. 整流原理

⑴ 汽車上的電器都是使用直流電，因此靜子線圈感應之交流電必須經過整流後才能輸出，供應車上電器使用，並充電到電瓶。

⑵ 整流方式有全波整流及半波整流兩種。

⑶ 如圖 10.10(a)所示，在線路中裝一只整流粒時，只能讓一方向之電流通過，反方向則不能流過，稱爲半波整流。

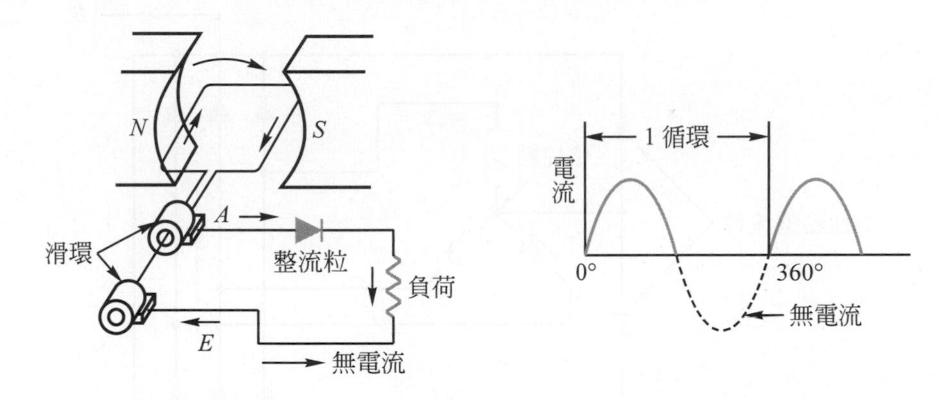

(a) 半波整流

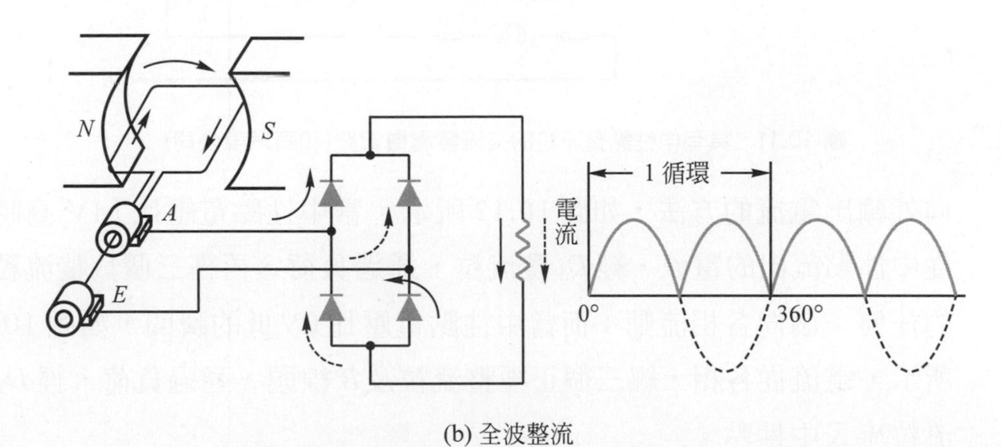

(b) 全波整流

圖 10.10 整流回路(三級自動車ガソリン エンジン)

⑷ 如圖 10.10(b)所示，在線路中安裝四只整流粒，方向並做適當安排，則電流可依實箭頭及虛箭頭兩條通路流出，正反方向之電流均能利用，效率比半波整流大一倍，故汽車交流發電機均採用全波整流。

⑸ 一組線路做全波整流需四只整流粒，但三相交流之三組線路因可互相共用，故僅需使用六只整流粒，即可做全波整流。

三、新型具有中性點整流粒的交流發電機

1. 其電路如圖 10.11 所示，除原有六個輸出整流粒外，另裝有二個中性點整流粒於輸出端B與搭鐵E間。中性點整流粒裝在整流粒固定架上。

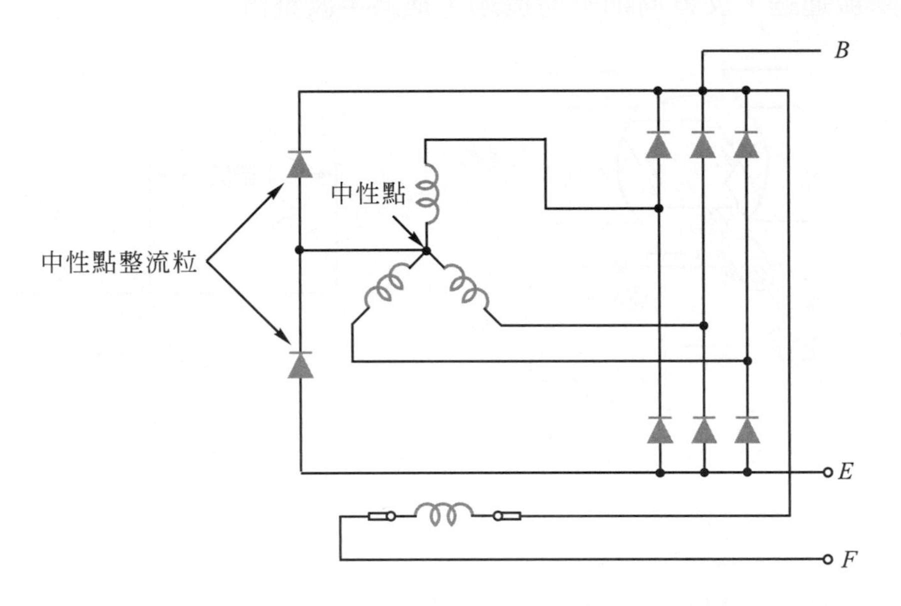

圖 10.11 具有中性點整流粒的交流發電機電路(和泰汽車公司)

2. 向外輸出電流的方法，如圖 10.12 所示，當中性點電壓比 14V 高時，從中性點流出的電流，經 D_1 整流粒，通過負荷，再經三個負整流粒中的任何一個向各相流動；而當中性點電壓比 0V 低的瞬間，如圖 10.13 所示，電流從各相，經三個正極整流粒及B 線頭，通過負荷，經 D_2 整流粒流入中性點。
3. 有中性點整流粒的交流發電機，與無中性點整流粒交流發電機比較，在 5,000rpm 以上轉速時，其輸出約高 10～15％，現代交流發電機採用很多。

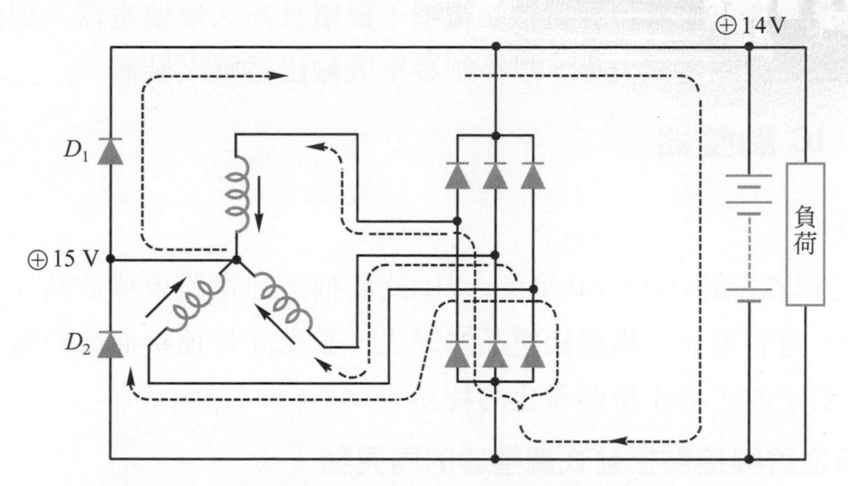

圖 10.12　中性電壓比 14V 高時的電流流動路線(和泰汽車公司)

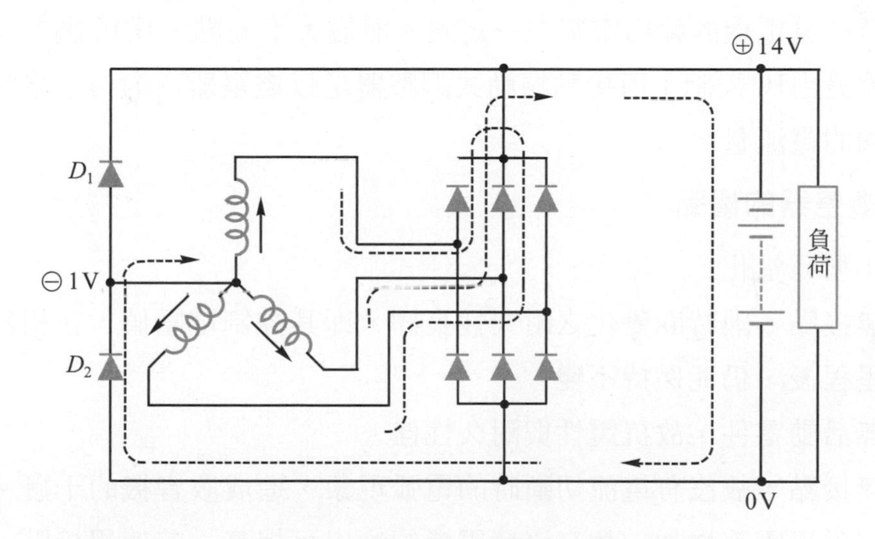

圖 10.13　中性電壓比 0V 低時的電流流動路線(和泰汽車公司)

10.2 調整器

10.2.1 調整器的功能

交流發電機在低速時就要能發出足夠的電壓供汽車電器及充電使用，因此在低速時需以較大之電流供應磁場線圈以產生強力磁場，使發電機能產生足夠的電壓。當交流發電機之轉速升高後，必須降低流過磁場線圈之電流，以減弱磁場強度，來維持發電機之電壓不繼續升高，燒壞電器。調整器就是用來控制磁場線圈電流大小，以控制發電機輸出電壓之裝置。

10.2.2 IC 調整器

一、何謂 IC

IC 是積體電路(integrated circuit)的簡稱，在電路板或矽晶片上，安裝許多電阻、電容器、二極體與電晶體等主、被動元件連接而成的電子電路，收納於小殼子內，具小型輕量化的特點。

二、IC 調整器與接點振動式調整器的同異點

IC調整器與接點振動式調整器的相同點，都是以控制磁場線圈電流的大小，以調節發電機的輸出電壓在一定值。而最大不同點，爲IC調整器的磁場線圈電流是由IC控制；而接點振動式調整器是以繼電器內的白金接點來控制磁場線圈的電流量。

三、IC 調整器的優點

1. 小型輕量化。
2. 無接點，因時間變化之耐久性良好，即其控制電壓值，在相當的行駛里程後，仍能保持不變。
3. 無活動零件，故抗震性與耐久性佳。
4. 無接點，故沒有電流切斷時的電弧現象，造成收音機的干擾。
5. 因磁場電流增加，故交流發電機的輸出可提高。若使用接點，通過電流太大時，接觸部位易發熱而局部熔解，且因電弧現象，會縮短接點的壽命，IC 調整器則無此顧慮。

四、交流發電機內置式 IC 調整器的作用

1. 現代之 IC 調整器體積很小，一般都直接裝在發電機內。
2. 其電路如圖 10.14 所示，爲福特天王星汽車所採用，其他廠牌汽車也有使用。此種型式的交流發電機多了三個磁場激磁整流粒，或簡稱磁場整流粒，引擎發動後，由此三個整流粒整流靜子線圈的感應電，供

應給磁場線圈電流，因電流不需流經外部線路之電阻，因此流入磁場線圈的電流增加，可改善發電機的輸出性能。其作用如下：

(1) 點火開關 ON 時之磁場電路如下：

電瓶→可熔絲→點火開關 IG→充電指示燈繼電器→發電機 L→碳刷→磁場線圈→碳刷→主晶體 T_1→搭鐵

磁場線圈有電流，充電指示燈繼電器閉合，充電指示燈亮。

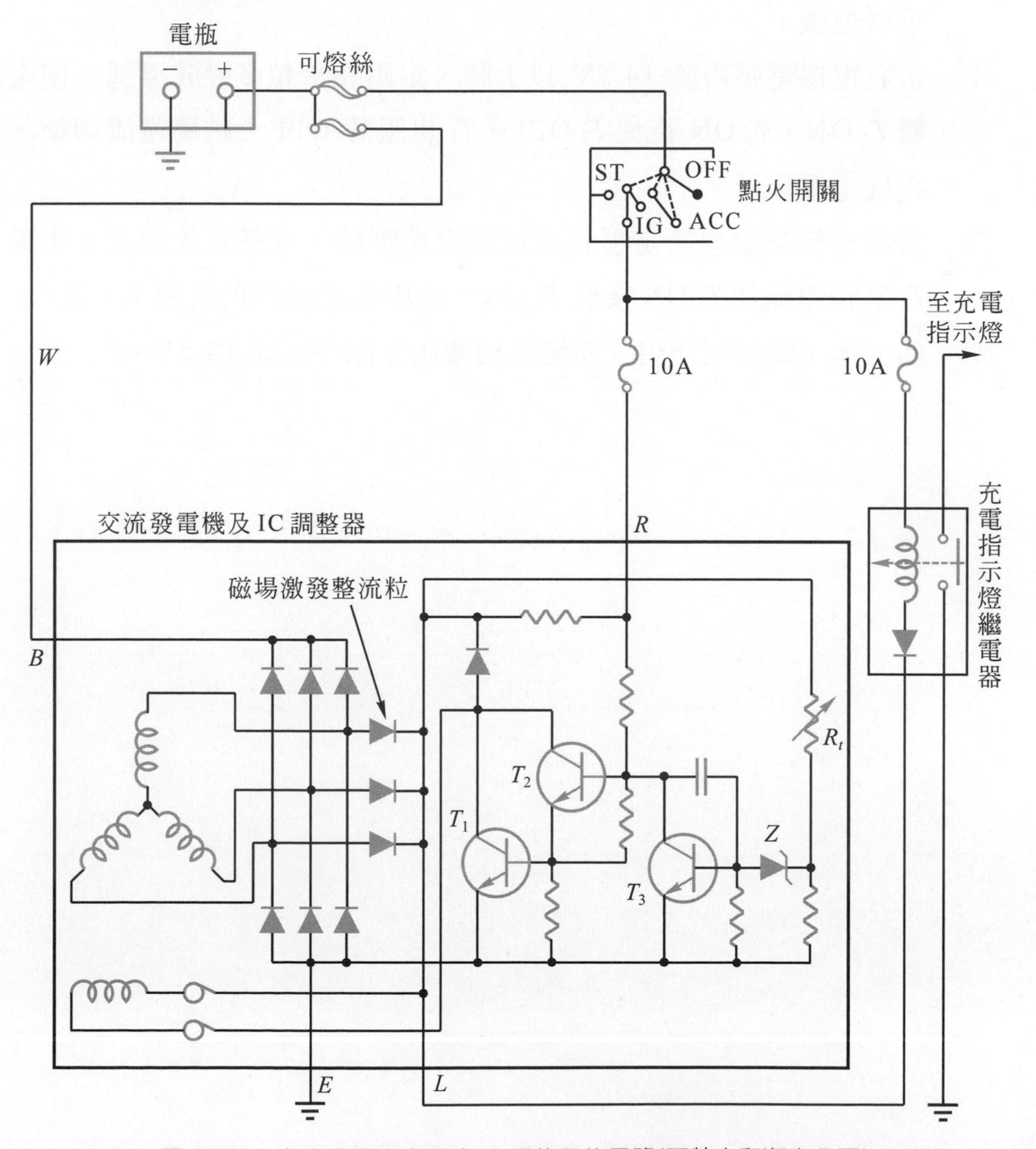

圖 10.14　交流發電機內置式 IC 調整器的電路(福特六和汽車公司)

⑵ 另一條控制電路係使主電晶體 T_1 能導通，其路徑如下：
電瓶→可熔絲→點火開關 IG →發電機 R →電晶體 T_2 基極，使 T_2 電晶體 ON，T_2 電晶體使主晶體 T_1 ON，故磁場電路搭鐵。

⑶ 引擎發動後，發電機開始發電，一部分電經整流後由 B 線頭輸出，供給全車用電；另一部分經磁場激發整流粒後流向磁場線圈與線頭 L，此時充電指示燈繼電器兩邊之電壓相同，繼電器跳開，充電指示燈熄滅。

⑷ 當發電機電壓高於 14.5V 以上時，定壓整流粒 Z 變成導通，使電晶體 T_3 ON，T_3 ON 後使 T_2 OFF，T_1 也跟著 OFF，磁場電流切斷，發電機電壓降低。

⑸ 當發電機電壓低於定壓整流粒設定電壓時，定壓整流粒 Z 又中斷，T_3 基極電流使 T_2 ON 後使 T_1 ON，磁場電流又恢復流通。

⑹ 如上述不斷交互作用，使發電機輸出電壓不超過 14.5V。

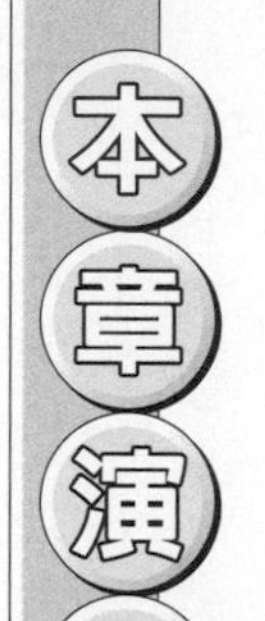

一、是非題

(　)1. 磁力線切割線圈，能在線圈中產生感應電壓。

(　)2. 三組靜子線圈的連接方法常採用△型。

(　)3. 轉子的構造，磁場線圈是裝在磁極的外面。

(　)4. 調整器有溫度補償裝置時，當溫度升高後，調整電壓也升高。

(　)5. 使用 IC 調整器，交流發電機的輸出可提高。

二、選擇題

(　)1. 交流發電機磁場線圈是裝在　(A)靜子　(B)轉子　(C)整流器　(D)前蓋板。

(　)2. 磁場線圈的電流量是由　(A)整流器　(B)調整器　(C)電瓶　(D)發電機　控制。

(　)3. 三相交流之三組靜子線圈，使用　(A)三個　(B)四個(C)六個　(D)八個　整流粒即可做全波整流。

(　)4. 有中性點整流粒的交流發電機，比無中性點整流粒者，在 5000rpm 以上轉速時，其輸出約高　(A)1～3％　(B)4～6％　(C)7～9％　(D)10～15％。

(　)5. 下述何者非 IC 調整器的優點　(A)無接點　(B)小型輕量化　(C)耐久性佳　(D)磁場電流少。

三、問答題

1. 何謂電磁感應？
2. 充電系統各機件的功能為何？
3. 靜子線圈的 Y 型接線法有何特點？
4. 寫出磁場線圈電流之流動情形。

5. 四個整流粒如何達到全波整流？
6. IC 調整器與接點振動式調整器的不同點爲何？

Chapter 11 汽油噴射系統

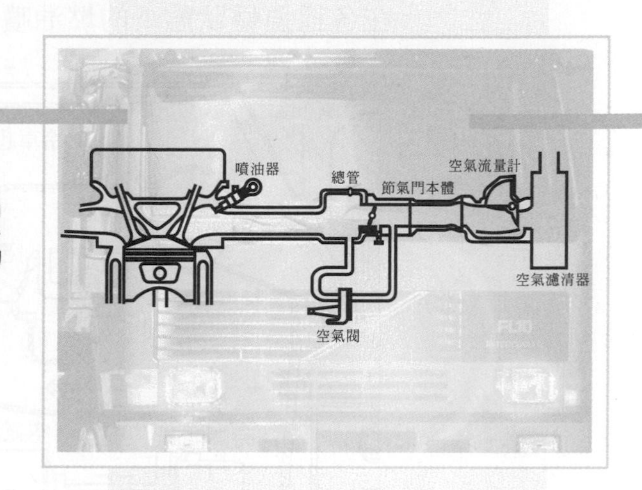

11.1 汽油噴射系統的原理

一、概述

燃料系統採用汽油噴射方式，為現代汽油引擎之主流。與化油器式燃料系統相比，汽油噴射系統，尤其是多點噴射系統，配合十六位元以上的微電腦電子控制，具有低污染、低油耗、高扭矩、高輸出與低溫起動性及加溫性佳等優點，使現代汽車之性能大幅提高。

二、汽油噴射系統的原理

汽油噴射系統依其控制方式、空氣量檢測方法與噴射位置等，可分成許多種類，現依各種不同分類，簡述其基本的作用原理。

1. 依控制方式的作用原理

⑴ 機械控制式：為德國波細公司所發展之控制方式，如 K-Jetronic，由在空氣流量計中的感知板，因空氣通過量不同，而產生位置之變

化，以改變燃油分配器送至各缸之噴油量，如圖 11.1 所示。而 KE-Jetronic，則是多了一個 ECU，由感知器將信號送給 ECU，以修正在各種運轉狀態下的燃油噴射量，而達到減少排氣污染之要求。

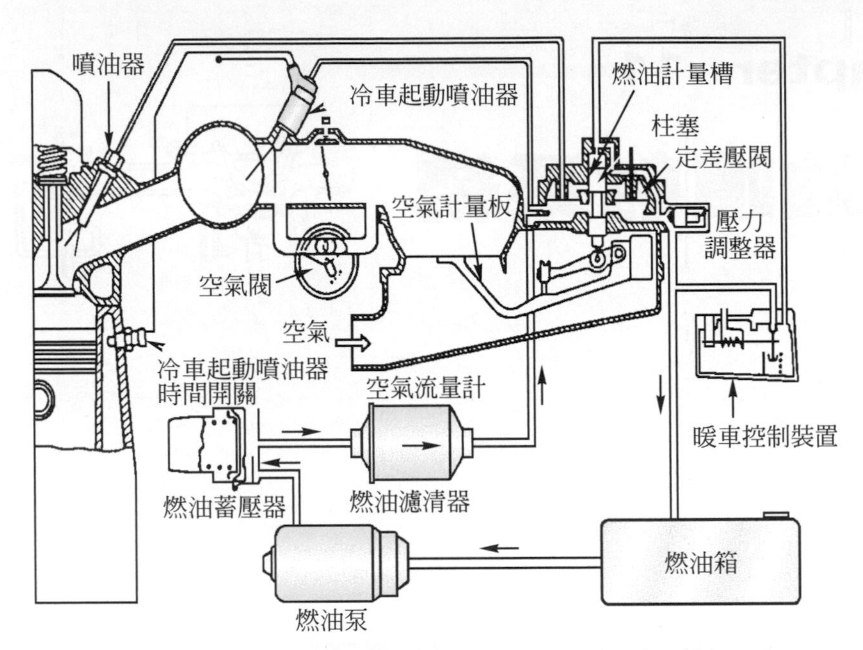

圖 11.1　機械控制式汽油噴射系統的組成(電子制御ガソリン噴射，藤沢英也 · 小林久德)

⑵　電子控制式：係利用各感知器，將引擎的各種工作狀態，轉變成電壓信號送給引擎控制模組(engine control module，ECM，俗稱電腦)。由電腦分析計算後，再將信號送給作動器及噴油器等，提供給噴油器最適當的時間，以供應最佳之燃油噴射量，如圖 11.2 所示。

2.　依空氣量檢測方法的作用原理

⑴　質量流量法(mass air flow，簡稱 MAF)：質量流量法是利用空氣流量計(air flow meter)直接計測吸入的空氣量，再參考引擎轉速，以計算燃油噴射量。空氣流量計有翼板式(L-Jetronic)、熱線式(LH-Jetronic)與卡門漩渦式(Karman vortex)等數種。另機械式的 K-Jetronic 與 KE-Jetronic 也屬之。

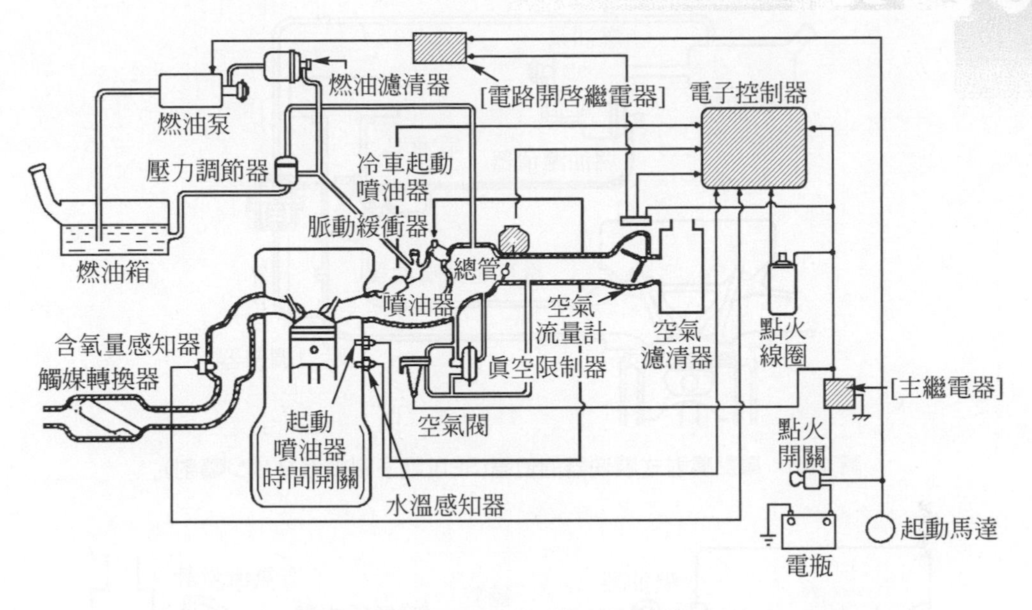

圖 11.2　電子控制式汽油噴射系統的組成(電子制御ガソリン噴射)

(2) 速度密度法(speed density)：即壓力計量式(manifold absolute pressure，簡稱MAP)，車用系統稱爲D-Jetronic，是以引擎轉速與進氣歧管壓力來計算每一行程所吸入的空氣量，以此空氣量爲基準，來計算燃油噴射量。本田汽車的PGM-FI(programmed fuel injection)與豐田汽車的D型EFI(electronic fuel injection)屬之。

(3) 節氣門速度法(throttle speed)：節氣門速度法是以節氣門開度與引擎轉速，來計測每一循環所吸入的空氣量，以此空氣量爲基準，來計算燃油噴射量。採用此方法時，空氣量不易檢測，Bosch的Mono-Jetronic系統採用。

3. 依噴射位置的作用原理

(1) 進氣口噴射(port injection)：依噴油器安裝位置之不同可分爲兩種，一種是單點噴射(SPI)，在進氣歧管的總管上安裝噴油器，如圖 11.3 所示；另一種是多點噴射(MPI)，在進氣門前的進氣歧管上安裝噴油器，如圖 11.4 所示，噴出的燃油等到進氣行程時才吸入汽缸內。

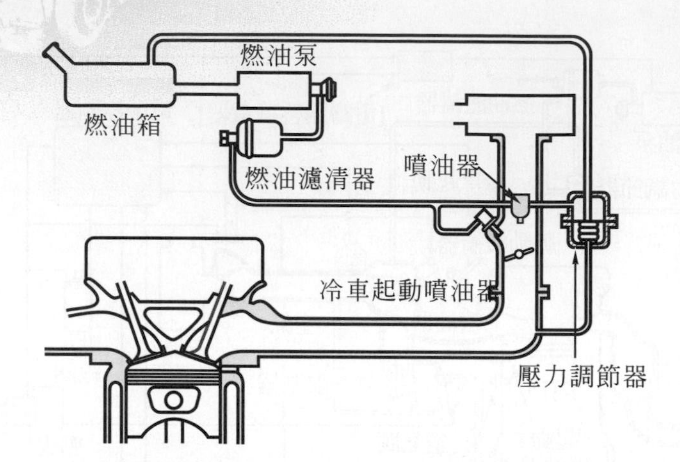

圖 11.3　單點噴射式噴油器的位置(SPI)(電子制御ガソリン噴射)

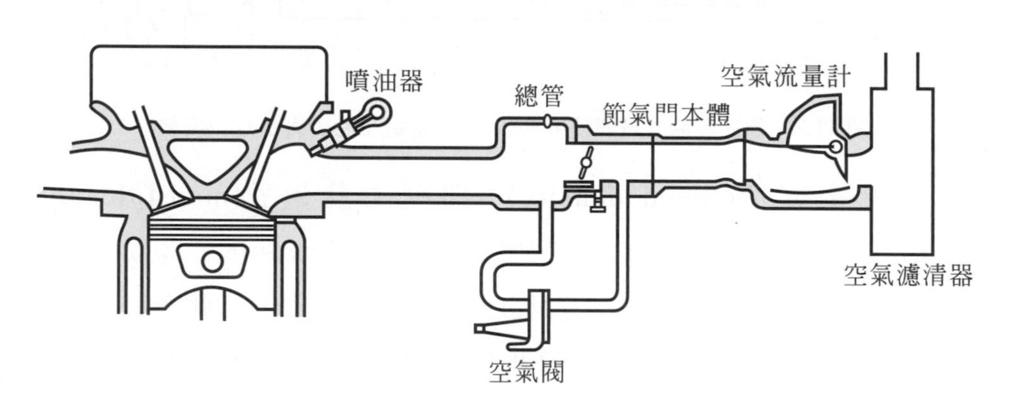

圖 11.4　噴油器裝在進氣門前的各缸進氣歧管上(MPI)(電子制御ガソリン噴射)

⑵　直接噴射(direct injection)：噴油器裝在汽缸蓋上，將汽油直接噴入汽缸中，如圖 11.5 所示。利用超稀薄燃燒及均質燃燒，比一般的電腦控制汽油噴射引擎更省油，減低 CO 排出及高輸出。

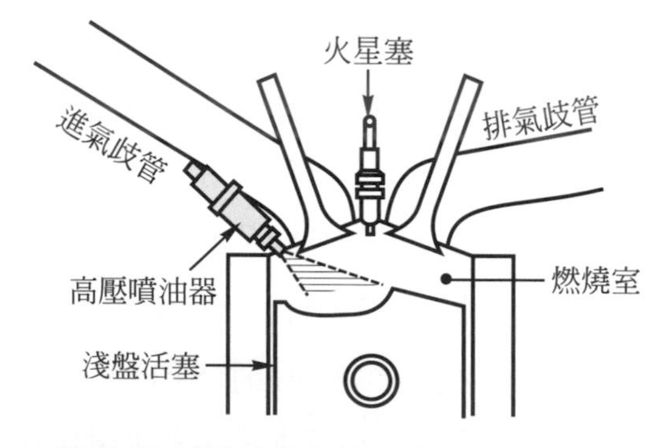

圖 11.5　噴油器裝在汽缸蓋上(自動車工學)

4. 依噴射時間的作用原理

(1) 連續噴射(continuous injection，CI)：連續噴射爲波細公司所開發的機械控制式所採用，簡稱K-Jetronic與KE-Jetronic。當油壓高於噴油器的彈簧彈力，即油壓超過3.5bar以上時，推開針閥，使燃油連續噴射，亦即引擎發動後即不停的噴射，如圖11.1所示爲K-Jetronic系統的組成。

(2) 間歇噴射(timed injection)：電子控制式汽油噴射系統都是採用間歇噴射。當噴油器通電時汽油噴出，電流停止時即結束噴油，如圖11.2所示，爲電子控制汽油噴射系統的組成。

5. 依噴射壓力分的作用原理

(1) 低壓燃油噴射：燃油壓力在1.0kg/cm^{2}左右，如進氣總管噴射的單點噴射系統即是。

(2) 中壓燃油噴射：燃油壓力在2.5～3.5kg/cm^{2}之間，如進氣管噴射的多點噴射系統與KE-Jetronic電子控制機械噴射系統即是。

(3) 高壓燃油噴射：燃油壓力在50kg/cm^{2}以上，如汽油直接噴射引擎即是。

11.2 電子控制噴射系統的工作原理

一、概述

從1980年代開始，發展的集中控制(integrated control)系統，係利用微電腦，將汽油噴射正時、汽油噴射量、點火控制、怠速控制等同時控制，故在引擎性能、行駛性能、燃油消耗、排氣污染及運轉狀況的修正等均有較佳之表現。

二、電子控制噴射系統的工作原理

如圖11.6所示，爲採用熱線式空氣流量計的電子控制噴射系統的組成。

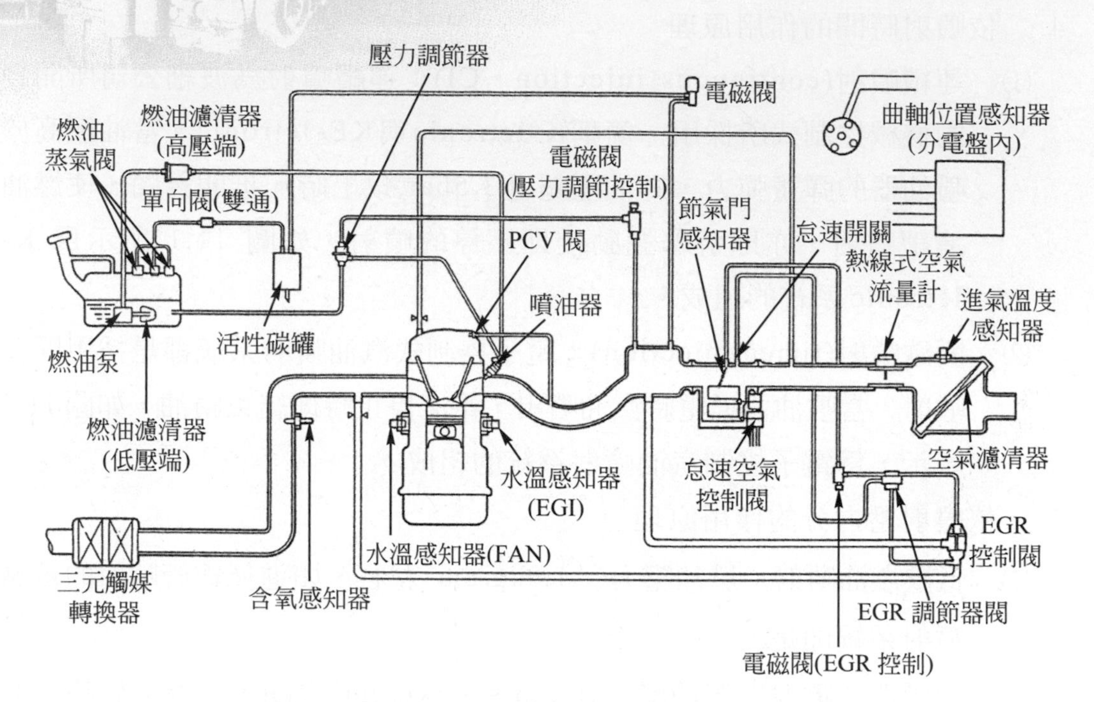

圖 11.6 電子控制噴射系統的組成(福特六和汽車公司)

1. 空氣系統

(1) 空氣從空氣濾清器，流經空氣流量計計量後，進入節氣門體、進氣總管及進氣歧管，再送入汽缸，如圖 11.7 所示。

(2) 流經空氣閥或怠速空氣控制閥的空氣也經過空氣流量計計量，以提供引擎在起動時、暖車時、動力轉向時或空調時的怠速轉速控制。

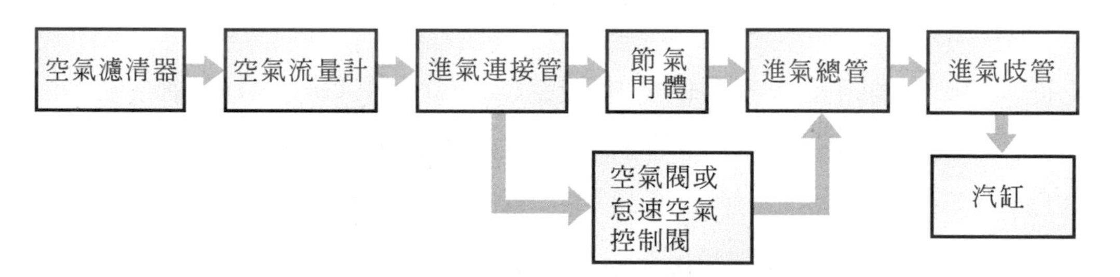

圖 11.7 空氣系統的作用流程(和泰汽車公司)

2. 燃油系統

(1) 燃油從油箱被燃油泵吸出，以一定壓力送經燃油濾清器、燃油脈動緩衝器，從冷車起動噴油器及各缸噴油器噴出，如圖 11.8 所示。

(2) 現代電子控制汽油噴射系統均已不採用冷車起動噴油器，而是以各缸噴油器同步噴射汽油以取代。

(3) 燃油脈動緩衝器的作用爲吸收燃油噴射時所產生的壓力脈動。而壓力調節器則是使燃油壓力與進氣歧管眞空相加的油壓保持在一定值。

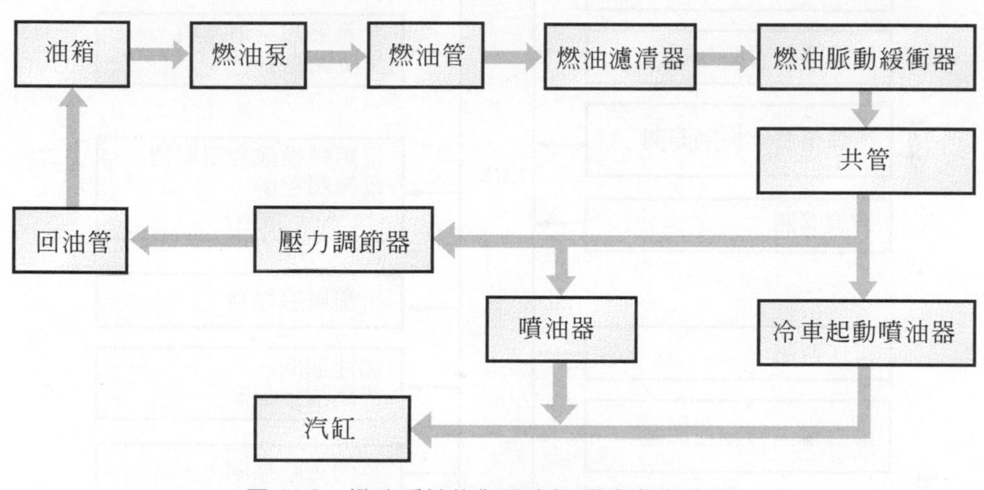

圖 11.8 燃油系統的作用流程(和泰汽車公司)

3. 電子控制系統

(1) 電子控制系統是由ECM與各感知器所組成，由各感知器測知引擎的各種狀況，將信號送給 ECM，由 ECM 進行各種控制作用。

(2) 如圖 11.9 所示，ECM接收曲軸位置感知器、爆震感知器、空氣流量計、冷卻水溫度感知器、節氣門位置感知器、車速感知器、含氧感知器等信號，以進行噴射正時與噴射量控制、點火時間控制、怠速轉速控制、燃油泵控制、加速期間空調控制、EGR 閥與活性碳罐控制等。

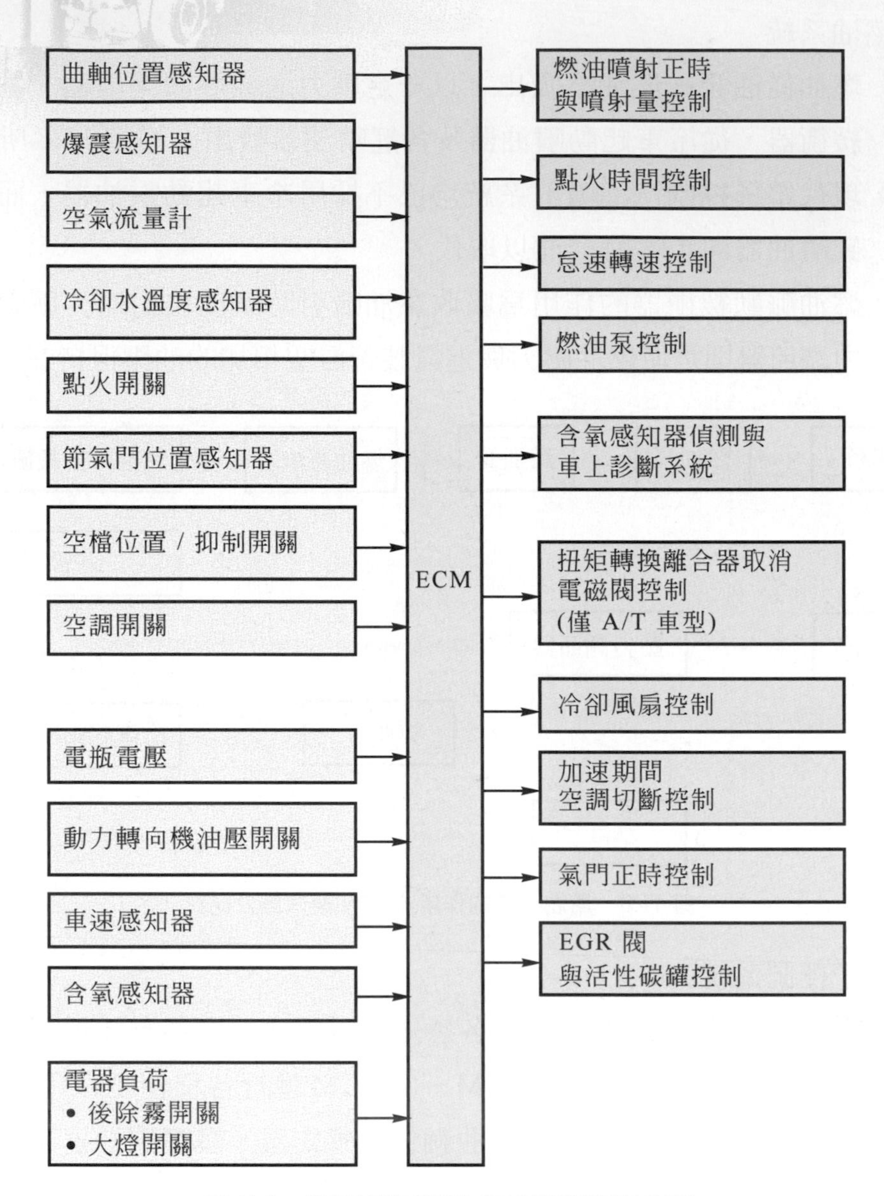

圖 11.9　電子控制系統的作用(裕隆汽車公司)

11.3 電子控制汽油噴射系統

11.3.1 空氣系統

一、概述

1. 空氣從空氣濾清器，流經空氣流量計或歧管壓力感知器，進入空氣總管，流入空氣總管的空氣量依節氣門開度而定。從空氣總管空氣分配至各缸進氣歧管，最後吸入燃燒室。
2. 空氣可經由空氣閥旁通進入汽缸，以提高冷引擎怠速，如圖 11.10 所示；或由ECM控制電磁閥開閉，以修正引擎在各種操作狀況時的怠速。

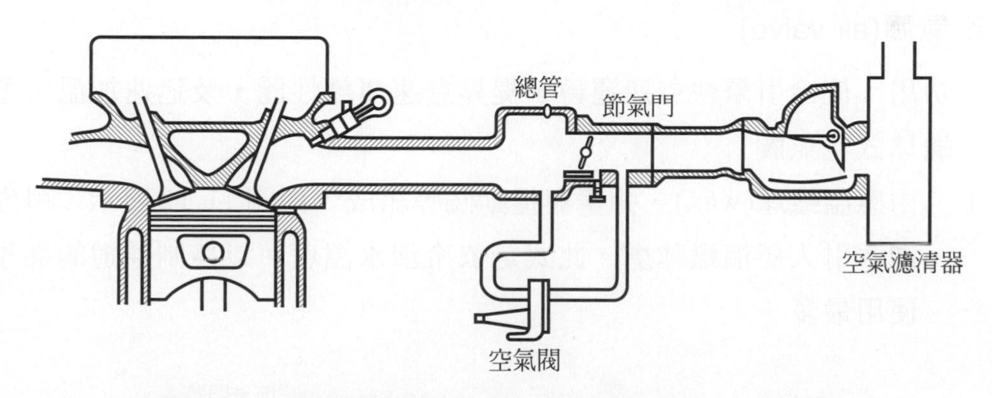

圖 11.10 旁通空氣經空氣閥進入汽缸(電子制御ガソリン噴射)

二、節氣門體(throttle body，TB)

1. 節氣門體安裝在空氣流量計與引擎間的進氣管上。
2. 節氣門軸上裝有節氣門位置感知器，以送出節氣門開度大小的電壓信號給ECM。有些引擎節氣門體上同時裝有空氣閥及怠速空氣控制閥，以提供快怠速及引擎怠速之補正，如圖 11.11 所示。

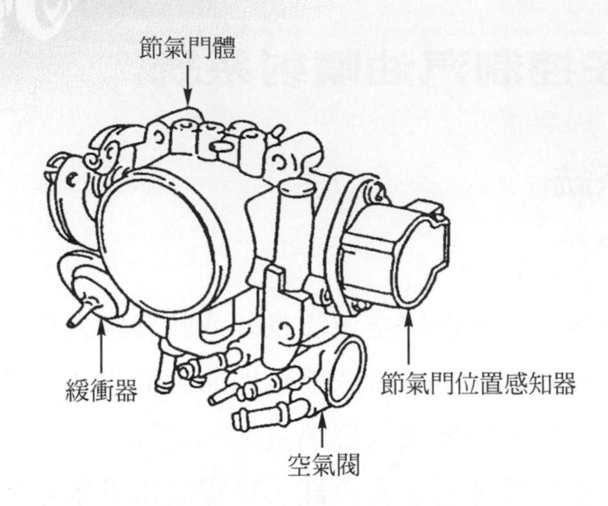

圖 11.11　節氣門體上的各零件(電子制御ガソリン噴射)

三、空氣閥(air valve)

1. 功用：使冷引擎快怠速運轉，提昇怠速運轉性能，及迅速加溫引擎。
2. 蠟球式空氣閥
   (1) 由感溫蠟球(wax)、彈簧與提動閥等組成，如圖 11.12 所示。引擎冷卻水引入感溫蠟球處。此式是依冷卻水溫度，以控制通道的面積，使用最多。

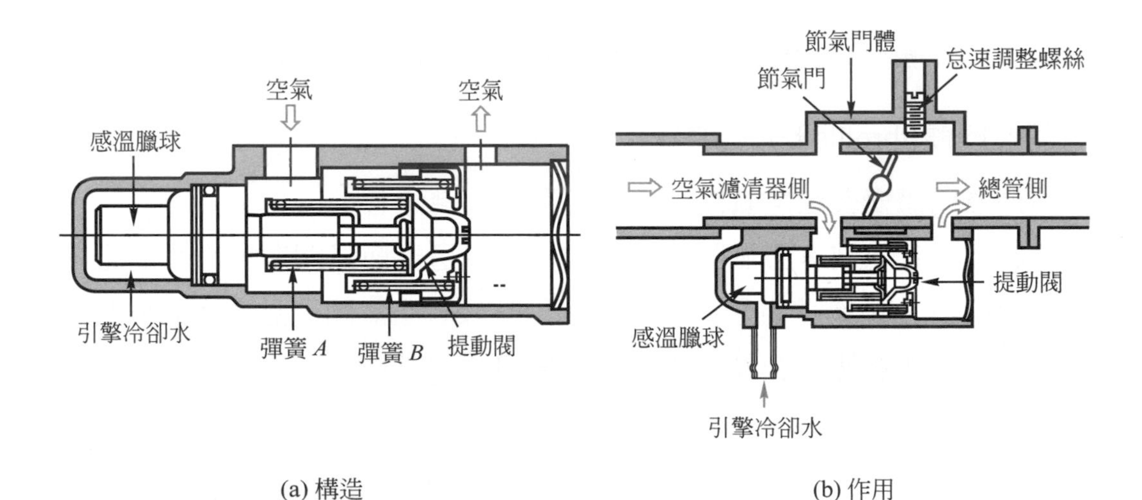

圖 11.12　蠟球式空氣閥的構造及作用(電子制御ガソリン噴射)

(2) 引擎冷卻水溫度低時，感溫蠟球收縮，彈簧 *B* 將提動閥推開，旁通空氣通道面積最大，引擎以快怠速運轉；隨著冷卻水溫度上升，蠟球膨脹，經彈簧 *A* 使提動閥逐漸關閉，怠速轉速回復正常。

四、怠速空氣控制(idle air control，IAC)閥

1. 功用：由 ECM 控制通電時間之長短，改變旁通空氣量，以進行引擎在各種狀況變化時的怠速運轉補正。
2. 步進馬達式

(1) 如圖 11.13 所示，爲步進馬達之構造，由永久磁鐵製的轉子、一或兩組靜子線圈、螺旋桿、錐形閥及閥座等組成。將流入複數靜子線圈的電流轉換成步進的型態來控制，可以使轉子任意的以正、反方向旋轉，使錐形閥上、下移動，以調節空氣通過的通道面積。

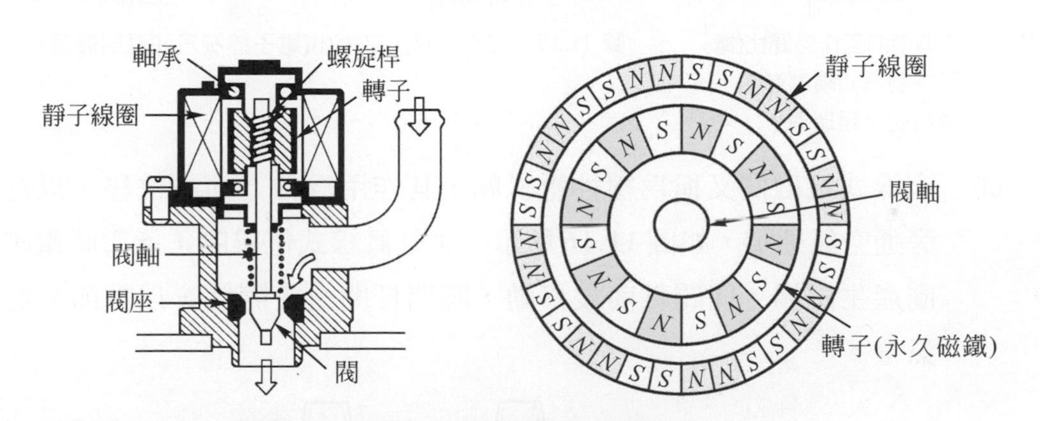

圖 11.13　步進馬達的構造(電子制御ガソリン噴射)

(2) 例如當電壓信號作用在其中一組靜子線圈時，轉子會轉動一定之角度，稱爲步進數(steps)；若以相同的電壓信號作用在另一組靜子線圈時，則轉子會向反方向轉動一定之角度。如此使螺旋桿前後旋轉，以控制錐形閥的開或閉，進而控制旁通空氣量，以調節怠速轉速。

3. 直線式電磁閥

(1) 與旋轉式電磁閥相同，是由 ECM 依工作循環(duty cycle)以控制電磁閥內電磁線圈之作用，使閥產生位移，以調節旁通空氣量，其反應速度快，且反作用力小。電磁線圈在 ON-OFF 的動作中，ON 時

電磁線圈通電，產生電磁吸力，使閥門打開；OFF 時則彈簧力使閥門關閉，電磁力與彈簧力會使閥門保持在某一開度的平衡位置。

(2) 如圖 11.14 與圖 11.15 所示，在每一循環時，ON的工作時間比(duty ratio)較大時，即 $\frac{\text{ON 時間}}{\text{ON + OFF 時間}}\times 100\ \%\left(\frac{A}{A+B}\times 100\ \%\right)$較大時，IAC 閥開度大，旁通空氣量較多，怠速轉速變高。

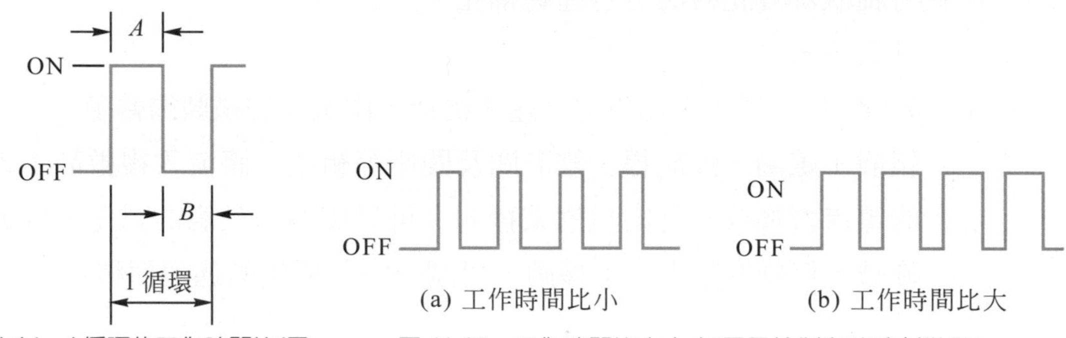

圖 11.14　1 循環的工作時間比(電子控制汽油噴射裝置，黃靖雄．賴瑞海)

圖 11.15　工作時間比之大小(電子控制汽油噴射裝置)

(3) 直線式電磁閥又稱爲線性電磁閥，其作用爲軸方向的位移，以打開旁通空氣通道，如圖 11.16 所示，也是直線式電磁閥，通電時電磁線圈產生磁場，使閥軸前後移動，閥門打開一定開度，以調節旁通空氣量。

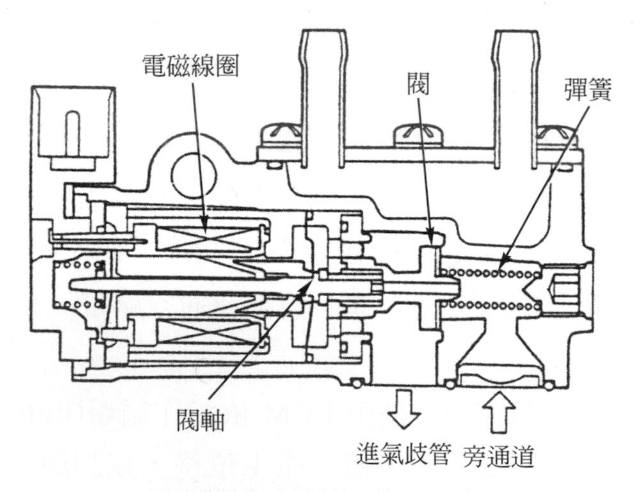

圖 11.16　直線式電磁閥之構造與作用(本田汽車公司)

五、進氣總管

1. 由於空氣是間歇吸入汽缸，此種進氣脈動會使翼板式空氣流量計之翼板產生震動，導致空氣計量不準確，因此進氣總管必須有相當的空間，以緩和空氣的脈動，如圖 11.17 所示。
2. 進氣總管及進氣歧管之總成，以往都是以鋁合金製成，但現代新引擎有以玻璃纖維(glass fiber)等製成之塑膠式(plastic type)進氣歧管總成，可減輕車重，提高省油性；且不會傳熱給空氣及油氣，故可提高容積效率，提升引擎之扭矩及馬力；並可改善熱車起動性能。

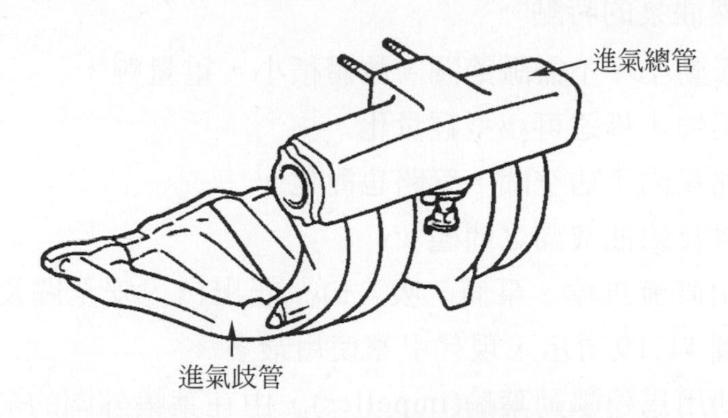

圖 11.17　進氣總管之構造(和泰汽車公司)

11.3.2 燃油系統

一、概述

燃油系統供應汽缸內燃燒所需之適量汽油。燃油泵將汽油從油箱中吸出，經燃油濾清器，由壓力調節器將油壓調整爲與進氣歧管眞空相加保持在 250kPa (2.55kg/cm^2)或 290kPa(3.0kg/cm^2)之燃油壓力，經燃油管路，送往噴油器與冷車起動噴油器，如圖 11.18 所示。

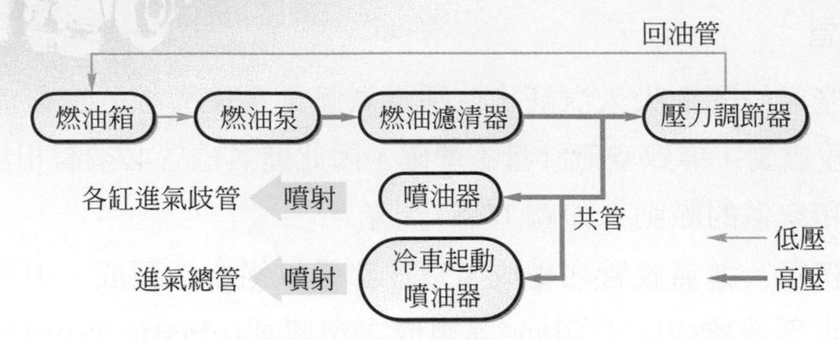

圖 11.18　燃油的流動路線(電子制御ガソリン噴射)

二、燃油泵(fuel pump，FP)

1. 葉輪式燃油泵的特點
   (1) 吐出脈動小，不需調節閥，故體積小，重量輕。
   (2) 使用葉輪，馬達可小型輕量化。
   (3) 裝在油箱內不佔空間，管路也簡化。
   (4) 無氣阻及燃油洩漏之問題。
2. 構造：由直流馬達、泵浦、吸入口、吐出口、安全閥及單向閥等所組成，如圖 11.19 所示，現代引擎使用最多。
3. 作用：利用馬達驅動葉輪(impeller)，由在葉輪外圍的羽狀葉片槽前後的液體摩擦作用，產生壓力差。隨著多數的葉片不斷旋轉，燃油壓力升高，通過馬達內部，經單向閥，從吐出口送出，如圖 11.20 所示。

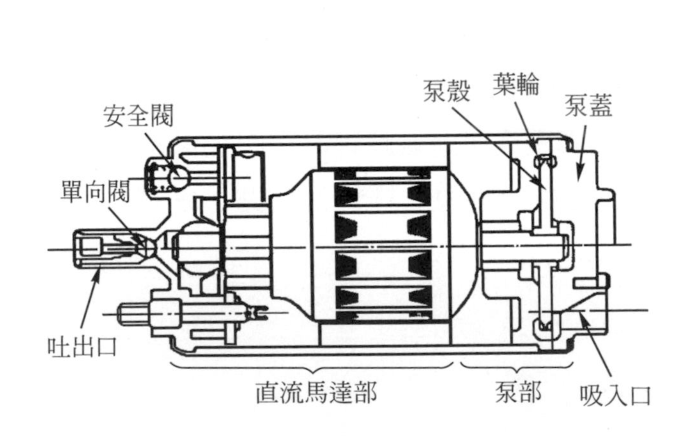

圖 11.19　葉輪式燃油泵的外觀及構造
(電子制御ガソリン噴射)

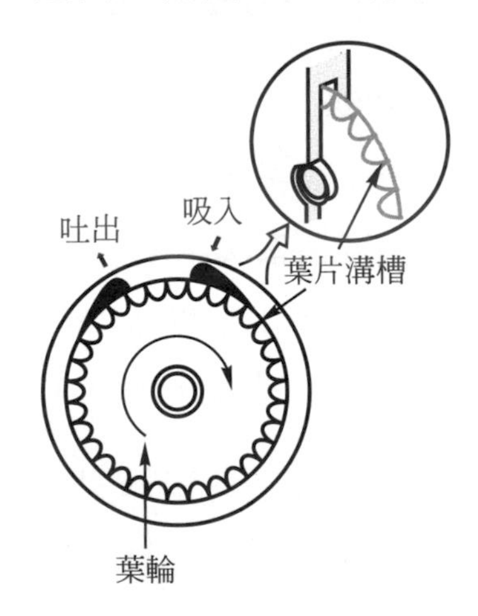

圖 11.20　葉輪的作用 (電子制御ガソリン噴射)

⑴ 安全閥(safety valve)：又稱釋壓閥，壓力設定在 400kPa(11.08 kg/cm^2)。當油壓管路堵塞時，安全閥打開，壓力燃油與燃油泵的吸入側相通，燃油就在油泵與馬達間的內部循環，以防止燃油壓力上升，造成燃油管路破裂或燃油洩漏。

⑵ 單向閥(check valve)：引擎熄火時，單向閥會立刻關閉，以保持燃油泵與壓力調節器間的輸油管路內一定之殘壓，能防止燃油系統產生氣阻現象，使引擎在高溫下容易再起動。

三、燃油濾清器(fuel filter)

1. 燃油濾清器的工作是除去供應引擎的燃油中所含的氧化鐵、灰塵等固體異物，以防止緩衝器、噴油器等的堵塞，及避免機械之磨損，並確保引擎的穩定運轉及耐久性。
2. 燃油濾清器裝在燃油泵的出口側，所以燃油濾清器的內部經常有200～300kPa(2.04～3.06kg/cm^2)的壓力，因此耐壓強度要求在500kPa(5.1kg/cm^2)以上，管線也採用螺紋旋緊式的金屬配管，如圖11.21所示。

四、燃油脈動緩衝器(fuel plusation damper)

1. 燃油壓力是由壓力調節器維持在進氣歧管真空有關之一定範圍內。但在燃油噴射時，油管內的壓力會有輕微的脈動，裝在共管上的脈動緩衝器就是用來吸收此脈動，並可減低噪音。
2. 如圖11.22所示，利用膜片及彈簧裝置的緩衝效果來達到目的。

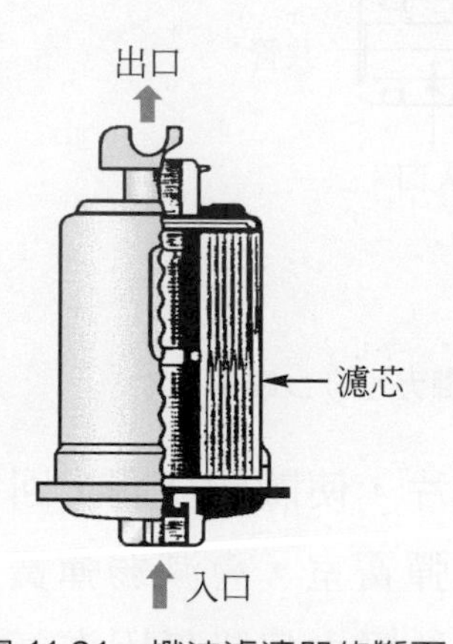

圖 11.21　燃油濾清器的斷面
(電子制御ガソリン噴射)

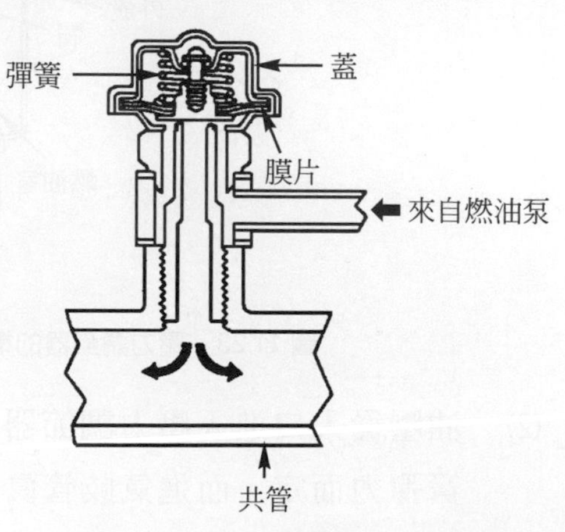

圖 11.22　燃油脈動緩衝器之作用
(電子制御ガソリン噴射)

五、壓力調節器(pressure regulator)

1. 功用

⑴ 引擎所需的燃油噴射量，是由ECM控制噴油器的通電時間，若不控制燃油壓力，即使噴油器的通電時間一定，在燃油壓力高時，燃油噴射量會增加；而在燃油壓力低時，燃油噴射量則減少，因此噴射壓力必須維持在一個常壓。

⑵ 但由於油壓及進氣歧管眞空之變化，即使噴射信號與燃油壓力都維持 一個常數，燃油的噴射量也會有輕微的變化。因此爲了獲得精確的噴油量，利用壓力調節器，使油壓與進氣歧管眞空相加的燃油壓力保持在250kPa (2.55kg/cm^2)或290kPa (3.0kg/cm^2)附近，後者之燃油壓力爲現代許多噴射引擎所採用。

2. 構造與作用

⑴ 如圖 11.23 所示，爲壓力調節器的構造，壓力調節器外殼由金屬製成，內部爲橡皮製的膜片，分隔爲彈簧室與燃油室。

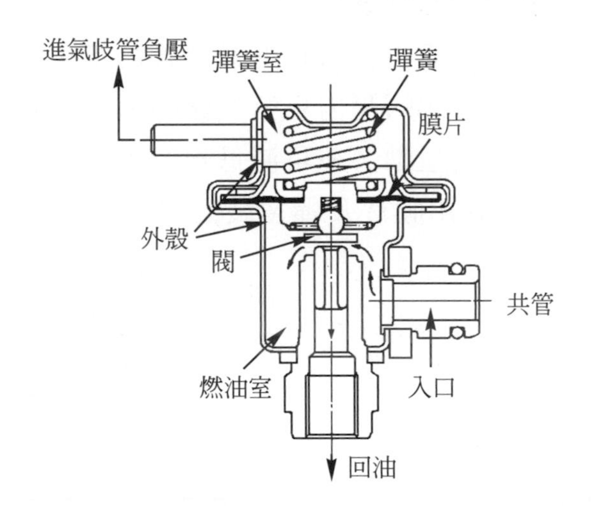

圖 11.23 壓力調節器的構造(電子制御ガソリン噴射)

⑵ 油壓從入口進入壓力調節器，壓縮膜片，使閥門打開，回油量依彈簧彈力而定。而進氣歧管眞空是接到彈簧室，會減弱彈簧之彈力，使回油量增加，降低燃油壓力；但燃油壓力只降低因進氣歧管眞空

所造成的壓力降低程度。因此燃油壓力與進氣歧管眞空之總和，得以維持在一定值，例如怠速時燃油壓力爲 $2.55\text{kg/cm}^2+(-0.5\text{kg/cm}^2)=2.05\text{kg/cm}^2$；全負荷時的燃油壓力爲 $2.55\text{kg/cm}^2+0\text{kg/cm}^2=2.55\text{kg/cm}^2$。

六、噴油器(injector)

1. 功用：依電腦控制之信號，使噴油器閥門打開噴油。噴油量之多少，由信號時間之長短來控制。所謂信號，係電腦控制噴油器電路搭鐵時間之長短，稱爲脈波寬度(pulse width)，電腦使噴油器電路搭鐵時間越長，脈波寬度越寬，噴油量越多。
2. 進氣口噴射式噴油器的構造及作用
   (1) 如圖 11.24 所示，爲進氣口噴射式噴油器之構造，裝在靠各缸進氣門的進氣口上。
   (2) 當電磁線圈接到電腦控制的信號時，柱塞被吸引，由於針閥與柱塞連成一體，所以針閥也被吸離閥座，開始噴油。針閥的打開行程是固定的，噴油量的多少是由信號持續時間之長短而定。

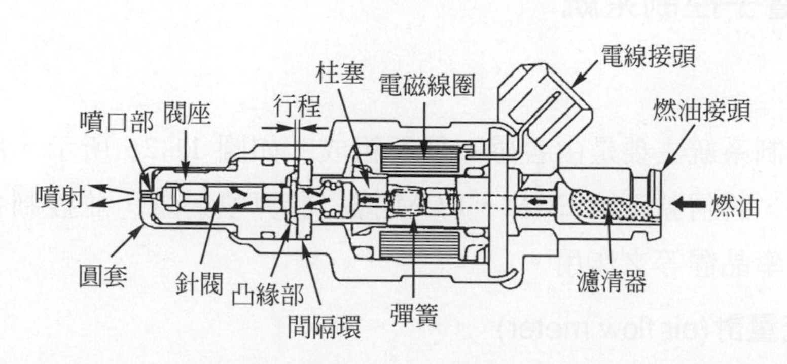

圖 11.24 進氣口噴射式噴油器的構造(電子制御ガソリン噴射)

3. 低電阻式與高電阻式噴油器
   (1) 電阻值在 0.6～3.0Ω之噴油器，稱爲低電阻式噴油器；而電阻值在 12～17Ω之噴油器，稱爲高電阻式噴油器，使用較普遍，如圖 11.25 所示，爲電壓控制高電阻式噴油器的電路圖。

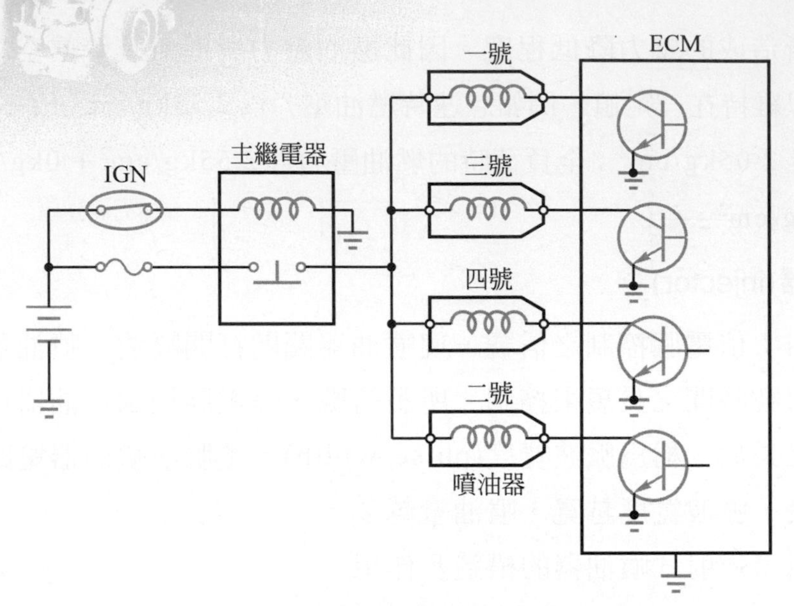

圖 11.25 噴油器的電路(福特六和汽車公司)

⑵ 噴油器外接電阻，可減少噴油器內電磁線圈的圈數，使流入線圈的電流上升快，以縮短從ECM發出信號至噴油器針閥打開的無效噴射時間；或採用高電阻噴油器，也可達到相同目的。

11.3.3 電子控制系統

一、概述

電子控制系統主要是由各感知器所組成，如圖 11.26 所示。用來偵測引擎各種狀況，將信號送給 ECM，ECM 據以計算噴射量，並控制各電磁閥、繼電器及功率晶體等之作用。

二、空氣流量計(air flow meter)

1. 功用：空氣流量計用以計測引擎的進氣量，將信號送給ECM，配合引擎轉速，以決定基本噴射量。又稱空氣流量感知器(air flow sensor)。
2. 熱線式空氣流量計

⑴ 熱線式空氣流量計無翼板之振動誤差及機械磨損，且其體積小，構造簡單，反應速度快與計量精確，故已取代翼板式，成爲質量流量計測法之主流。

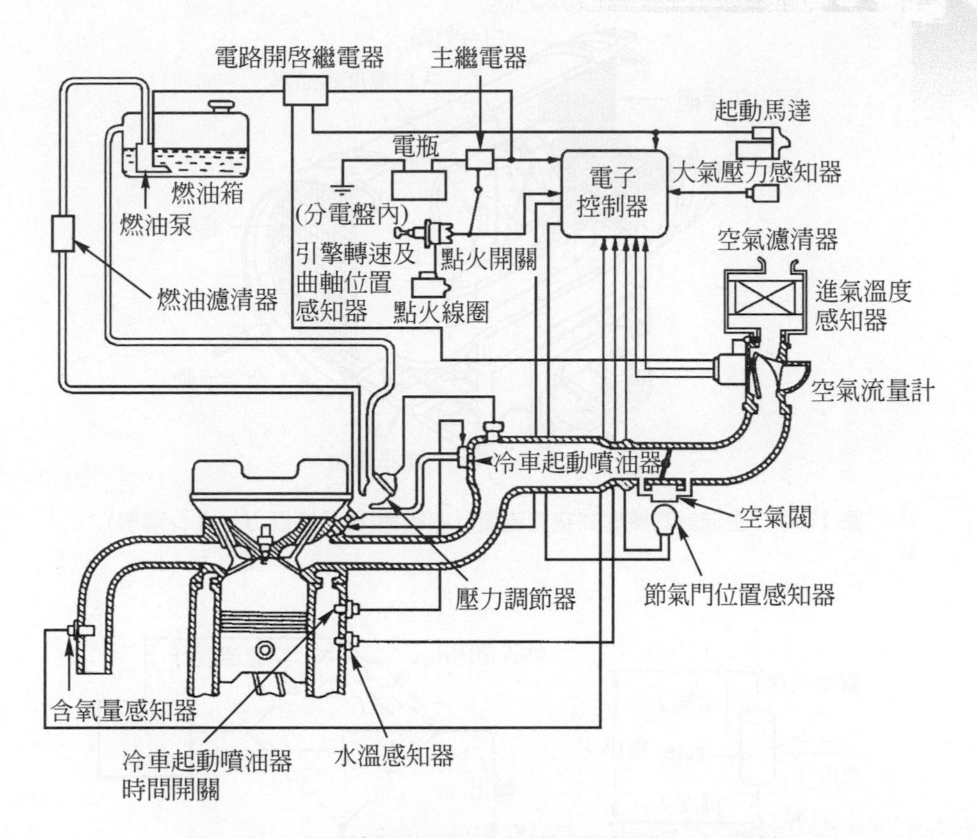

圖 11.26　電子控制系統的組成(電子制御ガソリン噴射)

⑵　熱線式空氣流量計的構造與作用

①　如圖 11.27 所示，爲主流計測方式，用於較大排氣量引擎；一爲分流計測方式，用於較小排氣量引擎。由防護網、入口溫度感知器(冷線溫度)、70μm 細白金線、惠斯登橋式電路等組成。

②　其作用的基本原理是保持吸入空氣溫度(冷線)與細白金線(熱線)間的溫度差一定。因此當流經熱線的空氣量少時，爲保持溫度差一定，送往熱線的電流量少；反之，當空氣量多時，流經熱線的電流量也多，供應的電流約在 500～1200mA。電流之變化，經惠斯登橋式電路輸出電壓信號給ECM，即可測出吸入的空氣量，如圖 11.28 所示。

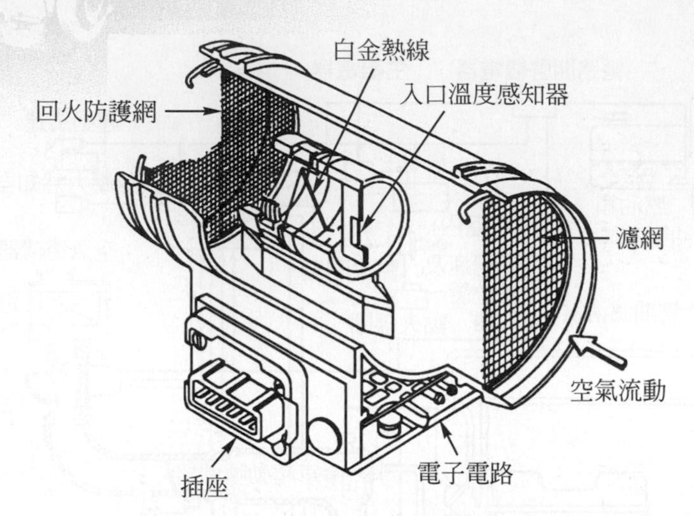

圖 11.27 主流計測熱線式空氣流量計的構造(電子制御ガソリン噴射)

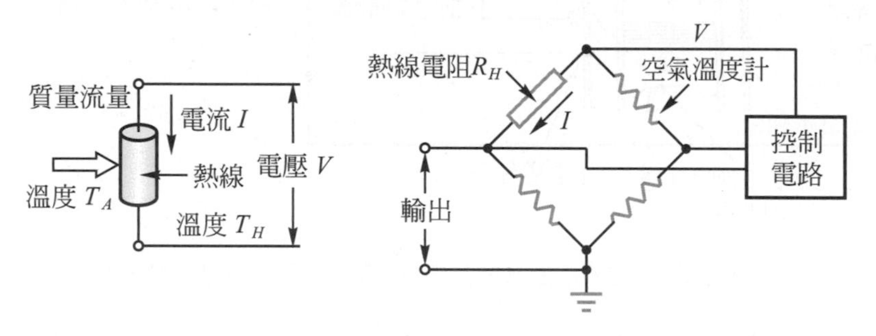

圖 11.28 熱線式空氣流量計的計測原理(電子制御ガソリン噴射)

3. 歧管絕對壓力(manifold absolute pressure，MAP)計量式

(1) 使用歧管絕對壓力感知器，簡稱歧管壓力感知器或壓力感知器，或有的稱爲眞空感知器(vacuum sensor)，爲現代D-Jetronic噴射系統最重要的感知器。

(2) 如圖 11.29 所示，爲歧管壓力感知器的安裝位置；而圖 11.30 所示爲其構造，由壓力變換器與放大變換器輸出信號的混合式IC所組成。

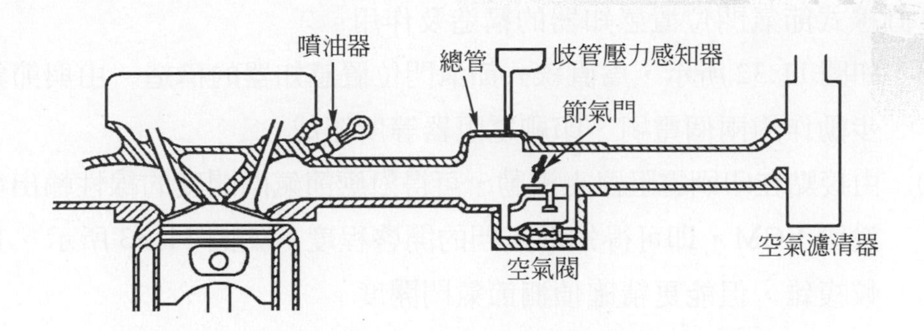

圖 11.29 歧管壓力感知器的安裝位置(電子制御ガソリン噴射)

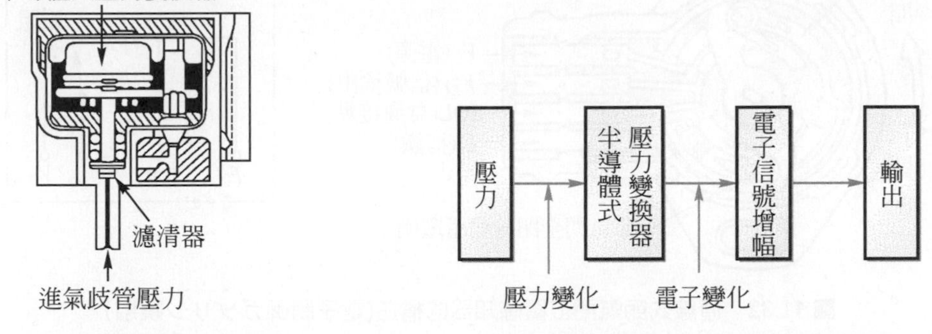

圖 11.30 歧管壓力感知器的構造　　圖 11.31 歧管壓力感知器的作用原理(電子制御ガソリン噴射)

(3) 壓力變換器是採用半導體式壓電(piezo)電阻效果的矽膜片，矽膜片一邊是眞空室，另一邊則導入進氣歧管壓力。由於受到壓力的矽膜片上方是眞空，因此檢測的進氣歧管壓力越高，矽膜片的翹曲就越大。當矽膜片翹曲時，利用惠斯登電橋將矽膜片上印刷電阻值轉換成電子信號。因其輸出電壓非常小，必須以混合式 IC 放大，如圖 11.31 所示。對應進氣歧管壓力之變化，感知器之電壓呈直線輸出，送至ECM，與來自曲軸角度感知器的引擎轉速信號，共同決定基本噴射時間。

三、節氣門位置感知器(throttle position sensor，TPS)

1. 功用：檢測節氣門開度，將電壓信號送給ECM，以控制對應節氣門開度的噴油量，如減速時的燃油切斷，高負荷時的燃油增量補正，或其他用途等。

2. 直線式節氣門位置感知器的構造及作用

(1) 如圖 11.32 所示，爲直線式節氣門位置感知器的構造，由與節氣門同步動作的兩個電刷、印刷電阻器等所組成。

(2) 由接點在印刷電阻器上滑動，可得對應節氣門開度的線性輸出電壓，送給 ECM，即可得知節氣門的開啓程度，如圖 11.33 所示。其構造較複雜，但能更精確偵測節氣門開度。

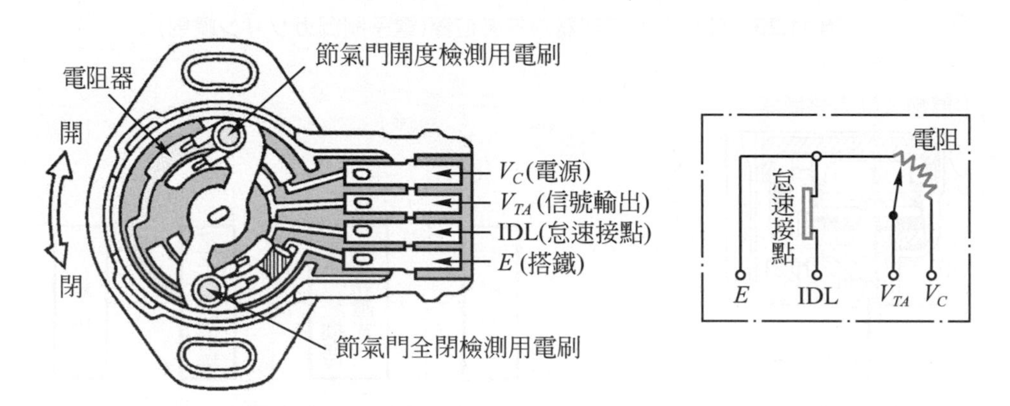

圖 11.32 直線式節氣門位置感知器的構造(電子制御ガソリン噴射)

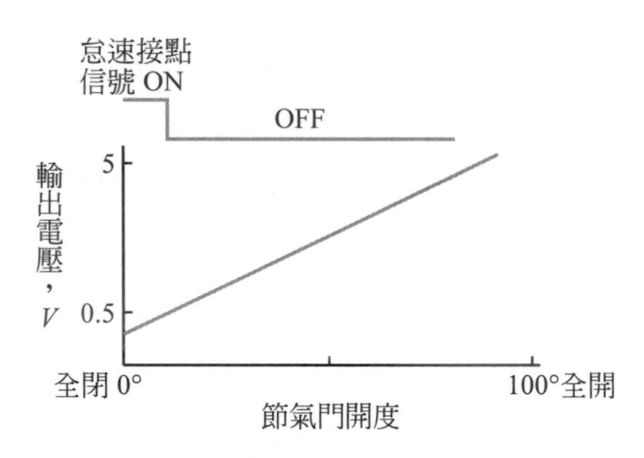

圖 11.33 直線式節氣門位置感知器的輸出情形(電子制御ガソリン噴射)

四、引擎冷卻水溫度感知器(engine coolant temperature sensor，ECTS)

1. 功用：偵測冷卻水溫度，將不同的電阻值轉成電壓信號送給ECM，以修正基本噴射時間。簡稱水溫感知器。

2. 如圖 11.34 所示，為水溫感知器的構造，由對溫度電阻值變化大的熱敏電阻(thermistor)所組成。水溫感知器裝在冷卻水的出口處，當冷卻水溫度低時，電阻變大；而當冷卻水溫度高時，電阻變小，如圖 11.35 所示。當水溫低時，高電壓信號送給ECM，以增加燃油噴射量；而當水溫高時，低電壓信號送給 ECM，以減少燃油噴射量。

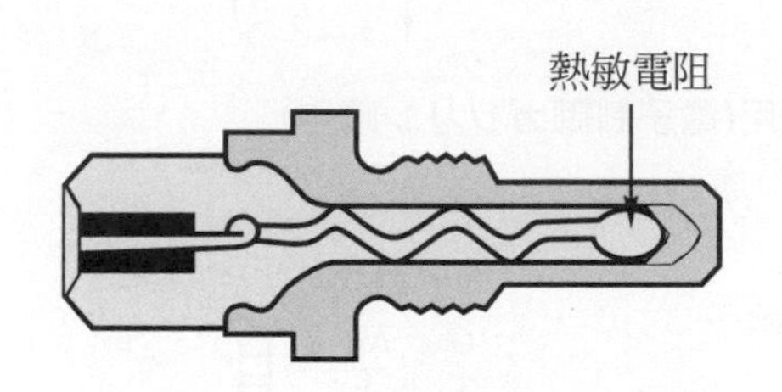

圖 11.34 水溫感知器的構造(電子制御ガソリン噴射)

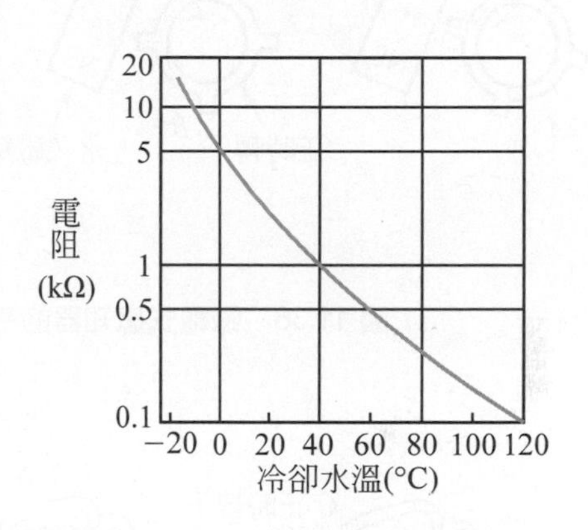

圖 11.35 熱敏電阻的電阻值變化(電子制御ガソリン噴射)

五、曲軸位置感知器(crankshaft position sensor，CKPS)

1. 功用：判定第一缸位置、各缸位置及偵測引擎轉速，將脈波信號送給 ECM，以進行切斷流入點火線圈電流、點火正時、噴射量與順序噴射等控制。
2. 磁電式曲軸位置感知器的構造及作用
   (1) 基本原理：由永久磁鐵、正時轉子與拾波線圈等組成，係裝在分電盤內。永久磁鐵的磁力線，經正時轉子後，再通過拾波線圈。當正時轉子旋轉時，轉子突出部與拾波線圈鐵芯間的空氣間隙產生變化，因此通過拾波線圈的磁力線數也跟著變化，在線圈感應交流電壓輸出，如圖 11.36 所示。
   (2) 構造：如圖 11.37 所示，由 *G* 正時轉子與兩組拾波線圈，及 *Ne* 正時轉子與一組拾波線圈等組成，裝在分電盤內。*G* 正時轉子有 1 齒，*Ne* 正時轉子有 24 齒。

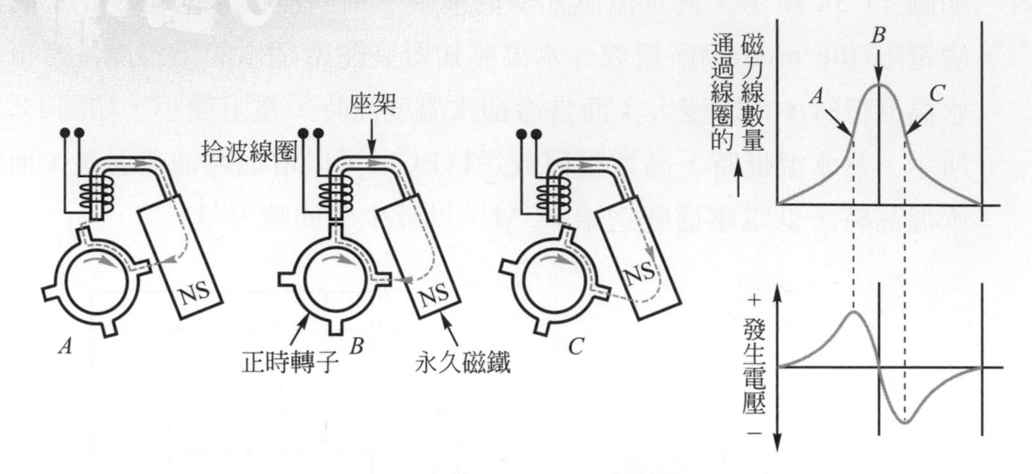

圖 11.36　磁電式感知器的基本作用(電子制御ガソリン噴射)

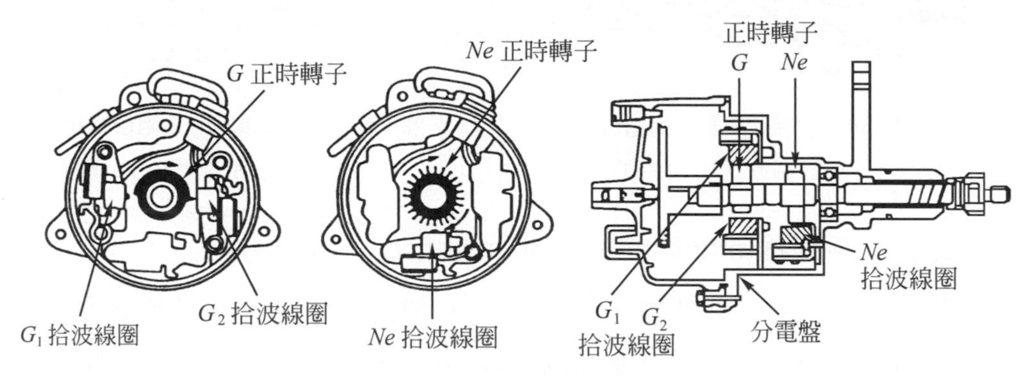

圖 11.37　磁電式曲軸位置感知器的構造(一)(電子制御ガソリン噴射)

⑶　作用

① *G* 正時轉子與分電盤轉軸一起旋轉，分電盤軸轉一轉(相當於曲軸轉兩轉)，轉子的齒經過 G_1 與 G_2 兩拾波線圈，感應出兩次交流電壓，以偵測第一與第四缸壓縮上死點之位置。*G* 信號送給 ECM，以決定噴射正時與點火正時等。

② *Ne* 正時轉子上有 24 齒，分電盤轉一轉，在拾波線圈產生 24 個交流電壓，將脈衝信號送給 ECM，以測定引擎轉速。

3. 霍爾效應式曲軸位置感知器的構造及作用

(1) 基本原理：如圖 11.38 所示，當僅電流流經霍爾元件的半導體薄片時，不會產生垂直方向的電壓；但若有磁力線通過半導體時，將會產生小量電壓，稱為霍爾電壓。以電壓之有無，即可測知活塞位置及引擎轉速。

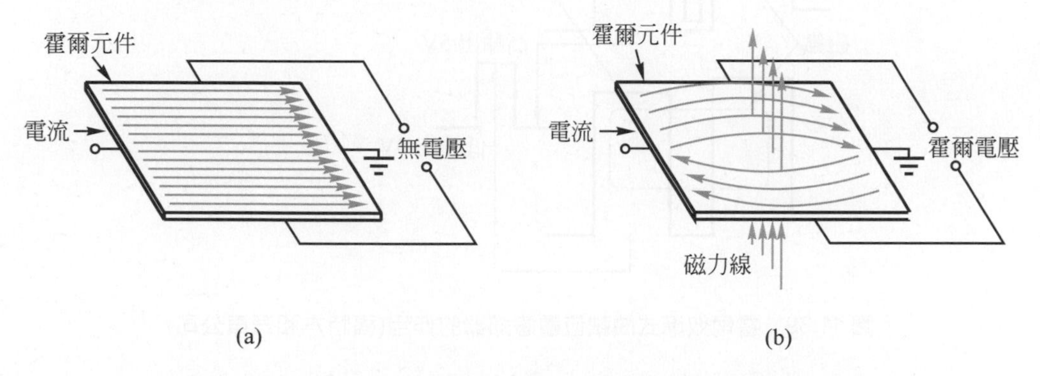

圖 11.38 霍爾效應式感知器的基本原理(福特六和汽車公司)

(2) 構造及作用

① 霍爾效應式曲軸位置感知器由磁鐵、霍爾半導體元件及圓盤等組成，四缸引擎圓盤上有四個凸出翼片(即有四個凹槽)。

② 當圓盤隨分電盤軸旋轉，翼片在磁場與霍爾元件之間時，磁力線被阻隔，無電壓產生；而當圓盤凹槽在磁鐵與霍爾元件之間時，磁力線可通過，產生垂直電壓，經電子電路送出 ON-OFF 的矩形 G 及 Ne 數位信號給ECM，如圖 11.39 所示。Ne 信號送給ECM，可測定引擎轉速，及控制一次電流的通斷；G 信號可提供第一缸活塞在壓縮上死點位置，以進行順序噴射等。

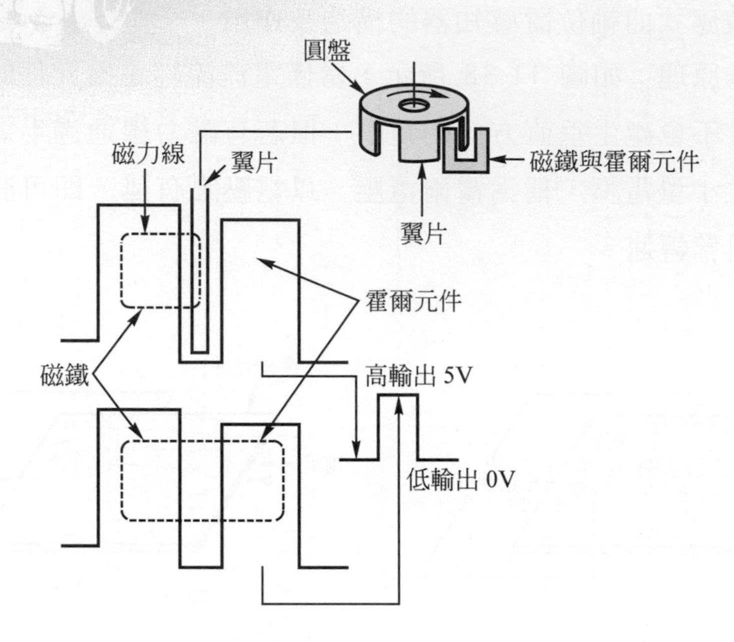

圖 11.39　霍爾效應式曲軸位置感知器的作用(福特六和汽車公司)

六、爆震感知器(knock sensor，KS)

1. 功用：當引擎產生爆震時，將振動轉成電壓信號，送給ECM，以適當控制點火時間。

2. 構造及作用

(1) 如圖 11.40 所示，爲爆震感知器的構造，主要零件爲壓電體。共振式爆震感知器是由與爆震振動大致相同的共振頻率之振動體，及檢測振動體振動壓力並轉換成電壓信號的壓電體所組成；而非共振式爆震感知器是以壓電體直接檢測爆震振動。

(2) 爆震感知器的信號須經濾波處理及爆震判定，再將信號送給微電腦，直接延遲點火時間，在爆震現象停止時，再慢慢提前到原有角度，如圖 11.41 所示。

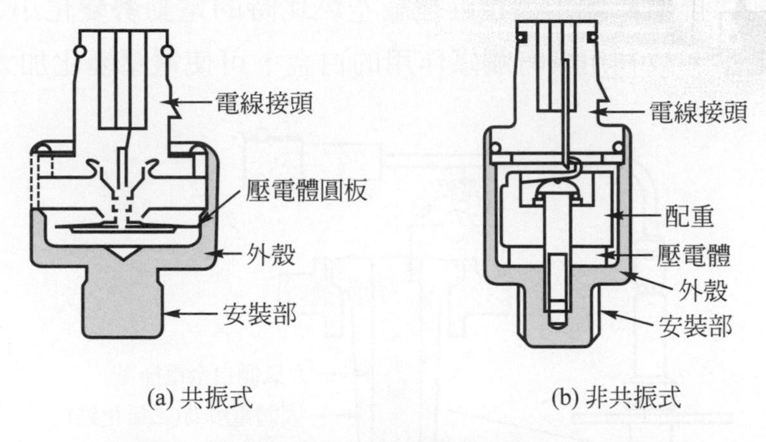

圖 11.40　爆震感知器的構造(電子制御ガソリン噴射)

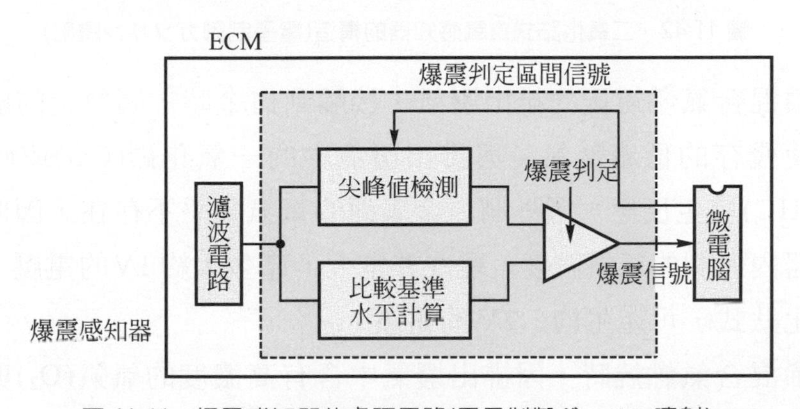

圖 11.41　爆震感知器的處理電路(電子制御ガソリン噴射)

七、含氧感知器(oxygen sensor，O_2 Sensor)

1. 功用：因三元觸媒轉換器對CO、HC與NO_x的淨化效果，在理論空燃比附近時最高。含氧感知器就是用來檢測排氣中的氧氣濃度，將電壓信號送給ECM，以修正噴油量，將供應給引擎的空燃比控制在理論空燃比附近的狹小範圍內。
2. 構造及作用

(1) 如圖 11.42 所示，為使用很多的二氧化鋯(ZrO_2)式含氧感知器之構造，由能產生電壓的二氧化鋯管組成，其內外側均塗上白金，外側白金有一層陶瓷被覆，以保護電極。二氧化鋯管內側導入大氣，外側則與排氣接觸。因接近理論空燃比時的電動勢變化小，難以檢測出電壓，故利用具有觸媒作用的白金，可使電壓變化加大。

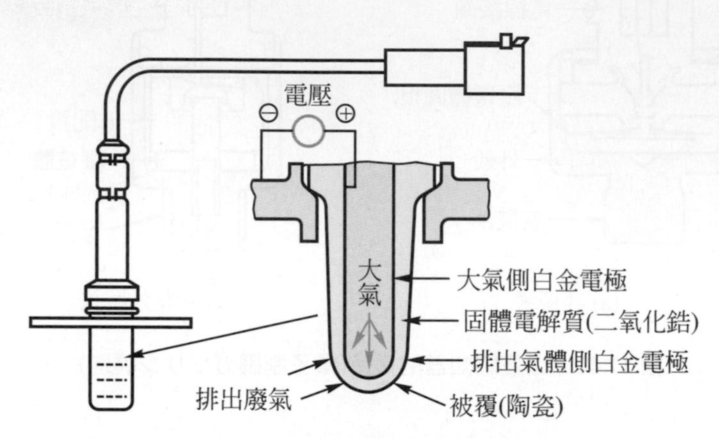

圖 11.42　二氧化鋯式含氧感知器的構造(電子制御ガソリン噴射)

⑵　濃混合氣燃燒後的排出廢氣，接觸到白金時，因白金的觸媒作用，使殘存的低濃度氧氣與排出廢氣中的一氧化碳(CO)或碳氫化合物(HC)發生反應，因外側白金表面的氧氣幾乎不存在，因此含氧感知器內外側的氧氣濃度差變成非常大，產生大約1V的電壓。新型二氧化鈦式，可產生約1.2V的電壓。

⑶　稀混合氣燃燒時，因排出廢氣中含有高濃度的氧氣(O_2)與低濃度的一氧化碳，即使一氧化碳與氧氣發生反應，也還剩下多餘的氧氣，因此二氧化鋯管內外側濃度差小，所以幾乎不產生電動勢，電壓爲0V。新型二氧化鈦式，產生約0.2V的電壓。

八、引擎控制模組(engine control module，ECM)

1.　概述：從1980年代起，汽車的電子控制系統已經進入微電腦控制，能將數個控制功能集中在一個ECM中，稱爲集中控制(integrated control)。現代汽車均屬集中控制系統，包括噴射正時、噴油量、點火時間、惰速、燃油泵等控制外，並進行燃油增濃補正、燃油減量補正、EGR控制、EEC控制、空調控制等多項控制，並具備自我診斷與故障碼顯示功能、故障安全功能及後援功能等。

2. 構造：如圖 11.43 所示，爲ECM的構造。若感知器的信號爲類比信號時，須以A/D轉換器(analogic/digital converter)，將類比信號轉換成數位信號給微電腦處理，例如各感知器的信號先經輸入電路，除去雜訊，將類比的正弦波信號轉換成數位的矩形波信號，並降低電壓後再輸出。

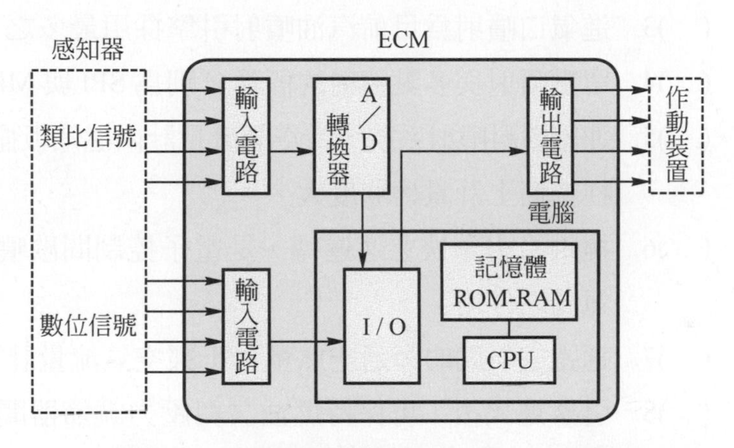

圖 11.43　ECM 的構造(電子制御ガソリン噴射)

3. ECM除進行上述的各項控制外，本身還具備下列各種功能

(1) 自我診斷(self diagnosis)與故障碼顯示功能：ECM隨時偵測來自各感知器的信號，當發現有異常時，儀錶板上引擎警告燈會點亮，警告駕駛車輛已經發生故障。

(2) 故障安全(fail safe)功能：當 ECM 的自我診斷功能偵測到主要感知器或作動器故障時，車輛就由預先儲存在ECM中的設定值來控制，以確保車輛在安全情況下行駛。

(3) 後援(back up)功能：又稱備用功能。當微電腦產生偶發性的故障時，例行的控制程序便無法正常操作，會陷入動作異常的狀態中。本身是引擎控制系統中樞的微電腦，一旦有異狀，或停止作用時，車輛便無法行駛，因此必須監視微電腦的異常狀態，才能在發生異常時，將整個系統轉換成獨立預備迴路的後援電路進行基本的控制。

一、是非題

( )1. 汽油噴射系統依控制方式可分機械與電子控制式。

( )2. 利用各感知器將引擎工作狀態信號送給電腦之控制方式稱為機械控制式。

( )3. 進氣口噴射為目前汽油噴射引擎採用最多之方式。

( )4. 單點噴射與多點噴射的簡稱分別為 SPI 與 MPI。

( )5. 連續燃料噴射系統，當空氣流量計內感知板擺移量小時，柱塞筒上計量槽開度大。

( )6. 提供冷引擎快怠速運轉，是電子控制間歇噴射系統中空氣閥之作用。

( )7. 通過空氣閥的旁通空氣量，不經空氣流量計計量。

( )8. 引擎熄火後，可保持燃油泵與壓力調節器間一定殘壓的是燃油泵的單向閥。

( )9. 燃油脈動緩衝器是用以吸收汽油在流動時的脈動。

( )10. 電子控制間歇燃料噴射系統噴油器的噴油量是由燃油壓力決定。

( )11. 現代電子控制汽油噴射系統均採用冷車起動噴油器，以幫助冷車起動用。

( )12. L-Jetronic，其翼板打開角度會轉成電壓信號送給 ECM。

( )13. 熱線式空氣流量計係計測空氣體積。

( )14. 卡門漩渦式空氣流量計，當檢知漩渦數多時，表示進氣量多。

( )15. 冷卻水溫度感知器，水溫低時其電阻大，送出低電壓信號給 ECM。

( )16. 霍爾效應式曲軸位置感知器，當圓盤凹槽在磁鐵與霍爾元件之間時，送出高矩形脈波。

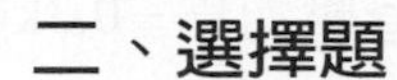

( )1. (A)KE-Jetronic (B)L-Jetronic (C)LH-Jetronic (D)Karman Vortex 為機械控制式汽油噴射系統。

( )2. 機械控制式汽油噴射系統，係採用 (A)獨立 (B)分組 (C)連續 (D)間歇 噴射。

( )3. 汽油噴射系統，採用低壓燃油噴射時，其燃油壓力約在 (A)0.5 (B)1.0 (C)1.5 (D)2.0 kg/cm^2。

( )4. 汽油噴射系統，採用高壓燃油噴射時，其燃油壓力約在 (A)10～15kg/cm^2 (B)15～25kg/cm^2 (C)25～45kg/cm^2 (D)50kg/cm^2 以上。

( )5. 機械控制式燃油噴射系統，其空氣流量計內係以 (A)感知板 (B)熱線 (C)壓電體 (D)漩渦數 以計量進入之空氣。

( )6. K-Jetronic 在冷引擎時，燃油分配器柱塞上方的控制壓力約為 (A)0.1 (B)0.5 (C)1.5 (D)3.5 bar。

( )7. KE-Jetronic，其起動後增濃、暖車增濃、冷引擎加速增濃時，均是由 (A)暖車調節器 (B)主壓力調節器 (C)冷車起動噴油器 (D)電磁油壓作動器 之作用而補正混合比。

( )8. 電子控制間歇燃料噴射系統中，送出引擎負荷信號給ECM的是 (A)水溫感知器 (B)大氣壓力感知器 (C)進氣溫度感知器 (D)節氣門位置感知器。

( )9. 下述何項非 IAC 閥之作用功能 (A)EACV (B)TPS (C)ISC 閥 (D)BAC 閥。

(　)10. 燃油管路壓力為 $2.5kg/cm^2$，進氣歧管壓力為 $-0.3kg/cm^2$，則此時經壓力調節器後之油壓為　(A)2.47　(B)2.5　(C)2.53　(D)2.55　kg/cm^2。

(　)11. 汽缸內直接噴射式噴油器的噴射壓力約為進氣口多點噴射式噴油器噴射壓力的　(A)5～10　(B)10～20　(C)20～40　(D)40～60　倍。

(　)12. 高電阻式噴油器的電阻值在　(A)2～3Ω　(B)3～6Ω　(C)6～10Ω　(D)12～17Ω　之間。

(　)13. 曲軸位置感知器無下述何種功用　(A)點火正時控制　(B)偵測引擎轉速　(C)噴射量控制　(D)進氣量控制。

(　)14. 濃混合氣時，含氧感知器會送出約　(A)0　(B)0.5　(C)1.0　(D)2.0　V 的電壓。

(　)15. 下述何種情況，ECM 進行怠速轉速升高補正　(A)有電器負荷時　(B)空調作用時　(C)動力轉向作用時　(D)以上皆對。

三、問答題

1. 簡述電子控制式汽油噴射系統的作用原理。
2. 哪些型式的噴射系統屬於 MAF 的空氣量檢測方法？
3. 何謂進氣口噴射？
4. 何謂直接噴射及其優點。
5. 何謂集中控制及其優點。
6. 簡述直線式電磁閥的作用與特性。
7. 燃油泵內的單向閥有何功用？
8. 試述壓力調節器的作用。
9. 試述進氣口噴射式噴油器的作用。

10. 試述歧管絕對壓力感知器的構造及作用。
11. 試述水溫感知器的作用。
12. 試述磁電式曲軸位置感知器的基本構造及作用。
13. 試述霍爾效應式感知器的基本原理。
14. 試述稀混合氣燃燒時，含氧感知器的作用。
15. 寫出 ECM 的自我診斷與故障碼顯示功能。

Chapter 12 電子點火系統

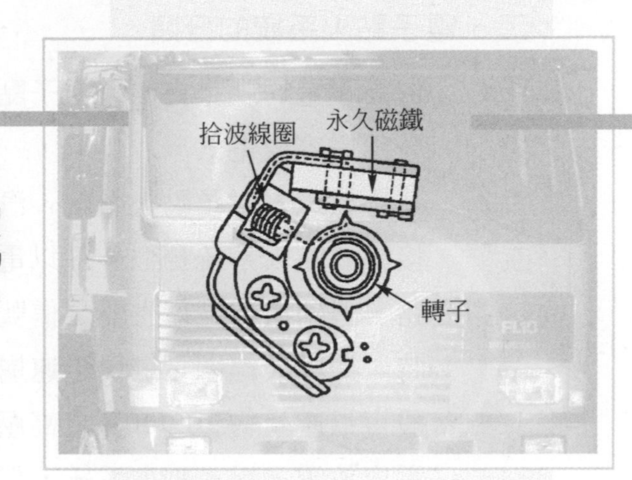

12.1 概述

一、普通點火系統的缺點

1. 普通點火系統因白金接點通過電流有限，且壽命短，經常需要保養調整，在性能上不能突破，無法適應現代高轉速、高出力、低污染的引擎需求。在1970年代，僅少數的高性能引擎使用電子點火系統。到了1980年代，除少部分廉價車或商用車仍使用普通點火系統外，幾乎大部分的車子都已改用高性能的電子點火系統了。
2. 以美國為例，在1970年代初期，大多數車子都採用白金接點式點火系統，其廢氣排放無法通過檢驗。而聯邦法令要求點火系統經80,465km (50,000miles)使用後，僅需要極少的保養或免保養，但白金接點式點火系統無法達到此要求，白金接點會磨損、燒蝕，間隙發生改變，造成點火正時不對、感應高壓電降低、不點火及排氣污染等。因此從

1975年起，美國汽車都改用電晶體及半導體裝置，取代原來的白金接點，以切斷或接通點火線圈的一次電流。

二、電子點火系統的分類

1. 依高壓電的產生方法，電子點火系統可分成兩種，一為感應放電式，一為電容放電式。
2. 感應放電式電子點火系統，汽車用點火系統大部分屬於此式，與白金接點式點火系統相似，係以電瓶之電壓使電流流過點火線圈之一次電路，但利用信號產生器之信號控制一次電流之斷續，於一次電流切斷時，使點火線圈之磁場迅速崩潰，而使二次電路感應產生高壓電，一般可以產生約30,000V之高壓電。
3. 電容放電式電子點火系統，部分歐洲車及大部分機車採用此式，一般稱為CDI點火系統(capacitive discharge igniting system)。係以電瓶經變壓使控制器中之電容器充電，電容器可充電達 300V，當點火信號傳到時，使電容器放電到點火線圈之一次電路，此一突然通過之電壓使一次電流擴大產生磁場，而使二次電路感應高壓電之方法，一般可以產生30,000V以上之高壓電，火花之強度較感應放電式強，可以使很差之火星塞跳火。

12.2 電子點火系統簡介

一、電子點火系統的功用

1. 功用：利用信號產生器，產生之電壓使電晶體ON或OFF，以接通或切斷點火線圈中的一次電流，感應之高壓電，送給各缸火星塞。
2. 優點
   (1) 無機械接觸，無磨損，免保養。
   (2) 可確保點火正時穩定可靠。
   (3) 引擎任何轉速時性能均可靠。

(4) 長久使用後仍能保持原有性能。

(5) 能供電壓提高，尤其是高轉速時之能供電壓高，不會有漏失火花情形。

3. 如圖 12.1 所示，爲電子點火系統與白金接點式點火系統能供電壓之比較。

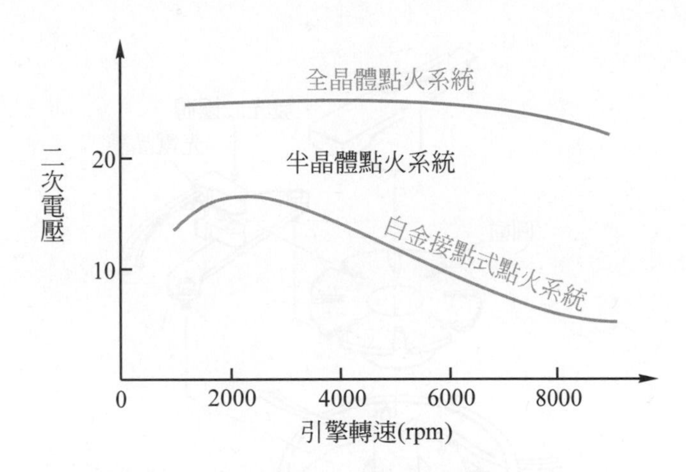

圖 12.1 電子點火系統與白金接點式點火系統能供電壓之比較(汽車電學，黃靖雄)

二、電子點火系統的種類與構造

1. 磁電式：如圖 12.2 所示，爲磁電式信號產生器之構造，係使用最多之電子點火信號產生器，包括信號轉子(signal rotor)、永久磁鐵、拾波線圈(pick up coil)三部分。信號轉子裝在分電盤軸上，信號轉子上的齒數與汽缸數相同，即四缸引擎有四個齒；拾波線圈繞在永久磁鐵邊之支架上，兩者成一體裝在分電盤之底板上。

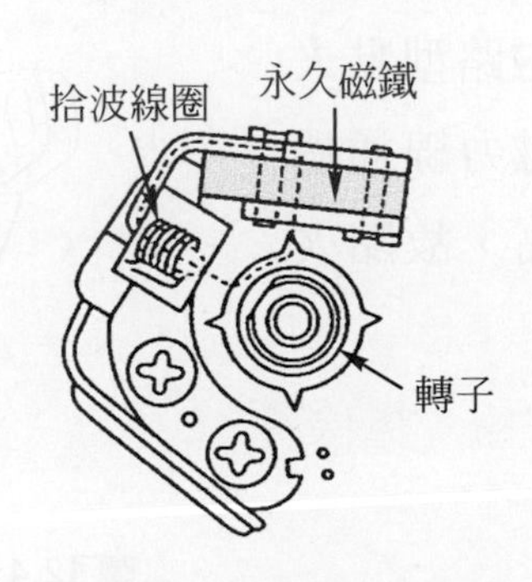

圖 12.2 磁電式信號產生器之構造(電子制御ガソリン噴射)

2. 光電式：使用一發光二極體(LED)及一感光之光電晶體以產生電壓信號。信號轉子爲一有槽之圓盤，隨分電盤軸旋轉，當槽對正信號產生器時，LED之光束觸及光電晶體，使其產生電壓送出信號；遮光時無信號產生。如圖 12.3 所示，爲八缸引擎所採用。

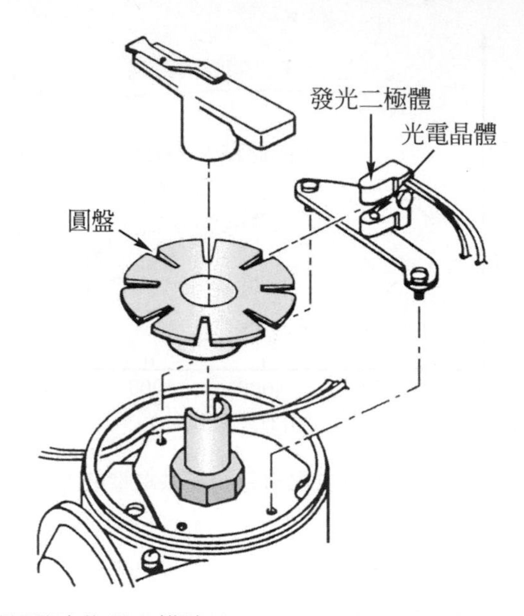

圖 12.3 光電式信號產生器之構造(Automotive Electrical Systems，Harper Row)

12.3 電子點火系統的工作原理

一、概述

如圖 12.4 所示，爲閉磁路型點火線圈及點火器之外觀，因磁力線通過磁阻小，效率較開磁路型高，故點火線圈可小型輕量化。

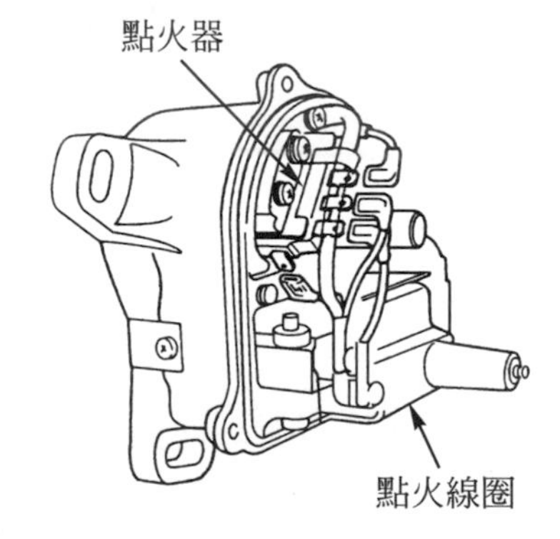

圖 12.4 閉磁路型點火線圈及點火器
(本田汽車公司)

二、定電流控制式全晶體點火系統的組成

如圖 12.5 所示，爲定電流控制式全晶體點火系統的組成方塊圖。除閉角增大電路，爲士林電機公司全晶體點火系統使用外，並增加有閉角縮小電路及定電流控制電路。

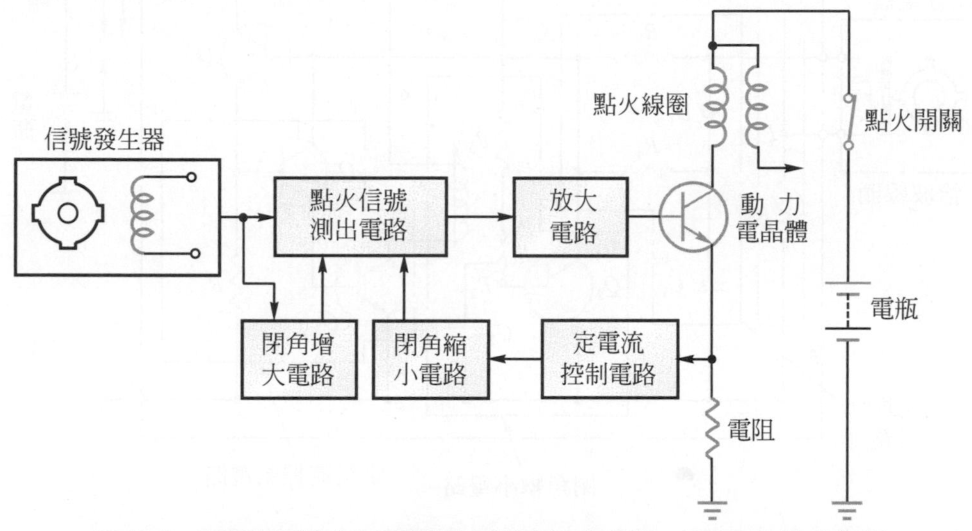

圖 12.5 定電流控制式全晶體點火系統的組成(技報，日本電裝株式會社)

三、定電流控制式全晶體點火系統的優點

定電流控制式全晶體點火系統使用高性能的閉磁路型點火線圈，能使輸出電壓增高；且附有閉角及定電流控制，在轉速、電源電壓、溫度等較廣範圍的變動下，仍能得到一定的二次電壓。

四、定電流控制式全晶體點火系統電路

如圖 12.6 所示，爲定電流控制式全晶體點火系統電路圖，分電盤內裝置信號轉子及拾波線圈，點火器與閉磁路點火線圈裝在一起。

1. 分電盤中之信號轉子及拾波線圈，依引擎之轉速與負荷感應出點火信號送到點火器，經內部IC電路放大，並加上閉角及定電流控制，使動力晶體在最適當的時間ON-OFF，使二次線圈感應出高壓電。

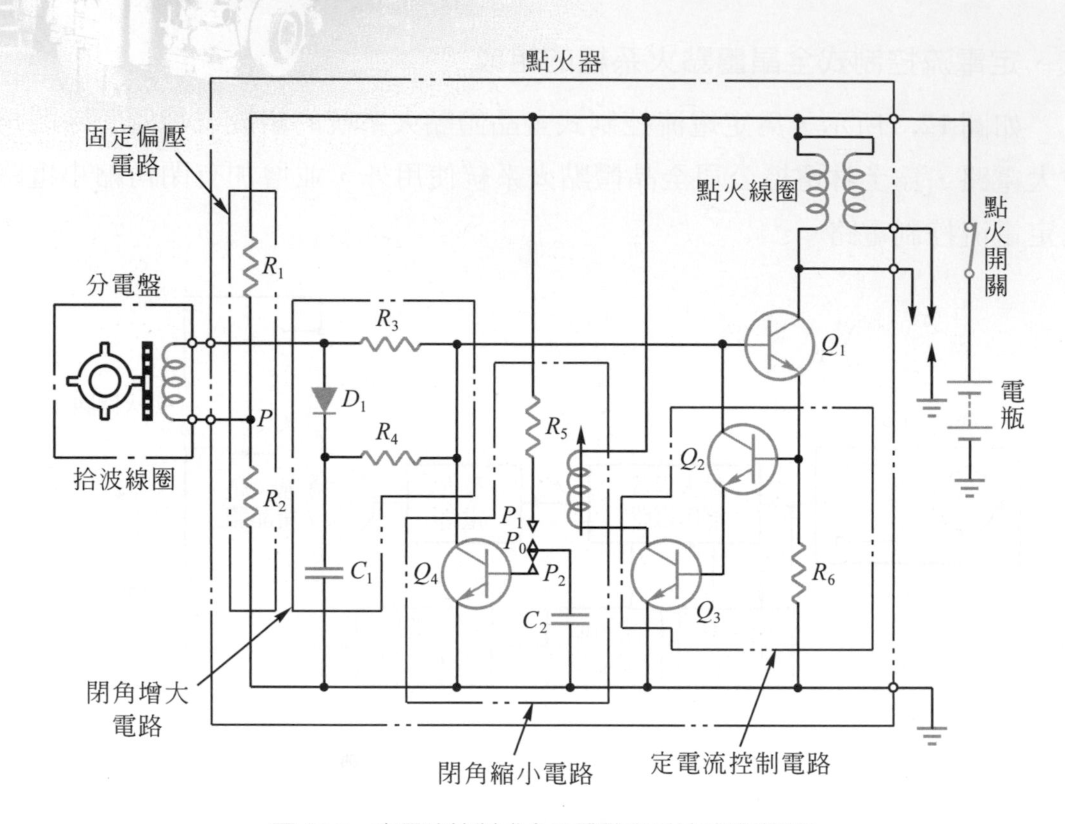

圖 12.6 定電流控制式全晶體點火系統電路(技報)

2. 此電路在引擎停止時，打開點火開關，動力晶體在OFF狀態，一次電流停止流動。又當引擎轉速及電壓有變化時，能控制一次電流在一定值，約6A。

五、各控制電路之作用

1. 拾波電路

(1) 磁電式信號產生器的作用

① 通過拾波線圈之磁力線，當信號轉子不轉時，磁力線無變化，拾波線圈不產生任何作用。

② 當信號轉子旋轉時，如圖 12.7 所示(a)→(b)→(c)→(a)之順序，改變信號轉子凸起部與支架及磁鐵之空氣間隙(Air gap)，使流過拾波線圈的磁力線跟著變化，因磁力線的變化，使拾波線圈感應之電壓也隨著變化。

③ 當信號轉子凸起部靠近拾波線圈中心之支架時，空氣間隙最小，磁阻最小，通過之磁力線最多，但因磁力線之變化量最少，故拾波線圈沒有感應電壓，如圖 12.7(b)所示及圖 12.8 所示之(2)位置。

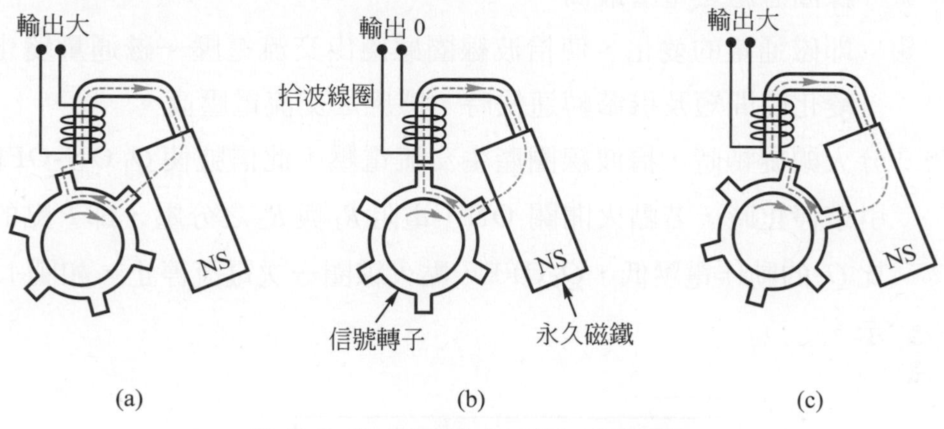

圖 12.7　拾波線圈之作用變化(汽車電學)

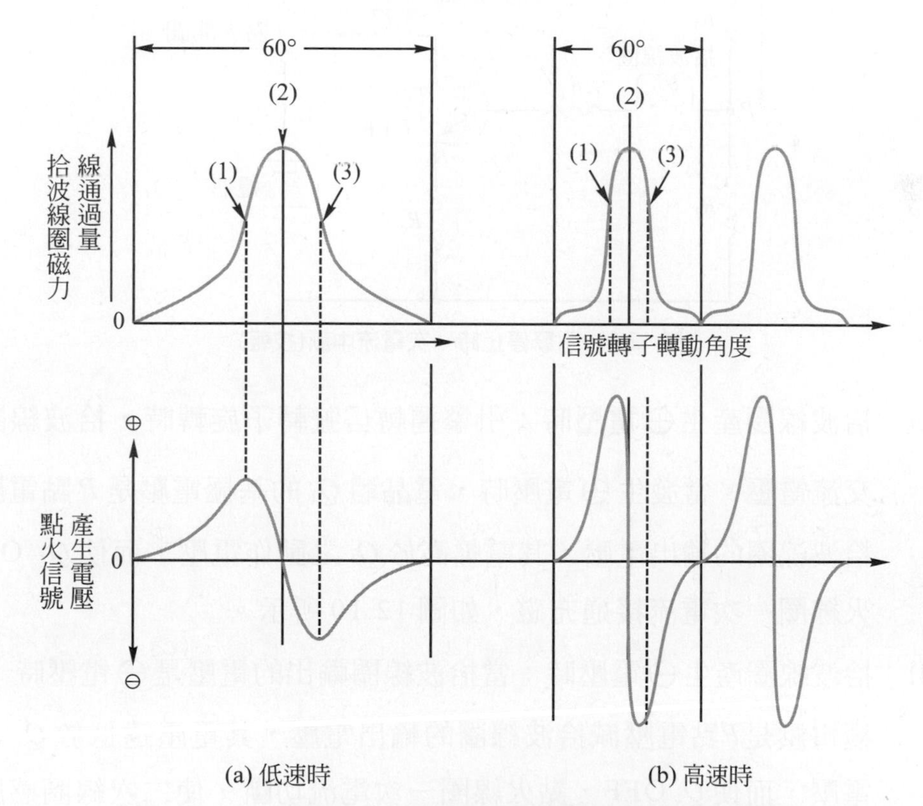

圖 12.8　拾波線圈磁力線通過量與感應電壓之關係(汽車電學)

④ 當信號轉子凸起部距離拾波線圈中心之支架最遠時，空氣間隙最大，磁阻最大，通過之磁力線最少，如圖 12.7(a)(c)所示及圖 12.8 所示之⑴、⑶位置。此時磁力線單位時間之變化量最大，故拾波線圈感應之電壓最高。

⑤ 即磁通量的變化，使拾波線圈感應出交流電壓。磁通量變化大、變化時間短及引擎轉速快時，感應之交流電壓高。

⑵ 分火頭旋轉時，拾波線圈產生交流電壓，此信號使 Q_1 ON-OFF。當引擎停止時，若點火開關 ON，電阻 R_1 與 R_2 之分壓，即 P 點的電壓比 Q_1 的動作電壓低，Q_1 OFF，點火線圈一次電流停止，如圖 12.9 所示。

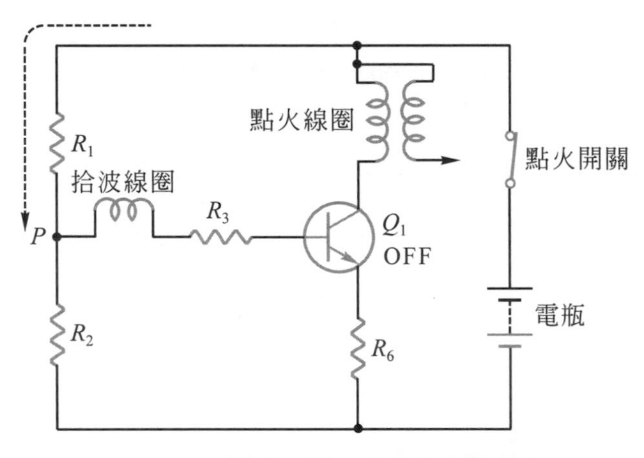

圖 12.9 引擎停止時一次電流中斷(技報)

⑶ 拾波線圈產生⊕電壓時：引擎運轉信號轉子旋轉時，拾波線圈感應交流電壓。當發生⊕電壓時，電晶體 Q_1 的基極電壓是 P 點電壓加上拾波線圈的輸出電壓，其電壓高於 Q_1 之動作電壓，而使 Q_1 ON，點火線圈一次電流接通充磁，如圖 12.10 所示。

⑷ 拾波線圈產生⊖電壓時：當拾波線圈輸出的電壓是⊖電壓時，Q_1 基極電壓是 P 點電壓減拾波線圈的輸出電壓，其電壓遠低於 Q_1 之動作電壓，而使 Q_1 OFF，點火線圈一次電流切斷，使二次線圈感應出高

壓電。在拾波線圈輸出⊖電壓期間，Q_1 均在OFF狀態，如圖12.11所示。

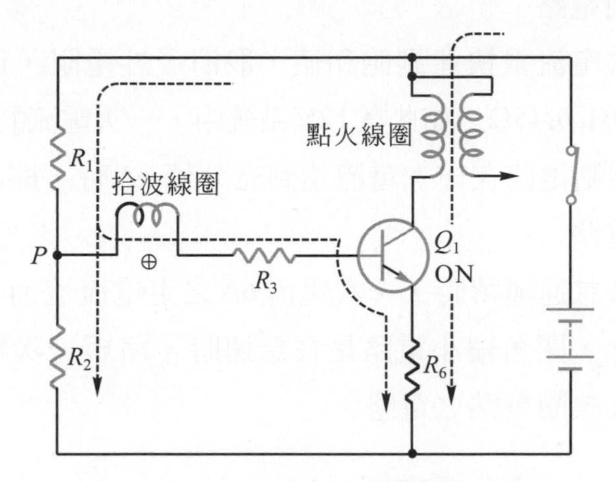

圖 12.10　拾波線圈發生⊕電壓時(技報)

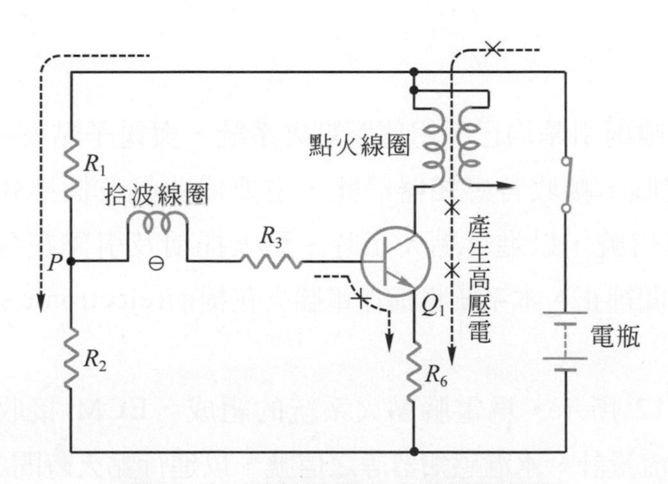

圖 12.11　拾波線圈發生⊖電壓時(技報)

2. 閉角增大電路

(1) 拾波線圈與 P 點電壓相加高於 Q_1 之動作電壓時，Q_1 ON；低於 Q_1 之動作電壓時，Q_1 OFF。高速時 Q_1 ON 的時間太短，即閉角太小，會使二次電壓降低。爲防止高速時二次電壓降低，故設計有閉角增大電路。

(2) 閉角增大電路是隨著引擎轉速的上升，能自動使點火線圈一次電流通過的時間增長，以防止二次電壓降低之電路。

3. 定電流控制電路

(1) 爲使一次電流很快達到飽和值，取消了外電阻，使一次線路的電阻減少，約僅0.45Ω，如此在12V系統中，一次電流的飽和值可達27A。

(2) 定電流控制電路在一次電流達到充分值6A時，即控制其不再增大。

4. 閉角縮小電路

在引擎怠速運轉時，一次電流6A之定電流流通時間過長，會使點火線圈發熱，閉角縮小電路是在怠速時，縮短一次電流之流通時間，以防止點火線圈發熱之電路。

12.4 電腦點火系統

一、概述

1. 現代汽油噴射引擎均已採用電腦點火系統，與電子點火系統不同之處，爲利用電腦，接收各感知器信號，主要爲曲軸位置感知器或凸輪軸位置感知器信號，以進行點火正時、點火提前及引擎在各種運轉狀況時的點火時間補正。本系統也稱作電腦火花提前(electronic spark advance，ESA)。

2. 如圖 12.12 所示，爲電腦點火系統的組成，ECM 接收曲軸位置感知器、空氣流量計、水溫感知器等之信號，以進行點火時間之控制與補正。

3. 使用電腦點火系統時，針對引擎轉速、進氣量、引擎溫度等引擎各種工作狀況的最佳點火時間均儲存在電腦中，依各感知器信號以選擇最適當的點火時間，並傳送切斷一次電流的信號到點火器，以控制點火提前。

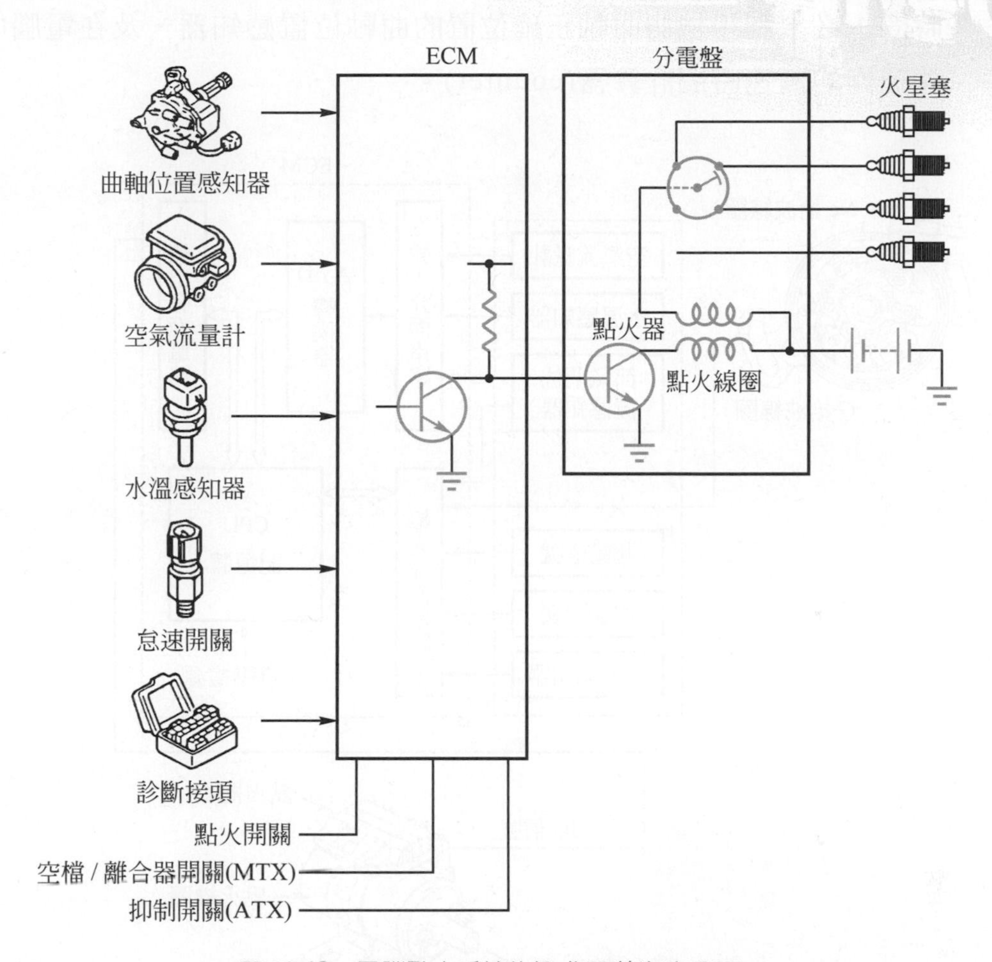

圖 12.12 電腦點火系統的組成(福特汽車公司)

二、電腦點火系統的作用

1. 電腦控制點火系統，如圖 12.13 所示，是由電腦中內藏的ECU來控制一次線圈電流的接通及切斷。依引擎轉速及吸入空氣量即可進行如圖中複雜的點火時間控制；此外也可以依引擎冷卻水的溫度做點火正時補正。採用電腦點火系統與以往的機械式點火系統比較，引擎輸出可以提高2～5％，而且由於點火的程式可以依需要自由的變化，因此能節省燃油的消耗及減低排氣污染。
2. 點火時間的控制精度要求為 1°CA(曲軸轉角)，1°CA 在引擎轉速 6,000rpm 時，換算成時間是30μs 的極短時間。為了正確的控制點火時間，必須利用檢測曲軸正確位置的曲軸位置感知器，及在電腦中高速運作的高速時間計算器(counter)。

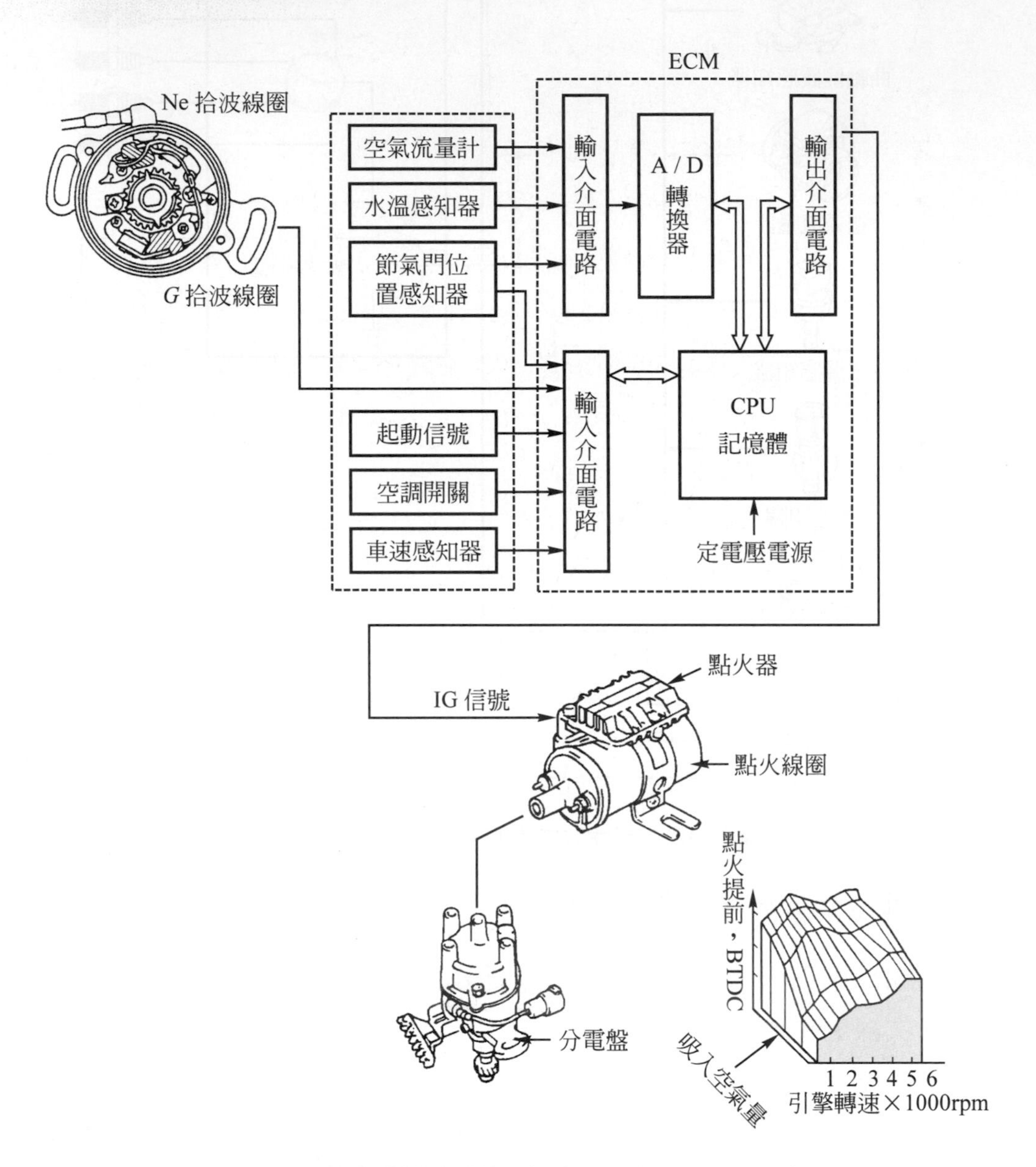

圖 12.13 電腦控制點火系統的組成(電子制御ガソリン噴射)

3. 點火時間控制可分為兩個階段控制，第一階段是起動時點火時間控制，第二階段是起動後點火時間控制。

(1) 起動時點火時間控制

① 起動時引擎轉速通常都低於500rpm，由於進氣量或進氣歧管壓力信號不穩定，故依引擎型式，將點火時間固定在一定值。

② 通常由ECM內的備用IC直接設定固定點火時間。

(2) 起動後點火時間控制

① 此時的點火時間＝固定時間＋基本點火時間＋補正點火時間。

② 基本點火時間是由進氣量或進氣歧管壓力信號，與引擎轉速信號決定。

③ 補正點火時間是由各相關感知器的信號爲基礎而修正。

4. 點火時間補正控制

(1) 低溫補正：依水溫感知器等信號，在低溫時，ECM使點火提前，以保持低溫運轉性能。當氣溫極低時，點火提前可達約15°。

(2) 暖車補正：依水溫感知器等信號，當引擎冷卻水溫度低時，ECM使點火提前，以改善驅動性。

(3) 怠速穩定補正：怠速運轉時，轉速因空調等之引擎負荷改變而變化時，ECM會改變點火時間，使怠速轉速穩定。

(4) 高溫補正：依水溫感知器信號，當冷卻水溫度過高時，爲避免引擎過熱與爆震，ECM會使點火時間延遲。高溫補正時的最大點火時間延遲爲5°。

(5) 扭矩控制補正：配備電子控制自動變速箱的車輛，在換檔時，行星齒輪組的離合器或制動器接合時會產生某種程度的震動。因此依曲軸位置感知器、節氣門位置感知器、冷卻水溫度感知器等信號，在檔位開始變化時，ECM使點火時間延遲，減低引擎扭矩，以降低向上或向下換檔產生之震動。

(6) 爆震補正：當引擎產生爆震時，ECM依信號的程度，分成強、中、弱三種，爆震較強時，點火時間延遲較多；爆震較弱時，點火時間延遲較少。當爆震停止時，ECM停止點火延遲，並開始提前點火，一次一個固定角度。爆震補正時的最大點火延遲角度爲10°。

12.5 直接(無分電盤)點火系統

一、概述

1. 點火系統對引擎性能之影響很大，因此各汽車公司不斷的研究改進，除了各種電子點火系統、電腦控制點火系統外，自1984年以後，又有許多與過去傳統點火系統不相同之點火系統發展出來，其中以無分電盤式點火(distributorless ignition)系統最具特色，又稱直接點火系統(direct ignition system)。
2. 無分電盤電子點火系統取消分電盤、主高壓線、分火頭……等裝置，使所需保養更少，減低高壓電傳送之耗損，不需做點火正時調整，電波干擾更少，及提高點火時間的精確度。

二、線列四缸引擎無分電盤點火系統的構造與作用

1. 如圖12.14所示，爲使用兩個內置式功率晶體的點火線圈A及B，分別提供高壓電給1、4缸及2、3缸。兩個點火線圈裝在引擎中間蓋板的下方，可避免灰塵及潮濕。
2. 流至點火線圈A一次側的一次電流中斷，使點火線圈A的二次側產生高壓電。此高壓電提供第一及第四缸的火星塞，以產生火花。同樣的，流至點火線圈B的一次電流中斷時，其感應的高壓電，同時提供第二及第三缸的火星塞，以產生火花。
3. 引擎ECU交替控制點火線圈內的兩個功率電晶體之ON及OFF，使點火線圈的一次電流依點火順序1-3-4-2中斷並產生高壓電。

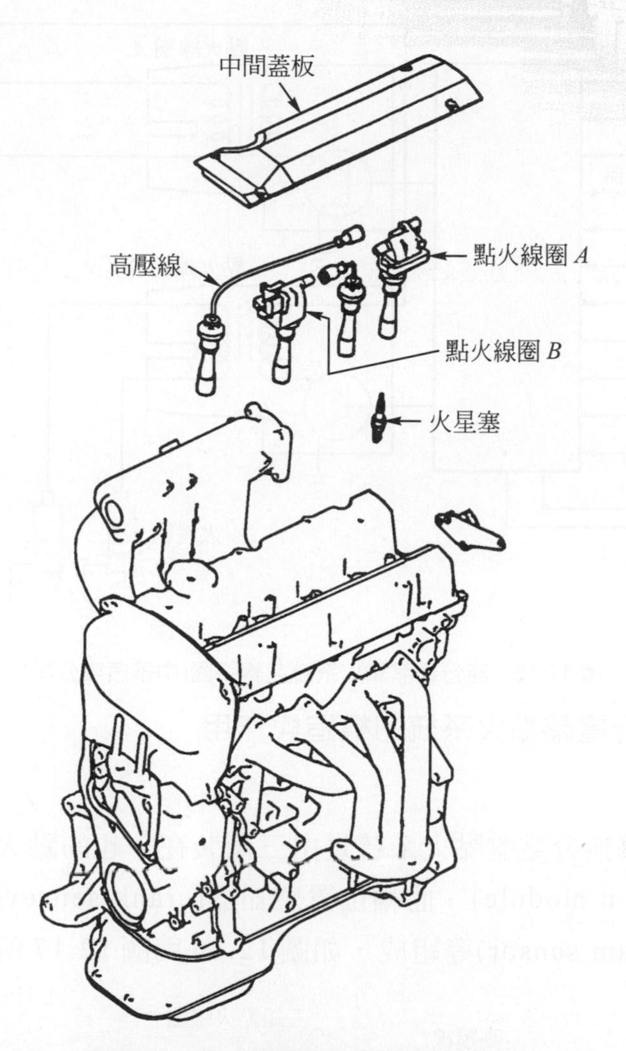

圖 12.14　點火線圈的位置(中華汽車公司)

4. 如圖 12.15 所示，ECM藉由凸輪軸位置感知器及曲軸位置感知器的信號來控制點火線圈，並根據引擎運轉狀況來偵測曲軸位置，以期在最適當的時間提供跳火電壓。當引擎冷車或在高海拔處運轉時，點火正時會稍微提前，以提供最佳的性能。

5. 最新的直接點火系統，不但沒有主高壓線，也沒有各缸高壓線，在每缸火星塞的上方各有一個點火線圈。

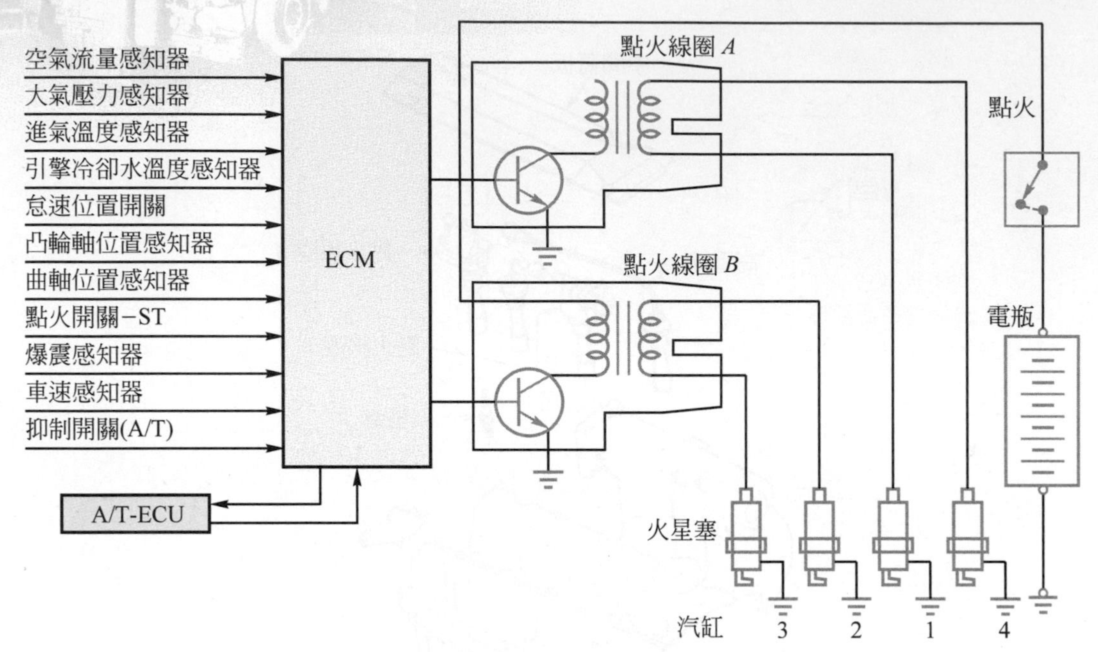

圖 12.15　無分電盤點火系統之線路圖(中華汽車公司)

三、V6 引擎無分電盤點火系統的構造與作用

1. 構造

(1) V6 引擎無分電盤點火系統是由三個裝在一起的點火線圈、點火模組(ignition module)、曲軸位置感知器(crank sensor)及凸輪軸位置感知器(cam sensor)等組成，如圖 12.16 與圖 12.17 所示。

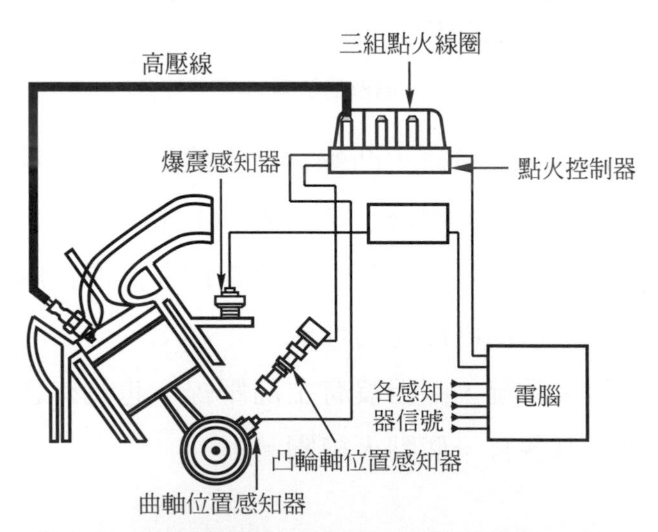

圖 12.16　V6 引擎無分電盤點火系統的組成(一)(AUTOMOTIVE MECHANICS，CROUSE、ANGLIN)

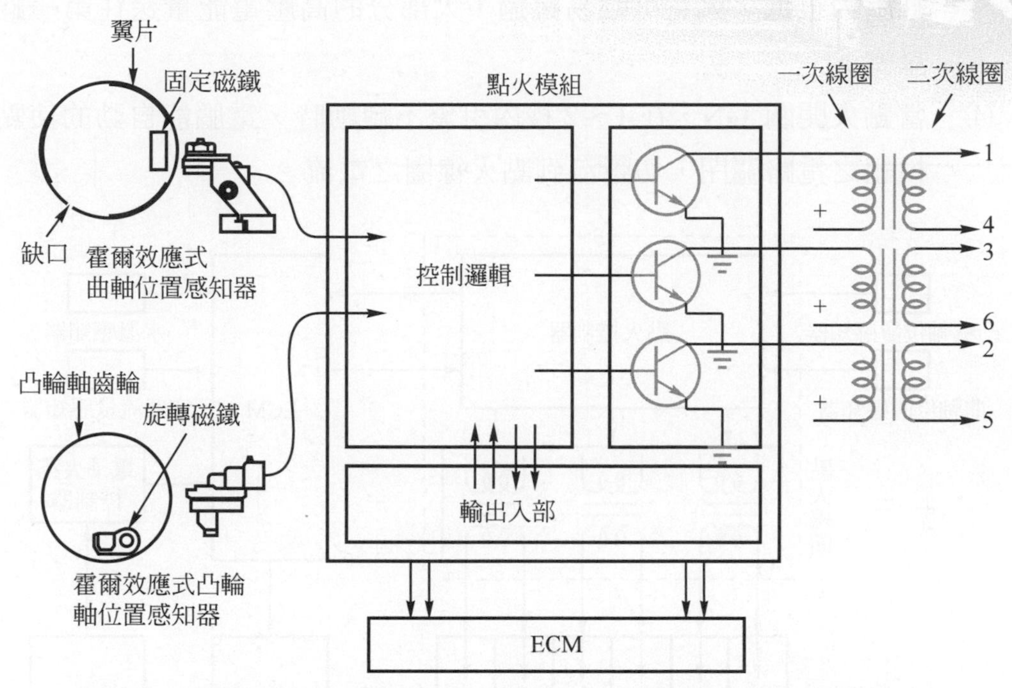

圖 12.17 V6 引擎無分電盤點火系統的組成(二)(AUTOMOTIVE MECHANICS，CROUSE、ANGLIN)

⑵ 凸輪軸位置感知器是用以判知第一缸的位置，提供電壓信號給電腦；而曲軸位置感知器則用以提供引擎轉速及曲軸轉角信號。

2. 作用

⑴ 點火模組接收凸輪軸位置感知器及曲軸位置感知器信號後，將引擎轉速等信號傳給電腦，電腦根據水溫、吸入空氣量、爆震之有無等，以決定最適當的點火時間，信號再送給點火模組，使三個點火線圈依正確的點火順序及點火時間產生高壓電，跳過火星塞點火，如圖12.18所示。

⑵ 每一點火線圈同時對兩個火星塞跳火。點火模組決定跳火順序及選擇跳火之點火線圈，然後ECM的信號送給點火模組，以決定何時切斷一次電路，二次線圈感應之高壓電在兩個火星塞同時跳火。

⑶ 三組火星塞的跳火順序爲1、4→3、6→2、5。當第一與第四缸活塞在上死點時，第一缸爲壓縮行程，第四缸爲排氣行程，第四缸的汽

缸壓力很低，火花可輕易跳過，大部分的高壓電能量送往第一缸火星塞。

(4) 當點火開關 ON，在 1～2 秒內引擎不轉動時，電腦能自動的使點火模組之電路關閉，切斷流到點火線圈之電流。

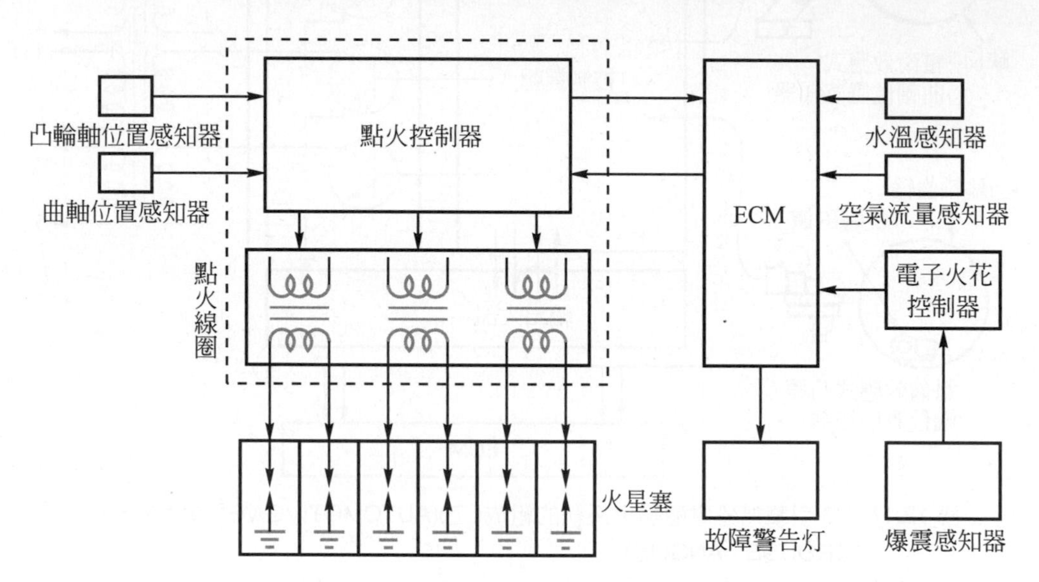

圖 12.18　V6 引擎無分電盤點火系統的作用(汽車電學)

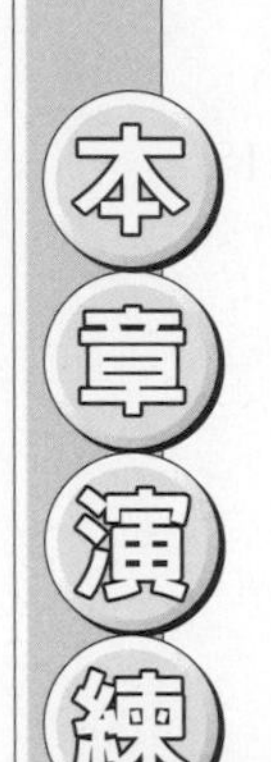

一、是非題

( )1. 大部分汽車都採用電容放電式電子點火系統。

( )2. 電磁式信號產生器送出信號的是拾波線圈(Pick up Coil)。

( )3. 光電式信號產生器，當 LED 之光束觸及光電晶體時，無電壓信號輸出。

( )4. 當拾波線圈產生⊕電壓時，控制電路使點火線圈一次電路充磁。

( )5. ESA 即全晶體點火系統。

( )6. 當引擎暖車 ECM 進行點火時間補正時，是依水溫將點火時間提前至某一度數。

( )7. 當冷卻水溫度過高時，ECM 會將點火時間提前，以免產生爆震。

( )8. 當爆震較強時，點火時間延遲較多。

( )9. 四缸引擎採用直接點火時，二個點火線圈分別提供高壓電給 1、3 缸與 2、4 缸。

( )10. 直接點火系統的點火線圈提供高壓電給兩個汽缸時，一缸在壓縮行程上死點，一缸在排氣行程上死點。

二、選擇題

( )1. 現代引擎最理想的點火系統是 (A)微電腦式 (B)白金接點式 (C)半晶體式 (D)全晶體式 點火系統。

( )2. 磁電式信號產生器發出的信號是 (A)直流電壓 (B)高電阻 (C)低電阻 (D)交流電壓。

( )3. 定電流控制式電子點火電路設閉角增大電路，是為了 (A)避免點火線圈過熱 (B)減少電壓損耗 (C)防止高速時二次電壓降低 (D)避免一次電流過大。

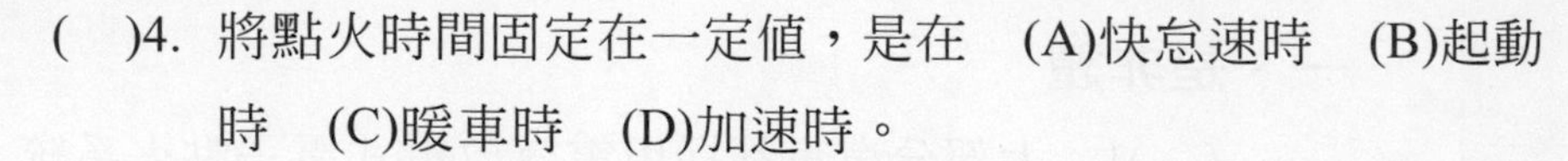

(　)4. 將點火時間固定在一定值，是在　(A)快怠速時　(B)起動時　(C)暖車時　(D)加速時。

(　)5. 怠速穩定補正時，最大點火時間補正值爲　(A) ±1°　(B) ±5°　(C) ±10°　(D) ±15°。

三、問答題

1. 試述感應放電式電子點火系統的基本作用。
2. 試述電容放電式電子點火系統的基本作用。
3. 寫出磁電式電子點火系統的結構。
4. 爲何要設置閉角增大電路？
5. 電腦點火系統與一般電子點火系統有何不同之處？
6. 最新的直接點火系統無傳統式點火系統的哪些零件？

Chapter 13

聲光系統

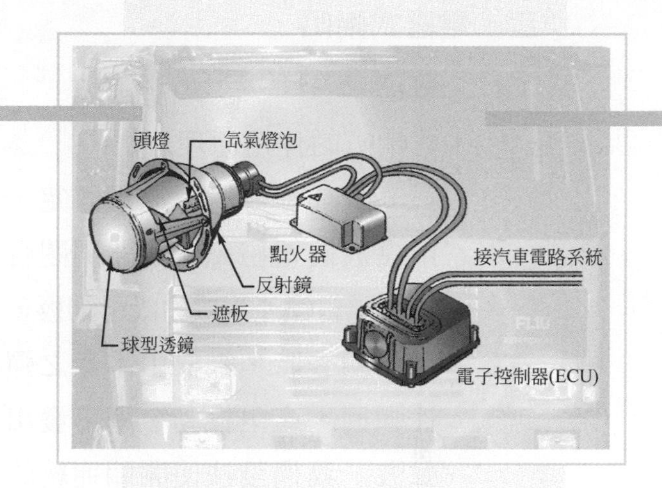

13.1 喇叭電路與配件

一、概述

1. 汽車喇叭是用來警告路上車輛或行人的警報裝置，但也是噪音的一項來源，不當使用將破壞安寧，使人產生厭惡感。
2. 用來測量聲音之特性者有音量、頻率及音壓三項
   (1) 音量(loudness)：音量又稱響度，用來表示聲音強弱的程度。依發音體振幅之大小而定，振幅大者發音愈強，一般使用分貝(decibel，dB)爲音量的單位。
   (2) 頻率(frequency)：頻率又稱音調(pitch)，用來表示聲音的高低程度。發音體的振動頻率增多時，聲音變高；反之振動頻率減少時，聲音變低。頻率使用赫茲(Hz)爲單位，赫茲爲每秒鐘的振動次數。

(3) 音壓：當音波碰到牆壁而反射時，牆壁受到的壓力，此壓力即爲音壓。一般使用微巴(μ bar)爲單位。

二、電磁式喇叭

1. 概述

(1) 喇叭的作用原理

將一片薄鋼板周圍固定，中央放置電磁鐵，當開關閉合時，電磁鐵產生吸力吸引鋼板，開關關去時，鋼板由本身之彈性彈回，產生振動，即可發出聲波。我們設法使開關連續的 ON-OFF，即可使鋼板連續振動空氣而發出聲音，如圖 13.1 所示。

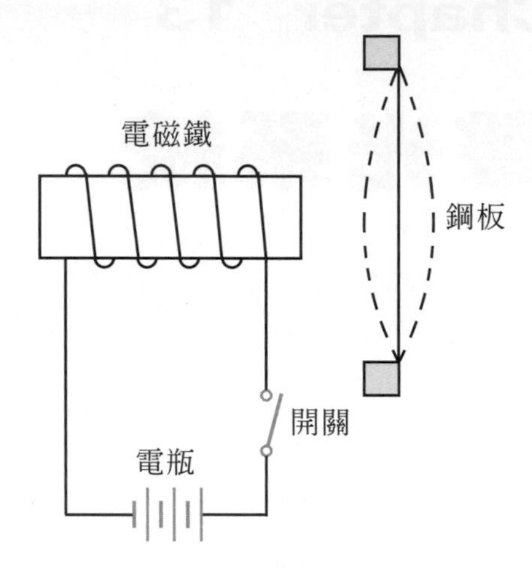

圖 13.1 電磁式喇叭的作用原理(電裝品說明書，日本電裝株式會社)

(2) 電磁式喇叭的組成

電磁式喇叭的組成，以螺旋式爲例，包括高低音喇叭各一只、喇叭繼電器、喇叭按鈕、電源、保險絲……等，如圖 13.2 所示。因喇叭耗電量大，故使用繼電器，避免按鈕處產生過大的火花，以延長使用壽命。

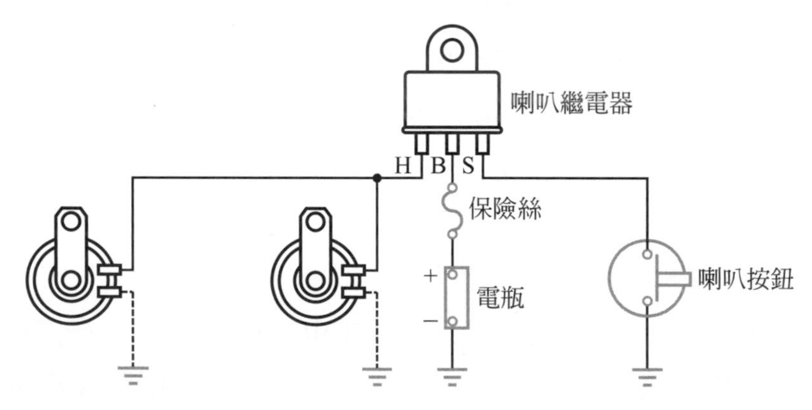

圖 13.2 電磁式喇叭的組成(汽車電學，黃靖雄)

2. 平形式喇叭

(1) 活動柱(armature)與鐵芯(core)的衝擊音，因機械共振而增幅，成為尖銳的金屬音色，體積小且效率高，台灣、日本等許多地區的車輛所採用。低頻率型為350Hz，高頻率型為415Hz。

(2) 平形式喇叭的基本構造，如圖13.3所示，由振動板(diaphragm，或稱膜片)與因共振而產生音量增幅的共振板(vibrator)所組成的振動板總成(diaphragm assembly，或稱膜片總成)，產生驅動力的鐵芯(core)，使電流斷續的白金接點，以及形成固定磁場回路的外殼等所組成。

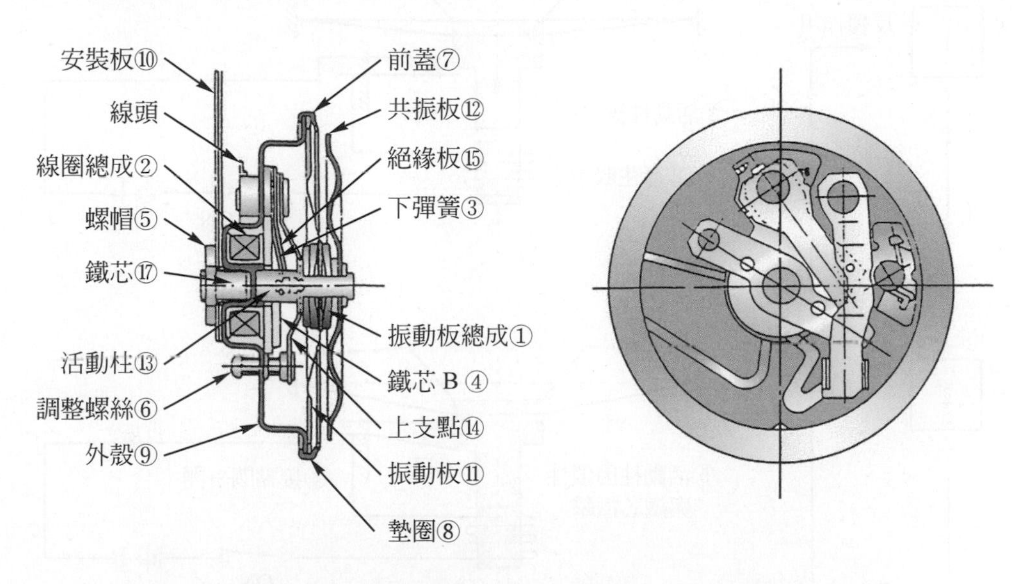

圖13.3 平形式喇叭的基本構造(ボデー電装品，ボデー電装品研究會)

(3) 平形式喇叭的作動原理，如圖13.4所示，其作動順序為

① 壓下喇叭按鈕，電瓶來的電流進入線圈。

② 產生吸引力。

③ 由於活動柱被吸引，振動板隨之移動。

④ 活動柱被吸引至與白金接點接觸，使接點打開。

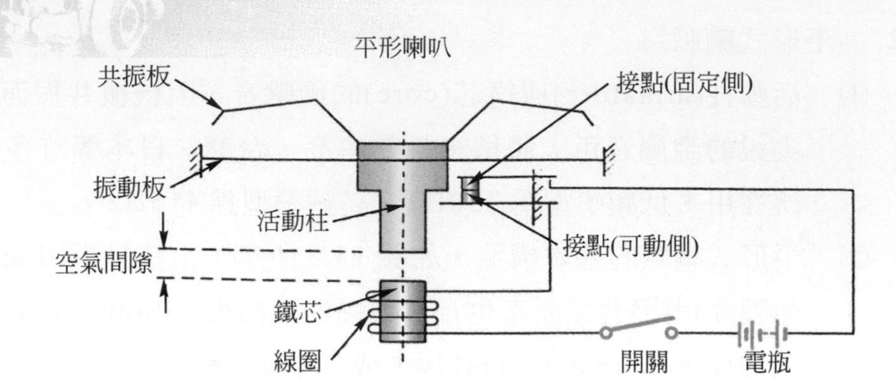

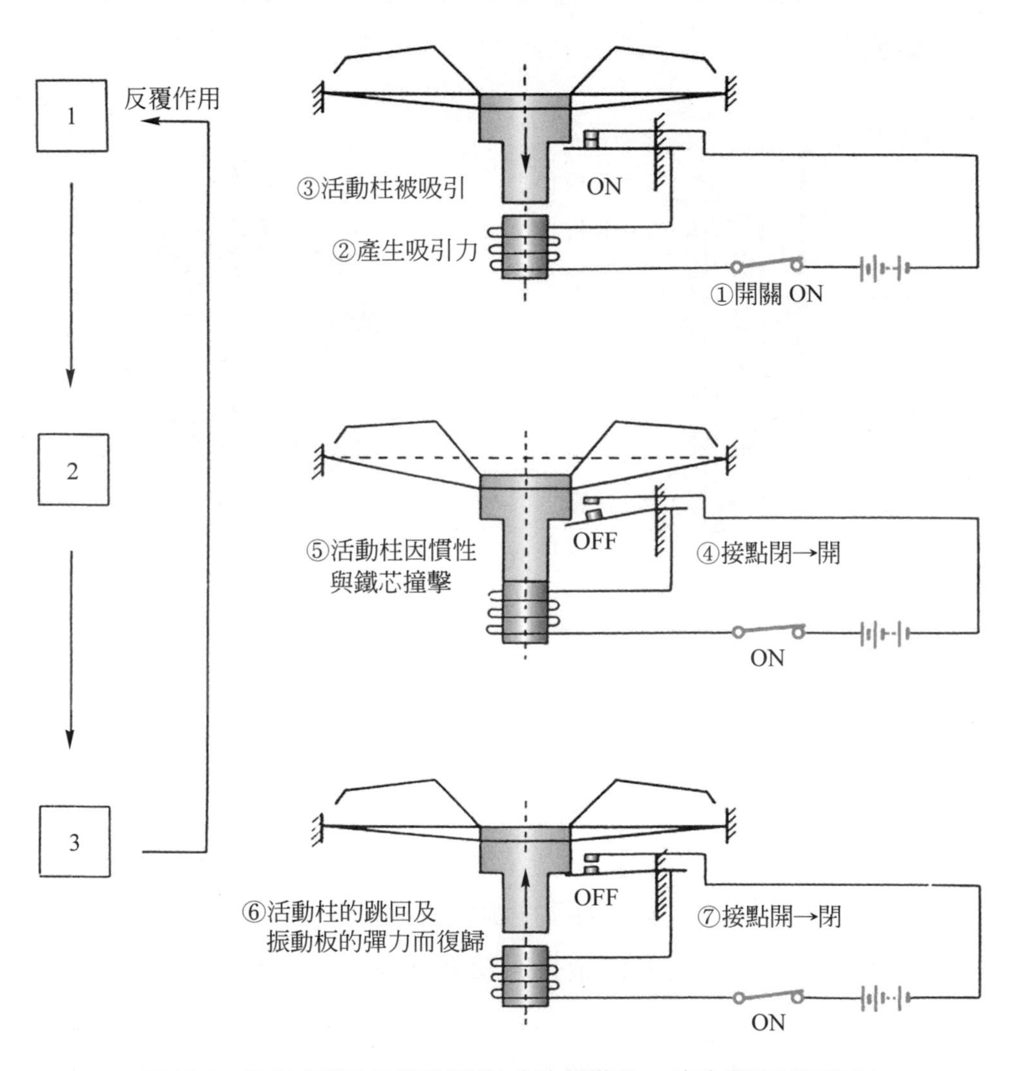

圖 13.4　平板式喇叭的作動原理(ボデ-電裝品，ボデ-電裝品研究會)

⑤ 白金接點打開時，電路中斷，故吸力消失；但振動板總成因慣性會繼續移動，與固定在外殼上的鐵芯發生撞擊。活動柱與鐵芯的撞擊力，使振動板總成產生振動，因而發出聲音。

⑥ 撞擊後，振動板總成因撞擊而跳回及本身的彈力，反方向回到原位。

⑦ 接著接點再閉合，又產生吸引力，回到②的作動狀態。

如此，只要喇叭按鈕持續壓著，作動順序會在②～⑦間反覆作用。

(4) 含喇叭繼電器的喇叭之作動原理

① 喇叭繼電器的構造與電路，如圖 13.5 所示。以喇叭按鈕的小電流控制經過接點之大電流，可以減少喇叭電路的電壓降，縮短電源與喇叭之配線長度。喇叭繼電器上有三個線頭，*S* 接按鈕，*H* 接喇叭，*B* 接電源。一般 12V 高低音喇叭需通過 3～5A 之電流。

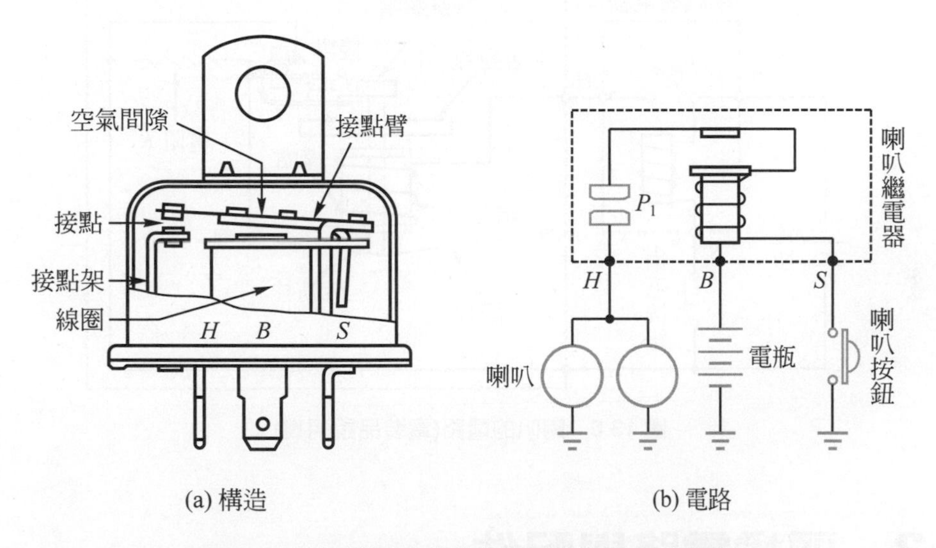

圖 13.5 喇叭繼電器的構造與電路(電裝品說明書)

② 喇叭總成的作用

❶ 當喇叭按鈕按下時，喇叭繼電器線圈通電，使繼電器接點 P_1 閉合，P_1 閉合後電流進入喇叭線圈後搭鐵，如圖 13.6 所示。其路徑如下：

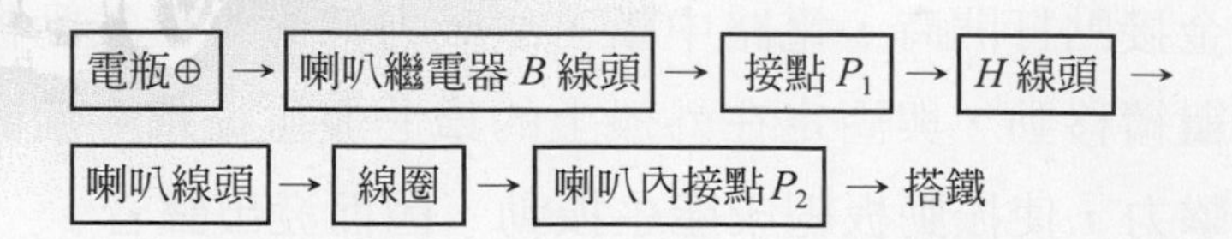

❷ 喇叭電磁線圈之吸力將活動鐵片吸引，使膜片及調整螺帽一起下移，調整螺帽將接點 P_2 拉開，線圈電路中斷，膜片的彈性使膜片及活動鐵片彈回。線圈電流中斷時產生之感應電流由與接點並聯的電阻或電容器吸收。

❸ 膜片彈回後，接點 P_2 又閉合，電流又接通，線圈之磁力又將活動鐵片及膜片拉下，使接點 P_2 又分開。如此膜片不斷的來回振動，使空氣因振動而發出聲音。

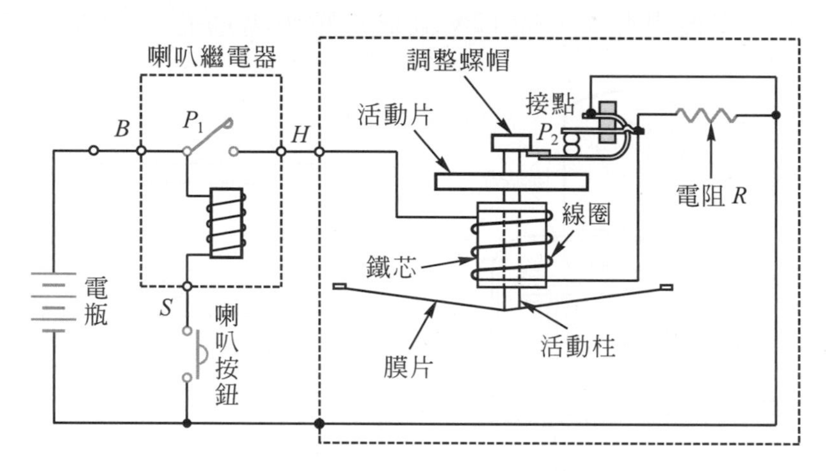

圖 13.6 喇叭的電路(電裝品說明書)

13.2 頭燈電路與配件

一、概述

1. 早期的汽車頭燈只擔負照明的工作，現代汽車的頭燈，不但造型多變化，其頭燈的型式極多且持續在開發研究，目前HID頭燈已經普遍被裝用，而高亮度LED(high brightness light emitting diodes，HB-LED)頭燈，目前已有少部分高級汽車及國產汽車採用了。

2. 頭燈裝在車上以後必須是可以調整的，整個頭燈裝在調整架內，再安裝於固定架上，如圖 13.7 所示。現代汽車頭燈的調整螺絲大多設在頭燈後方。

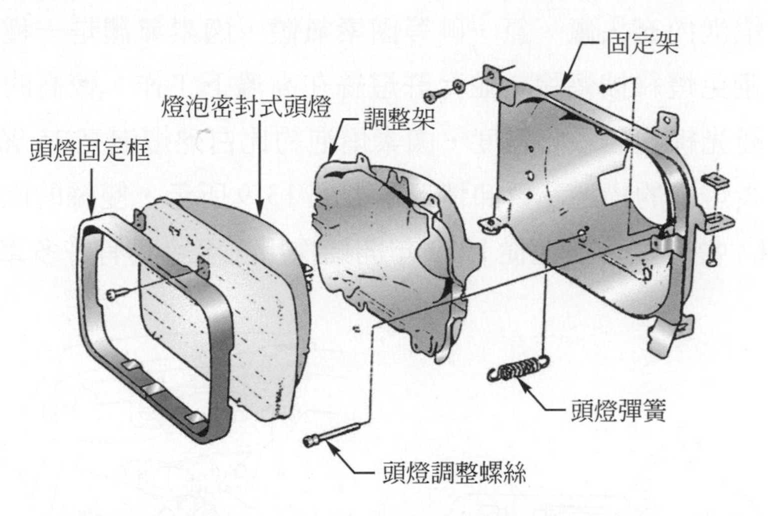

圖 13.7 頭燈的安裝(Auto Electricity，Electronics，Computers，James E. Duffy)

3. 頭燈的構造，基本上是由外殼(housing)與燈泡(bulb)兩部分所組成，但外殼有兩個很重要的部位，一個是前面的鏡頭(lens)，一個是後面的反射鏡(reflector)，如圖 13.8 所示。

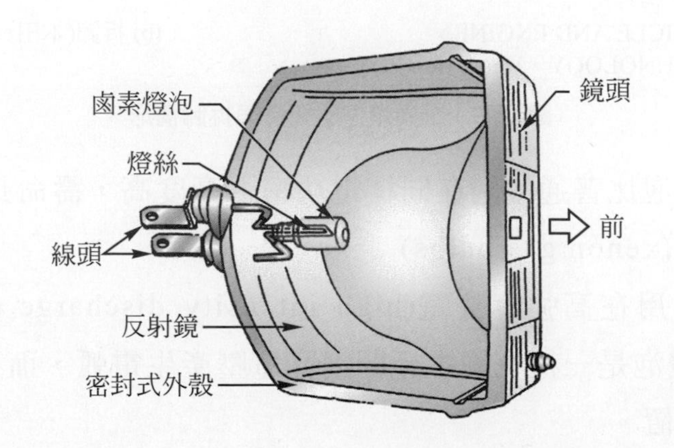

圖 13.8 頭燈的構造(Auto Electricity，Electronics，Computers，James E.Duffy)

二、頭燈依使用燈泡(或照明)的種類分

1. 鹵素燈泡(halogen bulbs)

(1) 燈泡內充入氣體，以取代眞空，氣體可保護燈絲。

(2) 在燈泡內充入氟、氯、碘等鹵素氣體，鹵素氣體是一種惰性氣體，以避免燈絲被燒除，並允許燈絲在高溫下工作。較高的燈絲溫度能改變光線的色彩及強度，鹵素燈泡約比白熱燈泡亮 25％。

(3) 鹵素燈泡的構造及拆卸情形，如圖 13.9 所示，雙絲的鹵素燈泡稱爲 H4；雙絲鹵素燈泡從 1971 年開始採用，至今仍有許多車輛使用中。

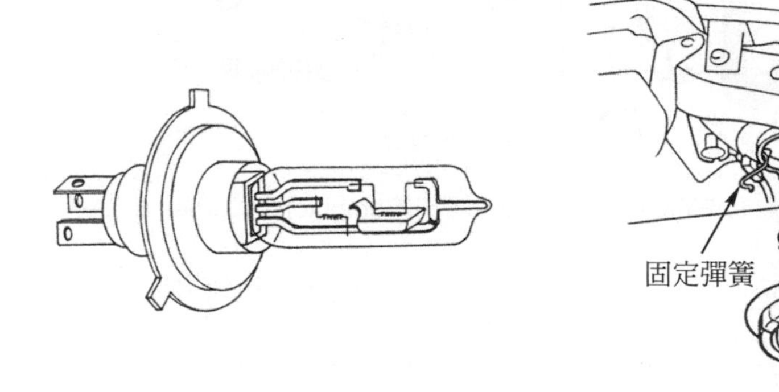

(a) 構造(VEHICLE AND ENGINE TECHNOLOGY，Heing Heisler)　(b) 拆卸(本田汽車公司)

圖 13.9　鹵素燈泡的構造與拆卸情形

(4) 鹵素燈泡比普通燈泡在同樣電功率下亮度高，壽命長，光度穩定。

2. 氙氣燈泡(xenon gas bulbs)

(1) 氙氣是用在高強度放電(high intensity discharge，HID)燈泡上，HID 燈泡是一種在兩電極間因高電壓產生電弧，而在燈泡內產生光度的裝置。

(2) 依菲利浦公司的資料所示，HID 氙氣燈泡與鹵素燈泡相比時，亮度高 2～3 倍，光色接近自然光，色溫度最高可達 6000K，非常接近日光的 6500K，且 35W 耗電率僅鹵素燈泡(55/65W)的 1/2，及 3500 小

時的壽命爲鹵素燈泡的5倍。簡而言之，氙氣燈泡的優點爲高亮度，駕駛能看更清楚、更遠，且體積更小，更省電及壽命更長(與汽車壽命相當)；但其缺點爲成本高，維修費用貴，高電壓的危險性等。

(3) 色溫度(colour temperature)爲光的顏色表現，以“K”數計算，K數越高越接近白、藍色。一般鹵素燈泡的3200K近似黃色，HID燈泡的4200K趨近白色，5000K則爲白色泛藍。色溫度與亮度(流明)無絕對關連。

(4) 氙氣燈泡的構造

① 氙氣燈泡的實際結構，如圖13.10所示，與傳統式的燈泡完全不相同，其中外管是採用UV cut玻璃，是因爲HID燈泡會產生紫外線(UV)而傷害塑膠材質的燈具，因此使用抗UV的石英玻璃外管，以遮蔽紫外線。目前採用的氙氣燈泡功率爲35W，可產生28,000lm(Lumen，流明)之亮度。

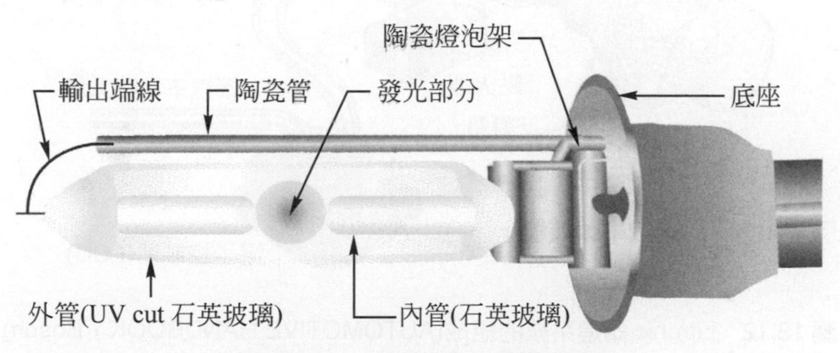

圖 13.10 氙氣燈泡的實際結構

② 氙氣燈泡的簡單構造，如圖13.11所示，其光源是靠電弧(electric arc)，實際的放電燈泡寬僅約10mm，兩個釷鎢電極伸入石英玻璃製燈泡內，電極間的距離爲4mm。

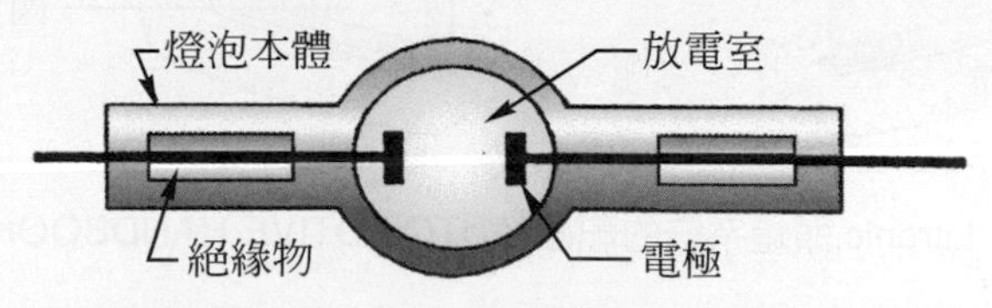

圖 13.11 氙氣燈泡的簡單構造(Automobile Electrical and Electronic Systems，Tom Denton)

③ 在室溫下，燈泡內含有在 20bar 壓力狀態的水銀，各種金屬鹽及氙氣的混合物。當打開頭燈時，氙氣立刻照亮，使水銀及金屬鹽蒸發，金屬蒸氣的混合氣，可得到高發光效率；水銀產生大多數的亮光，而金屬鹽則影響色彩光譜(colour spectrum)。

(5) HID 頭燈的組成

① Bosch公司的HID頭燈系統，是由頭燈、氙氣燈泡、點火器(ignition unit)及 ECU 所組成，如圖 13.12 所示，ECU 在一些資料是稱爲 ballast system(平衡系統)、ballast module(平衡模組)，或坊間均稱爲安定器；各零件的配置位置，如圖 13.13 所示；其電路圖，如圖 13.14 所示。HID 頭燈系統，Bosch 公司稱爲 litronic(light electronic)headlamp system。

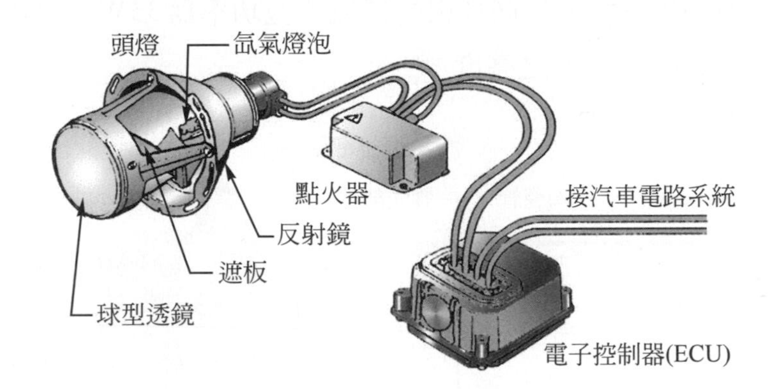

圖 13.12 Litronic 頭燈系統的組成(AUTOMOTIVE HANDBOOK，Bosch)

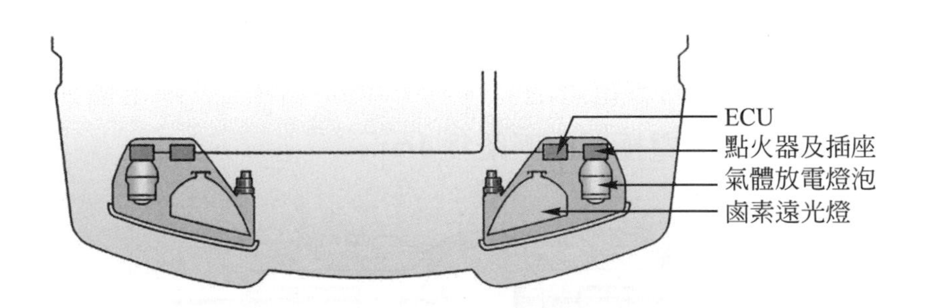

圖 13.13 Litronic 頭燈系統的配置(AUTOMOTIVE HANDBOOK，Bosch)

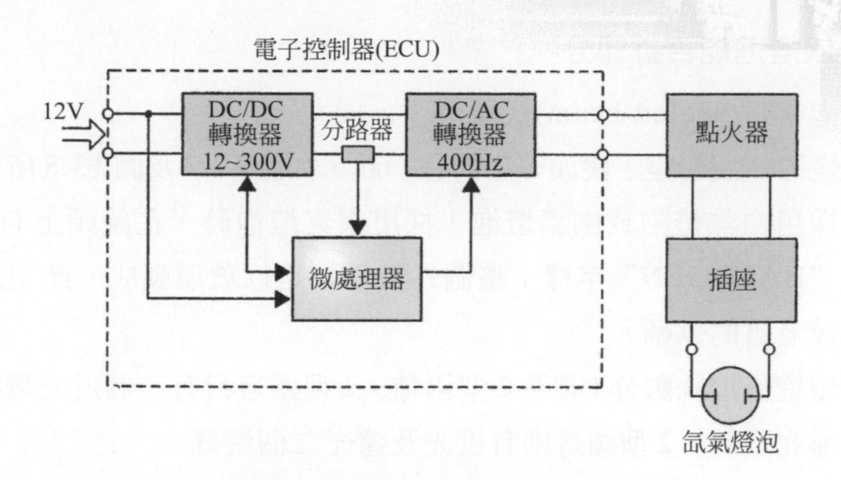

圖 13.14 Litronic 頭燈系統的電路(AUTOMOTIVE HANDBOOK，Bosch)

② HID 頭燈系統，初期是以鹵素燈泡做為遠光燈源，如圖 13.13 所示。目前已進展到遠、近光都是採用 HID 式燈泡，利用電磁閥移動遮光罩上方的遮板，及電磁閥直接使燈泡前後移動的兩種方法，可直接切換遠、近光功能。不過，遠、近燈分別採用 HID 燈泡與鹵素燈泡，有其低成本之優勢。

③ Litronic頭燈系統，利用ECU將12V直流電轉換成400Hz的點火交流脈波，傳送給點火器，點火器將電壓升壓至10～20kV，使在電極處產生電弧，產生強烈的光源，如圖 13.13 所示。

3. LED照明

(1) LED 做為頭燈的照明，目前已達實用化階段。

(2) LED 由於其省電、不發熱、反應速度極快、壽命長及設計自由度高等優點，因此目前已越來越普遍用在儀錶板顯示、第三煞車燈、煞車燈、尾燈及方向燈等，以煞車燈為例，由於點亮速度快，讓後車有較多時間反應，故可提高行車安全。因此LED將取代白熱燈泡，成為現代汽車在指示、定位、室內外照明及造型設計的主流。

三、頭燈依燈泡能否拆卸分

1. 燈泡密封(sealed-beam)式頭燈

(1) 燈泡、反射鏡、鏡頭等密封在一起，如圖 13.7 及圖 13.8 所示。燈泡採用白熱燈泡或鹵素燈泡，採用鹵素燈泡時，在鏡頭上有“H”或“HALOGEN”字樣；整個外殼通常是以玻璃製成。此型頭燈用於較老舊的車輛。

(2) 頭燈依燈絲數分 1 型及 2 型兩種，1 型頭燈只有一個近光燈絲或一個遠光燈絲，2 型頭燈則有近光及遠光二個燈絲。

2. 燈泡可拆卸式頭燈

(1) 也稱爲混合(composite)式頭燈，可更換式的鹵素燈泡或HID燈泡裝在外殼後面，許多近代汽車所採用，如圖 13.15 所示。

(2) 燈泡可拆卸式頭燈，其外殼(含反射鏡、鏡頭)初期是以玻璃製成，但現在都是以塑膠爲材料，其優點爲重量輕，可塑性高故造型多變化；且燈罩經強化硬度及特殊加膜處理，在防止刮痕、撞擊、變色等各方面都能達到要求之標準。

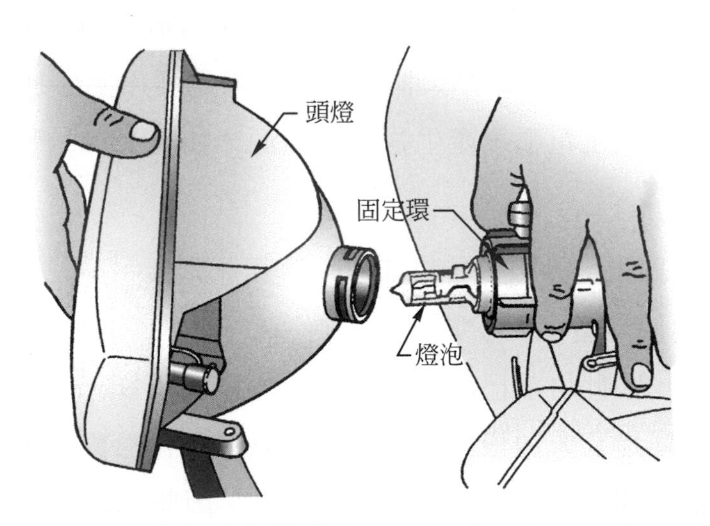

圖 13.15　燈泡可拆卸式頭燈(Automotive Excellence，Glencoe)

四、頭燈的電路及作用

1. 頭燈的電路

雙頭燈使用二個2型雙絲燈泡的電路，如圖13.16所示。

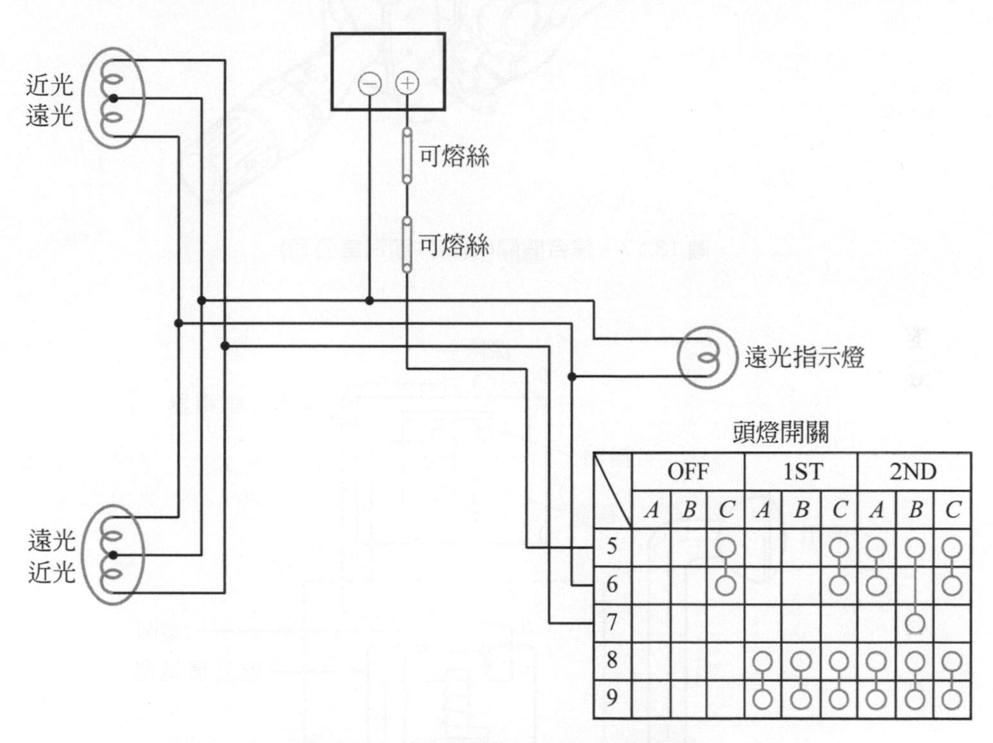

圖13.16 雙頭燈電路(裕隆汽車公司)

2. 現代汽車的頭燈開關都裝在方向盤下方，如圖13.17所示。事實上此開關為一綜合開關，左側開關可操縱頭燈及方向燈，右側開關則用以操縱雨刷及噴水馬達。

3. 頭燈繼電器

⑴ 有些車子在頭燈電路中裝置繼電器，使頭燈直接接到電瓶，減少頭燈電路之電壓降，以提高頭燈效率。

⑵ 遠光與近光分別由一個繼電器控制之電路，如圖13.18所示。

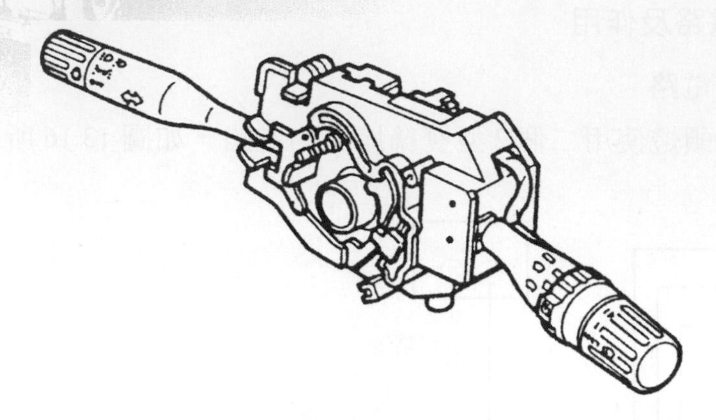

圖 13.17　綜合開關(福特六和汽車公司)

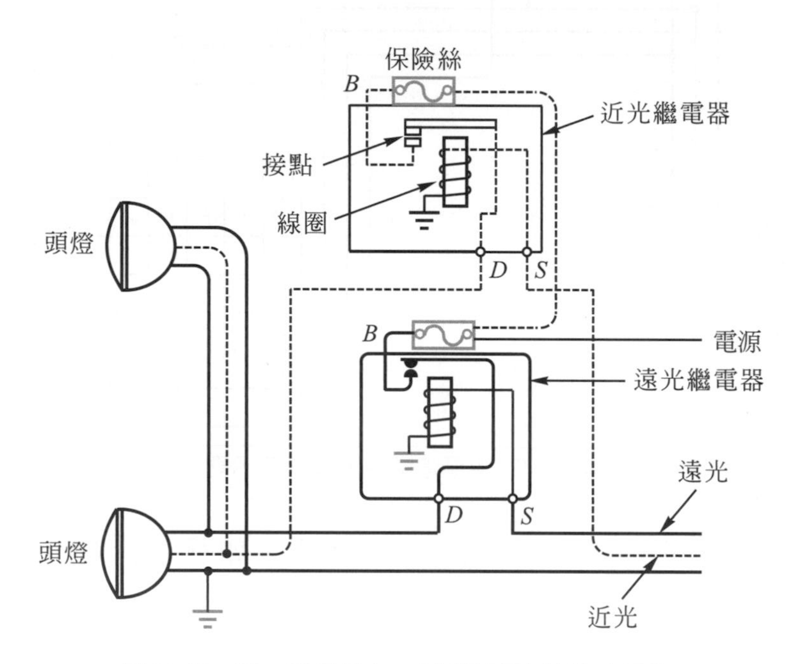

圖 13.18　遠、近光各由一個繼電器控制(汽車電學)

13.3　轉向燈電路與配件

一、概述

1. 轉向燈於汽車欲變換行駛方向時燈亮，使車子前後之車輛及行人知道車子的動向，以確保行車安全。

2. 轉向燈以每分鐘約 60～120 次的週期閃爍，若其中一個燈泡燒壞時，轉向燈閃爍的週期變短者較常見，駕駛可立即發現問題。

二、轉向燈電路與配件的構造及作用

1. 大部分汽車使用的轉向燈均為點滅式，如圖 13.19 所示，為點滅式轉向燈之電路，包括轉向燈開關、左右之車前轉向燈、車後轉向燈、車側轉向燈及轉向指示燈、閃光器、保險絲、點火開關等。其燈泡通常為 21W，側轉向燈則使用 5W 燈泡。

2. 當轉向燈開關向左(右)扳時，電瓶電→點火開關→保險絲→閃光器→轉向燈開關→左(右)前、後、側轉向燈及指示燈搭鐵，因閃光器的作用，使燈以每分鐘 60～120 次之速度不斷閃爍，以警告其他駕駛及行人。

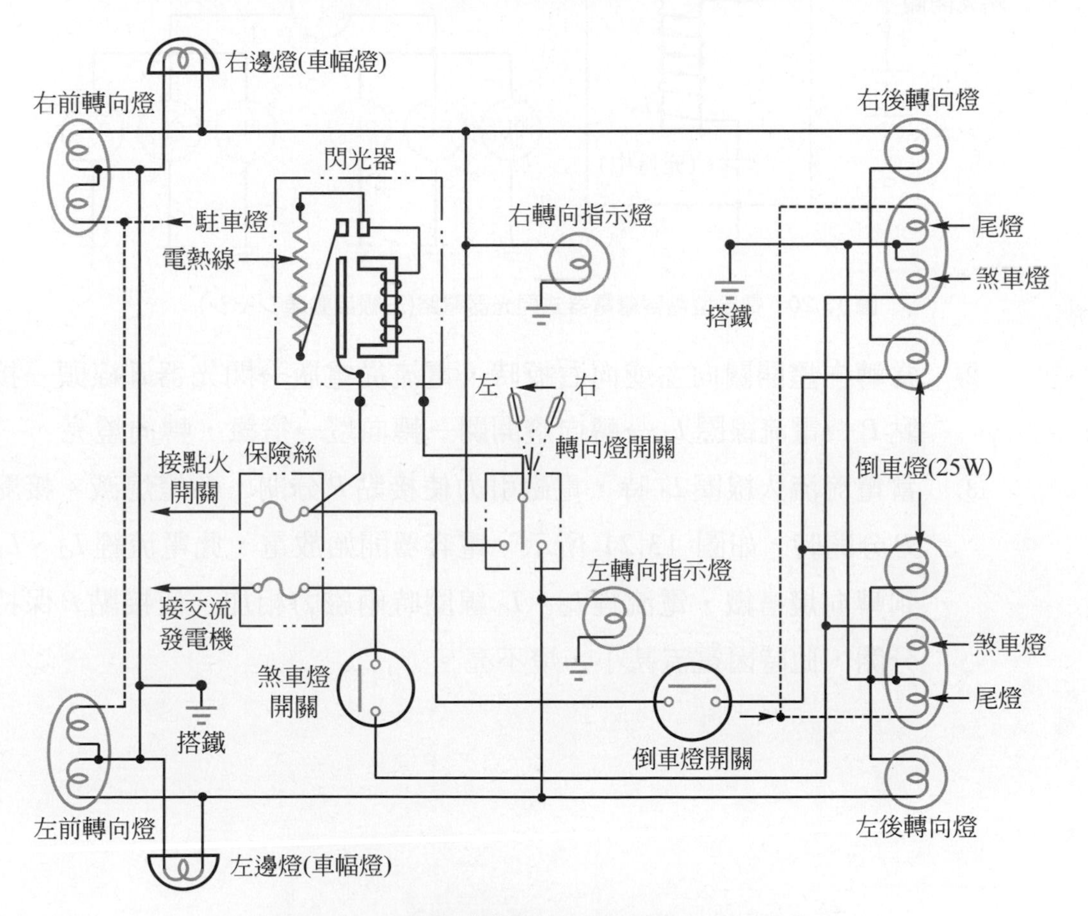

圖 13.19 一般點滅式轉向燈電路系統(自動車整備)

3. 電容繼電器式閃光器的構造及作用

利用電容器之充放電作用使接點繼電器產生動作，由電磁線圈、接點、電容器等組成，有電流型及電壓型兩種。

(1) 電流型

① 如圖 13.20 所示，爲電流型電容繼電器式閃光器之電路，L_1 爲電流線圈，接轉向燈開關及轉向燈；L_2 爲電壓線圈，與電容器 C 串聯。點火開關打開後，電流即經電壓線圈 L_2 使電容器 C 充電。

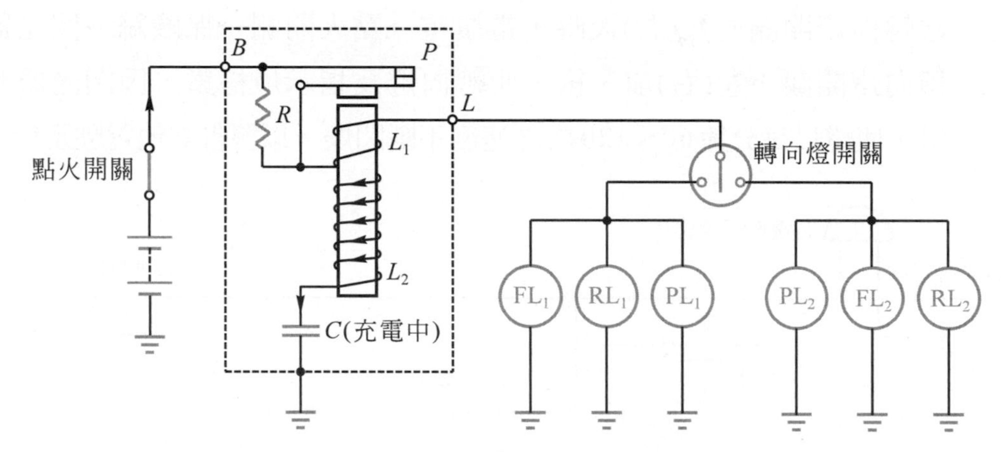

圖 13.20 電流型電容繼電器式閃光器電路(三級自動車シャシ)

② 當轉向燈開關向左或向右扳時，電流從電瓶→閃光器 B 線頭→接點 P→電流線圈 L_1→轉向燈開關→轉向燈→搭鐵，轉向燈亮。

③ 當電流流入線圈 L_1 時，電磁引力使接點 P 分開，各燈熄滅。接點 P 分開時，如圖 13.21 所示，電容器開始放電，此電流經 L_2、L_1 到轉向燈搭鐵，電流經 L_2、L_1 線圈時兩磁力相加，使接點 P 保持分開，此時因電流甚小，燈不亮。

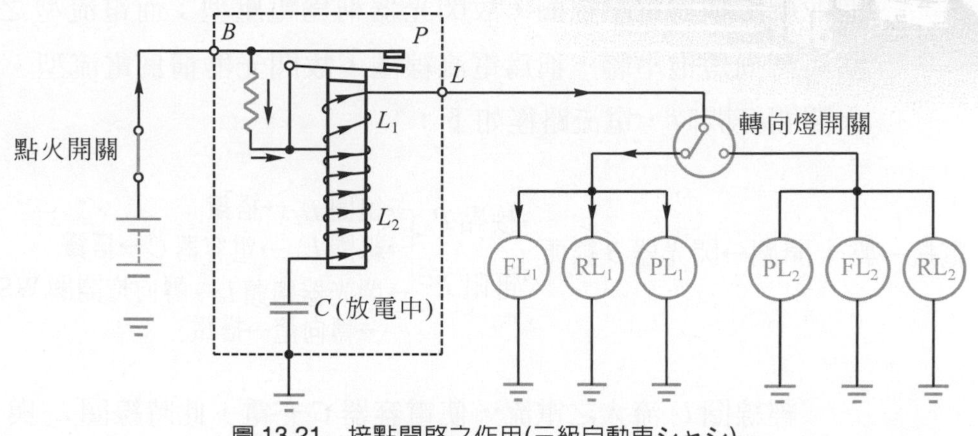

圖 13.21 接點開啓之作用(三級自動車シャシ)

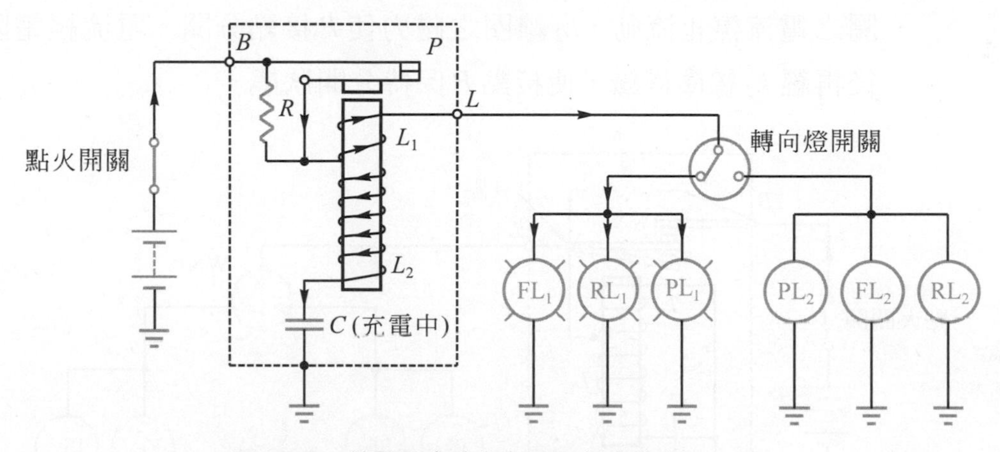

圖 13.22 接點閉合時之作用(三級自動車シャシ)

④ 電容器放電電流停止後，接點 P 因彈力而閉合，電流經接點 P 後分兩路，一路經 L_2 線圈使電容器 C 充電，一路經轉向燈開關到轉向燈，使燈點亮，此時 L_1 線圈及 L_2 線圈之電流方向相反，磁力互相抵消，接點不能分開。等到電容器充滿電時，L_2 線圈之電流停止流動，L_1 線圈之吸引力使接點 P 分開，燈熄滅，如圖 13.22 所示。以上動作反覆進行，使轉向燈發生閃爍作用。

(2) 電壓型

① 電壓型電容繼電器式閃光器之構造與電流型類似，如圖 13.23 所示，為電壓型電容繼電器式閃光器之電路，L_1 與 L_2 線圈與轉向燈

泡並聯，稱為電壓線圈，故閃光器稱為電壓型；而電流型之L_1線圈與轉向燈泡串聯，稱為電流線圈，故閃光器稱為電流型。當點火開關打開時，電流路徑如下：

電瓶→點火開關→閃光器 B 線頭 ↗接點 P↘ / ↘電阻 R↗
- →線圈 L_2→搭鐵
- →線圈 L_1→電容器 C→搭鐵
- →閃光器線頭 L→轉向燈開關 WS →轉向燈→搭鐵

經線圈L_1流入之電流，使電容器C充電，此時線圈L_1與L_2之電流方向相反，磁力抵消，接點仍閉合。電容器充滿電後，L_1線圈之電流停止流動，L_2線圈之磁力使P接點分開。電流經電阻R後再經L_2線圈搭鐵，使接點P保持分開狀態。

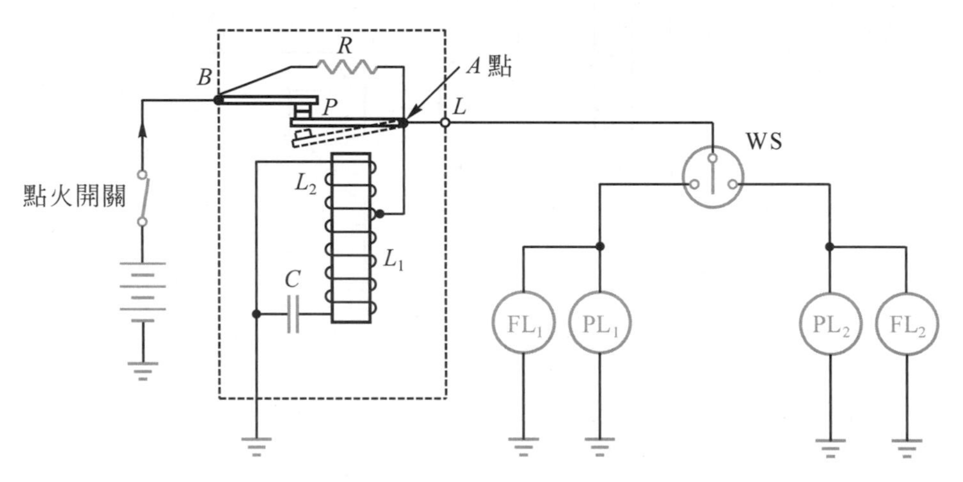

圖 13.23　電壓型電容繼電器式閃光器電路(三級自動車シャシ)

② 當轉向燈開關向左或向右扳時，電流可以經轉向燈開關至轉向燈搭鐵，完成迴路，A點處之電壓急速降低，電容器C開始放電，同時因線圈之電阻大，流經L_2線圈之電流減少，使接點P閉合。

③ 接點P閉合後，如圖 13.24 所示，轉向燈點亮，同時L_1及L_2兩線圈也有電流流入，因兩線圈電流方向相反，磁力互相抵消，故接點仍保持閉合，使燈繼續亮。當電容器C充滿電時，L_1線圈電流

停止，L_2線圈之電磁吸力使接點P分開，燈熄。電容器C繼續放電時，接點保持分開，直到放電完了，且L_2線圈流入之電流減少，再使接點P閉合。以上動作反覆進行，使轉向燈不斷閃爍。此種閃光器之特點爲閃光器瓦特數之使用範圍較廣，不會因一個燈泡燒斷而使閃爍動作停止。

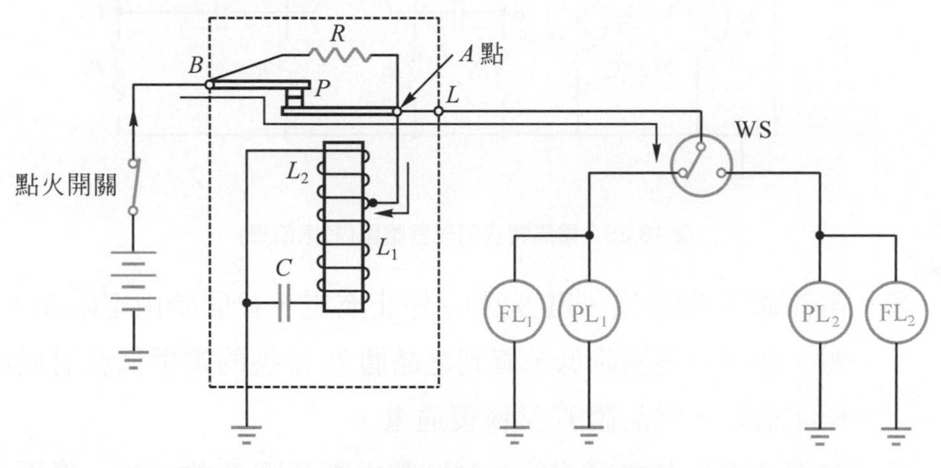

圖 13.24　接點閉合時之作用(三級自動車シャシ)

4.　電晶體式閃光器的構造及作用

⑴　電晶體式閃光器係使用多諧振盪電路，利用大功率電晶體產生 ON-OFF 作用，而使轉向燈閃亮，其閃亮週期不受電路負荷影響，閃亮動作穩定。

⑵　如圖 13.25 所示，爲電晶體式閃光器電路。電晶體T_3爲大功率晶體，供給轉向燈所需之電流；電晶體T_1與T_2輪流通斷，會使T_3產生ON-OFF的作用，而使轉向燈閃爍。

①　當打開轉向燈開關時，電瓶電由大功率晶體T_3之射極→集極→轉向燈→搭鐵，使轉向燈點亮。因電流的流通使B點之電壓升高，此電壓與電容器C_2之電壓相串聯，使C_2之電壓漸漸升高，當T_1電晶體之基極電壓高於一定值時，電晶體T_1關掉。

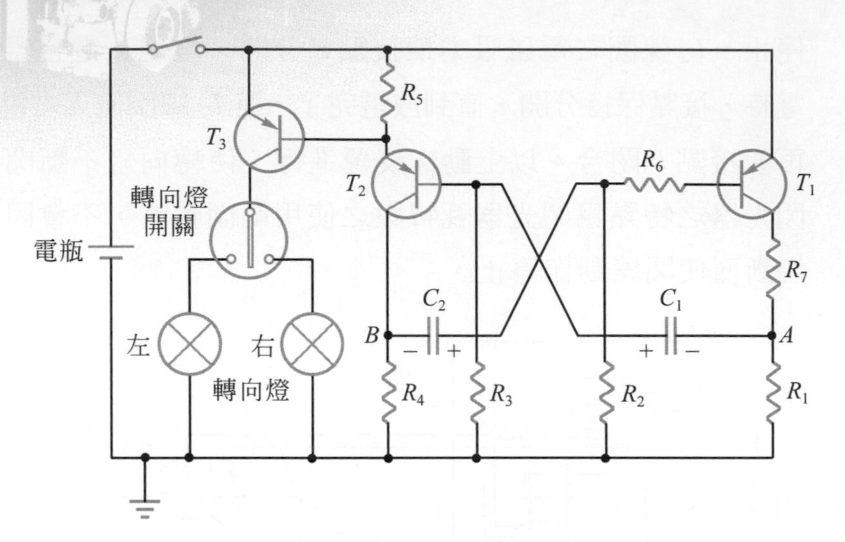

圖 13.25 電晶體式閃光器電路(汽車電學)

② 電晶體 T_1 關掉後，電容器 C_2 停止充電，並開始由電阻 R_2 與 R_4 放電，使電壓逐漸降低，直到電晶體 T_1 基極的電壓低於射極電壓到一定值時，電晶體 T_1 又恢復通電。

③ 當電晶體 T_1 恢復通電後，電瓶電由電晶體 T_1 的射極→集極經電阻 R_7 與 R_1 搭鐵。此時 A 點之電壓與 C_1 先期充電之電壓相串聯，使電晶體 T_2 之基極電壓高於射極電壓，而使電晶體 T_2 OFF。

④ 當電晶體 T_2 OFF時，大功率電晶體 T_3 也隨之OFF，轉向燈因而熄滅。

⑤ 當電晶體 T_2 OFF 後，電容器 C_1 的存電逐漸由電阻 R_3 與 R_1 放掉，電壓逐漸降低，直到電容器 C_1 的電壓與 A 點電壓相加之值低於一定值後，使電晶體 T_2 又恢復通電；當電晶體 T_2 ON 後，大功率電晶體也導通，轉向燈又點亮。

⑥ 如此當電晶體 T_2 ON 時，大功率電晶體 T_3 也 ON，轉向燈點亮；電晶體 T_1 ON時，電晶體 T_2 OFF，大功率電晶體 T_3 也隨之OFF，轉向燈熄。由電晶體 T_2 與 T_1 的交互ON-OFF，不斷的使大功率電晶體 T_3 ON-OFF，使轉向燈產生點滅。所要求的點滅比，可經由選用適當電阻值之電阻及電容器的容量得之。

一、是非題

(　)1. 汽車喇叭的音量是以 dB 為單位。

(　)2. 供應電流給喇叭的是喇叭按鈕。

(　)3. 燈泡內為真空狀態的是鹵素燈泡。

(　)4. 鹵素燈泡是在燈泡內充入氟、氯等鹵素氣體。

(　)5. 氙氣燈泡的亮度及壽命，是鹵素燈泡的 2～3 倍及 5 倍。

(　)6. HID 燈泡內是保持在真空狀態。

(　)7. 現代車輛均採用燈泡密封式頭燈。

(　)8. 現代車輛頭燈的外殼均以塑膠製成。

(　)9. 從反射鏡反射的光線，經鏡頭後，可再改善光線的分佈。

(　)10. 第三煞車燈可提高行車安全。

二、選擇題

(　)1. 小型車目前最普遍使用的是　(A)壓縮空氣式　(B)電動式　(C)電磁式　(D)電子式　喇叭。

(　)2. 電磁式喇叭的發音源是　(A)鐵芯　(B)振動板總成　(C)線圈總成　(D)前蓋。

(　)3. 喇叭繼電器的 H 線頭是接往　(A)喇叭　(B)喇叭按鈕　(C)保險絲　(D)電瓶。

(　)4. 無燈絲的是　(A)白熱燈泡　(B)氙氣燈泡　(C)鹵素燈泡　(D)白熾燈泡。

(　)5. 目前氙氣燈泡的功率為　(A)90W　(B)60W　(C)55W　(D)35W。

(　)6. HID 的自動頭燈範圍調整系統，其感知器是裝在　(A)左前懸吊　(B)右前懸吊　(C)後軸　(D)車體中央。

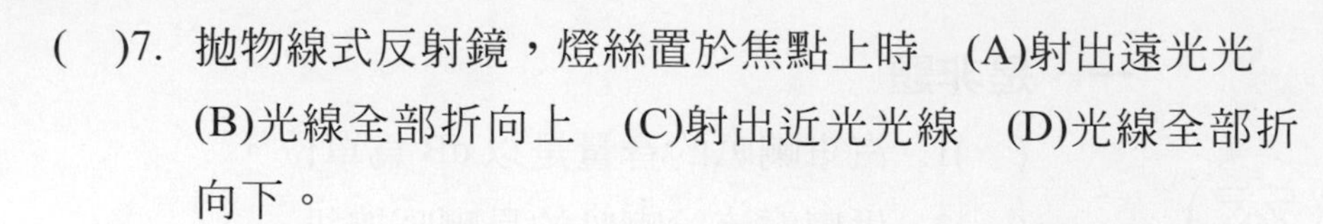

(　)7. 拋物線式反射鏡，燈絲置於焦點上時　(A)射出遠光光 (B)光線全部折向上　(C)射出近光光線　(D)光線全部折向下。

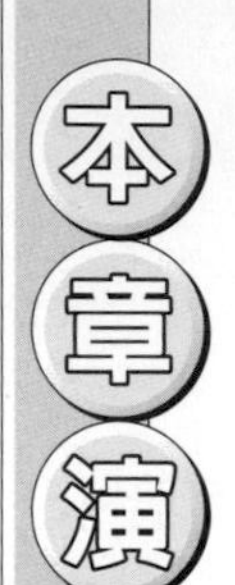

(　)8. 頭燈開關無以下何種功能？　(A)使小燈及頭燈點亮 (B)使頭燈閃光　(C)變換遠、近光　(D)使霧燈點亮。

三、問答題

1. 喇叭繼電器有何功能？
2. 簡述氙氣燈泡的內容。
3. 試述氙氣燈泡的優缺點。
4. 何謂色溫度？
5. LED 照明有何優點？

Chapter 14

柴油燃料系統

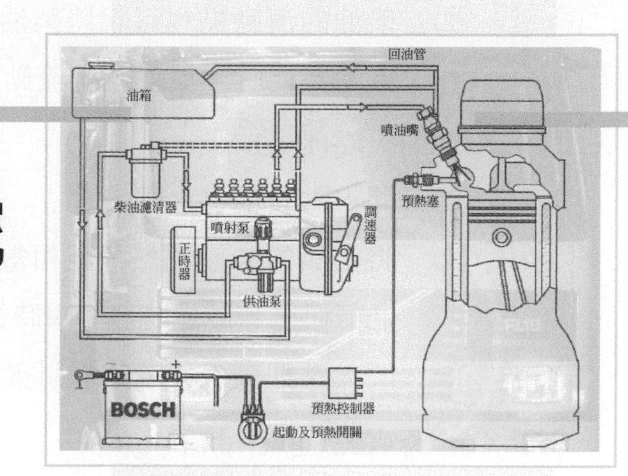

14.1 燃料與燃燒

14.1.1 柴油的特性

一、柴油的特性

1. 比重(specific gravity)

⑴ 比重數值表示法：單位體積之柴油在 15℃(60°F)時的重量，與同體積同溫度之水的重量比，稱爲柴油的比重，以γ表之，車用柴油之γ值約 0.8～0.9。

⑵ API 度數表示法：美國石油協會(American Petroleum Institute)使用燃油比重計在 15℃(60°F)時直接測量而得柴油比重的 API 度數，常以°API 表示。

2. 流動點(pour point 或 fluidity point)

(1) 流動點是柴油可以流動之最低溫度。

(2) 柴油的流動點也可說將柴油之溫度降低，直到不能以本身的重量而流動，此時之溫度就叫流動點。

3. 閃火點(flash point)

(1) 閃火點又稱引火點。

(2) 將定額的柴油加熱，至相當溫度，取一火焰很快越過揮發出來的柴油氣體，若越過時發生瞬時性閃火，此時柴油的溫度就稱爲閃火點。

(3) 閃火點即表示柴油氣體引火燃燒所需之最低溫度。

4. 著火點(ignition point)

(1) 著火點又稱自燃點或燃火點。

(2) 將定額柴油加熱，至相當溫度，會自行燃燒起來，此時柴油的溫度就稱爲著火點。

(3) 著火點對於柴油在引擎中的燃燒，影響關係甚大。

5. 黏度(viscosity)

(1) 柴油的黏度

① 柴油的黏度，代表柴油抵抗流動之性能。

② 柴油的黏度愈大，愈不容易流動。

(2) 黏度之單位有賽氏秒(SUS)及分鐸(CST)，我國係採用分鐸。

6. 著火性(ignition quality)

(1) 柴油之著火性

① 柴油引擎進氣行程及壓縮行程時，汽缸內均係純空氣，當壓縮行程即將終了時，噴油嘴噴入霧狀柴油，與汽缸內被壓縮的高壓高溫空氣接觸，經著火遲延時期後而達著火點，使霧狀柴油能著火燃燒而產生動力。

② 著火性就是指柴油在汽缸中，能夠自己著火燃燒的能力。

③ 引擎使用廠家規定之著火性號數的柴油，能夠在較低的溫度下著火燃燒，使著火遲延時期縮短，故可減少笛賽爾爆震，冷天容易起動，運轉平穩，減少積碳，且燃燒後之廢氣中的臭煙含量也少。

(2) 柴油著火性之測定法中，以十六烷號數法最常用。十六烷號數法係以實驗用之引擎測得，有兩種方法，即CFR試驗引擎及BASF試驗引擎，但以前者使用最多。

(3) 所謂CFR試驗引擎即聯合燃料研究引擎，使用爆震指示計來測試。

① CFR引擎之壓縮比可以變更。

② 在標準試驗情況下，先用待測的柴油爲燃料，逐漸改變引擎之壓縮比，直至某一程度的爆震時停止，保持此刻之試驗狀況及引擎的壓縮比不變，然後使用十六烷液(cetane $C_{16}H_{34}$)及阿爾發甲基萘液(α-methyl-naphthalene $C_{11}H_{10}$)的混合液爲燃料，再逐漸變更其所含十六烷液之容積百分比量，直至同樣強度的爆震產生時，即表示這兩種燃料的著火性相同，並以混合液所含的十六烷液之容積百分比，做爲該種柴油之十六烷號數。

③ 例如某種柴油在試驗時，其著火性與47 %的十六烷液與53 %的阿爾發甲基萘液之混合液的著火性相同，則該種柴油的十六烷號數即爲47號，號數愈高則著火性愈佳。

(4) 車用柴油的十六烷號數大約在40～50之間。

(5) 中國石油公司超級柴油的十六烷指數爲48，比原有高級柴油的46略高。

7. 含硫量(sulfur content)

(1) 柴油之含硫量通常以“重量百萬分數 ppmw(part per milliom by wight)”來表示。

(2) 柴油之含硫量愈低愈佳。若過高則會對引擎本體及排氣系統產生銹蝕，縮短機油之更換時間，噴油嘴的油孔也容易阻塞，同時廢氣中的硫化物及酸化物等，也是造成酸雨的原因之一。

⑶ 中國石油公司從100年(2011年)7月1日起，推出含硫量僅10ppmw的超級柴油(super diesel)，以取代原有的高級柴油。

8. 殘碳量(carbon residue)

⑴ 將柴油樣品，放在密閉之坩堝加熱，使所有揮發性的成分揮發後，坩堝內就遺留有碳渣。

⑵ 殘碳量應愈少愈好。若過高，則引擎內容易產生積碳，且易堵塞噴油嘴油孔。

9. 灰份(ash)

⑴ 將柴油樣品放在開口之坩堝內加熱，先燒成碳渣，然後將碳渣燒成灰份。

⑵ 灰份應愈小愈好，若過高，則引擎及噴射系統之各機件加速磨損，且易使燃料系統堵塞。

三、柴油的添加劑

1. 著火增進劑

⑴ 著火增進劑又稱助燃劑，主要爲戊烷基硝酸鹽。

⑵ 著火增進劑可以提高柴油之十六烷號數，縮短著火遲延時期，使引擎容易起動，燃燒平穩，減少爆震，但NOx排放量會增加。

2. 清潔改善劑

⑴ 又稱清潔劑或油膠防止劑。

⑵ 清潔改善劑可使柴油噴射系統更爲清潔。它是一種溶劑，使柴油在油路中不會產生氧化物，如油膠等，則濾清器及噴射機件就不易堵塞，而發揮引擎的良好性能，但可能造成黑煙改善無效。

3. 氧化防止劑

⑴ 柴油在儲存期間，會因溫度變化而產生不穩定的現象，尤其是分裂柴油及混合柴油，其不穩定之現象更爲顯著。不穩定的柴油，暴露於大氣中，溫度或光線之變化會使柴油產生油膠，堆積在噴射系統機件與引擎燃燒室內。

(2) 氧化防止劑的功用，就是能使油膠分散懸浮於柴油中，不使堆積，可提高燃燒效率，減少著火遲延及黑煙排放，但NOx排放量會增加。

14.1.2 空氣與柴油的混合比、空氣過剩率

一、空氣與柴油的混合比

1. 燃燒1公斤柴油需要3.47公斤純氧氣，但每4.33公斤空氣中，才有1公斤之氧氣，故燃燒1公斤柴油需要3.47×4.33＝15.02公斤之空氣，亦即空氣與柴油之理論混合比為15.02：1。
2. 柴油引擎係以不定量之柴油，與一定量之壓縮空氣在汽缸內混合而燃燒，故引擎之轉速及動力全由噴入汽缸內柴油之多少來決定。
3. 因柴油引擎進入汽缸中之空氣量保持一定，而柴油噴射量可以控制，故其空氣與柴油的實際混合比，在全負荷時約 16：1，無負荷時約200：1。

二、空氣過剩率(air excess rate)

1. 因噴入汽缸的柴油，不可能在動力行程的極短時間內，百分之百利用吸入汽缸之空氣以行燃燒，故實際的進氣量，常比柴油完全燃燒所需的理論空氣量多。

$$\text{空氣過剩率}\,\lambda=\frac{\text{定量柴油完全燃燒實際所需之空氣量}}{\text{定量柴油完全燃燒理論所需之空氣量}}$$

2. 柴油引擎的空氣過剩率約 1.1～14，其混合比範圍大，引擎仍可保持正常運轉。
3. 在全負荷時，柴油引擎的空氣過剩率約為1.2～1.4。

14.1.3 正常燃燒與異常燃燒

一、正常燃燒

1. 著火遲延時期
   (1) 又稱“燃燒準備時期”。

⑵ 自柴油開始噴入汽缸至開始燃燒的此段時期，稱為著火遲延時期，如圖 14.1 的 $A \rightarrow B$ 所示。柴油在 A 點開始噴入汽缸，連續的噴油，直到 B 點才著火燃燒。

⑶ 柴油開始噴入汽缸時，柴油粒並不能立即著火燃燒，柴油粒須自高溫的壓縮空氣吸收熱量，發生氣化作用，至其溫度升高至著火點以上，才能著火燃燒。

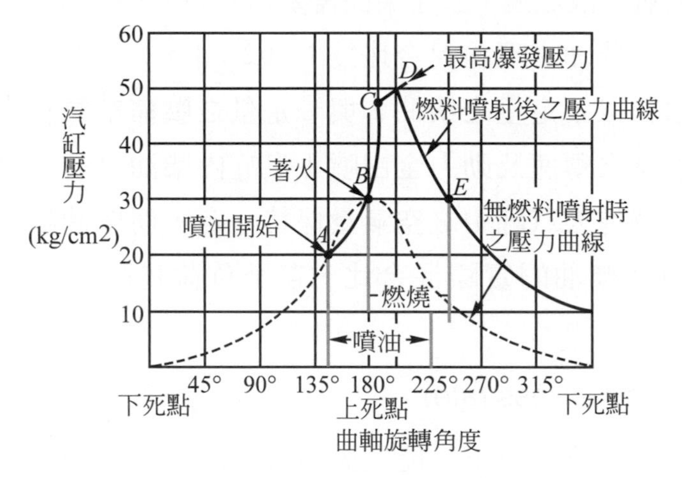

圖 14.1 柴油的燃燒過程(車用柴油引擎)

⑷ 柴油引擎進入汽缸的是空氣，空氣被壓縮活塞快到上死點時，柴油才噴入汽缸內，在肉眼看來是極細小的霧粒，但實際上它們還是液體；並且霧粒太集中，在霧粒的密集區內，空氣中的氧氣不足以應付那麼多的柴油霧粒同時燃燒。因此柴油的燃燒必須要有著火遲延時期，使柴油的霧粒能夠氣化，並且分散到燃燒室各處，而與空氣中的氧氣充分混合。

⑸ 著火遲延時期極短，通常在0.001～0.002秒間，才不致於發生爆震。

⑹ 影響著火遲延時期長短的因素

① 柴油的著火性。

② 柴油的噴射狀態。

③ 汽缸內的溫度。

④ 汽缸內的壓力。

⑤ 汽缸內空氣之渦動程度。

⑥ 柴油的黏度。

2. 火焰散播時期

(1) 又稱“放任燃燒時期”或“迅速燃燒時期”，如圖 14.1 的 *B*→*C* 段所示。

(2) 著火遲延時期結束完成燃燒準備，在 *B* 點的時候一部分的柴油已經開始著火。因此在著火遲延時期內，噴入汽缸中累積的幾乎全部柴油，與這段時期繼續噴入的柴油，就在火焰散播時期內同時迅速燃燒，因此汽缸中的溫度及壓力，好像爆炸似的突然升得極高，所謂柴油引擎爆震(diesel knocking)，就是在這個時期中發生的。

3. 直接燃燒時期

(1) 又稱“控制燃燒時期”。

(2) 從火焰散播時期後到柴油停止噴油爲止，稱爲直接燃燒時期，如圖 14.1 的 *C*→*D* 段所示。

(3) 火焰散播時期過去後，柴油仍在噴射，此時汽缸中仍在燃燒，溫度極高，所以過了 *C* 點以後，噴入汽缸的柴油立刻著火燃燒，使壓力又再上升，而達最高壓力 *D* 點。

(4) 因爲直接燃燒時期的壓力，是隨著噴油量的多少而變化，能夠受控制，所以又稱爲“控制燃燒時期”。

4. 後燃時期

(1) 從直接燃燒時期後到停止燃燒爲止，稱爲後燃時期，如圖 14.1 的 *D*→*E* 段所示。

(2) 柴油在 *D* 點噴射完畢，燃燒氣體膨脹而把活塞壓下。在 *D* 點以前，未完全燃燒的柴油，就在後燃時期內繼續燃燒，直至燒完爲止。

(3) 後燃時間愈短愈好，若變長時，會使排氣溫度升高，及引擎熱效率降低。

二、異常燃燒

1. 如上所述，柴油霧粒噴入汽缸後，要經過一段著火遲延時期，使柴油霧粒吸收壓縮空氣的熱量，因此一部分柴油霧粒會自行著火燃燒，而引起所有累積柴油的全部燃燒。
2. 假若在著火遲延時期內，汽缸中累積的柴油量太多，當這些柴油突然同時燃燒時，會使汽缸內的壓力劇烈上升，如圖 14.2(a)所示。高壓壓力波撞擊汽缸壁周圍之金屬，而發出特別的敲擊響聲，這種現象稱為柴油引擎爆震，又稱笛賽爾爆震。

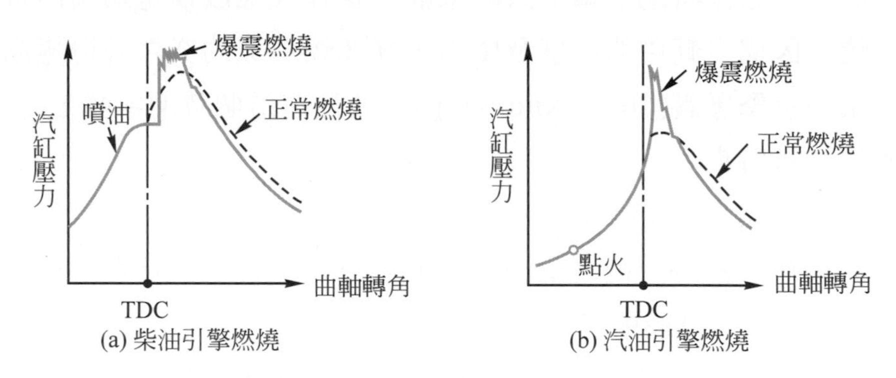

圖 14.2 柴油引擎與汽油引擎燃燒的比較(車用柴油引擎)

3. 汽油引擎爆震與柴油引擎爆震的比較
   ⑴ 汽油引擎爆震燃燒與正常燃燒，是二種截然不同的現象，故汽油引擎產生爆震時，會發生引擎無力、耗油、過熱及機件加速損壞等嚴重的現象，如圖 14.2(b)所示。
   ⑵ 柴油引擎爆震燃燒與正常燃燒，在本質上來說是相似的，都是自然著火而燃燒。因此柴油引擎發生爆震時，因為它與正常燃燒屬於同一現象，所以會發生下列情況
      ① 情況輕微時，只是汽缸內部壓力與溫度的異常增高而已。
      ② 情況嚴重時，會使汽缸內部的壓力及溫度劇烈上升，而加大引擎內部機件所受之壓力。

⑶ 所以柴油引擎爆震並不像汽油引擎爆震那麼嚴重的損害，但仍應防止其發生。

4. 柴油引擎產生爆震的原因

⑴ 引擎壓縮壓力過低。

⑵ 著火遲延時期柴油噴射量無變化。

⑶ 柴油噴射過早。

⑷ 柴油著火點過高。

⑸ 柴油黏度過大。

⑹ 柴油噴射霧粒過大。

5. 柴油引擎減少爆震之基本方法

⑴ 縮短著火遲延時間，如採用十六烷號數高的柴油等。

⑵ 減少著火遲延時期燃料之噴射率，如採用節流型噴油嘴。

14.1.4 燃燒室

一、概述

柴油引擎的燃燒室爲影響柴油引擎性能的最重要部位。柴油引擎係將柴油噴入高壓空氣中，噴入燃燒室之燃料與壓縮空氣之混合必須盡可能完全霧化且均勻分佈於整個燃燒室，且不能觸及燃燒室壁，才能產生完全的燃燒。高速柴油引擎爲達到以上目標，因此燃燒室有種種不同之設計。

二、直接噴射式燃燒室

1. 概述

⑴ 直接噴射式燃燒室又稱展開室式或敞開式燃燒室，此式爲柴油引擎燃燒室中最簡單之型式，如圖 14.3 所示。

⑵ 在汽缸蓋與活塞頂部之中間，形成單一燃燒室，燃料直接噴入此室而產生完全燃燒。爲了防止噴出之柴油粒子觸及活塞頂部或汽缸壁，產生不完全燃燒，噴油嘴孔至活塞之間，需要有相當長與寬之空間，因此將活塞頂部製成凹下，凹下之深度與形狀，有許多不同的型式。

此式燃燒室並無特別設計之副室或孔道以幫助柴油與空氣之混合，爲使噴入燃燒室內之燃料與空氣混合而得到完全燃燒，必須產生適度之空氣渦流。

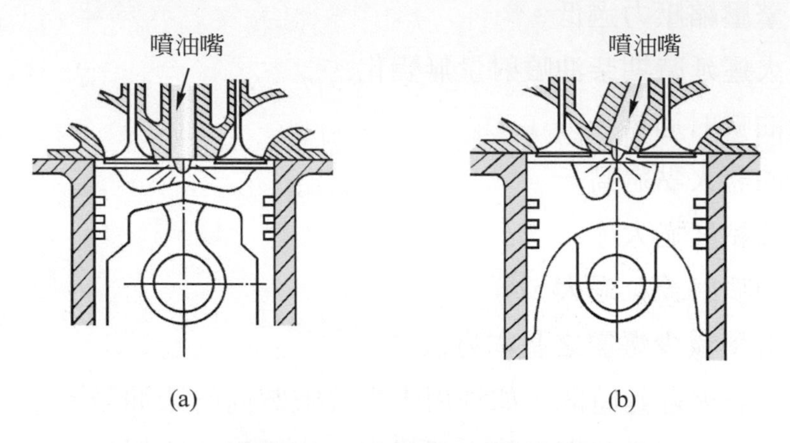

圖 14.3 直接噴射式燃燒室 (自動車内燃機關構造)

(3) 直接噴射式燃燒室爲使柴油粒子氣化與燃燒迅速起見，噴油嘴多採用孔徑 0.2～0.5mm，2～8 個噴孔之多孔型，以高達 175～300kg/cm^{2}之噴射壓力將柴油以極細微的霧狀噴出，以達到完全燃燒之要求。

2. 直接噴射式燃燒室之優點

(1) 燃燒室之構造簡單，汽缸蓋容易加工，熱變形少。

(2) 無副室通道之熱能損失，冷車容易發動，不需預熱塞幫助起動。

(3) 燃燒室之冷卻面積小，熱能損失少，故熱效率高，柴油消耗率低，約爲 170～200g/ps-hr。

(4) 排氣溫度較低。

3. 直接噴射式燃燒室之缺點

(1) 與複室式比較，空氣之渦流較弱，混合氣之濃度不均勻，需要使用品質良好之燃料。

(2) 噴射壓力較高，普通約 200kg/cm^{2}以上，故引擎機件須較爲堅固。

(3) 噴油嘴爲多孔式，孔徑較小，容易阻塞，故障較多。

(4) 燃料噴射狀態少量之變化，立即影響引擎之性能。

(5) 與複室式比較，空氣之渦流較弱，故空氣利用率不佳，空氣過剩率λ ＞1.4，2500rpm 以上之高速運轉較困難。

三、預燃室式燃燒室

1. 概述

(1) 柴油在進入主燃燒室前，先在高溫的預燃室中做初步燃燒，再以高壓高速氣流噴入主燃燒室中，使空氣與柴油能充分混合完全燃燒。因此可以使用較低的噴油壓力及品質較差之柴油，也可獲得良好的燃燒。

(2) 預燃室式燃燒室，如圖 14.4 所示，在汽缸蓋內另設一小室，稱爲預燃室，活塞頂凹下部分爲主燃燒室。預燃室和主燃燒室間，有 3～5 個通氣孔相通，連接孔面積約爲活塞頂部面積的 0.3～0.6 %。當活塞上行時將主燃燒室壓縮之新鮮空氣經過氣孔壓入預燃燒室內，主燃燒室與預燃室均充滿高溫空氣，噴入預燃室內之燃料與少量空氣混合開始燃燒；預燃室之溫度與壓力上升之際，噴油還在繼續中，半燃燒氣體或未燃氣體經通氣孔以 100～300m/s 之高速氣流噴入主燃燒室中，由於壓力與速度極高，故造成激烈的渦流，使柴油充分霧化及氣化，與高溫新鮮空氣混合，因此即使品質低劣之燃料，亦可獲得完全燃燒。

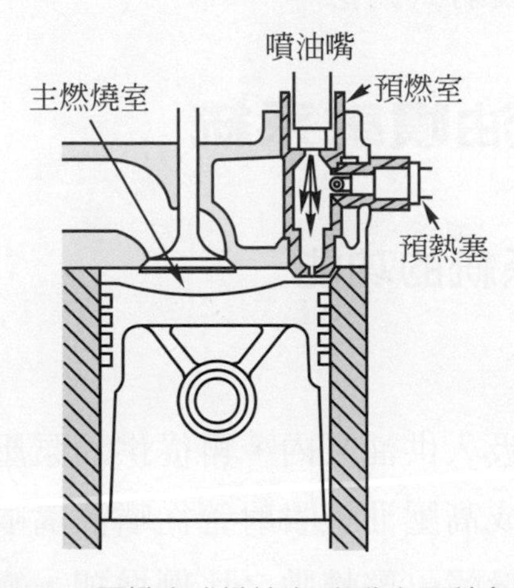

圖 14.4 預燃室式燃燒室(自動車百科全書)

(3) 預燃室之容積，普通佔總燃燒室容積之30～45％，容積過大時，通道之損失大；容積過小時噴出之熱能不足。預燃室之位置需要避開進排氣門，一般在汽缸蓋側面，成垂直或適度之傾斜，噴油嘴以預燃室之中心線為噴霧中心裝置之。

2. 預燃室式燃燒室之優點

(1) 因氣流自預燃室高速噴入主燃燒室，燃料與空氣之混合良好，故使用低品質之燃料，仍可得到良好之燃燒性能。

(2) 噴射壓力較低，約100～120kg/cm²，燃料系統故障因而減少。

(3) 預燃室之壓力可高達80kg/cm²左右，但預燃室之通氣孔限制其出口速度，故主燃燒室之壓力較低，爆震小，運轉平穩。

(4) 因燃料與空氣混合良好，故空氣過剩率可小於1.2。

(5) 可使用針型噴油嘴，故障較少。

3. 預燃室式燃燒室之缺點

(1) 總燃燒室之表面積較大，且有通道之熱能損失，故柴油之消耗率較高，約為200～250g/ps-hr。

(2) 汽缸蓋內設置預燃室，構造較複雜，有熱變形之問題。

(3) 因通道之熱能損失，低溫起動性不良，需要預熱塞幫助起動。

(4) 制動平均有效壓力較直接噴射式為低。

(5) 熱效率較直接噴射式為低。

14.2 傳統柴油噴射系統

14.2.1 柴油噴射系統的功能

一、概述

燃料自油箱經油管吸入供油泵內，再從供油泵壓送到燃料濾清器，過濾清潔後進入噴射泵，變成高壓油經噴射管從噴油嘴噴入燃燒室。供油泵以噴射泵凸輪軸驅動，送油量隨引擎轉數之比例增加，實際燃燒所需的燃料隨引擎負荷而變化。供油泵之送油量較實際需要多時，多餘之燃料從燃料濾清器之溢流閥(overflow valve)經回油管流回油箱。如圖 14.5 所示，為柴油引擎噴射系統。

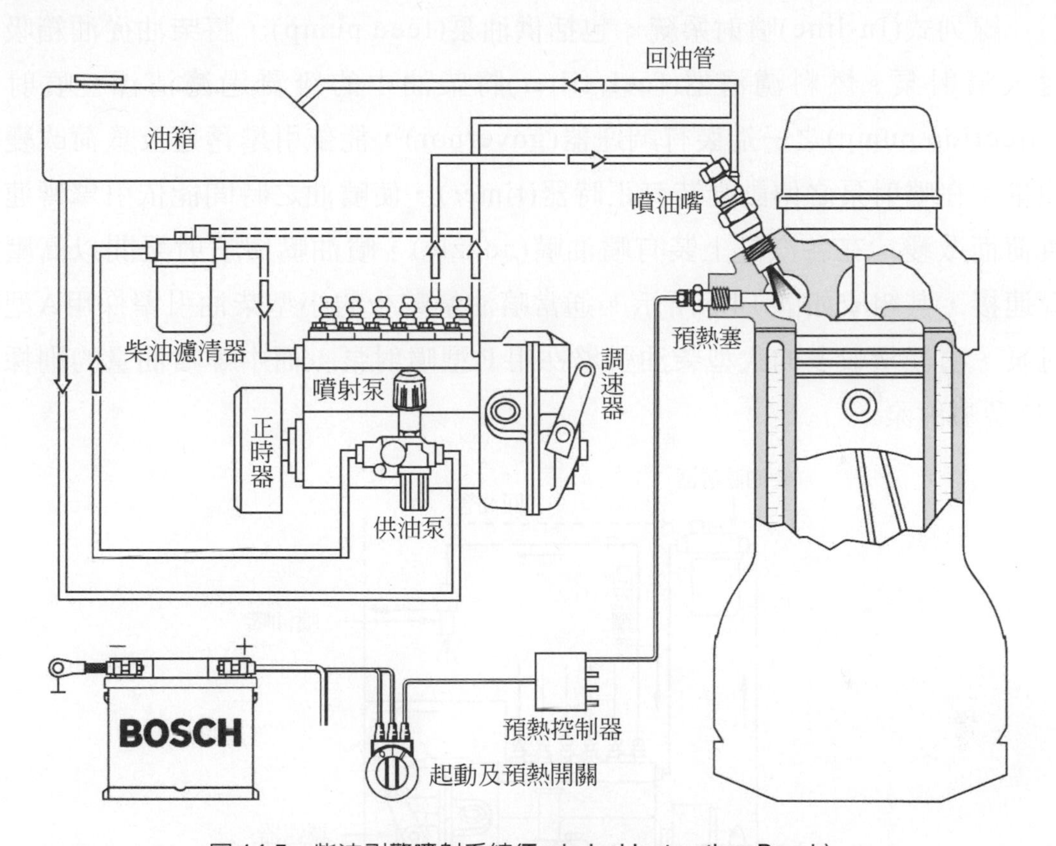

圖 14.5　柴油引擎噴射系統(Technical Instruction, Bosch)

二、柴油噴射系統應具備的功能

1. 過濾並壓送足量燃料至噴射泵。
2. 隨引擎負荷需要，供給適量之燃料，並能均勻分配到各汽缸。
3. 燃料能充分霧化，並適當分佈到燃燒室中。
4. 燃料與空氣之混合均勻。
5. 能配合引擎之轉速及負荷，適時的噴入汽缸中。
6. 適當的燃料噴射率(rate of fuel injection)，以控制燃燒壓力之上升率，減少爆震的發生。
7. 燃料之噴射開始與截斷迅速。

14.2.2 線列式噴射系統

一、概述

線列式(In-line)噴射系統，包括供油泵(feed pump)，將柴油從油箱吸出送入噴射泵。燃料濾清器(fuel filter)將柴油中的雜質過濾清潔。噴射泵(injection pump)之一端裝有調速器(governor)，能依引擎轉速及負荷改變噴油量；在噴射泵之傳動端裝有正時器(timer)，使噴油之時間能依引擎轉速及負荷而改變。在各汽缸上裝有噴油嘴(nozzle)，噴油嘴與噴射泵間以高壓鋼管連接，其組成如圖 14.6 所示。通常噴油量較少的小型柴油引擎採用A型噴射泵，噴油量較多的大型柴油引擎採用 P 型噴射泵，而中等噴油量的則採用AD 型噴射泵。

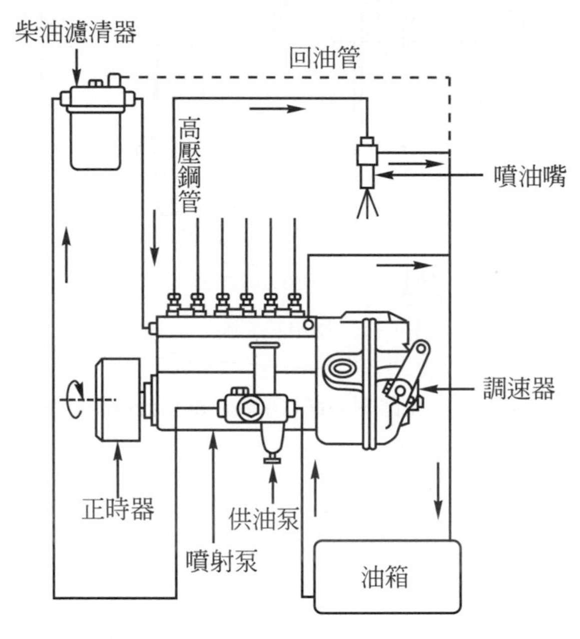

圖 14.6　線列式噴射系統的組成(AUTOMOTIVE HANDBOOK, Bosch)

二、供油泵

1. 供油泵之作用係將柴油自油箱吸出送入噴射泵，中途經過柴油濾清器將柴油過濾清潔，為克服濾清器濾件與油管中的流動阻力，需有 1.6 kg/cm^2 以上之壓力。

2. 柴塞式供油泵

⑴ 線列式噴射系統通常均採用柱塞式供油泵。

⑵ 如圖 14.7 所示，為柱塞式供油泵之構造。供油泵係裝在噴油泵之側面，由噴射泵凸輪驅動之，凸輪軸之凸輪經挺桿及推桿推動柱塞，當凸輪之高峰轉過時，柱塞彈簧將柱塞壓回其原來位置。供油泵另設有手動泵(hand priming pump)，供引擎初次起動，或燃料系有拆裝時，抽送燃料及排放空氣之用。

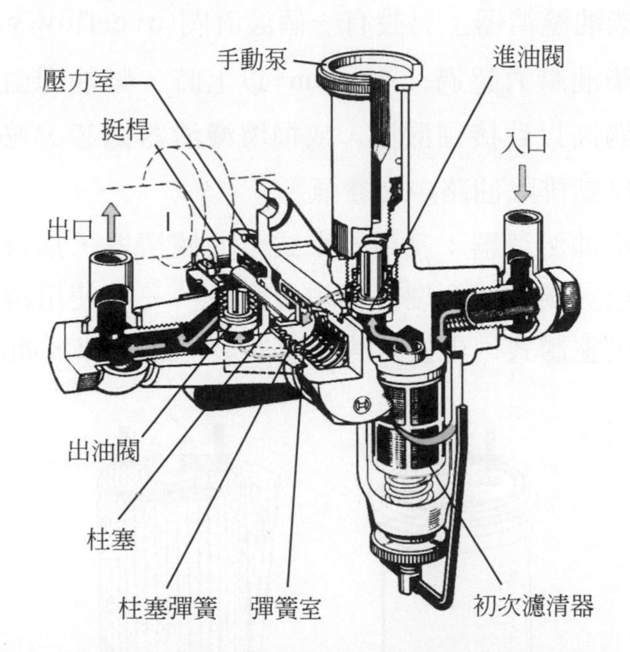

圖 14.7 柱塞式供油泵之構造(Technical Instruction, Bosch)

三、柴油濾清器

1. 柴油濾清器之位置

⑴ 一般車用柴油引擎為確保柴油之清潔，常使用二個以上之濾清器，初次濾清器(primary filter)之濾孔較大，置於供油泵與油箱之間，做粗濾之用；二次或主濾清器(secondary filter)之濾孔較細，置於供油泵與噴射泵之間，做精濾用。

⑵ 柴油之過濾路徑爲

油箱→初次濾清器→供油泵(進油接頭之濾網)→主濾清器→噴射泵→噴油嘴架(濾棒)→噴油嘴。

2. 柴油濾清器之構造

⑴ 柴油從進油口進入濾清器，經濾芯後將柴油中極細的雜質過濾，清潔的柴油從出油口流出至噴射泵。雜質等沉澱物可定期從底部的放油塞放除。頂部有一個放氣螺絲以便放除油路中的空氣。

⑵ 波細式柴油濾清器上另設有一個溢流閥(overflow valve)，當供油泵送來之柴油壓力超過 1.6kg/cm^2 以上時，柴油即由此流回油箱，防止油壓過高以致接頭漏油，或損壞濾清器濾芯，並可減少供油泵之噪音及自動排除油路中之空氣。

⑶ 普通式柴油濾清器：又稱標準式柴油濾清器，爲最常見的一種。濾芯以濾紙、濾布或金屬薄板重疊而成，一般使用濾紙較多。新式濾清器使用整體式，更換時濾芯與外殼一起換掉，如圖 14.8 所示。

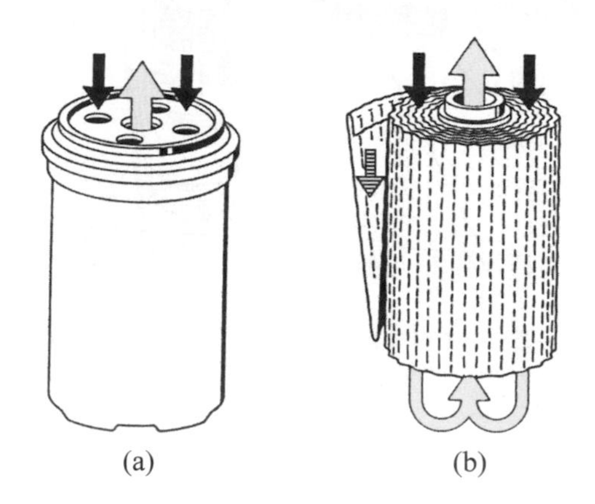

圖 14.8 整體式柴油濾清器與濾芯(Technical Instruction, Bosch)

四、A 型噴射泵

1. 如圖 14.9 所示，爲線列式 A 型噴射泵，其面板在供油泵旁邊。

2. 線列式A型噴射泵之構造，如圖 14.10 所示，由柱塞與柱塞筒(plunger and barrel)、齒環與控制套(control pinion and sleeve)、齒桿與限制套(control rack and rack limit sleeve)、輸油門與座(delivery valve and seat)、舉桿(tappet)及凸輪軸等所組成。

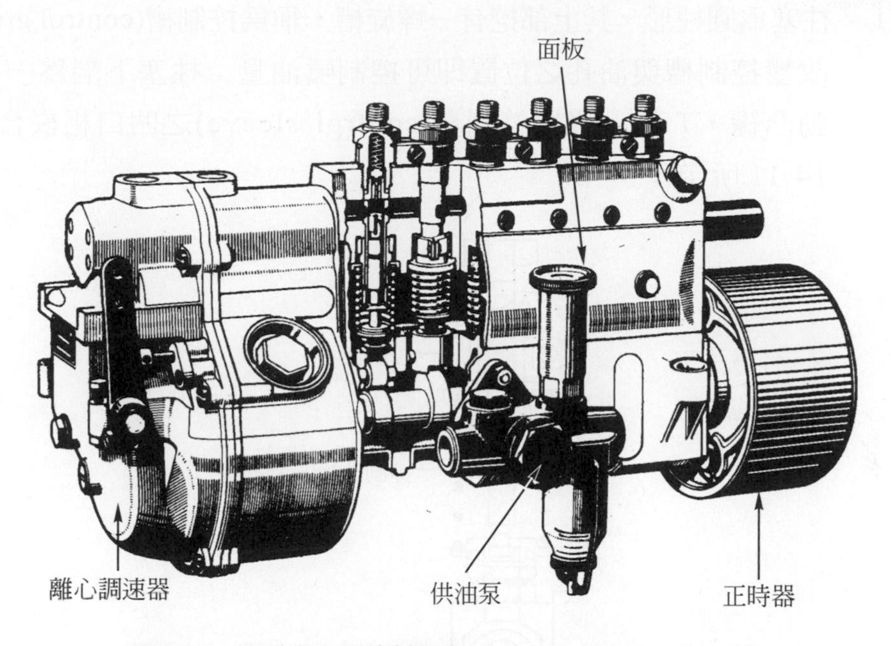

圖 14.9　線列式 A 型噴射泵(Technical Instruction, Bosch)

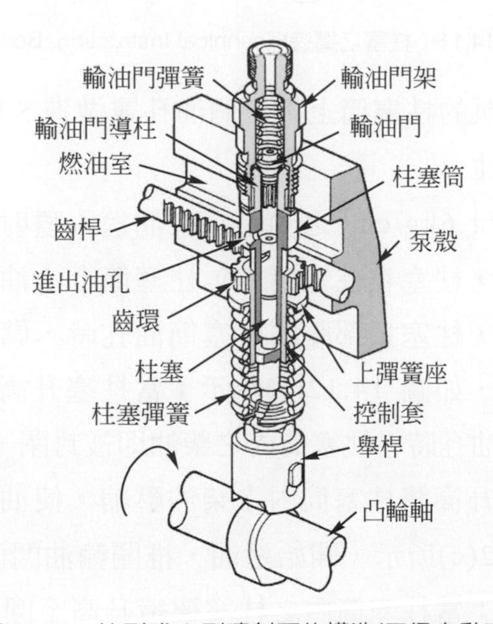

圖 14.10　線列式 A 型噴射泵的構造(三級自動車)

3. 柱塞與柱塞筒

(1) 柱塞與柱塞筒的構造

① 柱塞為圓柱形，其上部挖有一螺旋槽，稱為控制槽(control groove)，改變控制槽與油孔之位置即可控制噴油量；柱塞下端為一 T 形驅動凸緣，T 形凸緣與控制套(control sleeve)之凹口相嵌合，如圖 14.11 所示。

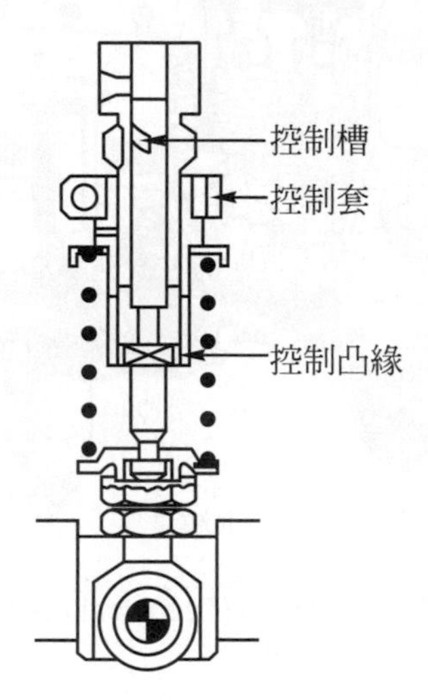

圖 14.11 柱塞之構造(Technical Instruction, Bosch)

② A 型噴射泵的柱塞筒上鑽一個油孔兼做進、出油孔。

(2) 高壓油之產生

① 供油泵以 1.6kg/cm^2 之油壓將柴油送入噴射泵，使儲油室中經常充滿柴油，柱塞在柱塞筒中，柱塞筒上之油孔與儲油室相通，當柱塞下降，柱塞頂部離開柱塞筒油孔時，儲油室中之柴油即流入柱塞筒中，如圖 14.12(a)所示；當柱塞升高，頂部蓋住柱塞筒上之進／出油孔時，柱塞筒內之柴油即被封閉，如圖 14.12(b)所示；柱塞繼續升高將柱塞筒內之柴油壓縮，使油壓升高推開輸油門，如圖 14.12(c)所示，開始送油，推開輸油門僅需 10kg/cm^2 以上之油壓即可；當柱塞筒內之柱塞繼續升高至圖 14.12(d)所示之位置時，柱塞螺旋槽與進／出油孔相通，柱塞頂部之柴油經柱塞中央

直孔流回儲油室而停止送油；即使柱塞繼續向上推動，因柴油不再被壓縮，仍然無油送出，如圖 14.12(e)所示；柱塞的全行程，如圖 14.12(f)所示。

② 柱塞從下死點上升至將進油孔蓋住時之柱塞行程，稱爲預行程(pre-stroke)，如圖 14.12(b)所示。當舉桿上調整螺絲向上調整時，預行程減小。

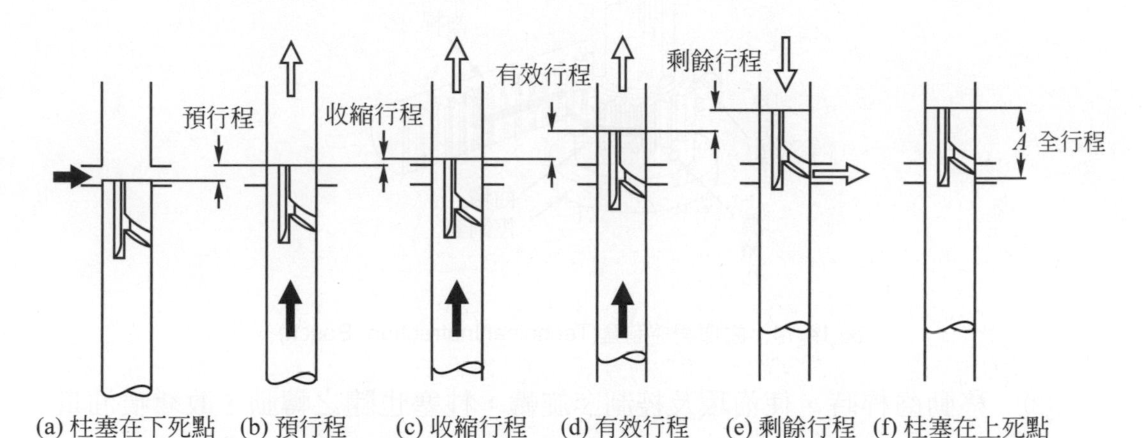

圖 14.12 柱塞之作用(Technical Instruction, Bosch)

(3) 噴油量之控制

柴油噴油量之控制機構，如圖 14.13 所示。柱塞底部有一 T 形凸緣，嵌合在控制套之凹口內，控制套上有齒環與齒桿嚙合，而齒環與控制套以螺絲固定，因此移動齒桿可使控制套及柱塞向左或向右轉動，變化控制槽與油孔之相關位置，即可改變噴油量。

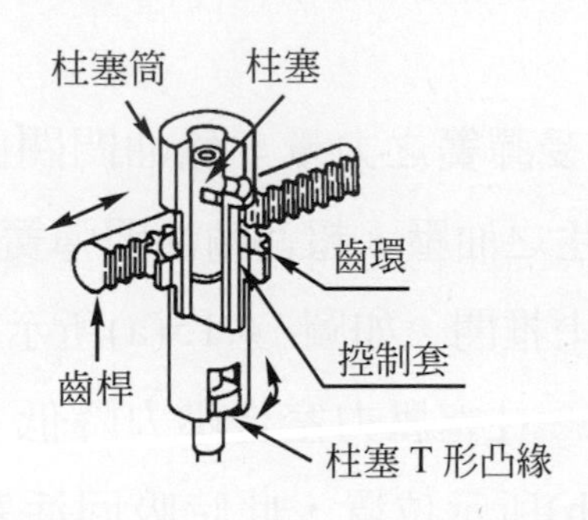

圖 14.13 噴油量的控制機構(自動車內燃機關構造)

4. 齒環與控制套

⑴ 如圖 14.14 所示，齒環與齒桿相嚙合，齒環以固定螺絲夾緊在控制套之上部，控制套之下部有凹槽與柱塞之T形凸緣相嵌合。

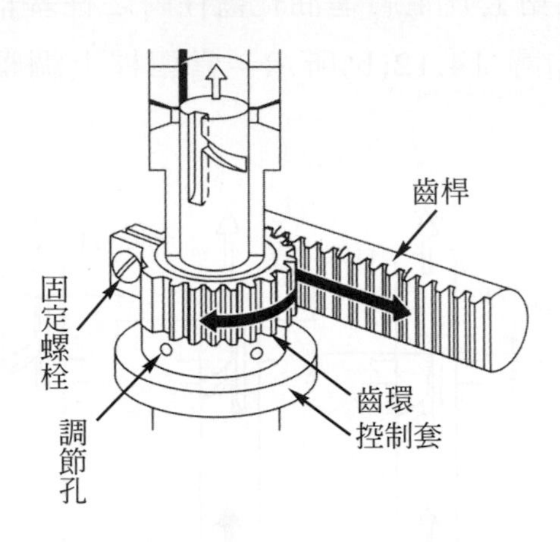

圖 14.14　齒環與控制套(Technical Instruction, Bosch)

⑵ 移動齒桿時，使齒環及控制套旋轉，柱塞也隨之轉動，改變噴油量。控制套上有一排小孔，叫做調節孔，當各缸噴油量不均時，可以放鬆齒環固定螺絲，然後以扳桿插入小孔中，左右扳動控制套，變更其與齒環之相對位置，即可改變噴油量。

5. 輸油門與輸油門總成

⑴ 功用：輸油門之功用在使噴射管中之柴油，經常保持一定之殘壓，以防止噴射開始之延遲，及使噴油嘴在噴射完畢時，壓力急速降低，使噴射迅速截斷，防止滴油。

⑵ 作用

① 平時輸油門受彈簧之力量，輸油門閥面壓緊在輸油門座上，當柱塞上升產生之油壓，超過輸油門彈簧與輸油門上方之油壓時，將輸油門向上推開，如圖 14.15(a)所示，柴油即流入噴射管中。

② 送油完畢時，柱塞壓力室之壓力降低，輸油門受彈簧力量降至如圖 14.15(b)所示位置，此時吸回活塞開始滑入輸油門座，產

生吸回作用，使噴射管內之壓力降低，因此噴油嘴之噴射迅速切斷，能防止滴油。

③ 輸油門降至圖 14.15(c)之位置時，輸油門閥面壓緊輸油門座，防止柴油倒流回噴射泵，使噴射管中之柴油保持一定之殘壓。

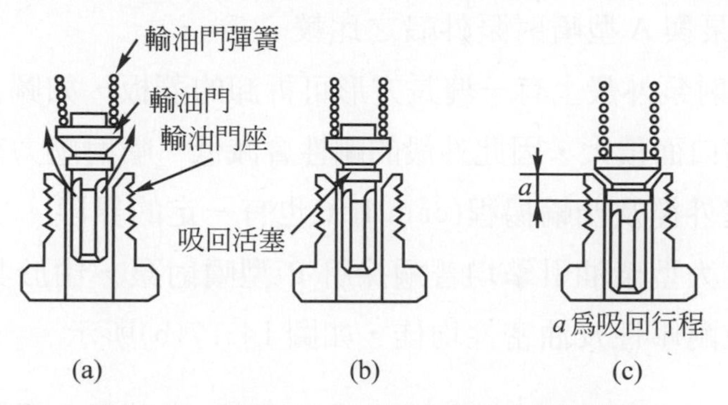

圖 14.15　輸油門之作用(自動車內燃機關構造)

6. 舉桿

⑴ 舉桿位於柱塞之下方，如圖 14.16 所示。舉桿機構之功用係將噴射泵凸輪軸之旋轉運動轉變爲往復直線運動，以傳動柱塞，將柴油壓送至噴油嘴。

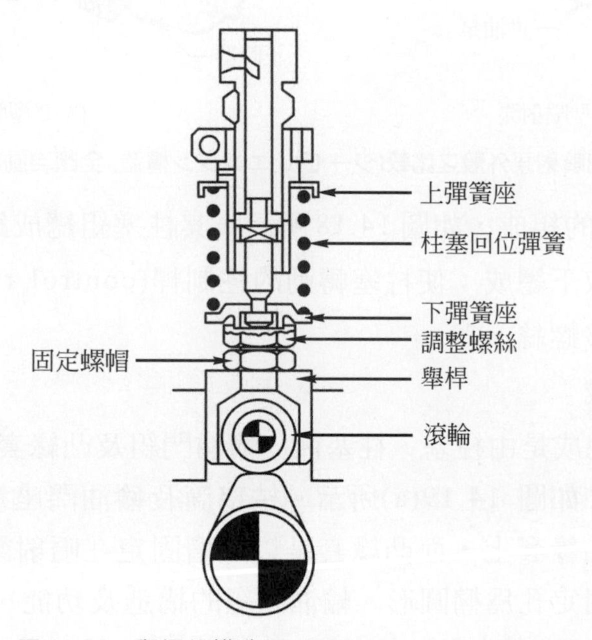

圖 14.16　舉桿的構造(Technical Instruction, Bosch)

(2) 舉桿調整螺絲用以調整噴射時間與舉桿間隙。調整螺絲向上調高，可使噴射時間提早，降低可使噴射時間變晚。一般規定舉桿間隙應在 0.3mm 以上。

五、P 型噴射泵

1. P 型噴射泵與 A 型噴射泵外殼之比較

(1) A型噴射泵外殼上有一塊長方形可拆卸的蓋板，如圖 14.17(a)所示。由於開口面積大，因此外殼的剛性會減低，噴射壓力有一定的界限，且柱塞外徑及凸輪揚程(cam lift)也有一定的界限。

(2) 因此，大型柴油引擎均普遍採用 P 型噴射泵，由於其外殼係完全密封，故耐壓性及油密性均佳，如圖 14.17(b)所示。

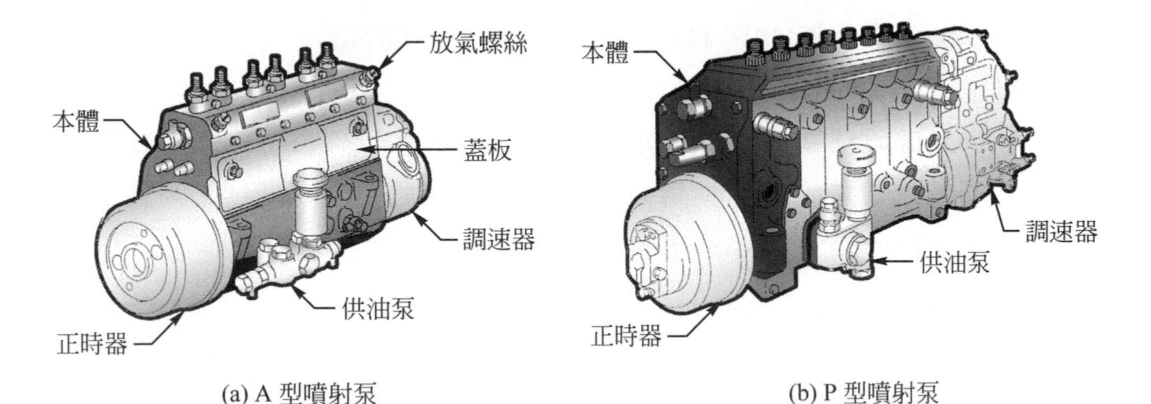

(a) A 型噴射泵　　(b) P 型噴射泵

圖 14.17　P 型與 A 型噴射泵外殼之比較(ジーゼル エンジン構造, 全國自動車整備専門學校協會)

2. P型噴射泵的組成，如圖 14.18 所示。其柱塞組總成鎖在外殼上，放鬆螺帽即可取下總成；使柱塞轉動的控制桿(control rod)成 L 型，另舉桿上無調整螺絲。

3. 柱塞組總成

(1) 柱塞組總成是由柱塞、柱塞筒、輸油門組及凸緣套(flange sleeve)等所組成，如圖 14.19(a)所示。柱塞筒及輸油門座，是利用輸油門套固定在凸緣套上，而凸緣套是以螺帽固定在噴射泵的外殼上，凸緣套上的固定孔爲橢圓形。輸油門組的構造及功能，與 A 型噴射泵是相同的。

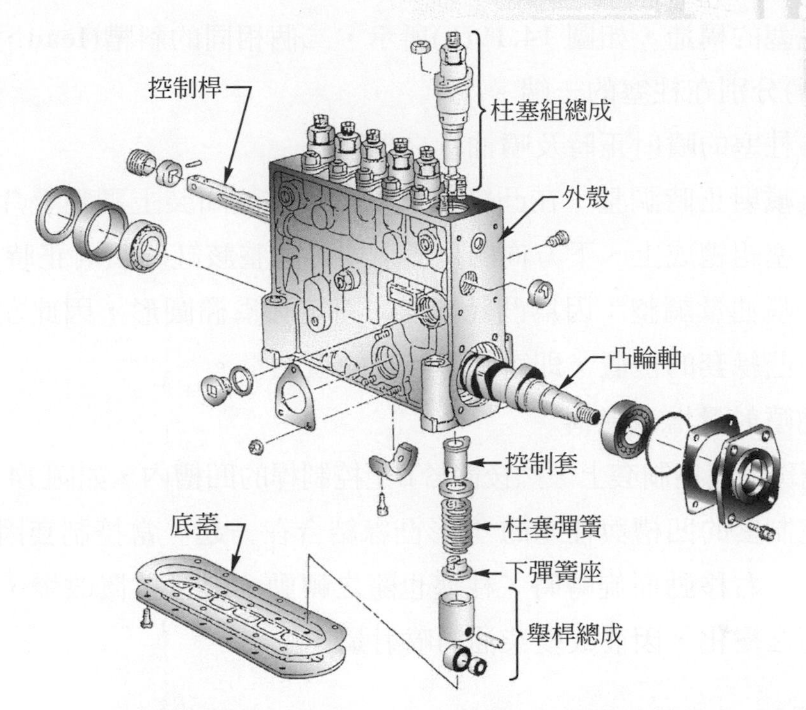

圖 14.18　P 型噴射泵的組成(ジーゼル エンジン構造，全國自動車整備專門學校協會)

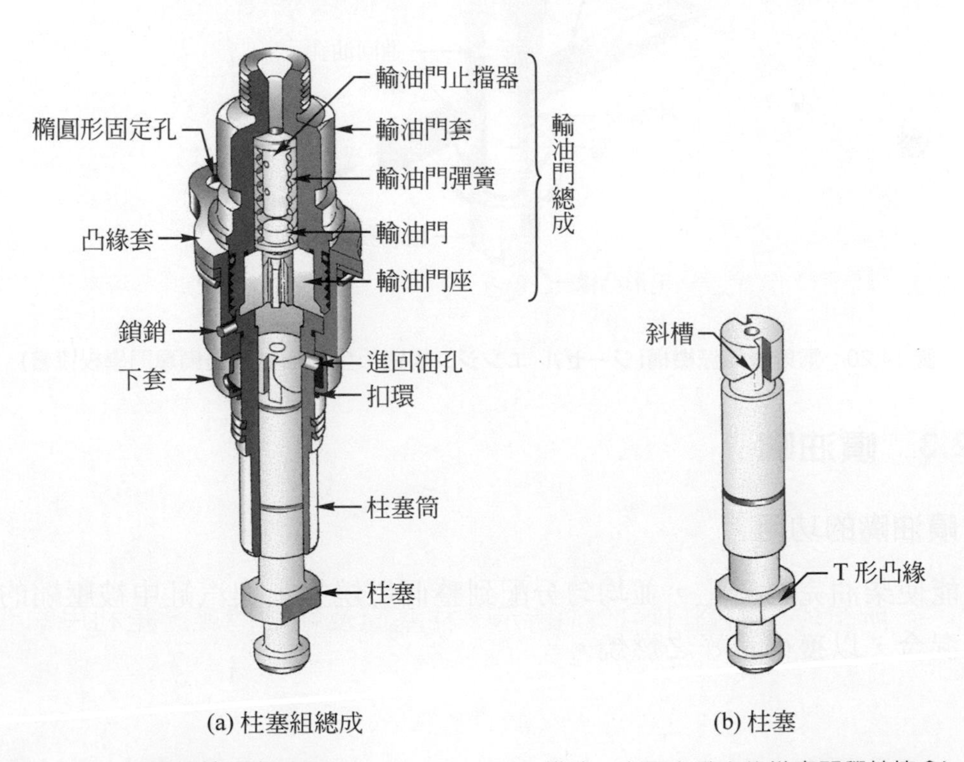

(a) 柱塞組總成　　(b) 柱塞

圖 14.19　柱塞組總成與柱塞(ジーゼル エンジン構造，全國自動車整備專門學校協會)

⑵ 柱塞的構造，如圖 14.19(b)所示，二個相同的斜槽(lead，或稱控制槽)分別在柱塞的一端。

⑶ 各柱塞的噴射正時及噴油量之調整

① 噴射正時調整：在凸緣套與噴射泵外殼間裝上調整墊片，改變柱塞組總成上、下方向的位置，即可調整該缸的噴射正時。

② 噴油量調整：因爲凸緣套上的固定孔爲橢圓形，因此左、右轉動凸緣套的位置，即可調整該缸的噴油量。

4. 柴油噴射量增減機構

⑴ 鋼珠焊在控制套上，然後置於L型控制桿的凹槽內，如圖 14.20 所示。

⑵ 控制套的凹槽與柱塞的 T 形凸緣結合在一起，當控制套因控制桿的左、右移動而旋轉時，柱塞也隨之轉動，斜槽位置改變，有效行程隨之變化，因而改變柴油的噴射量。

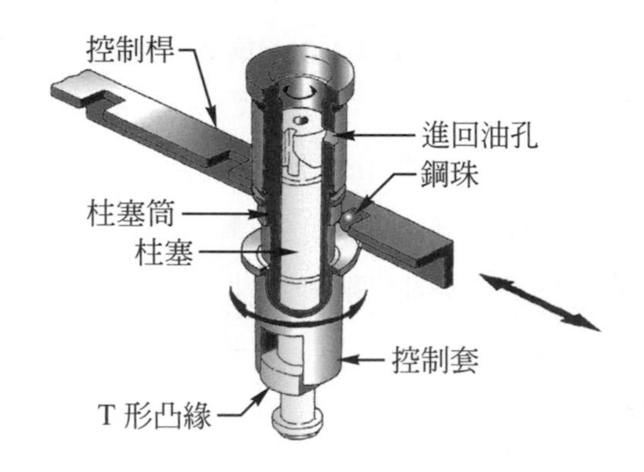

圖 14.20　噴射量增減機構(ジーゼル エンジン構造，全國自動車整備專門學校協會)

14.2.3 噴油嘴

一、噴油嘴的功用

能使柴油完全霧化，並均勻分配到整個燃燒室，與汽缸中被壓縮的空氣充分混合，以獲得良好之燃燒。

二、噴油嘴的構造與作用

1. 孔型噴油嘴

⑴ 孔型噴油嘴之針閥爲圓錐形，不露出噴油孔外，如圖 14.21 所示。

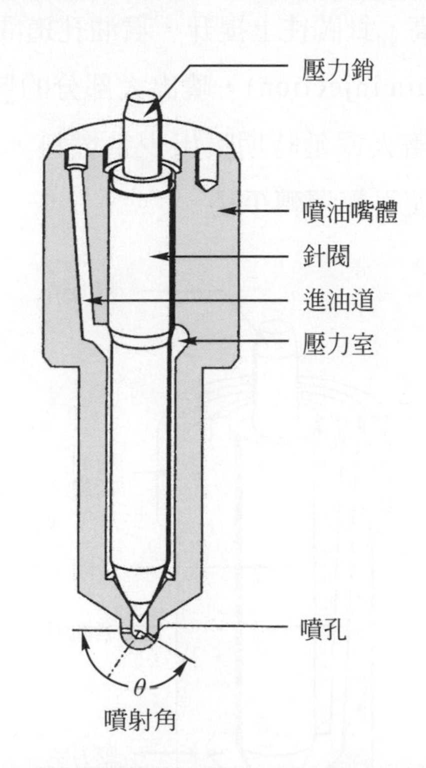

圖 14.21 孔型噴油嘴的構造(AUTOMOTIVE HANDBOOK, Bosch)

⑵ 孔型噴油嘴多使用於直接噴射式引擎，其噴射開始壓力約爲 150～300kg/ cm^2。

2. 針型噴油嘴

⑴ 針型噴油嘴在針閥之下端有一比噴油孔還要細小，圓柱形狀之針尖，塞在噴油孔中。不噴油時，針尖突出噴油嘴體外，改變針尖之形狀及尺寸，即可得到所希望之噴霧角度，如圖 14.22 所示。由於針尖經常在噴油孔上下運動，故能防止噴油孔被碳粒阻塞。

⑵ 節流型噴油嘴(throttling type nozzle)，爲針型噴油嘴針閥改良的一種型式，又稱爲延遲型噴油嘴(delay nozzle)，如圖 14.23 所示。其

針閥較長，噴油孔道也較長，針閥在噴油孔道上移動，以先少後多，來控制噴油量。噴射初期時針閥先上升一點點，柴油經過的間隙狹長，僅容許少量的柴油通過，以做爲先導噴射(pilot injection)；隨後油壓漸漸升高，針閥往上提升，噴油孔道間隙變大，噴油量增加，發生主噴射(main injection)，噴出大部分的柴油，如圖 14.24 所示。在噴射開始的著火遲延時期噴出少量燃料，以減少累積的柴油造成笛賽爾爆震，使引擎運轉平穩。

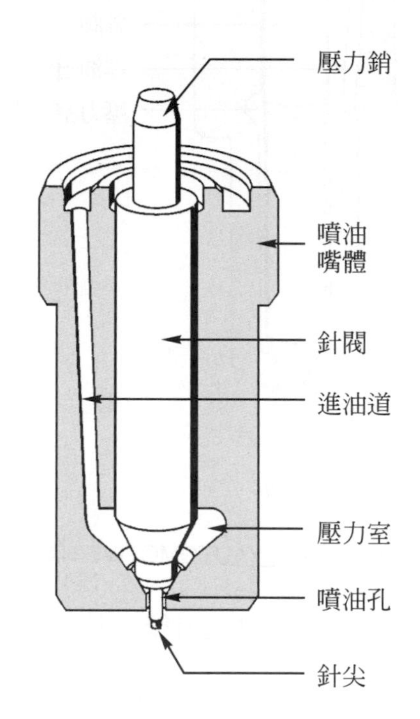

圖 14.22　針型噴油嘴的構造(AUTOMOTIVE HANDBOOK, Bosch)

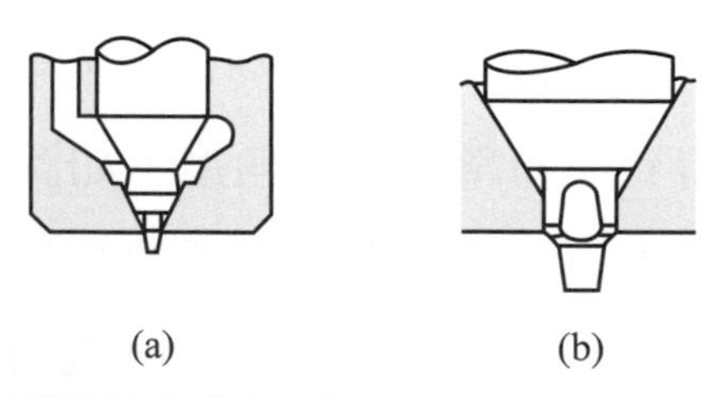

圖 14.23　不同構造的節流型噴油嘴(AUTOMOTIVE HANDBOOK, Bosch)

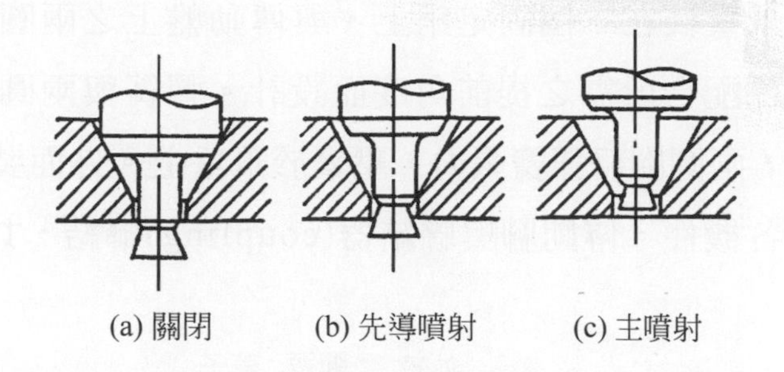

圖 14.24　節流型噴油嘴的作用(自動車內燃機關構造)

(3) 針型噴油嘴使用於預燃室式、渦流室式及空氣室式等複室式燃燒室之柴油引擎，其噴射開始壓力約為 80～120kg/cm^2。

3. 雙彈簧式噴油嘴

一般噴油嘴通常使用一只彈簧，但有部分噴油嘴使用兩只彈簧，也稱做兩段式噴油嘴。利用預舉行程(prestroke)的少油量噴射，使爆震減小，提高乘坐之舒適性；並在低負荷時，因針閥開啓壓力之降低，改善噴射穩定性，使怠速穩定。

14.2.4 正時裝置

一、正時裝置的功用

改變燃料的噴射時間，使噴射時間隨引擎轉速而變化，以獲得最高的燃燒壓力，使動力輸出最大。

二、正時裝置構造與作用

1. 機械正時器裝在驅動齒輪與噴射泵之間，利用飛重之離心力與正時彈簧彈力互相作用，以改變驅動凸緣與凸輪軸之相對位置，配合引擎的轉速變化，自動調整最適當之噴油時間。

2. SA 型機械正時器

(1) SA型機械正時器的構造包括飛重托架、外殼、蓋子、傳動凸緣、飛重及彈簧等零件，如圖 14.25 所示。飛重托架(flyweight holder)固定於噴射泵凸輪軸之軸端，其上有二個固定銷，做為飛重及彈簧之支架。飛重裝在二個固定銷上，與傳動盤上之兩圓腳接觸，其兩接觸曲面係配合所需之提前角度而設計。彈簧與兩圓腳中間，裝有調整墊片，兩圓腳藉彈簧張力，壓緊於飛重上。外面裝有蓋子及外殼，以固定各機件。傳動腳與聯結器(coupling)聯結，以傳入驅動力。

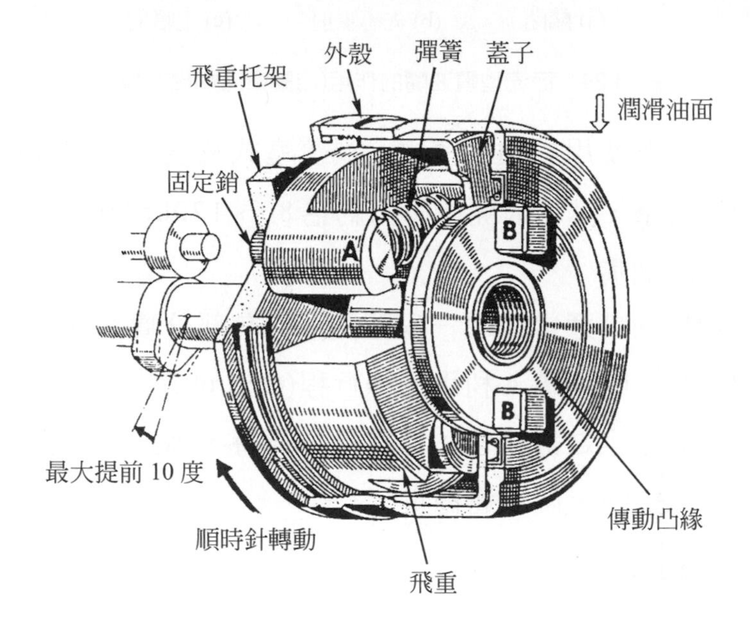

圖 14.25　SA 型機械正時器之構造(現代柴油引擎燃料系統)

(2) 引擎停止時，如圖 14.26 所示，正時器之飛重，因無離心力及彈簧之張力而向內縮攏，傳動盤上傳動圓腳抵住飛重曲面之外緣，正時彈簧在最長之狀態。當噴射泵轉速上升時，飛重產生之離心力，以固定銷為支點向外飛開，飛重曲面依所需提早角度沿傳動盤之傳動圓腳移動，使飛重托架上之固定銷與傳動圓腳間之距離縮短，因此依提前度數變更傳動凸緣與噴射泵凸輪軸之相關位置，使飛重向外張開之離心力與正時彈簧保持平衡，提前角度隨引擎轉速升高而增加。一般自動正時器之最大提前角度為噴射泵凸輪軸轉角 10 度。

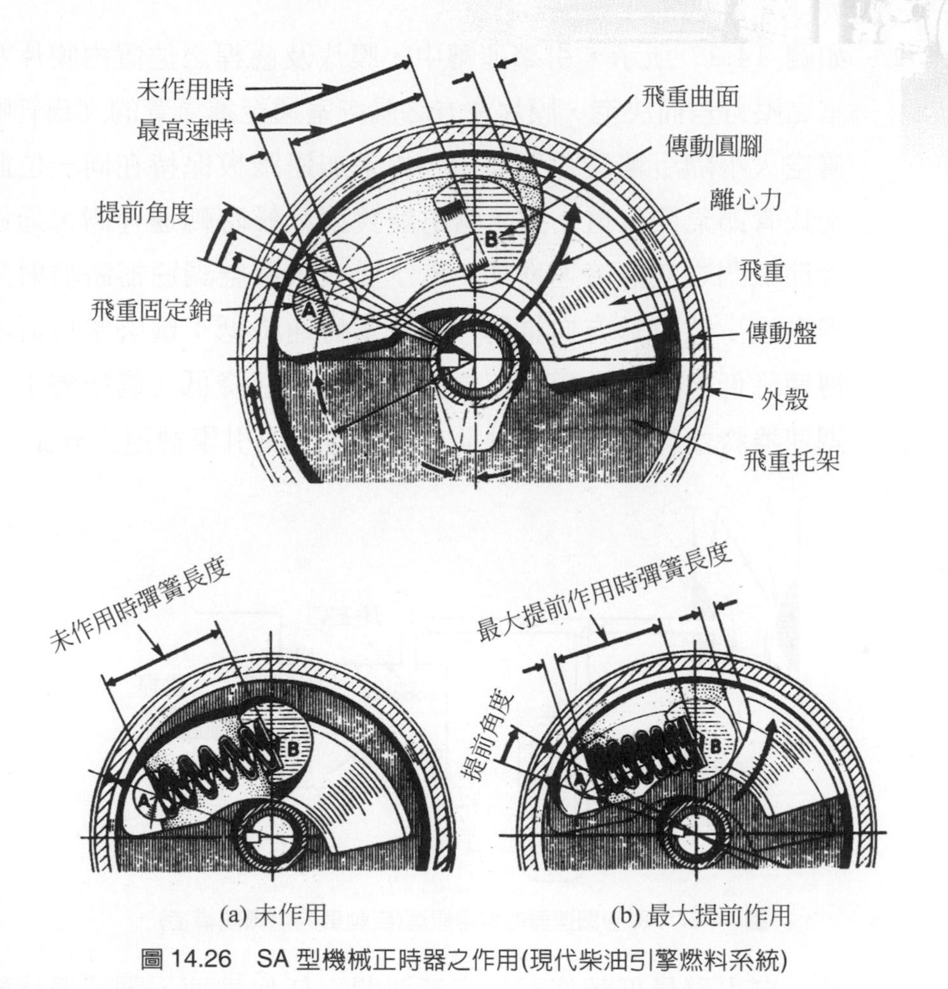

圖 14.26　SA 型機械正時器之作用(現代柴油引擎燃料系統)

14.2.5 調速器

一、調速器的功用

自動控制引擎的轉速，以保持怠速之穩定，及限制引擎之最高轉速等。

二、調速器的構造與作用

1. 眞空調速器

(1) 概述

① 引擎轉速係隨負荷之增減反比例而變化；如負荷不變，則轉速隨燃料供給量之比例而增減，燃料供給量增加轉速升高，供給量減少則轉速降低。

② 如圖 14.27 所示，引擎運轉中，膜片及齒桿之位置由膜片左右兩室之壓力差而決定，膜片左方之眞空室通至進氣管的文氏管喉部，眞空大小隨引擎負荷而變化。如果加速踏板保持在同一位置，即文氏管節氣門位置一定，當引擎負荷減輕時轉速升高，通過文氏管節氣門之空氣流速增加，眞空變大，眞空調速器將噴射泵之齒桿向減少噴射量方向推動，使引擎轉速降低；當引擎負荷增大時轉速降低，通過文氏管節氣門之空氣流速降低，眞空變小，眞空調速器將齒桿向增加噴射量方向推動，使引擎轉速上升至一定轉速。自引擎最低轉速至最高轉速間之任何轉速，調速器皆能發生作用，故眞空調速器屬於全速調速器。

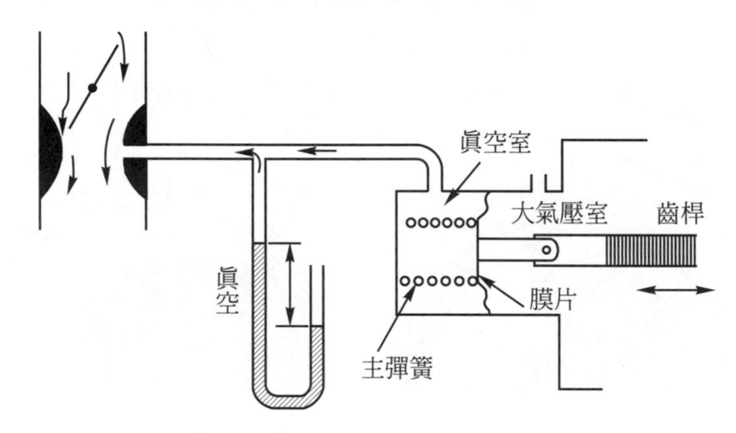

圖 14.27 真空調速器的作用原理(自動車內燃機關構造)

(2) 構造

① 眞空調速器包括兩個主要部分，一爲文氏管總成，如圖 14.28 所示，一爲膜片組，如圖 14.29 所示。文氏管總成安裝在進氣歧管上，上方爲空氣濾清器。

② 膜片室被皮質膜片分隔成左右二室。膜片之右室稱爲大氣室，通大氣壓力，並與噴射泵之齒桿相連接。膜片之左室稱爲眞空室，經管子通至進氣管中文氏管之喉部。

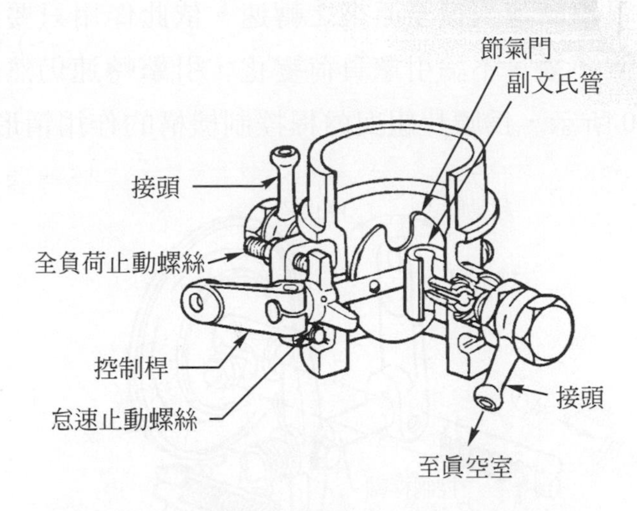

圖 14.28　文氏管總成的構造(自動車內燃機關構造)

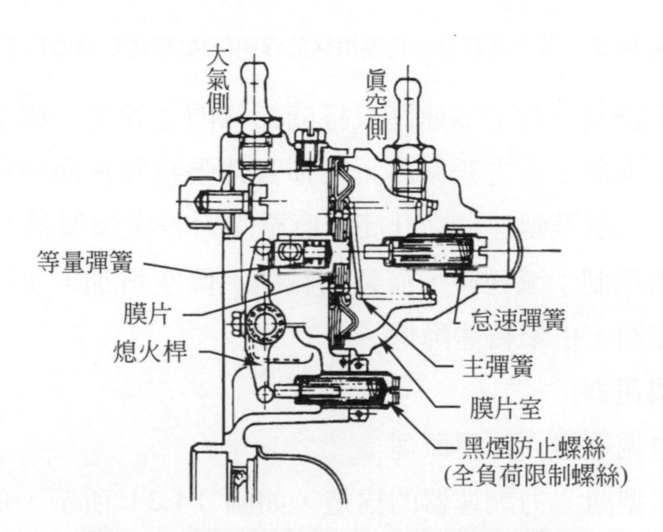

圖 14.29　膜片組的構造(自動車內燃機關構造)

(3) 作用

① 等速控制：引擎在一定負荷及一定轉速運轉時，膜片兩側之壓力差與調速器彈簧之力量隨時保持在平衡的位置。若引擎負荷減輕使轉速上升時，進氣管壓力降低，眞空變大，膜片將齒桿拉向眞空室，使噴油量減少，引擎轉速隨之降低；若引擎負荷增加轉速降低時，進氣管眞空變小，膜片將齒桿推向大氣室，使噴油量增

加，引擎轉速恢復至原來之轉速。依此作用只要節氣門或加速踏板位置不變，不論引擎負荷變化，引擎轉速仍然維持不變。如圖14.30所示，爲膜片組與齒桿控制機構的作用情形。

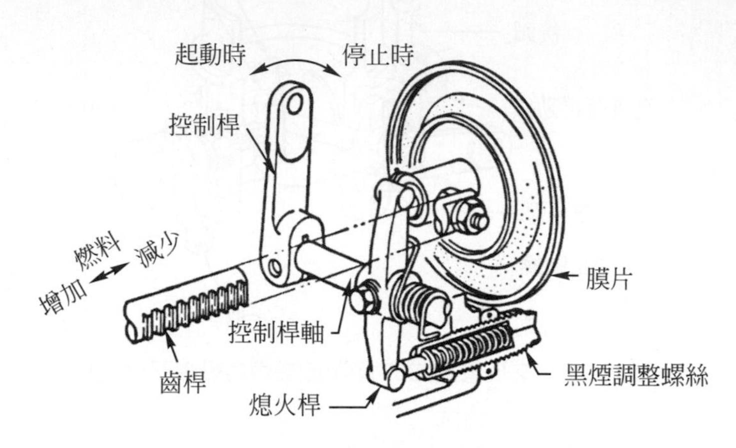

圖 14.30　膜片組與齒桿控制機構的作用(自動車內燃機關構造)

② 加速控制：踩下加速踏板打開節氣門加速時，眞空室眞空變小，膜片兩側之壓力差減小，主彈簧伸張將膜片向增加噴油量之方向推動，引擎轉速隨之升高，直至壓力差與彈簧張力平衡爲止。

③ 減速控制：減速時，節氣門關閉，眞空增加，主彈簧被壓縮，齒桿拉回，引擎轉速降低。

2. 離心力調速器

(1) 離心力調速器之作用原理

① 簡單型離心力調速器的構造，如圖 14.31 所示，係將兩只可以開合之飛重(flyweight)安裝在噴射泵凸輪軸之一端，凸輪軸轉動時飛重產生離心力向外張開，飛重之離心力隨轉速而變化，轉速增加離心力增大；反之，轉速降低離心力減小。

② 轉速增加時，離心力增大，飛重向外張開，推動移動軸壓縮彈簧，自 *A* 點向右移動至 *B* 點；反之轉速降低時，離心力減少，彈簧張力推壓移動軸，使飛重縮回至 *A* 點，此時離心力與彈簧保持平衡。

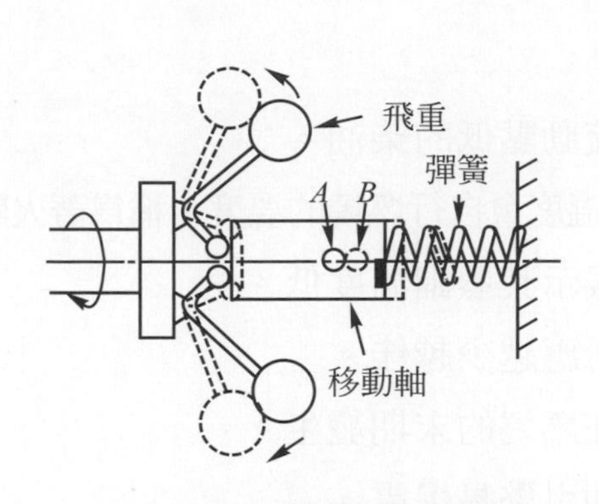

圖 14.31　彈簧與飛重之平衡
(自動車內燃機關構造)

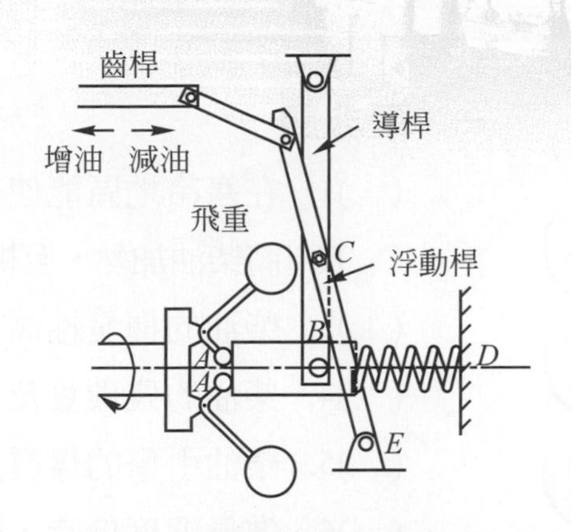

圖 14.32　控制燃料之機構
(自動車內燃機關構造)

③　如圖 14.32 所示，爲控制燃料之連桿機構，導桿(guide lever)與浮動桿(floating lever)以共有支點 *C* 結合，浮動桿上端經連接叉桿(link)與齒桿連接。移動軸(shifter)或導桿襯套(guide bush)將導桿下端向右推動時，也牽動浮動桿向右傾，齒桿被拉回，使噴油量減少；反之，導桿下端向左移動時，浮動桿也向左傾，使噴油量增加。亦即當引擎轉速上升時，飛重離心力增大，移動軸向右移動使噴油量減少，防止引擎超過規定轉速；當引擎轉速降低時，離心力減小，移動軸被彈簧向左壓移，齒桿向增加噴油量之方向移動，使引擎轉速上升，以經常保持一定之轉速。

⑵　離心力調速器之種類

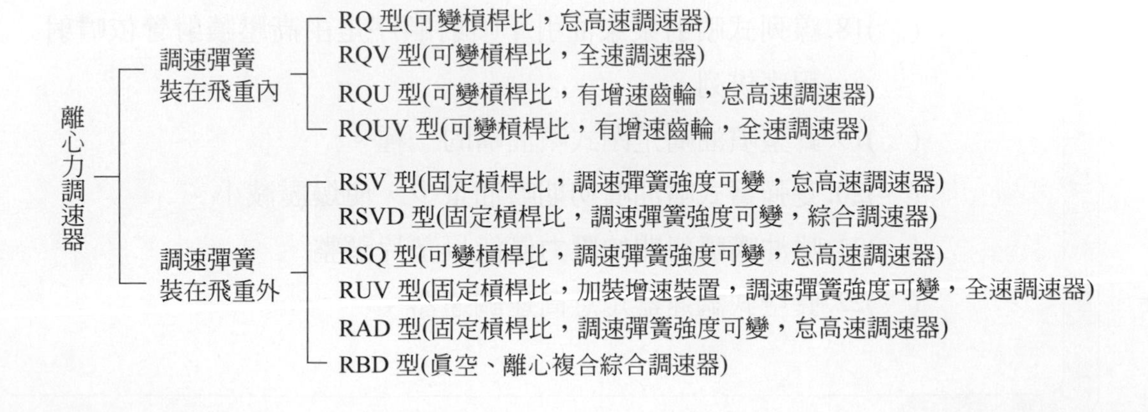

本章演練

一、是非題

( )1. 在寒冷地區能使用流動點低的柴油。

( )2. 將柴油加熱，至相當溫度會自行燃燒的溫度，稱爲著火點。

( )3. 柴油的揮發性高，表示其蒸餾溫度低。

( )4. 柴油的殘碳量及灰份應越少越佳。

( )5. 柴油引擎的爆震是在燃燒的末期發生。

( )6. 進氣溫度低時，柴油引擎易爆震。

( )7. 柴油著火點低時，柴油引擎易爆震。

( )8. 渦流室燃燒室，爲單室式之設計。

( )9. 直接噴射式燃燒室，其熱效率高，燃料消耗率低。

( )10. 預燃室式燃燒室不需預熱塞幫助起動。

( )11. 線列式噴射泵的調速器是裝在泵內。

( )12. 線列式噴射系統通常使用柱塞式供油泵。

( )13. 二次柴油濾清器是裝在油箱與供油泵間。

( )14. 面對噴射泵名牌，調速器裝在噴射泵左側者使用左旋柱塞。

( )15. 當柱塞上行至螺旋槽與回油孔相通時爲進油作用。

( )16. 齒桿左右移動，控制套左右轉動，使柱塞轉動以改變噴油量。

( )17. 使噴油嘴之噴射迅速切斷，是靠輸油門上的吸回活塞。

( )18. 線列式噴射泵柴油引擎噴射順序是由高壓噴射管依噴射順序排列。

( )19. 針型噴油嘴是閉式噴油嘴的一種。

( )20. 雙彈簧式噴油嘴初期噴油量少，使爆震減小。

( )21. 噴油嘴噴射開始壓力僅能以墊片調整。

( )22. 真空式調速器是怠高速調速器。

(　)23. 離心力調速器在進氣管處有節氣門。

(　)24. 離心力調速器，低速時槓桿比大，使控制性能較佳。

(　)25. P 型噴射泵的外殼是完全密封的。

(　)26. P 型噴射泵要改變柴油噴射量，是靠移動齒桿。

(　)27. 在高引擎轉速時，可變預行程噴射泵的噴射壓力比 P 型噴射泵高。

(　)28. 預行程噴射泵，是利用柱塞上正時滑套的上下移動，來改變預行程。

二、選擇題

(　)1. 柴油使用時與安全性有關的特性是 (A)著火點 (B)閃火點 (C)流動點 (D)密度。

(　)2. 使用規定十六烷號數的柴油 (A)可減少笛賽爾爆震 (B)可減少 NOx (C)可減少 CO 及 HC (D)可提高輸出。

(　)3. 柴油中含硫量高時，無下述何種影響 (A)氣門銹蝕 (B)消音器銹穿 (C)形成酸雨 (D)降低柴油揮發性。

(　)4. 空氣與柴油的理論混合比約 (A)15.02：1 (B)14.2：1 (C)16.05：1 (D)19.5：1。

(　)5. 柴油引擎的空氣過剩率約為 (A)0.5～1.3 (B)1.1～14 (C)0.2～0.6 (D)15～25。

(　)6. 下述何項非柴油引擎爆震的原因 (A)壓縮壓力低 (B)進氣溫度低 (C)柴油噴射太早 (D)柴油著火點太低。

(　)7. 直接噴射式引擎，其噴油嘴噴射壓力約為 (A)100～120 (B)120～150 (C)175～300 (D)300～500 kg/cm^2。

(　)8. 下述何項非直接噴射式燃燒室之缺點 (A)空氣渦流較弱 (B)噴射壓力較高 (C)熱能損失多 (D)孔型噴油嘴較易堵塞。

( )9. 溢流閥(Overflow valve)通常裝在 (A)油箱 (B)供油泵 (C)柴油濾清器 (D)調速器 上。

( )10. 單作用柱塞式供油泵，當柱塞彈簧伸張時爲 (A)吸送油作用 (B)儲油作用 (C)調節作用 (D)無作用。

( )11. 當柱塞筒上油孔被柱塞蓋住時，爲 (A)進油 (B)壓油 (C)噴油結束 (D)回油 作用。

( )12. 改變噴射時間是調整 (A)齒環與控制套 (B)舉桿 (C)柱塞 (D)齒桿。

( )13. 分配式噴射泵柱塞的數目 (A)與汽缸數相同 (B)汽缸數之半 (C)汽缸數的 1/3 (D)只有一個。

( )14. 孔型噴油嘴的噴射開始壓力約爲 (A)50～80 (B)80～120 (C)150～300 (D)350～450 kg/cm^2。

( )15. 針型噴油嘴的噴射開始壓力約爲 (A)50～80 (B)80～120 (C)150～300 (D)350～450 kg/cm^2。

( )16. 眞空式調速器雙臂式熄火桿，除做熄火外，另一方向之作用是 (A)起動用 (B)怠速用 (C)全負荷用 (D)高速用。

( )17. 對 P 型噴射泵的敘述，何項是錯的？ (A)通常用於小型車 (B)噴射壓力比 A 型高 (C)泵體剛性較高 (D)柱塞組總成是固定在外殼上。

三、問答題

1. 何謂著火點與著火性？
2. 使著火遲延時期縮短有何好處？
3. 柴油引擎的動力是由何決定？
4. 笛賽爾爆震如何產生？

5. 直接噴射式燃燒室的結構爲何？
6. 預燃室式燃燒室的結構爲何？
7. 試述傳統線列式噴射系統的組成機件及功能。
8. 柴油濾清器上的溢流閥有何功能？
9. 傳統線列式噴射系統如何控制噴油量？
10. 寫出輸油門的功用。
11. P 型噴射泵各柱塞的噴射正時及噴油量如何調整？
12. 節流型噴油嘴如何作用？
13. 寫出正時裝置的功用。
14. 寫出調速器的功用。
15. 何謂全速調速器？

Chapter 15 電子控制柴油噴射系統

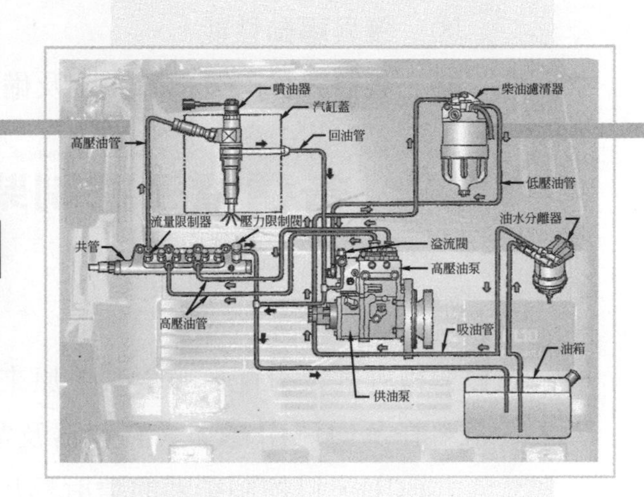

15.1 概述

1. 電子控制應用在汽車上已經非常普遍，其中電子控制汽油噴射系統，具有低污染、低油耗、高扭矩、高輸出、低溫起動性佳及加速性佳等優點。
2. 而電子控制柴油噴射系統，從1980年起，已逐漸被各製造廠所採用，其優點為
   (1) 低油耗。
   (2) 低污染，現代採用最新型電子控制柴油噴射系統引擎之粒狀污染物、氮氧化物(NOx)均大幅降低，且CO_2也顯著減少。
   (3) 高扭矩。
   (4) 高輸出。
   (5) 低噪音。

(6) 低溫起動性佳。

(7) 加速反應靈敏。

(8) 優異驅動性能。

(9) 具自我診斷、故障安全及備用等功能。

15.2 各種電子控制柴油噴射系統

15.2.1 概述

1. 線列式及分配式噴射泵，原來使用的機械式調速器及機械式正時器，許多均已由電子式調速器及電子式正時器取代，各感知器信號送給ECU，以控制柴油的噴射量及噴射正時；而可變預行程噴射泵也已改為電子控制式，另共管式柴油噴射系統更已普遍用在各型柴油引擎上。
2. 電子控制柴油噴射系統的種類

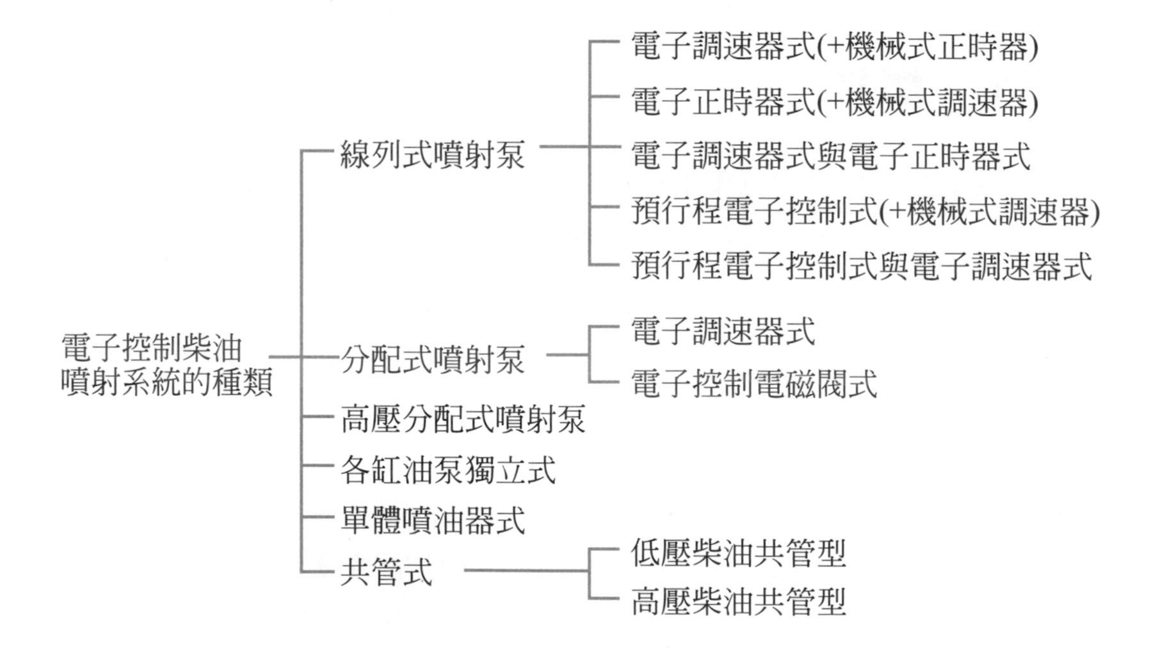

3. 線列式噴射泵採用電子控制的種類，如圖 15.1 所示。

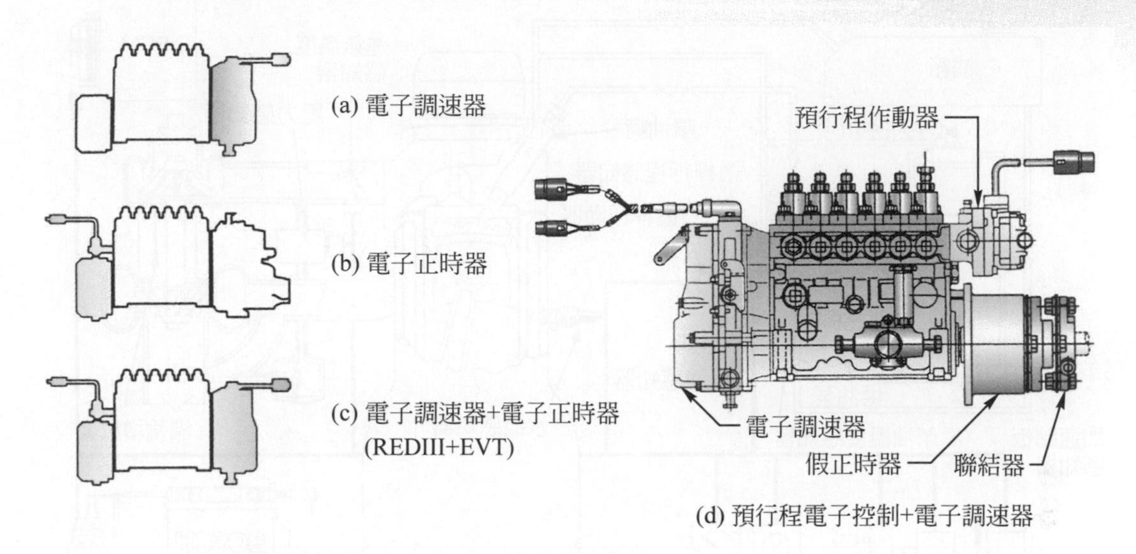

圖 15.1 線列式噴射泵採用電子控制的種類(ジーゼル エンジン構造，全國自動車整備專門學校協會)

15.2.2 線列式噴射泵採用電子調速器式

一、概述

Bosch公司所採用的電子控制PE型線列式噴射泵柴油噴射系統(electronically controlled PE in-line fuel injection pumps system)，即線列式噴射泵採用電子調速器式，是在傳統式的線列式噴射系統加裝各種感知器及齒桿作動器，不再使用機械式調速器，使噴射泵的柴油噴射量控制更精確。

二、構造及作用

1. 電子控制PE型線列式噴射泵柴油噴射系統的組成，如圖 15.2 所示。
2. 各零組件說明
   (1) 齒桿行程感知器：用以送出噴射泵齒桿所在位置之信號。
   (2) 泵速感知器：爲磁電式感知器，用以送出噴射泵凸輪軸的轉速信號。
   (3) 溫度感知器：分別送出引擎冷卻水溫度、進氣溫度及柴油溫度等信號給 ECM。

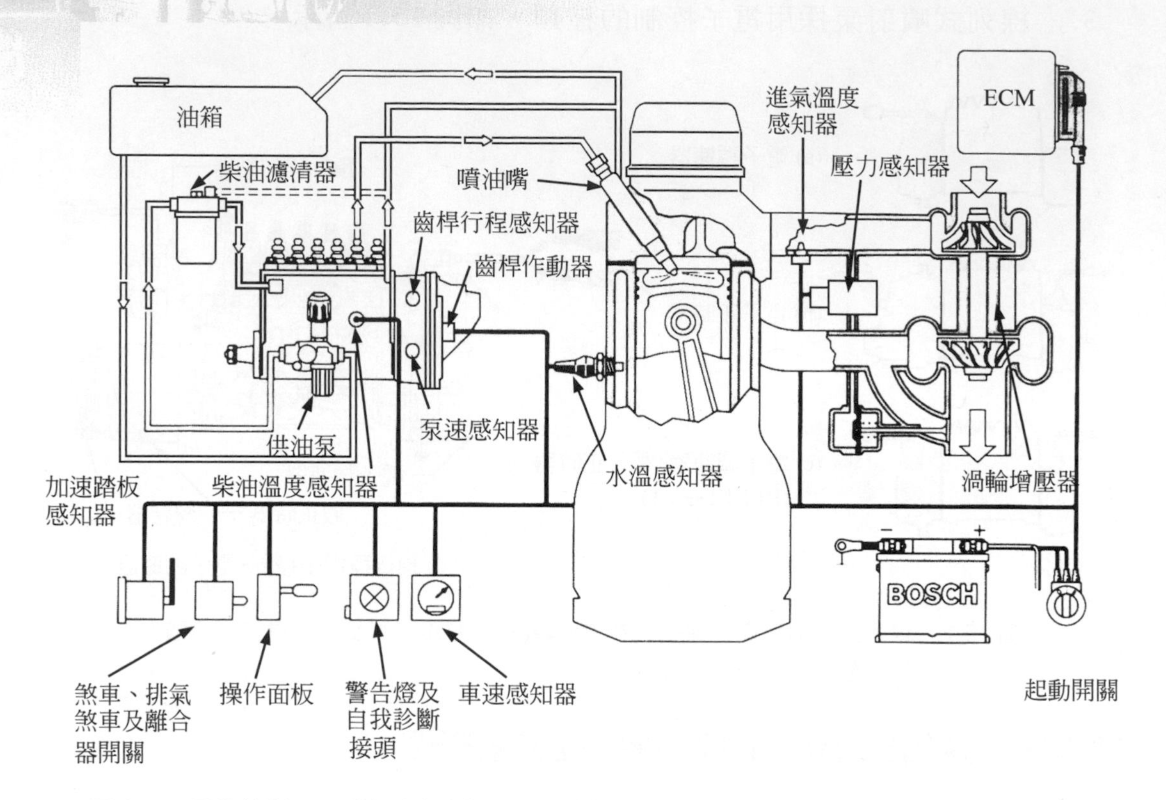

圖 15.2　電子控制 PE 型線列式噴射泵柴油噴射系統的組成(Technical Instruction, BOSCH)

⑷　壓力感知器：為壓電式感知器，用以感知渦輪增壓器的增壓氣體壓力。

⑸　加速踏板感知器：利用電位計取代機械式加油踏板連桿，將加速踏板的位置信號送給 ECM。

⑹　操作面板：駕駛及技術員可鍵入或取消車速值及中間值，並可做怠速的微小變動。

⑺　煞車、排氣煞車、離合器開關：每一次煞車、排氣煞車或離合器作用時，開關將信號傳送給 ECM。

⑻　ECM(engine control module)：ECM 接收從各感知器及期望值產生器來之信號，負荷及轉速信號為其基本的參數，再配合其他的輔助信號，以控制齒桿作動器的作用。

⑼　齒桿作動器：利用電磁線圈使作動器產生線性移動，與作動器連接的齒桿也隨之移動，以控制柴油噴射量，如圖 15.3 所示。當引擎熄

火時，回位彈簧將齒桿推至切斷燃油位置；引擎發動後，ECM控制電磁線圈的電流量越大時，作動器越向左移，齒桿也越向左移動，使柴油噴射量增加，即柴油噴射量的多少，與電磁線圈的電流量成正比。

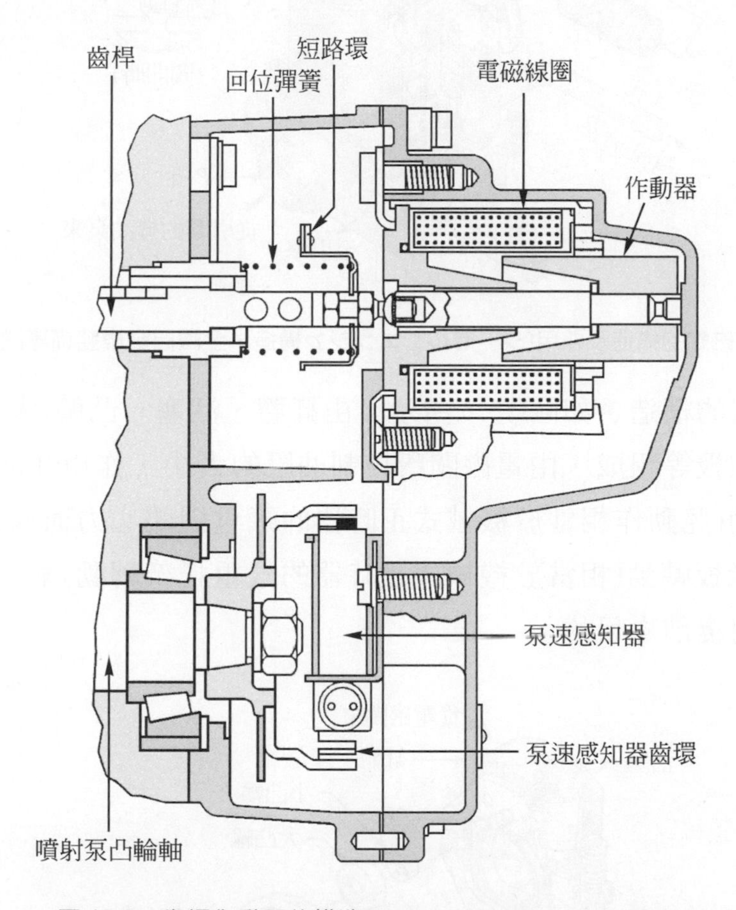

圖 15.3　齒桿作動器的構造(Technical Instruction, BOSCH)

15.2.3 線列式噴射泵採用電子正時器式

1. 線列式噴射泵採用電子正時器式，是利用 ECM 控制電磁閥的作用，改變引擎機油泵送入正時器油壓的大小，而達到噴射提前或延後之目的。
2. 電磁閥的構造及作用，如圖 15.4 所示。採用二個電磁閥，引擎機油從 *P* 孔流入，從 *A* 孔流出供應給正時器，部分機油從 *R* 孔回油至引擎，回油量是由 ECM 所控制。

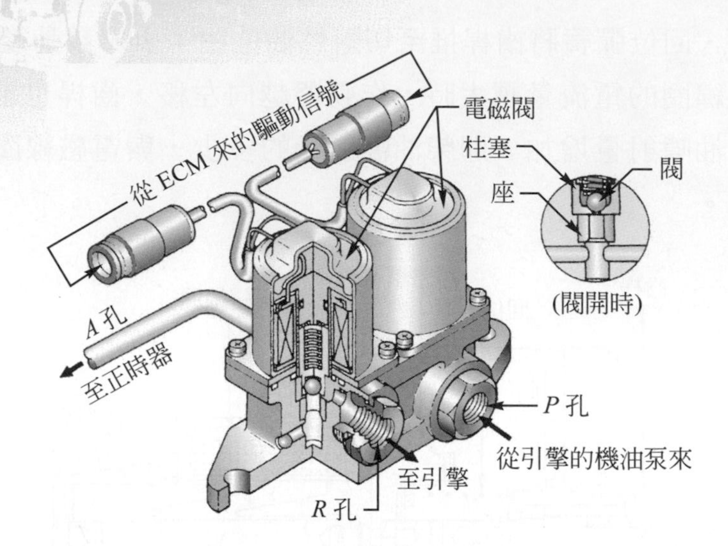

圖 15.4 電磁閥的構造及作用(ジーゼル エンジン構造，全國自動車整備專門學校協會)

3. 正時器的構造，如圖 15.5 所示，由缸體、活塞、凸輪(大、小)、凸緣板、碟板等組成。由電磁閥所控制油壓的大小，作用在活塞上，使承板移動(此動作相當於機械式正時器的飛重因離心力而向外飛開)，故使凸緣板轉動(相當於機械式正時器的飛重托架轉動)某一角度，而達到噴射提前之目的。

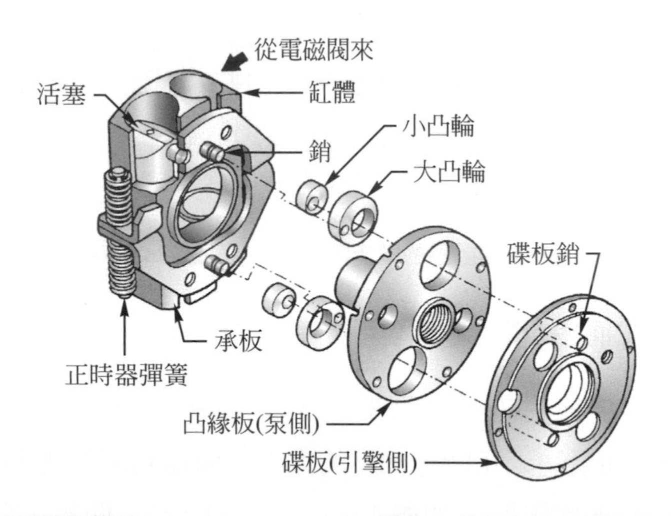

圖 15.5 正時器的構造(ジーゼル エンジン構造，全國自動車整備專門學校協會)

15.2.4 線列式噴射泵採用預行程電子控制式與電子調速器式

一、概述

1. 此系統是由各種感知器及開關、ECM與作動器所組成，如圖15.6所示。

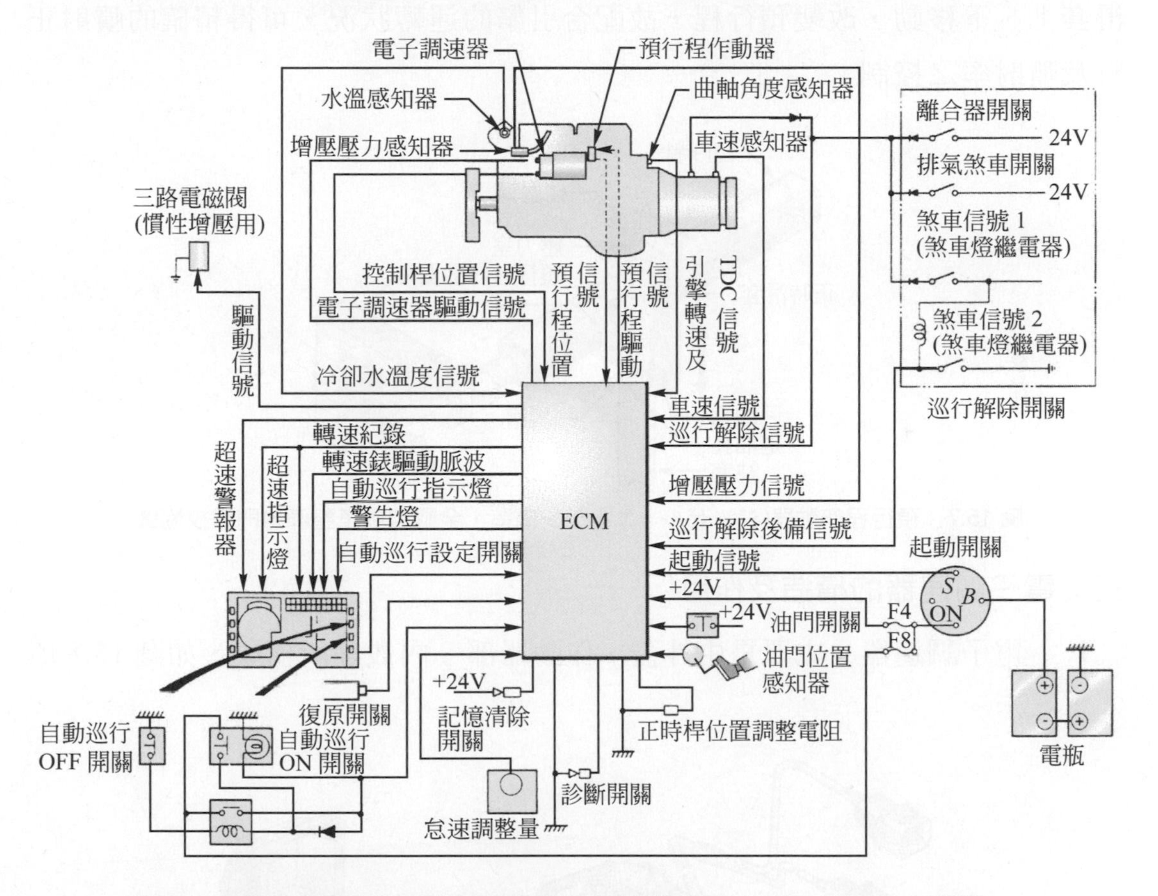

圖 15.6 預行程電子控制式與電子調速器式的組成(ジーゼル エンジン構造，全國自動車整備專門學校協會)

2. 各感知器及開關檢測引擎運轉狀態的信號送給ECM，然後由作動器的作用，以控制柴油噴射量、噴射正時及噴射率。

3. 引擎在低、中轉速域時，控制作用使預行程變大，因此噴射正時延遲；此時，噴射率變大，可得高壓噴射，而改善噴霧狀態。引擎在高轉速域時，控制作用使預行程變小，因此噴射正時提前；此時，噴射率變小，以得到適當的最大噴射壓力。

4. 噴射泵不必使用控制噴射正時的正時器。

二、預行程作動器的作用

預行程作動器，如圖 15.7 所示。各感知器送給 ECM 的信號經比較計算處理後，送出驅動信號給作動器，鐵芯產生磁力，使正時桿轉動，帶動正時滑套上、下移動，改變預行程，故配合引擎的運轉狀況，可得精確的噴射正時及噴射率之控制。

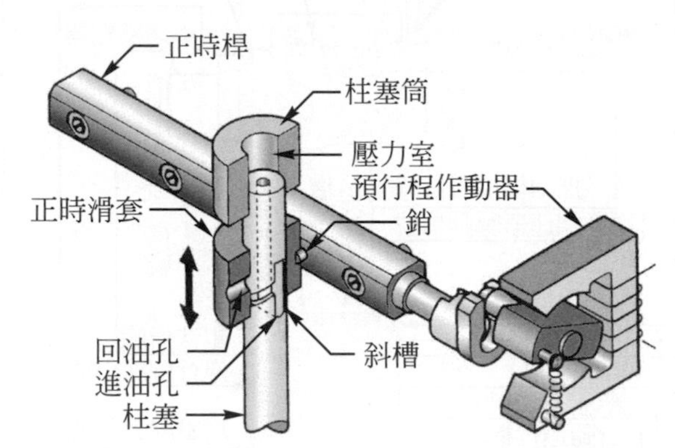

圖 15.7　預行程作動器(ジーゼル　エンジン構造，全國自動車整備專門學校協會)

三、電子調速器的構造及作用

1. 電子調速器，主要是由外蓋、作動器部、內殼等所構成，如圖 15.8 所示。

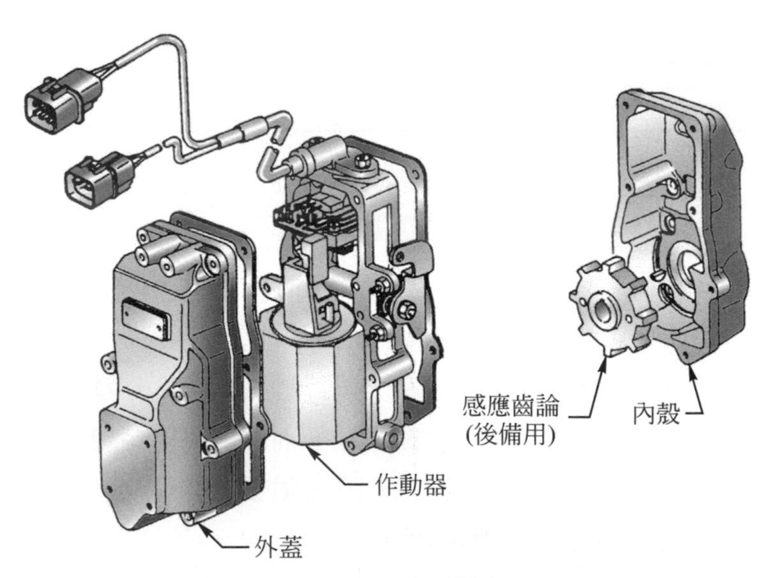

圖 15.8　電子調速器的構造(ジーゼル　エンジン構造，全國自動車整備專門學校協會)

2. 作動器的構造，如圖 15.9 所示，是由ECM來的信號而作動的線性DC馬達，使控制桿移動的線圈總成與連桿，及偵測控制桿位置的控制桿位置感知器等所組成。引擎緊急熄火桿經拉索由駕駛控制，當系統故障時，操作拉索，可將控制桿拉回停止噴油的位置，強制使引擎熄火。

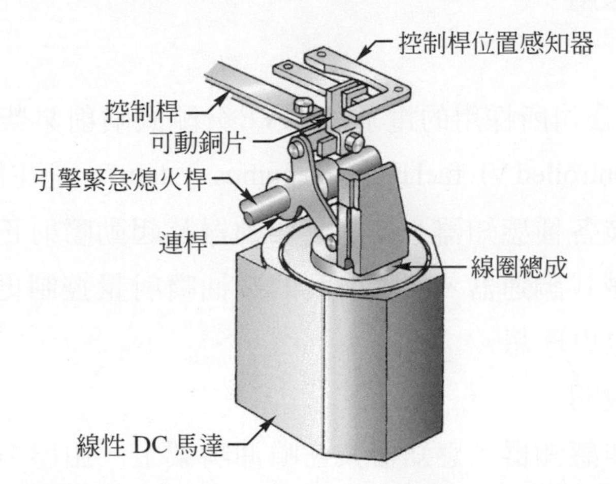

圖 15.9　電子調速器作動器的構造(ジーゼル　エンジン構造，全國自動車整備專門學校協會)

3. 線性 DC 馬達接收 ECM 的輸出信號，使線圈總成上、下移動，經連桿，使控制桿左、右移動。當控制桿位置感知器偵測出實際的控制桿位置，將回饋信號送給ECM，若與目標控制桿位置一致時，則可得適當的噴油量，如圖 15.10 所示，為控制桿位置感知器的安裝位置，亦

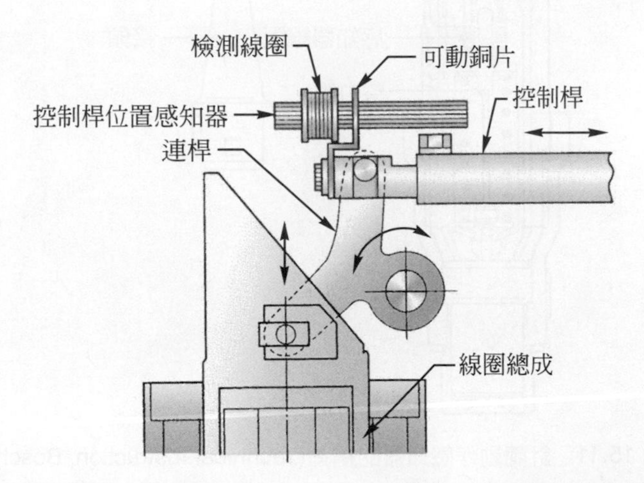

圖 15.10　控制桿位置感知器(ジーゼル　エンジン構造，全國自動車整備專門學校協會)

即實際與目標控制桿位置一致時，線圈總成不動，控制桿在一定的位置，故可得正確的噴油量。

15.2.5 分配式噴射泵採用電子調速器式

一、Bosch 公司採用

1. 概述

Bosch 公司所採用的電子控制 VE 分配式噴射泵柴油噴射系統(electronically controlled VE fuel injection pumps system)，是在傳統式的 VE 噴射泵系統加裝各種感知器、控制套作動器及起動噴射正時控制電磁閥，省略了機械式調速器，使噴射泵的柴油噴射量控制更精確，且噴射正時的控制也更理想。

2. 各零組件說明

(1) 針閥動作感知器：感知器裝在噴油嘴架上，由壓力銷的傳導，以感知針閥的動作，來偵測噴射開始，如圖 15.11 所示。

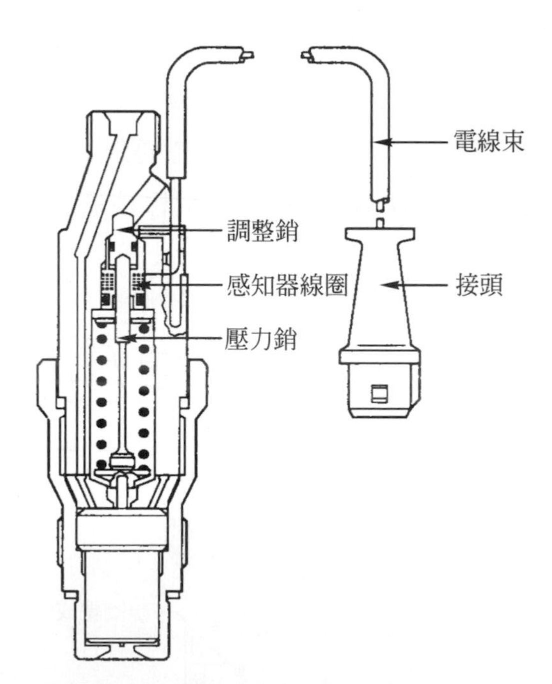

圖 15.11　針閥動作感知器的構造(Technical Instruction, Bosch)

(2) 控制套作動器：電磁旋轉式作動器利用一支軸與控制套連接，如圖15.12所示，改變控制套的位置，使柱塞斷閉槽關閉或打開，以改變噴油量。噴油量可在0與最大噴油量間無限變化，當ECM無電壓送給電磁線圈時，作動器的回位彈簧使軸回至定位，故噴油量爲0。

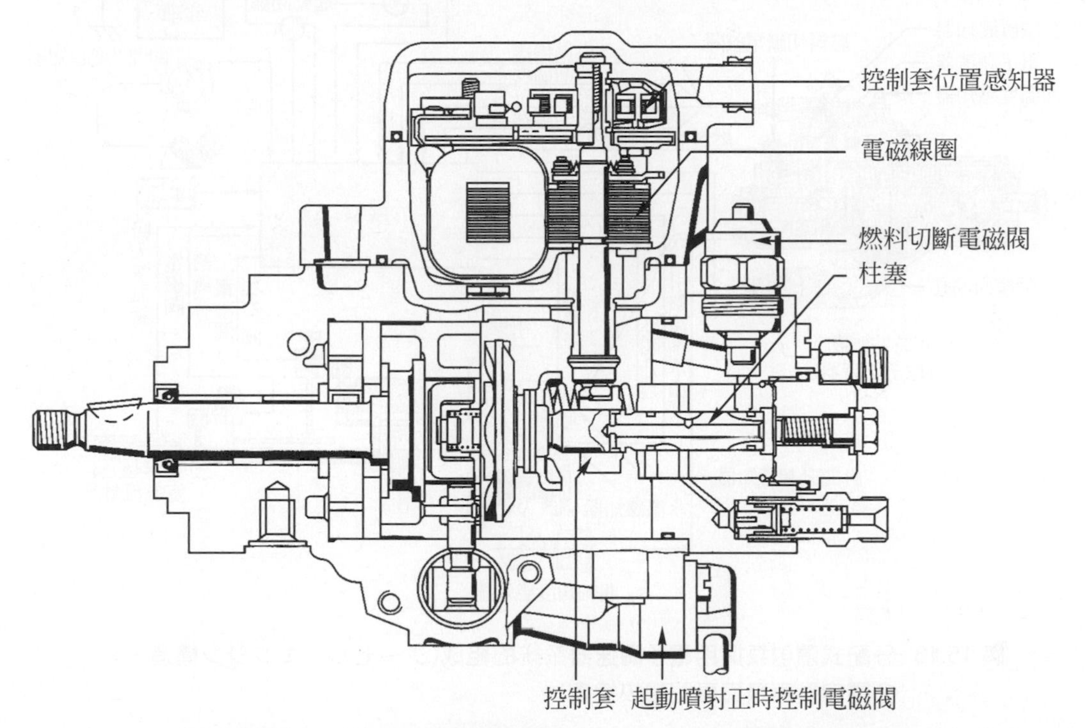

圖 15.12　控制套作動器的構造(Technical Instruction, Bosch)

(3) 起動噴射正時控制電磁閥：作用在噴射正時活塞側的油壓是由電磁閥調節，如圖 15.12 所示，當電磁閥全開時，油壓降低，起動噴射正時延遲；當電磁閥全閉時，油壓升高，起動噴射正時提前；其他時候電磁閥的ON/OFF比，由ECM依當時的信號做無限之變化。

二、其他公司採用

1. 系統的組成

(1) 以吸入空氣量爲主要信號來控制正確的柴油噴射量，設置有與汽油引擎相同的空氣流量計，如圖 15.13 所示。若未設有空氣流量計，則以加油踏板踩踏量來計算吸入空氣量。

(2) 另有採用正時控制閥(timing control valve)來準確控制柴油的噴射正時，部分引擎也有在噴油嘴處設置針閥升起感知器(needle lift sensor)。

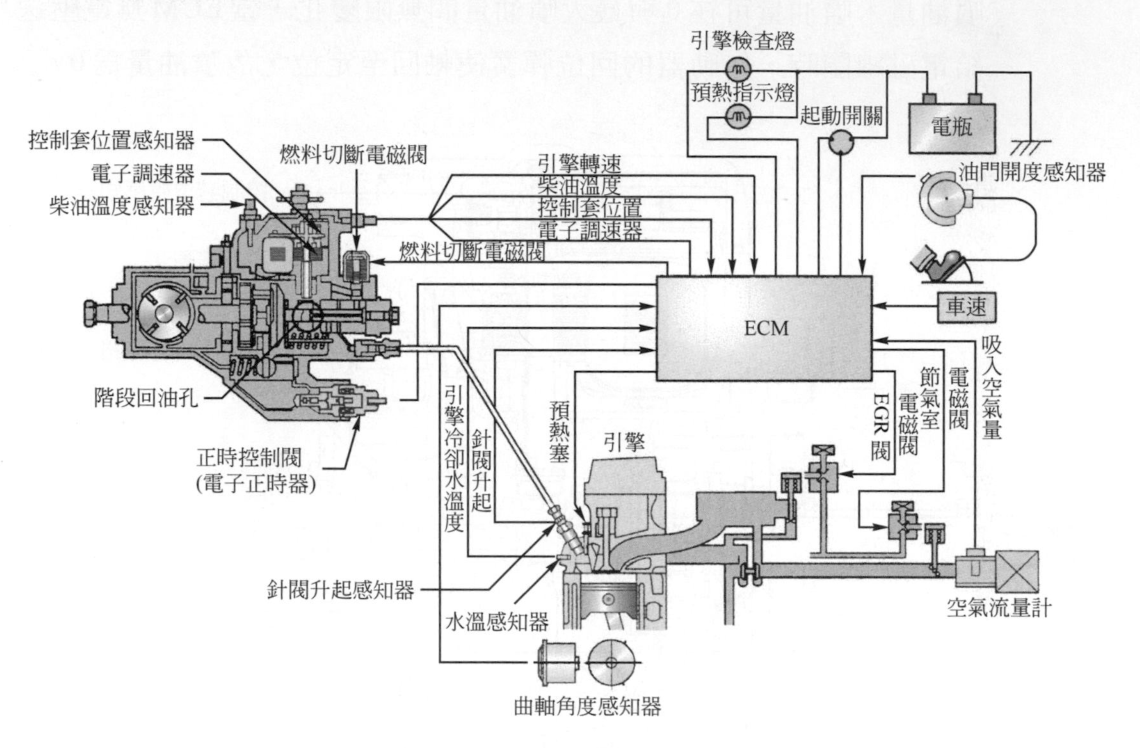

圖 15.13 分配式噴射泵採用電子調速器系統的組成(ジーゼル エンジン構造，全國自動車整備專門學校協會)

2. 電子調速器的構造及作用

(1) 電子調速器的構造，如圖 15.14 所示。依ECM的控制信號，大小不同的電流流入線圈，在鐵芯產生磁力，使轉子迴轉。由於軸的下端，其球頭是偏心安裝，因此當轉子旋轉時，控制套(control sleeve)隨之左右移動，即可進行增減柴油噴射量的控制。

(2) 轉子的迴轉作用，如圖 15.15 所示。依ECM信號，控制流入線圈的電流量，在鐵芯產生磁力，依回拉彈簧的張力，以決定轉子的旋轉幅度；當電流量大時，轉子的旋轉角度大，使控制套朝噴油量增加的方向移動。

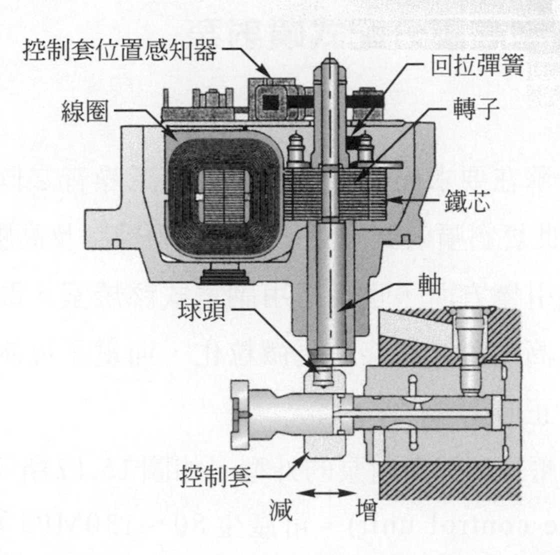

圖 15.14　電子調速器的構造(ジーゼル　エンジン構造，全國自動車整備專門學校協會)

⑶　控制套位置感知器裝在電子調速器的上方，其構造如圖 15.16 所示。用來偵測轉子的旋轉角度，即控制套的移動位置，將信號送給ECM，以控制正確的柴油噴射量。

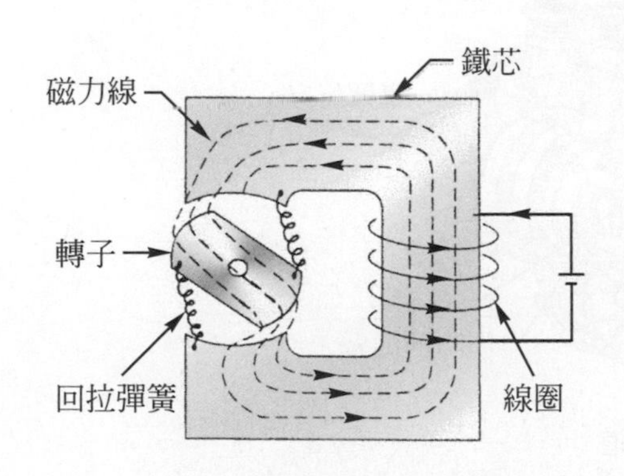

圖 15.15　轉子的迴轉作用
(ジーゼル　エンジン構造，
全國自動車整備專門學校協會)

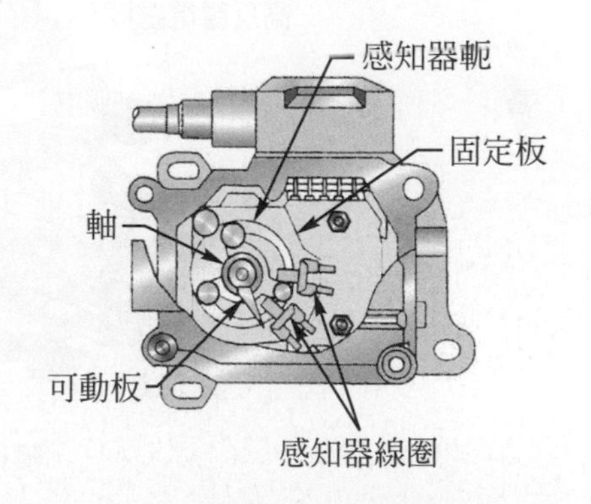

圖 15.16　控制套位置感知器的構造
(ジーゼル　エンジン構造，
全國自動車整備專門學校協會)

15.2.6 電子控制高壓分配式噴射泵

一、概述

1. 現代柴油引擎在要求高輸出、低油耗、低噪音之同時，也要求排氣合乎規定，因此燃料噴射裝置必須朝向電子控制及高壓噴射兩方向設計。
2. 在小型柴油引擎方面，也從採用副室式燃燒室，改變爲採用直接噴射式燃燒室，高壓噴射使柴油更微粒化，而電子控制則可得最適當的噴油量及噴射正時。
3. 電子控制高壓分配式噴射泵的外型，如圖 15.17 所示。是由各感知器，ECU(engine control unit)，可產生 80～130MPa 高壓的內凸輪(inner cam)機構，具高效率電磁線圈的高反應電磁閥及其電子驅動單元(electronic driving unit)，噴油量及噴射正時精密補正的補正ROM等所組成，如圖 15.18 所示。

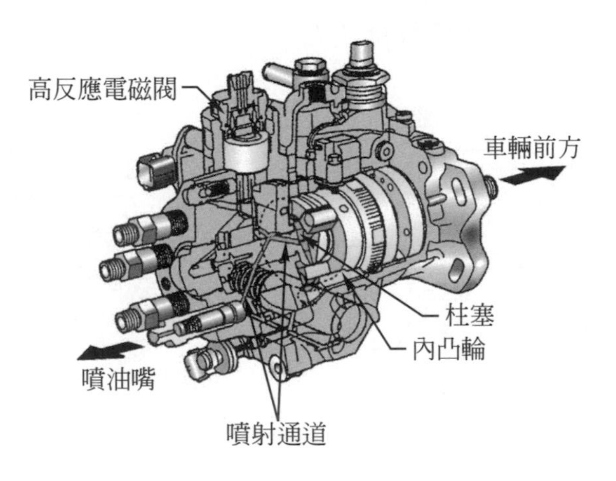

圖 15.17 電子控制高壓分配式噴射泵的外型(ジーゼル　エンジン構造，全國自動車整備專門學校協會)

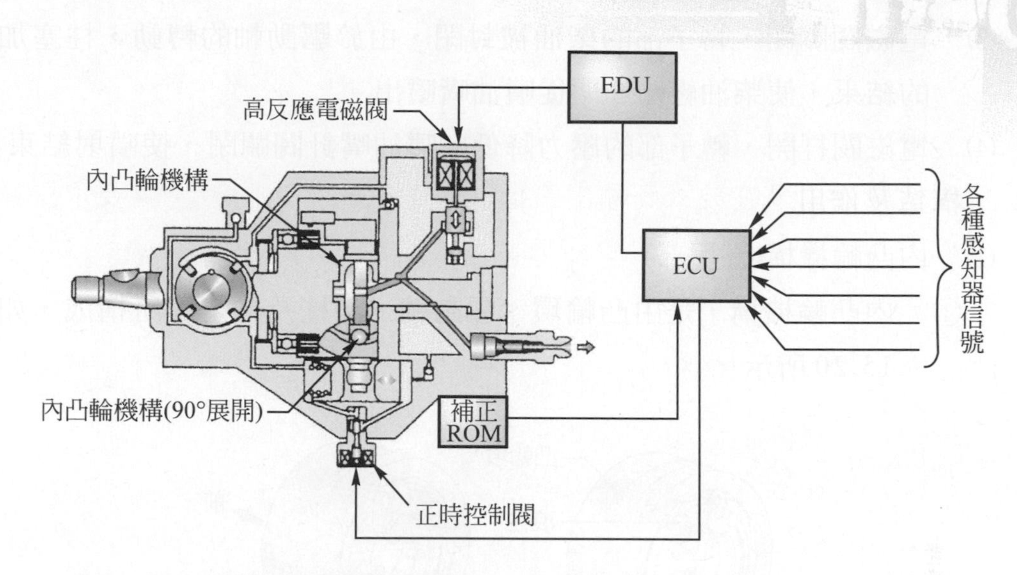

圖 15.18 電子控制高壓分配式噴射泵的組成(ジーゼル エンジン構造，全國自動車整備専門學校協會)

二、高壓分配式噴射泵的構造及作用

1. 基本作用狀況，如圖 15.19 所示。

   ⑴ 供油泵將柴油從油箱吸出送入泵殼內，壓力保持在 1.5～2.0MPa。

   ⑵ 電磁閥打開，柴油進入燃料壓送部(轉子部)。

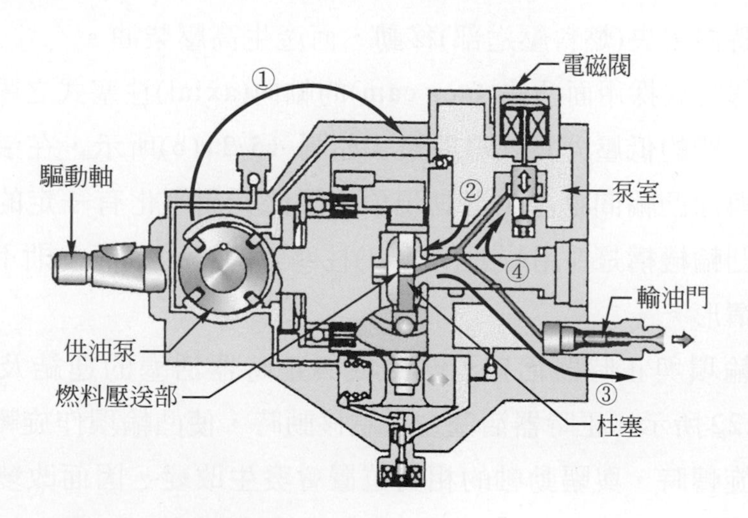

圖 15.19 高壓分配式噴射泵的基本作用(ジーゼル エンジン構造，全國自動車整備専門學校協會)

⑶ 電磁閥關閉，轉子部的柴油被封閉，由於驅動軸的轉動，柱塞加壓的結果，使柴油經輸油門從噴油嘴噴出。

⑷ 電磁閥打開，轉子部的壓力降低，噴油嘴針閥關閉，使噴射結束。

2. 構造及作用

⑴ 內凸輪機構(高壓部)

① 內凸輪機構，是由凸輪環、驅動軸、滾柱及柱塞等所構成，如圖15.20所示。

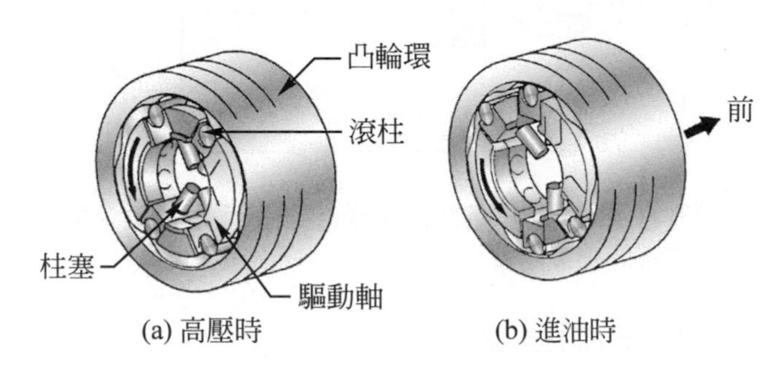

圖 15.20　內凸輪機構(ジーゼル　エンジン構造，全國自動車整備專門學校協會)

② 驅動軸在凸輪環內轉動，驅動軸上安裝四個滾柱及四個柱塞，滾柱與凸輪環的凸起部接觸，因此在驅動軸旋轉時，四個柱塞會同時向中央(燃料壓送部)移動，而產生高壓柴油。

③ 傳統式採用面凸輪(face cam)的軸向(axial)柱塞式之壓送機構，如一般的低壓分配式噴射泵，如圖 15.21(b)所示，在滾輪旋轉時，與面凸輪間會產生滑動現象，因此其高壓化有一定的界限；而內凸輪機構是採用輻射(radial)柱塞式的壓送機構，則不會產生滑動情形。

⑵ 凸輪環與正時器活塞：凸輪環與正時器活塞的連結及動作，如圖15.22所示。正時器活塞左、右移動時，使凸輪環作旋轉動作；凸輪環旋轉時，與驅動軸的相對位置會發生改變，因而改變柱塞壓送開始的位置，也就是改變柴油的噴射正時。

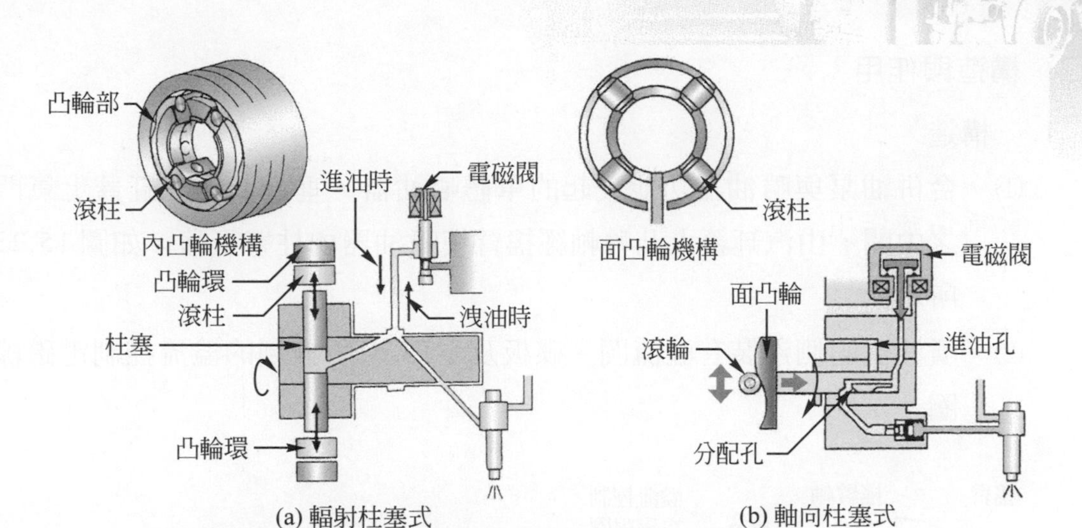

圖 15.21 輻射與軸向柱塞式壓送機構的比較(ジーゼル エンジン構造，全國自動車整備專門學校協會)

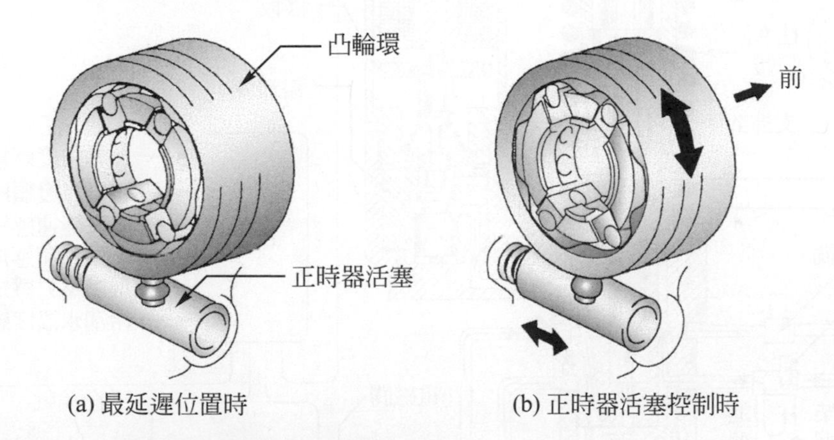

圖 15.22 凸輪環與正時器活塞的連結及動作(ジーゼル エンジン構造，全國自動車整備專門學校協會)

15.2.7 電子控制單體噴油器式

一、概述

電子控制油泵與噴油器整體式柴油噴射系統(electronically controlled unit combined pump/injector diesel injection system)，即電子控制單體噴油器式柴油噴射系統，其噴油器的基本構造與單式噴射系統噴射器很相似，是由引擎凸輪軸經搖臂直接驅動單體噴油器內的柱塞。

二、構造與作用

1. 構造

⑴ 合併油泵與噴油器功能一起的單體噴油器，垂直裝在汽缸蓋上氣門之中間，由汽缸蓋上凸輪軸經搖臂使噴油器內柱塞下移，如圖 15.23 所示。

⑵ 噴油器的側邊裝有溢流閥、碟板及由ECM所控制的溢流控制電磁線圈。

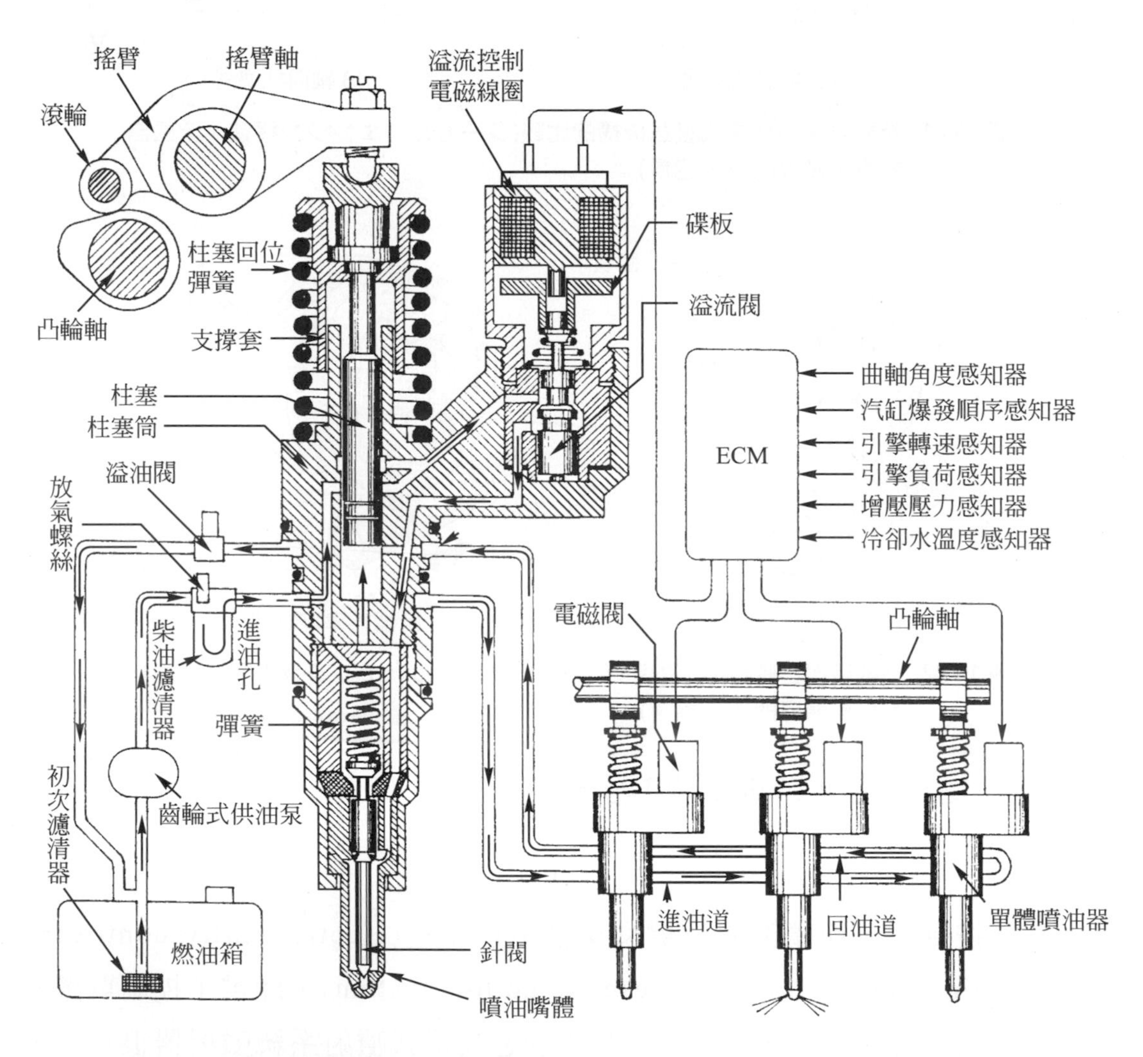

圖 15.23 電子控制單體噴油器式柴油噴射系統(VEHICLE AND ENGINE TECHNOLOGY, Heinz Heisler)

(3) 汽缸蓋上凸輪軸，每缸有三個凸輪，中間凸輪驅動柱塞，左右側凸輪分別驅動進排氣門。

(4) 單體式的特點是柱塞下方的壓力室與噴油嘴間的油道非常短，可允許高達 2000bar 的噴射壓力，且噴射結束非常迅速，因此噴油嘴的滴油現象幾乎不會發生。

(5) 引擎控制模組

① 電腦接收曲軸角度位置、汽缸爆發順序、引擎轉速、加速踏板位置、增壓壓力、進氣溫度及水溫等信號，經比較處理後，依爆發順序，將電壓脈衝信號送給各缸噴油器上的溢流控制電磁線圈。

② 電腦在適當的時間使溢流控制電磁線圈作用，以控制噴射正時；及依引擎轉速及負荷等以控制持續噴射時間；尤其在怠速時，控制各缸相同的噴油量，以維持怠轉穩定性。

2. 作用

(1) 進油作用：凸輪軸凸輪轉過最高點時，柱塞因回位彈簧之張力向上升，此時溢流閥打開，如圖 15.23 所示。齒輪式供油泵將柴油先壓入汽缸蓋內位置較低的進油道，經內部油道，進入柱塞下方的壓力室，進油作用繼續進行，直至柱塞達上死點時，排油孔打開，柴油從較高的油道流回油箱，此種柴油之循環，可防止產生氣阻(air-lock)及幫助冷卻噴油器總成。

(2) 溢流作用：柱塞從上死點下行時，溢流閥持續打開，柴油從壓力室經打開之溢流閥，被壓回較低的進油道。柱塞下行時，只要溢流閥打開，則溢流作用持續進行。

(3) 噴射作用

① 在柱塞下行時，電腦送電給溢流控制電磁線圈，電磁吸力吸引碟板，溢流閥關閉，此一瞬間，壓力室的柴油只能與噴油嘴相通，由於柱塞繼續下行，故產生之高壓克服噴油嘴彈簧張力，針閥上提，露出噴孔，柴油噴入燃燒室。

② 噴射作用會繼續進行，直至電腦停止送電給該汽缸噴油器之溢流控制電磁線圈，溢流閥再度打開時噴射停止。故溢流閥越早關閉，噴射越提前；溢流閥越晚關閉，噴射越延後。另柱塞每一下行行程時，溢流閥越早關閉，且越晚打開時，則噴油量越多。這些功能，均可由電腦精確控制溢流控制電磁線圈而達成。

(4) 壓力降低作用：當正確的油量噴射後，電腦切斷溢流控制電磁線圈的通電，溢流閥打開，瞬間壓力室與噴油嘴間之高壓立刻降低，噴油嘴針閥迅速關閉。

15.2.8 電子控制共管式(低壓柴油共管型)

一、概述

1. 由日本五十鈴(Isuzu)汽車公司所製造，爲小型車首次採用共管式柴油噴射系統，係3,000c.c.直接噴射式DOHC每缸四氣門柴油引擎。
2. 此型的共管有兩條，一爲高壓機油之共管，一爲低壓柴油之共管，與高壓柴油共管型之共管式的構造與作用均不相同。
3. 在最大燃油噴射量時，由於渦輪增壓進氣的空氣量過度供給，故可減少黑煙排放。

二、構造及作用

1. 本系統主要是由高壓機油泵、機油共管、柴油供油泵、柴油共管、噴油器、電腦及十二個感知器所組成，如圖15.24所示。
2. 高壓機油泵由曲軸齒輪驅動，壓縮部由七個活塞及與驅動軸一體的斜板所組成。驅動軸每轉一轉，每個活塞吸、壓油一次，將引擎機油加壓至40～200kg/cm^2，再送至汽缸蓋上凸輪軸室機油共管內。

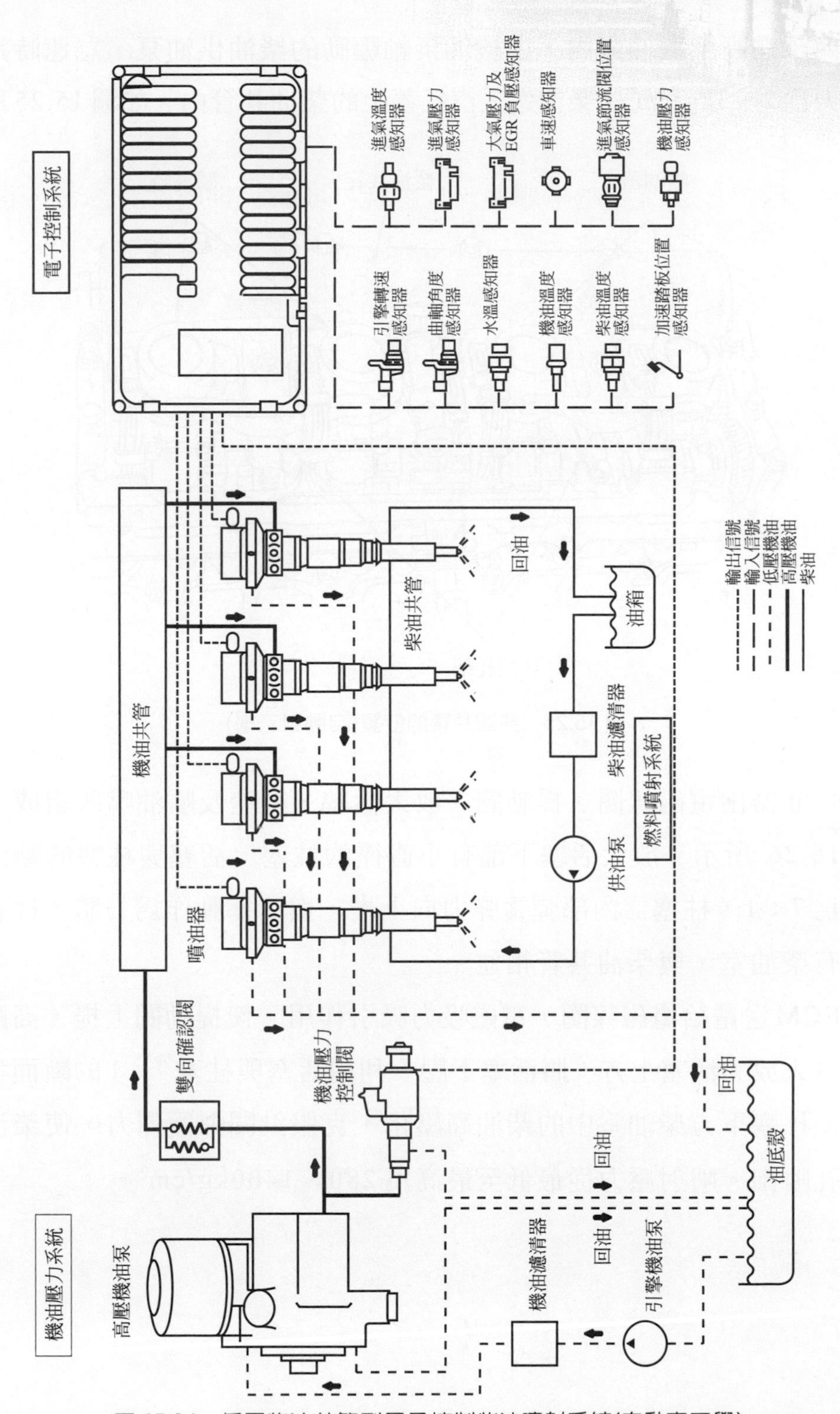

圖 15.24 低壓柴油共管型電子控制柴油噴射系統(自動車工學)

3. 內藏在高壓機油泵內，由機油泵軸驅動的柴油供油泵，怠速時送油壓力爲 2～3kg/cm²，柴油送入汽缸蓋上的柴油共管內，如圖 15.25 所示。

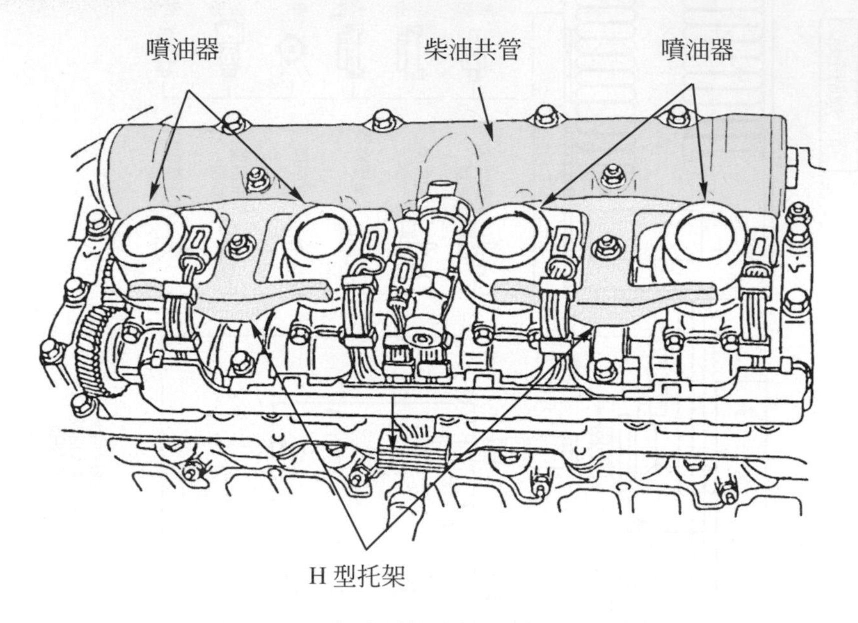

圖 15.25　柴油共管的位置(自動車工學)

4. 噴油器由電磁線圈、提動閥、放大活塞、柱塞及噴油嘴所組成，如圖 15.26 所示。放大活塞下部有小直徑的柱塞，活塞與柱塞的斷面積比爲 7：1，柱塞靠內部彈簧彈力向上推，與活塞動作爲一體，柱塞下方有柴油室，與柴油共管相通。
5. ECM送電給電磁線圈，電磁吸力吸引作用，使提動閥上提，高壓機油進入放大活塞上方，將活塞下壓，利用活塞與柱塞 7：1 的斷面積比，使柱塞下方柴油室中的柴油高壓化，克服針閥彈簧彈力，使柴油從噴孔噴出。噴射壓力從最低至最高爲 280～1400kg/cm²。

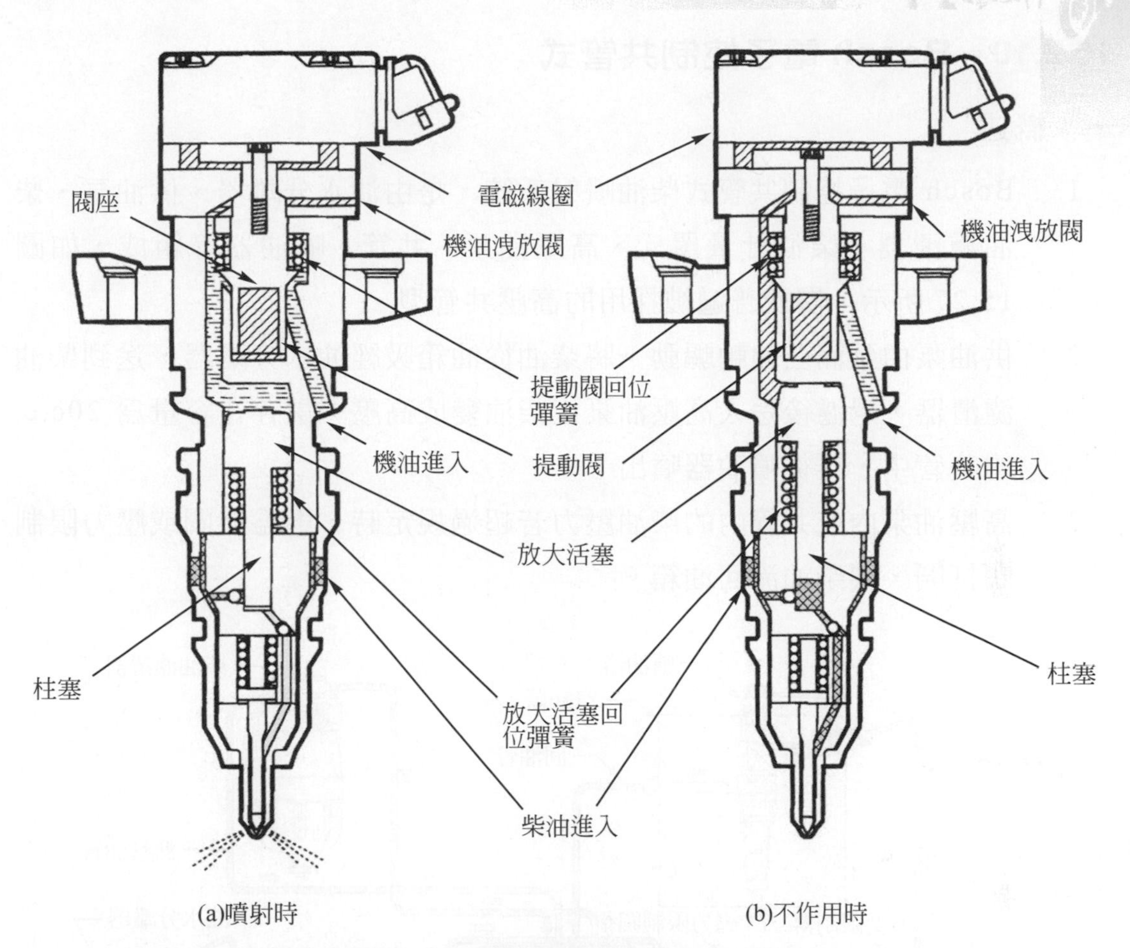

圖 15.26 噴油器的構造及作用(Medium/Heavy Duty Track Engines，Fuel & Computerized management Systems，Bennett)

15.2.9 電子控制共管式(高壓柴油共管型)

1. 電子控制共管式柴油噴射系統(electronically controlled unit injector rail diesel injection system)，有一共軌(common rail)，又稱共同油道，與汽油噴射系統各噴油器上方之輸油管(fuel rail)非常相似，只是共管內油壓可高達1350bar(1376.5kg/cm^2)，爲高壓共管式，而汽油輸油管內油壓僅約爲2.5～3.5kg/cm^2。
2. 共管式配合電腦控制，可精確控制噴射正時、噴油量及噴射率等，由於各缸間的噴射誤差幾乎是零，因此從低速到最高轉速的引擎各種性能可控制在最佳狀態。

15.2.10 Bosch 電子控制共管式

一、概述

1. Bosch 電子控制共管式柴油噴射系統，是由油水分離器、供油泵、柴油濾清器、柴油計量單元、高壓油泵、共管、噴油器等組成，如圖 15.27 所示，屬於普遍被採用的高壓共管型。
2. 供油泵由泵浦凸輪軸驅動，將柴油從油箱吸經油水分離器，送到柴油濾清器，過濾後送入高壓油泵使柴油變成高壓，儲存在容量爲 20c.c. 的共管中，再從噴油器噴出。
3. 高壓油泵內或共管內的柴油壓力若超過規定時，則溢流閥或壓力限制閥打開，讓柴油流回油箱。

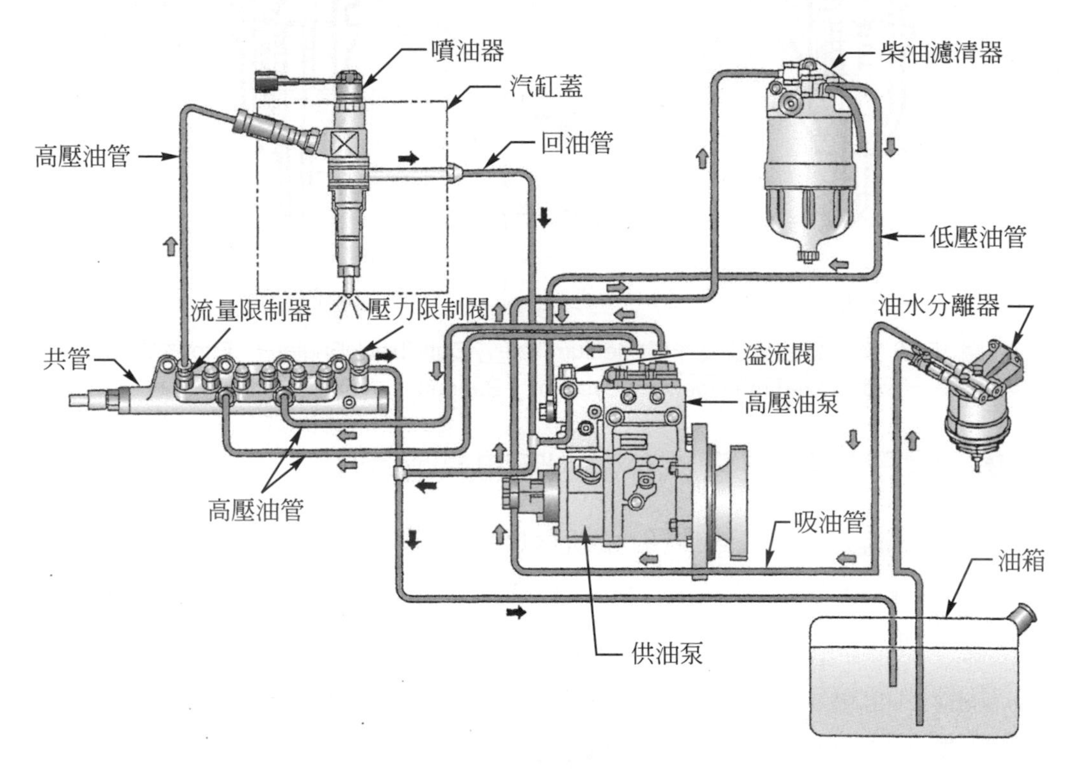

圖 15.27 Bosch 電子控制共管式柴油噴射系統的組成(共軌燃油講義，順益汽車公司)

4. 高壓油管的接頭如果發生洩漏時，流量限制器會關閉，切斷通道，以防止柴油外漏。

5. 電子控制系統的方塊圖，如圖 15.28 所示。

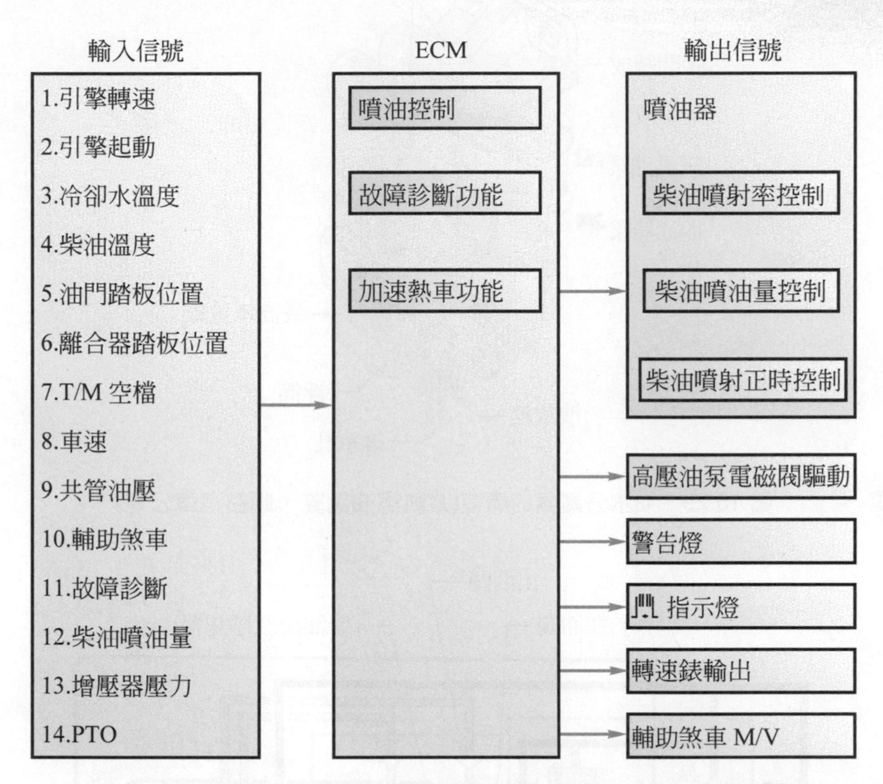

圖 15.28 電子控制系統的方塊圖(共軌燃油講義，順益汽車公司)

二、各零組件的構造及作用

1. 油水分離器

(1) 用來去除柴油中的雜質，同時將柴油中的水份分離。油水分離器的構造，如圖 15.29 所示。

(2) 被分離出來的水份會儲存在油水分離器的下方，當浮筒上升至最高水位線時，就必須將水排出。排水時，打開通氣塞及洩放栓，讓水份從洩放栓的排水孔排出。

2. 柴油計量單元

(1) 柴油計量單元是裝在高壓油泵的旁邊，如圖 15.30 所示。供油泵送出柴油經柴油濾清器進入柴油計量單元調節後，將適當的油量送給高壓油泵的柱塞室。

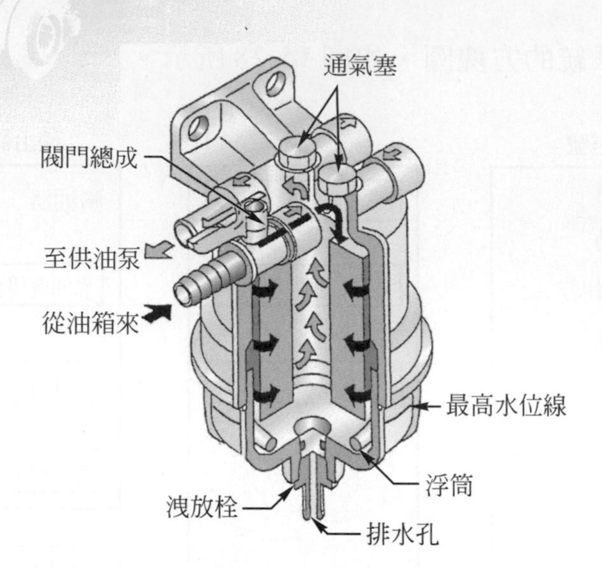

圖 15.29 油水分離器的構造(共軌燃油講義，順益汽車公司)

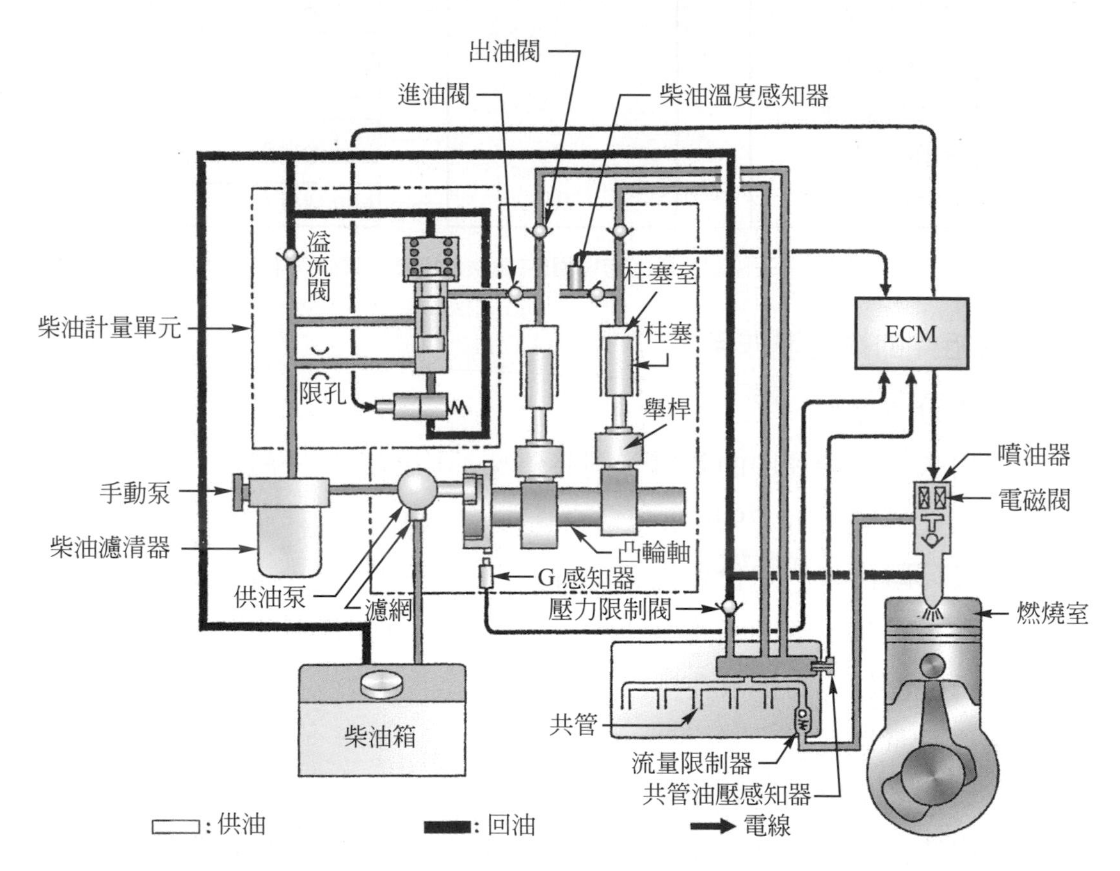

圖 15.30 Bosch 電子控制共管式柴油噴射系統的油路及電路(共軌燃油講義，順益汽車公司)

(2) 柴油計量單元的作用，如圖 15.31 所示。

① 柴油經限孔進入壓力室，將軸閥向上推，閥環關閉油道 A；當軸閥向下時，油道 A 打開，柴油可送往進油閥。

② ECM控制高壓油泵電磁閥作動，在壓力室內的柴油被洩放時，彈簧將軸閥推向下，關閉油道 B。

③ 因此藉由電磁閥的控制，柴油計量單元可將適量的柴油送給柱塞室。

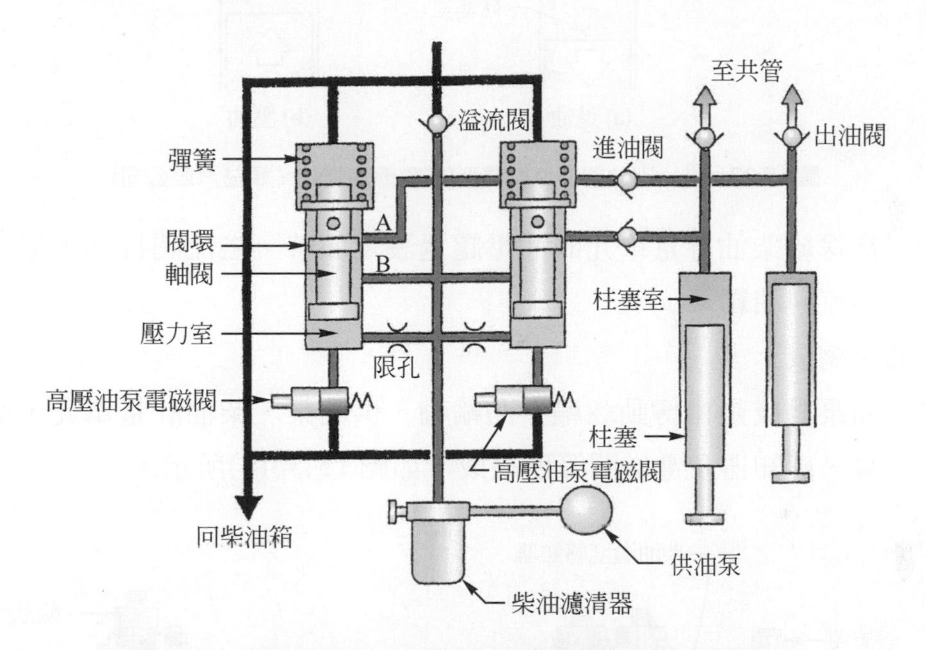

圖 15.31　柴油計量單元的作用(共軌燃油講義，順益汽車公司)

(3) 進、出油閥的作動情形，如圖 15.32 所示。

① 當高壓油泵的柱塞向下移時，進油閥開，柴油進入柱塞室。

② 當高壓油泵的柱塞向上移時，進油閥關，柴油被加壓，高壓柴油推開出油閥，送往共管。

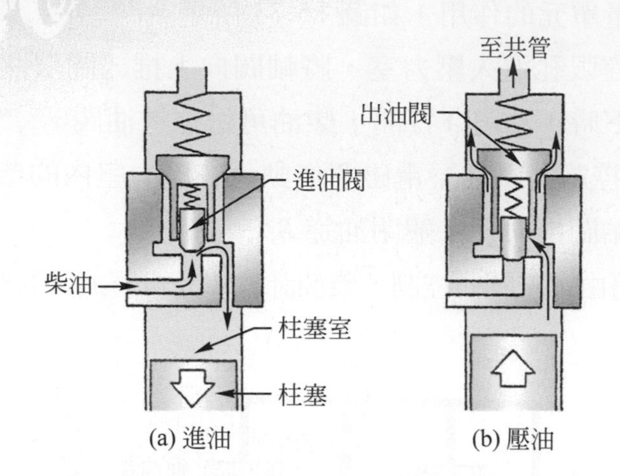

圖 15.32　進、出油閥的作動情形(共軌燃油講義，順益汽車公司)

⑷　當送給柴油計量單元的油壓超過設定值時，溢流閥打開，過多的柴油流回油箱。

3.　油泵總成

⑴　油泵總成是由傳動齒輪、凸輪軸、供油泵、柴油計量單元，高壓油泵、感知器及電磁閥等所組成，如圖 15.33(a)所示。

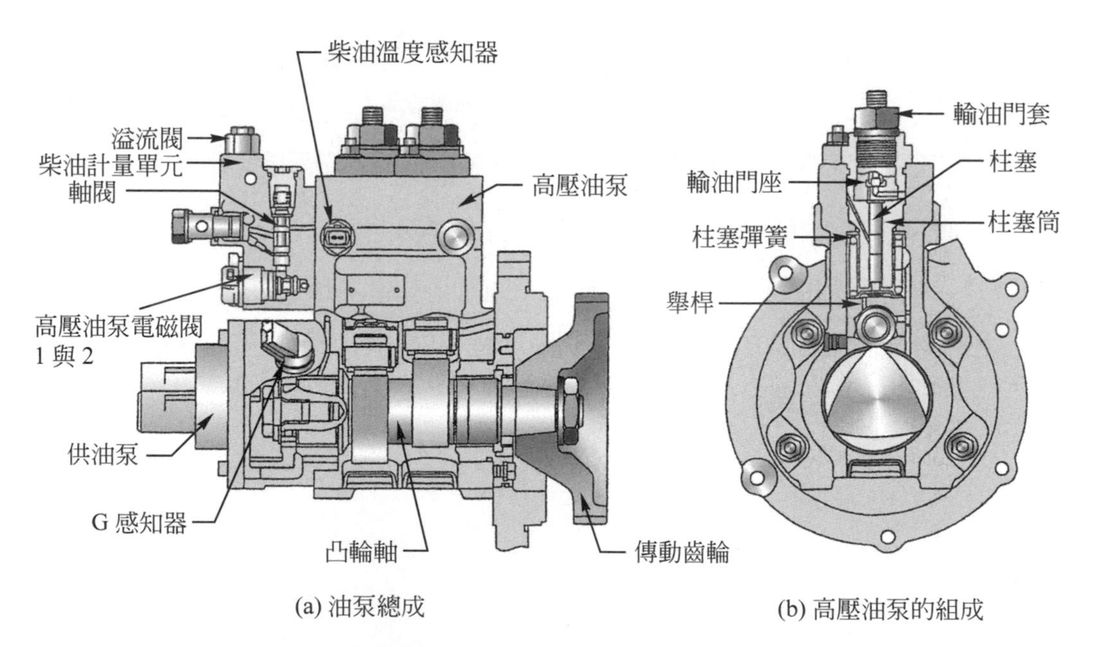

圖 15.33　油泵總成的組成(共軌燃油講義，順益汽車公司)

⑵ 高壓油泵的組成，如圖 15.33(b)所示。凸輪軸的旋轉，經舉桿使柱塞移動產生高壓，通過輸油門組送往共管。

⑶ 柴油溫度感知器偵測高壓油泵內的柴油溫度，信號送給ECM，以控制正確的噴油量及噴射壓力。

⑷ G 感知器偵測凸輪軸的轉速，其信號作爲轉速信號，也作爲汽缸辨識用，ECM 依此信號以決定最適當的噴油量、噴射正時及噴射壓力；若G感知器故障，則由裝在引擎處的引擎轉速感知器之信號取代。

4. 共管總成

⑴ 共管總成將高壓油泵送來的高壓柴油分送至各缸噴油器。共管總成的構造，如圖 15.34 所示。

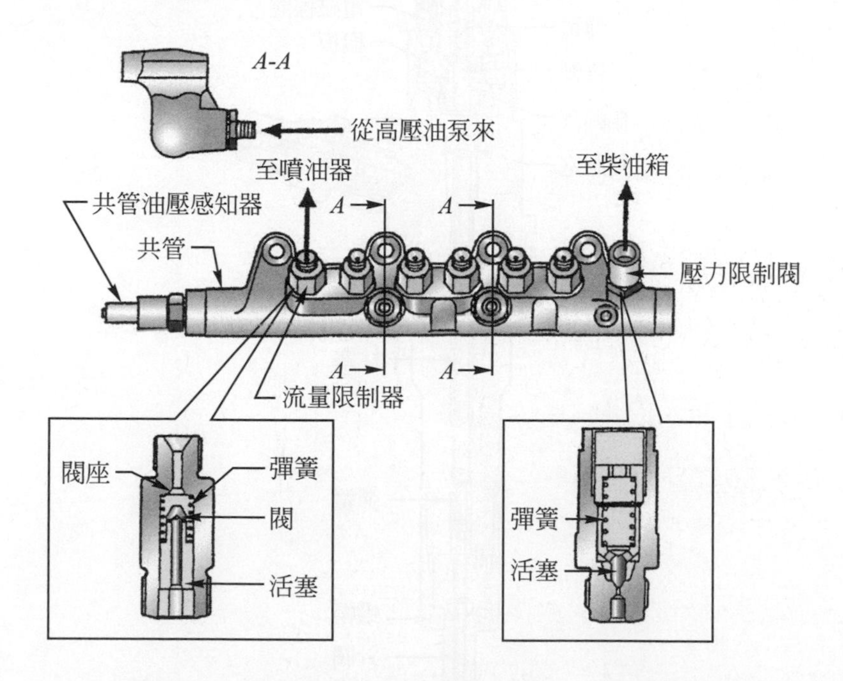

圖 15.34 共管總成的構造(共軌燃油講義，順益汽車公司)

⑵ 共管油壓感知器偵測共管內的柴油壓力，信號送給ECM，以進行回饋控制。

⑶ 當共管內的壓力異常升高時，壓力限制閥的活塞克服彈簧張力而向上，使柴油流回油箱，將共管內的柴油壓力控制在一定值以下。

(4) 當高壓油管洩漏或噴油器的噴油量過大時，流量限制器會切斷柴油的通路，以防止柴油的異常流出。

5. 噴油器

(1) 噴油器依 ECM 的控制信號，以最適當的噴射正時、噴油量及噴射率，將共管內的高壓柴油噴入燃燒室。

(2) 噴油器的構造，如圖 15.35 所示，是由上端的電樞線圈、樞板，樞軸及下端的噴油嘴所組成。樞軸隨樞板而上、下移動，以開啓或關閉球座。

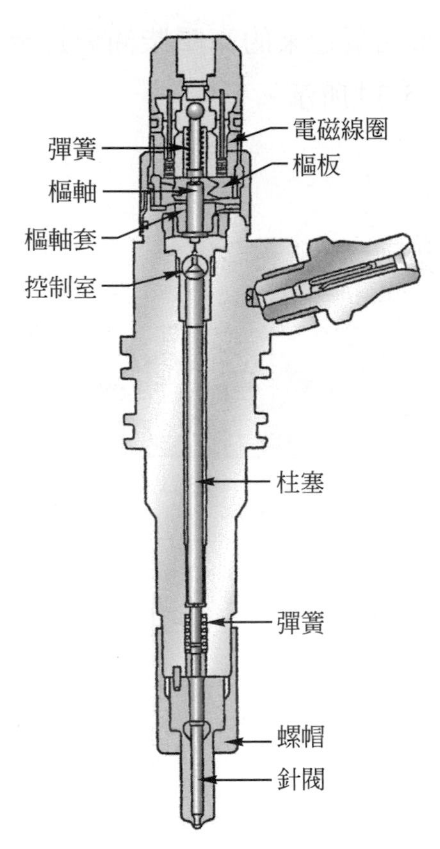

圖 15.35 噴油器的構造(共軌燃油講義，順益汽車公司)

(3) 不噴油時，如圖 15.36(a)所示。

① 電磁線圈不通電(OFF)，彈簧將樞板向下壓，使球座關閉。

② 高壓柴油經限孔，進入控制室及針閥，因包括針閥彈簧張力的向下力量較大，故針閥向下壓，噴孔關閉不噴油。

(4) 噴射開始，如圖 15.36(b)所示。

① 電磁線圈通電(ON)，樞板被吸向上，使球座打開。

② 控制室內的高壓柴油經球座回油，壓力降低，作用在針閥的高壓柴油之壓力大於柱塞的向下力量及針閥彈簧的張力，因此針閥被向上推，噴孔打開開始噴油。

③ 若電磁線圈繼續通電，將會達到最大噴射率狀態。

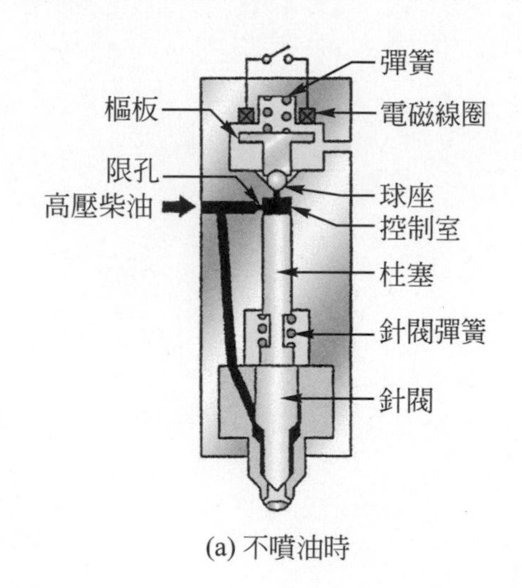

(a) 不噴油時

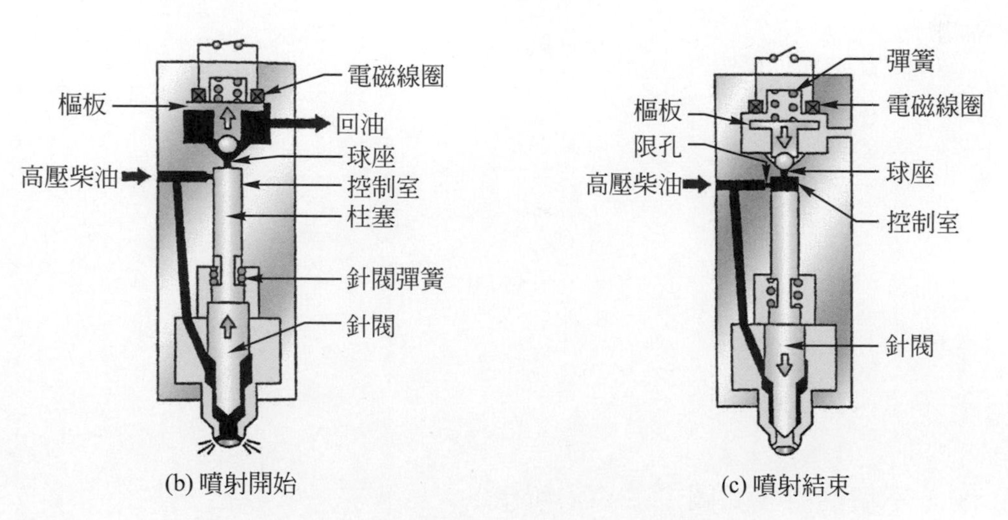

(b) 噴射開始　　(c) 噴射結束

圖 15.36　噴油器的作用(共軌燃油講義，順益汽車公司)

⑸ 噴射結束，如圖 15.36(c)所示。

① 電磁線圈停止通電，則彈簧將樞板向下壓，球座再度關閉。

② 高壓柴油再度進入控制室，故針閥關閉，柴油噴射結束。

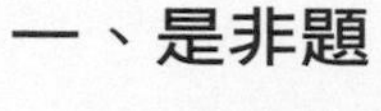

一、是非題

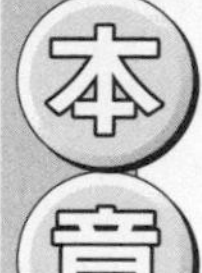

( )1. Bosch公司的電子控制PE型線列式噴射泵柴油噴射系統，其電子控制是控制正時器。

( )2. 線列式噴射泵採用電子正時器，是利用正時器飛重的離心力以達到噴射提前或延後之目的。

( )3. 線列式噴射泵採用預行程電子控制式，當控制作用使預行程變小時，噴射正時會提前。

( )4. 分配式噴射泵採用電子調速器式，ECM 控制使流入線圈的電流增加時，轉子旋轉角度大，使控制桿朝噴油量增加的方向移動。

( )5. 分配式噴射泵採用電子控制電磁閥式，電磁閥是控制高壓柴油回油通道的開、閉，以改變柴油噴射量。

( )6. 電子控制高壓分配式噴射泵，其柱塞是軸向式移動以產生高壓。

( )7. 單體噴油器具有產生高壓柴油、控制柴油噴射量及將柴油霧化噴出等功能。

( )8. 五十鈴的共管式柴油噴射系統，其共管有兩條，一為低壓柴油共管，一為高壓機油共管。

( )9. 五十鈴的共管式柴油噴射系統，噴油器內放大活塞與柱塞的斷面積比為 1：1。

( )10. Bosch電子控制共管式柴油噴射系統，其油水分離器是裝在柴油濾清器之後。

二、選擇題

( )1. Bosch公司的電子控制PE型線列式噴射泵柴油噴射系統，其齒桿作動器是用來控制 (A)柴油的噴射正時 (B)柴油的噴射量 (C)噴油嘴針閥的移動 (D)噴射壓力。

( )2. 線列式噴射泵採用預行程電子控制式，其預行程作動器是用來控制 (A)柴油噴射壓力 (B)渦輪增壓壓力 (C)柴油噴射量 (D)柴油噴射正時及噴射率。

( )3. 線列式噴射泵採用預行程電子控制式，其預行程作動器是控制 (A)齒桿的左右移動 (B)控制桿的上下移動 (C)柱塞的旋轉 (D)正時滑套的上下移動。

( )4. 分配式噴射泵採用電子調速器式，是使 (A)控制套左右移動 (B)齒桿左右移動 (C)柱塞上下移動 (D)正時滑套上下移動 以改變噴油量。。

( )5. 電子控制高壓分配式噴射泵，其噴射壓力可達 (A)100kg/cm^2 (B)150～300bar (C)80～130MPa (D)100～120kg/cm^2。

( )6. 單體噴油器是靠 (A)共管提供高壓柴油 (B)高壓油泵提供高壓柴油 (C)引擎凸輪軸經搖臂驅動噴油器柱塞而產生高壓柴油 (D)噴射泵柱塞的壓縮而提供高壓柴油。

( )7. 五十鈴的低壓柴油共管型噴射系統，怠速時其柴油共管內的壓力爲 (A)0.5～1.5 (B)2.0～3.0 (C)10～15 (D)100～150 kg/cm^2。

( )8. 五十鈴的低壓柴油共管型噴射系統，其柴油的噴射壓力爲 (A)280～1400 (B)1500～1800 (C)80～120 (D)150～250 kg/cm^2。

(　)9. Bosch電子控制共管式柴油噴射系統，控制適量柴油送給高壓油泵柱塞室的是 (A)油水分離器 (B)溢油閥 (C)流量限制器 (D)柴油計量單元。

(　)10. Bosch電子控制共管式柴油噴射系統，當高壓油管大量漏油時 (A)壓力限制閥 (B)流量限制器 (C)柴油計量單元 (D)高壓油泵 會切斷柴油的通路。

三、問答題

1. 簡述電子控制 PE 型線列式噴射泵柴油噴射系統。
2. 試述電子控制 PE 型線列式的齒桿作動器之作用。
3. 簡述線列式噴射泵採用電子正時器式。
4. 試述線列式噴射泵採用預行程電子控制式其預行程作動器的作用。
5. 簡述電子控制 VE 分配式噴射泵柴油噴射系統。
6. 試述電子控制 VE 分配式噴射泵中控制套作動器的作用。
7. 試述電子控制高壓分配式噴射泵的凸輪環與正時器活塞之作用。
8. 試述電子控制單體噴油器式的噴射作用。
9. 電子控制高壓共管式有何特點？
10. 試述電子控制高壓共管式噴射開始之作用。

Chapter 16 複合動力汽車

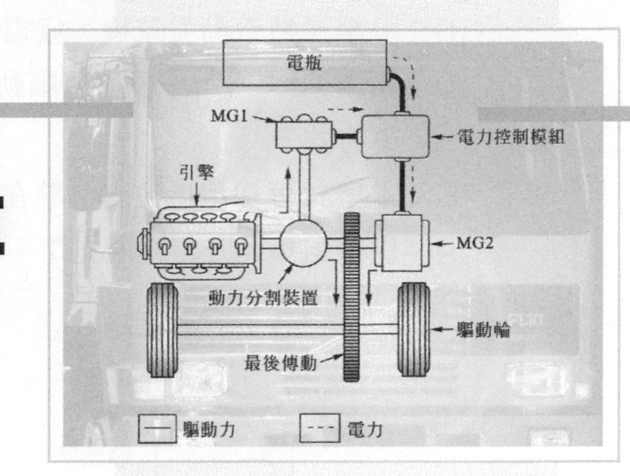

16.1 複合動力汽車

16.1.1 概述

一、複合動力汽車的定義

1. 聯合國在2003年對複合動力汽車的定義，係指至少擁有兩個以上的能量變換器(如汽油引擎與電動馬達)，及兩個以上車載狀態的能量儲存器(如汽油箱與高壓電瓶)的車輛。
2. 複合動力汽車(hybrid vehicle，HV)，也稱爲複合電動汽車(hybrid-electric vehicle，HEV)。HV常稱爲油電混合車，油電中的油通常是採用汽油引擎，但也有採用柴油引擎、天然氣引擎等與電動馬達的組合。

二、複合動力系統的種類

1. 串聯式複合動力系統(series hybrid system)

⑴ 引擎運轉帶動發電機，發電機發出的電力使馬達轉動以驅動車輪，如圖 16.1 所示。引擎至驅動輪是成串聯方式，即引擎與馬達是成串聯方式。

⑵ 本型式可採用低輸出引擎在高效率範圍穩定運轉，帶動發電機，以供電給馬達及對電瓶充電。

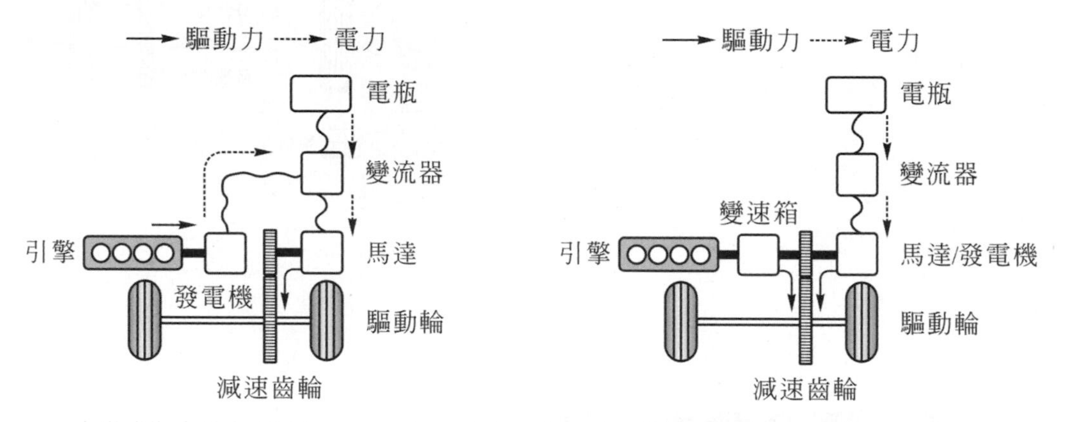

圖 16.1 串聯式複合動力系統(www.toyota.co.jp) 圖 16.2 並聯式複合動力系統(www.toyota.co.jp)

2. 並聯式複合動力系統(parallel hybrid system)

⑴ 引擎或馬達兩種驅動力是成並聯方式，如圖 16.2 所示。

⑵ 當電瓶需要充電時，馬達是轉爲發電機之作用，故無法同時做驅動車輪之用，爲其缺點。

⑶ 採用本型式的汽車廠有 Honda、Mercedes-Benz、BMW、Audi、VW 等。從數據上來看，並聯式的效能不如複聯式，但並聯式的結構簡單，變動少爲其最大優點。原有汽車主要機件的配置幾乎不需要變動，就能把馬達裝在變速箱前或變速箱內。

3. 複聯式複合動力系統(series/parallel hybrid system)

⑴ 係混用串聯式與並聯式兩種複合動力系統，以獲取兩種系統的最大利益。

⑵ 本系統採用兩個馬達(實際上是一個馬達與一個發電機，因發電機是兼做起動馬達，故稱之)。依行車狀況，僅由馬達或引擎作驅動，或由馬達與引擎一起驅動車輪，如圖 16.3 所示。

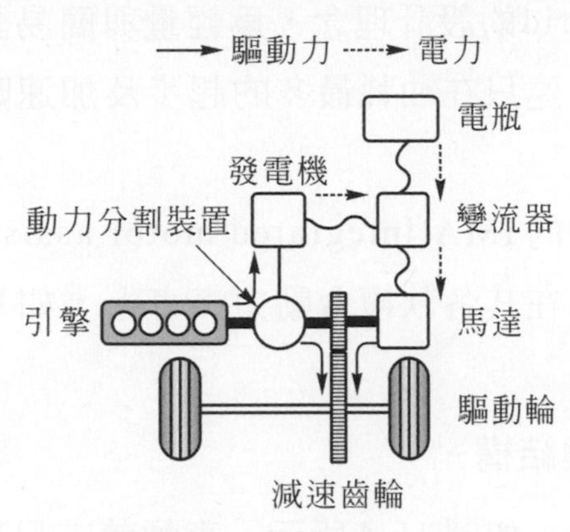

圖 16.3 複聯式複合動力系統(www.toyota.co.jp)

⑶ 為達最佳效率，必要時，當系統驅動車輪的同時，發電機發電以供馬達使用或對電瓶充電。

⑷ 本型式主要為為豐田集團(Toyota、Lexus)所採用。Toyota將本系統又稱為全面型複合動力(full hybrid)系統。

四、複合動力汽車的優缺點

1. 優點

⑴ 低油耗：Toyota Prius 比傳統引擎可省油 50%。

⑵ 低污染：大幅降低 CO_2 及其他有害物質，減少 80 %的排放污染。

⑶ 高輸出：馬達與引擎一起合併輸出時，可得高輸出性能。

⑷ 靜肅性佳：電動馬達噪音極小，電動模式行駛時非常安靜。

2. 缺點

⑴ 價格仍偏高。

⑵ 系統構造複雜，維修較困難。

16.1.2 Honda IMA 的構造與作用

一、概述

1. 本田汽車對Hybrid的設計理念，爲輕量與簡易設計。引擎是動力的主要來源，電動馬達只在油耗最多的起步及加速時輔助引擎，以減少燃油消耗。
2. Honda汽車開發的IMA(integrated motor assist)系統，直譯爲整合式馬達輔助，應用在其各款複合動力汽車上，如Insight、CR-Z、Civic Hybrid等。

二、IMA系統的組成與結構

1. IMA系統的組成，如圖16.4所示，車輛前方只有電動馬達，其他的組件都放在車輛後方，如電瓶、智慧型動力單元(intelligent power unit，IPU)、動力驅動單元(power drive unit，PDU)即馬達驅動模組(motor drive module，MDM)等。

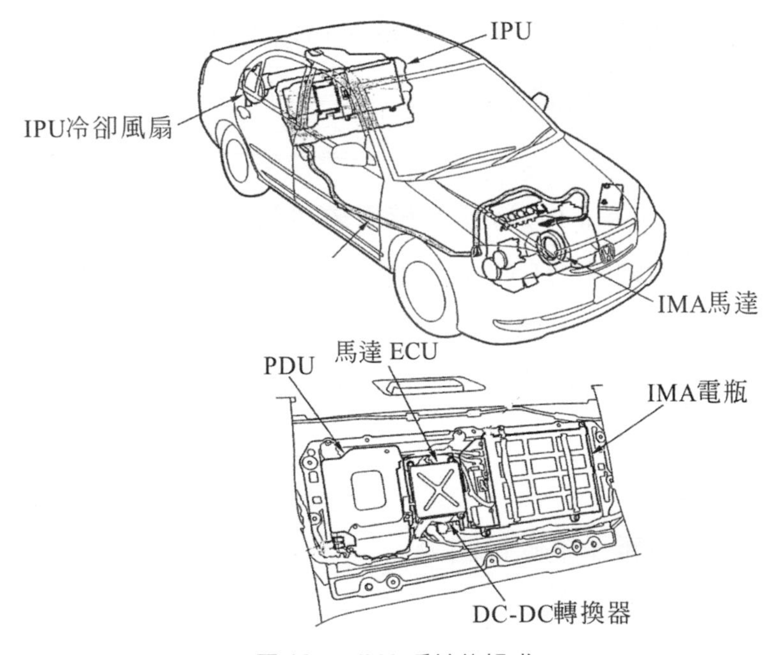

圖 16.4 IMA 系統的組成

2. IMA系統結構最特別之處，是位在相當於以前飛輪位置的電動馬達(兼發電機)，爲厚度僅有60 mm的薄型輕量DC無電刷馬達，其轉子與引擎曲軸直接連結，如圖16.5所示。

3. 但馬達轉子與引擎曲軸直接連結，在純電動模式時，曲軸會跟著旋轉，因此必須在曲軸與馬達之間設置離合器。

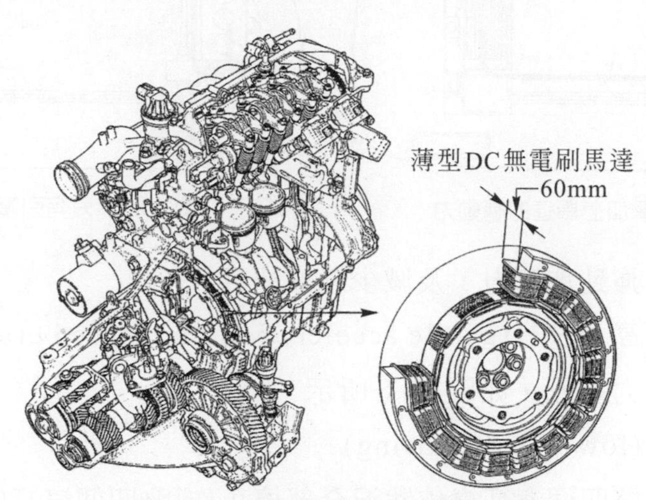

圖 16.5 電動馬達的安裝位置與結構

三、IMA系統的作用

1. 以Honda Insight爲例，採用1.3L i-VTEC引擎，爲低油耗及低速起步具有強力動能的i-DSI引擎，搭配視駕駛狀況可使汽缸休止的可變汽缸管理(variable cylinder management，VCM)系統。如圖16.6所示，爲Hybrid系統作用的示意圖。

速度

時間

起步	緩加速	低速巡行	加速	急加速	高速巡行	減速
引擎+馬達	引擎	馬達	引擎+馬達	引擎+馬達	引擎	
		所有汽缸停止作用				所有汽缸停止作用

圖 16.6 IMA 系統的作用(Hybrid and Alternative Fuel Vehicles，James D. Halderman Tony Martin)

2. 起步(standing start)

(1) 電動馬達從靜止開始旋轉，發出最大扭矩，以輔助汽油引擎動力，如圖 16.7 所示。

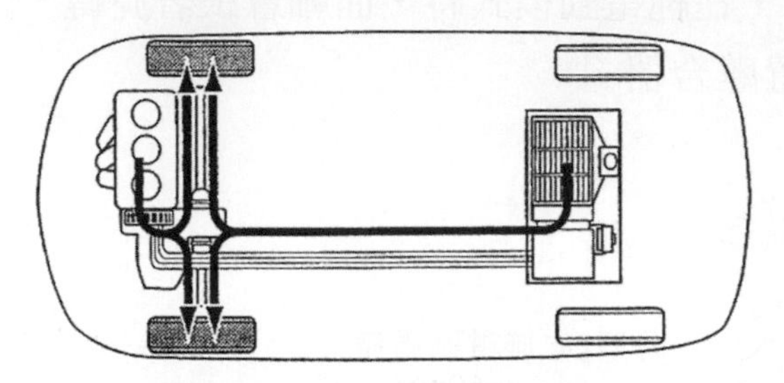

圖 16.7 引擎加上馬達的驅動力

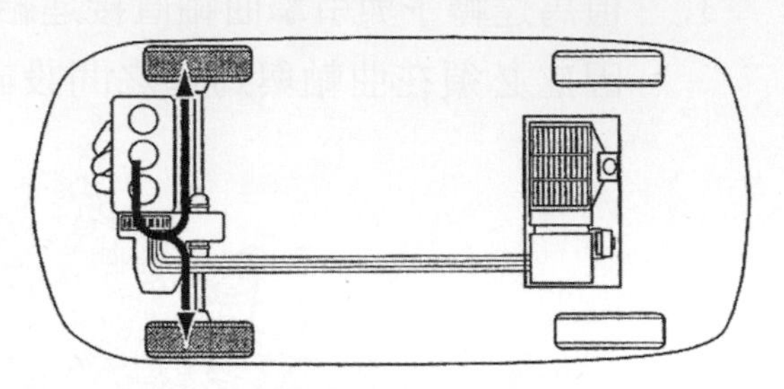
圖 16.8 只有引擎的驅動力

(2) 可產生強勁加速力，及減少燃油消耗。

3. 緩加速／高速巡行(gentle acceleration/high speed cruising)：只以汽油引擎動力驅動，如圖 16.8 所示。

4. 低速巡行(low speed cruising)

(1) 汽油引擎四個汽缸會依狀況全部停止作用(四個汽缸的氣門都關閉，燃燒停止)，只以電動馬達驅動行駛。

(2) 無汽油消耗，可改善全燃油效率(overall fuel efficiency)。

5. 急加速(rapid acceleration)：電動馬達配合汽油引擎的驅動力，以提供強力加速作用。

6. 減速(deceleration)：汽油引擎四個汽缸適時停止作用，並將減速或煞車時的部分動能轉為電力回充電瓶，如圖 16.9 所示。

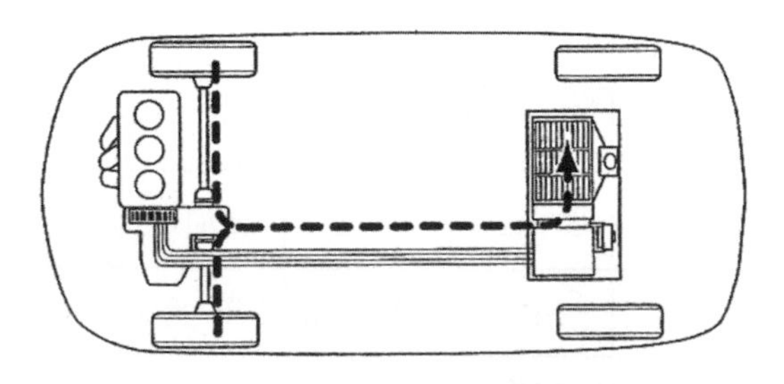
圖 16.9 動能回收轉換為電力

7. 停止(vehicle stationary)：汽油引擎、電動馬達都停止作用，但視條件狀況，汽油引擎可能會運轉。放開煞車踏板時，引擎自動起動。

16.1.3 Prius THS II 的構造與作用

一、THS II 的構造

1. 2003 年 Toyota 發表第二代的 Prius，採用 THS II，又稱複合動力協同驅動(hybrid synergy drive，HSD)，HSD 系統在 2003 年後已廣用於 Toyota 的各型汽車，包括 Lexus 在內。
2. THS II整個系統主要是由引擎、複合動力變速箱、電力控制模組(power control unit)與電瓶等所組成，如圖 16.10、圖 16.11 所示。複合動力變速箱，如圖 16.12 所示，包含動力分割裝置、發電機、馬達、鍊條與鍊輪及減速齒輪。在圖 16.11 中，MG1 與 MG2 分別代表發電機(generator)與馬達(motor)，係因兩者均兼具馬達/發電機之作用，並方便後續的作用說明。

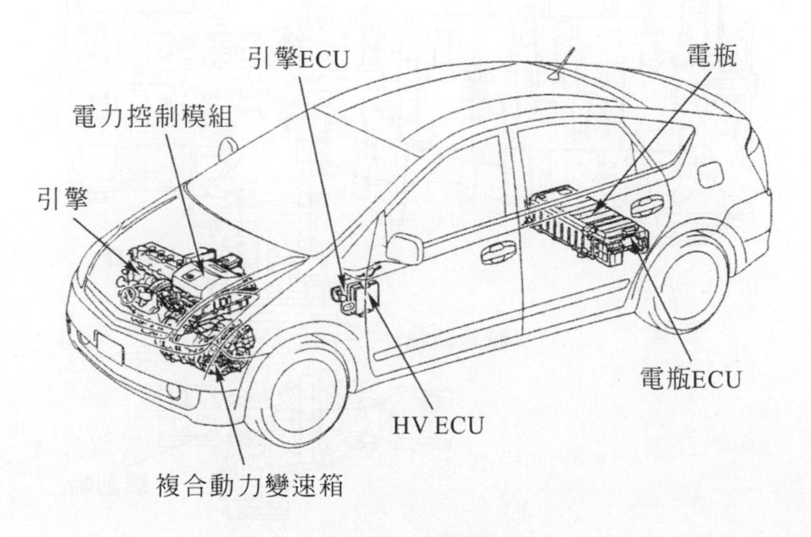

圖 16.10　THS II 系統的組成(一)

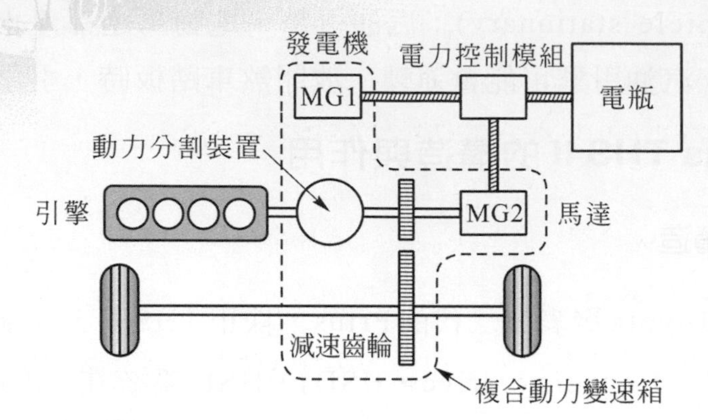

圖 16.11　THS II 系統的組成(二)(Hybrid and Alternative Fuel Vehicles，James D. Halderman、Tony Martin)

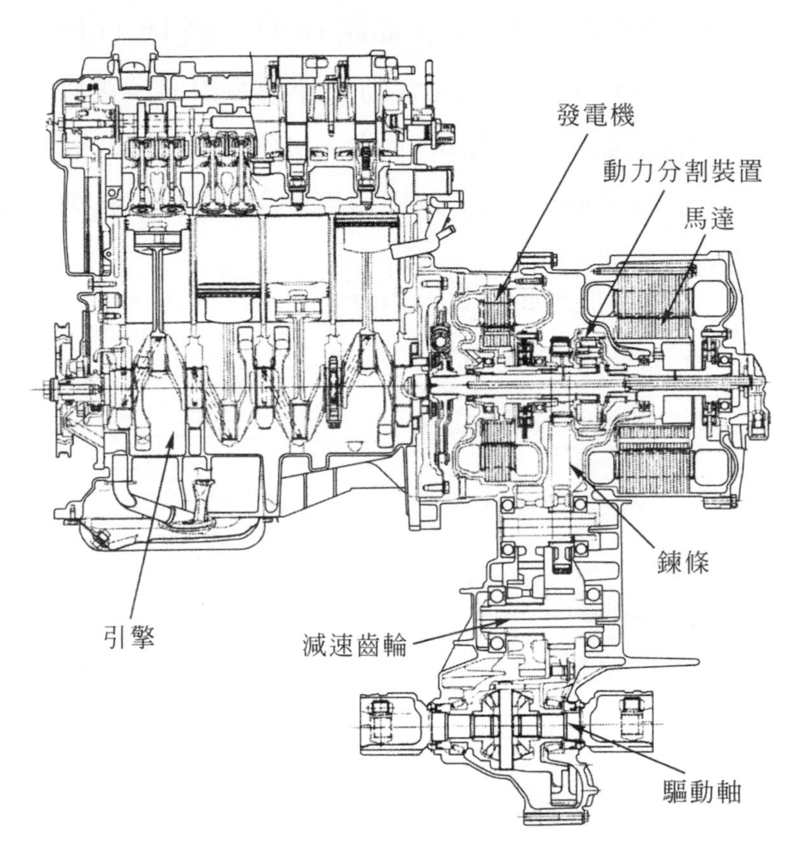

圖 16.12　複合動力變速箱的結構(www.toyota.co.jp)

3. 動力分割裝置(power split device)

(1) 裝在發電機(MG1)與馬達(MG2)之間，是由環齒輪、太陽齒輪、行星小齒輪及行星小齒輪架所組成的行星齒輪組，如圖 16.13 與圖 16.14 所示。

(2) 將引擎(與行星小齒輪架連接)的動力，分割提供給太陽齒輪(MG1)及環齒輪(MG2)。依行星齒輪組的齒輪比，72 %的引擎扭矩傳給環齒輪，28 %則傳給太陽齒輪，扭矩分割比例是固定的，但動力分割比例會隨著各零件的轉速而變化。

(3) 注意！只有在 MG2 轉動時，車輛才會移動。

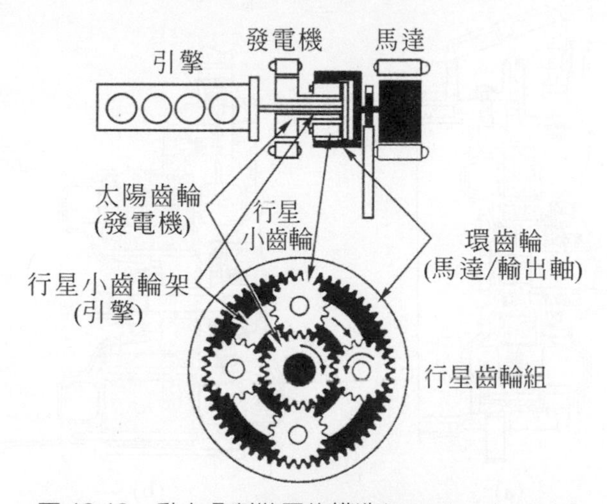

圖 16.13 動力分割裝置的構造(www.toyota.co.jp)

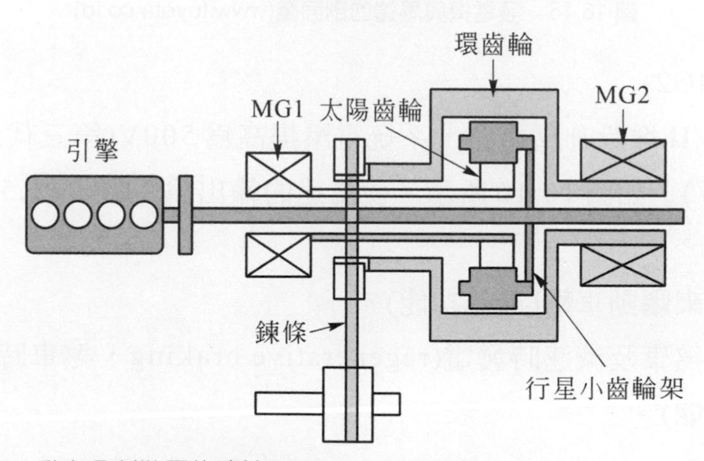

圖 16.14 動力分割裝置的連結(Hybrid and Alternative Fuel Vehicles，James D. Halderman、Tony Martin)

4. 發電機(MG1)

⑴ 轉速從傳統型的 6500rpm 提高到 10000rpm，在高轉速下，能充分提高電力供應直至中轉速(以引擎而言)範圍，故能改善低、中轉速的加速性能，如圖 16.15(a)所示。

⑵ 功能

① 使汽油引擎發動(馬達功能)。

② 產生電力向電瓶充電(發電機功能)。

③ 產生電力使馬達旋轉，以驅動車輛(發電機功能)。

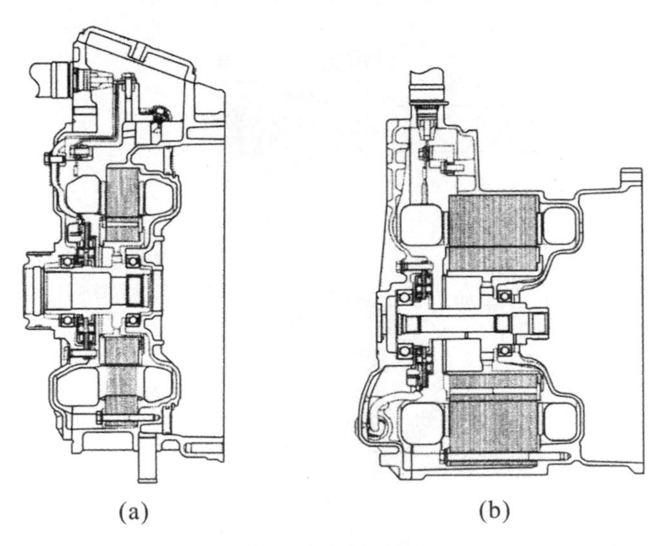

圖 16.15 發電機與馬達的剖面圖(www.toyota.co.jp)

5. 馬達(MG2)

⑴ THS II 增設升壓電路，系統電壓提高爲 500V(第三代最高電壓可達 650V)，如圖 16.16 所示，使馬達的輸出爲 THS 的 1.5 倍。

⑵ 功能

① 用來驅動車輛(馬達功能)。

② 在煞車及減速時發電(regenerative braking，煞車時再生)(發電機功能)。

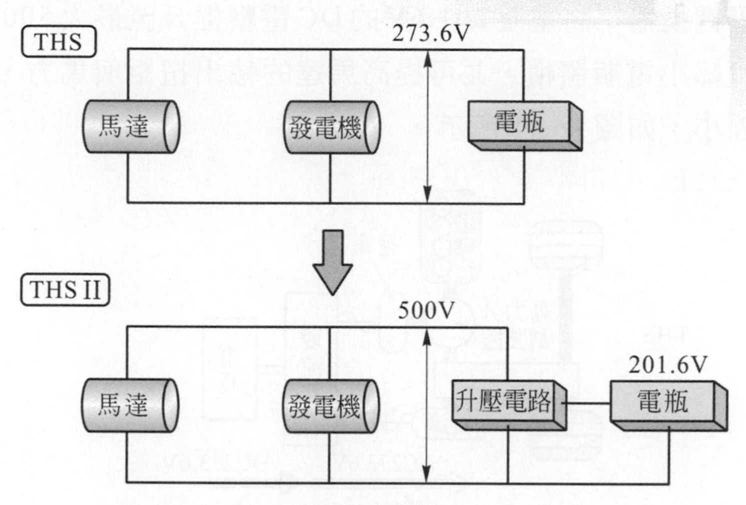

圖 16.16 THS II 的升壓電路(www.toyota.co.jp)

6. 電力控制模組(power control unit)

(1) 是一種功率控制裝置，如圖 16.17 所示，內含變流器(inverter)、升壓轉換器(voltage-boosting converter)及 AC-DC 轉換器。

(2) 變流器：將DC轉換成AC，以供應馬達及發電機；並將馬達及發電機產生的AC轉換成DC，以充入電瓶。

圖 16.17 電力控制模組(www.toyota.co.jp)

(3) 升壓轉換器：將電瓶201.6V的DC電壓提升至最大500VDC電壓，除可縮小電瓶體積，並可提高馬達的輸出扭矩與馬力，及使變流器更輕小，如圖16.18所示。

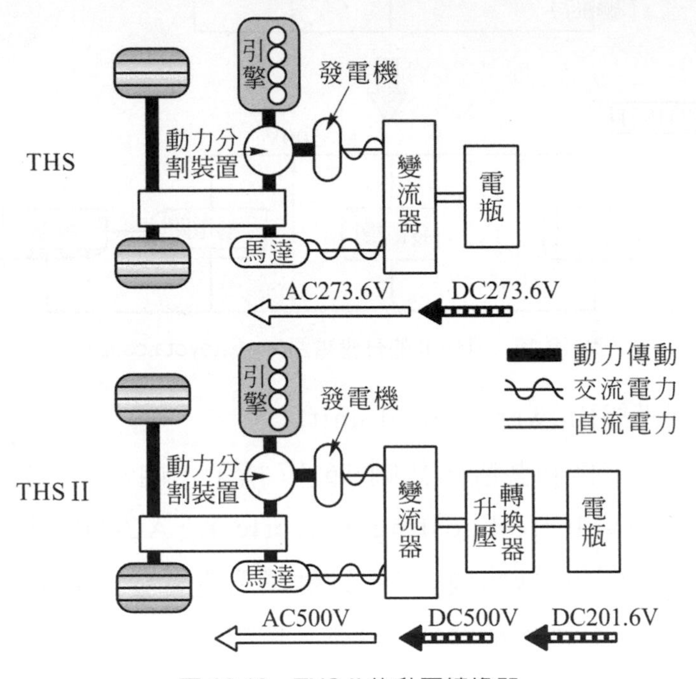

圖 16.18　THS II 的升壓轉換器

(4) AC-DC 轉換器：將201.6V 轉換爲12V，以提供輔助系統及其他電子裝置使用。

7. 電瓶

(1) 採用鎳氫(nickel-metal hydride，NiMH)電瓶。

(2) HSD系統在行駛中會一直監測電瓶，使其維持穩定的儲電量。若電瓶電力偏低時，系統會使引擎動力帶動發電機，以進行充電作用。

(3) 可持續使用8年或100000英哩(160000公里)。

二、THS II 的作用

1. 車輛停止與起動時

(1) 當車輛停止時，引擎、發電機(MG1)及馬達(MG2)都不轉動。

(2) 輕踩煞車並按下POWER鈕，即處於起動完成的狀態。

2. 低速行駛(輕加速)時：由於MG2在車速低時的效率比引擎佳，因此由電瓶供電給MG2以驅動車輪，如圖16.19及圖16.20所示，此時引擎不轉動(例如福特汽車公司的Escape Hybrid，在時速40km/h以下時，是由純電力驅動)。

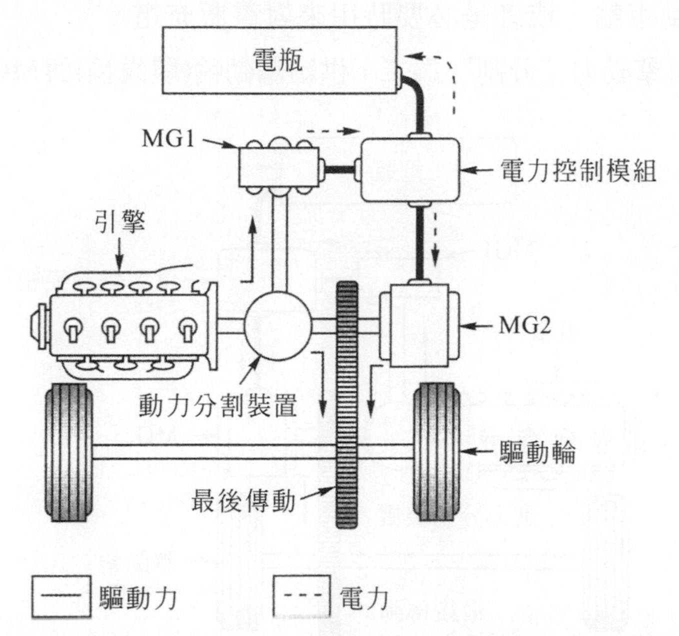

圖 16.19 低速行駛(輕加速)時(一)(Hybrid and Alternative Fuel Vehicles，James D. Halderman、Tony Martin)

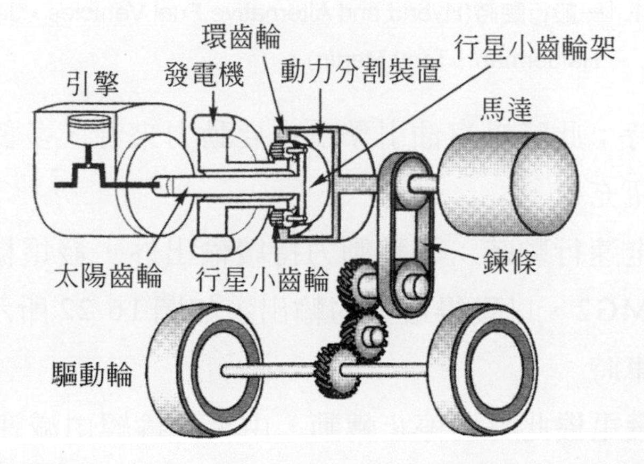

圖 16.20 低速行駛(輕加速)時(二)(Hybrid and Alternative Fuel Vehicles，James D. Halderman、Tony Martin)

3. 一般行駛時

(1) 當車速必須提高時，引擎必須發動，引擎與 MG2 合併一起輸出動力，如圖 16.21 所示。

(2) 一旦引擎開始運轉，MG1 即爲發電機的作用，直接供給 MG2 以幫助驅動車輪，或者是必要時用來對電瓶充電。

(3) 此時引擎動力“分割”爲二，供給驅動輪(環齒輪)與MG1(太陽齒輪)。

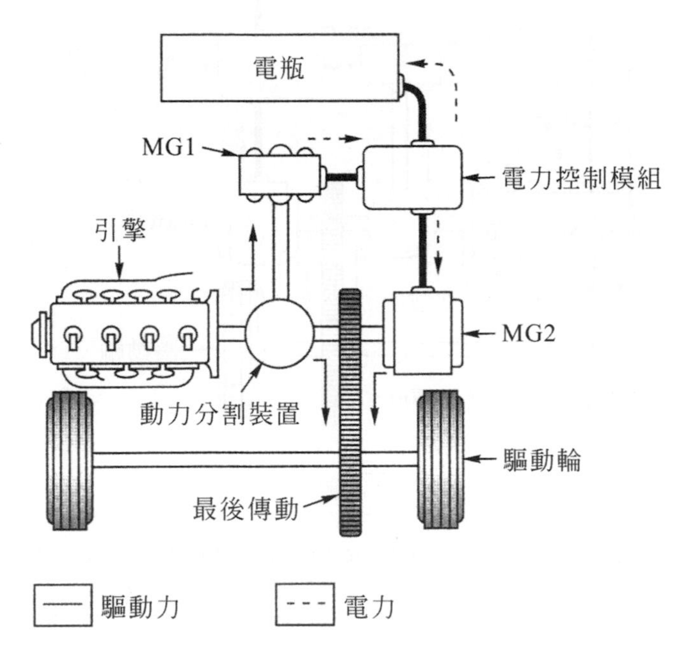

圖 16.21 一般行駛時(Hybrid and Alternative Fuel Vehicles，James D. Halderman、Tony Martin)

4. 高速行駛時：此時以汽油引擎爲主要動力來源，多餘的動力則帶動發電機對電瓶充電。

5. 急加速或全速行駛時：引擎動力持續輸出外，發電機電力及電瓶電力同時供給MG2，以獲得最大的輸出，如圖 16.22 所示。

6. 減速與煞車時

(1) 引擎及發電機此時均停止轉動，由驅動輪經由減速齒輪軸帶動MG2成爲發電機之作用，電力回充至電瓶，如圖 16.23 所示。

(2) 此時的作用，即稱爲煞車時再生(regenerative braking)。

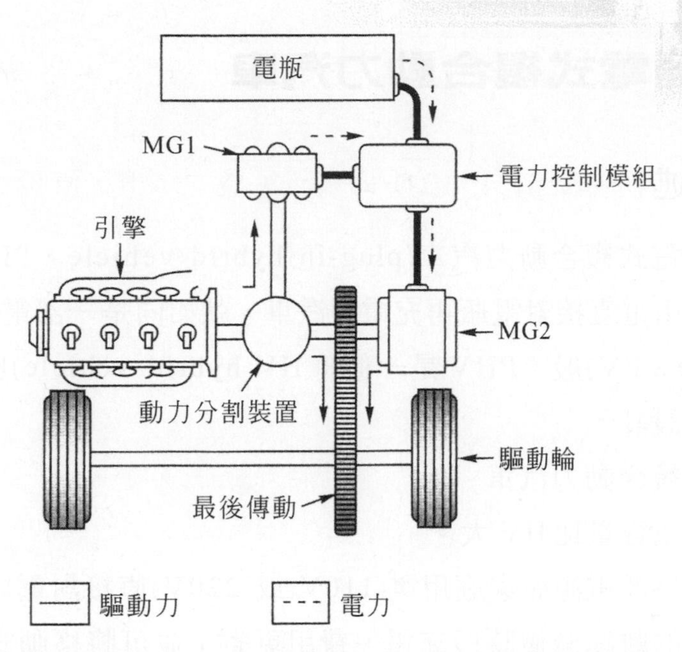

圖 16.22 急加速或全速行駛時(Hybrid and Alternative Fuel Vehicles，James D. Halderman、Tony Martin)

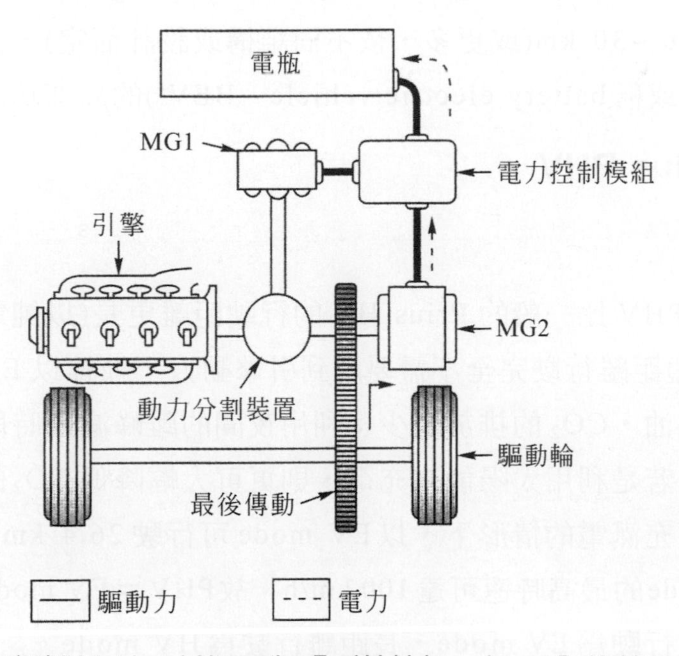

圖 16.23 減速與煞車時(Hybrid and Alternative Fuel Vehicles，James D. Halderman、Tony Martin)

16.2 插電式複合動力汽車

16.2.1 概述

1. 所謂插電式複合動力汽車(plug-in hybrid vehicle，PHV)，是指可利用家庭用電直接對電瓶再充電的汽車，就如同是一部電動汽車(electric vehicle，EV)般。PHV 是一種將 HV(hybrid vehicle)與 EV 合而為一的進化設計。
2. 插電式複合動力汽車
   ⑴ 其電瓶容量比 HV 大。
   ⑵ 利用外部電源如家庭用電(110V 或 220V)直接對電瓶充電，若利用夜間的離峰減價時段充電，費用更省；並可將移動式的汙染，轉移到設施完善、容易處理的固定式汙染。
   ⑶ 在電瓶充滿電的狀態下，目前的 PHV 能以電動模式(EV mode)行駛約 20～30 km(或更多，依不同結構或設計而定)，已具備電動汽車(EV 或稱 battery electric vehicle，BEV)的局部功能了。

16.2.2 Prius PHV

一、概況

1. Prius PHV 比一般的 Prius HV 的行駛距離更長(以純電動行駛距離而言)；短距離行駛完全不需要用到引擎動力，純粹以 EV mode 行駛，故更省油，CO_2 的排放更少；利用夜間的離峰減價時段充電，故費用更省；若是利用太陽能來充電，則更可大幅降低 CO_2 的排放。
2. 在電瓶充滿電的情形下，以 EV mode 可行駛 26.4 km(JC08 mode)，EV mode 的最高時速可達 100 km/h。故 PHV＝EV mode＋HV mode，短距離行駛為 EV mode，長距離行駛為 HV mode。

二、Prius PHV的組成與作用

1. Prius PHV 的主要規格，如表 16.1 所示，電瓶是採用鋰離子電瓶(lithium-ion battery)，以取代原有的鎳金屬電瓶(nickel-metal battery)。其各主要機件及接線，如圖 16.24 所示。

表 16.1　Prius PHV 的主要規格(自動車工學 2012 年 4 月號)

引擎	型式	2 ZR-EXE
	排氣量(cc)	1797
	最高出力(kW[PS]/rpm)	73[99]/5200
	最大扭力(Nm[kgfm]/rpm)	142 [14.5] 4000
馬達	最高出力(kW[PS])	60 [82]
	最大扭力(Nm[kgfm])	207 [21.1]
引擎＋馬達	最高出力(kW[PS])	100 [136]
電瓶	種類／總電力量(kWh)	鋰離子／4.4

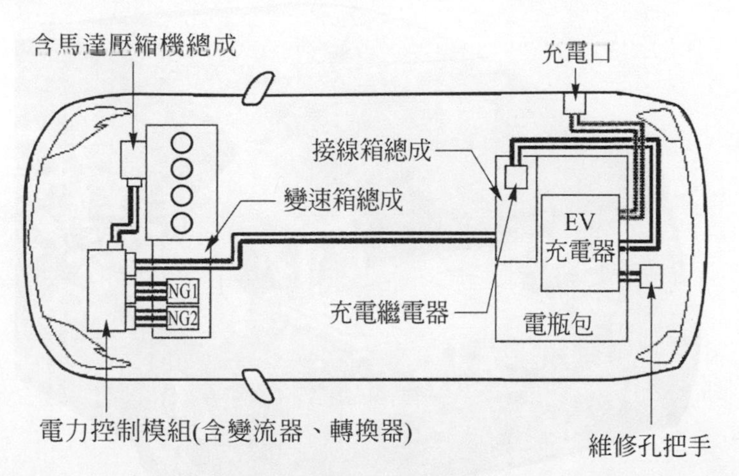

圖 16.24　Prius PHV 的各主要機件及接線(自動車工學 2012 年 4 月號)

2. Prius PHV的基本構造與原有的Prius相同，但加裝了一套插入式充電控制系統(plug-in charge control system)，故PHV = THS II +插入式充電控制系統。插入式充電控制系統包括 EV 充電器、插入式充電控制電腦、充電口及充電電纜組等。

3. HV電瓶包(battery pack)

(1) HV電瓶包的重量爲80kg，體積爲87L。HV電瓶包是由四個電池組(battery stack)、電瓶電壓感知器、接線箱總成、鋁架、兩個電瓶冷卻送風裝置及維修孔等構成。

(2) 一個電池組是由14個單電池(3.7V)組成，電壓爲51.8V，故HV電瓶包的總電壓爲207.2V(PCU內的升壓電路會將電壓升高到650V)，容量爲4.4kWh。如圖16.25所示，爲Prius PHV所搭載的電瓶包，兩個圓圈狀的裝置，即爲電瓶冷卻送風裝置。而圖16.26所示，爲四個電池組的組成。

(3) HV電瓶的使用，可由駕駛選擇在EV/HV間切換，如圖16.27所示。兩模式間的變換，依充電狀態(state of charge，SOC)而定，SOC管理的示意圖，如圖16.28所示，EV模式行駛電力不足時，會自動切換爲HV模式。電瓶的SOC管理，是由電源管理控制電腦(power management control computer)控制。

圖16.25 Prius PHV所搭載的電瓶包(自動車工學2012年4月號)

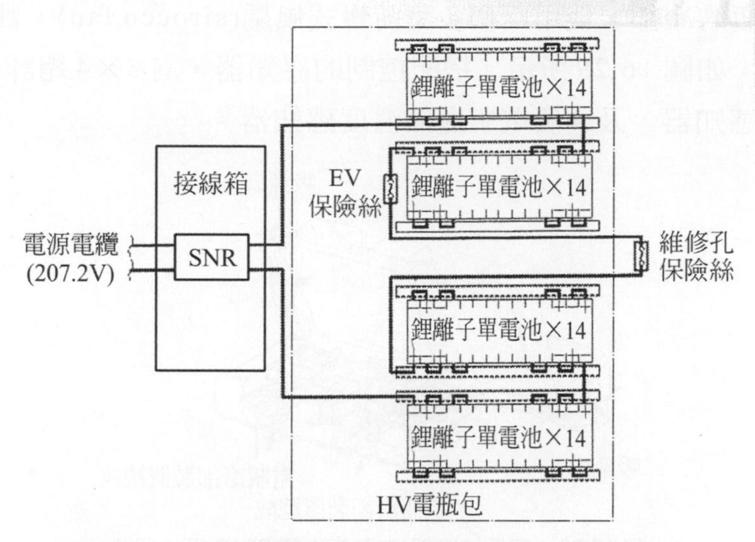

圖 16.26　四個電池組的組成(自動車工學 2012 年 4 月號)

圖 16.27　EV/HV 切換(自動車工學 2012 年 4 月號)

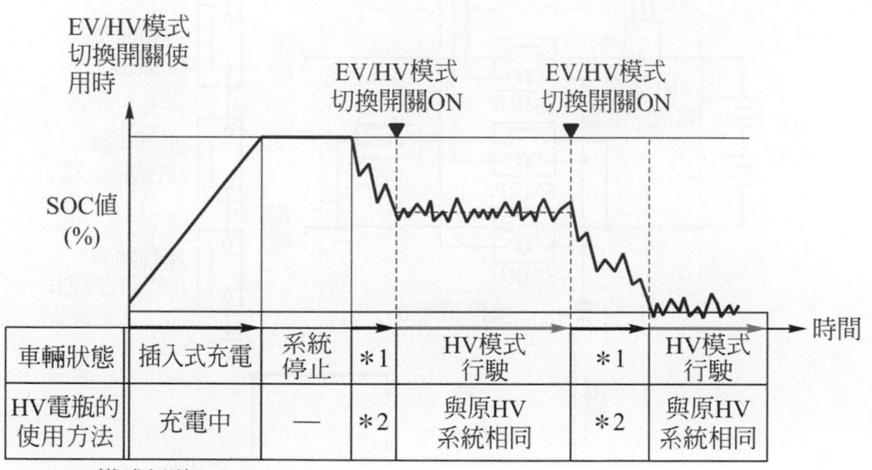

圖 16.28　SOC 管理示意圖(自動車工學 2012 年 4 月號)

(4) 電瓶的冷卻，使用兩個多葉前彎式風扇(sirocco fan)，其空氣流動方式，如圖 16.29 所示。搭配控制的感知器，有 3×4 總計 12 個電瓶溫度感知器，及 4 個電瓶進氣溫度感知器。

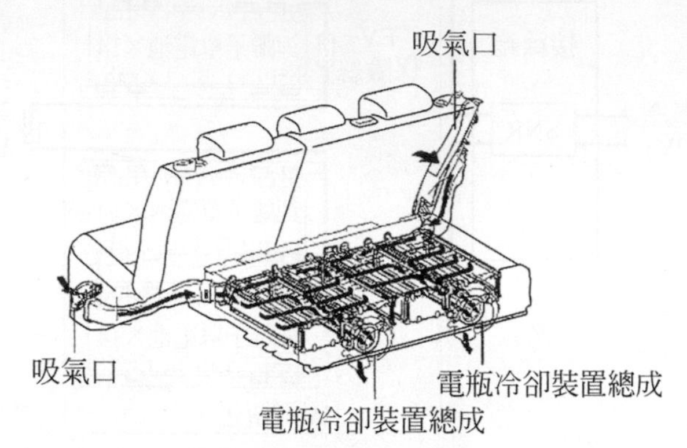

圖 16.29　電瓶的冷卻(自動車工學 2012 年 4 月號)

(5) 系統主繼電器(system main relay，SMR)是裝在接線箱總成內，其電路如圖 16.30 所示，其接線與作用，基本上與 Prius HV 相同。

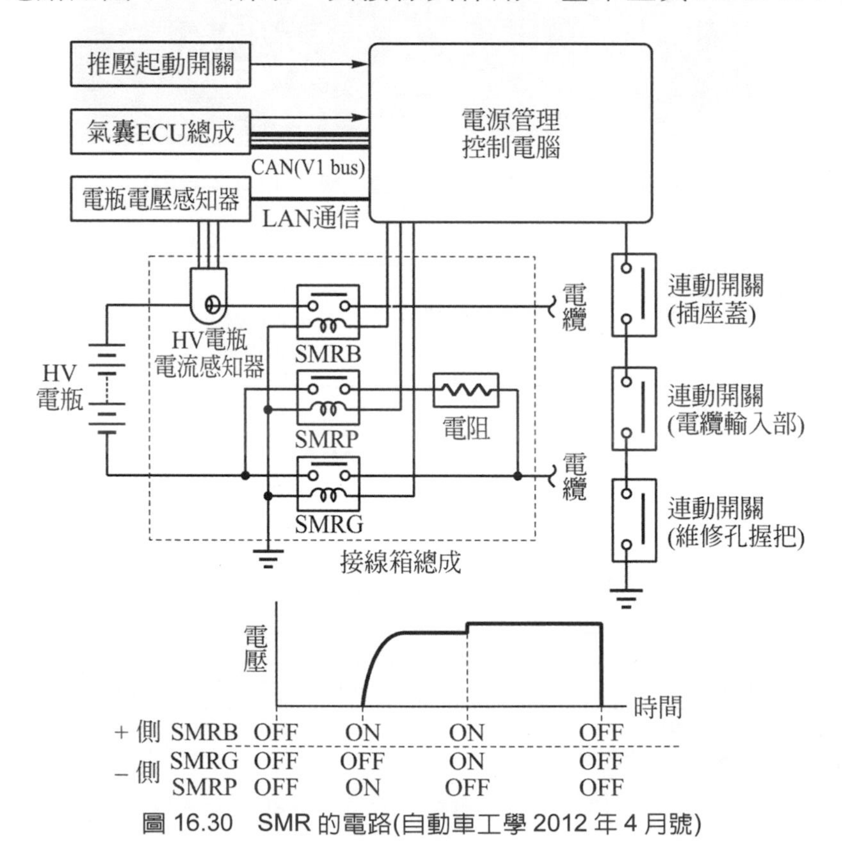

圖 16.30　SMR 的電路(自動車工學 2012 年 4 月號)

⑹ 以家用電源對電瓶充電時，AC200V約需90分鐘，AC100V約需180分鐘。其設在駕駛側車門旁的充電插座，如圖16.31所示，上有LED照明燈。

圖 16.31　充電插座(自動車工學 2012 年 4 月號)

⑺ EV充電器，即車載充電器，是搭載在電瓶包的下方，鋁合金外殼與獨立的冷卻風扇裝置，以確保其散熱性；並設有過電壓、過電流、過熱等保護系統。如圖16.32所示，為EV充電器的電路圖。

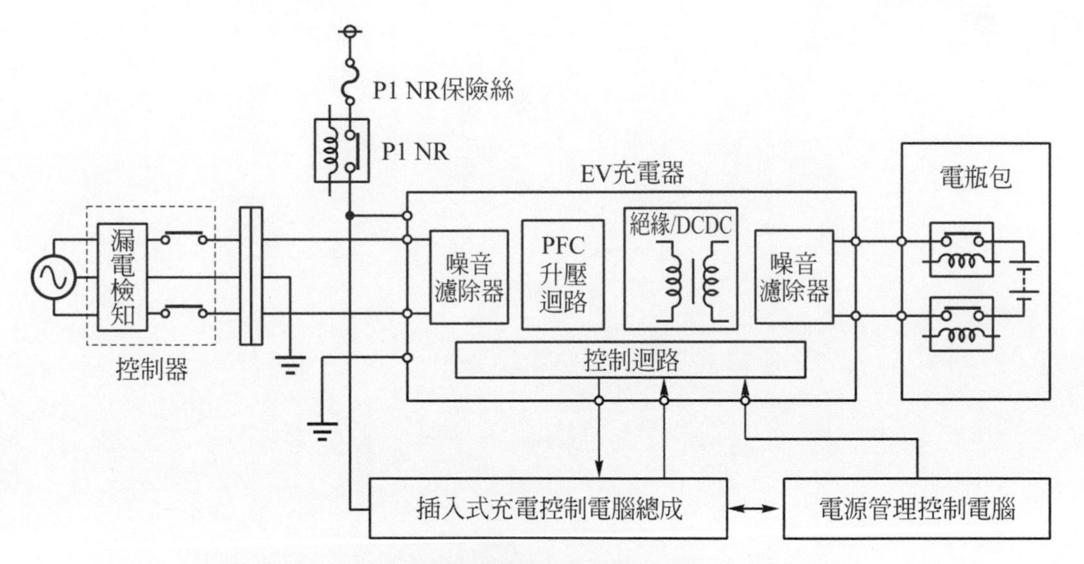

圖 16.32　EV 充電器的電路圖(自動車工學 2012 年 4 月號)

(8) 充電控制電腦(charge control computer)是裝在電瓶包內，從EV充電器來的作動狀態、輸出電流、輸出電壓、AC的輸入電壓，以及定時器的充電設定等，均由充電控制電腦來控制。

16.2.3 GM Chevrolet Volt PHV

1. 雪佛蘭Volt是一部插電式複合動力汽車，充一次電約可行駛103 km。電力耗盡時，由發電機供應電能給馬達，而擁有300 km以上的續航力。
2. Volt採用一部1.0 L三缸渦輪增壓引擎，最大馬力71ps，以1800 rpm的定速帶動53kW的發電機，對容量16kWh(約是Prius PHV電瓶容量的四倍)的鋰離子電瓶充電。
3. 以AC220V對電瓶充電，約需3小時。其電動系統可產生110kW(150ps)的最大馬力，370Nm的最大扭力，最高時速可達161 km/h。
4. 雪佛蘭 Volt PHV，可稱作是一種增程式電動汽車(range extended electric vehicle，RE EV)，也是屬於串聯式的複合動力汽車。

一、選擇題

( )1. HEV 是指 (A)複合動力汽車 (B)燃料電池汽車 (C)電動汽車 (D)共軌柴由汽車。

( )2. 本田 hybrid 汽車的 IMA 系統，是 (A)串聯式 (B)並聯式 (C)複聯式 (D)串並聯式 複合動力系統。

( )3. 以下何項非複合動力汽車的優點？ (A)低油耗 (B)低汙染 (C)高輸出 (D)低成本。

( )4. 以下何項非Prius複合動力汽車的組成機件？ (A)電瓶 (B)動力分割裝置 (C)燃料電池引擎 (D)發電機與馬達。

( )5. Prius 複合動力汽車行駛時何時是純 EV mode？ (A)車輛停止時 (B)減速時 (C)低速輕加速時 (D)高速行駛時。

( )6. Prius 複合動力汽車行駛時何時可電力回充？ (A)車輛停止時 (B)減速時 (C)低速輕加速時 (D)高速行駛時。

二、問答題

1. 何謂複合動力汽車？
2. 並聯式複合動力系統有何特點？
3. 簡述 Honda IMA 系統的組成。
4. Honda IMA 系統結構最特別之處爲何？
5. Prius THS II 在急加速或全速行駛時之作用爲何？
6. 何謂插電式複合動力汽車？

Chapter 17 燃料電池與電動汽車

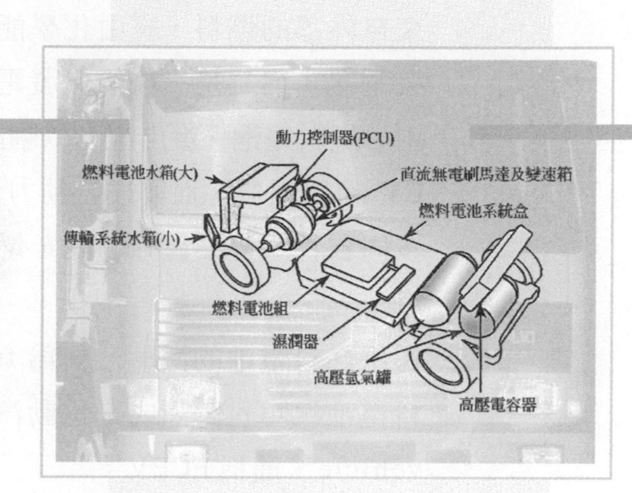

17.1 燃料電池

一、概述

1. 所謂燃料電池(fuel cell，FC)，是以氫與空氣中的氧發生電化學反應，產生電流的裝置。
2. 燃料電池的原理是由一位英國威爾斯(Welsh)的物理學家威廉 葛洛夫(Willian Grove)在1839年所首先發現的；1950年代，NASA應用此原理以驅動太空探險車；時至今日，燃料電池用於家庭、車用或工業用，以達到零汙染之效果。
3. 燃料電池是水電解反應的逆反應。水電解與燃料電池皆屬於一種化學反應，水經由電解作用而產生氫氣與氧氣，其過程爲：水＋電能→氫氣＋氧氣；若將實驗逆向反應，將氫氣與氧氣進行電化學反應，則產生電能與水，此爲燃料電池的發電原理，亦即：氫氣＋氧氣→電能＋水，故可說燃料電池反應是水電解的逆反應。

4. “燃料電池”的稱呼，常被誤認爲是電池的一種，但燃料電池不能儲存電力；事實上，燃料電池是一種處理能量轉換的化學裝置，能量是來自外部的燃料，經由化學能直接轉換成電能，因此燃料電池是一種發電機，而且是一種環保發電機。
5. 由於燃料電池係發出電力以驅動車輪，故與電動汽車(electric vehicle，EV)頗爲相似，而與複合動力汽車(hybrid vehicle，HV)的作用也有許多同質性，眞要區分的話，燃料電池車可算是介於HV與EV之間的汽車。
6. 採用燃料電池的汽車，稱爲 fuel cell vehicle，簡稱 FCV；由於把燃料電池汽車也歸類成是電動汽車的一種，故又稱爲 fuel cell electric vehicle，簡稱 FCEV。

二、燃料電池的特徵

1. 發電效率高：操作溫度低、小容量、部分負載等，都能得到高效率發電。
2. 綜合熱效率高：可進行汽電共生，適合使用者在身旁的現場發電。
3. 燃料來源的多樣性。

三、燃料電池的優缺點

1. 燃料電池的優點

   可歸納爲零汙染、零噪音、高效率、免充電、燃料來源廣等五點。

   (1) 燃料電池爲乾淨的能源來源

   ① 現今的汽、柴油引擎，燃燒效率再向上提升後，CO的排出量仍無法減至零，而 NO_x 等氣體也仍會排出。另目前正流行的油電混合車，因搭配的引擎會運轉，無法如燃料電池般的零污染氣體排出。

   ② 雖然 FCEV 直接排放的 CO_2 微乎其微，但以石化燃料製造氫氣的過程中，仍得計算其 CO_2 的排出量；亦即油箱至車輪(tank to wheels，T-t-W)的排放量爲零，但油井至油箱(well to tank，W-t-T)仍會有少許的汙染發生。若以太陽能或風力發電來製造氫氣，則其汙染的影響會更低。

⑵ 可防止地球暖化

燃料電池是利用氫反應而得到電力，副產物只有排出水而已，完全無其他的有害排出物，因無CO_2排出，故不會造成地球的暖化。

⑶ 可避免受石化燃料變動的影響

原油有一天會枯竭，原油的價格會因政治或戰爭等原因而大幅波動，進而影響世界經濟的發展，以及社會的穩定，故如何取代石化能源，爲目前當務之急。

2. 燃料電池的缺點

⑴ 由於燃料電池組的電極使用白金，以及離子(ion)交換膜等，其最大缺點是價格高。

⑵ 寒冷地區車輛起動性較差，及氫燃料箱容量大小等問題。

⑶ 其他的技術難題，從氫的生產、儲運，及加氣站的佈建等。

四、氫的基本特性

1. 氫是一種無色、無味、無臭、無毒的可燃性氣體物質。氫氣爲質量很輕的氣體，能源轉換效率高，其熱質爲汽油的三倍，且蘊藏量豐富，佔宇宙含量的75％。

2. 氫原子含有一個帶一單位正電荷的質子構成的核，和一個帶一單位負電荷並與這個核相連繫的電子。氫原子很活潑，可以彼此結合成對，形成分子式爲H_2的雙原子氫分子。

3. 自然界中氫不會單獨存在，必須透過人工製造。氫氣取得的方式有很多種，可由簡單的水電解產生，再以適當的設備儲存；也可透過天然氣、液化石油氣、煤油等石化燃料，經過重組器產生氫氣，即經過重組反應製造氫氣【利用重組的化學方式製造氫氣時，同時會釋放出CO_2，例如以天然氣製造氫氣時，每 4 個摩爾(mole)的氫氣，就會產生1個摩爾的 CO_2，這也就是說，即使是使用氫燃料，也不能算是完全零汙染的發電方式】。

4. 氫氣的密度低，即使外洩也不易累積濃度，若爆炸則產生的水亦可快速帶走熱量而避免延燒，相較於天然氣及液化石油氣，氫能的安全性較高。

五、燃料電池的種類及介紹

1. 燃料電池是一個通稱，因採用電解質(electrolyte)種類的不同，而有各種不同的燃料電池名稱。電解質是成熔融狀態或溶於水中，解離成陰、陽離子，能幫助導電者，稱為電解質。

   ⑴ 固體高分子型燃料電池(polymer electrolyte fuel cell, PEFC)

   ① 又稱質子交換膜型燃料電池(proton exchange membrane fuel cell, PEMFC)：燃料為氫氣、甲醇。

   ② 其電解質子交換膜，薄膜的表面塗有可加速反應之觸媒(白金等)，薄膜兩側分別供應氫氣及氧氣，氫原子被分解成兩個質子與兩個電子，質子被氧吸引，再和經由外電路到達此處的電子形成水分子。

   ③ 此燃料電池的唯一液體是水，腐蝕問題小，且操作溫度介於80～100℃之間。低溫(80℃)的操作溫度，但發電效率卻有超過35％的趨勢。

   ④ 整體而言，PEMFC的反應溫度低、能量密度高、啓動快、安全性高，故適合做為汽車的動力來源，為 Toyota、Honda、GM 等汽車廠所採用，也適合小型發電設備。

   ⑵ 固體氧化物型燃料電池(solid oxide fuel cell, SOFC)

   ① 可稱為陶瓷型燃料電池，電解質、電極材料都使用陶瓷，適用於極高的操作溫度。

   ② 燃料為氫氣、甲醇、原油、液化石油氣。不使用高價的貴金屬觸媒，是一種簡易型的燃料電池，用來取代傳統的電瓶。

   ③ 其電解質為氧化鋯，穩定度高，不需要觸媒，但操作溫度高，約1000℃。BMW、Renault等共同開發作為車用的輔助動力源(APU)。

④ 由於發電效率高，將來技術純熟時，適合取代火力發電等，作爲中央集中型的發電廠。

(3) 直接甲醇型燃料電池(direct methanol fuel cell, DMFC)

① 可以使用甲醇作爲燃料，是直接將甲醇導入單電池的陽極以引起反應。操作溫度約70～90℃。

② 未來遇到手機、筆記型電腦等沒電時，不需要再耗時充電，只要直接補充輕巧又方便攜帶的甲醇燃料，即可馬上繼續發電使用。

(4) 溶融碳酸鹽型燃料電池(molten carbonate fuel cell, MCFC)

① 燃料爲氫氣、甲醇、原油、液化石油氣。其電解質爲碳酸鋰等鹼性碳酸鹽，不需要貴金屬當觸媒。

② 操作溫度高，約600～700℃，非常適合中央集中型的發電廠。

(5) 磷酸型燃料電池(phosphoric acid fuel cell, PAFC)

① 燃料爲氫氣、甲醇、天然氣。因其使用的電解質爲濃度 100 %之磷酸水溶液而得名。操作溫度約150～220℃，觸媒爲白金，也面臨成本高之問題。

② 已商業化生產，應用在大型發電機組上。

(6) 鹼性型燃料電池(alkaline fuel cell, AFC)

① 燃料爲純氫。操作溫度約 60～90℃，發電效率高達 50～60 %，可採用的觸媒種類多，價格又便宜，如鎳、銀等。

② 但其電解質必須是液態，且易與 CO_2 結合成氫氧化鉀，導致發電性能衰退，也必須用高純度的氫，故無法成爲適用的研發對象，現在只作爲太空船或太空梭的燃料電池使用。

2. 上述六種燃料電池中，以前三種最有發展潛力。而固態氧化物型與溶融碳酸鹽型爲高溫型燃料電池，其他四種爲低溫型。高溫型與低溫型的最大差異，就是低溫型除了鹼性型外，其他都必須使用昂貴的鉑作爲電極觸媒，而高溫型只需要使用很便宜的鎳就可獲得充分的性能。

3. 六種燃料電池的內容比較，如表 17.1 所示。

表 17.1　六種燃料電池的比較

	固體高分子型 PEFC	固體氧化物型 SOFC	直接甲醇型 DMFC	溶融碳酸鹽型 MCFC	磷酸型 PAFC	鹼性型 AFC
原燃料	天然氣、LPG、甲醇、輕油、煤油	天然氣、LPG、甲醇、輕油、煤油	甲醇	天然氣、LPG、甲醇、輕油、煤油	天然氣、LPG、甲醇、輕油、煤油	氫
操作溫度	80～100℃	700～1000℃	70～90℃	600～700℃	150～220℃	60～90℃
低／高溫型	低溫型	高溫型	低溫型	高溫型	低溫型	低溫型
發電效率	30～40％	50～65％	30～40％	45～60％	35～45％	50～60％
用途	行動設備、家庭、工業、汽車用	家庭、工業用	行動設備用	工業、產業、發電用	工業、發電用	太空船、太空梭用

六、燃料電池的構造與作用

1.　燃料電池的構造

⑴　燃料電池是一種發電裝置，不像一般非充電電池用完電即丟棄，也不像可充電電池用完電後必須再充電。燃料電池正如其名，是繼續添加燃料以維持其電力，所需的燃料是“氫”，故燃料電池被歸類為新能源。燃料電池的基本構造，就是電池內具有陰、陽兩個電極，電極內分別充滿電解液，兩個電極間為具有滲透性的薄膜所構成，如圖 17.1 所示。

⑵　燃料電池是由多顆的單電池(cell)堆疊而成，可以增加燃料電池的功率，產生更大瓦特數的電力。基本薄板狀燃料電池之構造，如圖 17.2 所示，注意，其陽極是負極，而陰極則是正極。

⑶　利用奈米科技處理觸媒，可以增加觸媒的活性，且減少白金的用量以降低成本。當觸媒顆粒微粒化到奈米尺度時，可表現出大於普通觸媒一萬倍以上的催化能力，大幅提高燃料電池的發電效能。

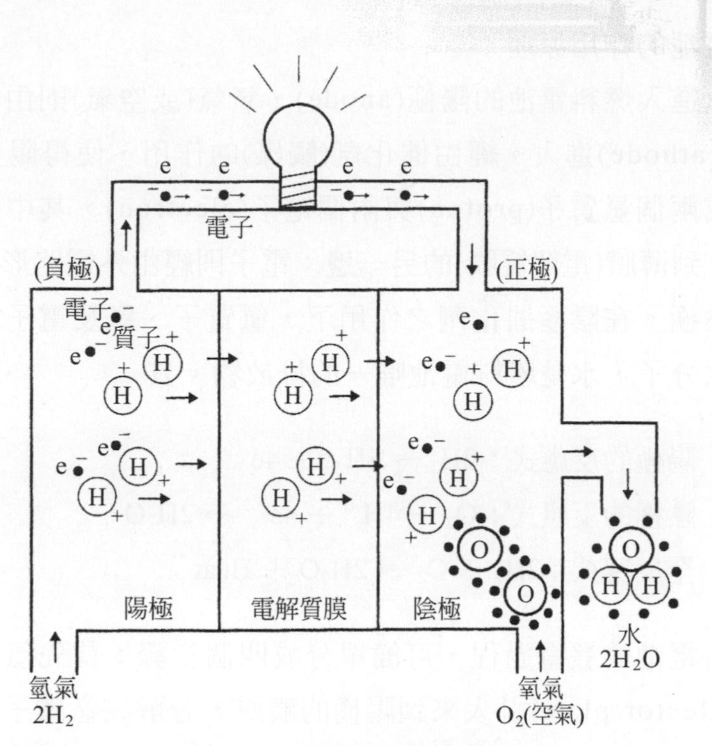

圖 17.1 燃料電池的構造與作用

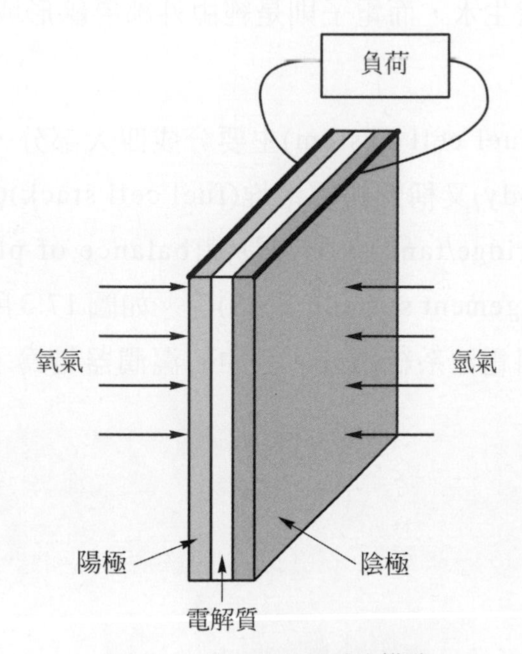

圖 17.2 基本燃料電池之構造

2. 燃料電池的作用原理

(1) 氫氣進入燃料電池的陽極(anode)，氧氣(或空氣)則由燃料電池的陰極(cathode)進入。經由催化劑(觸媒)的作用，使得陽極的氫原子分解成兩個氫質子(proton)與兩個電子(electron)，其中質子被氧「吸引」到薄膜(電解質膜)的另一邊；電子則經由外電路形成電流後，到達陰極。在陰極催化劑之作用下，氫質子、氧及電子發生反應，形成水分子，水是燃料電池唯一的排放物。其

陽極的反應式：$2H_2 \rightarrow 4H^+ + 4e^-$

陰極的反應式：$O_2 + 4H^+ + 4e^- \rightarrow 2H_2O$

全反應式：$2H_2 + O_2 \rightarrow 2H_2O + \text{Heat}$

(2) 燃料電池的發電過程，可簡單分成四個步驟：首先氫氣經由導流板(collector plate)引入來到陽極的觸媒，分解成氫離子與電子，氫離子經由內部的質子交換膜(proton exchange membrane)來到陰極與氧氣結合產生水，而電子則是經由外部導線形成迴路以產生電力。

七、燃料電池系統

燃料電池系統(fuel cell system)主要分成四大部分，即燃料電池發電本體(fuel cell main body)又稱燃料電池堆(fuel cell stack)(或稱燃料電池組)、燃料罐/箱(fuel cartridge/tank)、周邊設備(balance of plant, BOP)及能源管理系統(energy management system, EMS)等。如圖 17.3 所示，爲本田的FCX燃料電池汽車之燃料電池系統組成，其中的濕潤器是爲了維持質子交換膜的濕度。

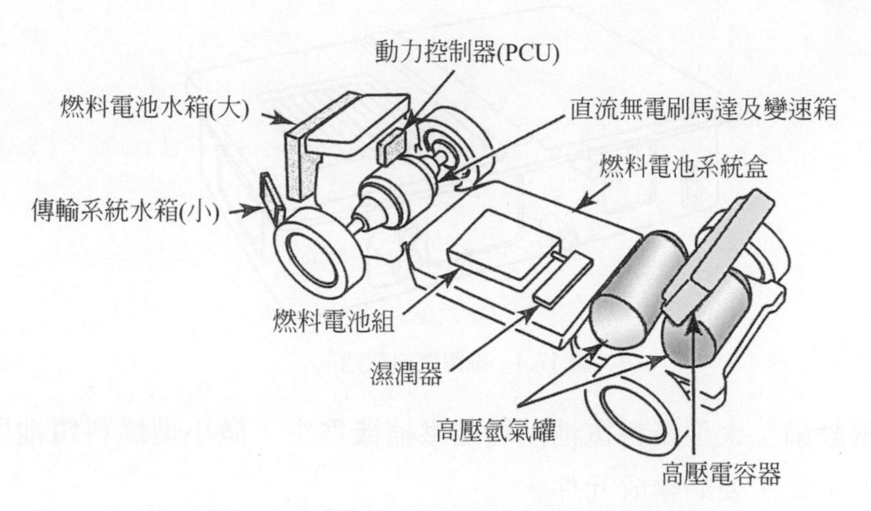

圖 17.3　FCX 燃料電池汽車之燃料電池系統組成

1. 燃料電池發電本體
   ⑴ 大多數的燃料電池發電本體，多是以石墨堆疊成電池堆為主要的構成元件。而微小型燃料電池發電本體，則可用平板式燃料電池模組，目前有 PCB 製程與石墨製程兩種。
   ⑵ 電池堆的結構，主要分成平板型與圓筒型兩種。
   ⑶ 燃料電池在進行發電時會發熱，因此必須有冷卻系統，有空冷、水冷或使用冷媒等方式。
   ⑷ 車用燃料電池是由數十至數百個單電池所串聯而成，每個單電池間有凹槽讓空氣及氫氣通過的分隔板，及每數個單電池間有冷卻板等，如圖 17.4 所示為其外箱。
2. 燃料罐：大型燃料電池以儲氫罐為主，微小型燃料電池則以甲醇燃料罐、純水罐為主要的構成元件。氫氣儲存技術是氫能使用的重要關鍵，目前儲氫的方式，包括以鋼瓶儲存氫氣的氣體儲氫，降低溫度使氫氣成為液態的液態儲氫，利用合金粉末與奈米材料吸附氫氣的金屬儲氫，以及奈米儲氫方式，後兩者不但體積儲氫密度高，而且安全性也高。

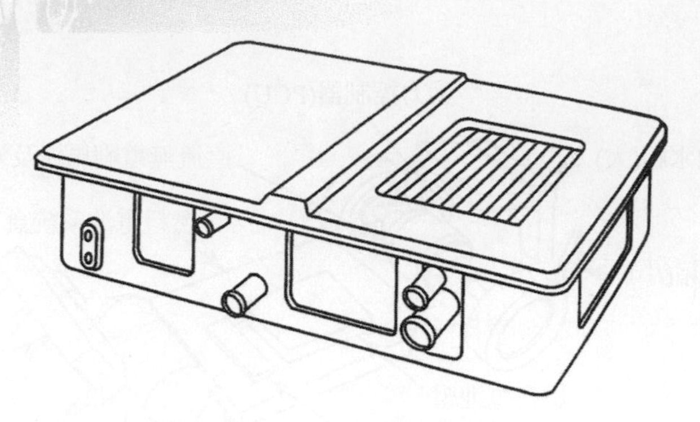

圖 17.4　車用燃料電池

3. 周邊設備：大型燃料電池以馬達壓縮機為主，微小型燃料電池則以風扇、泵為主要的構成元件。
4. 能源管理系統：主要的構成元件為電源轉換板(converter/inverter board)、負載控制板(E-load board)，可將產生的電力，轉換成系統使用所需的不同負載。

七、燃料電池的應用領域

燃料電池的應用領域非常廣泛，目前發展的主流應用產品，依燃料電池的發電量歸類，可分為可攜式電子產品、各種運輸工具及定置型發電機(家庭、學校或工廠用)等三大類。

17.2 電動汽車

17.2.1 概述

1. 本節所稱的電動汽車(electric vehicle，EV)，是指純電動車(battery electric vehicle，BEV)。EV 是所有電動汽車的統稱，BEV 則是目前電動汽車最新的發展型式之一。
2. 事實上，包含上一章的HV，均可歸納為屬於EV的型式(部分EV行駛模式或全部EV行駛模式)。

⑴ 複合動力汽車(hybrid electric vehicle，HV 或 HEV)：高速時以引擎爲動力，低速時以馬達爲動力(即EV行駛模式)。

⑵ 插電式複合動力汽車(plug-in hybrid vehicle，PHV)：作用模式與HV相同，但純電動行駛里程更長。

⑶ 增程式電動汽車(range extended electric vehicle，RE EV)：完全以馬達爲動力來源，引擎只用於帶動發電機發電。

⑷ 純電動汽車(battery electric vehicle，BEV)：完全以馬達爲動力來源。

17.2.2 三菱 i MiEV

一、概要

1. 三菱i MiEV(Mitsubishi innovative Electric Vehicle)是三菱汽車與日本各電力公司(如東京電力、九州電力等6個)，從2006年11月起共同開發，採用一個馬達與減速齒輪組合，驅動後輪的方式，其主要規格如表17.2所示。
2. 三菱 i MiEV 爲純電瓶式汽車，即電動汽車(electric vehicle，EV)，其動力傳達(power train)機構，除鋰離子電瓶(lithium ion battery)本體外，另由直流/交流變換的變流器(inverter)、驅動後輪的馬達(永久磁鐵交流同步式)，以及利用家庭用電對電瓶充電的專用充電器等所組成，如圖17.5右圖所示。

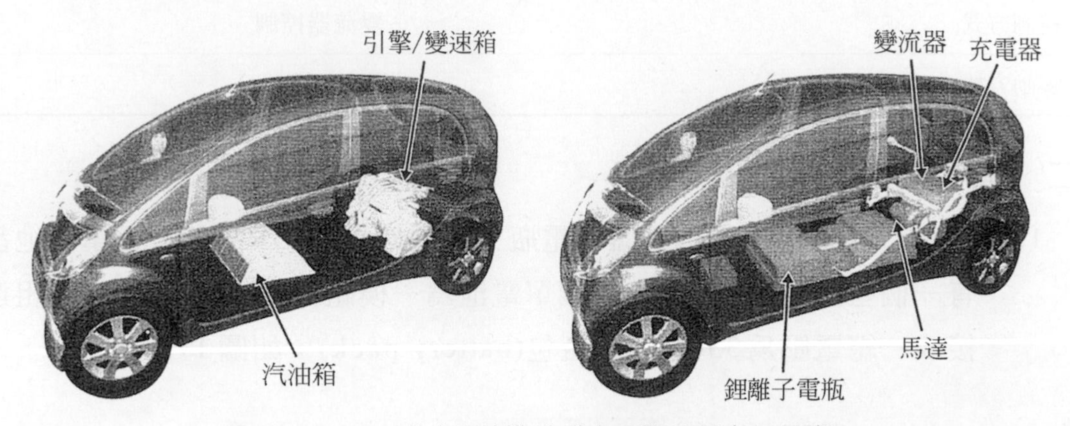

圖 17.5　i MiEV 的主要結構(自動車工學 2008 年 7 月號)

表 17.2　i MiEV 的主要規格(自動車工學 2008 年 7 月號)

型式		i MiEV
全長×全寬×全高		3395×1475×1600mm
車重		1080kg
乘員		4 名
最高速度		130km/h
充電行駛距離(10．15 mode)＜目標＞		130km→160km
充電時間(80％充電)	200V．15A(車載充電器)	5 小時→7 小時(全充電)
	100V．15A(車載充電器)	11 小時→14 小時(全充電)
	三相 200V．50kW(快速充電機)	20 分→約 30 分(80％充電)
馬達	種類	永久磁鐵交流同步式
	最高出力	47kW
	最大扭力	180Nm
	最高迴轉數	8500rpm
電瓶	種類	鋰離子
	總電壓	330V
	總電力	18kWh/20kWh
控制方式		變流器控制
驅動方式		後輪驅動

二、系統組成

1. i MiEV 車底板下方爲鋰離子電瓶，單電池爲 3.75V，每一個單電池都有一個堅固的金屬外殼。4 個單電池爲一模組(module)，22 個模組連接成一總電壓爲 330V 的電瓶包(battery pack)，如圖 17.6 所示。

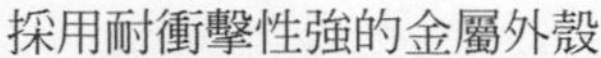
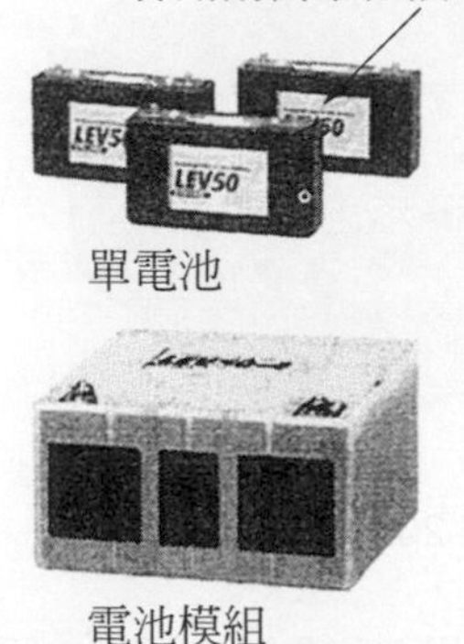
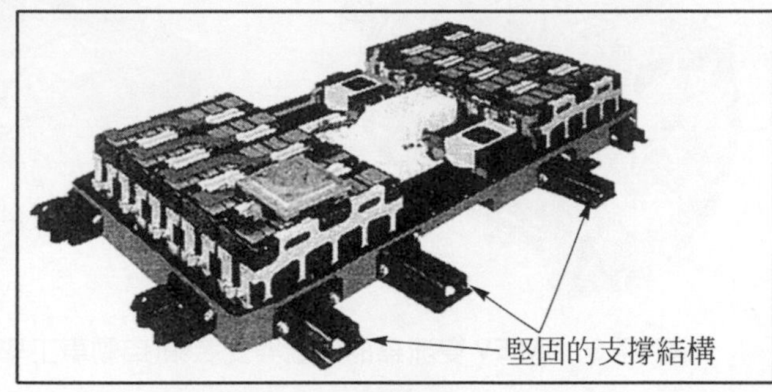

圖 17.6　i MiEV 的單電池、電池模組與電瓶包(自動車工學 2008 年 7 月號)

2. 電瓶的充電，可利用家庭的100V或200V，臨時需要時，也可利用充電站的三相200V 快速充電，所需時間如表 17.2 所示。
3. 變流器將電瓶的直流電轉換成交流電，供應給馬達；在充電時，將交流電轉換成直流電充入電瓶；以及在減速、煞車時，轉成直流電回充電瓶，如圖 17.7 右側所示(左側爲冷卻水箱及家庭用充電器)爲其安裝位置。與複合動力系統(hybrid system)的變流器一樣，在直流交流化及交流直流化間頻繁變換作用。如圖 17.8 所示，爲變流器的外觀及其安裝箱。
4. 由於馬達與變流器在作用時會產生熱，故設有專用的冷卻機構，包括小型的冷卻水箱與水泵。

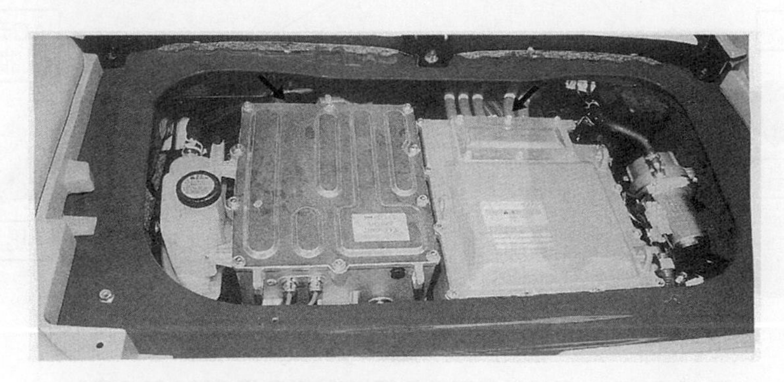

圖 17.7　i MiEV 的變流器(自動車工學 2008 年 7 月號)

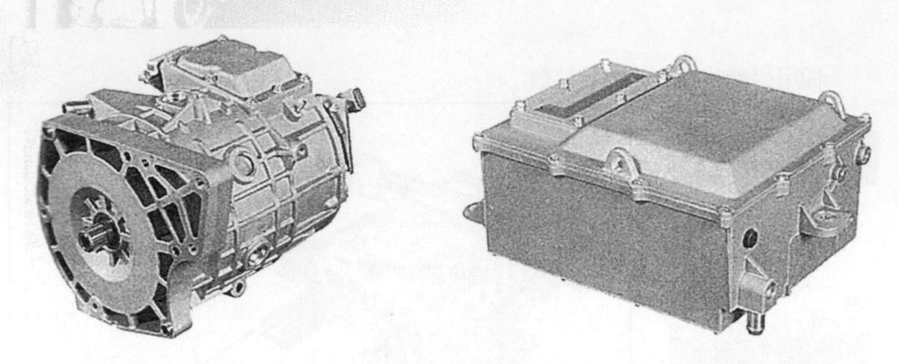

圖 17.8 i MiEV 變流器的外觀與安裝箱(自動車工學 2008 年 7 月號)

5. 冷卻機構的冷卻水溫度約只有 35℃，不足以供應暖氣所需，因此必須設置加熱器；而冷氣供應也必須採用電動的壓縮機，再加上煞車增壓器的眞空也必須採用壓縮機(馬達)，電力消耗是一個很頭痛的問題。

17.2.3 速霸陸 R1e

1. 速霸陸的 R1e 只跟東京電力共同開發。其驅動方式及零組件配置位置，與 i MiEV 完全不相同，如圖 17.9 所示，R1e 是採用前輪驅動的方式，各零組件配置在各處。例如 16 個電池模組，6 個在前座椅下方，6 個在車後端下方，4 個在車後端上方，如圖 17.10 所示。

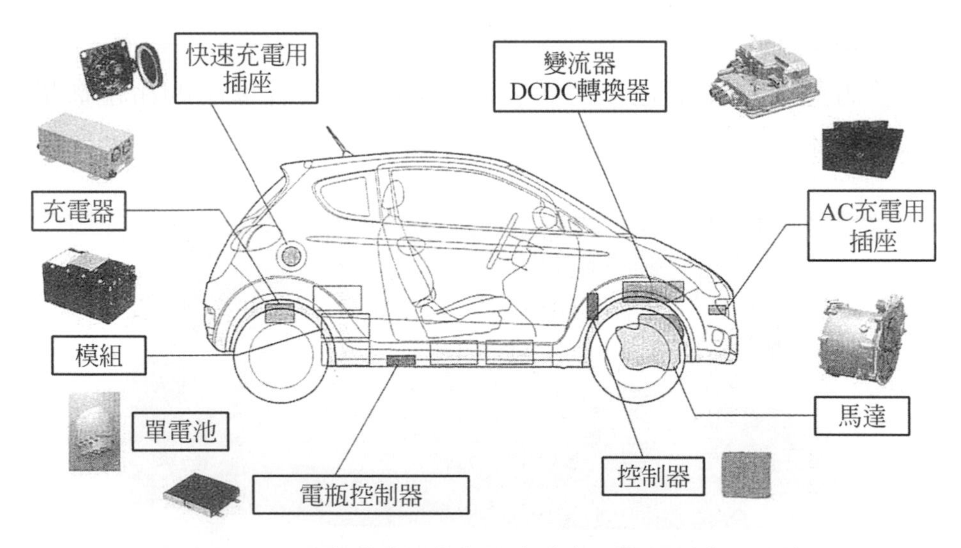

圖 17.9 R1e 零組件的配置位置(自動車工學 2008 年 7 月號)

圖 17.10　16 個電池模組的配置方式(自動車工學 2008 年 7 月號)

2. 馬達與變流器的外觀，如圖 17.11 所示。

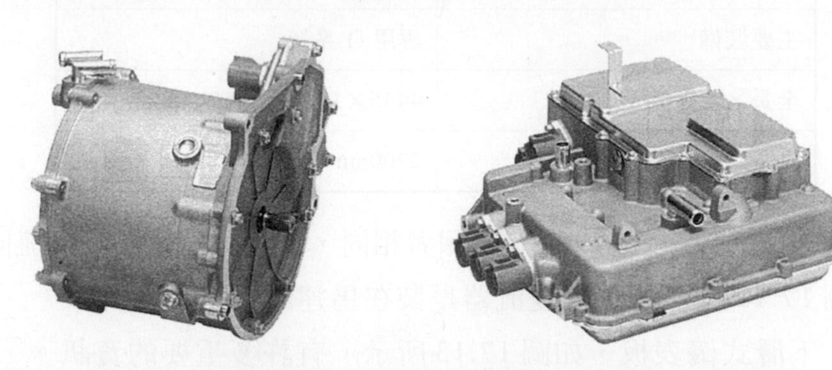

圖 17.11　R1e 馬達與變流器的外觀(自動車工學 2008 年 7 月號)

3. R1e 系統的組成零組件與 i MiEV 大致相同，其中與變流器(inverter)並列的是DC/DC轉換器(converter)，是一種DC之間的電壓變換器。不過通常整個總成各汽車廠都是以inverter作代表統稱。
4. R1e也是採用鋰離子電瓶，12片薄片型(laminated)單電池層疊爲一電池模組，16 個電池模組的總電壓爲 346V。

17.2.4 日產 Leaf

一、概要

1. 歐美日各國已在2010年12月開始販售Leaf，其主要規格如表17.3所示。4個單電池爲一電池模組，48 個電池模組總電壓爲 360V，電瓶包(battery pack)總重量爲 294kg。

表 17.3 Leaf 的主要規格(自動車工學 2011 年 6 月號)

乘員	5 人
最高速度	140km/h 以上
驅動方式	馬達前置，前輪驅動
電瓶	薄片式鋰離子電瓶
電瓶容量／出力	24kWh/90kW 以上
馬達(最高出力．扭力)	交流同步式(80kW．280Nm)
行駛距離	160km 以(US LA4 mode)
主要裝備	專用 IT 系統
全長×全寬×全高	4445×1770×1550mm
軸距	2700mm

2. 馬達的型式與複合動力系統採用者相同，爲永久磁鐵三相交流同步式，如圖 17.12 左側所示，變流器是裝在馬達的上方。
3. 上、下層式儀表板，如圖 17.13 所示，有許多重要的資訊。
4. Leaf的許多資訊可從手機或個人電腦顯示，例如充電站資訊、前往地區的可能性、充電定時器(timer)、空調定時器(timer)等；另舉一例，如電動車在車庫充電，車主在客廳休息時，待充電完畢，即會透過手機或個人電腦自動通知車主。

圖 17.12 馬達與變流器(自動車工學 2011 年 6 月號)

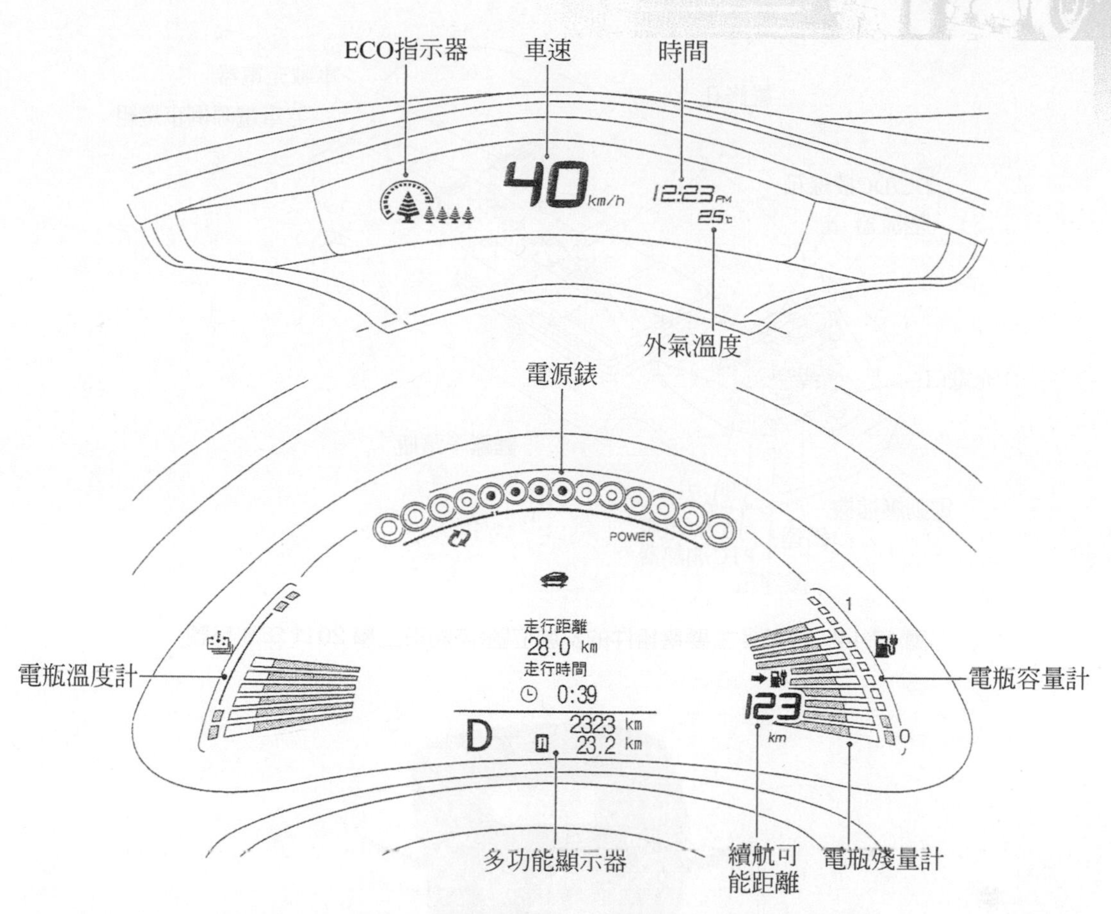

圖 17.13　Leaf 的上下層式儀表板(自動車工學 2011 年 6 月號)

二、系統組成

1. Leaf各主要零組件的安裝位置，薄片型鋰離子單電池層疊而成的電池模組，排列收納在中央車底板的下方；馬達與變流器放在前面的引擎室(現在應稱爲馬達室)，車載充電器裝在後方，如圖 17.14 所示。
2. 設在車輛前方中央的充電口，如圖 17.15 所示，有兩個大小不同的插座，大的插座是快速充電用，小的插座是家用電源充電用。在儀表板上方有三個顯示充電狀態的充電指示燈，站在車外即可清楚看到。家用電源充電可分一般充電、計時器(timer)充電與遙控充電三種，依需要選擇。

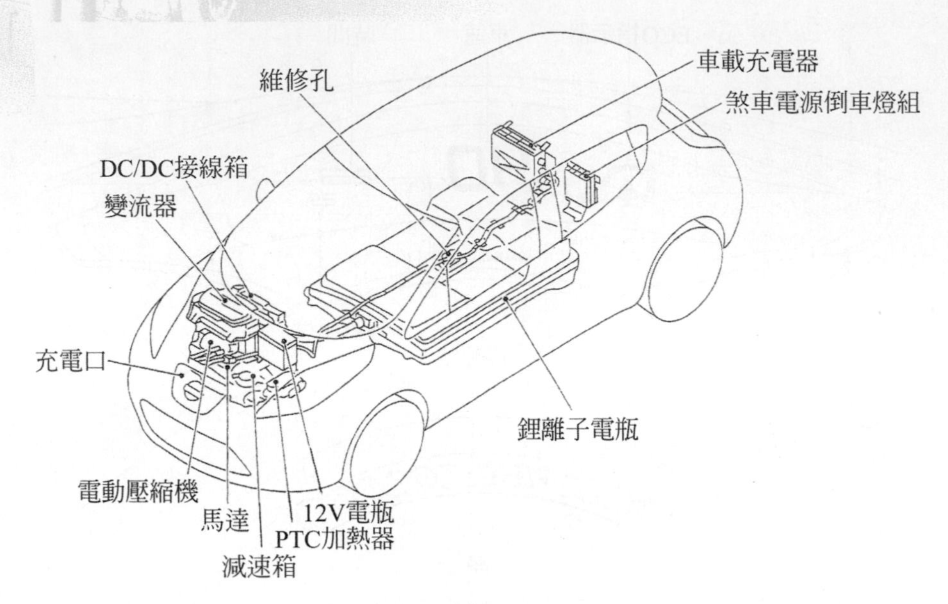

圖 17.14 Leaf 各主要零組件的安裝位置(自動車工學 2011 年 6 月號)

圖 17.15 車輛前方中央的充電口(自動車工學 2011 年 6 月號)

(1) 一般充電即任意的手動操作，可隨時開始或結束的充電方法。

(2) 計時器充電是透過VCM(vehicle control module，車輛控制模組)設定，由計時器控制充電開始與充電結束的充電方法。從充電 80％～100％，可任意設定。

(3) 遙控充電是使用手機或個人電腦，從遠端遙控操作充電開始的充電方法。

3. Leaf驅動系統的基本組成，如圖 17.16 所示。

4. Leaf驅動系統的電路，如圖 17.17 所示。

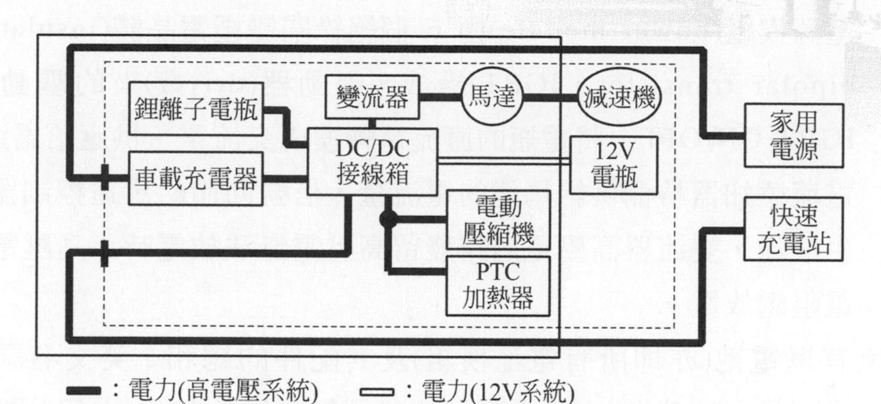

圖 17.16 Leaf 驅動系統的基本組成(自動車工學 2011 年 6 月號)

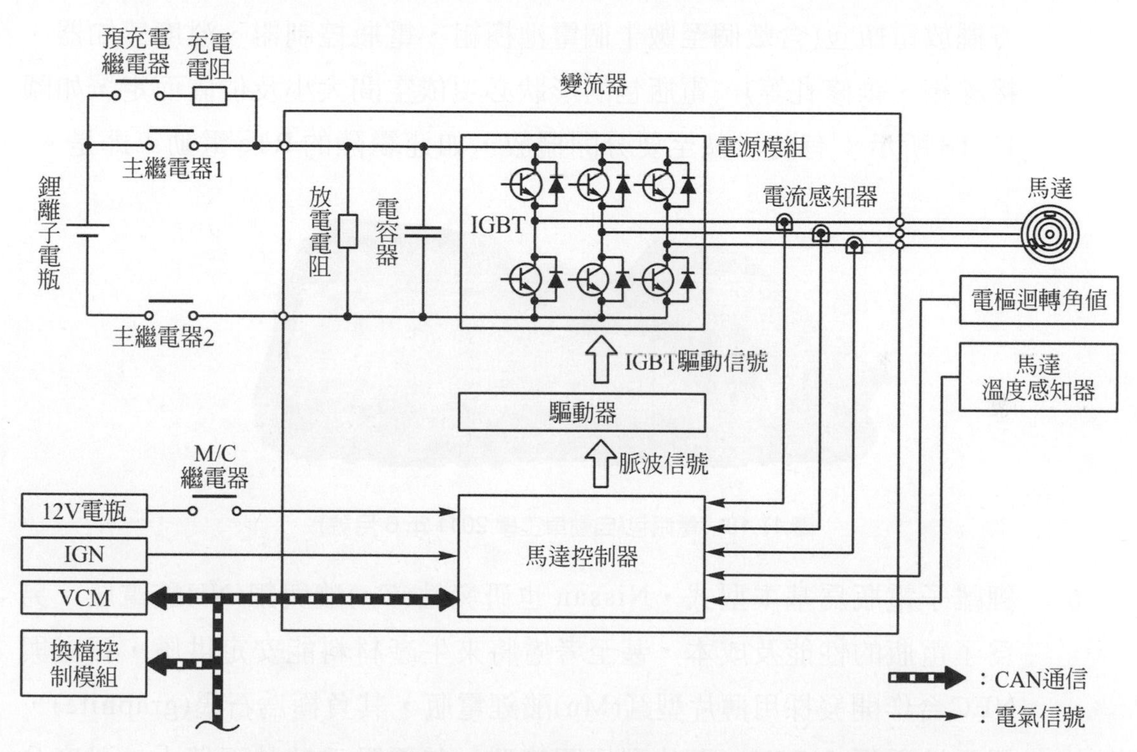

圖 17.17 Leaf 驅動系統的電路(自動車工學 2011 年 6 月號)

(1) 檢測電池模組的電壓、電流/電瓶包內溫度/各單電池電壓等，進行充電狀態/入出力可能值/充電可能值/儀表顯示值等演算，資料送給VCM，對應鋰離子電瓶的狀態，VCM進行對驅動系統的控制。

(2) 電源模組(power module)由 6 個絕緣閘雙極電晶體(insulated gate bipolar transistor，IGBT)構成，驅動器(driver)來的驅動信號使 IGBT ON/OFF，將電瓶的直流電轉換成交流電，供應給馬達。

(3) 電流感知器檢測供給馬達的電流量，信號回饋給馬達控制器；當發生故障，變流器高壓電迴路殘留高壓電無法放電時，高壓電由放電電阻處放電。

5. 所有單電池(亦即所有電池模組)及其配件的總和，英文名詞均稱爲 battery pack(電瓶包)，它跟以往我們對電瓶的印象(六個分電池裝在一個長方形的塑膠外殼內)完全不一樣。由於車室的空間有限，要找地方擺放電瓶包(含數個至數十個電池模組、電瓶控制器、溫度感知器、接線箱、維修孔等)，電瓶包的形狀必須依空間大小及位置而定，如圖 17.18 所示；有時候甚至要分開擺放，如速霸陸的 R1e 電動車即是。

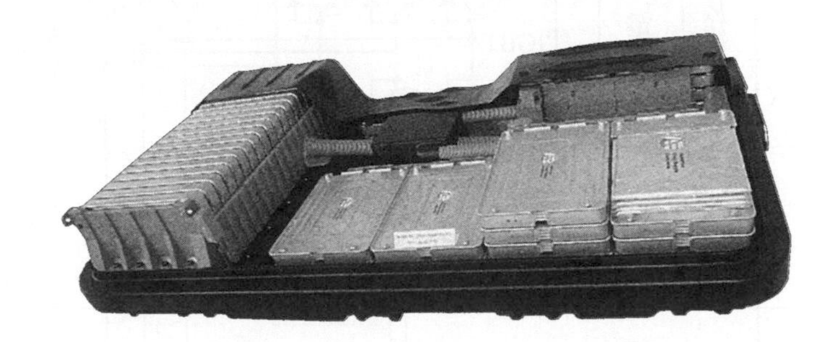

圖 17.18　電瓶包(自動車工學 2011 年 6 月號)

6. 鋰離子電瓶爲基本型式，Nissan 也研發鈷(Co)酸與鎳(Ni)酸電瓶。另爲了電瓶的性能及成本，甚至考慮將來生產材料能安定供應，日產與 NEC合作開發採用薄片型錳(Mn)酸鋰電瓶，其負極爲石墨(graphite)，單電池電壓 3.75V；薄片型比圓筒型，其優點爲散熱面積大、溫度分佈平均，在高溫環境下，可大幅改善可靠性及耐久性。

7. 鋰離子電瓶的能量密度比鎳氫電瓶(豐田汽車用在複合動力汽車上)要高數倍，因此豐田汽車計劃在 PHV(插電式複合動力汽車)上採用鋰離子電瓶。

(1) 鋰(Li)的特性

① 鋰的原子序爲3，原子量爲6.941，是一種最輕的金屬，在製造輕巧電池時，鋰的此特性爲其很重要的優勢。

② 鋰是離子化傾向最大的金屬，金屬的離子化傾向越大，作爲電池的負極時，就會顯示出負極電位越低的傾向，使得負極與正極間的電位差變大，亦即電池可得到較高的電動勢。例如鎳鎘或鎳氫單電池的電壓約爲1.2V，而鋰離子單電池的平均放電電壓則高達3.6～3.7V。換言之，電池的電動勢爲正極與負極間的電位差，而鋰的還原力非常強，因此將鋰作爲負極材料時，將會形成非常高的電動勢。

(2) 高能量密度物質，其安全性相對會變低。鋰離子電瓶不論體積或重量能量密度均高，且使用可燃性的有機溶劑，因此有可能因爲過度充電、過電流或撞擊等，而導致發熱、起火之情形。

三、高電壓組件冷卻系統

1. 針對馬達、變流器、DC/DC 接線箱(junction box)、車載充電器等高電壓組件的冷卻系統，如圖 17.19 所示。VCM控制兩個電動水泵，冷卻水流量會依水溫及車速作最適當的調節；任一水泵故障時，另一水泵會增速，以確保必要的水流量。
2. 水箱處設有2連式的冷卻風扇。

四、減速箱與(電制)換檔

1. 與一般汽車或複合動力汽車的多段切換式變速箱不相同，Leaf是採用固定式的減速箱，與馬達成一體化減速箱的構造，如圖 17.20 所示。馬達旋轉時，動力經減速箱→最終減速齒輪→驅動軸→車輪，最終減速比爲 7.937。
2. 線傳(by wire)換檔的選擇位置，有D、ECO、N、R、P等五個，如滑鼠般操作感覺的瞬間式(momentary type)選擇桿，如圖 17.21 所示。

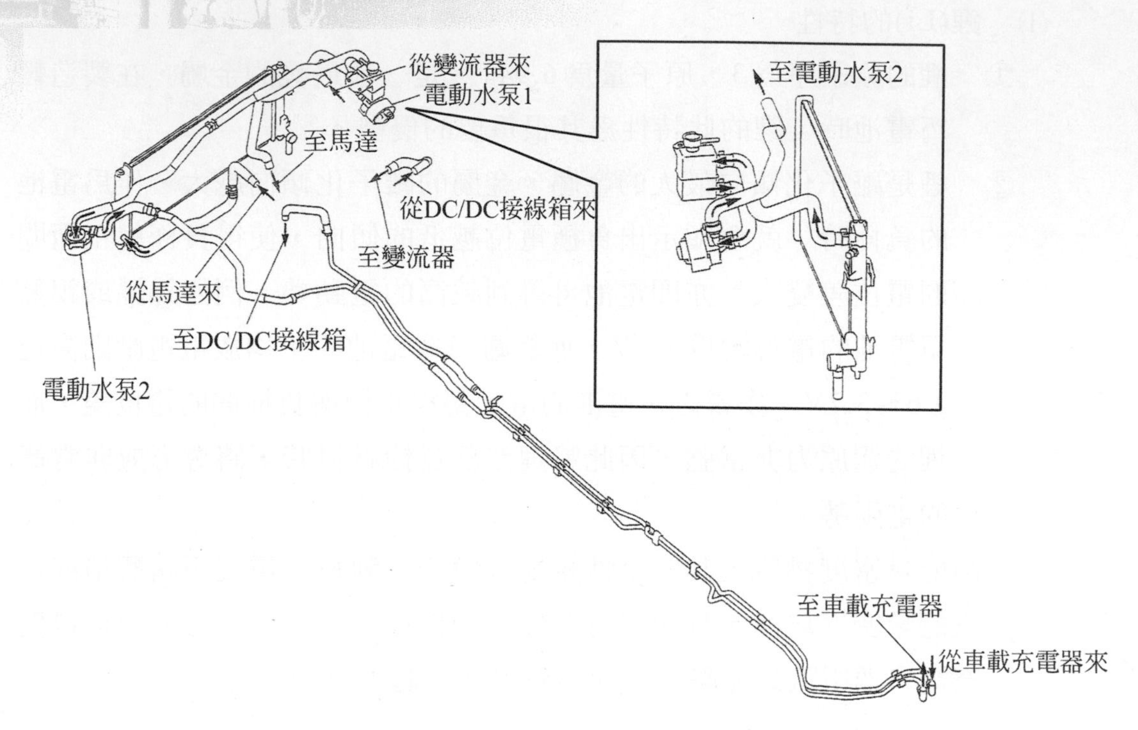

圖 17.19　各高電壓組件的冷卻系統(自動車工學 2011 年 6 月號)

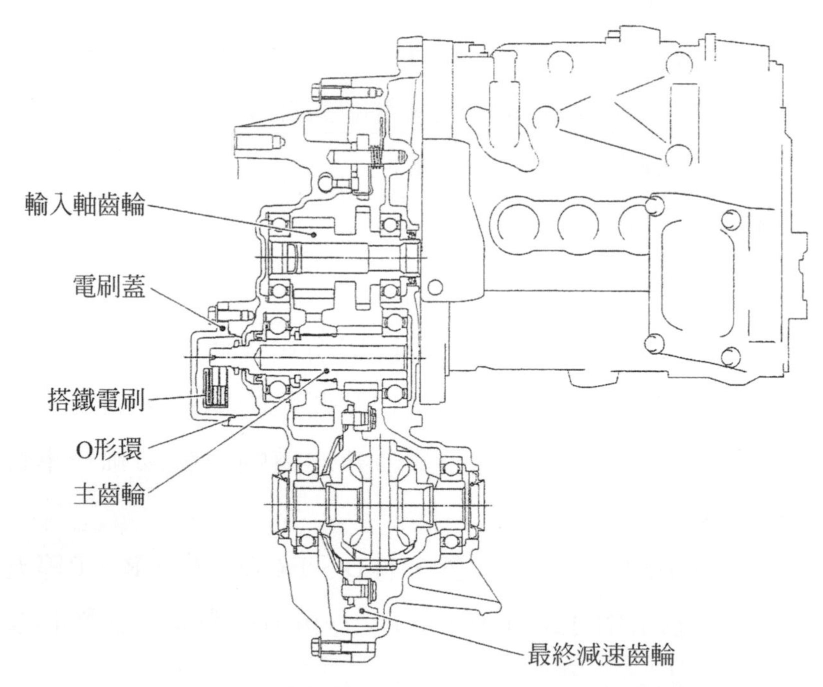

圖 17.20　減速箱的構造(自動車工學 2011 年 6 月號)

圖 17.21 選擇桿(自動車工學 2011 年 6 月號)

3. P 檔位的駐車操作，是利用開關磁阻(switched reluctance，SR)馬達式的駐車作動器(parking actuator)，電源開關OFF後，壓下選擇桿上方正中央的開關(按鈕)，駐車機構即自動作用。

五、空調系統

1. 因爲沒有像引擎般的熱冷卻水來源，因此電動車的暖氣系統跟一般汽車大不相同。如圖 17.22 所示，爲電動車的暖氣系統，PTC(positive

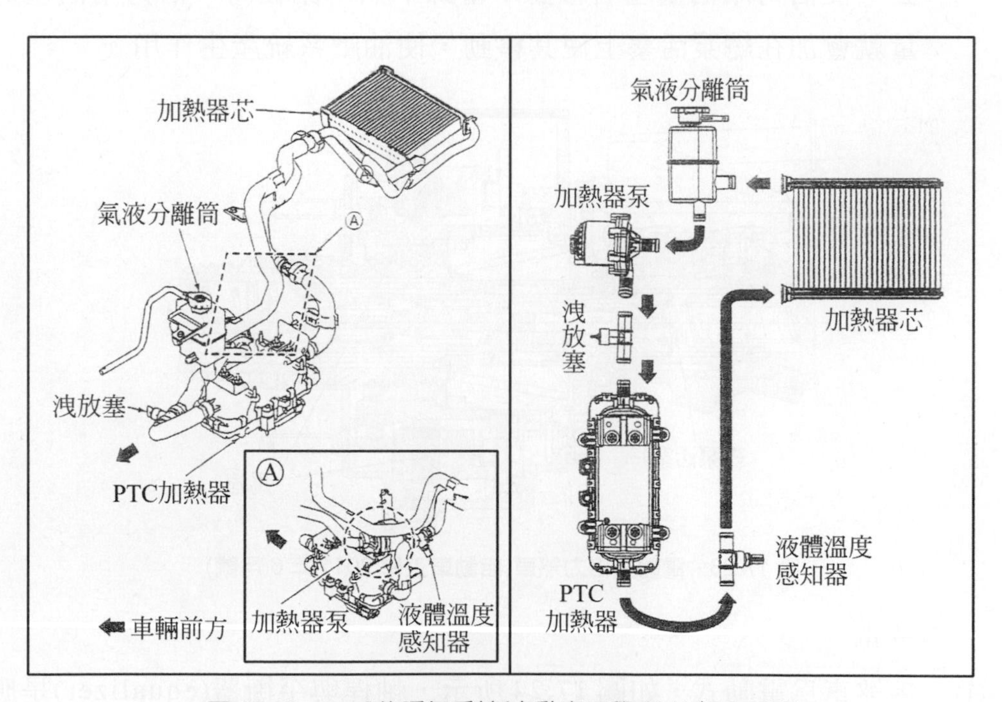

圖 17.22 Leaf 的暖氣系統(自動車工學 2011 年 6 月號)

temperature coefficient，正溫度係數)加熱器，其作用方式很像電湯匙般。

2. PTC 加熱器內藏有 ECU，其加熱電流的大小，以 PWM 方式由自動放大器的信號控制。
3. 冷氣系統採用電動壓縮機，壓縮機馬達的變流器與壓縮機一體設計。
4. Leaf 提供 EV 專用的空調系統車外服務(off board service)，亦即可遠端控制預先啓動空調系統。

六、煞車系統

1. 腳煞車

⑴ 倍力煞車採用電動式，它是一種應用螺牙螺帽式的螺旋機構，螺牙與螺帽間有鋼珠；倍力裝置是機械式，不是一般的負壓式，如圖 17.23 所示。

⑵ 馬達作動時，與轉子(即電樞)一體的螺帽也一起旋轉，經鋼珠、螺牙套，使倍力用活塞左右移動；當踩下煞車踏板時，倍力用活塞的力量就會加在總泵活塞上使其移動，使油壓系統產生作用。

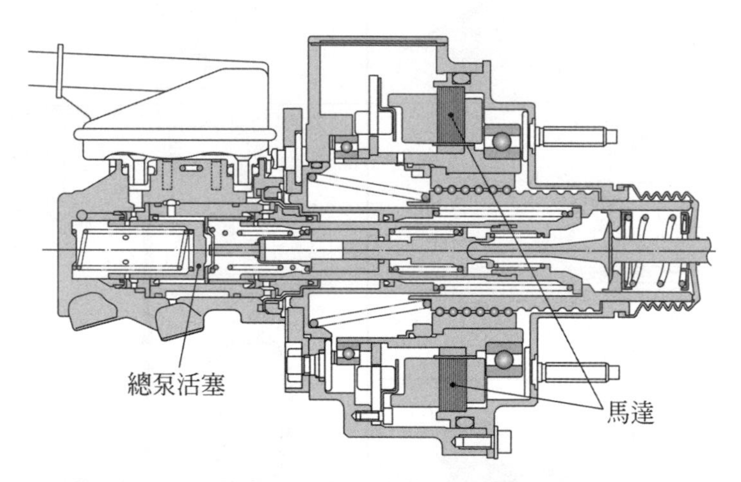

圖 17.23 電動式倍力煞車(自動車工學 2011 年 6 月號)

2. 手煞車

⑴ 手煞車爲電動式，如圖 17.24 所示，軸桿與平衡器(equalizer)是應用螺牙螺帽式的螺旋機構。

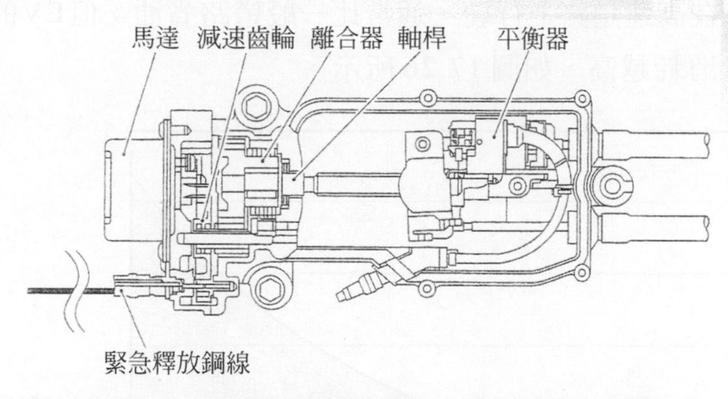

圖 17.24　電動式手煞車(自動車工學 2011 年 6 月號)

⑵ 拉起選擇桿後方的手煞車開關時，馬達轉動，減速齒輪、離合器、軸桿等旋轉，與軸桿以螺旋嚙合如螺帽般的平衡器，向馬達方向移動，平衡器因而拉動兩側的手煞車鋼線，使手煞車作用。

⑶ 放開手煞車開關時，馬達反方向轉動，使手煞車作用解除。若系統異常，無法解除手煞車時，有車載專用工具可手動解除。

七、電瓶電力消耗相關資訊

1. EV與汽油車能量消耗的比較，如圖 17.25 所示可看出，空調的能量消耗，對EV而言是其一大弱點，若再加上大燈、雨刷的消耗，對EV的行駛里程數是一項大挑戰。台灣的酷熱氣候時間可長達半年，空調ON的時間長，對電動車的續航力會有很大的影響。

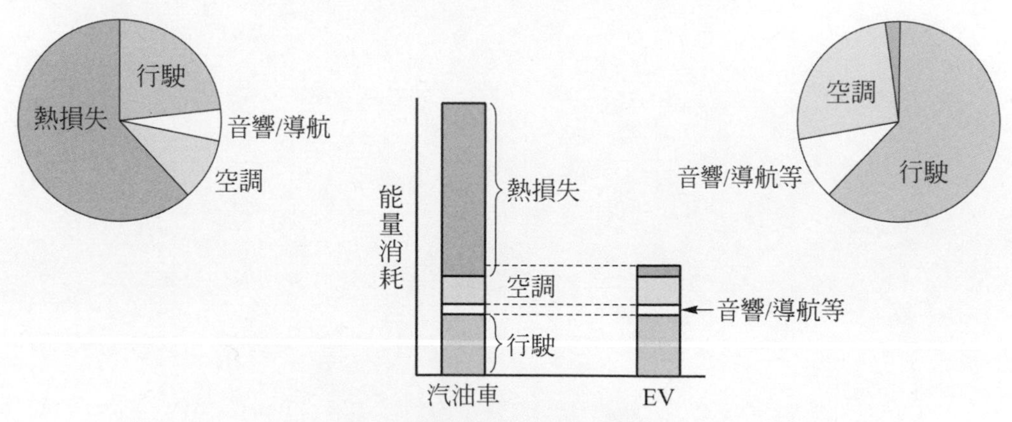

圖 17.25　EV 與汽油車能量消耗的比較(自動車工學 2011 年 6 月號)

2. 汽油車在高速道路上行駛，通常比一般道路省油；但EV的車速越快，其能量消耗越高，如圖 17.26 所示。

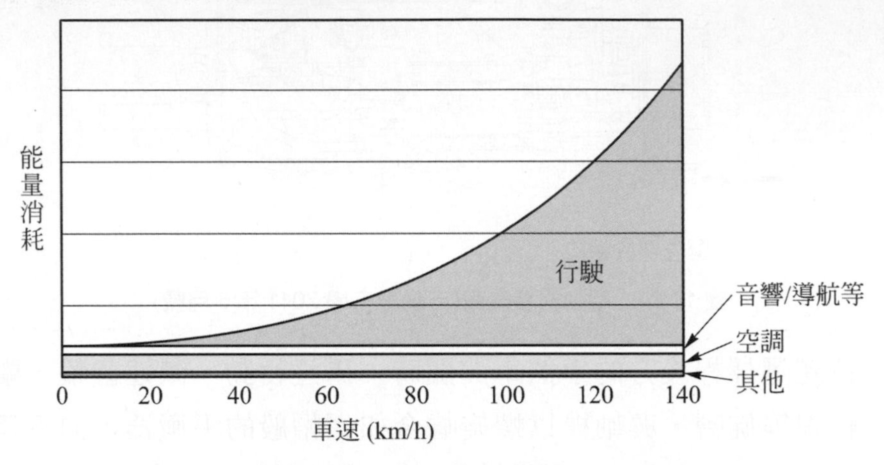

圖 17.26　EV 車速與能量消耗的關係(自動車工學 2011 年 6 月號)

一、選擇題

( )1. 燃料電池的反應是 (A)水電解的正反應 (B)水＋電能→氫氣＋氧氣 (C)氫氣＋氧氣→電能＋水 (D)機械化學反應

( )2. 燃料電池 (A)是一種處理能量轉換的動力機械裝置 (B)由化學能轉變成動能 (C)是鎳氫電池的一種 (D)能量是來自外部的燃料。

( )3. 以下何項非燃料電池的優點？ (A)寒冷地區車輛起動性較佳 (B)可避免受石化燃料變動的影響 (C)為乾淨的能源來源 (D)可防止地球暖化。

( )4. PEMFC 為 (A)固態氧化物燃料電池 (B)直接甲醇燃料電池 (C)磷酸燃料電池 (D)質子交換膜燃料電池。

( )5. 電解質為氧化鋯的是 (A)固態氧化物燃料電池 (B)固態高分子燃料電池 (C)磷酸燃料電池 (D)質子交換膜燃料電池。

( )6. 以下何項非燃料電池的基本構造？ (A)兩個電極間為具有滲透性的薄膜 (B)具有陰、陽兩個電極 (C)採用鉛格子板 (D)電極內分別充滿電解液。

( )7. 燃料電池的唯一排放物是 (A)水 (B)氧氣 (C)CO (D)HC。

( )8. 大型燃料電池的燃料罐是(A)儲氫罐 (B)甲醇燃料罐 (C)純水罐 (D)儲氧罐。

( )9. 以下何項非電動汽車的主要組件？ (A)馬達 (B)變流器 (C)鋰鐵電瓶 (D)發電機。

( )10. 作直流交流或交流直流轉換的是 (A)電池模組 (B)變流器 (C)馬達 (D)充電器。

(　)11. 電動汽車的主要組件，佔車重的比例最高的是　(A)變流器　(B)馬達　(C)電瓶包　(D)車載充電器。

(　)12. 電瓶包是　(A)所有電池模組及其配件的總和　(B)所有單電池的總和　(C)所有電池模組的總和　(D)所有串聯電瓶的總和。

(　)13. 電動汽車　(A)設有高電壓組件冷卻系統　(B)使用以皮帶帶動的壓縮機　(C)使用冷卻系統的熱水作爲暖氣的來源　(D) 採用壓縮空氣煞車。

(　)14. 目前電動汽車電瓶包的電壓爲　(A)12～24V　(B)100～200 V　(C)201～300 V　(D)301～400 V。

二、問答題

1. 何謂燃料電池？
2. 寫出燃料電池的特徵。
3. 寫出固體高分子型燃料電池的特性。
4. 試述燃料電池簡單的發電過程。
5. 何謂增程式電動汽車？
6. 何謂電瓶包？

Chapter 18

汽車行駛原理性能及規格

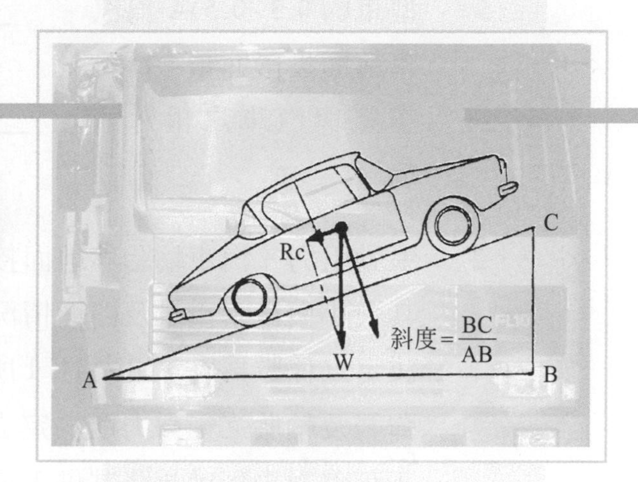

18.1 行駛原理

一、汽車行駛時所受各種力對於行駛性能有很大的影響，如引擎發出之動力與行駛阻力等。通常包括行駛阻力、行駛動力與出功之儲積等三大項。

二、行駛阻力

行駛中之汽車所受之阻力，稱爲行駛阻力。由空氣阻力、滾動阻力、摩擦阻力、斜坡阻力、慣性阻力等綜合而成。

1. 空氣阻力：汽車係在空氣中穿行，A.汽車正面之阻擋力，B.汽車表面與空氣之摩擦力，C.汽車後部形狀所產生的渦流阻力，如圖 18.1 所示。使用風洞測試，汽車之形狀對空氣阻力影響很大，通常空氣阻力係數以 CD 表示。

空氣阻力 $Fa=1/2\times\rho\times CD\times A\times D^2$

式中ρ爲空氣密度，CD爲空氣阻力係數(一般小型車約 0.3~0.5)A 爲汽車前面投影面積，D 爲空氣與汽車之相對速度。

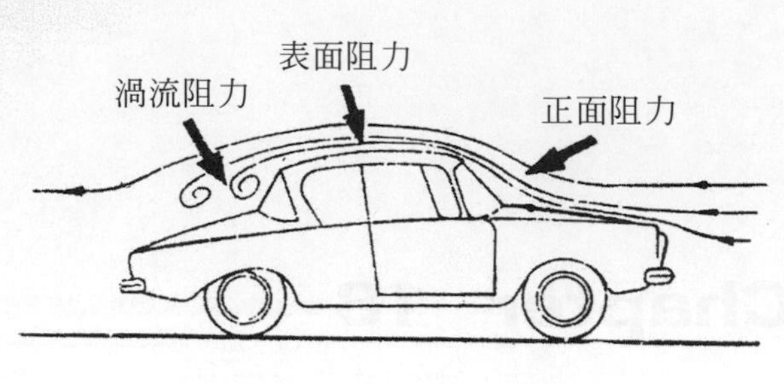

圖 18.1　汽車滾動阻力係數F_1

2. 滾動阻力：汽車輪胎與地面接觸時因摩擦產生之阻力稱爲滾動阻力。其大小與汽車重量及路面情況有直接影響。根據實驗結果，由路面所決定之係數爲F_1，如表 18.1 所示。汽車行駛時因路面凹凸不平所加於彈簧及輪胎之衝擊力所決定之係數爲F_2。因車速增高後衝擊阻力已達不可忽視之程度故將其併入路面阻力內計算，合稱路面阻力。我們可由下列公式計算之。

滾動阻力(F)=阻力係數(F_1)×汽車重量(W)
衝擊阻力(S)=阻力係數(F_2)×汽車重量(W)
路面阻力=滾動阻力(F)+衝擊阻力(S)

表 18.1　汽車滾動阻力係數F_1

路面	F_1	路面	F_1
鐵軌	0.0047	最良之碎石鋪裝者	0.0201
良好之柏油	0.0067	普通之碎石鋪裝者	0.0223~0.0268
中等之柏油	0.0098	經壓路機壓過之砂石	0.0254
低質之柏油	0.0129	小粒之圓石	0.0268
最佳之水泥	0.009	中粒之圓石	0.0580
磨損之水泥	0.012	大粒之圓石	0.107
低質之水泥	0.020	硬質之黏土	0.0445
木材鋪裝者	0.0134	砂路	0.161
花崗岩舖製者	0.0156	砂地	0.250

上式中 F_2 之值通常道路約為 0.007 左右，在非常平坦之道路此值則甚小。圖 18.2 為滾動阻力圖。

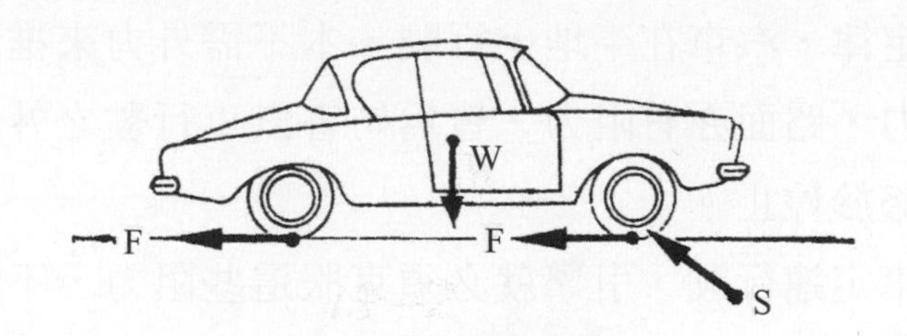

圖 18.2 滾動阻力

3. 摩擦阻力：自引擎以迄車輪間之傳動機件，如離合器、變速箱、差速器等裝置均有機械摩擦存在，也是對引擎至驅動輪間有所妨害之阻力，故亦為一種行駛阻力。

   我們以動力傳送係數來表示，其大小由車速決定，在高速時約為 90%，中低速約為 80～85%左右，故所需之行駛動力可由下列公式計算。

   行駛動力=引擎動力×動力傳送係數

4. 斜坡阻力：當汽車爬坡時，汽車必須克服重力而上升，此種為克服重力而產生之阻力，稱為斜坡阻力，其大小與車重及斜坡坡度之正切成正比。圖 18.3 為斜坡阻力。

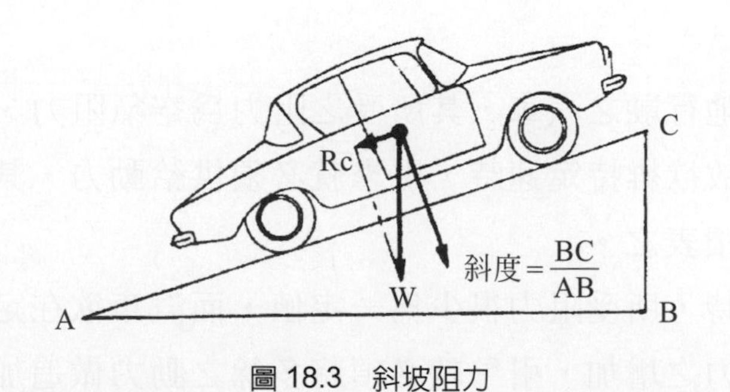

圖 18.3 斜坡阻力

斜坡阻力(RC)=重量(W)×斜坡度之正切(tan)

5. 慣性阻力：牛頓第一運動定律中謂運動中之物體如不受外力作用，則動者恆作等速運動稱為慣性定律。汽車行駛時要使速率增加則必須克服慣性，此種阻力稱爲慣性阻力。其與車重及車速成正比。

三、行駛動力：

依牛頓慣性定律，汽車在平地上行駛，本不需外力來推動。但實際上，因空氣有阻力，路面亦有阻力，皆爲妨害汽車行駛之外力，使汽車速度逐漸降低，終於停止。

故欲維持汽車定速行駛，引擎就必須克服這些阻力，不斷的將動力給驅動輪方可，此種克服阻力使汽車保持前進之力即稱驅動力(或稱推進力)。而引擎爲產生克服該阻力，所發出之動力即稱行駛動力。

$$\text{行駛動力}=\frac{\text{行駛阻力}\times\text{行駛距離}}{\text{行駛時間}}=\text{行駛阻力}\times\text{行車速率}$$

以一分鐘之時間將重 4500 公斤之物升高 1 公尺，所需的動力即爲 1 馬力，以PS表之。

1PS=4500kg · m/min 亦即

$$\text{行駛動力(PS)}=\frac{\text{行駛阻力(kg)}\times\text{速率(km/hr)}\times 100}{4500\times 60(\text{kg}\cdot\text{m/hr})}$$

四、出功之儲積：

以定速在平地行駛之汽車，其所受之阻力爲空氣阻力、滾動阻力、摩擦阻力之和。故欲維持定速時，引擎就必須供給動力，其大小可由上述阻力與車速之積表之。

但汽車行駛時，所受阻力很少爲一定値，而汽車欲在定速下繼續行駛，則因行使阻力之增加，引擎就必須將多餘之動力做追加之供給以克服該項增加之阻力。此種所作之功多於所需功之輸出即爲出功之儲積。如圖 18.4 其對汽車之性能有很重要之決定因素，其値愈大者汽車之安定性亦大，駕駛就容易。

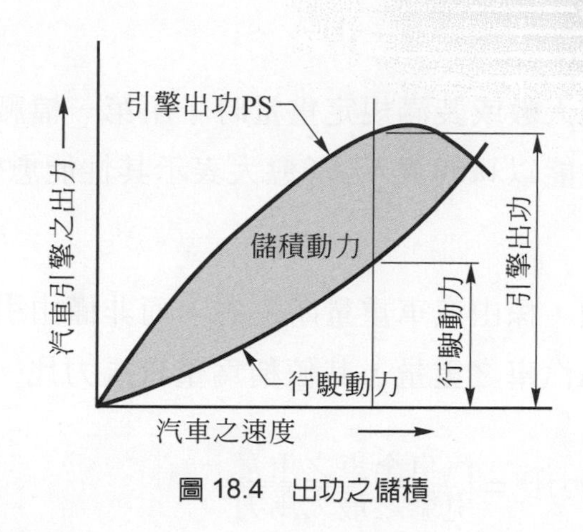

圖 18.4　出功之儲積

18.2　行駛性能

一、汽車在設計上之要求，除能做到高速行駛外，還須在各種天候、地形、載重等情況變化下能安全高速行駛才可；且需節省燃料。汽車為適應這些要求所具有之能力稱為汽車之行駛性能(running performance)。通常包括有下列各性能：

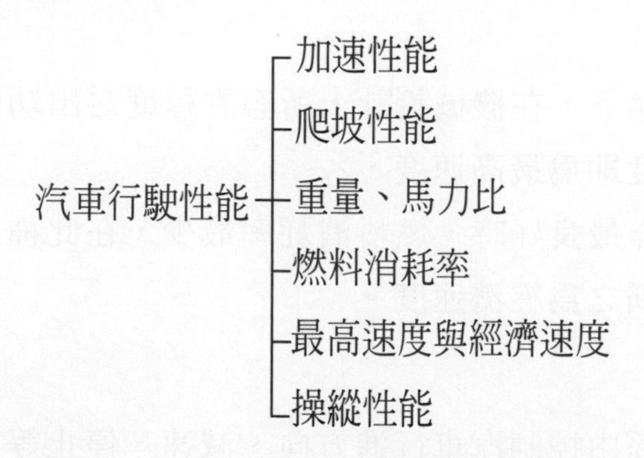

二、加速性能：

一般在平坦路上，以0加到40、60、80、100km/hr及40→60，60→80，80→100，100→120km/hr所需之時間(秒)表示。時間愈短，性能愈佳。

三、爬坡性能：

汽車依規定坐滿人數或裝滿規定重量時，用第一檔爬坡，其所能爬上之最大坡度。其性能以tanθ表示。θ愈大表示其性能愈佳。

四、重量、馬力比：

汽車出功之儲積，係由汽車重量所左右，而非僅由引擎最大出功決定。以引擎之馬力除汽車之重量，其值稱爲重量馬力比。

$$\text{重量馬力比} = \frac{\text{汽車全車之重量}}{\text{引擎之最大馬力}}$$

上式比值愈小，即表示負擔愈小，出功之儲積就愈高，汽車之性能就愈佳。

五、燃料消耗率：

汽車之燃料消耗率測試時是在試車道路上，車內載滿規定人數或重量，來測出其數值。普通以每公升行駛多少公里(km/ℓ)表之，其數值愈大者，其經濟性亦愈高。

六、最高速度與經濟速度：

在無多餘之出功儲積狀態下，在機械設計上所容許程度之出功情形下，汽車能行駛出最高的速度即爲最高速度，

汽車行駛時，若引擎工作最良好時，燃料消耗率最少，在此種最優良出功狀態下所行駛之速度稱之爲經濟速度。

七、操縱性能：

汽車操縱性能之良否，係由控制汽車行進方向、減速、停止等機能因素來決定的。其中以控制轉向最爲重要，汽車所能轉過之最小迴轉半徑(mininum turning radius)，如圖 18.5 所示，愈小愈靈活。煞車距離必須符合表 18.2 所示者方能安全。

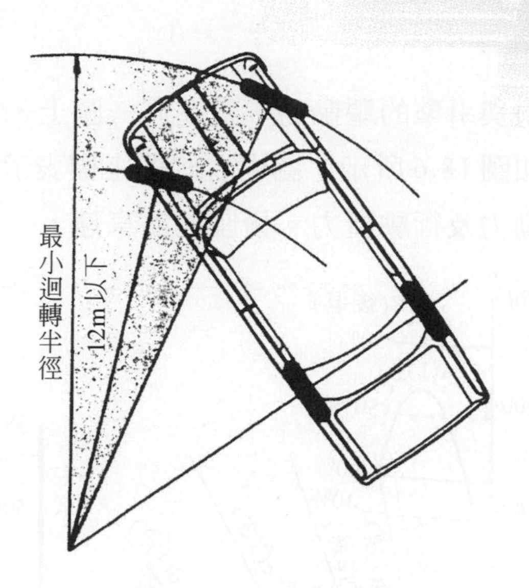

圖 18.5　最小迴轉半徑

表 18.2　煞車距離表

最高速度(km/h)	煞車時初速度(km/h)	停止距離(m)
80 以上	50	22 以下
35 以上，80 未滿	35	14 以下
20 以上，35 未滿	20	5 以下
20 未滿	以最高速度	5 以下

八、汽車的震動及乘坐舒適度：

乘客長時間乘坐汽車，感到不快及疲勞最主要原因在於汽車之震動及乘坐舒適度。兩者之關係美國人強衛氏(Janeway)曾做研究，並得到一結論，設震動的頻率為F，其振幅為A公分，則其關係如下：

1. 頻率在6以下作緩慢之運動時：$A\times F^3=5.08$以下時，為舒適狀態。
2. 頻率在6～20之間時：$A\times F^2=0.846$以下時，為舒適狀態。
3. 頻率在20以上做高速運動時：$A\times F=0.042$以下時，為舒適狀態。

由上項研究之判斷可知，即震動愈緩慢，振幅亦設法使之減少，方可使乘坐者感到舒適。

九、行車性能曲線圖：

1. 汽車行駛阻力與引擎的驅動力，畫在同一圖上，使汽車的動力性能看得更清楚。如圖 18.6 所示，圖中右側縱座標表示引擎之迴轉數，左側縱座標為驅動力及行駛阻力。橫座標為車速。

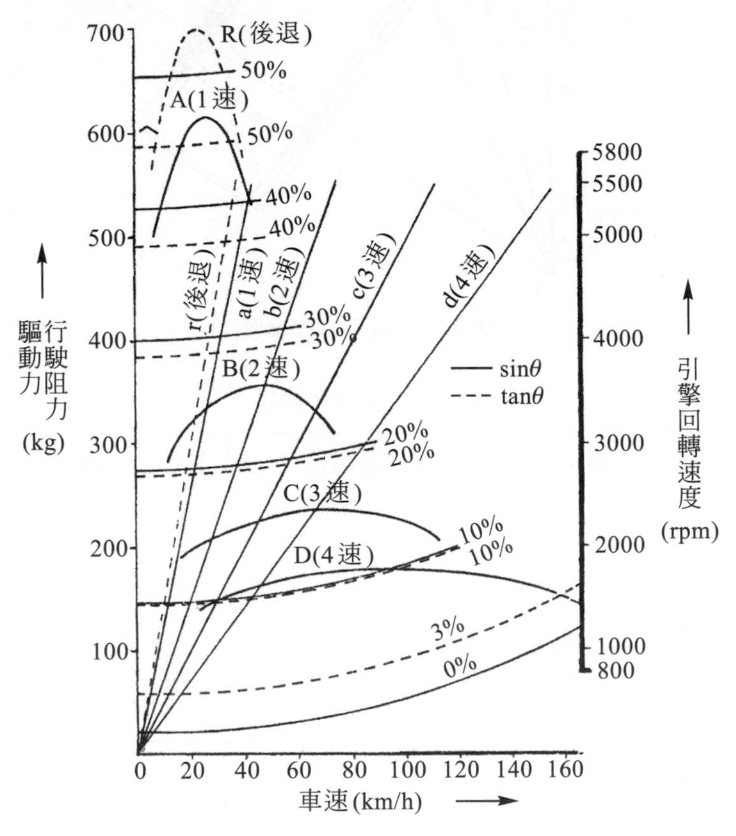

圖 18.6 行車性能曲線圖(自動車の構造)

2. 圖中a、b、c、d四條斜率為在不同排檔下，行車速度與引擎轉速之關係。

3. 圖中A、B、C、D四條曲線為在不同排檔下，汽車之驅動力。

4. 圖中0%、10%、20%、30%、40%、50%為在各種不同坡度下汽車之行駛阻力。

5. 由橫座標各車速與各斜線及曲線之交點向左、右側縱座標看，即可求出在各種車速下各檔引擎之迴轉數、驅動力及行駛阻力。

18.3 汽車規格

汽車一般規格表中通常包括尺寸、重量、引擎主要性能、變速箱型式及變速比、最終減速比、輪胎尺寸及鋼圈尺寸及型式、轉向機型式及齒輪比、懸吊裝置型式、煞車型式等。現將汽車重要規格說明如下：

一、全長：

汽車前後方向之最大水平長度爲全長。包括保險桿、燈具等附屬機件在內，如圖 18.7 所示。

二、全寬：

與汽車中心呈直角之面測量，不包括照後鏡等附屬機件在內之最大寬度，如圖 18.7 所示。

三、全高：

從地面到車子最高點之垂直高度。輪胎氣壓依容許載重相對壓力調整。

四、軸距：

前後車軸中心之水平距離。

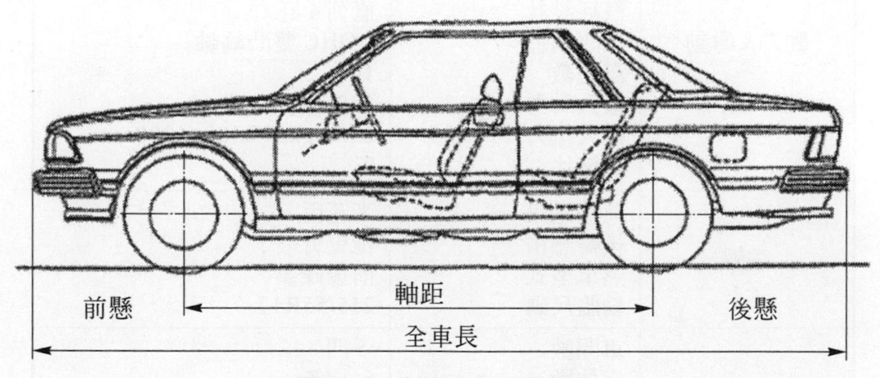

圖 18.7 汽車重要外觀規格

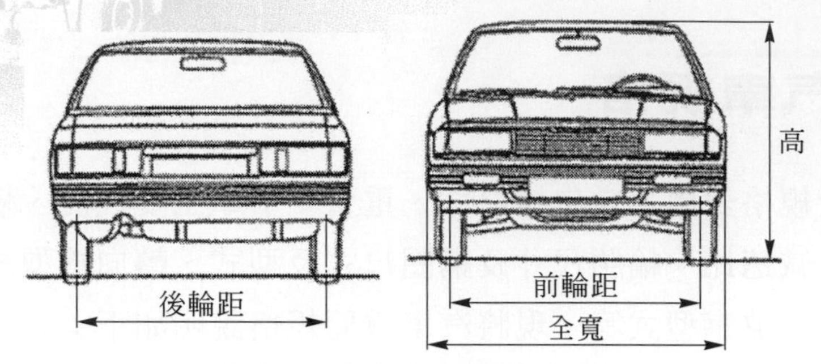

圖 18.7　汽車重要外觀規格(續)

五、完整汽車規格表

裕隆汽車納智捷 Luxgen U6 Turbo 2015 年式汽車規格表，如表 18.3 所示。

表 18.3　Luxgen U6 Turbo 2015 規格表

基本信息	新車售價	81.9 萬
	車身型式	運動休旅
	排氣量	1.8L
	動力型式	汽油
	燃料費	4,800 元
	牌照稅	7,120 元
動力&傳動	驅動型式	前輪驅動
	變速系統	5 速手自排
	進氣型式	渦輪增壓
	汽缸設計	直列 4 缸
	汽門構造	DOHC 雙凸輪軸
	汽門數	16
	最大馬力	150hp@5200rpm
	最大扭力	23.5kgm@2400~4000rpm
	壓縮比	9
底盤	前輪懸吊	麥花臣
	後輪懸吊	拖曳臂
	煞車型式	前後碟煞
	輪胎尺碼	215/55R17
車體	車門數	5 門
	座位數	5 人座
	車長	4625mm
	車寬	1825mm
	車高	1645mm
	軸距	2720mm
	車重	1472kg
油耗	市區油耗	11.87km/ltr
	高速油耗	18.21km/ltr
	平均油耗	14.1km/ltr

一、填充題

1. 汽車行駛性能包括________、________、________等三大項。

二、問答題

1. 汽車有那些行駛阻力？
2. 汽車行駛性能包括有那些性能？

國家圖書館出版品預行編目資料

汽車原理 / 黃靖雄, 賴瑞海編著. -- 初版.
-- 新北市：全華圖書, 2015.05
面； 公分
ISBN 978-957-21-9229-0(平裝)
1. CST:汽車工程
447.1 102022690

汽車原理

作者／黃靖雄、賴瑞海

發行人／陳本源

執行編輯／蔣德亮

出版者／全華圖書股份有限公司

郵政帳號／0100836-1 號

印刷者／宏懋打字印刷股份有限公司

圖書編號／06234

初版五刷／2022 年 9 月

定價／新台幣 500 元

ISBN／978-957-21-9229-0(平裝)

全華圖書／ www.chwa.com.tw

全華網路書店 Open Tech／ www.opentech.com.tw

若您對書籍內容、排版印刷有任何問題，歡迎來信指導 book@chwa.com.tw

臺北總公司(北區營業處)
地址：23671 新北市土城區忠義路 21 號
電話：(02) 2262-5666
傳真：(02) 6637-3695、6637-3696

南區營業處
地址：80769 高雄市三民區應安街 12 號
電話：(07) 381-1377
傳真：(07) 862-5562

中區營業處
地址：40256 臺中市南區樹義一巷 26 號
電話：(04) 2261-8485
傳真：(04) 3600-9806(高中職)
(04) 3601-8600(大專)

歡迎加入 全華會員

● 會員獨享

會員享購書折扣、紅利積點、生日禮金、不定期優惠活動…等。

● 如何加入會員

填妥讀者回函卡直接傳真（02）2262-0900 或寄回，將由專人協助登入會員資料，待收到 E-MAIL 通知後即可成為會員。

如何購買 全華書籍

1. 網路購書

全華網路書店「http://www.opentech.com.tw」，加入會員購書更便利，並享有紅利積點回饋等各式優惠。

2. 全華門市、全省書局

歡迎至全華門市（新北市土城區忠義路 21 號）或全省各大書局、連鎖書店選購。

3. 來電訂購

(1) 訂購專線：(02) 2262-5666 轉 321-324
(2) 傳真專線：(02) 6637-3696
(3) 郵局劃撥（帳號：0100836-1　戶名：全華圖書股份有限公司）
※ 購書未滿一千元者，酌收運費 70 元。

全華網路書店 www.opentech.com.tw
E-mail: service@chwa.com.tw

※ 本會員制如有變更則以最新修訂制度為準，造成不便請見諒。

廣　告　回　信
板橋郵局登記證
板橋廣字第540號

23671
新北市土城區忠義路21號
全華圖書股份有限公司

行銷企劃部　收

讀者回函卡

填寫日期：　/　/

姓名：＿＿＿＿　生日：西元＿＿年＿＿月＿＿日　性別：□男 □女

電話：（ ）＿＿＿＿　傳真：（ ）＿＿＿＿　手機：＿＿＿＿

e-mail：（必填）＿＿＿＿

註：數字零，請用 Φ 表示，數字 1 與英文 L 請另註明並書寫端正，謝謝。

通訊處：□□□□□

學歷：□博士 □碩士 □大學 □專科 □高中・職

職業：□工程師 □教師 □學生 □軍・公 □其他

學校 / 公司：＿＿＿＿　科系 / 部門：＿＿＿＿

・需求書類：

□ A. 電子 □ B. 電機 □ C. 計算機工程 □ D. 資訊 □ E. 機械 □ F. 汽車 □ I. 工管 □ J. 土木

□ K. 化工 □ L. 設計 □ M. 商管 □ N. 日文 □ O. 美容 □ P. 休閒 □ Q. 餐飲 □ B. 其他

・本次購買圖書為：＿＿＿＿　書號：＿＿＿＿

・您對本書的評價：

封面設計：□非常滿意 □滿意 □尚可 □需改善，請說明＿＿＿＿

內容表達：□非常滿意 □滿意 □尚可 □需改善，請說明＿＿＿＿

版面編排：□非常滿意 □滿意 □尚可 □需改善，請說明＿＿＿＿

印刷品質：□非常滿意 □滿意 □尚可 □需改善，請說明＿＿＿＿

書籍定價：□非常滿意 □滿意 □尚可 □需改善，請說明＿＿＿＿

整體評價：請說明＿＿＿＿

・您在何處購買本書？

□書局 □網路書店 □書展 □團購 □其他＿＿＿＿

・您購買本書的原因？（可複選）

□個人需要 □幫公司採購 □親友推薦 □老師指定之課本 □其他＿＿＿＿

・您希望全華以何種方式提供出版訊息及特惠活動？

□電子報 □ DM □廣告（媒體名稱＿＿＿＿）

・您是否上過全華網路書店？（www.opentech.com.tw）

□是 □否 您的建議＿＿＿＿

・您希望全華出版那方面書籍？＿＿＿＿

・您希望全華加強那些服務？＿＿＿＿

～感謝您提供寶貴意見，全華將秉持服務的熱忱，出版更多好書，以饗讀者。

全華網路書店 http://www.opentech.com.tw　　客服信箱 service@chwa.com.tw

2011.03 修訂

親愛的讀者：

感謝您對全華圖書的支持與愛護，雖然我們很慎重的處理每一本書，但恐仍有疏漏之處，若您發現本書有任何錯誤，請填寫於勘誤表內寄回，我們將於再版時修正，您的批評與指教是我們進步的原動力，謝謝！

全華圖書　敬上

勘　誤　表

書　號		書　名		作　者	
頁　數	行　數	錯誤或不當之詞句		建議修改之詞句	

我有話要說：（其它之批評與建議，如封面、編排、內容、印刷品質等・・・）